Europäische Fossillagerstätten

Springer
*Berlin
Heidelberg
New York
Barcelona
Hongkong
London
Mailand
Paris
Singapur
Tokio*

European Palaeontological Association

Europäische Fossillagerstätten

Koordiantion von
Giovanni Pinna

Herausgeber der deutschen Ausgabe
Dieter Meischner

Mit Beiträgen von

C. Bartels, S. Conway Morris, P. De Wever, C. Diéguez, O. Fatka, A. Ferretti,
J.L. Franzen, E.M. Friis, F.T. Fürsich, J.-C. Gall, L. Grauvogel-Stamm,
H. Jahnke, L. Kordos, K. Kowalski, J. Kraft, P. Kraft, P. Mazza, D. Meischner,
W. Oschmann, K.R. Pedersen, F. Pérez-Lorente, G. Pinna, F.J. Poyato-Ariza,
L. Rasplus, W. Remy, H.P. Rieber, J.L. Sanz, S. Schaal, P.A. Selden, E. Serpagli,
L. Sorbini, F.F. Steininger, M.A. Taylor, N.H. Trewin, E. Velitzelos, G. Viohl

Springer

Herausgeber der deutschen Ausgabe:

Dieter Meischner
Universität Göttingen
Institut für Geologie und Paläontologie
Abteilung Sediment-Geologie
Goldschmidtstraße 3
37077 Göttingen

Koordination:

Giovanni Pinna
Museo Civico di Storia Naturale di Milano
Corso Venezia 55
20121 Milano, Italien

ISBN 3-540-64975-1 Springer-Verlag Berlin Heidelberg New York

Die Deutsche Bibliothek - CIP-Einheitsaufnahme

Europäische Fossillagerstätten / Hrsg.: Giovanni Pinna, Dieter Meischner, übers. von Thomas Reimer. - Berlin; Heidelberg; New York; Barcelona; Hongkong; London; Mailand; Paris; Singapur; Tokio; Springer 2000
ISBN 3-540-64975-1

© Springer-Verlag Berlin Heidelberg 2000
Printed in Italy

Satz, Druck, buchbinderische Verarbeitung und Einbandgestaltung:
Jaca Book, Mailand/Italien
Herstellung: Birgit Münch, Berlin

SPIN: 10529933 32/3020 - 5 4 3 2 1 0 - Gedruckt auf säurefreiem Papier

Dieses Werk ist urheberrechtlich geschützt. Die dadurch begründeten Rechte, insbesondere die der Übersetzung, des Nachdrucks, des Vortrags, der Entnahme von Abbildungen und Tabellen, der Funksendung, der Mikroverfilmung oder Vervielfältigung auf anderen Wegen und der Speicherung in Datenverarbeitungsanlagen, bleiben, auch bei nur auszugsweiser Verwertung, vorbehalten. Eine Vervielfältigung dieses Werkes oder von Teilen dieses Werkes ist auch im Einzelfall nur in den Grenzen der gesetzlichen Bestimmungen des Urheberrechtsgesetzes der Bundesrepublik Deutschland vom 9. September 1965 in der jeweils geltenden Fassung zulässig. Sie ist grundsätzlich vergütungspflichtig. Zuwiderhandlungen unterliegen den Strafbestimmungen des Urheberrechtsgesetzes.

Die Wiedergabe von Gebrauchsnamen, Handelsnamen, Warenbezeichnungen usw. in diesem Buch berechtigt auch ohne besondere Kennzeichnung nicht zu der Annahme, daß solche Namen im Sinne der Warenzeichen- und Markenschutz-Gesetzgebung als frei zu betrachten wären und daher von jedermann benutzt werden dürften. Sollte in diesem Werk direkt oder indirekt auf Gesetze, Vorschriften (z. B. DIN, VDI, VDE) Bezug genommen oder aus ihnen zitiert worden sein, so kann der Verlag keine Gewähr für die Richtigkeit, Vollständigkeit oder Aktualität übernehmen. Es empfiehlt sich, gegebenenfalls für die eigenen Arbeiten die vollständigen Vorschriften oder Richtlinien in der jeweils gültigen Fassung hinzuzuziehen.

Inhalt

Vorworte
Dieter Meischner
Giovanni Pinna
7

Ziele und Methoden der Paläontologie
Jean-Claude Gall
9

Europa im Präkambrium
Fossilien vom Typ der Ediacara (Vendium, jüngstes Proterozoikum) in Europa
Simon Conway Morris
13

Europa im Paläozoikum
Enrico Serpagli und Annalisa Ferretti
17

Das Mittlere Kambrium bei Jince, Tschechische Republik
Oldrich Fatka
21

Das untere Ordovicium bei Rokycany, Tschechische Republik
Jaroslav Kraft und Petr Kraft
24

Der Rhynie Chert, Unter-Devon, Schottland
Winfried Remy †, Paul A. Selden und Nigel H. Trewin
28

Der Hunsrückschiefer und seine Fossilien, Unter-Devon
Hans Jahnke und Christoph Bartels
36

Der Kalkstein von East Kirkton, Unter-Karbon, Schottland
Michael A. Taylor
45

Europa im Mesozoikum
Patrick De Wever
65

Der Voltzien-Sandstein, Ablagerungen eines Deltas im frühen Mesozoikum (Trias, Anis) Nordost-Frankreichs
Jean-Claude Gall und Léa Grauvogel-Stamm
72

Die Fleckenriffe der Cassianer Schichten, Trias der Dolomiten, Italien
Franz Theodor Fürsich
78

Monte San Giorgio und Besano, mittlere Trias, Schweiz und Italien
Hans Peter Rieber
83

Die Fossillagerstätte im Sinemurium (Lias) von Osteno, Italien
Giovanni Pinna
91

Der Posidonienschiefer in Südwest-Deutschland, Toarcium, Unterer Jura
Wolfgang Oschmann
137

Die Solnhofener Plattenkalke, Oberer Jura
Günter Viohl
143

Die fossilen Blüten von Åsen in Schonen, Süd-Schweden
Else Marie Friis und Kaj Raunsgaard Pedersen
151

Die Unter-Kreide von Las Hoyas, Cuenca, Spanien
José Luis Sanz, Carmen Diéguez und Francisco José Poyato-Ariza
155

Die Kreide von La Rioja, Spanien
Félix Pérez-Lorente
161

Europa im Känozoikum: Die Tertiär-Periode
Fritz F. Steininger
165

Die Fossillagerstätten von Bolca, Verona, Italien
Lorenzo Sorbini †
172

Der eozäne See von Messel
Jens Lorenz Franzen und Stephan Schaal
177

Das Untere Miozän von Ipolytarnóc in Ungarn
László Kordos
184

Die Muschelsande („Faluns") des Beckens von Paris
Léopold Rasplus
214

Der versteinerte Wald der Insel Lesbos
Evangeli Velitzelos
219

Der pliozäne Teich von Willershausen am Harz
Dieter Meischner
223

Europa während des Quartärs
Paul Mazza
229

Der pleistozäne Ölsumpf bei Starunia, Ukraine
Kazimierz Kowalski
232

Glossarium
237

Literatur
242

Adressen der Autoren
263

Vorwort der deutschen Ausgabe

Der Präsident der Europäischen Paläontologischen Gesellschaft, Jean-Claude Gall, hatte den grossartigen Einfall, die naturgeschichtliche Entwicklung Europas anhand seiner Fossillagerstätten darstellen zu lassen. Fossillagerstätten, nach einem Konzept von Adolf Seilacher (1970), sind Gesteinskörper, die durch grosse Anzahl, Vielfalt oder ausserordentlichen Erhaltungszustand ihrer Fossilien ungewöhnlich reiche Informationen zur Lebensweise der Organismen und zu den Umständen ihrer Einbettung und Fossilwerdung liefern.

Anders als die grossen Kontinente Afrika, Nord- und Südamerika ist Europa geologisch keine Einheit, sondern das Ergebnis einer wechselvollen Geschichte, während derer der Nordamerikanische Kontinent, der Baltische Schild und ein grosser Süd-Kontinent kollidierten und wieder auseinanderwichen, neue Ozeane sich öffneten, Schollen des Süd-Kontinents herandrifteten und miteinander verschweisst wurden, so dass heute Teile der Kontinente Nordamerika und Afrika zusammen mit Baltica und zahlreichen, noch nicht vollständig bekannten kleineren Kontinental-Schollen diesen überaus vielfältigen Subkontinent Europa zusammensetzen.

Vor geologisch kurzer Zeit wurden durch das erneute Vorrücken Afrikas am Südrand Europas die alpinen Kettengebirge aufgefaltet, wurde Mitteleuropa bis in grosse Tiefen erschüttert und zerklüftet.

Seit rund 3,5 milliarden Jahren sind Mikroorganismen an der Erdgeschichte beteiligt, seit 600 millionen Jahren höhere Organismen. Sie haben nicht nur die vielfältigen Räume zu Wasser und zu Land besiedelt, sondern durch ihren Stoffwechsel zum Entstehen der Atmosphäre und zur Ausgestaltung der Lebensräume beigetragen, als Erbauer gewaltiger Riffgebäude und nicht weniger grossartiger, aber unspektakulärer schichtiger Ablagerungen.

Als Folge seiner turbulenten Geschichte ist Europa reich an Fossillagerstätten. An ihnen hat sich die frühe Forschung festgemacht, von ihnen sind fromme und naturphilosophische Deutungen der Entstehung der Erde und ihrer Bewohner ausgegangen. Mit ihnen beschäftigt sich aber auch die Forschung bis heute.

In diesem Buch werden Fossillagerstätten von Autoren und Autorinnen dargestellt, die durch eigene Forschungsarbeit mit dem Gegenstand vertraut sind. Übersichtsreferate über die Krustenbewegungen und die Verteilung von Meeren und Festländern stehen zu Beginn der geologischen Zeitalter.

Das Buch über die Fossillagerstätten Europas soll allgemeinverständlich aber nicht populärwissenschaftlich sein. Es gibt aber keine Regeln dafür, was denn eine allgemeinverständliche Darstellung ist. Der Leser wird Berichte im strengen akademischen Stil finden, aber auch Texte, die in schlichter Sprache in Entdeckung und Deutung von Fossillagerstätten einführen. Alle sind von Literaturverzeichnissen begleitet, die zu vertieftem Studium einladen.

Das Buch soll mehr sein als ein Bilderbuch, aber auch kein Lehrbuch, und sollte doch von beiden etwas haben. Sein Ziel ist, tieferes Verständnis zu wecken für die gemeinsame Evolution der Organismen und ihrer Biotope auf einer steter Revolution unterworfenen Erdkruste. Wenn das Buch darüber hinaus etwas von der Forschung erzählt und die Individualität der Autoren erkennen lässt, mag dies einige Ungleichgewichte entschuldigen.

Die Artikel sind voller Fachtermini. Dem Buch ist daher ein Glossarium zur Erklärung solcher Begriffe beigegeben, die man nicht leicht in allgemeinen Lexika findet.

Dank

Die deutsche Ausgabe dieses Buches ist keine unmittelbare Übersetzung der italienischen. Sie beruht auf Bearbeitungen der ursprünglich in englischer Sprache eingereichten Manuskripte im Dialog mit den Autoren. Einige französische und italienische Autoren haben vorgezogen, ihre Beiträge in ihrer Muttersprache zu liefern. Für Hilfe bei der Übersetzung dieser Texte danke ich Professor Dr. Thilo Bechstädt, Heidelberg, Professor Dr. Maria Boni, Neapel, und Dr. Wolfgang Engel, Heidelberg, für die Reinschriften und Hilfe bei der Herausgabe des Buches Gabriela Meyer, Frankfurt am Main, und für Korrekturlesen Ewa Wollemann und Anja Baesler, Göttingen. Besonders aber danke ich den Autorinnen und Autoren für ihre geduldige Mitarbeit an der deutschen Fassung des Buches.

Dieter Meischner

Vorwort

Heutzutage weiss ein jeder, dass unser Planet vier milliarden Jahre alt ist, und es ist für niemanden ein Geheimnis, dass er vor allem zu Anfang des Kambriums, vor 570 millionen Jahren, begonnen hat, sich mit einer grossen Vielfalt von Tieren zu bevölkern. Ferner weiss jeder von uns, weil es in allen Schulbüchern steht, dass die Kontinentalmassen, deren Umrisse uns heute ganz geläufig sind, nicht immer diese Form gehabt und dieselbe Lage eingenommen haben, sondern dass sie auf der Oberfläche des Globus gewandert sind, dass sie sich im Laufe von millionen Jahren vereinigt und wieder getrennt haben. Ebenfalls sehr berühmt ist ein anderes Ereignis der Vergangenheit, das auch zeitlich genau datiert ist: Das Erlöschen der Dinosaurier 65 millionen Jahre vor Gegenwart infolge – wie man sagt, aber das glaube ich persönlich nicht – des Einschlags eines gewaltigen Meteoriten auf die Erde.

Alle diese Informationen sind Teil der Erdgeschichte, einer verwickelten Geschichte, mit deren Rekonstruktion man zur Vollkommenheit gelangt ist dank der Forschungsarbeiten, die Jahr für Jahr von Scharen von Wissenschaftlern auf vielen Gebieten der Naturwissenschaften geleistet wurden und, vor allem, dank der Wechselbeziehungen, welche die verschiedenen Disziplinen, Geologie, Geophysik, Paläontologie, Chemie, Physik, Astronomie, in den letzten Jahren ans Licht gebracht haben.

So ist die Vorstellung von Zeiten, die in millionen Jahren zu messen sind, oder die der Veränderlichkeit der Gestalt der Erde weit in die kulturelle Ausstattung eines modernen Menschen eingedrungen. Wenige kennen andererseits die Verfahren, die den Wissenschaftlern ermöglichen, in wirklich detaillierter Weise die biologische und geologische Geschichte unseres Planeten zu rekonstruieren.

Die Paläontologen sind die hauptsächlichen Künstler bei dieser historischen Rekonstruktion. Sie benutzten nicht nur die fossilen Reste von Pflanzen und Tieren, die zahlreiche paläontologische Fundstellen zu ihrer Verfügung stellen, sondern alle Daten zur Struktur und zur mineralischen und chemischen Zusammensetzung der Gesteine, welche das Material der Ablagerungen bilden.

Die Erdgeschichte rekonstruiert man deshalb durch das Studium des biologischen, chemischen, physikalischen und geologischen Inhalts besonderer Fossilfundstellen. Diese Fundstellen, mit einem deutschen Ausdruck als „Fossil-Lagerstätten" bezeichnet, kann man definieren als „Sedimentkörper, die eine unübliche Fülle paläontologischer Informationen, im qualitativen wie im quantitativen Sinne, liefern; und das heisst Ablagerungen, in denen die grosse Zahl der Fossilien, ihre Vielfalt und ihre vollkommene Erhaltung ausser einer reichen Ernte an Daten genaue Informationen zu den Vorgängen der Fossilisation, den Umständen der Sedimentation und den Lebensbedingungen der darin gefundenen Organismen liefern".

Dieser Band hat nicht zum Ziel, die geologische Geschichte Europas zu rekonstruieren, denn das würde die Analyse vieler dutzend Fossillagerstätten voraussetzen. Er soll vielmehr durch die wissenschaftliche Beschreibung von 21 Fossilfundstellen verschiedenen Alters und in verschiedenen europäischen Ländern sowie durch kurze Einführungen in die verschiedenen geologischen Zeitalter zeigen, welcher Grad der Spezialisierung und welches Wissen heute erforderlich sind, will man aus den toten wissenschaftlichen Daten die alten Landschaften und den Lauf der Geschichte wieder aufleben lassen.

Dieser Band, herausgegeben von der Europäischen Paläontologischen Gesellschaft, die mir die Herausgabe anvertraut hat, ist das Ergebnis der Beiträge von 35 Paläontologen, die in Museen und Universitäten in 12 europäischen Ländern arbeiten und die Fossillagerstätten beschrieben haben, die sie in jahrelanger Forschungsarbeit entdeckt oder untersucht haben.

Ihnen allen gelten der Dank der Europäischen Paläontologischen Gesellschaft und mein persönlicher Dank.

Giovanni Pinna

Ziele und Methoden der Paläontologie

Jean-Claude Gall
Université Louis Pasteur, Strasbourg, Frankreich

Die Paläontologie als historische Wissenschaft beschäftigt sich mit dem Studium der ausgestorbenen Lebewesen. Die Entschlüsselung der Fossil-Archive erlaubt gleichzeitig, die Organisation der Formen, die keine Entsprechungen in der heutigen Natur besitzen, zu rekonstruieren, Abstammungslinien zwischen den Spezies aufzustellen, die im Laufe der Zeit aufeinander folgten, und den Charakter der Landschaften, die sie bevölkerten, zu verstehen. Dadurch ist die Paläontologie am Kreuzungspunkt von Bio- und Geowissenschaften angesiedelt.

Entstehung der Fossilien

Im allgemeinen verschwinden Kadaver von Tieren oder die Reste von Pflanzen mehr oder weniger schnell von der Erdoberfläche. Die organische Substanz und Skelettelemente werden vom Sauerstoff der Atmosphäre, vom Wasser, von aasfressenden Tieren und von unzähligen Mikroorganismen zerstört und zersetzt. Nur in Ausnahmefällen bleiben Reste von Lebewesen in Sedimenten und Gesteinen erhalten. Dies kann auf verschiedene Weise geschehen.

Mineralisation

Am häufigsten werden Hartteile von Organismen wie Schalen, Panzer oder Skelette konserviert. Während der Einbettung in das Sediment sind sie Lösungsprozessen und dem Ersatz durch andere Stoffe ausgesetzt, welche die Mineralisation einleiten. Durch diese Prozesse werden die ursprünglichen Strukturen kaum verändert, die Morphologie der Stützelemente bleibt erhalten. Dies ist der Fall bei der Umwandlung des Aragonits in Calcit oder bei der Pyritisierung von Hartteilen. Die Phosphatisierung der Schalen und der Skelette beginnt unmittelbar nach dem Tod der Tiere und kann die Erhaltung der Weichteile fördern. Bei Pflanzen bewirkt Verkieselung die erstaunliche Konservierung feinster anatomischer Details.

Jüngere Untersuchungen von bedeutenden Fossilvorkommen haben zusammen mit Laborexperimenten gezeigt, wie wichtig die Rolle von Bakterien bei der frühen Mineralisation organischer Reste ist. Bakterien sind auch an der Bildung von Konkretionen beteiligt, die manche Fossilien umgeben.

Fossilisation der Weichteile

Die Fossilisation der Weichteile, selten zwar aber von grosser Bedeutung, liefert Informationen über die Haut, die Muskulatur und die inneren Organe der ausgestorbenen Lebewelt. Sie findet in hermetisch abgeschlossenen Systemen statt, die keinen Austausch mit externen Milieus erlauben und so zu einer vollständigen Erhaltung der Organismen führen. Dies ist der Fall bei Arthropoden – Spinnen, Tausendfüsslern oder Insekten –, die in Bernstein, einem fossilen Harz, eingeschlossen wurden, oder bei Mammuts, die im Pleistozän im Eis der hohen Breiten erstarrten.

Ähnlich ergeht es Kadavern von Wirbeltieren, die mit Bitumen ummantelt, einem trockenen Wüstenklima oder sauren Moorwässern ausgesetzt werden. Unter diesen für bakterielle Aktivitäten feindlichen Bedingungen werden der Zersetzungsprozeß der organischen Materie gebremst und die Mumienbildung gefördert.

Hohlraum und Abdruck

Im Laufe der Zeit kann die Zirkulation von Lösungen im Sediment die organischen Reste vollständig zersetzen und Hohlräume hinterlassen, die ein getreues Abbild der ursprünglichen Organismen darstellen. Solche findet man in feinkörnigem Kalk-Sinter, dem Travertin, wo Abdrücke von Blättern, Stengeln oder Blumen erhalten sind, deren zarte Strukturen durch Ausgüsse mit Gips oder Harz wieder sichtbar gemacht werden können. Manchmal, wenn Sediment in die Hohlräume von Molluskenschalen oder in Wirbeltierschädel eingedrungen ist, werden der Körper oder das Gehirn genau abgebildet. Die Substanz der Fossilien ist verlorengegangen, die Form ist aber geblieben.

Lebensspuren

Im Laufe ihres Lebens hinterlassen Lebewesen verschiedene Spuren im Sediment: Fluchtspuren, Wohnbauten oder Grabgänge und Abdrücke, angelegt bei der Nahrungssuche. Diese Lebensspuren werden als Ichnofossilien bezeichnet. Von wenigen Ausnahmen abgesehen, bleiben die Verursacher der Spuren unbekannt. Die Form dieser Dokumente ist Ausdruck einer biologischen Verhaltensweise, die als Reaktion auf die Reize des umgebenden Milieus interpretiert werden kann: Schutz vor starker Wasserbewegung, Flucht vor erhöhter Sedimentzufuhr, Nutzung einer Nahrungsquelle usw. Die Deutung von Spuren und Wohnbauten erlaubt so die Beurteilung des ursprünglichen Lebensraumes.

Fossile Eier und Exkremente, sogenannte Koprolithen, sind ebenso Zeugen biologischer Aktivität, deren Zuordnung zu bekannten Organismen aber gewagt ist. Wie die Spurenfossilien zeugen sie von der Autochthonie ihrer mutmasslichen Verursacher, da sie keinen größeren Transport zulassen. Lebensraum und Ort der Fossilisation stimmen überein.

Die Vielfalt der Fossilien haben sie zu Objekten gemacht, die man seit langem sammelt und zu deuten versucht. Heute steht eine unersetzliche Fülle von Daten über Faunen, Floren und vergangene Landschaften, das heisst: über die Geschichte des Lebens und der Erde, zur Verfügung.

Biologische Diversität und verschwundene Landschaften

Die paläontologischen Dokumente, die man in den geologischen Formationen unterschiedlichen Alters findet, erlauben die Rekonstruktion der Beschaffenheit, der Form und des Verhaltens der Organismen, die nacheinander auf der Erde lebten.

Lückenhafte Überlieferung

Die Rekonstruktion stößt auf verschiedene Hindernisse. Eine Schwierigkeit liegt in der unvollkommenen Überlieferung. Eine grosse Anzahl von Lebewesen, vor allem diejenigen ohne Skelett, sind im allgemeinen in Sedimenten nicht erhaltungsfähig. Ferner wird bei der Fossilisation zufällig eine bestimmte Kategorie von Fossilien zum Nachteil anderer bevorzugt, und das führt zu Verzerrungen bei der Abschätzung der ursprünglichen Biozönose.

Funktionsmorphologische Analyse

Die Rekonstruktion der Anatomie, der Physiologie und der Ökologie einer fossilen Lebewelt stösst auf eine zweite Schwierigkeit. Unsere Interpretation fossiler Arten beruht weitgehend auf dem Vergleich mit lebenden Verwandten. Je weiter man aber in die geologische Vergangenheit zurückgeht, um so mehr unterscheiden sich die fossilen Formen von den heutigen. Die funktionsmorphologische Analyse besteht darin, bei den ausgestorbenen Organismen die Merkmale, Strukturen oder Organe zu erkennen, die eine Adaptation an spezielle Lebensbedingungen anzeigen. Die Analyse wird durch die Erarbeitung von Modellen vervollständigt, mit deren Hilfe man die „mechanische Funktion" gewisser Tätigkeiten wie Nahrungsaufnahme oder Fortbewegungen besser verstehen kann.

Das Prinzip des Aktualismus

Die Bestimmung physiko-chemischer Parameter wie Salinität, Bathymetrie oder Temperatur der Biotope, in denen die fossilen Organismen lebten, beruht ebenfalls auf der Kenntnis der Lebensweise ähnlicher rezenter Formen. Dieses Vorgehen beruht auf dem Prinzip des Aktualismus (auch Unitarismus genannt). Dabei ist allerdings grösste Vorsicht geboten, da sich die Existenzgrundlagen zahlreicher Tiere und Pflanzen im Laufe der Zeit verändert haben, ohne dass morphologische Änderungen bemerkbar sind. Die Gegenwart bietet also nur einen unvollständigen Schlüssel zur Vergangenheit. Das Prinzip des Aktualismus muss durch andere Befunde aus der Lithologie, der Geochemie und den sedimentären Strukturen der umgebenden Gesteine kontrolliert werden.

Die Fossillagerstätten

Dank einer grossen Anzahl paläontologischer Zeugnisse oder ungewöhnlicher Erhaltungsbedingungen sind Fossillagerstätten eine unschätzbare Quelle von Informationen über Faunen, Floren und vergangene Ökosysteme. Ihre Ausbeutung erfordert das Anlegen von Grabungen, die es erlauben, fossilführende Schichten über grössere Erstreckung zu verfolgen und Schicht für Schicht die biologischen Gemeinschaften zu erfassen. Aber selbst unter äusserst günstigen Erhaltungsbedingungen gehen zwischen dem Absterben der Organismen und ihrer Fossilisation zahlreiche Informationen durch Zerstörungen verloren. Es bedarf des Scharfsinns des Paläontologen zu unterscheiden, welcher Teil einer aufgesammelten Fossilgemeinschaft zur ursprünglichen Biozönose gehört und welcher aus einer anderen Umgebung eingeschwemmt wurde, oder den Umfang von Veränderungen im Laufe der Diagenese abzuschätzen. Das Studium der biologischen, physiko-chemischen und diagenetischen Prozesse, die sich nach dem Absterben der Lebewesen bis zur endgültigen Fossilisation abspielen, gehört in das Gebiet der Taphonomie.

Indem die Paläontologie die Biodiversität und die Ökosysteme im Laufe geologischer Zeiträume rekonstruiert, liefert sie einen wichtigen Beitrag zur Erdgeschichte.

Die biologische Evolution

Nicht immer existierte Leben auf der Erde, es hat einen Anfang und deshalb auch eine Geschichte. Diese wurde durch die Untersuchung von Fossilarchiven Schritt für Schritt rekonstruiert.

Die grossen Etappen der Geschichte des Lebens

Die ersten Lebewesen, die vor etwa 4 milliarden Jahren auftraten, waren Prokaryoten. Unter ihnen bildeten sich die Cyanobakterien heraus, phototrophe Formen, die fähig waren, das Kohlendioxid und die Stickoxide der Atmosphäre zu fixieren. Bei der Photosynthese entsteht Sauerstoff, und zunehmend wurde die primitive, reduzierende Atmosphäre, welche die Erde umgab, sauerstoffreicher. Man schätzt, dass sie vor 2 milliarden Jahren 1% Sauerstoff enthielt. Zur gleichen Zeit bauten die Prokaryoten, vor allem die Cyanobakterien, die ersten erhaltungsfähigen Biokonstruktionen auf: die Stromatolithen.

Gegen Ende des Präkambriums, vor 700 bis 800 millionen Jahren, erhöhte sich die Mobilität der Organismen durch das Auftreten der ersten Tiere, Coelenteraten und Anneliden, und beschleunigte aktiv die Verbreitung der organischen Substanz.

Zu Beginn des Paläozoikums kam als neues gestalterisches Element die Biomineralisation hinzu. Von nun an benutzte eine grosse Anzahl an Organismen die Ionen von Calcium, Silicium oder Phosphor aus der Umgebung, um ihre Skelette, Schalen oder Panzer aufzubauen. Nach ihrem Absterben sammelten sich ihre Skelettreste an und trugen zur Bildung von Sedimenten bei. Der Einbau der chemischen Elemente in die Lebewesen und ihre längere Festlegung in den Sedimenten beeinflusste beträchtlich ihre Verweildauer im Stoffkreislauf. Aus dem geochemischen Kreislauf entwickelte sich ein biogeochemischer.

Im Laufe des Paläozoikums, wahrscheinlich seit dem Ordovizium, eroberten Gefässpflanzen die Kontinente. Im Silur und Devon passten sich Landtiere den schwierigen physiologischen Bedingungen des Festlandes an. Zuerst entfalteten sich die Arthropoden (Myriapoden, Arachniden, Insekten), dann die amphibischen Wirbeltiere.

Die Entwicklung der terrestrischen Vegetation und der sie begleitenden Mikro-Arthropoden führte zur Bildung von Böden, die die Verwitterung der Gesteine begünstigen und Erosionsprodukte festhalten.

Die Geschichte der Biosphäre – weit davon entfernt, einem langen, ruhigen Fluss zu gleichen – wird durch Episoden unterbrochen, in denen eine starke Reduktion der Biodiversität sowohl in den Ozeanen als auch auf den Kontinenten stattfand: die sogenannten biologischen Krisen.

Die ausgeprägtesten biologischen Krisen traten am Ende des Paläozoikums auf, als Fusulinen, Trilobiten, Goniatiten ausstarben, sowie in der Oberkreide mit dem Erlöschen von Dinosauriern, Ammoniten und Belemniten.

Die biologischen Krisen wurden durch Grossereignisse in der Geosphäre ausgelöst wie: Klimaänderungen, Meeresspiegel-Schwankungen, Verlagerung von Kontinentmassen, Meteoriteneinschläge. In jedem Fall führten diese Ereignisse zu einer dramatischen und anhaltenden Störung der terrestrischen Umweltbedingungen.

Im Mesozoikum erwarben die Vertebraten die Hömöothermie und damit die Fähigkeit, sich Klimaänderungen anzupassen. Sie waren damit in der Lage, eine normale Aktivität zu jeder Jahreszeit und unter allen Breitengraden zu entwickeln. Die Regulierung des Wärmehaushalts gab ihnen eine wahre thermische Unabhängigkeit. Dies ist eine Mitgift der Säugetiere, die am Ende der Trias erscheinen, der Vögel, die zuerst im Oberjura auftreten, und wahrscheinlich auch der Flugreptilien und der Fischsaurier des Mesozoikums.

Während des Tertiärs wurde die Grossfauna von den Säugetieren beherrscht. Vor einigen Millionen Jahren spaltete sich der Zweig der Hominiden ab. Mit dem Auftreten menschlicher Wesen wurde die Intelligenz Bestandteil des Lebens. Dem Menschen als vernunftbegabtem Wesen obliegt seither die Verantwortung, den Planeten Erde zu bewahren.

Die Phylogenie

Die Idee der Verwandtschaft der Lebewesen untereinander als Ergebnis gradueller Änderungen im Laufe geologischer Zeiträume wurde zunehmend im letzten Jahrhundert in der wissenschaftlichen Gemeinschaft entwickelt, als Folge der Arbeiten Lamarcks und später Darwins. Seither hat die Paläontologie unzählige Beispiele von Evolutionsreihen zusammengefügt, bestehend aus einer Abfolge von Taxa, die belegen, dass sich im Laufe der Zeit die einen aus den anderen entwickelt haben. Mehr noch, die Zwischenglieder zwischen den grossen Linien sind in einigen Fällen gefunden worden. So wurde 1861 durch den Fund von *Archaeopteryx* die Abstammung der Vögel aus den Reptilien bewiesen. *Ichthyostega*, ein Amphibium des Devons, markiert den Übergang zwischen den im Wasser lebenden Wirbeltieren und den landbewohnenden Tetrapoden. Die Australopithecinen des Pliozäns verdeutlichen das Auftauchen des Menschen aus einer Stammesgemeinschaft von Hominiden (Menschenartige) und Pongiden (Menschenaffen).

Basierend auf diesen Befunden, stellt sich die Geschichte des Lebens als eine ununterbrochene Abfolge von Arten dar, die sich auseinander ableiten. Die einzelnen Schritte dieser Entwicklung umfassen beträchtliche Zeiträume. Die biologische Evolution bleibt eine Theorie, aber eine Theorie, auf die sich die gesamten Wissenschaften geeinigt haben.

Aus dieser historischen Sicht ist jedes Fossil ein Zeugnis des Evolutionsgrades, den das Leben in der betreffenden Epoche erreicht hatte. Es trägt eindeutige Zeichen seiner Zeit und ist eine Marke für die Errichtung einer zeitlichen Abfolge der Erdgeschichte.

Die Mechanismen der Artbildung

Die Deutung des Ablaufs der biologischen Evolution hat sich parallel mit dem Fortschritt in den Geo- und Biowissenschaften entwickelt. Die Rekonstruktion der Erdgeschichte hat gezeigt, dass bedeutende Umwälzungen, die die Erde heimsuchten, gleichzeitig grundlegende biologische Erneuerungen zur Folge hatten. Die biologischen Krisen und die nachfolgenden Phasen der Regeneration passen sehr gut in dieses Bild. Anderseits zeigen an Embryonen heutiger Spezies durchgeführte Studien vielfach eine Verwandtschaft zwischen den einzelnen Stammeslinien. Schliesslich hat die Vererbungslehre die Vorgänge zu verstehen gelehrt, die der Weitergabe der Eigenschaften der Organismen im Laufe der Stammesgeschichte zugrunde liegen. Die Wirkungsweise des genetischen Codes bewirkt einerseits die zeitliche Stabilität der Arten, andererseits die Variabilität innerhalb der Populationen. Änderungen des Erbguts steuern die Entwicklung neuer Eigenschaften, die dann durch Veränderungen der externen Umwelt selektiert werden.

Die Theorie der Bedingungen und Mechanismen der biologischen Evolution berücksichtigt sowohl die Ergebnisse der Paläontologie, die die Lebewesen in den zeitlichen Zusammenhang mit der Erdgeschichte stellt, als auch Beobachtungen über die Ontogenese der heutigen Arten und die Kenntnis der Funktion des Erbguts. Das Verfahren ist grundsätzlich disziplinübergreifend. Der Beitrag der Paläontologie ist dabei der bedeutendste.

Folgerungen

Die Paläontologie, deren Forschungsinhalt die Deutung der ausgestorbenen Faunen und Floren ist, steht im Zentrum einer Debatte von drängender Aktualität: die Zukunft des Lebens und des Planeten Erde. Sie ist die einzige naturwissenschaftliche Disziplin, die das Leben in einen historischen Zusammenhang stellt. Die Kenntnis der nahezu 4 milliarden Jahre alten Geschichte aufeinanderfolgender Veränderungen erlaubt, die Organisation der heutigen Lebewesen wie auch der biologischen Gemeinschaften und der Ökosysteme zu verstehen. Die Paläontologie allein kann eine globale Sicht des Lebens und seiner Wechselwirkung mit der Umwelt liefern. Indem sie Vorgänge im Laufe der Evolution der Bio- und Geosphäre erklärt, trägt sie wesentlich dazu bei, Lehren aus den Veränderungen der natürlichen Umwelt zu ziehen, deren zeitliche Abläufe sich menschlichen Massstäben entziehen.

Mit der jüngsten Auftürmung des grandiosen Reliefs der Alpen, mit der Klimaänderung, die zur quartären Vereisung führte und mit der Entwicklung einer allgegenwärtigen Art, des Homo sapiens, sind Elemente einer biologischen Krise genannt. Diese werfen verschiedene Fragen auf:

- Welches sind die Voraussetzungen für eine biologische Krise?
- Welchen Einfluss haben Klimaänderungen auf die Zusammensetzung von Fauna und Flora?
- Wie und mit welcher Geschwindigkeit wird das Gleichgewicht in den gestörten Lebensräumen wieder hergestellt?

Als historische Wissenschaft, die die Vergangenheit interpretiert, um die Zukunft vorauszusagen, ist die Paläontologie imstande, auf die Verunsicherung einer Menschheit zu antworten, die sich einem Planeten gegenüber sieht, der sein Gesicht stets verändert.

Fossilien vom Typ der Ediacara (Vendium, jüngstes Proterozoikum) in Europa

Simon Conway Morris
University of Cambridge, Cambridge, England

Natur der Ediacara-Fossilien

Ediacara-Fossilien sind typisch für viele Sedimente aus dem jüngsten Proterozoikum (600 bis 555 millionen Jahre vor heute). Sie finden aus zwei Gründen weithin Beachtung. Erstens scheinen die Organismen Weichkörper ohne jedes Skelett gehabt zu haben. Trotzdem sind ihre Fossilien weltweit verbreitet und an einigen Fundstellen häufig. Die Taphonomie der Ediacara-Fossilien ist daher ein Rätsel. In gewisser Weise erinnert ihre Erhaltung an die von Spuren-Fossilien; besonrs ähnlich sind sie den Oberflächen-Spuren (Hypichnia). Andererseits gibt es einige Gemeinsamkeiten zwischen der Erhaltung der Ediacara-Fossilien und der weichkörperiger Tiere in phanerozoischen Sedimenten. Wenigstens schliessen diese beiden Arten von Fossil-Erhaltung einander nicht aus. Im Ober-Devon des Staates New York zum Beispiel kommen grosse, Echinodermen-artige (Clarke 1900, Friend 1995) und rätselhafte wurmförmige (Clarke 1903, eigene unveröffentlichte Beobachtungen) Organismen vor, die in feinkörnigen Sandsteinen in ähnlicher Weise erhalten sind wie einige der Ediacara-Vorkommen. Ich möchte auch auf das scheibenförmige Fossil *Palaeoscia* aufmerksam machen, das am besten aus dem Ordovicium von Cincinnati bekannt ist (Osgood 1970). Typischerweise haben diese Fossilien eine Reihe konzentrischer Marken und ein zentrales Loch mit von diesem ausgehenden radialen Linien. Während Caster (1942) sie als Porpitiden (Cnidaria) gedeutet hat, hält sein Landsmann Osgood (1970) sie für Schleifmarken, möglicherweise auch Weidespuren. Die Möglichkeit, dass diese und vielleicht weitere ähnliche Fossilien aus anderen Vorkommen im Phanerozoikum (Osgood 1970) eine Verbindung mit einigen der Ediacara-Vorkommen bieten, sollte überprüft werden.

Das taphonomische Rätsel der Erhaltung der Ediacara-Fossilien war auch Ursache für einige beachtliche Umdeutungen der systematischen Stellung dieser Organismen. Frühere Deutungen haben diese Fossilien als solche von primitiven Metazoen, meist, aber nicht ausschliesslich Cnidaria, aufgefasst (Glaessner 1984). Seilacher (1989, 1992) hat dagegen eine Reihe grundsätzlicher Argumente vorgebracht, nach denen die Ediacara-Organismen ein eigenständiges „Experiment" der Evolution bei der Entwicklung mehrzelliger Formen darstellen, die von nicht näher genannten Eukaryoten abstammen. Wesentlich für Seilachers Deutung ist der von Metazoen deutlich verschiedene Bauplan der Ediacara-Organismen, denen Strukturen wie Eingeweide und Muskulatur fehlen. Seilachers (1989, 1992) Deutung, eingebettet in sein Konzept der „Vendobionta", schreibt den Organismen eine Matrazen-artige Konstruktion mit einer festen äusseren Wand und einer flüssigen Füllung zu. Diese unübliche Beschaffenheit soll die grosse Erhaltungsfähigkeit und daher die relative Häufigkeit der Ediacara-Fossilien erklären.

Trotz der weitgehenden Zustimmung zu dieser Deutung, die in gewissen Kreisen bis zur Begeisterung geht, wird das Konzept der Vendobionta durch zwei Entwicklungen ernsthaft in Frage gestellt:

Abb. 1
Karte von Europa mit den wichtigsten Vorkommen tatsächlicher und wahrscheinlicher Ediacara-Fossilien. Die Vorkommen in Irland, Sardinien und Schweden sind kambrischen Alters.
(1) Charwood Forest, England
(2) Carmarthen (Llangynoc Inlier), Wales
(3) Longmynd, England
(4) Jersey, Channel Islands
(5) Jura, Schottland
(6) Waterford, Irland
(7) Tanafjord, Finnmarken
(8) Tornetrask vattan, Lappland, Schweden
(9) Erquy und Bréhec, Bretagne
(10) May-sur-Orne, Bretagne
(11) San Vito, Sardinien

Erstens durch die Entdeckung seltener unter- und mittel-kambrischer Fossilien, die Nachläufer der Ediacara-Gesellschaften zu sein scheinen (Conway Morris 1993a). Besonders *Thaumaptilon walcotti* aus dem Burgess-Schiefer ist einigen der blattförmigen Fossilien vieler Ediacara-Vorkommen verblüffend ähnlich. Man war lange einig, dass solche blattförmigen Ediacara-Fossilien gewissen lebenden Pennatulaceen (Anthozoa: Cnidaria) ähnlich sind, obwohl Seilacher (1989) dies als ein Beispiel für Konvergenz betrachtete. Die Entdeckung von internen Gefässen und möglicherweise Zooiden in *T. walcotti*, Strukturen, die in grobkörnigeren Sedimenten, in denen Ediacara-Fossilien normalerweise vorkommen, weniger leicht zu erkennen sind, stärkt die Auffassung, dass alle diese Fossilien echte Pennatulaceen sind. Zweitens wird die Hypothese der Vendobionta in Frage gestellt durch Strukturen in bestimmten heutigen Cnidariern (Annandale 1909, Schlichter 1991), die mit der Organisation, wie sie für die Vendobionta vorgeschlagen wurde, vereinbar sein könnten. Kürzlich hat Seilacher seine Auffassung dahingehend geändert, dass die Ediacara-Fossilien die Schwester-Gruppe der Metazoen wären (Buss et Seilacher 1994). Zwar bleibt weiterhin möglich, dass bestimmte Ediacara-Fossilien von Metazoen verschieden sind (z.B. *Ernettia*, *Phyllozoon*), aber das beste Verfahren scheint der Versuch zu sein, die Mehrheit dieser Fossilien in den Rahmen der Evolution der frühen Metazoen zu stellen (Conway Morris 1993b, 1994).

Mit Ausnahme einiger kürzlich erkannter Ediacara-Nachkommen (Conway Morris 1993a, Crimes et al. 1995), sind diese Fossilien auf das späte Proterozoikum beschränkt. Es ist aber ungewiss, ob die Ediacara-Faunen deutlich vor der Grenze Vendium/Kambrium praktisch erlöschen oder, wie kürzlich von Grotzinger et al. (1995) angegeben, sich bis ganz kurz vor den Beginn des Kambriums halten. Grundsätzlich wäre jede dieser Möglichkeiten vereinbar mit einem massenhaften Aussterben, dem Ende eines taphonomischen Fensters (vielleicht zusammengehend mit dem Aufstieg von Aasfressern und intensiverer Bioturbation) oder mit Ersatz durch Konkurrenten unter Beteiligung von räuberischen Organismen (Brasier 1989).

Vorkommen in Europa

Im Vergleich zu den reichen Ediacara-Faunen von Süd-Australien, Namibia und der Region am Weissen Meer in Russland ist Europa nicht gerade mit Fundstellen gesegnet. Trotzdem darf man sie nicht vernachlässigen; zusammengenommen stellen sie eine wichtige Quelle für Daten dar (Abb. 1).

Britische Inseln

Charnwood Forest, England
Die Beschreibung dieser Faunen, im wesentlichen vom oberen Teil der Maplewell Group (nämlich der Bradgate Formation), verdanken wir T.D. Ford und H.E. Boynton (Boynton et Ford 1979, 1996, Ford 1958, 1963, 1980). Möglicherweise sind diese Fossilien schon im Jahr 1840 erkannt worden, wenn auch ihre Deutung damals strittig blieb (Boynton et Ford 1996). Ein Durchbruch war 1957 mit der Entdeckung blattartiger Fossilien (*Charniodiscus* und *Charnia*, Abb. 2) durch einen Schuljungen zu verzeichnen. Die weitere Bearbeitung hat auch eine beachtliche Vielfalt scheibenförmiger Fossilien erbracht (Abb. 3), von denen einige recht rätselhafte Internstrukturen besitzen, zum Beispiel *Ivesia lobata*. Eine möglicherweise wichtige Entdeckung ist das Fossil *Pseudovendia charnwoodensis*, das für einen primitiven Arthropoden gehalten wurde (Boynton et Ford 1979), vergleichbar russischen Taxa wie *Vendia*. Indessen wird dieses Exemplar jetzt als blattförmiges Fossil gedeutet (Boynton et Ford 1996: S. 169). Ein bemerkenswerter neuer Fund ist der eines grossen, verzweigten Organismus (*Bradgatia linfordensis*), der nicht beschriebenem Material von der Mistaken Point Formation in der Conception Group Südost-Neufundlands ähnelt (Misra 1969: Tafel 3 B, 6 A, 8 B, Anderson et Conway Morris 1982: Tafel 1, Abb. 3 und 4). Man nimmt seit langem an, dass die Gemeinsamkeiten in der Geologie und Paläontologie des Jung-Proterozoikums und des Kambriums von Mittel-England und Südost-Neufundland darauf zurückzuführen sind, dass diese Gebiete gemeinsam auf dem Mikrokontinent Avalonia gelegen haben (Conway Morris et Rushton 1988, Conway Morris 1989). Die Faunen Neufundlands warten aber noch immer auf eine eingehende Beschreibung.

In Charnwood wurden kürzlich Spuren-Fossilien in nach-vendischen Schichten entdeckt, besonders *Teichichnus* in der Swithland Formation, dem höchsten Glied der Charnian Supergroup (Bland et Goldring 1995). Viele der besten Exemplare kommen in Grabsteinen auf örtlichen Friedhöfen vor. Die Steine zeigen oft Anzeichen einer intensiven Bioturbation. Die Stratigraphie und das Alter der Charnian Supergroup sind keineswegs geklärt. Aber die Entdeckung von *Teichichnus* könnte auf eine beträchtliche Schichtlücke deuten. *Teichichnus* ist eine Form mit langer stratigraphischer Reichweite, doch ist ein unter-kambrisches Alter der Swithland Formation wahrscheinlich (Bland et Goldring 1995), weil diese Einheit die gleiche Deformationsgeschichte aufweist wie die übrige Charnian Supergroup. Es gibt keine unmittelbare Überlagerung, diskordant oder nicht, zwischen dem Charnian und benachbarten Aufschlüssen mit sicherem Kambrium, aber die Summe der Kriterien (Radiometrie, Intrusionskontakte) ist mit einem Alter des Charnian nicht jünger als Kambrium vereinbar (Bland et Goldring 1995: 6-8).

Carmarthen, Wales
Hier handelt es sich um eine neue Entdeckung im Llangynog Inlier südwestlich von Carmarthen. Die Fauna liegt im oberen Teil der vulkanogenen Coomb Formation. Sie ist auf eine Reihe scheibenförmiger Formen (Abb. 4) und auf einige Oberflächen-Spuren beschränkt, zum Beispiel *Palaeopascichnus* (Cope 1977, Cope et Bevins 1993). Cope et Bevins (1993) halten dafür, dass die scheibenförmigen

Abb. 2
*Das Ediacara-Fossil **Charnia masoni** von der Typ-Lokalität Charnwood Forest in England. Länge des Exemplars etwa 180 mm. Foto: T.D. Ford.*

Abb. 3
Das Ediacara-Fossil ?Cyclomedusa von Charnwood Forest, England. Länge etwa 30 mm. Foto: T.D. Ford.

Organismen vor ihrer Einbettung auf einer Schlick-Oberfläche im Gezeitenbereich gestrandet sind. Die Geologie des Llangynog Inlier ist verhältnismässig schwierig, und, obwohl eine gut begründete Vermutung, das jungproterozoische Alter der vulkanischen Folge aus Rhyoliten, Basalten und mit ihnen vergesellschafteten Vulkanoklastika bisher nicht zweifelsfrei belegt.

Longmynd, England
Das Longmynd ist eine mächtige Folge von Sedimenten, die südlich Shrewsbury aufgeschlossen sind. Sein Alter ist noch strittig, wird aber allgemein für jungproterozoisch gehalten. Bland (1984) beschreibt *Arumberia* als mögliches Fossil. Dieses hat eine charakteristische Form; es besteht aus feinen Rippen und Rinnen, die im allgemeinen radial angeordnet sind. Manchmal ist diese Struktur mit elliptischen Körpern vergesellschaftet. *Arumberia* wurde anfangs als becherförmige Cnidaria gedeutet (Glaessner et Walter 1975), aber die organische Natur wurde sehr angezweifelt (Brasier 1979, Jenkins et al. 1981). Immerhin ist diese Struktur in vielen feinkörnigen jungproterozoischen Sandsteinen weit verbreitet. Eine vermittelnde Deutung von *Arumberia* wäre, dass sie zwar anorganischer Entstehung ist, aber eine Folge der Einwirkung von Strömungen auf ein Sediment, dessen Eigenschaften durch mikrobielle Tätigkeit verändert war, wie sie für diesen Abschnitt der Erdgeschichte typisch ist.

Jersey, Channel Islands
Bland (1984: 629) berichtet von möglichen Funden von *Arumberia* in „roten Schiefern an der Basis des Rozel Conglomerate".

Insel Jura, Schottland
Die Dalradian Supergroup ist eine mächtige Folge mariner Sedimente grösstenteils jungproterozoischen Alters, die sich sehr wahrscheinlich in das Kambrium erstreckt (Tanner 1995). In den westlichen Gebieten, auf den Inseln Islay und Jura, ist der Grad der Metamorphose gering, wenn auch feinkörnige Schichten noch geschiefert sind. Ediacara-Fossilien sind in Sedimenten vergleichbaren metamorphen Grades in Finnmark gefunden worden (Farmer et al. 1992: 183, s. u.). Die Suche nach Ediacara-Fossilien geht davon aus, dass, möglicherweise mit einer Ausnahme (Hofmann et al. 1990), diese immer jünger sind als die Tillite (Moränen), die in zahlreichen spätjungproterozoischen Profilen vorkommen. An der Westküste der Insel Jura gibt es hervorragende Aufschlüsse im Jura Quartzite (Abb. 5, 6), der die Port Askaig Tillite überlagert. Im Mai 1995 habe ich, angeregt durch die Qualität der Aufschlüsse an der West- und Nord-Küste und den geringen Grad der Metamorphose, hier speziell nach Ediacara-Fossilien gesucht. Mit Ausnahme möglicher Exemplare von *Nimbia* (Abb. 5), die allgemein als ein Bau von Cnidaria angesehen wird, und einfacher Grabbauten (Planolites) habe ich keine überzeugenden Funde gemacht. Es ist aber geplant, die Suche auf stratigraphisch jüngere Einheiten bei Ballachulish auszudehnen.

Irland
Ein kürzlich erschienener Bericht von Crimes et al. (1995) über eine anscheinend Ediacara-ähnliche Fauna aus der ober-kambrischen Booley Bay Formation in Waterford ist offensichtlich von Bedeutung für die Frage „überlebender" Ediacara-Fossilien (Conway Morris 1993a). Fossilien, die als Arten von Ediacara (*E. booleyi*) gedeutet werden, sollen durch Turbidity Currents transportiert worden sein und sind als Abdrücke im Sediment erhalten. Mit Hilfe dieser taphonomischen Geschichte wird auf einen Organismus mit gitterartigen Wänden in der Art von Seilachers ursprünglicher Auffassung der Vendobionta geschlossen.

Nordeuropa ausserhalb der Britischen Inseln

Tanafjord, Finnmarken
Farmer et al. (1992) haben eine recht mannigfache Gesellschaft verhältnismässig schlecht erhaltener scheibenförmiger Fossilien aus dem Innerelv Member der Stappogiedde Formation beschrieben, für die spätes Vendium als Alter sehr wahrscheinlich ist (Vidal 1981, Vidal et Moczydlowska 1995). Die Aufschlüsse liegen an der Westküste des Tanafjord auf der Halbinsel Digermul. Die häufigsten scheibenförmigen Fossilien ähneln *Cyclomedusa* (Abb. 3). Von besonderem Interesse ist das Vorkommen von *Hiemalora*, die sonst von benachbarten Fundstellen an der Küste des Weissen Meeres und weiter im Osten bis Sibirien bekannt ist. *Hiemalora* ist aussergewöhnlich unter den scheibenförmigen Ediacara-Fossilien, weil sie offenbar Abdrücke von Tentakeln zeigt. Die Fossilien scheinen in Sedimenten verhältnismässig flachen Wassers angereichert worden zu sein. Farmer et al. (1992: 190) haben ausserdem einige mutmassliche Spurenfossilien, die schon früher aus dem Innerelv Member bekannt waren, neu gedeutet, unter ihnen vermutete vertikale Grabgänge, die sonst in Ediacara-Folgen sehr selten sind. Sie haben diese mutmasslichen Fossilien als diagenetische Entwässerungsspuren gedeutet. Gewisse scheibenförmige Strukturen scheinen ebenfalls durch Entwässerung entstanden zu sein.

Abb. 4
Das Ediacara-Fossil? **Medusinites** *vom Llangynog Inlier, Carmarthen, Wales. Foto: J.C.W. Cope.*

Abb. 5
Mutmassliches Exemplar von **Nimbia** *aus dem Jura Quartzite, Jura, Schottland. Durchmesser der Münze 24 mm.*

*Abb. 6
Typischer Aufschluss im Jura Quartzite, Nordwest-Küste der Insel Jura, Schottland.*

*Abb. 7
Die mutmassliche Meduse „Ichnusina" aus der San Vito Formation (mittleres bis oberes Kambrium?) Südwest-Sardinien. Länge etwa 30 mm. Foto: F. Debrenne.*

Torneträsk vattan, Lappland, Nord-Schweden
Das charakteristische scheibenförmige Fossil *Kullingia* ist von drei Fundstellen am Torneträsk vattan bekannt (Føyn et Glaessner 1979). *Kullingia* zeigt eine Reihe deutlicher konzentrischer Ringe, die üblicherweise als Trennwände gedeutet werden, die gasgefüllte Kammern eines Flosses ähnlich dem der heutigen Chondrophorinen voneinander getrennt haben. Das Alter dieses Fundmaterials ist nicht besonders gut bekannt. Es wird überlagert von Sedimenten, welche die für das Kambrium typische Foraminifere *Platysolenites* enthält (McIlroy et al. 1994). Foyn et Glaessner (1979) haben die *Kullingia*-führenden Schichten mit dem unteren Teil des Manndraperelv Members der Stappogiedda Formation korreliert, was diesen Fundort nur wenig jünger als den der scheibenförmigen Fossilien im nahen Finnmarken machen würde. Dagegen legen mit *Kullingia* vergesellschaftete Spurenfossilien nahe, dass diese Schichten eher zum Kambrium gehören (Jensen et Grant 1993). Im Einklang damit legt eine Korrelation mit nahe benachbarten Schichtfolgen in Finnmarken eine Parallelisierung mit der Breivik-Formation nahe, welche die Stappogiedda Formation überlagert und die ebenfalls als Kambrium angesehen wird (Farmer et al. 1992). Es könnte von Bedeutung sein, dass Funde ähnlicher scheibenförmiger Fossilien auch aus dem untersten Kambrium (Member 2 der Chapel Island Formation) der Burin-Halbinsel in Südwest-Neufundland berichtet werden (Narbonne et al. 1991).

Erquy und Bréhec, May-sur Orne, Bretagne
Vorkommen des zweifelhaften Fossils *Arumberia* im nördlichen Frankreich (Erquy und Bréhec) werden mit Material vom benachbarten Jersey korreliert. Ausserdem hat Doré (1985) eine mögliche Meduse von May-sur-Orne beschrieben. Jedoch ist die Altersstellung relativ zur Grenze Vendium/Kambrium nicht gut belegt.

Süd-Europa

San Vito, Sardinien
Medusen-ähnliche Fossilien (Abb. 7) mit Strukturen, die als bifurkate radiale Loben und als mutmasslicher Verdauungstrakt gedeutet werden, haben Debrenne et Naud (1981) aus schwarzen Schiefern in der San Vito Formation Südost-Sardiniens beschrieben. Die relativ häufigen Fossilien wurden zuerst als *Ichnusa (I. cocozzi)* bezeichnet. Weil dieser Name schon für eine Schmetterlings-Gattung vergeben ist, haben die Autoren in einem den Separat-Drucken beigelegten Zettel den Namen in *Ichnusina* geändert. Dieses Vorgehen ist nicht im Einklang mit den Internationalen Regeln für die Zoologische Nomenklatur IRZN, weil der lose Zettel nicht als Publikation gilt. Auch sieht Hofmann (1994: 1044–1045) diese Fossilien als zweifelhaft an. Zusätzlich zu den fraglichen medusenförmigen Fossilien haben Debrenne et Naud (1981) auch einige einfache, mehr oder weniger schichtparallele Spurenfossilien aus der San Vito Formation beschrieben. Zur Zeit dieser Veröffentlichung wurde das Alter der San Vito Formation als Ediacara angesehen. Neuerdings haben aber Untersuchungen an Acritarchen Mittel- bis Ober-Kambrium ergeben (Barca et al. 1982).

Spanien
Die Möglichkeit, Ediacara-Fossilien in Spanien zu finden, würde man als hoch einschätzen. Jung-proterozoische Schichtfolgen sind weithin aufgeschlossen und liefern Fossilien des Vendium, von denen das röhrenförmige Taxon *Cloudina* in diesem Zusammenhang von besonderer Bedeutung ist (Palacios 1989, Vidal et al. 1994). Dieser Organismus ist weit verbreitet und scheint für karbonatische Sedimente des späten Vendiums typisch zu sein, die von gleichem Alter sind wie die Schichten, die körperlich erhaltene Ediacara-Fossilien liefern. Indessen wurden mit Ausnahme von *Nimbia* (Palacios 1989: 36), die sehr wahrscheinlich aber nur eine Ruhespur eines Seeanemonen-ähnlichen Tieres ist, keine Ediacara-Fossilien aus Spanien beschrieben.

Schluss

Die Paläogeographie Europas zur Zeit des Vendium war von der heutigen sehr verschieden, und wahrscheinlich waren einige Regionen früher weit voneinander entfernt gelegen. Es hätte daher wenig Sinn, eine Synthese der Vorkommen von Ediacara-Fossilien über den Rahmen unserer allgemeinen Kenntnis dieser Faunen hinaus zu versuchen. Viele der Funde enthalten verhältnismässig einfache Scheiben, über deren biologische Verwandtschaft grösstenteils wenig bekannt ist. Einige mutmassliche Fossilien, beispielsweise *Arumberia*, könnten durchaus nicht-organischer Natur sein. Die Vorkommen in Charnwood Forest in England haben insgesamt die grösste Bedeutung. Es besteht aber durchaus die Möglichkeit, weitere Ediacara-Fossilien zu entdecken. Die beiden meistversprechenden Regionen dürften Spanien und Schottland sein.

Dank

Sören Jensen hat eine frühe Fassung des Manuskripts gelesen und viele hilfreiche Hinweise gegeben. Für technische Hilfe danke ich Sandra Last (Reinschriften), S. Capon und H. Alberti (Zeichnungen) sowie D. Simons (Photographien). Jon Cope (Cardiff), Françoise Debrenne (Paris) und Trevor Ford (Leicester) stellten grosszügig Photographien zur Verfügung. Bei der Geländearbeit auf Jura in Schottland hat mir G. Mitchison tatkräftig geholfen.

Europa im Paläozoikum

Enrico Serpagli und Annalisa Ferretti
Università di Modena, Modena, Italien

Einführung

Kaum jemand würde Europa in Abbildung 2A erkennen, einer Karte unseres Kontinents vor 480 Millionen Jahren. Das heutige Europa ist wahrhaftig ein Flickenteppich aus alten Kontinental-Blöcken, jeder von ihnen mit einer langen geologischen Geschichte, die im Laufe des Phanerozoikums zusammengeschweisst wurden. Laurentia, Baltica, Avalonia und Gondwana sind die bekanntesten alten Kontinental-Schollen; daneben gibt es einige weniger bekannte Terranes, die meisten im gegenwärtigen Mittel- und Südeuropa. Einige dieser Kontinental-Blöcke wie Avalonia und Baltica sind fast gänzlich Teile Europas geworden, während andere wie Laurentia und Gondwana nur kleine Stücke beigetragen haben. Ferner wurden kleinere Stücke kontinentaler Kruste erst an Europa angelagert, dann wieder endgültig von Europa getrennt. Die geologische Geschichte Europas wird daher beherrscht durch bedeutende Ereignisse wie die Kollision von Kontinenten, Öffnung und Schliessen alter Ozeane und durch die Auffaltung von Gebirgszügen. Diese Vorgänge bestimmen die frühere und heutige Geographie, und sie haben einen bedeutenden Einfluss auf die Verteilung der Organismen. Das Paläozoikum umfasst etwa 300 millionen Jahre, mehr als die Hälfte des gesamten Phanerozoikums. Deshalb ist es einfacher, die geologische Geschichte Europas in drei Schritten zuverfolgen (Abb. 1):

1. Frühes Paläozoikum (Kambrium und Ordovicium; von 540 bis 438 millionen Jahre vor heute)
2. Mittleres Paläozoikum (Silur und Devon; von 438 bis 355 millionen Jahre vor heute)
3. Spätes Paläozoikum (Karbon und Perm; von 355 bis 250 millionen Jahre vor heute).

Frühes Paläozoikum (Kambrium und Ordovicium)

Die geologische Geschichte Europas hat schon vor dem Paläozoikum begonnen (Morris, in diesem Band). Präkambrische Gesteine bilden die alten Schilde des Kontinents, von denen heute nur zwei an der Oberfläche liegen: der Baltische Schild und das Ukrainische Massiv. Ein beträchtlicher Teil präkambrischer Kruste ist von phanerozoischen Sedimenten bedeckt.

Die Paläogeographie Europas im frühen Paläozoikum (Abb. 2A) ist wahrscheinlich durch das Zerbrechen eines spät-präkambrischen Superkontinents entstanden, der aus Laurentia, Baltica und Siberia bestanden hat (Piper 1983, 1987). Es ist fraglich, ob Gondwana daran beteiligt war. Das Zerbrechen des Kontinents liess neue Ozeane und Meere entstehen, von denen einige in der künftigen Geographie Europas eine wichtige Rolle spielen sollten: Der Iapetus-Ozean lag zwischen Laurentia und Baltica/Avalonia; die Tornquist-Strasse, deren Existenz bis heute strittig ist (Paris et Robardet 1990, Fortey et Cocks 1992), trennte Baltica von Avalonia; und der Rheische Ozean wird zwischen dem Nordrand Gondwanas und Baltica/Avalonia angenommen (Abb. 2).

Nur kleine Gebiete im heutigen West-Europa (nördliches Irland und Schottland) wurden von Laurentia beigetragen, während ein grösserer Teil (südliches Irland, England und Wales, Ardennen, Rheinisches Schiefergebirge, Harz und nördliches Deutschland) zu Avalonia gehörten. Südwest-Europa (Iberische Halbinsel, Frankreich, Karnische Alpen, Sardinien) und Mittel-Europa (übriges

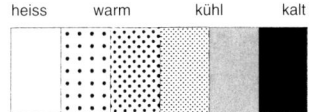

Abb. 1
Klima-Änderungen in Europa während des Paläozoikums. Im Diagramm sind nördliches und zentrales bis südliches Europa getrennt wegen ihrer unterschiedlichen geologischen Geschichte. Die Dichte des Rasters zeigt Temperaturen, die von Faunen und Lithologie abgeleitet wurden (verändert nach Scotese et McKerrow 1990).

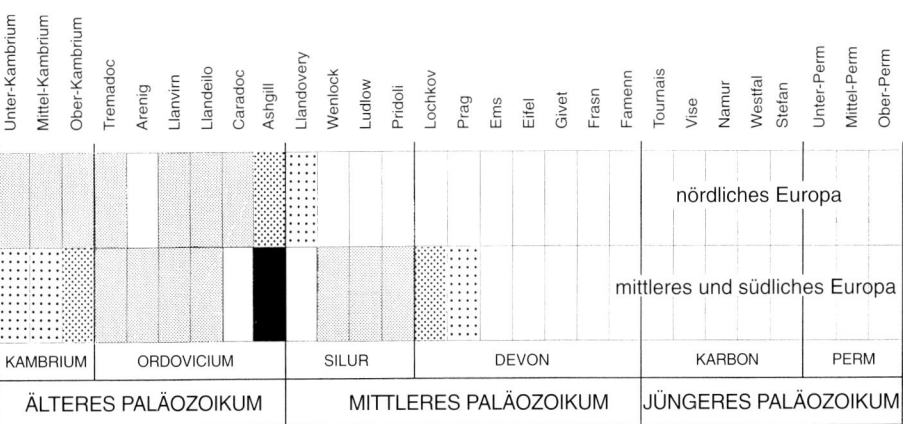

Deutschland, Südwest-Polen, Böhmen, Bulgarien und Rumänien) waren als Terranes unklarer Zuordnung am Nordrand Gondwanas verteilt. Eine dieser Schollen, ungefähr dem heutigen Böhmen entsprechend, ist kürzlich Perunica benannt worden (Havlíček et al. 1994). Die Situation im nördlichen Europa (Skandinavien, Nord-Polen, Russische Plattform, Podolien) war einfacher, weil es grösstenteils zum Baltischen Kontinent gehörte.

Eine Drift Gondwanas nach Süden verursachte im Kambrium eine Öffnung des Iapetus-Ozeans und demzufolge Endemismus vor allem in den Trilobiten-Faunen. Deren Gattungen sind tatsächlich auf den Schelfen von Laurentia und Baltica/Avalonia so verteilt, wie es der Anordnung der Sediment-Gürtel entspricht. Einige Gattungen kommen nur in Laurentia vor (z.B. *Olenellus, Paedeumias, Bathyonotus, Nevadia, Bonnia, Protypus*), während andere (z.B. *Callavia, Holmia, Kjerulfia, Strenuella*) für Baltica/Avalonia charakteristisch sind.

Im Ordovicium zeigt sich eine Einengung des Iapetus-Ozeans biogeographisch durch den regen Austausch mariner Organismen, die auf den gegenüberliegenden Schelfen des Ozeans lebten, und dadurch deutliche verwandtschaftliche Beziehungen zwischen den Trilobiten- und Brachiopoden-Faunen. Avalonia trennte sich von Gondwana, kollidierte mit Baltica vermutlich im frühen Ashgill (Ordovicium) und verursachte so die Schliessung der Tornquist-Strasse. Dieses Ereignis, das ebenfalls durch das Verschwinden des Provinzialismus mariner Organismen (z.B. Ostracoden, Vannier et al. 1989) dokumentiert ist, war der erste Schritt in Richtung auf die heutige Geographie Europas. Zugleich ist die Existenz des Rheischen Ozeans eindeutig. In einigen Gebieten Nord-Gondwanas führten besondere taphonomische Bedingungen zu aussergewöhnlicher Erhaltung mariner Wirbelloser wie der Trilobiten und Brachiopoden im Mittel-Kambrium (Fatka, in diesem Band) und im frühen Ordovicium (Kraft et Kraft, in diesem Band) in Böhmen.

Klimatische Unterschiede zwischen Nord-Europa und Mittel- und Südeuropa bestanden infolge der unterschiedlichen geographischen Breite der Blöcke (Abb. 1) kambrische Warmwasser-Kalke und Archaeocyathiden-Riffe in einigen Regionen Süd-Europas (Sardinien, Montagne Noire, Normandie, Spanien) sprechen für eine Lage in den Tropen, während Nord-Europa während des grössten Teils des Kambriums unter dem Einfluss kühleren Klimas lag. Gondwana driftete von den Tropen nach Süden, bis im frühen Ordovicium subpolare Breiten (mehr als 60° S) erreicht wurden (Courjauld-Radé et al. 1992).

Der Nordrand Gondwanas mit seinen Terranes Bohemia, Sardinia, Ossa Morena, Cantabria sowie Avalonia (Ardennen, Brabanter Massiv, Norddeutschland, England, Süd-Irland) lagen im Ordovicium in hohen südlichen Breiten, nicht weit vom Südpol, der in Nordwest-Afrika gelegen war (Beuf et al. 1971, Allen 1975). Glazio-marine Sedimente im Ashgill (Robardet et Doré 1988) in Spanien, Portugal, Sardinien, Böhmen und Thüringen sowie Kaltwasser-Faunen mit für Nord-Gondwana typischen Trilobiten (*Dalmanitina, Calymenella, Brogniartella, Onnia*) und Brachiopoden (*Aegiromena, Drabovia, Svobodaina*) lassen daran keinen Zweifel (Paris et Robardet 1990). Die Ausdehnung der Gletscher erreichte ihren höchsten Stand gerade am Schluss dieser Einheit. Dieses Ereignis verursachte eines der schwersten Massen-Aussterben im marinen Milieu: Graptolithen und Conodonten zum Beispiel verschwanden fast vollständig.

Zur selben Zeit bewegte sich Baltica (das heisst: der grösste Teil des heutigen Nord-Europa) nordwärts und erreichte warmes Wasser wenig südlich des Äquators, wie durch spät-ordovizische Kalke vom Typ der Bahama Banks in Schweden (Jaanusson 1973) und durch marine Faunen im Einfluss warmen Wassers (Webby 1992) angezeigt wird.

Mittleres Paläozoikum (Silur und Devon)

Im Mittleren Paläozoikum ereignete sich eine grosse Kollision zwischen Laurentia und Baltica/Avalonia. Als Folge davon wurden ein Teil des heutigen Europa, im wesentlichen das damalige Baltica und Avalonia, aber auch Schottland und das nördliche Irland, allmählich landfest mit dem Super-Kontinent Laurussia (Abb. 2B) oder dem Old-Red-Sandstone-Continent (oder sogar Euro-Amerika oder „Paläozoisch Laurasia"). Dieses Ereignis, die Kaledonische Orogenese, begann im nördlichen Teil des Iapetus-Ozeans im Silur, wie von den ost-vergenten Decken der spät-silurischen Skandinavischen Orogenese angezeigt (Stephens et Gee 1985), und endete im Unter-Devon in den südlichen Teilen des Iapetus-Ozeans mit der Akadischen Gebirgsbildung, die eine hohe Gebirgskette zwischen Laurentia und Baltica/Avalonia (Abb. 2B) schuf. Die Schliessung des Iapetus-Ozeans wird auch durch nicht-marine Fische belegt, die, mit dem frühen Devon beginnend, in Nord-Europa und Nord-Amerika häufig waren und eine einheitliche Provinz (Cephalaspiden- oder Euro-Amerikanische Provinz, Young 1981, 1990) besiedelten.

Mittel- und Südeuropa lagen zu dieser Zeit noch entlang des Nordrandes von Gondwana verteilt, wie durch die starke Verwandtschaft silurischer Faunen in Gebieten wie Böhmen und Sardinien angezeigt wird (Serpagli et Gnoli 1977, Gnoli 1990, Kříž et Serpagli 1993). Nord-Gondwana war von Avalonia/Baltica durch den Rheischen Ozean getrennt, der seine grösste Breite im mittleren Silur erreichte. Diese Barriere war vermutlich Ursache der Unterschiede in den Faunen von Nord-Gondwana und Avalonia/Baltica während des Wenlock. Zum Beispiel kommen die Brachiopoden *Leangella segmentum, Eoplectodonta duvalii* und *Protomegastrophia walmstedti* in England vor, das damals Teil von Avalonia war, *Leangella tufogena, Eoplectodonta decorata* und *Protomegastrophia miranda* dagegen nur in Böhmen, das damals zu Nordwest-Gondwana gehörte (Cocks et Fortey 1988, Cocks et Scotese 1991).

Zweifellos lag Avalonia/Baltica mit seinem bemerkenswerten Riff-Gürtel, der sich von Wales über Gotland, Estland und Litauen bis Podolien erstreckt, während der längsten Zeit des Silurs in tropischen Breiten (Scoffin 1971, Jaanusson et al. 1979, Riding 1981, Klaamann et Einasto 1982) (Abb. 1).

Während des gesamten Devons verursachte eine Nord-Drift Gondwanas eine Einengung des Rheischen Ozeans. Seit dem Pragium verschwinden die Unterschiede mariner Faunen von Süd-Baltica und Nord-Gondwana, steigt die Zahl gemeinsamer Arten von Brachiopoden-, Trilobiten-, Crinoiden- und Korallen-Arten auf beiden Seiten des Rheischen Ozeans rasch an (Paris et Robardet 1990). Der Rückgang des Provinzialismus, der schon im Silur begonnen hatte, war zu dieser Zeit fast abgeschlossen, und marine Faunen wurden kosmopolitisch.

Süd- und Zentral-Europa driftete in wärmere Breiten und näherte sich dem Old-Red-Sandstone-Kontinent (Laurussia), der von seinem Beginn bis zum Ende des Devons mehr oder weniger gleichförmig eine äquatoriale oder subäquatoriale Lage eingenommen hat.

In einigen Gebieten des Old-Red-Sandstone-Kontinents oder an seinem Rande wurde eine aussergewöhnliche Erhaltung von Organismen möglich, im terrestrischen (Remy et al., in diesem Band) ebenso wie im marinen (Jahnke et Bartels, in diesem Band) Milieu.

Spätes Paläozoikum (Karbon und Perm)

Obwohl Nord-Europa und Süd- und Mittel-Europa während der längsten Zeit des Devons benachbart waren, hat sich bis zum späten Devon oder dem

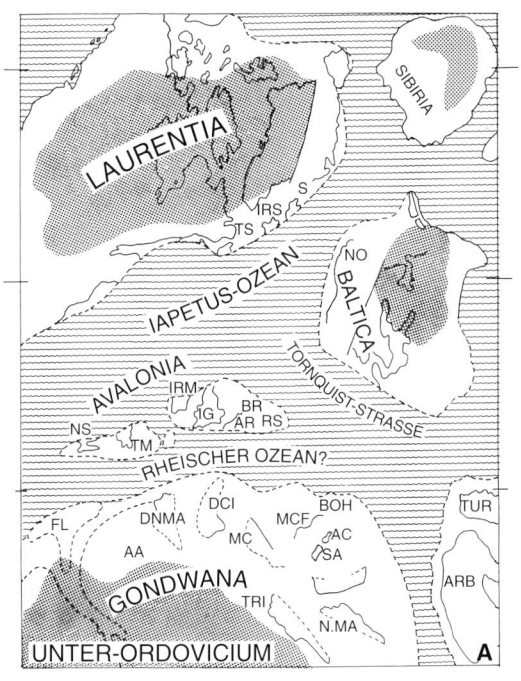
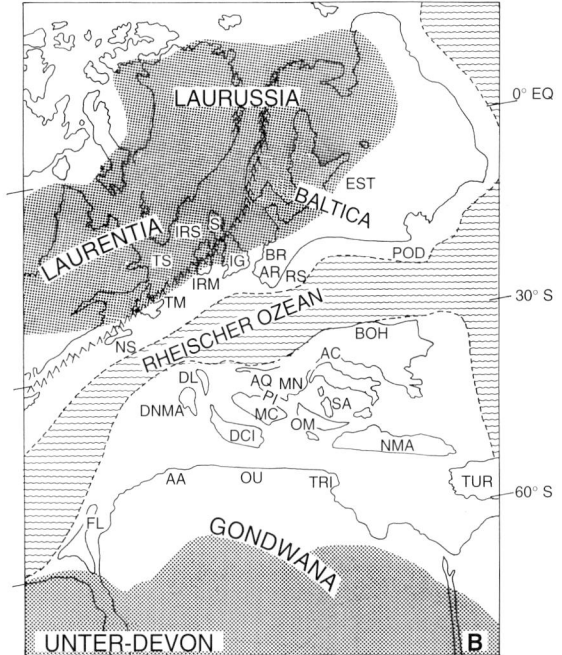
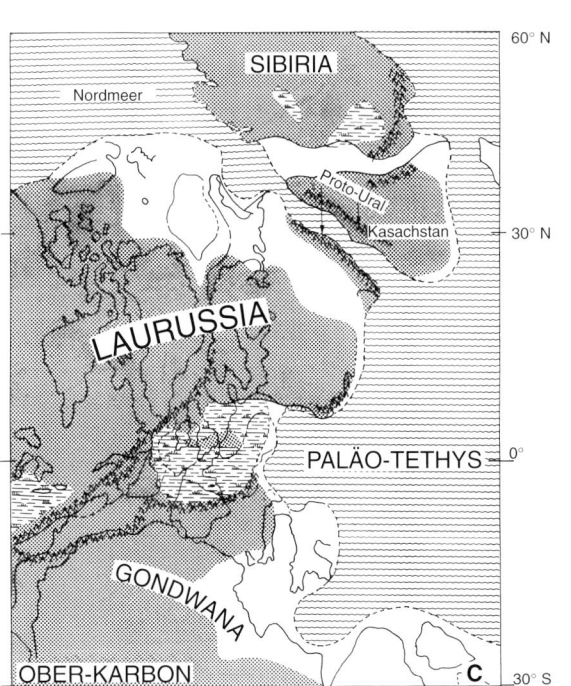
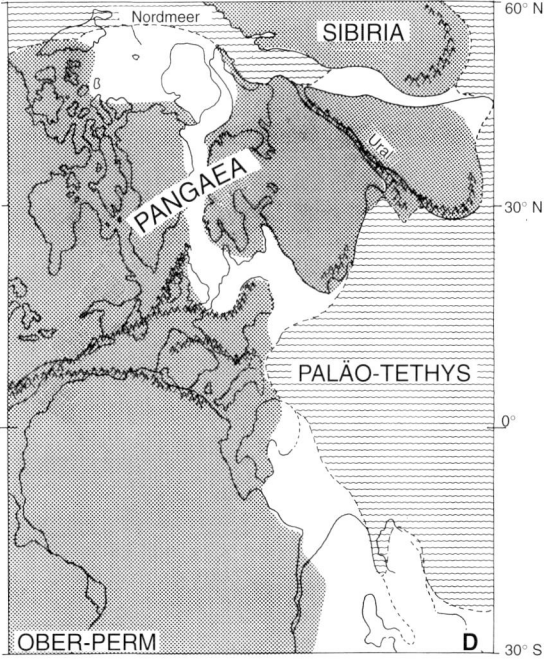
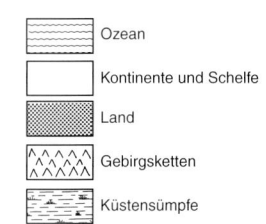

Abb. 2
Vereinfachte paläogeographische Skizzen von Europa, im wesentlichen nach Ziegler (1989) und Scotese et McKerrow (1990), leicht verändert. AA = Anti-Atlas, AC = Karnische Alpen, AQ = Aquitanien, AR = Ardennen, ARB = Arabien, BOH = Böhmen, BR = Brabanter Massiv, DCI = zentral-iberische Plattform, DL = Loire, DNMA = mittel- bis nord-armorikanische Region, EST = Estonia, FL = Florida, IG = England und Wales, IRM = südliches Irland, IRS = nördliches Irland, MC = Kantabrisches Gebirge, MCF = Massif Central, Frankreich, MN = Montagne Noire, NMA = nördlicher Maghreb, NO = West-Norwegen, NS = Nova Scotia, OM = Ossa Morena, Spanien, OU = Ougarta-Ketten, PI = Pyrenäen, POD = Podolien, RS = Rheinisches Schiefergebirge, S = Schottland, SA = Sardinien, TM = südliches Neufundland, TRI = Tripolitanien, TS = nördliches Neufundland, TUR = Türkei.

2A Frühes Ordovicium, 500 bis 460 millionen Jahre vor heute. Abkürzungen siehe oben.

2B Frühestes Devon, etwa 410 bis 400 millionen Jahre vor heute.

2C Ober-Karbon, etwa 310 bis 290 millionen Jahre vor heute.

2D Ende Perm, etwa 260 bis 250 millionen Jahre vor heute.

frühen Karbon wenig Deformation ereignet. Die Schliessung des Rheischen Ozeans infolge der Kollision zwischen Gondwana (Süd- und Mittel-Europa) und einem Teil des Old-Red-Sandstone-Kontinents (Nord-Europa) brachte einen Gebirgszug hervor, der als die Hercyniden bekannt ist. Die Hercynische (oder Variscische) Orogenese war erst im Ober-Karbon (Westfal) beendet, als nahezu alle Teile des heutigen Europa miteinander verschweisst waren (Abb. 2C). Die weltweite Kollision der Kontinente hatte ihren Höhepunkt im Perm, als der Superkontinent Pangaea vollständig war, der sich von Pol zu Pol erstreckte (Abb. 2D).

Europa war in dieser Konfiguration nur ein kleiner Teil, im Karbon zum grössten Teil in den Tropen am Äquator und am Ende des Perms in nördlichen Breiten zwischen Äquator und 50° Nord gelegen (Scoteseet McKerrow 1990).

Unter-karbonische Kalksteine wurden in warmen, flachen Meeren niederer Breiten abgelagert, die von reichen Crinoiden-Faunen besiedelt waren, die im Karbon ihre höchste Blüte erreichten. Diese Kalke sind über die Kontinental-Ränder von Belgien, England, Wales und Irland verbreitet. Eine Fazies mit Mud Mounds in diesen Kalken ist in Europa als Waulsortian (nach Waulsort in Belgien benannt) bekannt. Weiter südlich erstreckte sich die Kulm-Fazies tieferen Wassers mit Schwarzschiefern, Kieselschiefern, Kieselkalken, mit turbiditischen Kalksteinen, Sandsteinen und schliesslich Grauwacken und Konglomeraten der Flysch-Fazies. Typische Fossilien sind Goniatiten und pelagische Muscheln wie *Posidonia becheri*.

Während des Ober-Karbons lag ein Teil Europas noch nahe am Äquator. Vor dem Hercynischen Gebirge und in Senken innerhalb der Gebirge erstreckten sich im warmen Klima regenreiche Wälder, in denen die Steinkohlen West-Europas (Belgien, Frankreich, England, Deutschland) entstanden.

An den Küsten waren diese Wälder dem flachen Meer benachbart, das infolge globaler Meeresspiegel-Schwankungen wiederholt übergriff und fossilreiche marine Horizonte hinterliess. Lycopodiaceen von 40 bis 50 m Höhe wie Lepidodendren, Calamiten, Cordaiten und Farne bildeten dichte Bestände. Moose waren von geringer Bedeutung. Die Fauna umfasste, neben den marinen Crinoiden, Goniatiten, Brachiopoden und Conodontophoriden, Fische (Acanthodier, Actinopterygier), Arthropoden (Scorpione, Limuliden, Insekten, Tausendfüssler), einige davon in vorzüglicher Erhaltung (Taylor, in diesem Band). Amphibien entwickelten sich rasch in diesem Milieu und verbreiteten sich über die damalige Welt; sie hinterliessen die ersten Fussspuren von Wirbeltieren in europäischen Sedimenten. Im Perm dagegen begannen die Reptilien sich zu entwickeln und die Amphibien in den verschiedenen ökologischen Nischen zu ersetzen.

Das Ende des Perms war eine heisse, trockene Zeit mit weitverbreiteten Evaporiten in Mittel-Europa. Das Zechstein-Meer hinterliess in Norddeutschland, Polen und im Untergrund der Nordsee riesige Steinsalz-Lagerstätten, denen wertvolle Kali-Salze eingeschaltet sind. An der Basis dieser Schichtenfolge erstreckt sich ein schwarzer, bituminöser Mergel, der Kupferschiefer. Er führt aussergewöhnlich gut erhaltene Pflanzenreste und paläoniscide Fische, die in England als „Marl Slate Fish" bekannt sind. Im Süden besiedelten Amphibien und Reptilien die wüstenhaften Küstenebenen der alpinen Region am Rande der Paläo-Tethys. Zahlreiche Fährten wurden von verschiedenen Gebieten beschrieben (Conti et al. 1972).

Das Paläozoikum endet mit dem bedeutendsten Aussterbe-Ereignis, das uns bekannt ist. Es liess die Mehrzahl der Taxa mariner Wirbelloser und viele Arten terrestrischer Wirbeltiere verschwinden.

Die moderne Gestalt Europas wurde indessen erst viele Millionen Jahre später nach Zerbrechen der Pangaea erreicht (siehe die folgenden Kapitel). Es dürfte von Interesse sein, dass die Brüche, die im Mesozoikum den heutigen Atlantischen Ozean schufen, nicht genau mit der Naht des Iapetus-Ozeans zusammenfallen. Als Folge davon sind Splitter von Paläo-Europa (Nova Scotia) jetzt Teil Nord-Amerikas und Teile von Paläo-Nordamerika (Schottland und nördliches Irland) gehören heute zu Europa.

Dank

Wir danken Professor C.H. Holland sehr für eine kritische Durchsicht des Manuskripts und für Verbesserungsvorschläge. Dank geht ausserdem an Giancarlo Leonardi (Universität Modena) für seine genauen Zeichnungen.

Das Mittlere Kambrium bei Jince, Tschechische Republik

Oldrich Fatka
Univerzita Karlová, Praha, Tschechische Republik

Geschichtliches

Die erste Mitteilung über „Petrefakten", die in den Gesteinen bei Jince häufig vorkommen, ist jetzt mehr als 200 Jahre alt. Sie ist eine der ältesten Publikationen über Fossilien überhaupt. Schon Born (1772) berichtete über fünf Formen von Fossilien, die er zur Gattung *Entomolithus* Linné stellte. Diese Veröffentlichung machte auf Fossilien aufmerksam, die wir heute Trilobiten nennen. Sie hatte zur Folge, dass Fossilien in verschiedenen Teilen Böhmens, damals einer Provinz der Österreichisch-Ungarischen Monarchie, gesammelt wurden. Böhmische Fossilien, die meisten aus der Umgebung von Jince, wurden intensiv gesammelt und teilweise an Sammlungen europäischer Institute weitergegeben. Aufsammlungen an altbekannten und neu entdeckten Fundstellen führten zur Veröffentlichung einer Anzahl von Arbeiten über Fossilien aus dem „Barrandeum". Die meisten Naturforscher dieser Zeit versäumten nicht die Gelegenheit, böhmische Trilobiten zu studieren.

Diese Periode hatte ihren Höhepunkt in der Mitte des 19.Jahrhunderts mit der Veröffentlichung von Joachim Barrandes (1852) Monographie über Trilobiten, ein Werk, das für Jahrzehnte als höchster Standard der beschreibenden Paläontologie in Europa allgemein anerkannt wurde. Nachfolgend wurde Barrandes „Système silurien du centre de la Bohème" veröffentlicht.

Geologischer Rahmen, Stratigraphie

Im Böhmischen Massiv sind nicht-metamorphe altpaläozoische Schichten nur im sogenannten Barrandium erhalten, dem zentralen Teil des Massivs, zu Ehren Joachim Barrandes so benannt von Pošepný (1895). Das Barrandium enthält drei übereinander lagernde Sediment-Becken oder tektonostratigraphische Megazyklen. Deren ältester besteht aus proterozoischen Gesteinen, der zweite Megazyklus, das Beckenvon Příbram-Jince (Abb. 1), ist kambrischen Alters und enthält u.a. die fossilreichen Schichten von Jince. Der dritte Megazyklus, Prager Becken genannt, enthält Gesteine, die während des Ordoviciums, des Silurs und des Devons abgelagert wurden.

Die Stratigraphie des Barrandiums hat sich in einer langen Geschichte entwickelt. In der ersten stratigraphischen Tabelle von Barrande (1846, 1852) wurden die kambrischen Schichten noch in den oberen Teil seiner „Étage Azoïque B" und die „Étage des Schistes Prótérozoïque C" gestellt. Die Kenntnis der Schichtenfolge des Kambriums hat sich in der zweiten Hälfte des 19. Jahrhunderts rasch erweitert und wurde durch die Veröffentlichung von Kettner (1925) mehr oder weniger abgeschlossen. Durch Arbeiten von Havlíček (1950, 1971), Kukal (1971) und Waldhausrová (1971) wurde die heute übliche Terminologie (Abb. 6) für Gesteinseinheiten und Fossilzonen geschaffen. Nach einer im Detail komplizierten Entwicklung werden die fossilreichen Sedimente der Jince-Formation bei Jince jetzt in das Mittel-Kambrium gestellt.

Hochdiverse Fauna und Mikroflora sind über die gesamten 450 m Mächtigkeit der Jince-Formation häufig. Sandige Schiefer und Grauwacken, die in den tiefsten und den hohen Teilen der Formation vorherrschen, werden im mittleren Teil der Abfolge durch feinkörnige Grauwacken, siltige Schiefer und Tonschiefer ersetzt. Feinkörnige Lagen enthalten ein sehr diverses Mikrophytoplankton, vergesellschaftet mit örtlich reicher Makrofauna. Das Vorkommen verschiedener Fossil-Gruppen ermöglicht eine relativ genaue Datierung und Korrelation der Schichten. Die erste biostratigraphische Unterteilung der Jince-Formation durch Šuf (1926, 1928) beruhte auf der Kombination der stratigraphisch begrenzten Vorkommen von Trilobiten-Arten, Echinodermen und inartikulaten Brachiopoden. Diese Unterteilung haben mehr oder weniger alle späteren Autoren übernommen (Šnajdr 1958, 1975, Havlíček 1971, Mergl et Šlehoferová 1990, Fatka et Kordule 1992) (Abb. 6).

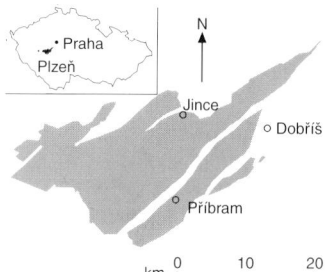

Abb. 1
Skizze des Beckens von Příbram und Jince mit der Verbreitung kambrischer Gesteine.

Abb. 2
Mittel-kambrische Gesteine der Jince-Formation am Stratotyp „svah Vinice" bei Jince.

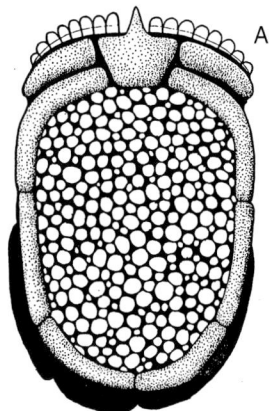

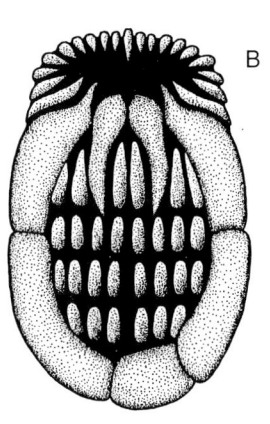

Abb. 3
Rekonstruktion des „primitiven"
epibenthischen Echinodermen
Etoctenocystis bohemica
Fatka et Kordule 1985.
A: Oberseite, B: Unterseite.

Entstehung der Gesteine, sedimentäre Merkmale

Zu Beginn des kambrischen tektonosedimentären Zyklus herrschte im Barrandium relative Ruhe. Sie wurde abgelöst durch tektonische Unruhe, mit der ein Meeresvorstoss im Mittel-Kambrium verbunden war. Im Ober-Kambrium nahe der Grenze Kambrium-Ordovicium wurde der Zyklus mit vulkanischer Aktivität abgeschlossen.

Die unter-kambrische Abfolge ist gekennzeichnet durch die Vorherrschaft mehr oder weniger grobkörniger klastischer Sedimente, unter ihnen mächtige fossilleere Konglomerate, Sandsteine und Subgrauwacken, die in einer kontinentalen Umgebung in Schwemmfächern und -ebenen, in Flussbetten, Altwässern und Seen abgelagert wurden. Der einzige fossilführende unter-kambrische Horizont, die Paseky-Schiefer, enthält nur eine kleine Fossilgemeinschaft mit dem Cheliceraten *Kodymirus vagans* Chlupáč et Havlíček, 1965 zusammen mit kürzlich entdeckten Crustaceen, Mikrofossilien und Spurenfossilien. Eine systematische Beschreibung der Fauna und Flora des Paseky-Schiefers ist gerade erschienen (Chlupáč et al. 1996, Fatka et Konzalová 1996, Steiner et Fatka 1996).

Paläontologischer Inhalt, Taphonomie

Die Jince-Formation ist für das häufige Vorkommen vollständiger und wohlerhaltener kambrischer Organismen bekannt. Lagen feinkörniger Schichten enthalten allgemein besser erhaltene Fossil-Gesellschaften, die normalerweise systematisch und morphologisch höher differenziert sind. Weil diese Gesteine zu einer Zeit entstanden, als sich die Entwicklung vielzelliger Organismen in einer experimentellen Phase befand, treffen wir Lebensformen unüblicher Gestalt an, die häufig Gruppen unbekannter systematischer Zugehörigkeit zugeordnet werden.

Trilobiten-Panzer und Theken von Hyolithen kommen in fast allen Horizonten der Jince-Formation vor. Schalen inartikulater Brachiopoden und Theken rätselhafter primitiver Echinodermen (Abb. 3) sind allgemein seltener, herrschen aber in einigen dünnen Lagen begrenzter geographischer Verbreitung vor. Funde zweiklappiger Crustaceen, Ostracoden, artikulater Brachiopoden, Mollusken und makroskopischer Algen sind aussergewöhnlich. Mikroskopische Algen (Acritarchen) fehlen in den organischen Rückständen nach Aufbereitung grobkörniger Sedimente wie Sandsteine, aber Proben von tonigen Sedimenten enthalten bis zu tausend Exemplare pro Gramm Gestein.

Die Fossilien aus der Jince-Formation sind seit mehr als 200 Jahren bekannt; sie gehören zu den frühesten wissenschaftlich beschriebenen Fossilien in Europa. In der 1. Hälfte des 19. Jahrhunderts hat eine Reihe von Autoren systematische Studien über polymeride und miomeride Trilobiten veröffentlicht (von Schlotheim 1823, Beyrich 1845, Barrande 1846, 1852, Hawle et Corda 1847). Nahezu 50 Trilobiten-Arten sind vergesellschaftet mit Mollusken (3 Arten), Hyolithen (mehr als 10 Arten), inartikulaten und artikulaten Brachiopoden (20 Arten), zweischaligen Crustaceen und Ostracoden (mindestens 4 Arten), mehr als 30 Arten Mikrophytoplankton sowie kürzlich beschriebenen Spurenfossilien. Das relativ häufige Vorkommen von vollständig erhaltenen Echinodermen-Skeletten (Theken genannt) zeigt die aussergewöhnlichen Erhaltungsbedingungen und ermöglicht detaillierte Studien der Morphologie, der Fazies-Abhängigkeit und der Ernährungsweise dieser Gruppe mit sonst schlechtem Erhaltungs-Potential. 10 Arten dieser merkwürdigen Gruppe, manche mit rätselhafter Morphologie, sind von Jince bekannt.

Die Fossilien der Jince-Formation bieten eine gute Grundlage für die Rekonstruktion der Wirkung von Umwelt-Gradienten auf Fossil-Gesellschaften (Abb. 4).

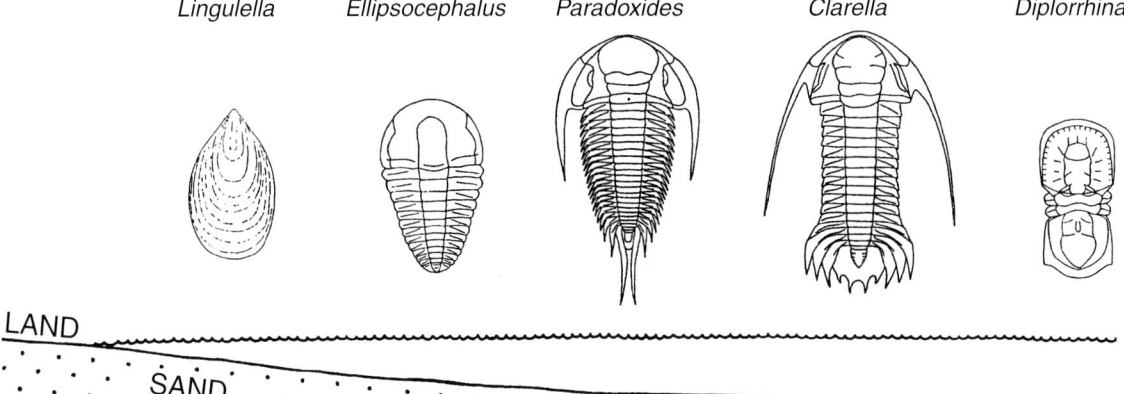

Abb. 4
Modell für Physiographie, Sediment-Verteilung und Fossil-Gemeinschaften während der Ablagerung der mittel-kambrischen Jince-Formation. Oben sind charakteristische Vertreter der jeweiligen Fossil-Gemeinschaften dargestellt.

Rekonstruktion der Ablagerungsbedingungen

Einzelne Horizonte innerhalb der Jince-Formation und Gebiete unterschiedlicher Ablagerungsbedingungen im Becken enthalten jeweils eigene Fossil-Gesellschaften (Abb. 4).

Im Milieu flachsten Wassers herrschen inartikulate Brachiopoden der Gattungen *Botsfordia*, *Westonia* und *Lingulella* vor. Solche Brachiopoden-Gesellschaften sind typisch für die tiefsten und die höchsten Horizonte der Jince-Formation, das heisst: für transgressive und regressive Sedimente.

Ein wenig tiefere Teile des Beckens waren von denselben inartikulaten Brachiopoden besiedelt, hier aber vergesellschaftet mit häufigen polymeriden Trilobiten der Gattungen *Ellipsocephalus*, *Conocoryphe* (Tafel 2), *Ornamentaspis* und *Paradoxides* sensu lato (Tafel 1). Diese Gemeinschaft ist typisch für Gesteine, die nahe der Untergrenze der Jince-Formation liegen.

Panzer polymerider Trilobiten der Gattungen *Paradoxides*, *Conocoryphe* und *Ptychoparia* zusammen mit Theken verschiedenartiger Echinodermen (*Lichenoides* (Abb. 5), *Akadocrinus*, *Vyscystis*, *Etoctenocystis*) und mehr oder weniger seltenen Agnostiden *Peronopsis* (Tafel 3) und *Phalagnostus* sind typisch für Sedimente, die in tieferen Teilen des Beckens entstanden.

In feinkörnigen Sedimenten aus dem tiefsten Ablagerungs-Milieu schliesslich herrschen häufig vollständige Panzer miomerider Trilobiten der Gattungen *Dawsonia*, *Onymagnostus*, *Tomagnostus*, *Doryagnostus* und *Diplorrhina* vor, begleitet von seltenen Exemplaren der grossen polymeriden Trilobiten *Hydrocephalus*, *Clarella* und *Eccaparadoxides*.

Acritarchen der Gattungen *Micrhystridium* und *Leiosphaeridia* herrschen in den ältesten und jüngsten Schichten der Jince-Formation vor, während Arten der Gattungen *Cristallinium*, *Eliasum*, *Adara*, *Timofeevia* und *Rugosphaera* für den mittleren Abschnitt der Formation typisch sind.

Die Fossilien der Jince-Formation im Tal des Flusses Litavka zeigen insgesamt eine typische Abfolge transgressiver und regressiver Gesellschaften. Pionier-Arten, wenig differenzierte, von Linguliden dominierte Gemeinschaften, herrschen in den tiefsten Schichten der Formation vor. Hoch diverse, trophisch komplizierte Gesellschaften sind typisch für die Gesteine im oberen Teil des unteren Drittels der Mächtigkeit. Sie werden abgelöst von wenig diversen Gesellschaften im mittleren Drittel und schliesslich von monospezifischen Gesellschaften am Ende der Formation.

Aufbewahrungsorte der Fossilien

Das gesamte Material der Arbeiten Joachim Barrandes und anderer Wissenschaftler des letzten Jahrhunderts sowie das Typ-Material von Echinodermen und Hyolithen wird im Tschechischen National-Museum in Prag aufbewahrt. Grosse Aufsammlungen, vor allem Trilobiten und Brachiopoden, sind in den Sammlungen des Tschechischen Geologischen Dienstes in Prag untergebracht. Vergleichsmaterial und der grösste Teil des Materials aus den unter-kambrischen Paseky-Schiefern befindet sich im Museum von Dr. B. Horák in Rokycany.

Abb. 5
Rekonstruktion des eocrinoiden Echinodermen **Lichenoides priscus** *Barrande 1846 (nach Fatka 1984).*

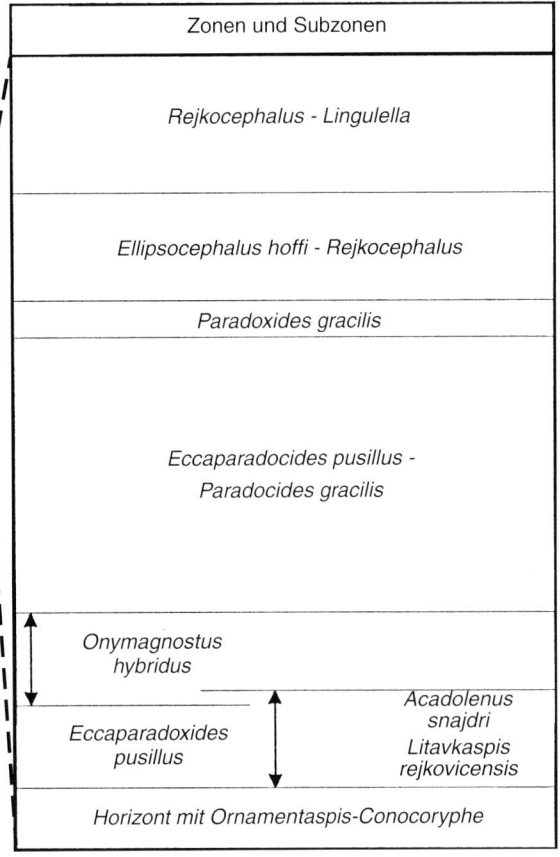

Abb. 6
Stratigraphisches Schema des Kambriums im Becken von Příbram und Jince (links) und Biostratigraphie der Jince-Formation (nach Havlíček 1971 und Fatka et Kordule 1992).

Das untere Ordovicium bei Rokycany, Tschechische Republik

Jaroslav Kraft
Západočeské muzeum, Plzeň, Tschechische Republik

Petr Kraft
Univerzita Karlová, Praha, Tschechische Republik

Einführung

Das untere Ordovicium (Arenig bis Dobrotiva) von Rokycany in West-Böhmen liegt im Westteil des Prager Beckens (Abb. 1), einer schmalen Synkline, die sich in SW-NE-Richtung zwischen Plzeň und der östlichen Umgebung von Praha erstreckt (Abb. 1). Diese Struktur enthält eine vollständige Schichtenfolge vom Unter-Ordovicium (Tremadoc) bis zum Mittel-Devon (Givet). Der grösste Teil des Beckens ist mit ordovicischen Ablagerungen gefüllt; Silur und Devon sind als Abtragungsreste auf den mittleren Teil des Beckens beschränkt (Abb. 3).

Die ordovicischen Sedimente sind durch zwei lithologisch unterschiedliche Fazies vertreten: vorherrschend tonige und vorherrschend sandige Anhäufung vulkanischer und vulkanoklastischer Gesteine zeugt von starker vulkanischer Tätigkeit während der Sedimentation. Horizonte mit sedimentären Eisenerzen entstanden als Ergebnis chemischer oder biologischer Prozesse in einem flachen, offenbar lagunären Milieu.

Das Ordovicium des Prager Beckens ist ein klassisches Vorkommen, das in der Korrelation innerhalb der Mediterranen Provinz eine bedeutende Rolle spielt. Die ordovicischen Sedimente, die nahe der Achse des Beckens bis zu 2.500 m mächtig werden, sind in 12 Formationen eingeteilt (Abb. 2). In der weiteren Umgebung von Rokycany ist infolge Erosion nicht die gesamte Schichtenfolge erhalten. Sedimente der Zahořany-Formation und jüngere fehlen hier.

Die ältesten Berichte über Fossilfunde im unteren Ordovicium von Rokycany stammen vom Ende des 18. Jahrhunderts. Der Beginn systematischer Studien an unter-ordovicischen Fossilien geht zurück auf die erste Hälfte des 19. Jahrhunderts und ist mit der Tätigkeit Joachim Barrandes verbunden. Die nächste wichtige Periode begann am Anfang dieses Jahrhunderts mit Holub, Klouček, Kettner und später Bouček. Diese Phase ist charakterisiert durch die Entdeckung vieler neuer Lokalitäten und erste Versuche, ein modernes stratigraphisches Schema zu entwerfen. Eine extensive, moderne geologische und paläontologische Bearbeitung ist seit den 50er Jahren im Gange (Havlíček, Šnajdr, Marek und andere). Zur Zeit werden Paläontologie und Stratigraphie des Ordoviciums untersucht an der Karls-Universität, der Tschechischen Akademie der Wissenschaften, dem National-Museum und dem Tschechischen Geologischen Dienst, alle in Praha, und vom West-Böhmischen Museum in Plzeň. Die wichtigsten Sammlungen von Fossilien von den im folgenden beschriebenen Lokalitäten befinden sich im National-Museum in Praha und im Museum von Dr. B. Horák, Rokycany.

Viele paläontologische Fundstellen in der Tschechischen Republik, einschliesslich der im folgenden beschriebenen, sind gesetzlich geschützt.

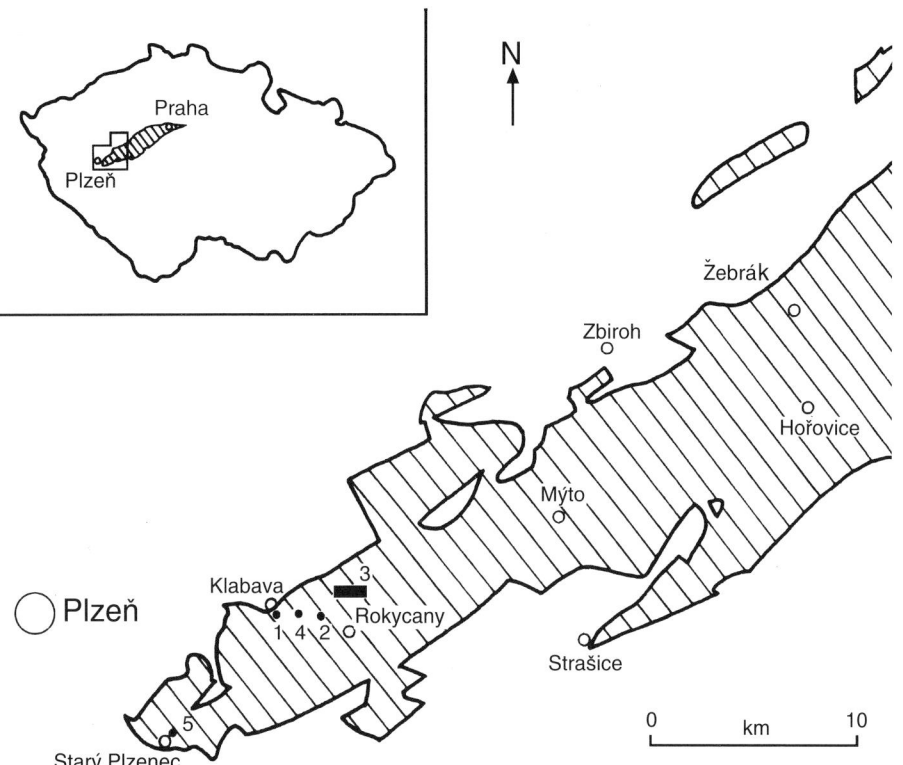

Abb. 1
Karte der Tschechischen Republik mit dem Prager Becken (schraffiert) und Detailkarte des westlichsten Teils. In dieser Arbeit beschriebene Fundstätten:
1 - Klabava - Starý hrad;
2 - Rokycanskástráň;
3 - Gebiet von Rokycany und Osek;
4 - Rokycany - Drahouš;
5 - Starý Plzenec.

Fundstellen

Klabava – Starý hrad

Diese klassische Fundstelle liegt in einer tief eingeschnittenen, Nord-Süd-verlaufenden Erosionsrinne etwa 200 m östlich vom Bahnhof Klabava. Auf der Ostseite der Rinne sind eintönig graugrüne Tonschiefer aufgeschlossen, die zum oberen Teil der Klabava-Formation, der *Tetragraptus-Azygograptus*-Zone, gehören. Diese Schiefer werden manchmal in der Literatur nach der vorherrschenden Trilobiten-Gattung als „Euloma-Schiefer" bezeichnet. Diese Lokalität wurde von Karel Holub entdeckt, einem bekannten Fossilsammler, der auch die von hier stammende Trilobiten-Fauna in den Jahren 1911 und 1912 beschrieben hat.

Die Schiefer enthalten eine reiche Fauna vorwiegend von Graptolithen und inartikulaten Brachiopoden. Die häufigsten Graptolithen sind *Tetragraptus reclinatus abbreviatus* Bouček und *Azygograptus suecicus* Moberg, begleitet von den weniger häufigen Arten *Holograptus membranaceus* (Bouček), *Dictyonema rokycanense* J. Kraft (dendroide Graptolithen mit planktonischer Lebensweise), *Callograptus holubi* (Bouček) und anderen. Häufige inartikulate Brachiopoden sind *Paldiskites sulcatus* (Barrande), *Rafanoglossa platyglossa* Havlíček und *Palaeoglossa pusilla* (Želízko); *Acanthambonia klabavensis* Havlíček ist selten.

Die Fundstelle ist bemerkenswert wegen der seltenen, aber charakteristischen Trilobiten, besonders *Euloma bohemicum* Holub (Tafel 7) und *Symphysurus rouvillei* (Tromelin et Grasset). Andere Arten, *Euloma inexspectatum* Holub und *Megistaspis cuspidatus* (Holub) sind noch seltener.

Weitere Makrofossilien werden gestellt von den phyllocariden Crustaceen *Caryocaris wrighti* (Salter), von Ostracoden, nautiliden Cephalopoden (*Bathmoceras* sp.), einigen Arten von Conulariiden und den phosphatischen Röhren von *Sphenothallus* sp., deren Basalscheibe oft auf harten Fossilschalen, meistens von Trilobiten, aufgewachsen ist. Reste eines wurmartigen Fossils, *Plasmuscolex klabavensis* P. Kraft et Mergl, sind sehr selten.

Mikrofossilien sind vertreten durch Chitinozoen (*Conochitina, Lagenochitina, Desmochitina*), Conodonten (*Prioniodus, Oepikodus, Drepanodus*) und hauptsächlich Acritarchen, den leitenden Arten *Arbusculidium filamentosum* (Vavrdová 1965) Vavrdová 1972 und *Baltisphaeridium klabavense* (Vavrdová 1965) Kjellström 1971 sowie häufig Arten der Gattungen *Coryphidium* und *Stelliferidium*.

Auf der Westseite der Rinne stehen oolithische Eisenerze an, die jünger sind und zum unteren Teil der Šárka-Formation gehören. Sie wurden im letzten Jahrhundert intensiv abgebaut. Etwa 50 m weiter östlich liegt das Mundloch eines Stollens namens Kristián. Am Hang knapp oberhalb befindet sich ein runder Erdfall. An seinem Rand stehen bunte Tuffe und Tuffite an, die eine typische Brachiopoden-Fauna mit *Nocturnellia nocturna* (Barrande), *Ranorthis lipoldi* Havlíček und anderen enthalten. Diese Tuffe und Tuffite bilden die obersten Schichten der Klabava-Formation.

Rokycanská stráň

Ein bemerkenswerter bewaldeter Hang am rechten Ufer des Flusses Klabava im nördlichen Teil von Rokycany wird von Schiefern der Klabava-Formation aufgebaut. In diesem Gebiet liegen viele Aufschlüsse mit für die verschiedenen stratigraphischen Horizonte der Klabava-Formation typischen Faunen. Die bekanntesten und fossilreichsten liegen im Westteil der Rokycanská stráň: Rokle und Lom.

Rokle („Schlucht")
Der Name bezeichnet Aufschlüsse in einer tiefen Nord-Süd verlaufenden Erosionsrinne. Die Fundstelle wurde zuerst von Holub (1911) erwähnt. Detaillierte paläontologische und biostratigraphische Untersuchungen wurden von Bouček (1944, 1956), Horný et Chlupáč (1952) und J. Kraft (1975, 1977) angestellt. In der Erosionsrinne liegt eine Folge eintönig graugrüner, örtlich siltiger Schiefer mit einer für den mittleren Teil der Klabava-Formation (*Holograptus tardibrachiatus*-Zone, Tafel 5) typischen Fauna.

Graptolithen bilden den Hauptanteil der Fauna; sie sind meist auf einigen Schichtflächen konzentriert. Die Schichten zwischen diesen Lagen sind sehr fossilarm. Am häufigsten sind die Leitarten *Holograptus tardibrachiatus* (Bouček)(Tafel 5) und *Acrograptus infrequens* J. Kraft. Andere Graptolithen, zum Beispiel *Expansograptus goldschmidti* (Monsen) und *Didymograptus rokycanensis* J. Kraft sind weniger häufig. Dendroide bilden einen wichtigen Teil der Graptolithen-Fauna. Die häufigsten sind *Desmograptus callograptoides* Bouček (Tafel 9), *Callograptus undosus* J. Kraft und *Dendrograptus kloucki* Bouček.

Zusätzlich zu den Graptolithen sind inartikulate Brachiopoden verhältnismässig häufig, unter

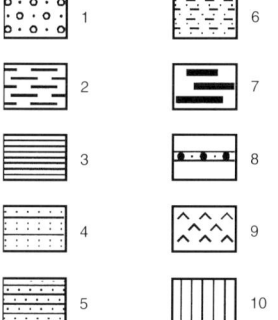

Abb. 2
Stratigraphische Tabelle für das Ordovicium in Böhmen (nach Havlíček 1992) und Reichweite der Aufschlüsse.
Signaturen: 1. Konglomerate und Grauwacken; 2. Kieselschiefer; 3. Schiefer; 4. Quarz-Sandsteine; 5. Wechsellagerung von Sandsteinen, Grauwacken und Siltsteinen; 6. siltige Schiefer und Siltsteine; 7. sedimentäre Eisenerze; 8. Diamictite; 9. basaltische Vulkanite; 10. stratigraphische Lücke. Sch. - Schiefer, Q. - Quarz-Sandsteine.

ihnen *Paldiskites sulcatus* (Barrande) und *Palaeoglossa pusilla* (Želízko). Die übrige, seltene Fauna enthält Arten von Conulariiden, *Caryocaris wrighti* (Salter) und das problematische Fossil *Supinella ovata* J. Kraft et P. Kraft. Diese Lokalität ist ausserdem wichtig wegen des Fundes des wahrscheinlich ältesten bekannten Chaetognathen, *Titerina rokycanensis* P. Kraft et Mergl. Die Schiefer enthalten auch häufig Spurenfossilien.

Lom („Steinbruch")
Der aufgelassene Steinbruch liegt in der Fortsetzung der Schlucht nach Norden; heute ist er teilweise verfüllt. An den südlichen und östlichen Steinbruchwänden stehen stark verwitterte graugelbe und hellgraue Tonschiefer an. Sie enthalten eine für die *Azygograptus-Tetragraptus*-Zone im oberen Teil der Klabava-Formation typische Fauna. Diese Lokalität wurde im Detail von Bouček (1944, 1956), Horný & Chlupáč (1952) und P. Kraft (1988, 1990) untersucht.

In der relativ reichen Fauna herrschen Graptolithen und Brachiopoden vor. Die häufigsten Graptolithen sind die leitenden Arten *Tetragraptus reclinatus abbreviatus* Bouček, *Azygograptus suecicus* Moberg, *Acrograptus* cf. *infrequens* J. Kraft und *Holograptus membranaceus* (Bouček). Diese Fundstelle ist bemerkenswert wegen des Vorkommens von dendroiden Graptolithen, besonders *Callograptus holubi* Bouček und der planktonischen Art *Dictyonema rokycanense* J. Kraft (Tafel 8) in Gesellschaft von *Callograptus horaki* (Bouček), *Pseudoreticulograptus inusitatus* (J. Kraft), *Callograptus undosus* J. Kraft und weiteren.

Inartikulate Brachiopoden sind vertreten durch die häufigen Arten *Rafanoglossa platyglossa* Havlíček, *Paldiskites sulcatus* (Barrande) und *Conotreta turricula* Havlíček. Ferner lieferten die Schiefer einige Arten Conulariiden, die Crustaceen *Mytocaris kloucéki* Chlupáč und *Caryocaris wrighti* (Salter) sowie die Trilobiten *Euloma bohemicum* Holub und *Symphysurus rouvillei* (Tromelin et Grasset). Örtlich sind Schichtflächen von zahlreichen Schwammnadeln bedeckt. Auch Spurenfossilien sind häufig.

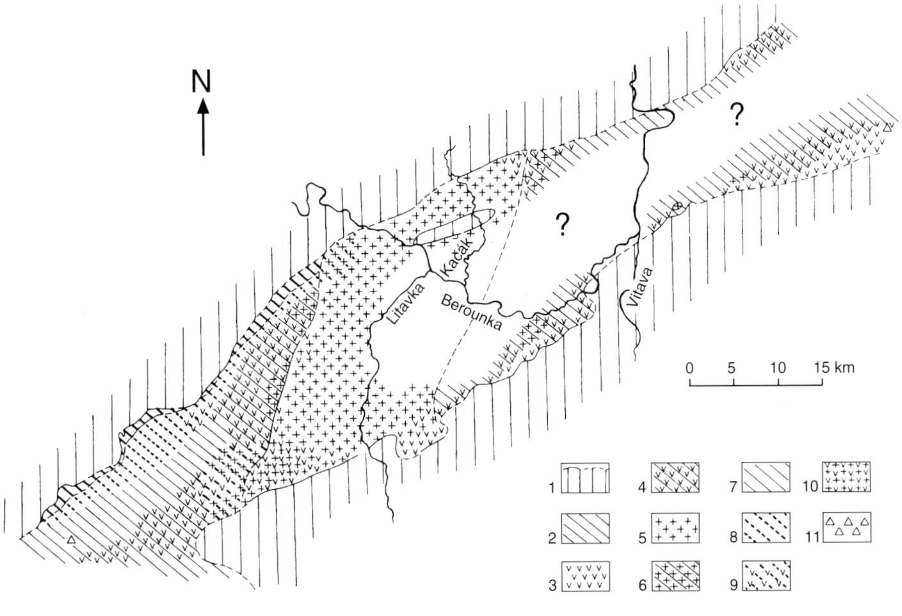

Das Gebiet zwischen Rokycany und Osek

Das Gebiet nördlich Rokycany bis zum Dorf Osek ist weltberühmt für die Fundorte der sogenannten Knollen von Rokycany. Das sind harte, quarzitische Konkretionen, die schöne, gut erhaltene Fossilien enthalten. Sie sind lagenweise in den Tonschiefern der Šárka-Formation konzentriert. Wo eine Lage mit Konkretionen an der Erdoberfläche ausstreicht, werden die Schiefer allmählich abgetragen, und die harten Konkretionen verbleiben im Boden, der dann mit ihnen angereichert ist. Im frühen Frühjahr, vor der Aussaat, und im Herbst nach der Ernte kann man die Konkretionen wie Kartoffeln auflesen. Ihre Grösse schwankt stark, im Mittel zwischen 1 und 10 Zentimetern. Ihre Gestalt ist ebenfalls verschieden, von idealen oder leicht abgeplatteten Kugeln über Linsen bis zu zylindrischen Formen. Fossilien liegen normalerweise innerhalb der Konkretionen, oft aber auch an deren Oberfläche. Die Fossilien sind üblicherweise dunkelgrau, an einigen Orten auch schwarz, dunkelrot oder gelb. Nach Kukal (1962) sind die Konkretionen ursprünglich karbonatisch gewesen und wurden später verkieselt.

Die Fundstelle der Konkretionen wurde von Antonín Katzer, einem Lehrer in Rokycany, im Jahre 1855 entdeckt. Die Fauna aus den Konkretionen wurde zuerst von Joachim Barrande (1856) im unmittelbar folgenden Jahr in zwei vorläufigen Mitteilungen beschrieben. Die Ergebnisse der detaillierten Untersuchung dieser Fauna sind in dem monumentalen Werk „Système silurien du centre de la Bohême" veröffentlicht. Andere Lokalitäten mit solchen Konkretionen wurden nach und nach entdeckt und neue Fossilien daraus beschrieben.

In der Šárka-Formation erscheint zum ersten Mal eine hoch-differenzierte Fauna im Prager Becken. Eine beherrschende Stellung nehmen die Trilobiten mit mehr als 50 Arten ein. Am häufigsten sind *Ectillaenus katzeri* (Barrande) (Abb. 4), *Placoparia barrandei* Prantl et Šnajdr, *Colpocoryphe bohemica* (Vaněk), *Ormathops atavus* (Barrande), *Asaphellus desideratus* (Barrande), und *Trinucleoides reussi* (Barrande), begleitet von den weniger häufigen *Ectillaenus advena* (Barrande), *Megistaspis alienus* (Barrande), *Bohemolichas incola* (Barrande), *Eoharpes primus* (Barrande), *Pricyclopyge binodosa* (Salter) und weiteren.

Die artikulaten Brachiopoden *Eodalmanella socialis* (Barrande) und *Euorthisina moesta* (Barrande) sind sehr häufig. Die inartikulaten Brachiopoden *Palaeoglossa debilis* (Barrande) und *Paterula* sp. sind weniger häufig. Die Monoplacophoriden werden hauptsächlich durch die seltene *Archinacella ovata* Perner vertreten. Unter den Bivalven sind *Redonia bohemica* Barrande und *Babinka prima* Barrande typisch. Häufige Gastropoden sind *Tropidodiscus pusillus* Perner, *Sinuites sowerbyi* Perner, *Gamadiscus nitidus* Perner und *Trochonema atava*

Abb. 3
Verteilung der Fazies im unteren Ordovicium des Prager Beckens am Beispiel der Klabava-Formation (nach Havlíček 1981).
1. vermutlich Land; 2. graue und graugrüne Schiefer; 3. rote Schiefer, Sandsteine und Grauwacken; 4. Wechsellagerung roter und grüner Schiefer (rote Schiefer im unteren Teil der Folge häufiger); 5. basaltische Vulkanite des Komárov Komplex; 6. wechsellagernd Tuff und Tonschiefer; 7. Tuffite; 8. Tonschiefer mit Tuffiten im höchsten Teil der Einheit; 9. Wechsellagerung von Tuffiten mit roten und grünen Tonschiefern; 10. Basalt-Tuff, überlagert von Tuffiten; 11. örtliche Vorkommen von Rhyolit bei Sedlec und von Andesit bei Ohrazenice.

Perner. Die Konkretionen enthalten ausserdem nautiloide Cephalopoden, darunter *Bathmoceras complexum* (Barrande) und *Eobactrites sandbergeri* (Barrande), die sehr häufigen Ostracoden *Conchoprimites osekensis* Přibyl, *Conchoprimitia? dejvicensis* Přibyl und *Cerninella complicata* (Salter), die häufigen Hyolithiden *Pauxilites pauxillus* (Novák), *Gompholites cinctus* (Barrande), häufig die Echinodermen *Mitrocystites mitra* (Barrande) (Tafel 6), *Lagenocystites pyramidalis* (Barrande), *Balanocystites lagenula* (Barrande), selten *Archegonaster pentagonus* (Barrande), *Palaeura bohemica* Jaeckel, die Conulariiden *Archaeoconularia insignis* (Barrande), *Metaconularia imperialis imperialis* (Barrande) sowie die leitenden Graptolithen-Arten *Corymbograptus retroflexus* (Perner) (Tafel 4) und *Didymograptus spinulosus* Perner.

Rokycany-Drahouš

An einem bewaldeten Hang oberhalb der Talaue des Klabava-Flusses, etwa 1,5 km westlich Rokycany, gibt es einige Aufschlüsse in graubraunen, tonigen und siltigen Schiefern, die dem unteren Teil der Klabava-Formation, der *Corymbograptus retroflexus*-Zone, angehören. Dies sind die reichsten Fundorte in der Schiefer-Fazies der Šárka-Formation im Prager Becken. Diese Lokalität wurde von Karel Holub im Jahre 1902 entdeckt. Eine erste Beschreibung mit einer Liste der Faunen wurde von Iserle (1903) veröffentlicht und von Holub (1908) revidiert. Eine detaillierte biostratigraphische Untersuchung wurde von J. Kraft und P. Kraft (1993) unternommen.

Die hier gefundene Fauna ist ähnlich der in den Knollen von Rokycany, sie ist aber nicht so artenreich und nicht so gut erhalten. Der obere Teil der Schichtenfolge besteht aus graubraunen Tonschiefern mit den häufigen Trilobiten *Ectillaenus katzeri* (Barrande), *Placoparia barrandei* Prantl et Šnajdr, *Ormathops atavus* (Barrande), *Colpocoryphe bohemica* (Vaněk), *Bohemopyge decorata* (Barrande), *Pricyclopyge prisca* (Barrande) und den Hyolithen *Pauxilites pauxillus* (Novák), *Gompholites cinctus* (Barrande), *Cavernolites giganteus* (Novák), den artikulaten Brachiopoden *Eodalmanella socialis* (Barrande), *Euorthisina moesta* (Barrande), einigen Bivalven-Arten, dem Ostracoden *Conchoprimites osekensis* Přibyl und den Graptolithen *Corymbograptus retroflexus* (Perner) (Tafel 4) und *Didymograptus spinulosus* Perner.

Der untere Teil der Folge ist durch dunkelgraue Tonschiefer besonders mit Graptolithen charakterisiert; andere Fossilien sind selten. Der häufigste Graptolith ist die Leitart *Corymbograptus retroflexus* (Perner). Andere Arten sind weniger häufig: *Didymograptus spinulosus* Perner, *Pseudoclimacograptus klabavensis* Bouček, *Expansograptus stanislavi* Bouček, *Climacograptus novaki* Perner, *Dendrograptus vokovicensis* Bouček und *Dictyonema dubium* Počta.

Starý Plzenec

Nördlich Starý Plzenec liegt ein Hügel namens Hůrka. Sein Südhang oberhalb der Talaue des Flusses Úslava ist als Černá stráň bekannt. An seiner Ostseite befinden sich viele Aufschlüsse in grauschwarzen Tonschiefern, die zum oberen Teil der Dobrotivá-Formation, der *Cryptograptus tricornis*-Zone gehören. Diese Fundstätte wurde von Želízko (1909) beschrieben, eine ausführliche Untersuchung wurde von Röhlich (1957) veröffentlicht.

Die Fauna ist hauptsächlich durch Trilobiten vertreten, *Cyclopyge umbonata bohemica* Marek, *Placoparia zippei* (Boeck), *Zeliszkella oriens* (Barrande), *Nobiliasaphus repulsus* (Přibyl et Vaněk) und anderen, begleitet von den Brachiopoden *Paterula circina* Havlíček und *Benignites primulus* (Barrande), den Echinodermen *Mitrocystella incipiens* (Barrande), *Anatiferocystites barrandei* Chauvel, einige Arten Hyolithen, Ostracoden, Conularien, Bivalven und Gastropoden.

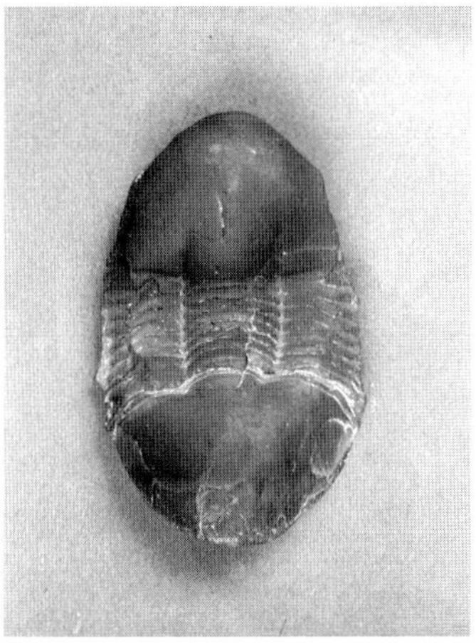

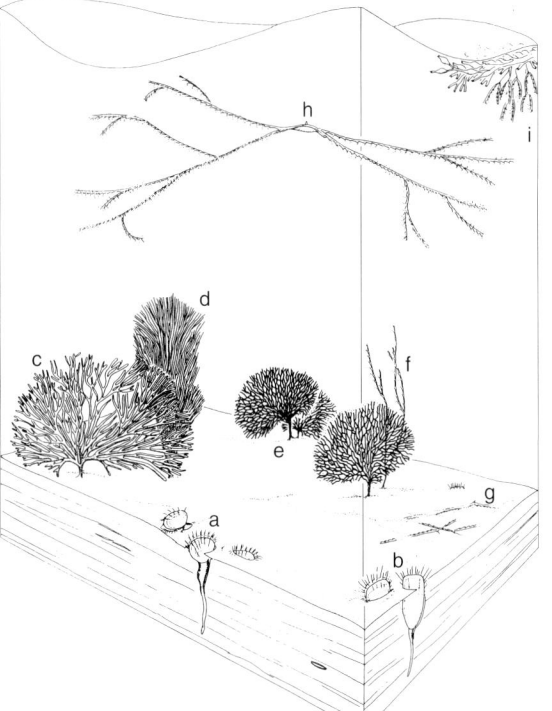

Abb. 4
Ectillaenus katzeri *(Barrande), Gegend zwischen Rokycany und Osek. Ein in den Konkretionen von Rokycany in der Šárka-Formation häufiger Trilobit, benannt nach dem Entdecker der Knollen. Länge 76 mm.*

Abb. 5
Marine Lebensgemeinschaft im mittleren Arenig in der Umgebung von Rokycany. Rekonstruktion von M. Mergl.
Inartikulate Brachiopoden:
*a. **Paldiskites sulcatus** (Barrande);*
*b. **Rafanoglossa platyglossa** Havlíček;*
Graptolithen:
*c. **Dendrograptus kloucecki** Bouček;*
*d. **Callograptus undosus** J. Kraft;*
*e. **Desmograptus callograptoides** Bouček; f. **Dendrograptus bouceki** J. Kraft; g. **Acrograptus infrequens** J. Kraft; h. **Holograptus tardibrachiatus** (Bouček); i. **Didymograptus rokycanensis** J. Kraft.*

Der Rhynie Chert, Unter-Devon, Schottland

Winfried Remy †
Westfälische Wilhelms-Universität, Münster

Paul A. Selden
University of Manchester, Manchester, England

Nigel H. Trewin
University of Aberdeen, Aberdeen, Schottland

Entdeckung und Geschichte

Die verkieselten Ablagerungen von Rhynie, der sogenannte „Rhynie Chert", mit seinen vorzüglich erhaltenen Pflanzen und Arthropoden, wurden von Dr. W. Mackie 1912 als Steine in Mauern und als lose Blöcke auf Feldern entdeckt, als er das Gebiet um Ord Hill kartierte (Mackie 1913). Der erste Bericht über den Rhynie Chert wurde in Horne et al. (1916) publiziert, nachdem D. Trait durch Grabungen das von jüngeren Ablagerungen überdeckte Vorkommen lokalisieren konnte. Die klassischen Arbeiten von Kidston et Lang (1917, 1920 a, b, 1921 a, b) basieren auf Material aus Traits Schürfen. Diesen Arbeiten sind bis heute zahlreiche Untersuchungen gefolgt, die auf Material aus weiteren Schürfen, in jüngerer Zeit auch aus Bohrungen, beruhen.

Geographische und geologische Lage

Der Ort Rhynie liegt im Nordosten Schottlands (Abb. 3), am Rande eines kleinen unter-devonischen Halbgrabens, der mit überwiegend fluviatilen Konglomeraten, Sandsteinen und Tonschiefern aufgefüllt ist. An seinem westlichen Rand wird das Becken durch eine Verwerfung begrenzt, der östliche Rand wird definiert durch die Diskordanz der devonischen Ablagerungen auf dem metamorphen kaledonischen Grundgebirge. Die devonischen Schichten fallen überwiegend mit 15–30° in Richtung der Randstörung ein, sie treten jedoch im Norden des Vorkommens als von Störungen durchzogene Muldenstruktur auf.

Der Chert ist nicht aufgeschlossen, das von jüngeren Ablagerungen überdeckte Vorkommen konnte jedoch abgegrenzt werden (Abb. 3). Vor kurzem wurde ein weiteres, ebenfalls nicht anstehendes Vorkommen pflanzenführenden Cherts entdeckt (Trewin et Rice 1992), das als Windyfield Chert bekannt wurde.

Trewin et Rice (1992) haben anhand von Kartierungen und Bohrkernen die Stratigraphie der Lokalität Rhynie revidiert (Abb. 4, 5). Da keine natürlichen Aufschlüsse der Cherts existieren, beruhen vor den jüngsten Bohrungen alle Informationen auf in den Feldern aufgesammelten Blöcken oder auf flachen Aufgrabungen in der Verwitterungszone. Der Chert ist eingebettet in eine Wechsellagerung aus Tonschiefern und geringmächtigen Sandsteinlagen (Abb. 3), die tuffitischen Sandsteinen und umgewandelter andesitischer Lava aufliegt. Das Auftreten einer Diskordanz unterhalb des die Lava unterlagernden Sandsteins lässt aber darauf schliessen, dass der Chert nahe der Basis der lokalen Abfolge liegt, nicht an deren Top, wie von Geikie (1878) angenommen und in den meisten Publikationen über dieses Gebiet übernommen.

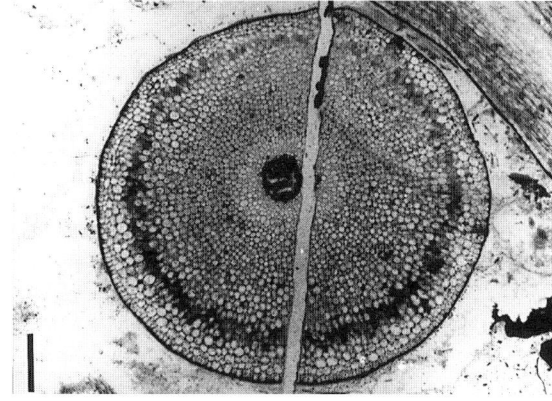
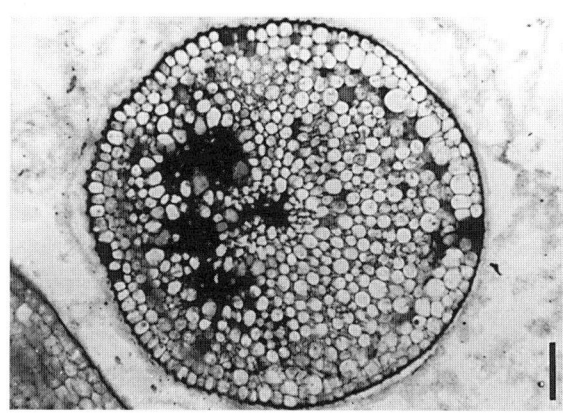

Abb. 1
Aglaophyton major, Querschnitt durch eine Hauptachse. Länge des Balkens: 800 μm.

Abb. 2
Rhynia gwynne-vaughanii, Querschnitt durch einen jungen Luftspross. Länge des Balkens: 200 μm.

Geochemische Untersuchungen (Rice et Trewin 1988, Rice et al. 1995) haben gezeigt, dass der Chert mit Gold angereichert ist, was auf die Aktivität Edelmetall-führender heisser Quellen schliessen lässt. Dieses Vorkommen ist weltweit der älteste Nachweis der oberflächennahen Ausbildung eines solchen Systems, damit ist diese Lokalität auch in Bezug auf ihre Mineralisationsgeschichte einzigartig. Das System heisser Quellen erstreckt sich über mehr als 1,5 km entlang des Beckenrandes in Rhynie. Intensive hydrothermale Aktivitäten in diesem Gebiet führten zu einer komplexen Durchsetzung mit Kieselsäure- (Chert) und Quarz-Feldspat-Adern und zu der Bildung von Umwandlungsmineralen einschliesslich Quarz, Kalifeldspat, Kalzit, illitischen und chloritischen Tonen. Die Daten der Sauerstoffisotope (Rice et al. 1995) legen eine Bildungstemperatur von 90–120° für den Chert nahe. Diese Werte repräsentieren aber wohl eher die Temperaturen bei einer späteren Versenkung des Cherts als die tatsächlichen Temperaturen bei der Verkieselung der Pflanzen.

Die chertführende Abfolge wurde anhand von Sporen als Pragium („mittleres Siegenium") datiert (Westoll 1977), die $^{40}Ar/^{39}Ar$-Daten des eigentlichen Cherts liefern ein Alter von 396 ± 12 mio. Jahren (Zusammenfassung in Rice et al. 1995).

Genese und sedimentäre Strukturen

Schon bald nach der Entdeckung des Cherts nahmen Mackie (1913) und Kidston et Lang (1917) eine hydrothermale Entstehung und Ablagerung als Kieselsinter an. In späteren Veröffentlichungen wurde der Chert häufig als „verkieselter Torf" beschrieben, die Entstehung durch heisse Quellen wurde nicht mehr herausgestellt. Die Textur des Cherts wurde detailliert von Powell (1994) und Trewin (1994) untersucht. Beide beschreiben laminierte und brekzierte Cherts, die typisch für Sinterterrassen sind wie sie heute z.B. im Yellowstone National Park oder in den Heisswasserquellen nahe Rotorua, Neuseeland, auftreten.

Einige massive Verkieselungen überliefern Pflanzenachsen in Lebendstellung, andere Chert-Ablagerungen enthalten nur Pflanzenhäcksel. Es gibt Hinweise auf Verkieselungen der Landoberfläche und auch seichter Tümpel, in denen Süsswasseralgen und *Lepidocaris* erhalten sind. Einige knotig ausgebildete Cherts sind innerhalb des Bodens als Verkieselungen durch versickernde Lösungen entstanden.

In der Windyfield-Lokalität zeigt ein Chert-Block eine botryoidale Textur, typisch für die „Spritzzone" rings um einen Geysir-Austritt.

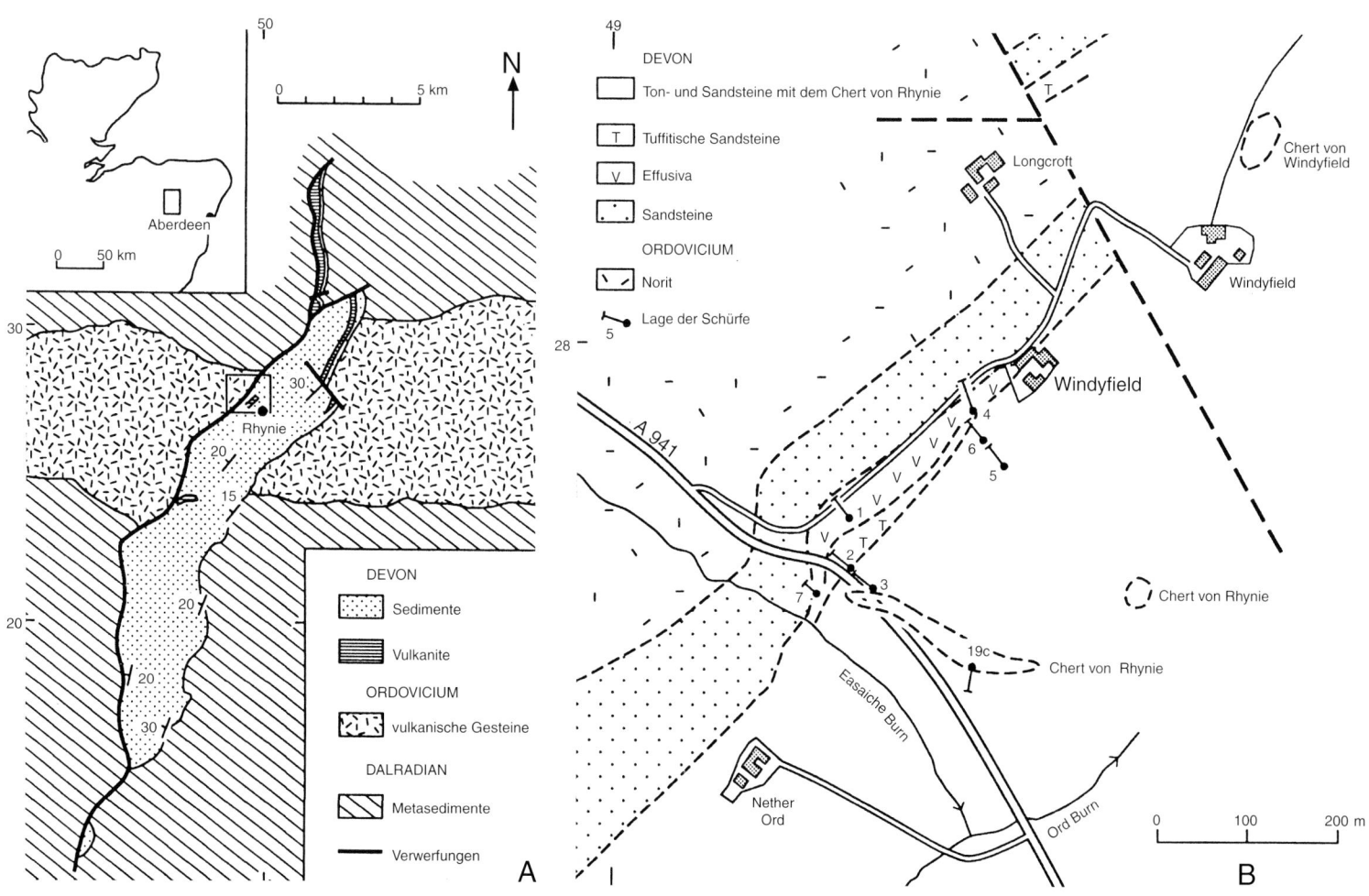

Abb. 3
Karte der Schichten von Rhynie.
3A Geologie des Rhynie Inlier, vereinfacht nach Horne (1886) und Horne et al. (1923).
3B Detail der Umgebung der Fossil-Lagerstätte (nach Trewin et Rice 1992).

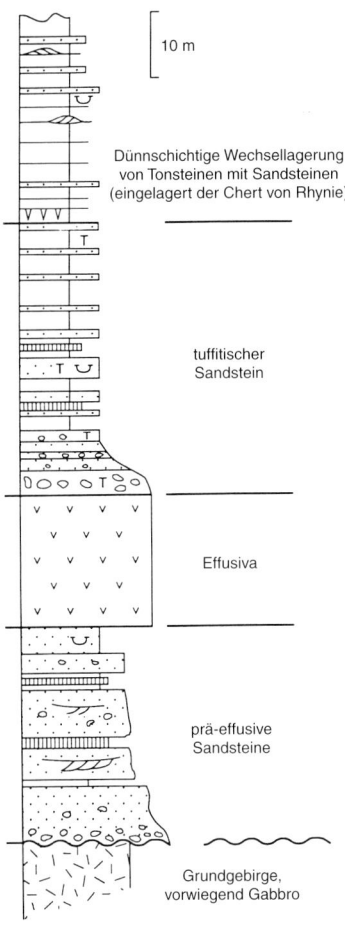

Abb. 4
Schichtenfolge in der Umgebung des Rhynie Chert
(aus Trewin et Rice 1992).

Alle Untersuchungsergebnisse sprechen für die Entstehung des Cherts als Ablagerungen kieselsäurereicher heisser Quellen. Pflanzen und Tiere dieses Gebietes wurden jedesmal von Kieselsäure durchtränkt, wenn heisses Quellwasser durch Veränderungen der Abflusswege des Quellsystems Gebiete mit Pflanzenwachstum überflutete. Daher besitzen die einzelnen Chert-„Schichten" auch nur eine sehr begrenzte räumliche Erstreckung, wahrscheinlich nur wenige Meter, während das gesamte chertführende Gebiet der Ausdehnung des Heisswasser-Quellsystems entspricht.

Insgesamt traten die hydrothermalen Aktivitäten in der Endphase eines lokalen andesitischen Vulkanismus auf. Vermutlich existierten erodierte Tuffkegel in dem Gebiet, da gelegentlich umgewandelte vulkanische Partikel in dem Chert zu finden sind. Die in die Chert-Lagen eingeschalteten Tonschiefer und dünnbankigen Sandsteine zeigen eine Vielzahl von Sedimentstrukturen, einschliesslich Flachwasser-Strömungsrippeln und Trockenrissen, die ein gelegentliches Austrocknen des Schlamms anzeigen. Feine parallele Laminierung tritt in den dünnbankigen, gradierten Einheiten auf, die als Ablagerungen von Suspensionsströmen in einer lakustrinen Umgebung interpretiert werden. Das Liegende der Cherts besteht in der Regel aus kieselig-kalkigen Sandsteinen, die schwach entwickelte Bodenhorizonte darstellen. Die Umweltbedingungen waren wahrscheinlich die einer alluvialen Ebene mit kleinen Seen. Zur Ablagerung von Sediment kam es wohl meist, wenn die grösseren Gewässer über die Ufer traten.

Obwohl im unteren Teil der Abfolge Kaliche-artiger Knollenkalk auftritt, ein Hinweis auf semi-arides Klima, scheint keine Wasserknappheit während der Ablagerung der chertführenden Abfolge aufgetreten zu sein, feuchtere Bedingungen herrschten vor.

Paläontologischer Inhalt, Taphonomie, Ökologie und Umweltbedingungen

Flora

Seit dem Erscheinen der klassischen Arbeiten von Kidston et Lang (1917, 1920a, b, 1921a, b) wurde der Flora des Rhynie-Cherts nahezu keine Aufmerksamkeit mehr geschenkt, bis der Pflanzeninhalt von A. G. Lyon (ab 1962) und D. S. Edwards (1980) und neuerdings auch von Remy und Mitarbeitern (ab 1980) neu bearbeitet wurde. Heute umfasst die bekannte Flora mehrere Landpflanzen einschliesslich deren Gametophyten, daneben Pilze, Algen, Cyanobakterien und eine Anzahl von Organismen mit unklarer taxonomischer Stellung.

Landpflanzen: Einige der Landpflanzen aus dem Rhynie-Chert sind bis in bemerkenswerte Details bekannt, von ihren Sporophyten bis hin zu den Gametophyten und von Vegetationskegeln bis hin zur Entwicklung von Spermatozoiden. Obwohl die langlebigen Sporophyten mit unabhängigen Gametophyten in der Generationsfolge wechselten (Tab. 1), war die vegetative Vermehrung in Form von klonalem Wachstum von grosser Bedeutung. Die Pflanzen waren kleinwüchsig, weniger als 50 cm hoch, und trugen terminale oder laterale Sporangien. Fast alle Pflanzen waren durch horizontale Achsen mit dem Substrat verbunden. Die Anatomie der Achsen war einfach, meist mit einem zentralen dünnen Bündel wasserleitender Zellen. Die Luftsprosse der meisten Pflanzen waren blattlos und wiesen einfach gebaute Stomata auf. Die Sporangien produzierten Sporen nur eines Typs (isospore Pflanzen), die sich nach der Keimung zu Gametophyten entwickelten, die wiederum auf der Innenseite schüsselförmiger Organe: Gametangien, ausbildeten.

Im Rhynie Chert sind offenbar einige der einfachsten Landpflanzen zu finden. Sie könnten den evolutionären Beginn mehrerer grosser Landpflanzengruppen darstellen. Einige dieser Pflanzen werden im folgenden kurz charakterisiert.

Aglaophyton major (Kidston et Lang) Edwards (1986) (Abb. 1) ist ein Sporophyt, der aus einem sinuos kriechenden Hauptachsensystem besteht. Zylindrische Sporangien wurden terminal auf aufrechten Seitenachsen getragen (Edwards 1986). Ein extensives klonales Wachstum, unter anderem durch zeitweilig arretierte Apices, führte zu einem dichten, mattenartigen Wuchs (Remy et Hass 1996).

Lyonophyton rhyniensis Remy et Remy (1980) ist ein Gametophyt, dessen vegetative Organisation weitgehend mit der von *Aglaophyton* übereinstimmt (Remy et Hass 1991a). Die Ränder der schüsselförmigen Antheridiophore sind in mehrere achsiale,

Tabelle 1
Paarweise Zuordnung von Sporophyten und Gametophyten (asexuelle und sexuelle Generation) an Material aus dem Rhynie Chert.

Sporophytes	Gametophytes
Rhyniophytina:	
Aglaophyton major	*Lyonophyton rhyniensis* ♂ (♀ unbekannt)
Rhynia gwynne-vaughanii	(♂/♀ unbekannt)
Horneophyton lignieri	*Langiophyton mackiei* ♀ (♂ bekannt, nicht veröffentlicht)
Zosterphyllophytina:	
Nothia aphylla	*Kidstonophyton discoides* ♂ (♀ unbekannt)
Trichopherophyton teuchansii	(♀/♂ unbekannt)
Prae-Lycophyta:	
Asteroxylon mackiei	(♀/♂ unbekannt)

leitbündelführende Loben aufgespalten. Auf der Innenseite der Antheridiophore wurden gestielte Antheridien gebildet, von denen viele noch mit den spiralig aufgerollten Spermatozoiden überliefert wurden. Stomata waren auf der vegetativen Achse und der Aussenseite der Antheridiophore vorhanden.

Rhynia gwynne-vaughanii Kidston et Lang (1917) (Abb. 2, 9) ist ein kleiner Sporophyt mit gelegentlich gegabelten Luftsprossen, aber mit zahlreichen Seitenachsen. Das klonale Wachstum war sehr ausgeprägt. Zahlreiche Luftsprosse tragen lentizellenartige Auswüchse, die sich aus (Stoma-) Nebenzellen entwickelten und Rhizoide tragen. Die wasserleitenden Zellen haben sehr kräftige spiralige Wandverdickungen, die durch eine maschige Innenstruktur auffallen (Kenrick et al. 1991). Die Sporangien sind spindelförmig (fusiform).

Horneophyton lignieri (Kidston et Lang) Barghoorn et Darrah (1938) ist ein Sporophyt mit leitbündellosen Rhizomknollen. Die Sporangien sind einzigartig in ihrem Aufbau, da sie aus bis zu fünfachsialen Loben bestehen, die von einer verzweigten Kolumella durchzogen werden. In Sporangiumwänden und in Luftsprosse treten sehr typische Drüsentaschen auf (Hass 1991).

Langiophyton mackiei Remy et Hass (1991) (Abb. 11) ist ein Gametophyt, der mit *Horneophyton lignieri* eine Reihe anatomischer Merkmale teilt. Die schüsselförmigen Archegoniophore tragen auf ihrer Innenseite zahlreiche Auswüchse, die wiederum die Archegonien tragen (Remy et al. 1993).

Nothia aphylla (Lyon ex Hoeg) El-Saadawy et Lacey (1979: Fig. 1) ist ein blattloser Sporophyt. Die Rhizome verzweigen sich sympodial, die Luftsprosse sind mit zahlreichen länglichen Emergenzen bedeckt, deren Spitzen jeweils eine Spaltöffnung bildet. Apikale Teile sind spiralig eingerollt. Die Sporangien sind gestielt nierenförmig und werden sowohl lateral wie auch terminal getragen.

Kidstonophyton discoides Remy et Hass (1991c) (Abb. 7, 8) ist ein Gametophyt mit einigen anatomischen Ähnlichkeiten zu *Nothia aphylla*. Die diskusförmigen Antheridiophore bestehen aus einem flachen, eingekrümmten Rand und aus einem konvexen Zentralteil. In Depressionen des Zentralteils stehen zahlreiche gestielte Antheridien.

Trichopherophyton teuchansi Lyon et Edwards (1991) ist ein kleiner, blattloser Sporophyt mit gabeliger Achse, die mit einzelligen Trichomen besetzt ist. Apikale Teile der Pflanze sind eingerollt. Die nierenförmigen Sporangien stehen lateral. Der exarche Xylemstrang ist leicht elliptisch.

Asteroxylon mackiei Kidston et Lang (1920) ist der grösste Sporophyt aus dem Rhynie Chert. Die basalen Teile sind rhizomartig und tragen gabelige, wurzelähnliche Achsen ohne Rhizoide. Die Luftsprosse sind kräftig, meist monopodial verzweigt und weisen eine tief lobierte Actinostele auf. Die Luftsprosse tragen spiralig angeordnete Mikrophylle (bis zu 5 mm lang), zwischen die gestielte, nierenförmige Sporangien eingestreut sein können.

BAKTERIEN, CYANOBAKTERIEN: Kidston et Lang (1921 b) verglichen einige organische Strukturen im Chert mit Kolonien heutiger Bakterien und beschrieben *Archaeothrix oscillatoriformis* und *A. contexta* als Cyanobakterien. Weitere Cyanobakterien (*Langiella scourfieldii*, *Kidstoniella fritschii* und *Rhyniella vermiformis*) wurden von Croft et George (1959) bekannt gemacht. Das Auftreten von Heterozysten deutet auf Beziehungen zu heutigen Formen der Stigonemataceae und Scytonemataceae.

ALGEN: Edwards et Lyon (1983) beschrieben coccale und fadenförmige Grünalgen. Sie ordneten *Rhyniococcus uniformis* den heutigen Chroococcaceae und *Mackiella rotundata* sowie *Rhynchertia punctatuden* heutigen Ulotrichiaceae zu. Die grösste Alge des Rhynie Chert, *Palaeonitella cranii* (Kidston et Lang) Pia (1927) erinnert in ihrer Histologie an das heutige Genus *Nitella* (Charales, Abb. 6).

PILZE: Kidston et Lang (1921b) publizierten einige Taxa aquatischer Pilze und verschiedene Formen des Formgenus *Palaeomyces* Seward. Harvey et al. (1969) sowie Illman (1984) beschrieben Zoosporangien bildende Pilze. Taylor et al. (1992 a, b) sowie Remy et al. (1994 a) berichteten über Chytridiomyceten; *Palaeoblastocladia* zeichnet sich beispielsweise durch den Wechsel von Sporophyten und Gametophyten aus (Remy et al. 1994 a).

NEMATOPHYTALES: Es handelt sich hier um Fragmente grösserer Organismen unbekannter taxonomischer Zugehörigkeit. Sowohl *Nematophyton taiti* Kidston et Lang (1921) als auch *Nematoplexus rhyniensis* Lyon (1962) weisen breite und schmale hyphenartige Röhren auf, deren Wände zum Teil spiralig verdickt sein können.

FLECHTEN: Ein *Gloeocapsa*-artiger Photobiont (Cyanobakterie) bildet zusammen mit Pilzhyphen einen flechtenartigen Organismus. Der Pilz bildet Hyphennetze von etwa 25 µm Durchmesser, die einzelne oder Gruppen von Cyanobakterien umgeben (Taylor et al. 1995 a).

Fauna

Crustacea aus dem Rhynie Chert wurden von Scourfield (1920a, b, 1926, 1940a) und Calman (1936) beschrieben, Arachniden von Hirst (1923). Hirst et Maulik (1926) berichteten ferner über einen vermutlichen Eurypteriden und mögliche Insekten. Von wenigen Ausnahmen abgesehen, wurden die Genauigkeit der Beschreibungen und auch speziell der detaillierten Zeichnungen von späteren Bearbeitern bestätigt; die Abbildungen haben in der Literatur eine weite Verbreitung gefunden. Tillyard (1928) erkannte, dass *Rhyniella* Hirst et Maulik (1926) zu den Collembola gehört. Später publizierte Arbeiten: Claridge et Lyon (1961), Greenslade et Whalley (1986), Whalley et Jarzembowski (1981) und Shear et al. (1987) haben den ursprünglichen Beschreibungen nur Details zufügen können. Seit 1926 ist aus

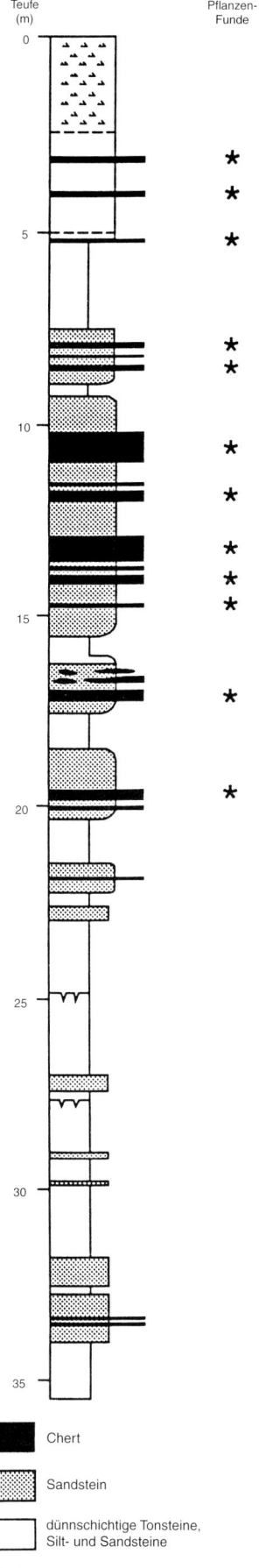

Abb. 5
Lithologisches Profil in Bohrung 19C in Rhynie (aus Trewin et Rice 1992).

dem Rhynie Chert kein neues Taxon mehr beschrieben worden.

Trewin (1994) listete die Fauna des Rhynie Cherts auf: eine Crustacee, fünf trigonotarbide Arachniden, eine Milbe (möglicherweise fünf Spezies) und ein Springschwanz. Die schlecht erhaltenen Reste vermutlich einer Spinne, eines Eurypteriden und von Kauwerkzeugen larvaler Insekten, die von Hirst (1923) und Hirst et Maulik (1926) beschrieben wurden, haben spätere Bearbeiter nicht generell anerkannt. Trotz der geringen Diversität der Fauna (nur Arthropoden sind bekannt) sind deren Überreste in einigen Horizonten sehr häufig. Die ausserordentlich gute und detaillierte Erhaltung der Morphologie hat die Rhynie-Fauna zum Modell für Untersuchungen zur Anatomie und Taphonomie von Arthropoden anderer früher terrestrischer Lagerstätten werden lassen (Tab. 2).

CRUSTACEA: Der verbreiteste Arthropode im Rhynie Chert ist *Lepidocaris rhyniensis* Scourfield 1926. Für diese neue Spezies hat Scourfield (1926) eine neue Crustaceen-Ordnung, Lipostraca, errichtet. Er beschrieb später einige neue Exemplare einschliesslich ihrer juvenilen Stadien (Scourfield 1940a).

CHELICERATA: Hirst et Maulik (1926) beschrieben *Heterocrania rhyniensis* anhand isolierter Fragmente von Körper und Gliedmassen. Sie stellten diese Reste, mit erheblichen Bedenken, zu den Eurypteriden. *Heterocrania* wurde von späteren Bearbeitern weitgehend ignoriert. Sie wurde auch nicht in Waterstons Übersicht über devonische Eurypteriden (in Rolfe et Edwards 1979) aufgenommen. Dennoch erscheinen Hirst et Mauliks Diskussionen und Schlussfolgerungen auf der Grundlage der ihnen vorliegenden Exemplare solide. In Hinblick auf ihr häufiges

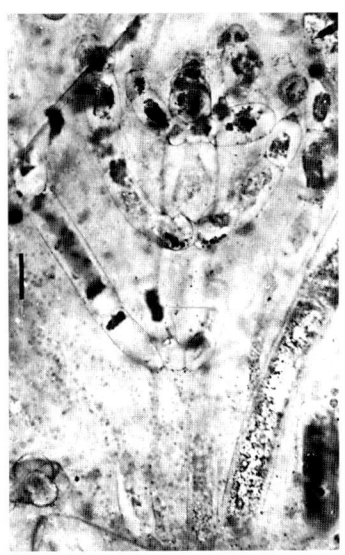

Abb. 6
*Die Alge **Palaeonitella cranii**, Längsschnitt durch den Apex dieser Charophyte mit zahlreichen Wirteln von Seitensprossen. Länge des Balkens: 100 µm.*

Tabelle 2
Silurische und devonische Ablagerungen, aus denen terrestrisches Leben beschrieben worden ist. Die Zahlen geben das Alter in millionen Jahren an.

PERIODE	STUFE	VORKOMMEN
DEVON	Famenne	
	Frasne	
	374	
	Givet	Gilboa, New York. Deltaische Tone mit Lycopsiden, Progymnospermopsiden, Arthropleuriden, Arachniden, Eurypteriden, Archaeagnathen
	380	
	Eifel	
	387	
	Emsiano	Alken an der Mosel. Salzwasser-Lagune mit Algen, Lycopsiden, Rhyniopsiden, Eurypteriden, Crustaceen, Mollusken, Fischen, Arachniden
		Gaspé, Québec. Süsswasser-Sumpf mit Trimerophyten, Zosterophyllen, Lycopsiden, möglicherweise Archaeagnathen
		Escuminac Bay, New Brunswick. Lycopsiden, Rhyniopsiden, Arthropleuriden
	394	
	Prag	Rhynie, Schottland. Heisse Quellen an Land mit Algen, Zosterophyllen, Rhyniopsiden, Prae-Lycopsiden, (*Asteroxylon*), Collembolen, Arachniden, Chilopoden?, Crustaceen, Eurypteriden?
		Huven bei Much, Deutschland (Steinbruch Kleu). Flusslandschaft mit Rhyniopsiden, Trimerophyten, Zosterophylllen, Prae-Lycopsiden (*Drepanophycus*), *Nematasketum*, Eurypteriden
	401	
	Lochkov	
	408	
SILUR	Přídolí	Ludford Lane, England. Marines Subintertidal mit Rhyniophytoiden, *Cooksonia*, *Nematothallus*, Arachniden, Arthropleuriden, Eurypteriden, eingeschränkt marine Fauna.
	414	

Auftreten in anderen siluro-devonischen nichtmarinen Lebensräumen (Tab. 2) wäre die Erwartung sicherlich nicht unangemessen, auch im Rhynie Chert kleine (?juvenile) Eurypteriden zu finden.

Reste von Trigonotarbiden sind im Rhynie Chert recht häufig; sie wurden von Hirst (1923) und Hirst et Maulik (1926) beschrieben. Die Entdeckung gut erhaltener Buchlungen in den Trigonotarbiden des Rhynie Chert (Claridge et Lyon 1961, siehe auch Størmer 1976) beseitigte jeden möglichen Zweifel daran, dass sie echte terrestrische Luftatmer waren. Zusätzliche morphologische Details wurden von Shear et al. (1987) und Dunlop (1994) publiziert. Trigonotarbiden gehören zu dem Arachniden-Taxon Tetrapulmonata, der Schwestergruppe der Spinnen, Amblypygiden, Uropygiden und Schizomiden. Sie treten in allen wichtigen frühen terrestrischen Lagerstätten auf (Tab. 2).

Palaeocteniza crassipes, von Hirst (1923) als Spinne beschrieben, wurde von Selden et al. (1991) erneut untersucht. Sie stellten fest, dass es sich nicht um eine Spinne, sondern wahrscheinlich um die Haut einer jungen Trigonotarbide handelt. Die älteste bekannte Spinne ist daher oberdevonische *Attercopus fimbriunguis* (Shear et al. 1987).

Die ältesten bekannten Milben (Acari) treten im Rhynie Chert auf. Hirst (1923) glaubte, dass seine Exemplare zu nur einer Spezies gehörten, die er *Protacarus crani* nannte und mit einigen Bedenken in die moderne Familie der Euporidae stellte. Nach Dubinin (1962) gehören diese Exemplare zu fünf Spezies und vier verschiedenen Familien: *Protocarus crani* (Pachygnathidae), *Protospeleorchestres pseudoprotacarus* (Nanorchestidae), *Pseudoprotacarus scoticus* (Alicorhagiidae), und *Paraprotacarus hirstii* sowie *Palaeotydeus devonicus* (Tydeidae). John Kethley (Field Museum of Natural History, Chicago) untersuchte die Exemplare nach und stellte aufgrund der Morphologie des Prätarsus die Zugehörigkeit von *Pseudoprotacarus scoticus* zu den Alicorhagiidae in Frage (in Kethley et al. 1989). Er betrachtet alle Exemplare als zur Familie der Pachygnathidae gehörig (persönliche Mitteilung in Norton et al. 1989), bis auf die Nanorchestidae (eine Familie, die dennoch in die Überfamilie Pachygnathoidea eingeschlossen wird). Sie alle scheinen zu den Prostigmata (= Actinedida) zu gehören.

HEXAPODA: Vier Insektenköpfe aus dem Rhynie Chert wurden von Hirst et Maulik (1926) als *Rhyniella praecursor* beschrieben. Tillyard (1928) wies darauf hin, dass *Rhyniella* eher zu den poduriden (=poduromorphen) Collembola gehört als zu den echten Insekten. Scourfield (1940 b, c) revidierte anhand neuer Exemplare diese Zuweisung und kam zu dem Ergebnis, dass *Rhyniella* wahrscheinlich zu den entomobryomorphen Collembola zu stellen sei, und zwar aufgrund der einfachen Antennae und des reduzierten Thorax I. Weitere Untersuchungen von Massoud (1967) zeigten jedoch, dass Thorax I gut entwickelt ist. Zusammen mit den styliformen Maxillen weist dies *Rhyniella* zurück zu den Collembola Poduromorpha und wahrscheinlich in die spezialisierte Familie Neanuridae. Allen Exemplaren, die bisher untersucht wurden, fehlte der posteriore Teil des Körpers mit der kennzeichnenden Furcula, so dass der sichere Nachweis der Zugehörigkeit zu den Collembola nicht geführt werden konnte. Whalley et Jarzembowski (1981) schliffen aber eines der Originalexemplare ab und legten das vollständige Abdomen mit Furcula frei. Greenslade et Whalley (1986) gaben neue Hinweise auf die systematische Stellung

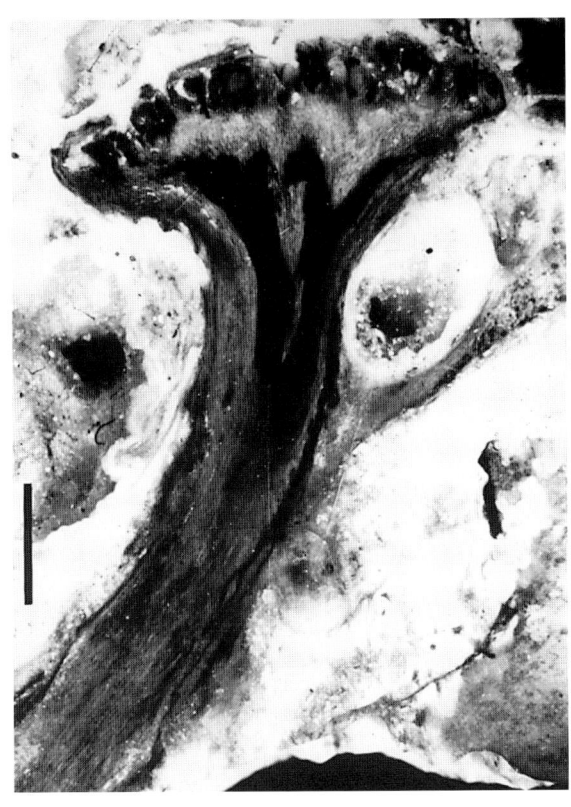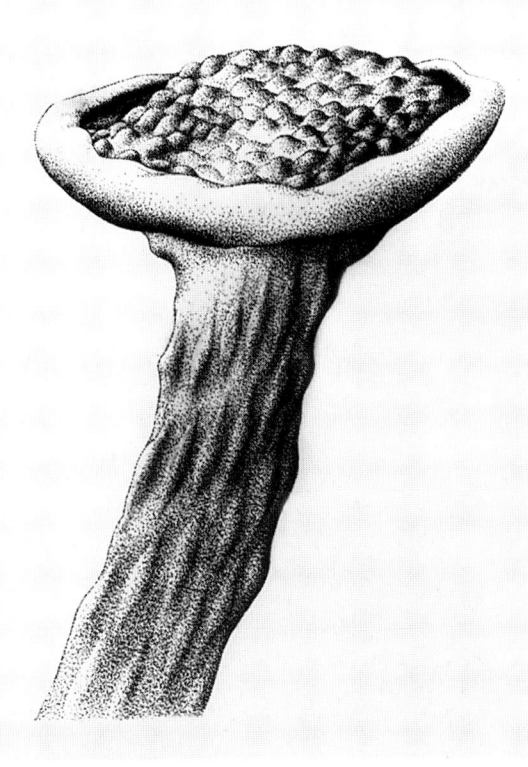

Abb. 7, 8
Kidstonophyton discoides, *Gametophyt von* **Nothia aphylla**, *Längsschnitt des Luftsprosses mit endständigem Antheriodiophor und Rekonstruktion. Länge des Balkens: 1,5 mm.*

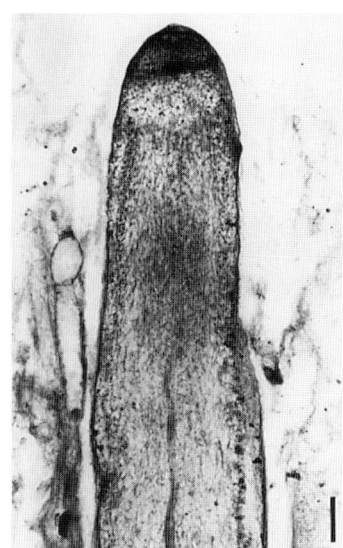

*Abb. 9
Rhynia gwynne-vaughanii,
Längsschnitt durch den Apex eines
juvenilen Luftsprosses. Länge des
Balkens: 200 μm.*

von *Rhyniella* und stellten sie sehr zuversichtlich in die Isotomidae, eine Familie, die Gletscher- und Firnfliegen sowie andere Bewohner von Lebensräumen mit hohem Stressfaktor einschliesst.

Ein Paar Kauwerkzeuge wurde von Hirst et Maulik (1926) provisorisch einem larvalen Insekt zugeschrieben. Es wurden jedoch keine weiteren Reste dieses rätselhaften Tieres aufgefunden; die meisten nachfolgenden Autoren (mit Ausnahme von Kühne et Schlüter 1985) stehen dieser Identifizierung skeptisch gegenüber, besonders da das nächstjüngere fossile Insekt der Holometabola ein einzelnes Exemplar aus dem Ober-Karbon von Mazon Creek ist (Shear et Kukalová-Peck 1989).

ANDERE TIERISCHE RESTE: Ein kurzes Stück eines Beines, das wahrscheinlich zu einem scutigerimorphen Centipeden gehört, wurde in einem Handstück des Rhynie Cherts identifiziert (A. J. Jeram, persönliche Mitteilung).

Taphonomie und Ökologie, Rekonstruktion des Lebensraums

Flora

Im Rhynie Chert werden Landpflanzen oft noch in Lebendstellung aufgefunden. Basale Teile von *Asteroxylon, Nothia, Horneophyton* oder *Aglaophyton* sind oft gut erhalten, während ihre aufrechten Sprosse in unterschiedlichen Abbaustadien überliefert sind. Dies weist auf eine längere Lebensspanne der basalen Teile hin, möglicherweise mit der Funktion von Speicher- und Überdauerungsorganen. Bei *Aglaophyton* können die basalen Achsen darüber hinaus auch neue Luftsprosse ausbilden, die dann die Deckschicht aus abgestorbenen Luftsprossen durchstossen. Gut erhaltene Rhizomknollen von *Horneophyton* sind oft allseitig von stark abgebauten Pflanzenresten umgeben. Wurzelähnliche Rhizome von *Asteroxylon* wachsen in den Untergrund hinein und penetrieren dabei oft Achsenreste des Torfes. Den Rhizomen beider Pflanzen fehlen Stomata. Sowohl die taphonomischen als auch die anatomischen Befunde lassen somit vermuten, dass es sich bei beiden um echte Untergrundorgane handelt.

Für den Abbau pflanzlichen Materials sind hauptsächlich Pilze und verschiedene andere Mikroorganismen verantwortlich; Bakterien sind in stark abgebauten *Aglaophyton*-Achsen aufgefunden worden. Einige der Pilze wurden von anderen Pilzen befallen, vorwiegend von Chytridiomyceten. Das Fehlen von solchen Chytridiomyceten in den meisten Abbaustadien von Pflanzen weist darauf hin, dass die saprophytischen Pilze unter trockeneren Bedingungen aktiver waren.

Im Chert wurden unterschiedliche Ökotope überliefert, die faunale, mikro- und makroflorale Elemente enthalten. Die paläobotanischen und taphonomischen Befunde stimmen gut mit dem Umweltszenarium überein, das aufgrund geologischer Befunde entwickelt wurde: eine alluviale Ebene durchsetzt mit kleinen Seen (Abb. 10).

Die Landpflanzen bildeten oft monotypische Bestände. Morphologische und anatomische Unterschiede dieser Pflanzen deuten an, dass jedes der besser bekannten Landpflanzen-Taxa gut an sehr spezielle Umweltbedingungen angepasst war und dass der Konkurrenzdruck untereinander nicht sehr hoch war. *Asteroxylon* scheint trockenere Regionen vorgezogen zu haben, während *Horneophyton* feuchtere Standorte bevorzugte.

Aquatische Ökotope werden durch Mikrofloren angezeigt, die Algen und aquatische Pilze enthalten. Die Alge *Palaeonitella* (Abb. 6) kann in diesen Ökotopen dichte, mattenartige Bestände bilden. In diesen Algenmatten werden häufig keimende Meiosporen von Landpflanzen und deren junge Gametophyten aufgefunden. Die Meiosporen benötigten zur Keimung offenbar feuchte bis nasse Bedingungen. Eine Bestätigung dieser Vermutung scheint darin zu liegen, dass sehr junge Gametophyten noch keine Stomata ausbilden (Remy et Hass 1996). Gut erhaltene basale Teile von Landpflanzen werden oft zwischen Algen aufgefunden, während die Apices der gleichen Individuen stark von aquatischen Pilzen befallen sind. Basale Teile der Landpflanzen können also aquatische Bedingungen tolerieren, ihre Apices offenbar nicht. Grössere Überflutungen und der nachfolgende Befall mit aquatischen Pilzen scheint auf die Luftsprosse der Landpflanzen starke destruktive Auswirkungen gehabt zu haben.

Im Ökosystem des Rhynie Cherts traten zahlreiche Interaktionen zwischen seinen mikro- und makrobiellen Elementen auf. Diese Interaktionen umfassen Parasitismus und Mycoparasitismus, Saprophytismus und mehrere Formen von Symbiosen wie z.B. arbusculäre Endomycorrhiza (Remy et al. 1994b, Taylor et al. 1995b) oder Flechten (Taylor et al. 1995a). Zahlreiche Koprolithen im Chert dokumentieren Interaktionen mit einer grösseren Anzahl von Tieren. Neben heterogenen Koprolithen (aus verschiedenen Pflanzengeweben) treten auch homogene auf (aus nur einem Pflanzenmaterial wie z.B. Sporen, einem Pflanzengewebe oder chitinösen Membranen). Einige Koprolithen bestehen nur aus Resten von Pilzhyphen, was auf mycophage Mikroarthropoden hinweist.

Fauna

Die Arthropoden im Rhynie Chert sind als dünne Kutikularhäutchen vollständig oder als unregelmäs-

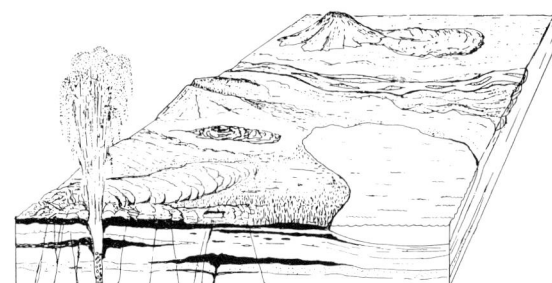

*Abb. 10
Rekonstruktion des Lebensraumes mit einem Tümpel in einer Schwemmebene, die von einem Fluss durchflossen und zum Teil von Pflanzenwuchs erobert wird. Vulkanische Tuffkegel liefern Sedimentmaterial, und heisse Quellen sind von Ablagerungen von Kieselsäure umgeben, die ihrerseits in das von Pflanzen bedeckte Gebiet eindringen (aus Trewin 1994).*

sige Teile erhalten. Die Mazeration des Chert durch Flusssäure kann vollständige Podomere erbringen, doch die Erhaltung ist von Schicht zu Schicht unterschiedlich (Trewin 1994). Es wurden sowohl vollständige als auch zerfallene Arthropodenreste aufgefunden, darunter ein Exemplar einer Trigonotarbide, das Beinpodomere innerhalb des Abdomens zeigt; offenbar handelt es sich hierbei um eine Exuvie. Crowson (1970, 1985) brachte die Idee vor, dass die Rhynie-Arthropoden wesentlich jüngere Tiere sein könnten, die in Risse des Cherts hineingekrochen und durch Remobilisierung der Kieselsäure dann, möglicherweise im Tertiär, versiegelt worden seien. Ihre modernen Aspekte könnten in derart alten Gesteinen nicht erwartet werden. Rolfe (1980), Kühne et Schlüter (1985) und Greenslade (1988) haben anhand geologischer Daten überzeugend dargestellt, dass die Rhynie-Fauna tatsächlich devonischen Alters ist, und die Entdeckungen sehr ähnlicher Faunen in anderen devonischen Lagerstätten bestätigen dies (Tab. 2).

Es ist recht eindeutig, dass die meisten Arthropoden aus dem Rhynie-Chert, mit Ausnahme von *Lepidocaris* und wahrscheinlich auch *Heterocrania*, terrestrische Tiere sind und im Devon nahezu die gleiche Lebensweise führten wie ihre heutigen Verwandten. Hierdurch erhebt sich eine interessante Fragestellung: wieviel der terrestrischen Lebenswelt des Gebietes zu der damaligen Zeit ist im Rhynie Chert überliefert? Soweit es die Fauna betrifft, gehören die meisten terrestrischen Arthropoden zu primär carnivoren Gruppen. Die Milben und Collembola könnten Herbivore oder Saprophagen sein. Die spärlichen Informationen über die Ernährung der Collembola (Christiansen 1964) weisen auf eine breite Nahrungspalette hin, darunter Pilzhyphen, Bakterien, verwesendes Pflanzenmaterial, Algen und Sporen. Ähnlich gering ist unsere Kenntnis über Nahrungspräferenzen der modernen pachygnathoiden Milben. Allerdings folgerten Krantz et Lindquist (1979), dass Pachygnathoidae sich wahrscheinlich durch das Aussaugen von Algenzellen ernährten. Sie wiesen auf die scharf zugespitzten Mundwerkzeuge dieser Milben hin, die nach Trägårdh (1909) Bohrorgane sein sollen, daneben führten sie die Arbeit von Schuster et Schuster (1977) an, die Nanorchestidae beobachtet hatten, die sich von Algenmatten ernährten und die Aufnahme tierischer Nahrung verweigerten. Die Vorherschaft von Carnivoren im Rhynie Chert wurde bereits von Kevan et al. (1975) diskutiert, die drei mögliche Erklärungen vorbrachten:

a) kleine, weichkörperige Beutetiere wurden in dem kieseligen Material nicht überliefert; b) einige der Arthropoden waren fakultative Herbivore; oder c) einige der Räuber lebten amphibisch und kehrten zur Nahrungsaufnahme ins Wasser zurück. Überblicke über frühe terrestrische Ökosysteme von Shear (1991) und Edwards et Selden (1993) folgern, dass die Saprophagen/Mikroherbivoren-Nahrungskette, wie sie in modernen Boden- und Streugemeinschaften auftritt, in devonischen terrestrischen Lagerstätten überwiegt. Die Rhynie-Fauna könnte eine Streugemeinschaft darstellen; andererseits könnte zu dieser Zeit Makroherbivorie noch nicht weit verbreitet gewesen sein.

Die Bedeutung der Fossilien für die Geschichte des Lebens

Die generelle Bedeutung der Pflanzen des Rhynie Chert kann nur im Zusammenhang mit der Evolution der Pflanzen richtig eingeschätzt werden. Dieses einzigartige Ökosystem liefert nicht nur eine Vielzahl von Erkenntnissen zu Interaktionen von Pflanzen, Pilzen und Tieren, sondern darüber hinaus die Grundlage, auf der Ideen über die Evolution von Zellen, Geweben und Organen in frühen Landpflanzen beruhen. Im Rhynie Chert sind die ältesten vollständigen Lebenszyklen von Landpflanzen überliefert, die uns zeigen, wie sich die heteromorphen Lebenszyklen moderner Pflanzen aus isomorphen Zyklen entwickelt haben könnten. Darüber hinaus könnten Pflanzen wie *Rhynia* und *Aglaophyton* die gemeinsamen Anfänge der Entwicklungslinien von Bryophyten, Farnen und Gymnospermen repräsentieren (Remy 1982).

Aufbewahrungsorte der Sammlungen

Typusexemplare des Rhynie Chert (Pflanzen, Tiere, Sedimente) werden aufbewahrt im British Museum (Natural History), London (Sammlung Kidston et Lang), Cardiff (Sammlung Lyon), Edinburgh, Aberdeen, Manchester, in der Forschungsstelle für Paläobotanik, Münster (Sammlung Remy). In Aberdeen werden die Bohrkerne aufbewahrt, die die Chert-Lagen in Relation zu dem zwischengeschalteten Sediment zeigen. Dieser Aspekt war Thema der Doktorarbeit von Clare Powell. Ihr Belegmaterial wird in Aberdeen (Department of Geology) aufbewahrt.

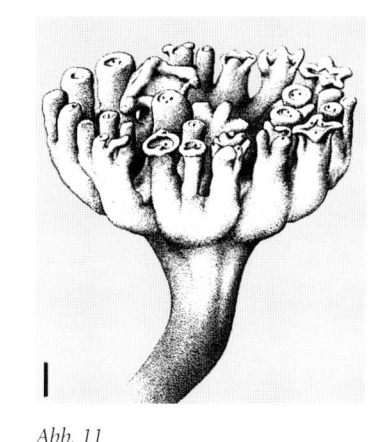

Abb. 11
Rekonstruktion von **Langiophyton mackiei** *mit Archeogoniphor mit zahlreichen Archegonien auf den terminalen Loben.*
Länge des Balkens: 1 mm.

Der Hunsrückschiefer und seine Fossilien, Unter-Devon

Hans Jahnke
Georg-August Universität, Göttingen

Christoph Bartels
Deutsches Bergbau-Museum, Bochum

Der unter-devonische Hunsrückschiefer im Rheinischen Schiefergebirge zeichnet sich durch die Qualität der Erhaltung und die Besonderheiten seiner Fossilien aus. Diese Fossilien liegen in der Regel pyritisiert vor und lassen sich wegen ihrer grösseren Härte aus den schwarzen Tonschiefern mechanisch präparieren. Insbesondere hat die Möglichkeit, Fossilien im Röntgenbild sichtbar zu machen, zur entsprechenden Untersuchung der Hunsrückschiefer-Fossilien angeregt. Ein Pionier auf diesem Gebiet war W.M. Lehmann (1957), ein Physiker, der als Honorarprofessor am Paläontologischen Institut der Universität Bonn arbeitete. Später ist die Methode der Untersuchung von Hunsrückschiefer-Fossilien mittels Röntgenstrahlen insbesondere durch den Physiker W. Stürmer verfeinert worden, der in zahlreichen Publikationen, oft zusammen mit Paläontologen, neue Röntgenbefunde an Hunsrückschiefer-Fossilien interpretierte.

Geologischer Rahmen

Weite Bereiche des Hunsrück und des Taunus im Gebiet von Mittelrhein und Mosel werden von Hunsrückschiefern eingenommen, insgesamt ein Gebiet von mehreren 100 km^2 (Abb. 1). Hunsrückschiefer sind dunkelgraue bis schwarze, siltige Tonsteine, die in diesem Gebiet der Rhenohercynischen Zone des mitteleuropäischen Variscicums intensiv transversal geschiefert sind. Eingeschaltet sind feinsandige Lagen und graue Quarzite. Hunsrückschiefer wurden in über 600 kleineren und grösseren Dachschiefergruben abgebaut, in denen die Schieferplatten von Hand gespalten und durchmustert wurden. Hierbei wurden Fossilien gefunden, die wegen ihrer Qualität insbesondere im Gebiet von Bundenbach und Gemünden im Hunsrück zu beliebten Sammelobjekten wurden. Eine erste Veröffentlichung der Fossilien aus dem Hunsrückschiefer stammt von C.F. Roemer (1862–1864), der Asterozoen und Crinoideen der Sammlung des Oberförsters Tischbein beschrieb.

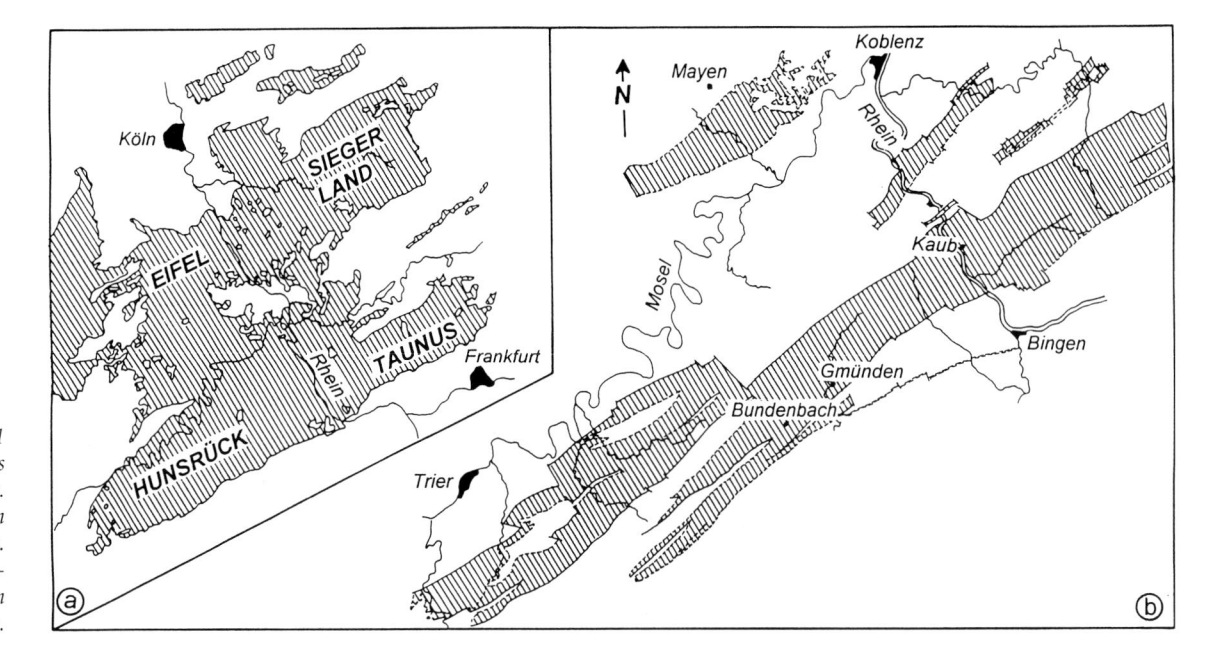

Abb. 1
Skizze der geologischen Situation des Hunsrückschiefers.
a) Verbreitung des Unter-Devon im Rheinischen Schiefergebirge.
b) Verbreitung des Hunsrückschiefers (schraffiert) mit Fundpunkten von Hunsrückschiefer-Fossilien.

Der Hunsrückschiefer hat örtlich unterschiedliche Mächtigkeiten; unterschiedlich sind auch die Gesteinsausbildung, die Faunenführung und die Qualität der Fossil-Erhaltung. Die Hunsrückschiefer folgen in der Regel auf den flachmarinen Taunusquarzit der mittleren und oberen Siegen-Stufe, und sie werden überlagert von den ebenfalls flachmarinen siliziklastischen Singhofen-Schichten der Unter-Ems-Stufe (Abb. 8).

Die biostratigraphische Einordnung des Hunsrückschiefers in die Stufen-Gliederung der neritischen Fazies bereitet Schwierigkeiten, weil Leitfossilien selten und unzureichend erhalten sind und auch die Position von Fossilfundpunkten innerhalb der mächtigen und monotonen Abfolge des Hunsrückschiefers wegen der intensiven Tektonik oft unklar ist.

Sichere Leitformen der Siegen-Stufe scheinen zu fehlen, so dass die Einordnung in die Unter-Ems-Stufe (Mittmeyer 1973) der Situation am ehesten gerecht wird, zumal inzwischen Porphyroid-Tuffe, die die Singhofener Schichten der Unter-Ems-Stufe kennzeichnen, auch innerhalb der Abfolge des Hunsrückschiefers nachgewiesen sind. Sporen aus dem Hunsrückschiefer der Kaisergrube bei Gemünden haben nach Bestimmungen von Riegel (in Kneidl 1980) Stadtfeld-Alter (Unter-Ems).

Die Bezugnahme auf die Gliederung des Devon in pelagischer Fazies und damit auf die internationale Standardgliederung ist weniger problematisch. Sowohl die im Hunsrückschiefer vorkommenden Dacryoconariden (*Nowakia (Dmitriella) praecursor hunsrueckiana* G. Alberti und *Viriatellina fuchsi* (Kutscher), *Nowakia barrandei* Bouček et Prantl) wie die Ammonoideen (*Anetoceras* sp. sp., *Mimosphinctes* sp., *Mimagoniatites* sp., *Teicherticeras* sp. vgl. Erben 1965) gestatten eine Parallelisierung mit der oberen Zlichov-Stufe (Alberti 1982, Chlupáč et Turek 1983), der Zeit der *barrandei*- bis *elegans*-Zonen. Ob auch die *praecursor*-Zone der tieferen Zlichov-Stufe schon im Hunsrückschiefer vertreten ist, bleibt offen, wie überhaupt die Frage nach dessen gesamten stratigraphischen Umfang.

Dachschiefer werden heute noch insbesondere bei Bundenbach (Grube Eschenbach-Bocksberg) und Gemünden im Hunsrück, bei Mayen in der Südost-Eifel sowie bei Kaub am Rhein abgebaut. Die besondere Qualität der Fossil-Erhaltung sowie der bemerkenswerte Fossilinhalt sind auf das nähere Gebiet um Bundenbach und Gemünden konzentriert und dort auf den Bereich oberhalb und unterhalb des Porphyroid-Tuffs (der sogenannten Hans-Lage der Steinbrucharbeiter) begrenzt (Bartels et Brassel 1990: 33, Bartels et Kneidl 1981). Auf diese Fossillagerstätte des engeren Hunsrückschiefer-Gebietes konzentrieren sich die folgenden Ausführungen, wenn nicht ausdrücklich etwas anderes angegeben ist.

Der paläogeographische Rahmen, in dem die Hunsrückschiefer abgelagert wurden, lässt sich wie folgt darstellen (Abb. 3): Im Norden befand sich der kaledonisch konsolidierte Old Red-Kontinent. Durch Flüsse wurden riesige Mengen Abtragungsschutt dieses Kontinents nach Süden transportiert und dort in deltaischen, randmarinen und flachmarinen Ablagerungsräumen sedimentiert. So wurden in der Zeit der Unter-Ems-Stufe mehrere Kilometer mächtige Sedimentstapel abgelagert. Die Subsidenz wurde durch die Sedimentation ausgeglichen, so dass die Wassertiefe während dieser Zeit annähernd gleich blieb. Unklar ist, ob auch von der mitteldeutschen Kristallin-Schwelle im Süden Sedimente in nennenswerten Mengen geschüttet wurden (Meischner 1971). Jedenfalls lässt sich kein Sedimenteintrag von Süden wirklich nachweisen, und die Faunenassoziationen belegen sogar einen nach Süden zunehmenden pelagischen Einfluss, so dass die Vorstellung von einem offenen Meer im Süden plausibel ist.

Das Sediment

Der nahezu schwarze Tonschiefer, ehemals ein Tonstein, enthält etwa 50% Tonfraktion sowie Silt-Anteile und nach Mosebach (1952) 0,5 bis 0,8% organischen Kohlenstoff. Die Tonminerale sind hauptsächlich Illit und Muskovit; Chlorit und Kaolinit kommen ebenfalls vor (Zimmerle 1992). Einige Proben des Hunsrückschiefers enthalten nach Sellner (1985) Glaukonit, Chamosit und Phosphorit. Der relativ hohe Chloritgehalt könnte nach Wollanke et Zimmerle (1991) auf einen vulkanogenen Eintrag zurückzuführen sein. Die Siltfraktion besteht

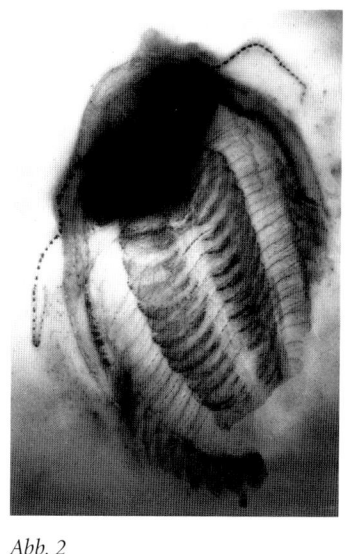

Abb. 2
Rhenops sp., Ventralseite mit Extremitäten, Röntgenfoto von W. Stürmer, Archiv des Senckenberg-Museums Frankfurt Nr. WS 872. Hunsrückschiefer, Bundenbach, Schlosspark-Museum Bad Kreuznach. Bildbreite ca. 4,5 cm.

Abb. 3
Blockbild der paläogeographischen Situation des Ablagerungsraumes des Hunsrückschiefers.

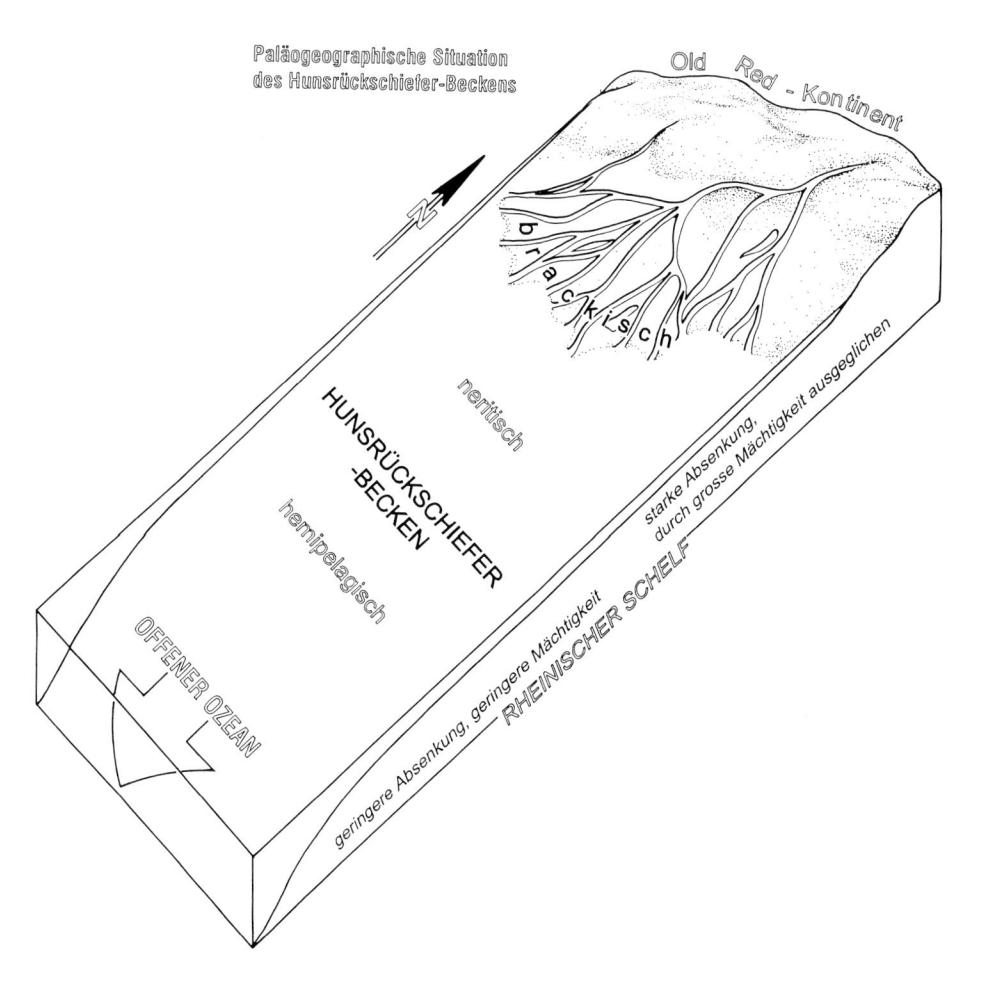

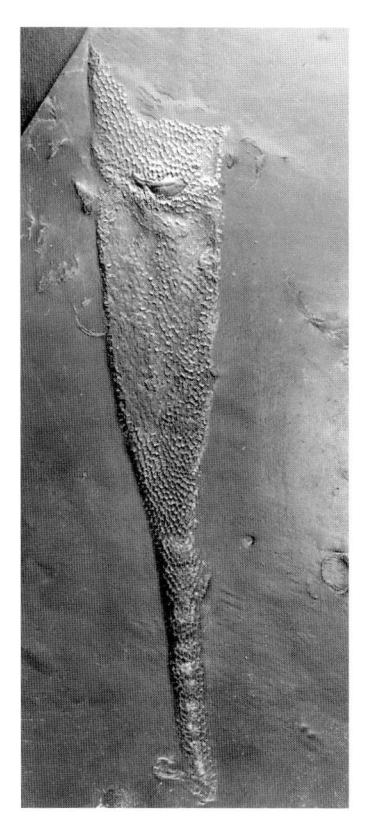

Abb. 4
Orthoceren-Schale mit inkrustierenden Favositiden, Hunsrückschiefer, Schiefergrube Eschenbach bei Bundenbach, Institut und Museum für Geologie und Paläontologie, Universität Göttingen. Bildhöhe ca. 30 cm.

Abb. 5
*Der Polychaet **Bundenbachochaeta eschenbachensis** Bartels et Blind, Hunsrückschiefer, Bundenbach, Sammlung Bartels, natürliche Grösse.*

vorwiegend aus Quarz, ganz untergeordnet kommen Muskovit, Serizit und Plagioklas vor. Einzelne Lagen in den Quarziten enthalten Anreicherungen von Schwermineralen: Rutil, Turmalin und Zirkon. Die Inkohlung ist hoch (Ecke et al. 1985). Die Illit-Kristallinität ist ebenfalls hoch und belegt, wie die Inkohlung, ein thermisches Ereignis mit einem grossen geothermischen Gradienten (Zimmerle 1992).

Dünne, etwa 1 bis 1,5 mm dicke Silt-Lagen zeigen eine ebenflächige Lamination (Seilacher et Hemleben 1966). In der Tonsteinabfolge kommen vereinzelt Quarzitbänke vor, die seitlich auskeilen, und Rinnenfüllungen, die bis 4 Meter mächtig werden können. Solche Bänke und Linsen sind häufig schräggeschichtet und können Schill-Lagen mit vorwiegend disartikulierten, eingekippten Brachiopoden-Schalen enthalten, eine Fauna also, die sich von der der schwarzen Tonsteine sehr unterscheidet (Bartels 1994).

Durch Auswertung der Schrägschichtung hat Herrgesell (1978) Schüttungen von SSW und seltener in entgegengesetzter Richtung nachgewiesen, ein Ergebnis, das jedoch nicht als Beleg für die generelle Richtung der Sedimentanlieferung gedeutet werden kann.

Slump-Strukturen sind in den sandigen Bereichen festzustellen; die gerutschten Bereiche haben eine Mächtigkeit von etwa 10 bis 15 cm. Sedimentstrukturen aus dem Hunsrückschiefer hat bereits Richter (1931, 1935, 1936, 1941, 1954) beschrieben und als Kriterien für Wasserbewegung und geringe Wassertiefe gedeutet.

Neben der Schrägschichtung kommen vor (Seilacher 1960): Flaserschichtung, Schleifmarken, gefiederte Schleifmarken. Gefiederte Schleifmarken können als Hinweis für eine von Mikrobenmatten schleimartig veränderte Sedimentoberfläche gewertet werden. Flache Grübchen einer Schichtfläche, von Richter (1954) als Driftmarken von Schaumblasen gedeutet, haben nach Seilacher et Hemleben (1966) keine Beweiskraft, da ihre Entstehung unklar ist. Schuppenförmige und quastenförmige Gefliessmarken auf Sohlflächen (Seilacher 1960), Einschlagmarken (impact casts), Aufstossmarken (prod casts) und isolierte Kolkmarken (flute casts) wurden von Seilacher et Hemleben (1966) beschrieben.

Fossilerhaltung

Die Fossilien des Hunsrückschiefers liegen in unterschiedlichem Mass pyritisiert vor; und zwar sind häufig die vollständigen, nicht disartikulierten Fossilien pyritisiert, während Fossildetritus oder Exuvien nur wenig oder nicht pyritisiert sind. Aber was genau ist pyritisiert? Sind Mineralskelette und Chitin durch Pyrit ersetzt worden oder nur inkrustiert? Ist das Stereom, das hohlraumreiche Kalkskelett der Echinodermaten, vielleicht von Pyrit infiltriert? Liegen Weichkörperstrukturen durch Pyrit erhalten vor? Auch Silifizierung und Phosphatisierung kommt vor (Mosebach 1952, Kott et Wuttke 1987), aber welche Bedeutung hat diese Mineralisation, bei welchen Bedingungen und in welcher zeitlichen Beziehung kommt sie vor? Zur Klärung dieser Fragen sind bisher keine umfassenden, modernen systematischen Untersuchungen veröffentlicht worden, nur punktuelle Beobachtungen liegen vor. Wie Bartels (in Bartels et Wuttke 1994) berichtet, erreicht die Pyritisierung horizontgebunden unterschiedliche Ausmasse, wobei vermutlich die Menge des im Porenwasser gelösten Eisens von Bedeutung ist. Insbesondere bei den Crustaceen des Hunsrückschiefers beobachtete Mosebach (1952) zusätzlich zu der Pyritisierung eine konkretionäre Anreicherung von Phosphorit. Neben der Pyritisierung und quantitativ von grösserer Bedeutung ist nach Mosebach (1952) eine Verquarzung festzustellen, ein pseudomorpher Ersatz von Mineralskeletten durch Kieselsäure. Verkieselung, Pyritisierung und Phosphatisierung sind prätektonisch, vermutlich frühdiagenetisch.

Nach dem Studium von Sammlungsmaterial scheint man verallgemeinernd sagen zu können, dass Echinodermaten in Kalkerhaltung vorliegen mit in das Stereomskelett infiltriertem Pyrit sowie mit umgebendem framboidalen Pyrit. Ebenfalls in Kalkerhaltung mit unterschiedlichen Inkrustationen von Pyrit liegen tabulate und rugose Korallen vor. Bei Cephalopoden scheinen die Schale frühdiagenetisch gelöst und nur das organische Periostracum und auf der Schale siedelnde Epöken erhalten geblieben zu sein. Arthropoden sind mehr oder weniger inkrustiert, ihre Schalen teilweise durch Pyrit oder Kieselsäure ersetzt.

Alle Fossilien sind je nach Vorhandensein oder Fehlen von konkretionären Bildungen in unterschiedlichem Mass kompaktiert. Besonders deutlich ist das an Orthoceren zu beobachten, bei denen die Wohnkammer bis auf eine wenige Millimeter dicke Tonsteinfüllung zusammengedrückt ist (Abb. 4).

Die Bildung von Pyrit begann, nachdem die Fossilien mit Sediment bedeckt worden waren, denn innerhalb des feinkörnigen Tonschlamms herrschten anaërobe Bedingungen. Anaërobionte, sulfatreduzierende Mikroben produzierten Schwefelwasserstoff, H_2S (Berner 1970, Koch 1993). Diese Pyritisierung ist syngenetisch mit dem Abbau der organischen Substanz und hängt ursächlich mit dem Metabolismus schwefeloxidierender Bakterien zusammen, wie insbesondere durch die Untersuchung von Schwefelisotopen durch Briggs et al. (1996) belegt wird. Neben diesem framboidalen Pyrit gibt es vermutlich eine weitere Pyrit-Generation, die aus grobkristallinem Pyrit besteht.

Zur Zeit wird kontrovers diskutiert, inwieweit Weichkörperstrukturen im Hunsrückschiefer erhalten sind (Otto 1994, Bartels et Wuttke 1995). Viele der bisher publizierten Beispiele von „Weichteilerhaltung" müssen, wie Otto (1994) überzeugend darlegte, als Überinterpretationen gelten; lassen sich zwangloser und einfacher deuten, so die vermeintlichen Tentakeln bei Tentaculitoidea und Cephalopoda (Blind et Stürmer 1977) sowie die „Weichkörpererhaltung" bei fraglichen Velelliden und Ctenophoren (Stanley et Stürmer 1983, 1987), die zumindest teilweise als Brachiopoden mit Bryozoen-Bewuchs gedeutet werden können. Trotzdem gibt es vereinzelt Erhaltung der Weichkörperstruktur, wie man an Deckhäuten von Ophiuroiden sehen kann und wie besonders eindrucksvoll ein bisher nicht publizierter Annelide der Sammlung Bartels zeigt, bei dem kein Zweifel an der systematischen Zuordnung besteht (Abb. 5).

Die allgemein vollständigen und gut erhaltenen Hunsrückschiefer-Fossilien in den Sammlungen und Museen vermitteln ein falsches Bild von der Fossilerhaltung. In der Regel sind die Fossilien im Hunsrückschiefer nämlich zerfallen und disartikuliert. Vollständige, nicht disartikulierte Exemplare sind die Ausnahme und kommen nur bei weniger als 1 % der Funde vor. Bei Asteroideen und Crinoiden können alle Stadien des Zerfalls beobachtet werden, beginnend mit teilweisem Zerfall von zentralen Bereichen des Fossils auf der Schichtoberseite bis zur vollständigen Disartikulation in einzelne Skelettelemente, die jedoch nicht wesentlich von ihrem Ursprungsort verlagert sind (Abb. 6). Dies spricht für zeitweilig und örtlich vorhandene, häufiger jedoch fehlende Wasserbewegung am Boden.

Während der Anlage der Schieferung wurden die Fossilien durch Längung in Richtung der Faltenachsen tektonisch deformiert, teilweise mit Verzerrung und Zerreissen von rigiden Elementen.

Präparation der Fossilien

Die Fossilien müssen mechanisch aus dem umgebenden Sediment freigelegt werden. Die besten Resultate erzielt man bei der Verwendung von Sandstrahlgeräten und Eisenpulver mit 12 bis 40 µm Korngrösse. Oft ist es angeraten, vor der Präparation eine Röntgenaufnahme anzufertigen, die nicht nur die genaue Lage des Fossils im Gestein erkennen lässt, sondern oft auch zusätzlich noch vollständig im Gestein verborgene weitere Fossilien.

Paläontologischer Inhalt und Taphonomie

Ohne den seit Jahrhunderten umgehenden Dachschiefer-Abbau und das Spalten der Schieferplatten von Hand wären die in vielen Sammlungen der Welt liegenden berühmten Bundenbacher Fossilien wahrscheinlich kaum entdeckt worden, und schon gar nicht würden sie so zahlreich und in einer solchen Artenfülle in guter Erhaltung vorliegen. Die reiche Artenliste muss daher immer unter diesem Aspekt betrachtet werden. Die häufigsten Fossilien der Hunsrückschiefer sind phacopide Trilobiten, solitäre rugose Korallen, Asterozoa und Crinoiden, abgesehen von Mikrofossilien wie Dacryoconariden. Viele der in der Gesamt-Fossilliste aufgeführten Elemente sind dagegen relativ selten oder sehr selten. Bemerkenswert sind regionale Unterschiede in der Zusammensetzung der Fauna. So werden im Gebiet von Gemünden – Bundenbach Phacopiden, Dacryoconariden, Crinoiden und Seesterne relativ häufig gefunden; Bivalven und insbesondere Brachiopoden dagegen sind hier selten. Im Gebiet von Mayen im Norden sind Brachiopoden, insbesondere Spiriferen, und Homalonotiden verhältnismässig häufig, Dacryoconariden und Goniatiten dagegen scheinen dort ganz zu fehlen.

Unterschiede der Faunenführung an den verschiedenen Fundorten hat schon Kayser (1880) festgestellt, weitere Beispiele dafür finden sich in Bartels et Brassel (1990). Bei Gemünden sind sehr grosse praecardioide Muscheln häufig, bei Bundenbach Seesterne, die sonst weitgehend fehlen. Im nordwestlichen Bereich des Vorkommens von Hunsrückschiefern sind Flossenstacheln von Acanthodiern ziemlich häufig, die in anderen Bereichen fehlen. Ähnliches gilt für die Gattung *Parahomalonotus*, die im Raum Mayen häufiger als *Phacops (Chotecops)* (Tafel 14) vorkommt, umgekehrt sind die Verhältnisse im Gebiet von Bundenbach.

Im Unter-Devon ist eine Trennung von pelagischer (hercynischer) und neritischer (rheinischer) Fauna seit langem bekannt. Analysiert man die Fauna des Hunsrückschiefers nach pelagischen und neritischen Elementen, so zeigt sich, dass sowohl pelagische Faunenelemente vorliegen (z.B. Dacryoconariden, Goniatiten, die Trilobiten *Odontochile, Leonaspis, Scutellum, Cornuproetus*) als auch neritische Faunenelemente verbreitet sind wie Crinoiden, Seesterne, Homalonotiden, Brachiopoden in den Sandlagen.

Der Hunsrückschiefer enthält eine Mischung von neritischen und pelagischen Faunenelementen, wie sie in vielen Devon-Gebieten, so beispielsweise in den Mariposas-Schichten der Keltiberischen Ketten oder in Teilen der Arauz-Formation im Kantabrischen Gebirge, vorkommt und dort als hemipelagisch bezeichnet wird (Walliser et al. 1989). Man kann deshalb annehmen, dass das gemeinsame Vorkommen neritischer und pelagischer Faunenelemente im wesent-

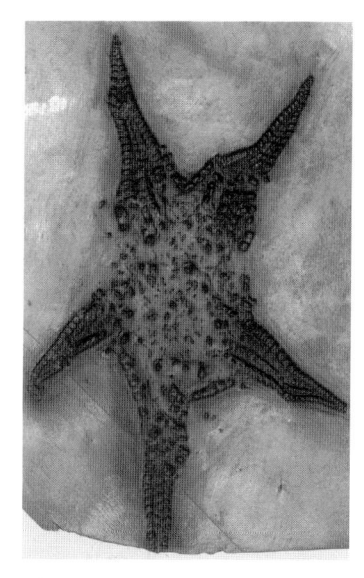

Abb. 6
Seestern, der zentrale Bereich ist zersetzt und disartikuliert, Hunsrückschiefer, Bundenbach, Schiefergrube Eschenbach-Bocksberg, Eschenbacher Plattenzug, Deutsches Bergbau-Museum Bochum, Sammlung Bartels, Nr. HS 198. Durchmesser ca. 13 cm.

Abb. 7
*Der Seestern **Palaeosolaster gregoryi** Stuertz, Hunsrückschiefer, Bundenbach, Schlosspark-Museum Bad Kreuznach. Bildbreite ca. 23 cm.*

Abb. 8
Stratigraphische Position (links), Sediment und Fauna (rechts) des Hunsrückschiefers aus dem Gebiet von Bundenbach – Gemünden.
a: *Seltene Pflanzen-Fossilien sind durch Strömungen aus küstennahen Feuchtgebieten eingeschwemmt worden.*
b: *Häufige und diverse Sporen (ca. 40 Arten) sind durch Wind oder Strömungen eingetragen worden.*
c: *Pelagische Dacryoconariden und Styliolinen sind häufige Fossilien.*
d: *Goniatiten und andere Cephalopoden sind nektonische Elemente des Pelagials.*
e: *Crinoiden sind besonders häufige Elemente des insgesamt reichen Benthos. Sie sind entweder an Fossildetritus festgeheftet, oder sie lagen mit einem eingerollten Stiel am Boden oder waren mit Wurzel-ähnlichen Cirren im Sediment verankert.*
f: *Ahermatypische, solitäre rugose Korallen waren vermutlich an Detritus am Boden festgewachsen.*
g: *Andere benthonische Elemente sind praecardiide Bivalven, die mit Byssus-Fäden an Fossil-Detritus festgeheftet waren.*
h: *Fossilien sind häufig durch Strömungen eingesteuert. Beispiel: Asteroiden und Ophiuriden.*
i: *Im Hunsrückschiefer vorkommende Oberflächen- und Sohlmarken: Fiedermarken, Gefliessmarken, Schleifmarken, Rollmarken sowie verschiedene Arthropoden-Fährten.*
j: *Die Infauna besteht vorwiegend aus Chondrites und anderen Frass-Spuren.*
k: *Trilobiten als vagiles Benthos, Erzeuger von Spuren.*

lichen nicht auf eine Vermischung der Faunen verschiedener Horizonte bei den Aufsammlungen zurückzuführen ist. Ist die Fossilgemeinschaft des Hunsrückschiefers des Gebietes von Bundenbach-Gemünden als hemipelagisch anzusprechen, so liegt im Norden der Vorkommen eine vorwiegend neritische Faunengemeinschaft vor (Abb. 3).

Bisher sind Fossilien im Hunsrückschiefer nie horizontiert gesammelt worden. Das wäre auch sehr schwierig oder unmöglich angesichts der geringen Fundhäufigkeit und der komplizierten Tektonik. Aus diesem Grund fehlen weitgehend Daten über die Verteilung der Fossilien in der Abfolge. Ist die Fauna auf einen oder mehrere Fossilhorizonte beschränkt, kommt sie gleichmässig verteilt oder vielleicht in fleckenhafter Verteilung vor? Nur langfristige Beobachtungen im Gelände, wie sie Bartels vorliegen, erlauben dazu Aussagen. Danach scheinen die Fossilien in fleckenhafter Verteilung in einem etwa 100 m mächtigen Bereich oberhalb und unterhalb des Porphyroid-Tuffs vorzukommen, der zum Beispiel in der Grube Eschenbach ansteht. Tatsächlich sieht man auch an grösseren Gesteinsplatten von Sammlungsmaterial, dass die Fossilien in der Regel Spülsaum-artig angeordnet sind. Seesterne, Trilobiten oder auch ihre Exuvien haben sich im Gewirr von Crinoiden-Stielen, -Cirren und -Armen verfangen. In den fleckenhaften Anreicherungen dominieren in der Regel wenige Makrofossil-Arten. So können Crinoiden, Asteroideen, Homalozoen oder Phacopiden überwiegen, was den Schluss nahelegt, dass die Besiedlung des Meeresbodens ungleichmässig fleckig war, vielleicht gesteuert durch geringe Unterschiede in der Exposition oder Tiefe. Strömungsanzeichen, Einsteuerung von Fossilien, zum Beispiel von Crinoiden oder Asteroideen, sind die Regel und von Seilacher (1960) detailliert beschrieben und gedeutet worden.

Analysiert man die Fauna des Hunsrückschiefers hinsichtlich des Habitats und der Lebensweise ihrer Elemente, so dürften die weitaus meisten Faunenelemente bodenbezogen gelebt haben. Als fixosessil benthonisch können die Crinoiden gelten, die entweder mit Haftscheiben auf am Boden liegenden Hartsubstraten wie Fossilschalen festgeheftet waren (Abb. 10) oder mit wurzelähnlichen Cirren oder eingerollten Stielenden am Boden lagen und damit einsedimentiert werden konnten. Ebenfalls fixosessil benthonisch waren die wenigen Brachiopoden und Muscheln, die mit dem Stiel oder mit Byssus-Fäden an am Boden liegenden Biogenen festgeheftet waren, Receptaculiten, Schwämme sowie die rugosen Korallen. Letztere haben ebenfalls Fossilschalen als Hartgrund besiedelt. Ein Exemplar der Sammlung Bartels zeigt, dass eine offenbar senkrecht im Sediment steckende leere Orthocerenschale durch ein Dutzend kleiner solitärer Rugosa in gleicher, nämlich aufwärts gerichteter Orientierung besiedelt wurde.

Als vagil benthonisch gelten die Trilobiten, Eurypteriden und die Trilobitomorphen. Nekton ist viel seltener als die benthonische Fauna vertreten. Zu nennen sind hier Cephalopoden und Fische wie Acanthodier, während die Agnathen und Arthrodiren wegen ihrer abgeflachten Körperform vorwiegend in Bodennähe gelebt haben dürften.

Als planktonisch gelten die Dacryoconariden. Phytoplankton scheint weitgehend zu fehlen, denn es wurden nur vereinzelte Exemplare von Acritarchen im Hunsrückschiefer gefunden (mündliche Mitteilung von W. Riegel).

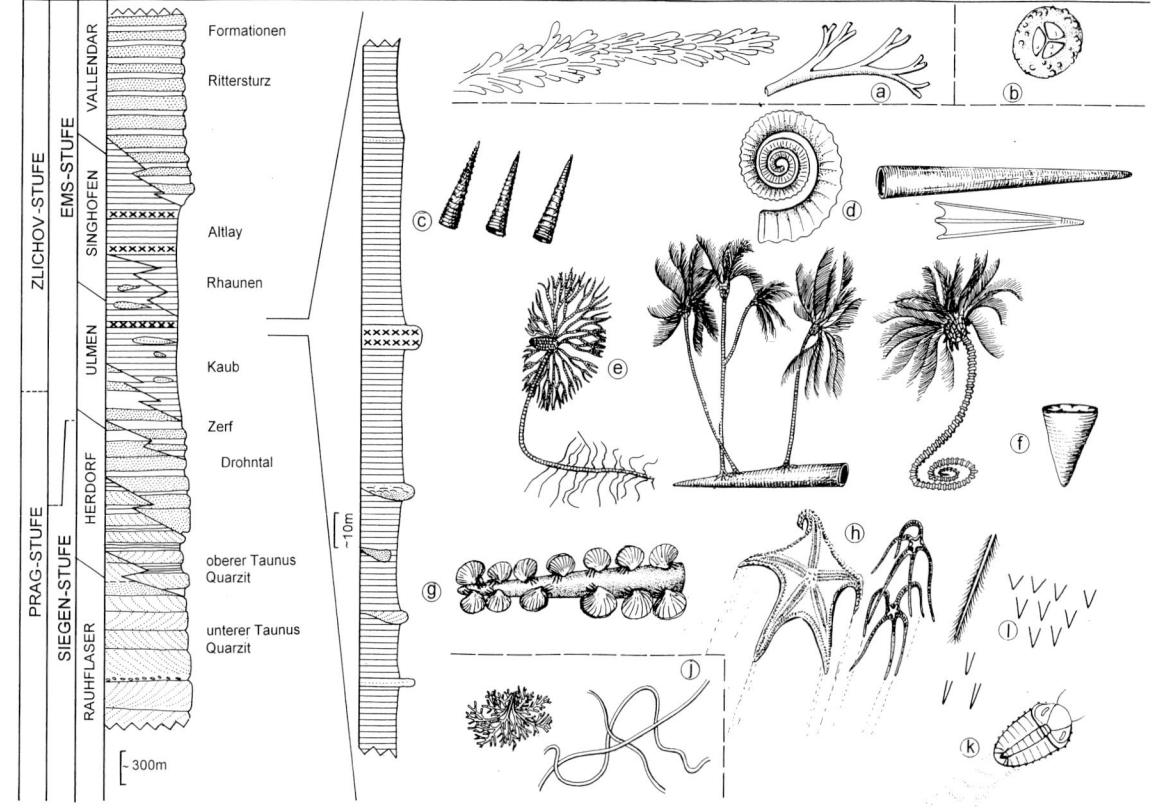

Die Spurenfauna des Hunsrückschiefers setzt sich aus Fressbauten, insbesondere dem besonders häufigen *Chondrites* sowie verschiedenen Arthropodenfährten zusammen.

Diagnostische Spurentypen der Flysch-Fazies wie Nereiten oder *Dictyodora* fehlen, ebenso einfache oder U-förmige Wohnbauten, die für küstennahe Flachmeere typisch sind (Seilacher et Hemleben 1966). Als weitere Endobenthonten können nuculide Muscheln gelten, die relativ selten, dafür aber in doppelklappiger, aufgeklaffter Erhaltung gefunden werden.

Der palynologische Inhalt der Hunsrückschiefer besteht aus eingewehten Sporen in grosser Zahl. Karathanasopoulos (1975) hat über 40 Sporenarten aus dem Hunsrückschiefer nachgewiesen.

Aufschlussreich ist die Betrachtung von Epöken auf Schalen. Die Besiedlung von leeren Orthoceren-Gehäusen durch rugose Korallen wurde schon erwähnt. Ebenso können tabulate Korallen (*Hyostragulum*-ähnliche, bisher nicht beschriebene Formen) Gehäuse besiedeln. Bei einem Exemplar der Göttinger Sammlung (Abb. 4) ist der Bewuchs offenbar beidseitig vorhanden, was für eine Besiedlung zu Lebzeiten sprechen könnte. Die meisten sonst beobachteten Beispiele von Aufwuchs sind wahrscheinlich postmortal. Bei einer im Hunsrückschiefer erhaltenen Conularie des Schlosspark-Museums in Bad Kreuznach besiedeln Bryozoenkolonien vom Typ *Hederella* die Schale, weitere Schalen-Epöken sind eine Crinoiden-Haftscheibe, eine rugose Koralle sowie ein *Glassia*-ähnlicher Brachiopode, der vermutlich mit seinem Stiel verankert war. Seilacher (1961a) hat Crinoiden beschrieben, die in der Wohnkammer eines Orthoceren festgeheftet waren. Schliesslich werden Muscheln als Siedler auf Orthocerenschalen beobachtet. Ein Orthocere mit flachgedrückter Wohnkammer ist von nicht näher bestimmbaren Muscheln des Typs *Praecardium* besiedelt, die mit ihren Byssusfäden an der Orthoceren-Schale festgeheftet waren (Kutscher 1967).

Relativ häufig werden in durch Wasserbewegung zusammengeschwemmten Fossil-Assoziationen rundliche, durchschnittlich bis drei Zentimeter grosse Anhäufungen vorwiegend von Dacryoconariden und Styliolinen gefunden (Abb. 9). Die Dacryoconariden- und Styliolinen-Schalen sind immer vollständig und nicht zerbrochen oder zerknackt. Vermutlich handelt es sich um Verdauungsreste von Tieren, vielleicht Agnathen, die durch einen Reusenapparat im Wasser treibende Nahrungspartikel aufgenommen haben und diese, ohne sie zu zerkleinern, verdauen und zusammengeklebt als Koprolithen oder Speiballen wieder ausgeschieden haben. Derartige Dacryoconariden-Ballen sind verbreitet in vielen hemipelagischen und vorwiegend pelagischen Sedimenten des Unter-Devon zu finden, jedoch bisher noch nicht beschrieben.

Liste der Fossilien des Hunsrückschiefers des mittleren Hunsrücks (Gebiet Bundenbach, Gemünden)

Basis für die folgende Auflistung sind die Übersichten in zahlreichen Arbeiten von Kutscher sowie in Mittmeyer (1980a, b) und Bartels (1994). Die Fauna des Hunsrückschiefers ist gekennzeichnet durch eine relativ grosse Artenvielfalt und ein ausgeglichenes ökologisches Spektrum bei Vorherrschaft von Echinodermaten. Im Folgenden sind nur Fauna und Flora aus dem Gebiet Bundenbach-Gemünden aufgeführt, wenn nicht anderes vermerkt (Abb. 8)

Flora

Pflanzen sind insgesamt selten vertreten, ausgenommen die durch Wind und Wasserströmungen verfrachteten Sporen (Abb. 8a).

KALKALGEN: *Receptaculites* cf. *neptuni* (Defrance).

THALLOPHYTA: *Prototaxites loganii* Dawson.

PTERIDOPHYTA: *Trimerophyton* sp., *Hostimella* sp., *Drepanophycus* sp., *Psilophyton* sp., *Taeniocrada dubia* Kräusel et Weyland.

SPOREN: insgesamt über 40 Arten aus dem Gesamtgebiet des Hunsrückschiefers (Karathanasopoulos 1975) (Abb. 8b).

Fauna

PORIFERA: *Asteriscosella nassovica* Christ, *Retifungus rudens* Rietschel, „*Protospongia*" *rhenana* Schlüter,

CNIDARIA: Segelquallen (Velellidae): *Plectodiscus discoideus* (Rauff) – die Zuordnung ist fraglich, siehe die Diskussion in Bartels et Brassel (1990). Auch Yochelson et al. (1983: Fig. 15) beschreiben ein Exemplar mit Bewuchs von Brachiopoden und Bryozoen. Die meisten der als *Plectodiscus discoideus* beschriebenen Exemplare zeigen ausweislich der Röntgenbilder keine „Tentakeln" auf der Unterseite.

ACNIDARIA: Rippenquallen (Ctenophora): *Palaeoctenophora brasseli* Stanley et Stürmer, *Archaeocydippida hunsrueckiana* Stanley, Stürmer et Yochelson. Otto (1994) stellt die Zuordnung in Frage.

SCYPHOZOA:

- Conulariida: Vier Conularien-Taxa sind aus dem Hunsrückschiefer von Bundenbach und Gemünden beschrieben worden. Die Interpretation von Steul (1984) von Weichteilen von Conularien des Hunsrückschiefers wurde durch Otto (1994) begründet abgelehnt.

ANTHOZOA:

- Tabulata: Selten *Pleurodictyum* sp., *Aulopora serpens* Goldfuss und Favositen-ähnliche Tabulaten als Bewuchs auf Orthoceren- und anderen Schalen.

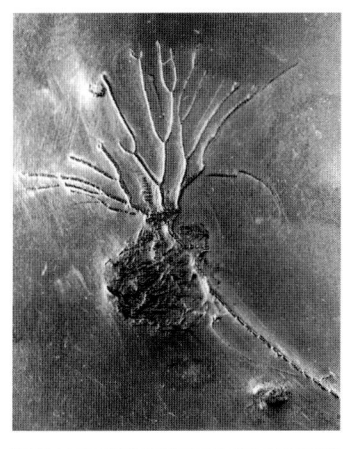

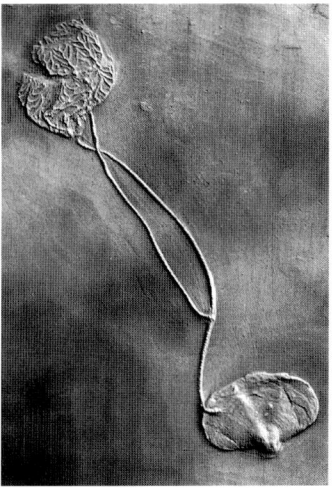

Abb. 9
Crinoiden und Koprolith oder Speiballen aus Dacryoconariden im Hunsrückschiefer, Steinbruch Mühlenberg, Institut und Museum für Geologie und Paläontologie, Universität Göttingen, Bildbreite 19 cm.

Abb. 10
Thallocrinus procerus
W.E. Schmidt, angeheftet an einer Brachiopoden-Schale vermutlich eines Athyriden, Hunsrückschiefer, Birkenfeld, Senckenberg-Museum Frankfurt, Nr. SMF XXIII 64a und SMF XVII 165 f. Bildbreite ca. 20 cm.

- Rugosa: Häufig sind ahermatypische solitäre rugose Korallen wie *Oligophyllum* sp., in der Literatur als „*Zaphrentis*" bezeichnet, die bisher nicht modern bearbeitet wurden (Abb. 8f).

MOLLUSCA:

- Gastropoda: selten. *Loxonema obliquearcuatum* Sandberger,
- Pelecypoda: Selten Praecardiiden (Abb. 8g) wie *Puella elegantissima* Beushausen, *Puella grebei* (Kayser), *Ctenodonta* cf. *subconcentrica* Beushausen, *Ctenodonta gemuendensis* Beushausen, *Buchiola bicarinata* Beushausen, *Buchiola reliqua* Beushausen, *Cypricardella* sp., Nuculiden,
- Cephalopoda Nautiloidea: „*Orthoceras*" *planicanaliculatum* Sandberger, „*Orthoceras*" *planiseptatum* Sandberger, „*Orthoceras*" *tenuilineatum* Sandberger, *Cyrtobactrites*? sp.,
- Coleoidea: *Protaulacoceras longirostris* Bandel, Reitner et Stürmer, *Boletzkya longa* Bandel, Reitner et Stürmer, *Boletzkya hunsrueckensis* Bandel, Reitner et Stürmer, *Naefiteuthis breviphragmoconus* Bandel, Reitner et Stürmer,
- Ammonoidea: *Anetoceras arduennense* (Steininger), *Anetoceras hunsrueckianum* Erben, *Anetoceras recticostatum* Erben, *Gyroceratites laevis* (Eichenberg), *Mimosphinctes* sp., *Mimagoniatites falcistria* (Fuchs), *Teicherticeras primigenium* Erben, *Erbenoceras* div. sp.

Da der Hunsrückschiefer die ältesten Goniatiten enthält (Abb. 8d), nimmt Erben (1994) an, dass Goniatiten durch Gendrift hier unter Bedingungen der Isolation oder Teilisolation entstanden. Dagegen ist einzuwenden, dass der Hunsrückschiefer nicht älter ist als entsprechende Goniatiten-Faunen andernorts, z.B. in Böhmen, Marokko, Spanien oder China und auch eine Faunen-Isolation im Hunsrückschiefer nicht nachzuweisen ist, denn die Besonderheiten der Fauna hinsichtlich der Echinodermaten und Arthropoden lassen sich einfacher durch die günstigen Erhaltungsbedingungen gerade für diese Gruppen sowie durch die Besonderheiten der Besiedlung des Weichbodensubstrats erklären.

TENTACULITIDA: „*Tentaculites*" *schlotheimi* Koken

- Dacryoconarida (Abb. 8c): *Nowakia (Dmitriella) praecursor hunsrueckiana* G. Alberti, *Viriatellina fuchsi* (Kutscher), *Nowakia barrandei* Bouček et Prantl, *Styliolina (Costatostyliolina)*? sp.

BRACHIOPODA: Selten *Leiorhynchus*-ähnliche Formen, die teilweise noch verankert auf Schalen zu finden sind, sehr selten *Arduspirifer* sp., *Plebejochonetes* sp., letztere kommen dagegen massenhaft in den Sand-Lagen und -Linsen vor.

BRYOZOA: Selten *Hederella* sp. inkrustierend auf Schalenresten, *Fenestella* sp.

ANNELIDA: Nicht näher bestimmbare Borstenwürmer und Ringelwürmer sind aus dem Gebiet von Bundenbach gemeldet worden. Ihre Interpretation ist jedoch teilweise zweifelhaft. Bei dem in Fauchald et Yochelson (1990, Fig. 1) beschriebenen tubiculösen Tier, abgebildet in Bartels et Brassel (1990, Abb. 76) handelt es sich, wie Bartels et Wuttke (1994) vermuten, um *Pyrgocystis*. Durch **Bundenbachochaeta eschanbachensis** Bartels et Blind (Abb.5) ist das Vorkommen von Polychaeten belegt.

MACHAERIDIA: ein bisher nicht bestimmtes und beschriebenes Exemplar (Sammlung Bartels),

ARTHROPODA:

- Xiphosura: Sehr selten, *Weinbergina opitzi* R. et E. Richter (Tafel 17),
- Eurypterida: Sehr selten, *Rhenopterus diensti* Størmer,
- Arachnida: Sehr selten *Palaeoscorpius devonicus* Lehmann,
- Palaeopantopoda: *Palaeopantopus maucheri* Broili – einzige Gattung der Ordnung Palaeopantopoda. Pantopoden (Asselspinnen) sind äusserst selten als Fossilien zu finden.
- Pycnogonide: *Palaeoisopus problematicus* Broili (Tafel 15), *Palaeothea devonica* Bergström et Stürmer,

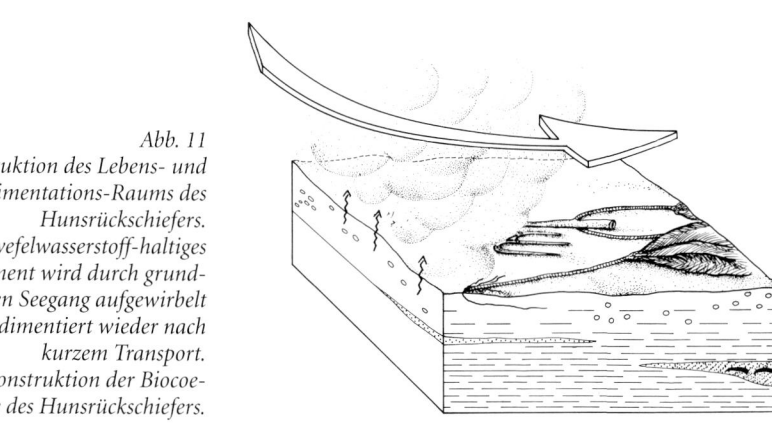

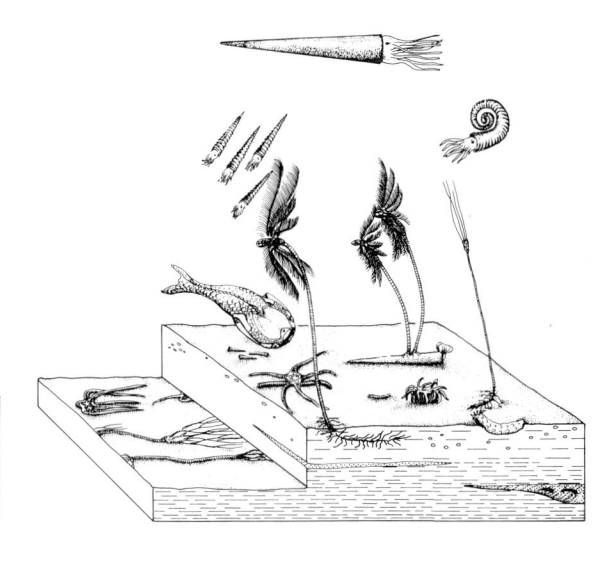

Abb. 11
Rekonstruktion des Lebens- und Sedimentations-Raums des Hunsrückschiefers.
Links: Schwefelwasserstoff-haltiges Sediment wird durch grundberührenden Seegang aufgewirbelt und sedimentiert wieder nach kurzem Transport.
Rechts: Rekonstruktion der Biocoenose des Hunsrückschiefers.

- Trilobita (Abb. 8k): *Chotecops ferdinandi* (Kayser) mit mehreren ssp. (Tafel 14), *Rhenops limbatus* (Schlüter), *Parahomalonotus planus* (Koch), *Burmeisteria aculeata* (Koch), *Dipleura* aff. *laevicauda* (Quenstedt), *Scutellum wysogorskii* Lehmann, *Odontochile rhenanus* (Kayser), *Leonaspis* sp., *Cornuproetus hunsrueckianus* E. Richter,
- Trilobitomorpha: *Cheloniellon calmani* Broili (Abb. 12), *Mimetaster hexagonalis* (Gürich), *Vachonisia rogeri* (Lehmann),
- Phyllocarida: *Nahecaris stuertzi* Jaeckel (Tafel 16), *Nahecaris balsii* Broili, *Heroldina rhenana* (Broili), *Montecaris*? sp., *Dithyrocaris*? sp.,
- Ostracoda: keine,

ECHINODERMATA:
- Homalozoa: Stylophora: *Mitrocystites? styloideus* Dehm, *Rhenocystis latipedunculata* Dehm,
- Homoiostelea: *Demicystis globulosus* Dehm,
- Crinozoa: Cystoidea: *Regulaecystis pleurocystoides* Dehm,
- Blastoidea: *Pentremitella osoleae* Lehmann, *Pentremitidea medusa* Jaeckel,
- Crinoidea: Monocyclica: 22 taxa,
- Dicyclica: 40 taxa (Abb. 8e, 9, 10, Tafel 13),
- Echinozoa: *Pyrgocystis (Rhenopyrgus) coronaeformis* Rievers, *Rhenechinus hopstaetteri* Dehm, *Porechinus porosus* Dehm,
- Holothuroidea: *Palaeocucumaria hunsrueckiana* Lehmann,
- Asterozoa: Ophiuroidea: 23 taxa,
- Asteroidea: 25 taxa (Abb. 6, 7, 8, Tafel 11, 12),

VERTEBRATA:
- Agnatha: *Drepanaspis gemuendensis* Schlüter (Tafel 10), *Pteraspis dunensis smithwoodwardi* Broili, *Pteraspis dunensis* (F.A. Roemer),
- Arthrodira: *Lunaspis heroldi* Broili, *Lunaspis broilii* Groos, *Gemuendenaspis angusta* (Miles), *Hunsrueckia problematica* Traquair, *Stuertzaspis germanica* (Traquair), *Tityosteus rieversae* Groos,
- Acanthodii: *Machaeracanthus* sp.,
- Rhenanida: *Gemuendina stuertzi* Traquair, *Stensioeella heintzi* Broili, *Nessariostoma granulosum* Broili, *Paraplesiobatis heinrichsi* Broili, *Pseudopetalichthys problematicus* Moy-Thomas,
- Dipnoi: *Dipnorhynchus lehmanni* Westoll.

SPURENFOSSILIEN: Chondriten (Abb. 8j), Trilobiten-Fährten, vermutlich von Phacopiden (Seilacher 1962), Eurypteriden, *Heliochone hunsrueckiana* Seilacher et Hemleben, *Ctenopholeus kutscheri* Seilacher et Hemleben (Abb. 8i).

Rekonstruktion des Ablagerungsmilieus

Zunächst muss die Frage beantwortet werden, ob die Fossilien des Hunsrückschiefers autochthon und als Elemente einer fossil gewordenen Biocoenose zu betrachten sind, oder ob sie allochthon aus verschiedenen, entfernten Habitaten stammen und eine Grabgemeinschaft darstellen. Die Sporen und Gefässpflanzen sind natürlich allochthon und in den Ablagerungsraum eingeweht bzw. eingeschwemmt worden.

Aus der vollständigen, nicht disartikulierten Erhaltung von Echinodermaten, Arthropoden, Vertebraten und anderen muss auf einen plötzlichen Tod und eine schnelle und endgültige Einbettung dieser Tiere mit ihren noch nicht zersetzten Weichkörpern geschlossen werden; denn die Tierleichen hätten einen längeren Transport nicht unbeschadet überstanden. Der Weichkörper, insbesondere gilt dies für die Innenskelette der Echinodermaten, hätte sich in Gegenwart von Sauerstoff schnell zersetzt. Da die vollständig und ausgezeichnet erhaltenen Fossilien des Hunsrückschiefers mit den viel häufiger vorkommenden disartikulierten Fossilresten, Skelettelementen, Bruchstücken und Exuvien taxonomisch übereinstimmen, sind die marinen Fossilien des Hunsrückschiefers als Elemente einer ehemaligen Biocoenose zu betrachten, die sich aus Benthos, Nekton und Plankton zusammensetzt. Die gut erhaltenen Fossilien im Hunsrückschiefer kommen in fleckenförmiger Anreicherung vor. Diese Fossil-Vergesellschaftungen sind oft speziell und auf wenige Taxa beschränkt und unterscheiden sich durch ihre Besonderheit von anderen ebenfalls speziellen und auf wenige Arten beschränkten Assoziationen. Wir werten dies als Hinweis auf kleinräumig unterschiedliche Siedlungszonen, bedingt durch vielleicht geringfügig unterschiedliche Milieus.

Die Fauna besteht überwiegend aus benthonischen Elementen. Daher muss am Meeresboden zumindest über längere Zeit eine ausreichende Sauerstoffversorgung geherrscht haben. Es müssen normal marine Bedingungen in der Wassersäule und am Boden geherrscht haben, wie aus dem Vorkommen stenohaliner Formen wie Cephalopoden, Echinodermaten, Dacryoconariden abzuleiten ist. Über die Wassertiefe lassen sich ebenfalls begründete Vermutungen anstellen. Das Vorkommen von Receptaculiten im Hunsrückschiefer spricht für eine Ablagerung in der euphotischen Zone, also bis maximal 40 m Wassertiefe. Das setzt allerdings voraus, dass die Deutung der Receptaculiten als Kalkalgen durch Rietschel (1969) akzeptiert wird. Receptaculiten lebten sehr wahrscheinlich epibenthonisch und müssen als autochthon bzw. parautochthon gelten. Auch die Beobachtungen von Kriterien für ruhige Sedimentationsverhältnisse ohne Strömungen und ohne Wasserbewegung, die zu Ablagerungen des feinen, teilweise laminierten Tonschlamms geführt haben, sowie von Anzeichen stärkerer Wasserbewegung in einzelnen Lagen des Tonsteins und in den Sand-Einschaltungen sprechen für eine Position des Bodens unterhalb der normalen Wellenbasis und oberhalb der Sturmwellenbasis. Bei der vorhandenen Beckenkonfiguration spricht das für eine ähnliche Bildungstiefe, wie die aus dem Vorkommen von Kalkalgen abgeleitete, nämlich etwa 20 bis 40 m. Das Vorkom-

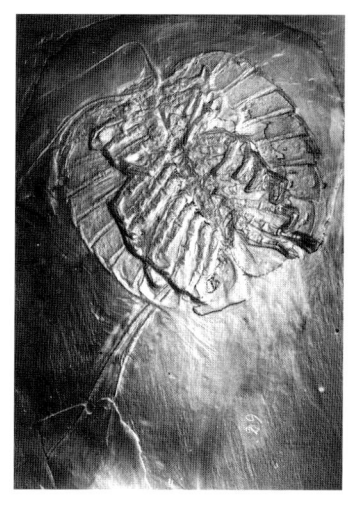

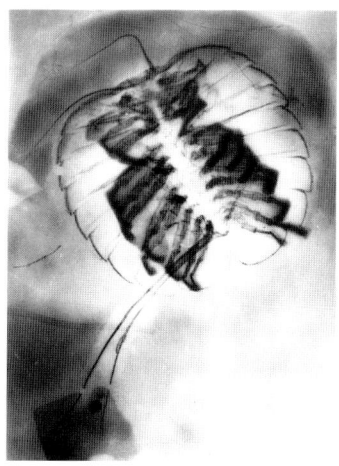

Abb. 12
Cheloniellon calmani Broili, Hunsrückschiefer, Bundenbach, Schlosspark-Museum Bad Kreuznach.
Oben: Foto W. Stürmer, Archiv des Senckenberg-Museums Frankfurt, Breite des Carapax ca. 11 cm.
Unten: Röntgenfoto desselben Fossils von W. Stürmer, Archiv des Senckenberg-Museums Frankfurt, Nr. WS 2487.

Abb. 13
Acanthocrinus lingenbachensis
Lehmann, Hunsrückschiefer, Bundenbach, Sammlung Dehm, München. Röntgenfoto von W. Stürmer (WS 2652), Bildbreite ca. 8,5 cm.

men von ahermatypischen Korallen widerspricht nur scheinbar dieser bathymetrischen Deutung. Es gibt nämlich rezente, ahermatypische Korallen auch im flachen Wasser, wo sie angepasst an stärkere Wassertrübung oder auch kühlere Wassertemperaturen leben.

Seilacher et Hemleben (1966) haben als Bildungsraum der Hunsrückschiefer ein Tiefbecken im höheren Bathyal zur Diskussion gestellt, da die Vergesellschaftung von Marken und Spuren im Hunsrückschiefer nicht zu dem von Richter (1931 bis 1954), Kutscher (1931) und anderen propagierten Watt-Modell passt. Die von Richter angeführten Argumente für ein Auftauchen, das die Deutung als Watt-Ablagerung nahelegte, werden von Seilacher et Hemleben (1966) diskutiert und als nicht stichhaltig abgelehnt. Die Artenvielfalt und das ausgeglichene ökologische Spektrum der Körperfossilien sprechen gegen einseitige Lebensbedingungen, wie sie im Intertidal gegeben sind. Ausdrücklich betonen Seilacher et Hemleben (1966) das Fehlen von diagnostischen Spuren-Typen der Flysch-Fazies. Das Fehlen von einfachen oder U-förmigen Wohnbauten, die oft im litoralen Bereich dominieren, kann jedoch nicht allein den Ausschlag bei der bathymetrischen Deutung geben. Das Zurücktreten von Suspensionsfressern gegenüber den Sedimentfressern könnte auch mit der grossen Entfernung zur Küste des Nord-Kontinents und dem vermutlich sehr breiten, flachen Schelf davor zusammenhängen, Verhältnissen, die im übrigen auch für viele andere Gebiete im Devon angenommen werden.

Es gibt keinen zwingenden Grund, euxinische oder kurzfristig euxinische Verhältnisse am Meeresboden anzunehmen, wie einige Autoren es getan haben. Bedingt durch die geringe Permeabilität von Tonschlämmen sowie den Gehalt an organischem Kohlenstoff im Sediment, dürfte die Redox-Grenze im Sediment nahe seiner Oberfläche gelegen haben. Da nahezu alle Fossil-Assoziationen Strömungsanzeichen zeigen und eine schnelle und endgültige Einbettung für die vollständig und exzeptionell erhaltenen Fossilien anzunehmen ist, liegt es nahe, Sturmereignisse und als Folge davon eine schnelle Verschüttung bzw. schnelles Einsedimentieren für den Tod und die vorzügliche Erhaltung verantwortlich zu machen. In der Tat ist bei der Präparation von Fossilien zu beobachten, dass beispielsweise Crinoiden in verschiedenen feinen Lagen des Tonsteins liegen, also offenbar von dem feinen Tonschlamm sehr schnell umflossen wurden. Inwieweit eine Vergiftung durch das aufgewühlte, H_2S-führende Sediment als zusätzliche Todesursache eine Rolle gespielt hat, bleibt unklar (Abb. 11). Die Besonderheiten der Erhaltung von Holothurien könnten dafür sprechen; denn sie lassen auf einen plötzlichen Tod schliessen. Holothurien sind nämlich im Hunsrückschiefer mit ausgestossenen Schlundringen erhalten (Seilacher 1961b: Taf. 10, Fig. 1). Dies ist als Beleg für ausgestülpte Eingeweide zu werten, ein Vorgang, der bei rezenten Holothurien als Evisceration bezeichnet wird und immer dann auftritt, wenn Holothurien plötzlich in für sie bedrohliche Umstände geraten, wie sie eine plötzliche Vergiftung des Atemwassers darstellen würden (mündliche Mitteilung von R. Haude).

Die hohe Repräsentanz von Echinodermaten in der Makro-Fauna des Hunsrückschiefers könnte nicht nur den hohen Anteil von Echinodermaten in der ehemaligen Biocoenose wiederspiegeln, sondern zusätzlich erhöht sein. Denn Echinodermaten gehören zu der bodenbezogenen Fauna, die bei Sturm- und Verschüttungs-Ereignissen nicht oder kaum in der Lage gewesen sein dürfte, durch Flucht der bedrohlichen Gefahr, einsedimentiert zu werden, zu entrinnen, im Gegensatz zu einem Teil des vagileren Benthos, das dazu eher in der Lage gewesen sein dürfte.

Aufbewahrung der Fossilien

Fossilien aus dem Hunsrückschiefer sind über viele Museen und Universitäts-Sammlungen verstreut. Besonders bemerkenswerte und umfangreiche Sammlungen befinden sich bei folgenden Institutionen.

- Museum für Naturkunde, Institut für Paläontologie, Invalidenstrasse 43, 10115 Berlin,
- Universität Bonn, Paläontologisches Institut, Nussallee 8, 53115 Bonn,
- Universität Marburg, Geologisch-Paläontologisches Institut, Lahnberge, 35043 Marburg an der Lahn (Sammlungen Duncker und Kayser),
- Schlosspark-Museum, 55543 Bad Kreuznach,
- Bayerische Staatssammlung für Historische Geologie und Paläontologie, Richard-Wagner-Strasse 10, 80333 München (Originale zu Dehm, Gross, Broili),
- Senckenberg-Museum, Senckenberg-Anlage 25, 60325 Frankfurt am Main (Röntgen-Archiv von Stürmer),
- Deutsches Bergbau-Museum, Am Bergbaumuseum 28, 44791 Bochum (Sammlung Bartels),
- Universität Giessen, Institut für Geowissenschaften und Lithosphärenforschung, Senckenbergstrasse 3, 35390 Giessen (Röntgenfotos von Stürmer).

Dank

Wir danken P. Carls, Braunschweig, R. Haude, A. Mücke, W. Riegel und H. Uffenorde, Göttingen, und D. Weyer, Magdeburg, für ihre kritischen Ratschläge. Frau Nestler, Bad Kreuznach, A. Peth, Idar-Oberstein, G. Plodowski und E. Schindler, Frankfurt, halfen mit der Ausleihe von Material und Photographien.

Der Kalkstein von East Kirkton, Unter-Karbon, Schottland

Michael A. Taylor
National Museums of Scotland, Edinburgh, Schottland

Entdeckung und Erforschungsgeschichte

Die Lokalität East Kirkton ist ein kleiner, etwa 250 m langer, grösstenteils zugewachsener Steinbruch bei Bathgate, einer kleinen Stadt etwa 30 km westlich Edinburgh (Abb.1). Der Steinbruch, ursprünglich auf Kalk für Branntkalk und Düngezwecke angelegt, ging bis 1844 um. Geologen war der Steinbruch wegen seines gut gebänderten Kalksteins, offenbar Ablagerung einer Thermalquelle, und wegen seiner aussergewöhnlichen fossilen Eurypteriden-Köpfe bekannt (Abb.3).

Glücklicherweise ist der Steinbruch nie mit Müll verfüllt worden, denn der tatsächliche Umfang seines Fossilinhalts und seine Bedeutung als Fossil-Lagerstätte wurden erst in den 80er Jahren dieses Jahrhunderts bekannt, als Stan Wood, ein professioneller Fossilsammler aus Edinburgh, den ungewöhnlich gebänderten Kalk in einer Feld-Mauer in der Nähe bemerkte, die Steine kaufte, sie sorgfältig aufklopfte und dabei eine Vielfalt von Fossilien entdeckte, darunter auch Amphibien. Stan Wood fand auch die Quelle dieser Steine, den Steinbruch von East Kirkton und sammelte dort von 1984 bis 1987 vor allem aus dem Abraum.

Die Fossilien waren so bedeutend, dass die National Museums of Scotland (NMS) 1987 eine systematische Grabung begannen, um mehr Fossilien zu finden und, vielleicht noch wichtiger, ihre Verteilung im Gestein, Bank für Bank, aufzunehmen, um so Daten für die Rekonstruktion der unüblichen Ablagerungsbedingungen von East Kirkton zu gewinnen. Das Projekt East Kirkton, geleitet von Dr. Ian Rolfe von NMS, umfasste fast 100 Bearbeiter von 32 Instituten in 8 Ländern, die bald ihre wichtigsten Erkenntnisse veröffentlichten (Rolfe et al. 1994): Dass nämlich East Kirkton einen nie dagewesenen Einblick in das frühe Leben an Land gewährt, wegen der Ablagerungsbedingungen, die ganz unüblicherweise die Überlieferung landbewohnender oder amphibischer statt aquatischer Tiere begünstigen. East Kirkton bietet uns das seltene Bild eines wirklich terrestren Ökosystems mit Amphibien, Scorpionen, Tausendfüsslern, Eurypteriden, anderen Arthropoden und Pflanzen.

Geographische, geologische und stratigraphische Umstände

Vor etwa 338 millionen Jahren, zur Zeit des Unter-Karbons, lag das heutige Schottland nahe am Äquator, es war nasser und viel wärmer als heute und von dichter Vegetation bedeckt. Einige dieser Wälder wurden unter Lehm von Hochfluten begraben und wurden zu den Kohlenflözen, die einst in den benachbarten Bergwerksfeldern intensiv abgebaut wurden. Die Gegend war vulkanisch aktiv. Die heutigen Überreste der Vulkane, harte, widerstandsfähige Gesteine, bilden auffällige Hügel wie den Schlossfelsen von Edinburgh.

Abb. 1
Lage des Steinbruchs East Kirkton bei Bathgate, Schottland.

Abb. 2
*Der Riesen-Skorpion **Pulmonoscorpio** (Abbildung mit Erlaubnis der Trustees of the National Museums of Scotland).*

Entstehung und Sediment-Strukturen

Der Steinbruch East Kirkton enthält eine 9 m mächtige Einschaltung eines gebänderten Kalksteins, den East Kirkton Limestone, abgelagert in einem kleinen, kurzlebigen See, möglicherweise innerhalb eines Vulkan-Kraters oder in einem Tal, das von Lavamassen abgedämmt war. Der Kalkstein besteht aus feinen Laminae abwechselnd Kieselsäure-reicher, schwarzer und Karbonat-reicher, brauner Lagen, die kugelige Konkretionen von Mineralen enthalten, die um einen Kern, ein Stück Erde, den Ast eines Baumes oder gar um einen Arthropoden-Panzer herum gewachsen sind. Es gibt ausserdem eingestreut Lagen vulkanischer Tuffe. Im Jahre 1834 vermutete ein Landarzt, Samuel Hibbert, der Kalk bestünde aus Mineralen, die aus dem Waser einer heissen Quelle ausgefallen wären, nachdem es durch frisch gefallene vulkanische Tuffe aufgestiegen wäre. Diese Theorie war lange Jahre lang anerkannt.

Eine Studie der Tuff-Lagen in dem Kalkstein zeigt aber, dass sie nicht als direkt aus vulkanischen Asche-Wolken ausgefallen, sondern durch Regenfälle aus der Umgebung eingespült worden sind. Der örtliche Vulkan oder die Vulkane waren nur zeitweise tätig, und zwischen den Ausbrüchen wuchsen in der Gegend Wälder. Der See war wahrscheinlich klein, weil der Steinbruch fast das gesamte Vorkommen des Kalksteins enthält und wenig mehr davon im Untergrund der Umgebung gefunden wird. Wir haben ausserordentliches Glück: Der Kalk hätte ebensogut nicht an der Erdoberfläche entblösst oder aber gänzlich abgetragen sein können.

Fossilien

Der East Kirkton Limestone enthält viele Pflanzenreste, vor allem Baumstämme, Zweige und Blätter, die vermutlich aus den Wäldern in der Umgebung des Sees eingespült wurden. Diese Reste sind wichtig, weil sie sowohl kompaktierte, zwei-dimensional erhaltene, als auch dreidimensionale Stämme und Äste enthalten, die vor ihrer Einbettung mineralisiert worden sind und so dem Druck des überlagernden Sediments widerstehen konnten, der sonst Fossilien plättet. Dünnschliffe dieser durch und durch mineralisierten Reste zeigen Zellstrukturen ähnlich wie Stücke fossiler Holzkohle, die durch Feuer entstanden sind. Die Wälder bestanden im wesentlichen aus hohen, primitiven Schuppenbäumen, den Lycopsiden, und Büschen von Lycopsiden und Sphenopteriden mit Unterwuchs von Farnen. Es gab ausserdem Samenfarne, Bäume die mit modernen Koniferen entfernt verwandt sind, unter ihnen Zweige von *Eristophyton* und Stämme von *Pitus*. *Stanwoodia*, ein Samenfarn, der von dieser Lokalität neu beschrieben wurde, ähnelt *Bilignea*, einer altbekannten Form, die auch hier vorkommt. East Kirkton ist tatsächlich aussergewöhnlich, weil es vier unterschiedliche Arten Samenfarne liefert. Wenn diese zur selben Zeit zusammen wuchsen, sollte jede von ihnen für eine spezielle ökologische Nische spezialisiert gewesen sein – zum Beispiel derart, dass der eine Baum nur in frisch entstandenen Lichtungen oder auf feuchteren Standorten wuchs als die anderen, oder dass sie einfach Etagen unterschiedlicher Höhe im Wald bildeten. Wir könnten Gestalt und Grösse der Bäume besser einschätzen, wenn wir feststellen könnten, welche der ebenfalls hier gefundenen Belaubung zu welchen versteinerten Stämmen und Ästen gehörte. Aber bisher wurde keine Belaubung noch in Lebendstellung am Holz gefunden.

Die Arthropoden („Gliederfüssler", Tiere mit einem äusseren Skelett und gegliederten Beinen) umfassen eine grosse Vielfalt, überraschenderweise aber keine geflügelten Insekten, möglicherweise weil sie sich noch nicht entwickelt oder solche Lebensräume nicht besiedelt hatten, obwohl flügellose Insekten schon aus viel älteren Gesteinen bekannt sind. Ein fossiler Weberknecht (eine opilionide Spinne), die älteste ihrer Art, scheint von heutigen Formen nicht unterscheidbar zu sein, obwohl dies auch daran liegen kann, dass das Fossil unvollständig erhalten ist. Es gibt mehrere Arten Tausendfüssler. Der am besten bekannte ist noch nicht benannt, er ist 1 cm breit, aber von unbekannter Länge. Nur das Kopfende ist erhalten; es zeigt Poren für die Luftatmung und Abwehr-Drüsen, die giftiges Sekret vermutlich zur Abschreckung von Räubern, Amphibien, absonderten.

Unter den Skorpionen ist *Pulmonoscorpio* (Abb.2) durch Exemplare unterschiedlichen Alters, von 13 bis 280 mm Grösse, vertreten, und mit Bruchstücken eines Individuums von fast 0,5 m Länge. *Pulmonoscorpio* war gänzlich landlebend, er atmete durch Buchlungen, Kiemen-ähnliche Atmungsorgane, die in Taschen am Hinterleib untergebracht waren. Er war scharfsichtig, mit grossen seitlichen Facettenaugen und vorwärts gerichteten einfachen Augen für die Jagd bei Tageslicht, im Unterschied zu heutigen Skorpionen, die nachtaktiv sind und Beute durch Berührung erkennen.

Die Eurypteriden (Abb.3) sind entfernte Verwandte der Pfeilschwanz-Krebse und der Spinnen. Ein beschädigter Kopf von 62 cm Breite dürfte der grösste bekannte Arthropode sein. Drei Formen Eurypteriden sind bekannt: der kleine *Hibbertopterus*, der mittelgrosse *Dunsopterus* und der grosse *Cyrtoctenus*. Sie könnten auch einfach unterschiedliche Altersgruppen einer einzigen Art sein. Sie hatten nur kleine Greifzangen und ernährten sich offenbar von kleinen Crustaceen oder ähnlicher Beute, die sie mit ihren dornigen, kamm-ähnlichen Vorderbeinen aufwühlten. Ihre sechs Schreitbeine lassen vermuten, dass sie amphibisch lebten; Reste ihrer Jungen wurden tatsächlich nicht gefunden. Sie reproduzierten wahrscheinlich anderwärts und suchten den See nur auf, um im flachen Wasser zu fressen, ähnlich wie die heutigen Flamingos, die im ostafrikanischen Graben Salinenkrebse fressen.

Die Amphibien von East Kirkton sind die ältesten uns bekannten, mit Ausnahme einiger sehr viel primitiverer, die fast noch Fische waren. Sie enthalten die ältesten bekannten Temnospondylen, eine Gruppe, welche die meisten primitiven Amphibien und die Vorläufer der modernen Salamander und Frösche umfasst. Einzelne Rippen, Kiefer und ein Beckengürtel weisen auf die Anwesenheit eines ziemlich massiven Tieres von 1 oder 2 m Länge hin. Der häufigste Temnospondyle ist aber *Balanerpeton woodi* (Tafel 20), fast 0,5 m lang und ähnlich den heutigen Salamandern, die im erwachsenen Alter an Land, entfernt vom Wasser leben und nur dorthin zurückkehren, um sich zu vermehren. Dies wird durch einige anatomische Details bestätigt. Der Kopf von *Balanerpeton* hat weder die seitlichen Sinneslinien für Wasserbewegung, noch die verknöcherten Kiemenbögen, die bei aquatischen Arten normalerweise vorhanden sind. Sie haben möglicherweise Augenlider gehabt. Die Knochen der Hand- und Fussgelenke sind stark verknöchert, sie können das Tier ausserhalb des Wassers tragen. Bei Fischen und primitiven Amphibien bildet der Stapes eine robuste Klammer zwischen dem Kiefer und dem inneren Ohr. Bei *Balanerpeton* dagegen ist er ein schlanker Knochen, der Luftschall vom Trommelfell auf das innere Ohr überträgt. *Balanerpeton* ist der älteste Temnospondyle, aber eine entwicklungsgeschichtlich ältere Form ist aus jüngeren Schichten bekannt. Dies zeigt, dass sich die Temnospondylen schon vor der Zeit des East Kirkton Limestone diversifiziert hatten.

Balanerpeton eröffnet die Möglichkeit, dass die Temnospondylen sich eher von Formen mit terrestrischem statt von solchen mit aquatischem Erwachsenenstadium herleiten. Sie wären daher weniger wahrscheinlich fossil geworden, bevor sich später mehr aquatische Formen entwickelten.

Das schlangenähnliche aistopode Amphibium *Ophiderpeton* war schon zuvor bekannt, aber East Kirkton lieferte fünf fragmentarisch erhaltene Individuen einer neuen Art, nahezu des ältesten Aistopoden. Ohne Beine und von der Grösse einer grossen Ringelnatter, muss dieses stark bezahnte Tier an Land gelebt haben, wahrscheinlich im Altlaub der Wälder auf verhältnismässig grosse Beute ausgehend, was immer das gewesen sein mag.

Die anderen Tetrapoden sind „Reptiliomorphe", eine vielfältige Gruppe, welche die Reptilien einschliesst. In East Kirkton sind sie vor allem durch die Anthracosaurier vertreten, von denen East Kirkton wiederum die ältesten, aber nicht die primitivsten, liefert. *Eldeceeon rolfei* war etwa 30 cm lang mit gut entwickelten Beinen. *Silvanerpeton miripedes* (Tafel 19), etwas kleiner, scheint auf den ersten Blick der einzige aquatische Tetrapode in East Kirkton zu sein, mit Seitenlinien, nicht verknöcherten Mittelhand- und Mittelfuss-Knochen und wenig verknöcherten Wirbeln, alles Anzeichen eines Lebens im Wasser (das Körpergewicht wird teilweise durch den Auftrieb getragen). Jedoch könnten diese Fossilien auch noch unausgereifte erwachsene Stadien sein, die noch Anzeichen ihres aquatischen Lebens im Larvenstadium tragen, das sie anderswo, nicht im See von East Kirkton verbracht haben könnten.

Am bekanntesten von allen ist *Westlothiana lizziae* (Tafel 21), benannt nach dem lokalen Eigentümer des Steinbruches, dem West Lothian District Council, der auch zum Ankauf des zuerst gefundenen Exemplars beigetragen hat. Nur 20 cm lang, mit dem Körper einer Blindschleiche und kleinen Zähnen, die auf ein Leben zwischen Altlaub, Steinen und Erde und Ernährung von weichkörperigen Wirbellosen hinweisen. Das erste Exemplar wurde 1990 als „Lizzie the Lizard" bekannt wegen der öffentlichen Aufmerksamkeit, welche die National Museums of Scotland erfolgreich erregten, um den Preis von 200.000 Pfund Sterling (einschliesslich Mehrwertsteuer) zu überbieten, die Mr. Wood vom Staatlichen Museum für Naturkunde, Stuttgart, geboten worden waren. Der Grund dieser Aufregung war, dass „Lizzie" damals für den weltweit ältesten Amnioten oder ein „Reptil" gehalten wurde, und daher für einen entscheidenden Beleg für die Abstammung der Reptilien, damit auch der Vögel und Säugetiere einschliesslich unserer selbst. Indessen hat die sorgfältige Präparation des Gaumendaches und das Studium eines weiteren Exemplars durch Wissenschafter der National Museums eine Neubewertung der genauen entwicklungsgeschichtlichen Stellung von *Westlothiana* nötig gemacht.

Die Amniota sind vierfüssige Wirbeltiere, die Reptilien und ihre Nachkommen, die Vögel und die Säugetiere, deren Embryonen eine gewisse Hüll-Membran haben, das Amnion. Es erlaubt dem Embryo zu atmen und während seines Wachstums innerhalb der Eischale oder im Uterus der Mutter Stoffwechsel-Reste auszuscheiden. Diese Neuerung ermöglichte die Entwicklung von beschalten Eiern und befreite die Amnioten von der Notwendigkeit, Eier im Wasser zu legen, wie es die Amphibien taten und noch immer tun. Augenscheinlich ist diese Definition von Amnioten schwer auf Fossilien anzuwenden, bei denen die zarte Membran einfach nicht erhalten ist. Statt dessen nähern sich Paläontologen der Sache auf indirektem Wege, indem sie das Skelett, das bei Fossilien erhalten ist, nach spezifischen anatomischen Merkmalen untersuchen, welche nur die Amnioten, nicht aber andere Tetrapoden, bekanntermassen gemeinsam haben und die deshalb nahezu mit Sicherheit auch bei dem gemeinsamen Vorfahren der Amnioten vorhanden sein müssen – per definitionem dem ältesten Amnioten.

Erste Untersuchungen schienen zu zeigen, dass *Westlothiana* der älteste Amniote wäre, zu schliessen

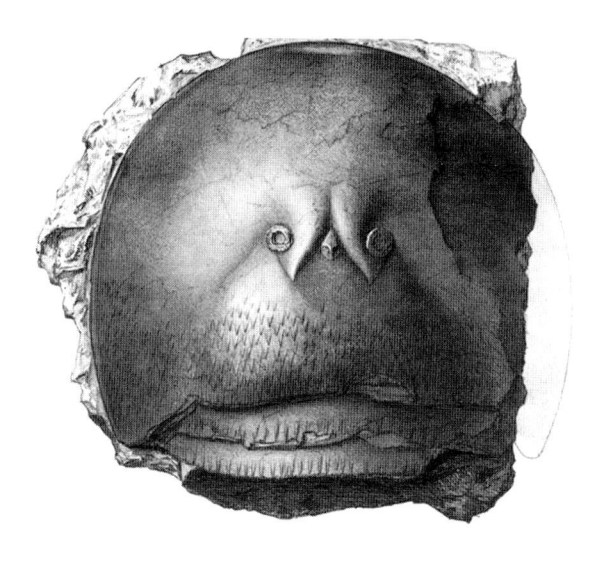

Abb. 3
Kopf eines Eurypteriden aus einer Aufsammlung vom Beginn des 19. Jahrhunderts (Abbildung mit Erlaubnis der Trustees of the National-Museums of Scotland). Breite 60 cm.

aus einzelnen Merkmalen des Schädeldaches, der Wirbel und dem Vorkommen zweier Knochen im Sprunggelenk. Aber das zweite Exemplar zeigt die ursprünglichere Zahl von drei Fusswurzelknochen. Ferner zeigt sich bei der Freilegung des Gaumendaches des ersten Exemplars, dass es ein wichtiges Merkmal der Amniota nicht besitzt: ein paar Pterygoid-Spangen, zahnbewehrte transversale Leisten, eine an jeder Seite des Gaumens. Weil aber nicht bekannt ist, welche Merkmale des Amnioten-Skeletts sich vor oder nach dem Amnion entwickelt haben, ist *Westlothiana*, wenn schon nicht selbst der älteste Amniot, sicherlich das dem noch unentdeckten ältesten gemeinsamen Vorfahren der Amnioten am nächsten stehende bekannte Fossil (vielleicht mit Ausnahme einiger obskurer und viel jüngerer Tiere, der Diadectomorpha). *Westlothiana* ist zweifellos ein starker Beleg für den Übergang von den Amphibien zu den Amnioten.

Rekonstruktion des Lebensraums und Taphonomie der Fossilien

Das Studium der Fossilien von East Kirkton zeigt eine überwiegende, fast vollständige Verschiebung zugunsten gänzlich landlebender oder amphibischer Tiere und eine bemerkenswerte Abwesenheit obligat aquatischer Formen wie der Fische und der freischwimmenden Eurypteriden. Die einzige aquatische Lebensform war tatsächlich eine Art bakterieller oder Algen-Schleim wie er in jeder Thermalquelle gefunden wird. Die Lokalität East Kirkton ist daher ein Beispiel einer fast reinen Taphocoenose – einer Lagerstätte von Tieren, die ihren Lebensraum nicht im Milieu der Ablagerung hatten. Die Deutung als Thermalquelle bedeutet, dass der See für aquatische Organismen so lebensfeindlich war, dass alles, was in ihm fossilisiert wurde, auf eigenen Füssen hierher gelangen und deshalb landbewohnend oder amphibisch sein musste (Tabel 18).

Es kann wenig Zweifel geben, dass der See durch heisses, hoch mineralisiertes Grundwasser gespeist wurde, aber es ist noch nicht klar, ob der See selbst heiss war. Die Verhältnisse leichter und schwerer Isotope des Kohlenstoffs, des Wasserstoffs und des Sauerstoffs in den Mineralen heisser Quellen wie Calcit und Kieselsinter werden durch die ursprünglichen Verhältnisse der Isotope im Wasser und zusätzlich durch die Temperatur bestimmt, bei der jedes Mineral aus dem Wasser ausgefällt wurde. Durch sorgfältige Analyse können solche Minerale als fossile Thermometer benutzt werden. In East Kirkton aber stimmen diese nicht, teilweise weil die Minerale natürlicherweise bei verschiedenen Temperaturen gefällt wurden. Wasserstoff- und Sauerstoff-Isotope im Kieselsinter zeigen Ablagerung bei 60 °C an, Calcit hat Isotopen-Verhältnisse von Kohlenstoff und Sauerstoff von etwa 20 °C, wie sie auch in heutigen Süsswasser-Seen ohne jeden Einfluss thermaler Quellen vorkommen können. Tatsächlich deutet die Analyse auf eine ungewöhnlich starke Belastung des Seewassers durch eine Mischung mineralischer Salze. Das Wasser war wenigstens unzuträglich und sehr wahrscheinlich tödlich giftig für die meisten Lebensformen.

Bedeutung für die Geschichte des Lebens

East Kirkton ist wichtig für unser Verständnis der Eroberung des Landes durch grössere verwandtschaftliche Gruppen von Tieren. Das ungewöhnliche Milieu der Ablagerung hat die übliche Verfälschung der fossilen Überlieferung zugunsten wasserbewohnender Tiere in Ablagerungen des Wassers ins Gegenteil verkehrt und hochgradige Erhaltung mit einer geradezu unerhörten Bevorzugung terrester oder amphibischer Tiere kombiniert. East Kirkton enthält die ältesten luftatmenden Skorpione und Tausendfüssler, den ältesten Weberknecht, den vielleicht mächtigsten Arthropoden überhaupt in Form eines riesigen Eurypteriden, auf Landleben spezialisierte Amphibien und in *Westlothiana* entweder das älteste bekannte Reptil oder seinen nächsten Verwandten (die meisten karbonischen Amphibien, selbst noch spätere, waren aquatisch). Dieser kleine Steinbruch hat eine Bedeutung, die in keinem Verhältnis zu seiner Grösse steht. Wir sind glücklich, dass diese Fundstätte nicht durch zu wenig oder zu viel eiszeitliche Erosion oder durch Abbau im Steinbruch oder Überschüttung mit Müll verlorengegangen ist. Alle diese Information stammt von zwei verhältnismässig kleinen Stellen im Steinbruch und von altem Abraum, der den Rest des Steinbruches bedeckt.

Schutz des Vorkommens, Sammlungen

Die meisten Fossilien von East Kirkton in öffentlichen Sammlungen werden in den National Museums of Scotland, Edinburgh, aufbewahrt, einige wichtige Stücke auch im Hunterian Museum, University of Glasgow, dem University Museum of Zoology, Cambridge, und dem British Museum of Natural History, London. Die Lokalität ist heute unter Schutz gestellt, um den kleinen Steinbruch für künftige Arbeiten zu bewahren. Sammeln ist strikt verboten.

Dank

In diesem kurzen Artikel können bedauerlicherweise nicht alle Personen genannt werden, die das East Kirkton Project in so kurzer Zeit zum Erfolg geführt haben. Nach der ursprünglichen Entdeckung und der Grabung von Mr. Stan Wood haben der West Lothian District Council WLDC (seit 1996: West Lothian Council) und der Pächter, Mr. W.R. Lawson, die Fundstelle zugänglich gemacht. Die Grabung wurde finanziert vom Nature Conservancy Council, den National Museums of Scotland (NMS) und lokalen Firmen als Sponsoren. Ich danke Dr. Ian Rolfe für seine Hilfe bei der Abfassung dieses Artikels.

JINCE

*Tafel 1 Vollständiger Panzer des polymeriden Trilobiten **Paradoxides gracilis** (Boeck 1827), holaspides Stadium, 125 mm lang, aus dem Mittel-Kambrium von Jince.*

2

3

ROKYCANY

4

5

*Tafel 2   Drei Exemplare des polymeriden Trilobiten **Conocoryphe** sp. Mittel-Kambrium von Jince.*

*Tafel 3   Sechs Individuen des miomeriden Trilobiten **Peronopsis integra** (Beyrich 1845), ca. 5 mm lang, vergesellschaftet mit einer teilweise erhaltenen Theke des edrioasteroiden Echinodermen **Stromatocystites pentangularis** Pompeckj 1896. Mittel-Kambrium von Jince.*

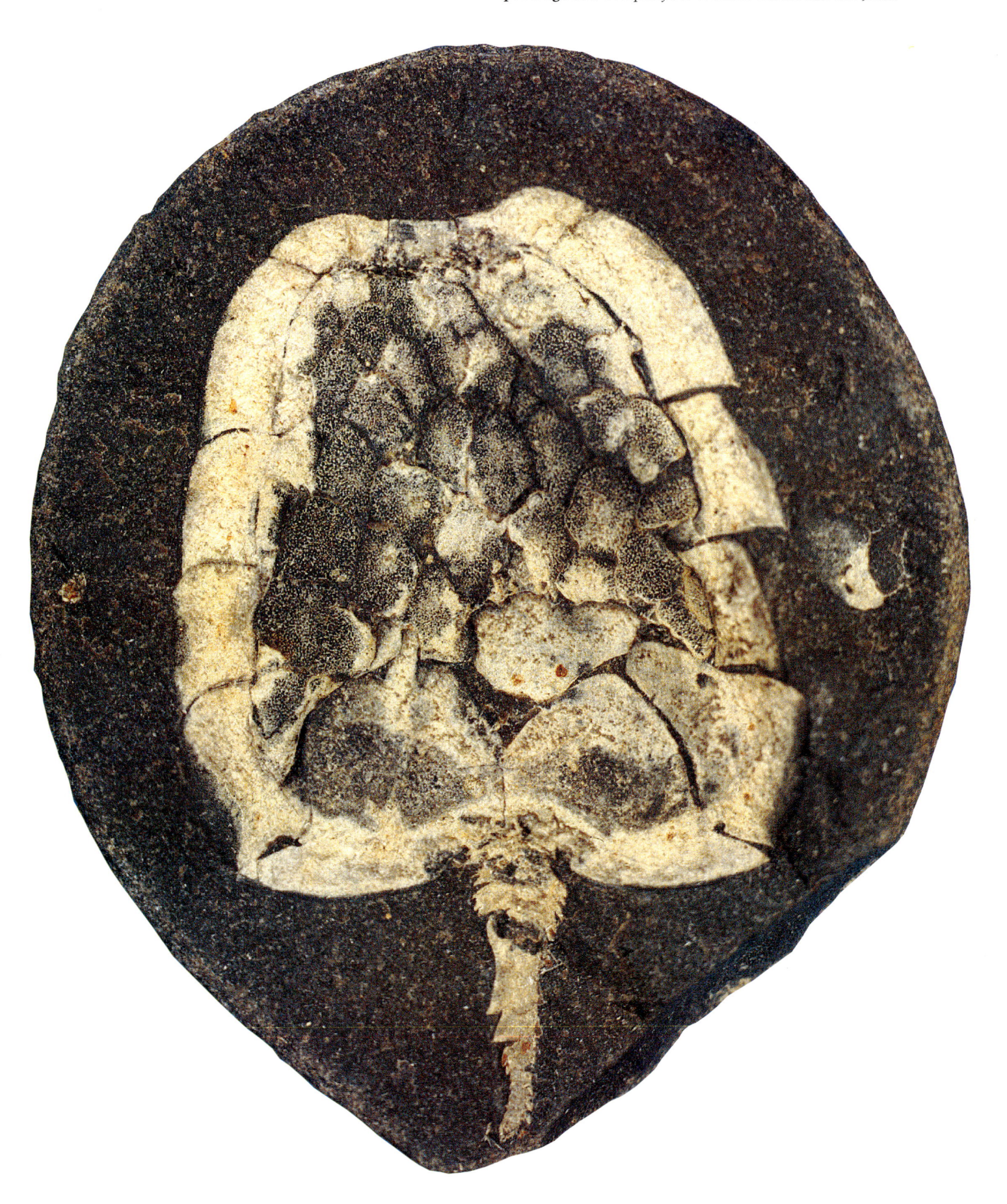

*Tafel 4   **Corymbograptus retroflexus** (Perner) von Rokycany-Drahouš, eine für den unteren Teil der Šárka-Formation (Unter-Ordovicium) leitende Graptolithen-Art. Länge der höchsten isolierten Stipa 112 mm. Foto: O. Malina.*

*Tafel 5   **Holograptus tardibrachiatus** (Bouček) von Rokycanská stráň-rokle, ein für den mittleren Teil der Klabava-Formation (Unter-Ordovicium) leitender Graptolith. Die Länge des Funiculum beträgt 3 mm. Foto: O. Malina.*

Tafel 6 **Mitrocystites mitra** (Barrande) aus dem Unter-Ordovicium der Gegend zwischen Rokycany und Osek, ein in den Knollen von Rokycany (Šárka-Formation) häufiger Echinoderme (Gruppe der Carpoidea). Länge 30 mm. Foto: O. Malina.

Tafel 7 **Euloma bohemicum** Holub von Klabava-Starý hrad, ein charakteristischer Trilobit aus dem oberen Teil der Klabava-Formation (Unter-Ordovicium). Länge: 55 mm. Foto: O. Malina.

8

9

HUNSRÜCK

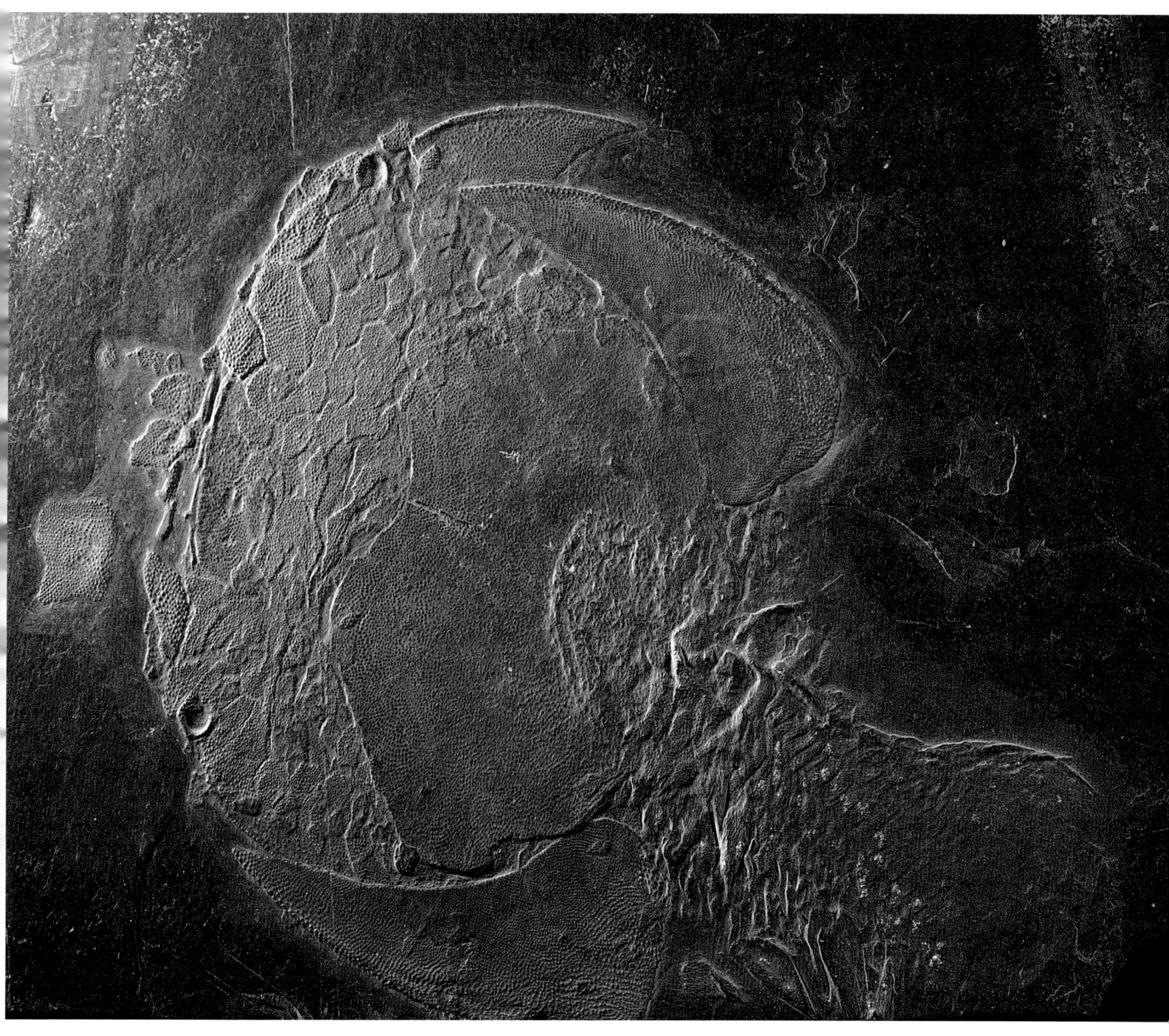

Tafel 8 Der dendroide Graptolith **Dictyonema rokycanense** *J. Kraft aus dem unteren Ordovicium von Rokycanská strán-Lom, Klabava-Formation (Länge des Exemplars: 85 mm). Foto: O. Malina.*

Tafel 9 Der dendroide Graptolith **Desmograptus callograptoides** *Bouček aus dem unteren Ordovicium von Rokycanská strán-Rokle, Klabava-Formation (Grösse des Exemplars: 35 mm). Foto: O. Malina.*

Tafel 10 Der unter-devonische Hunsrückschiefer enthält zahlreiche primitive Wirbeltiere, hier der Agnathe **Drepanaspis gemuendensis** *Schlüter. Museo di Storia Naturale di Milano, Italien. Foto: G. Pinna.*

Tafel 11 Der Seestern **Furcaster decheni** *Stürtz aus dem Hunsrückschiefer, Unter-Devon, Deutsches Bergbau-Museum, Bochum, Sammlung Bartels. Platte 33 cm lang. Foto: Opel.*

Tafel 12 Der Seestern **Furcaster palaeozoicus** *Stürtz aus dem Hunsrückschiefer, Unter-Devon, Deutsches Bergbau-Museum, Bochum, Sammlung Bartels. Platte 35 cm lang. Foto: Opel.*

11

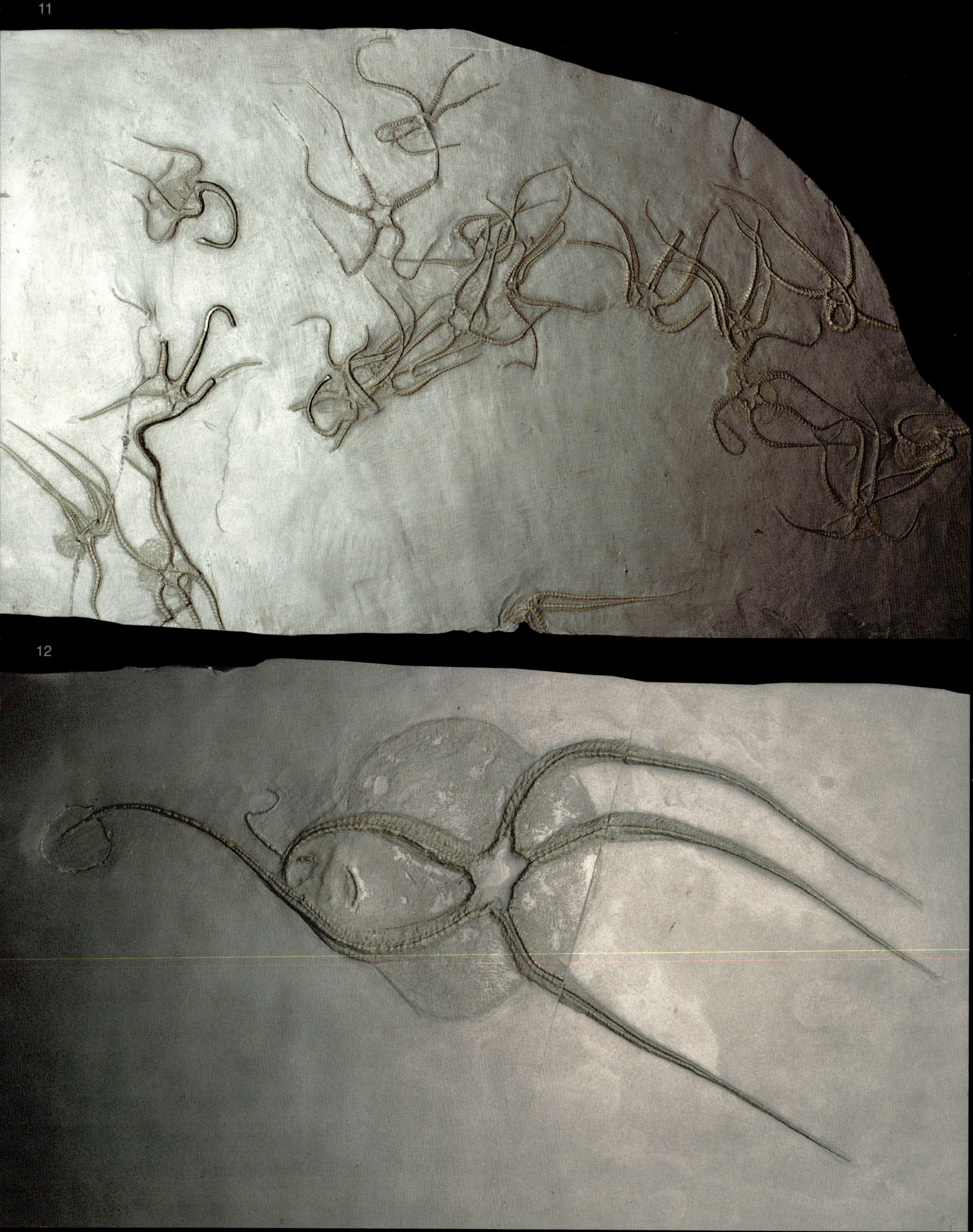

12

13

14 15

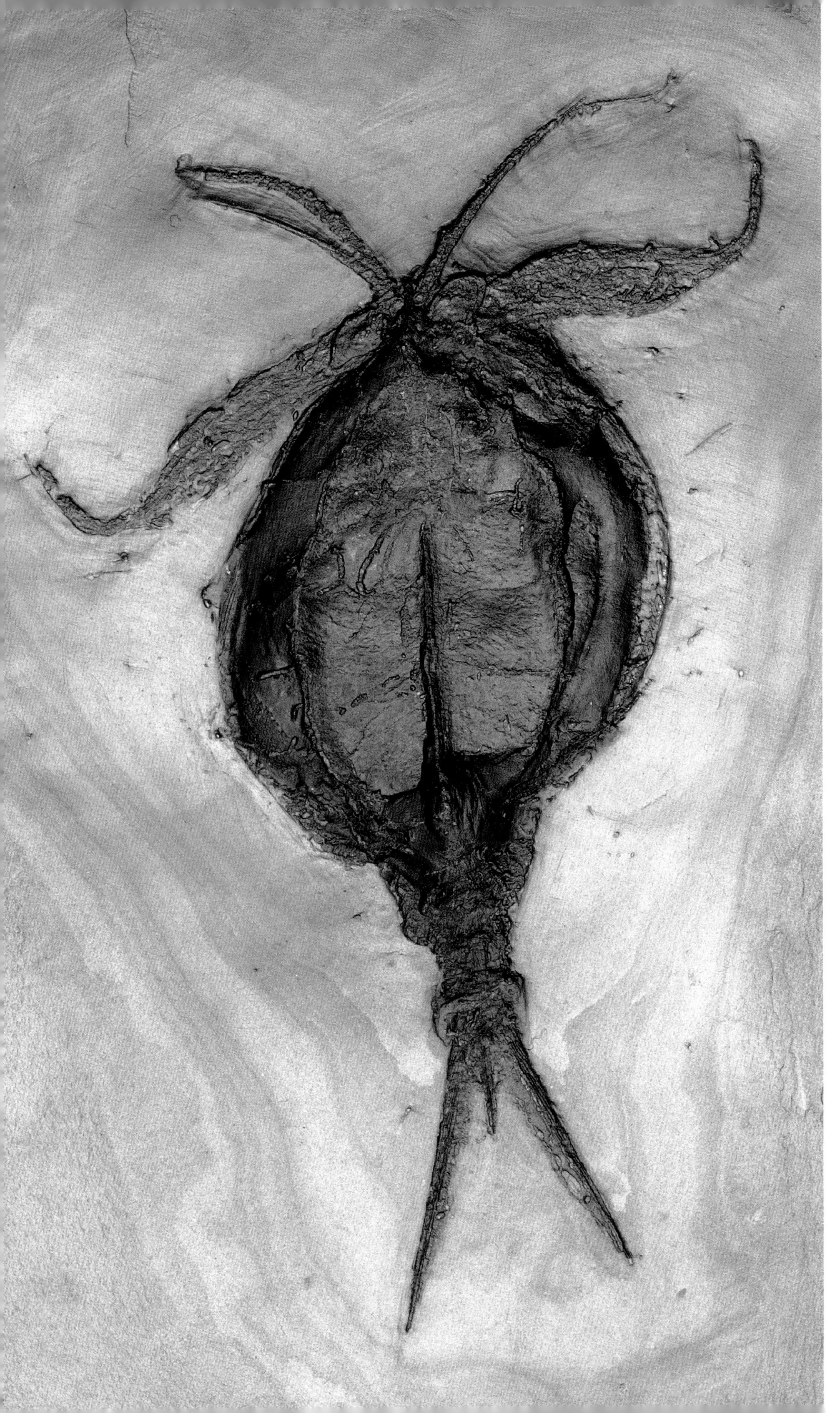

Tafel 13 Hunsrückschiefer, Unter-Devon: Ansammlung von 24 Crinoiden der Art **Haplocrinus frechi** W.E. Schmidt, eines **Triacrinus koenigswaldi** W.E. Schmidt (links unten) und eines Ophiuren der Art **Eospondylus primigenius** Stürtz (links). Deutsches Bergbau-Museum, Bochum, Sammlung Bartels. Grösse der Platte: 53 x 45 cm. Foto: Opel.

Tafel 14 Der phacopide Trilobit **Chotecops** sp., typisch für den unter-devonischen Hunsrückschiefer. Deutsches Bergbau-Museum, Bochum, Sammlung Bartels. Länge des Exemplars 16 cm Foto: Opel.

Tafel 15 Der älteste bekannte Pycnogonide: **Palaeoisopus problematicus** Broili aus dem Hunsrückschiefer, Unter-Devon. Deutsches Bergbau-Museum, Bochum, Sammlung Bartels. Durchmesser des Exemplars: 35 cm. Foto: Opel.

Tafel 16 **Nahecaris stuertzi** Jaeckel, ein im unter-devonischen Hunsrückschiefer häufiger Phyllocaride. Deutsches Bergbau-Museum, Bochum, Sammlung Bartels. Länge des Exemplars: 19 cm. Foto: Opel.

Tafel 17 Der Xiphosure (Limulus-Verwandte) **Weinbergina opitzi** R. et E. Richter, aus dem unter-devonischen Hunsrückschiefer. Foto: G. Pinna.

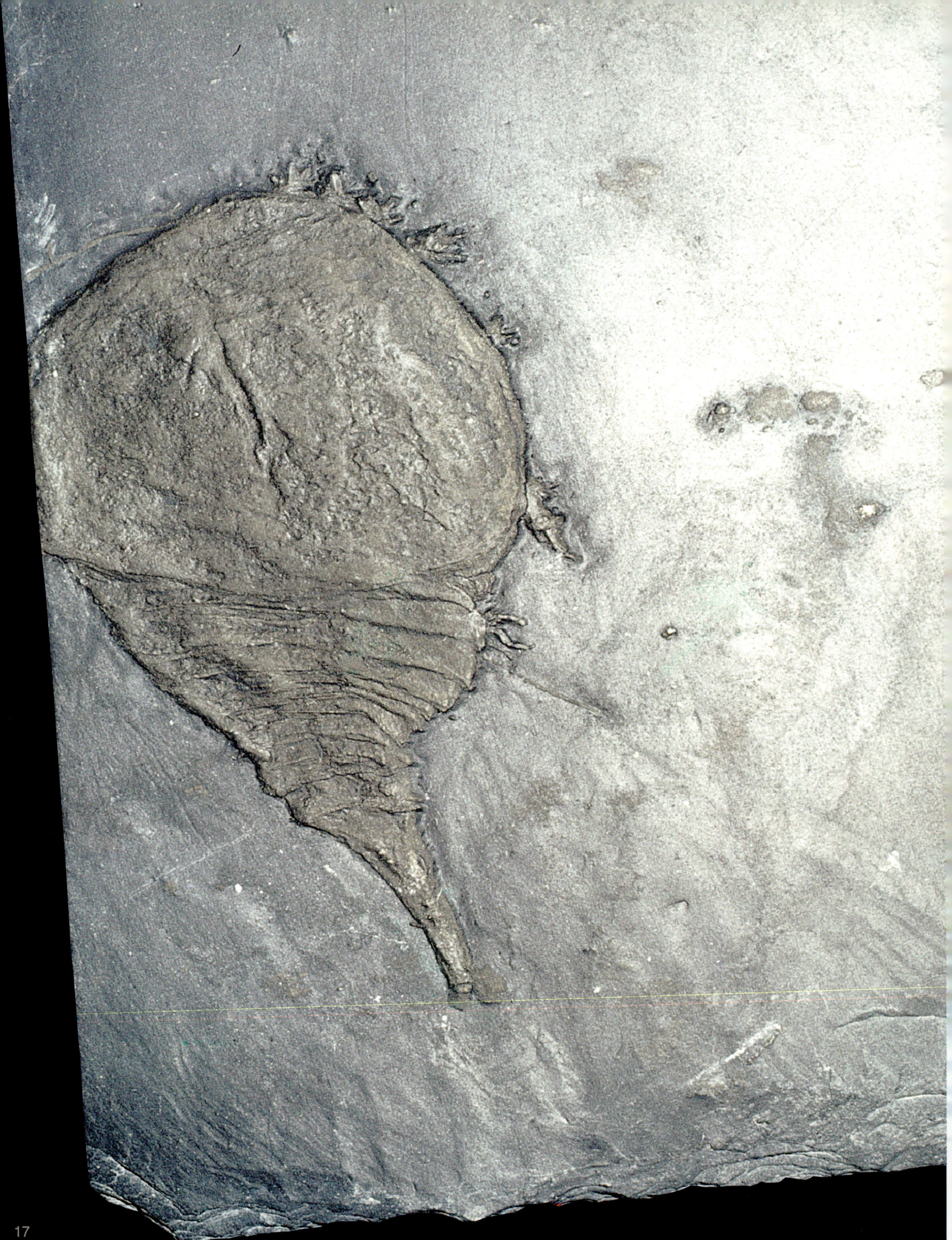

EAST KIRKTON

*Tafel 18 Rekonstruktion des unter-karbonischen Sees von East Kirkton in Schottland, im Vordergrund das Amphibium **Westlothiana lizziae**. Zeichnung von M.L. Coates, Abbildung des Fossils mit Erlaubnis der Trustees of the National Museums of Scotland.*

*Tafel 19 Das Amphibium **Silvanerpeton miripes** Clack aus dem Unter-Karbon von East Kirkton (Foto: J.A. Clack). Länge von der Schnauzenspitze bis zur Schwanzbasis etwa 20 cm.*

*Tafel 20 Das temnospondyle Amphibium **Balanerpeton woodi** Milner et Sequeira aus dem Unter-Karbon von East Kirkton, Abdruck und Gegenplatte (Abbildung mit Erlaubnis der Trustees of the National Museums of Scotland).*

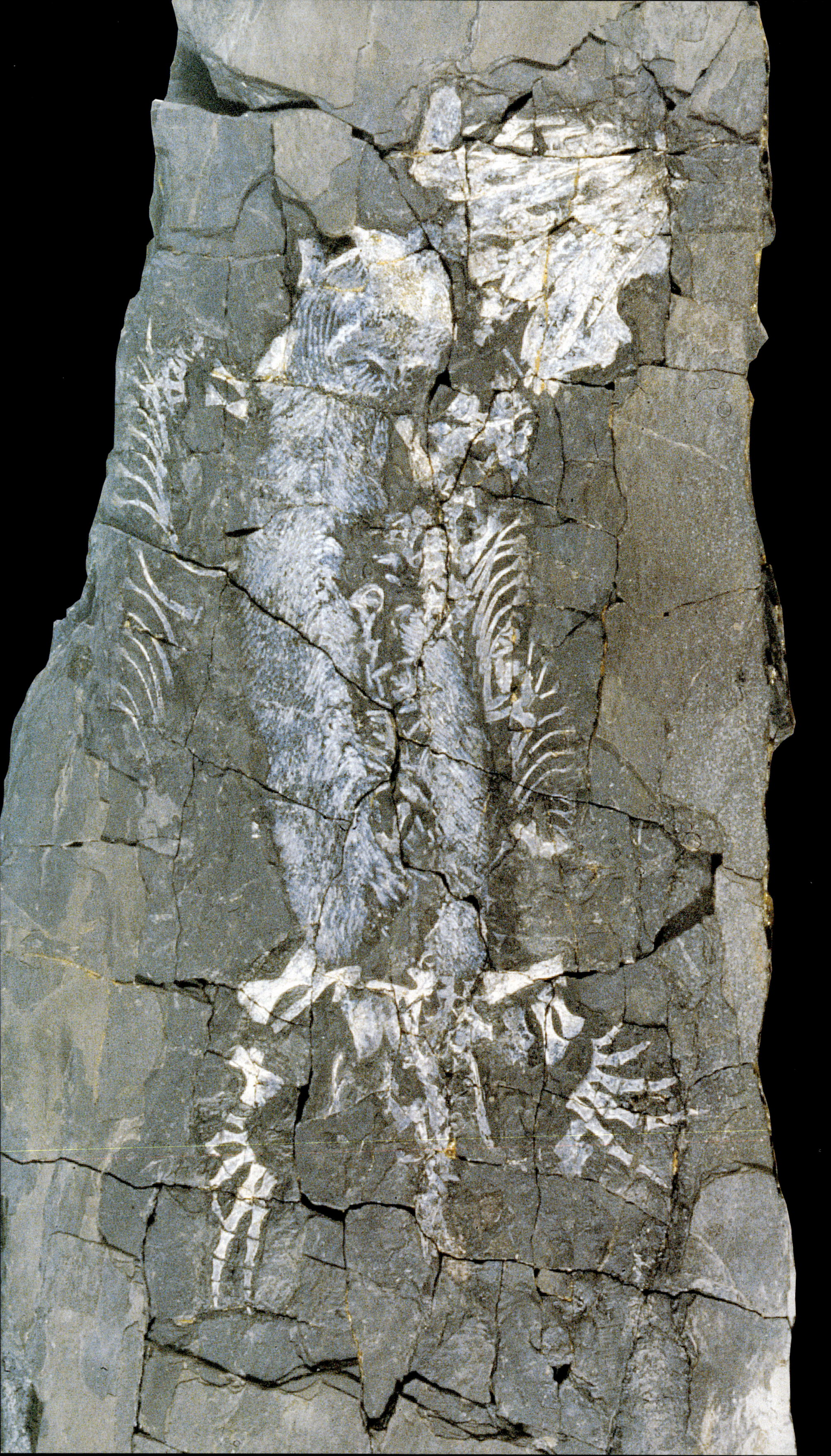

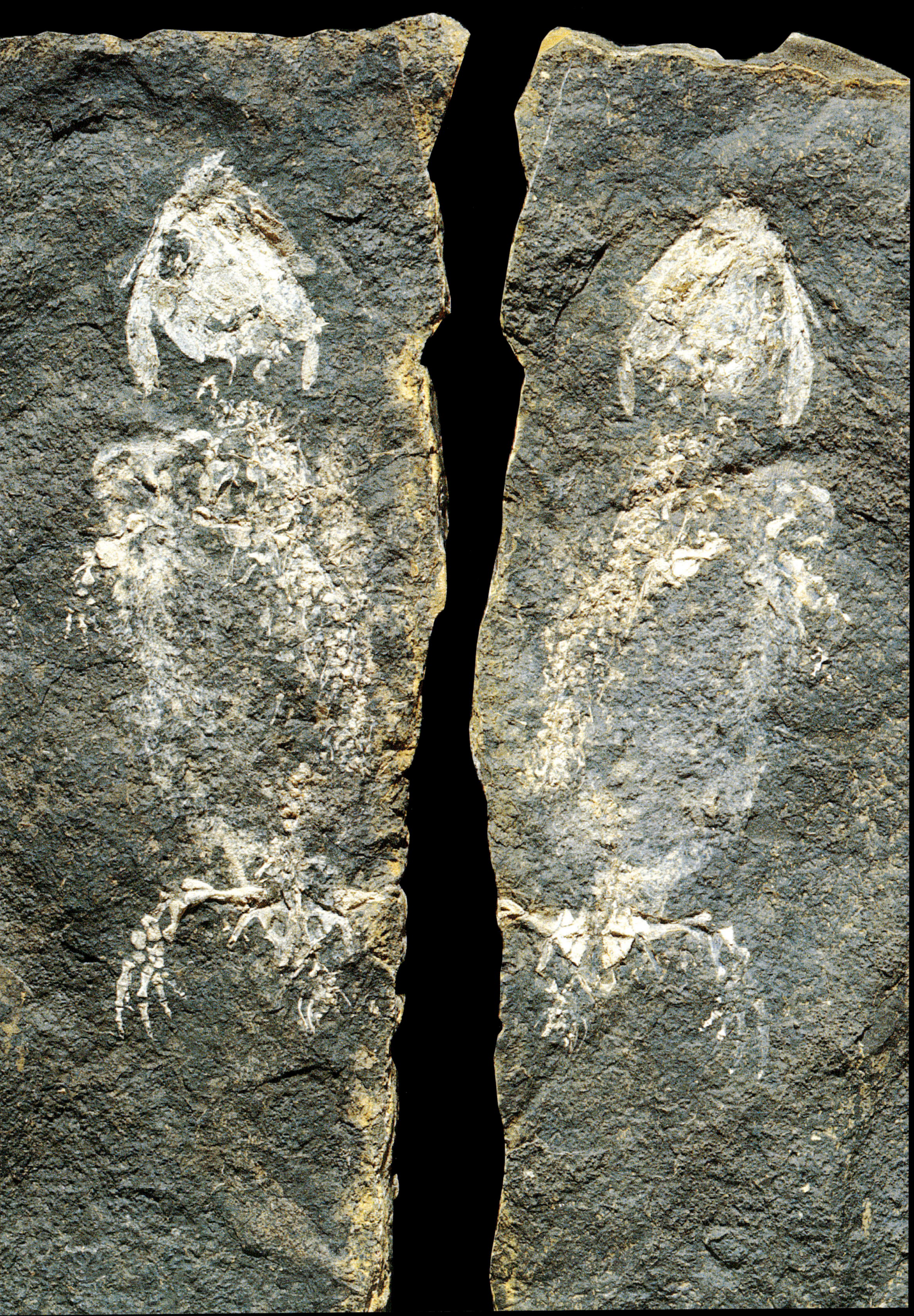

Tafel 21 Das Amphibium **Westlothiana lizziae** *(Smithson et Rolfe) wurde ursprünglich als das älteste Reptil angesehen. Foto: G. Satterley, Abbildung mit Erlaubnis der Trustees of the National Museums of Scotland.*

Europa im Mesozoikum

Patrick De Wever
Muséum National d'Histoire Naturelle, Paris, Frankreich

Das Mesozoikum umfasst einen Zeitraum von 180 millionen Jahren und wird in drei Systeme unterteilt: die Trias mit drei Unterabteilungen, den Jura, benannt nach dem gleichnamigen Gebirgszug, und schliesslich die Kreide, das Zeitalter der Kreideschichten. Es ist durch eine seit der Trias andauernde transgressive Tendenz gekennzeichnet, die ihren Höhepunkt in der Oberkreide (Cenoman-Turon) erreicht, sowie durch eine ausgeprägte Regression am Ende der Kreide. Im Mesozoikum brach der Superkontinent Pangaea auseinander, der während der paläozoischen Faltungsphasen entstanden war, die erstmals aus dem Harz beschrieben wurden und daher als herzynisch bezeichnet werden. Gleichzeitig bildete sich eine Reihe kleinerer Ozeane neben der Panthalassa, die bis dahin als einziger Ozean das marine Milieu beherrscht hatte. Zu diesem Zeitpunkt trennten sich einerseits auch Nord- und Südamerika vom europäischen bzw. afrikanischen Kontinent und andererseits Europa von Afrika durch die nach Westen immer weiter fortschreitende Öffnung der Tethys. Dadurch entstanden neue Verbindungswege mit dem Nordmeer, und am Ende des Mesozoikums begann sich eine allgemeine Abkühlung abzuzeichnen. Fauna und Flora waren gleichzeitig weitreichenden Umwälzungen ausgesetzt. Die Kreide-Tertiär-Grenze stellt eine der am meisten umstrittenen und diskutierten Zeitmarken dar. Man vermutet eine Katastrophe kosmischen oder vulkanischen Ursprungs, selbst wenn einige Tiergruppen, wie die Muscheln, anscheinend nur wenig betroffen wurden. Das selektive Aussterben bestimmter Gruppen ermöglichte es den Überlebenden, sich weiter zu entwickeln als bis dahin möglich, wie es bei den Säugetieren der Fall war, die erst während des Tertiärs aufblühten.

Paläogeographie

Die Paläogeographie des Mesozoikums in Europa wird bestimmt durch die dreieckförmige Öffnung der Tethys nach Westen, durch die Pangäa in zwei Blöcke zerteilt wurde, Gondwana im Süden und Laurasia im Norden. Das Fortschreiten der Öffnung nach Westen beginnt auf der Höhe Marokkos in der oberen Trias (Abb. 2) und erreicht die Karibik zu Beginn des Dogger (Abb. 3). Diese marine Verbindung ist von Bedeutung, da sie trotz ihrer geringen Tiefe einen Austausch zwischen Pazifik und Tethys ermöglichte. Eine Verbindung tieferen Wassers stellte sich im Tithon ein, während sich der Stil der Sedimentation in der Tethys änderte. In der mediterranen Tethys werden zum Beispiel die typischen Radiolarite von einer Kalksedimentation abgelöst.

Gondwana begann seit dem Perm aufzubrechen, worauf ein kontinentaler Vulkanismus hindeutet, und im Jura entstand zwischen Afrika und Nordamerika ebenso wie in der Tethys ozeanische Kruste (Abb. 3-4), deren Reste in den inneren Zonen der heutigen Alpen erhalten sind. In der Kreide öffnet sich der Atlantik, zuerst im Süden dann im Norden (Abb. 5). Die Öffnung der Tethys trennte die Konti-

Abb. 1
Mesozoische Krustenblöcke, dargestellt auf der heutigen Geographie (nach Yilmaz et al. 1996, verändert).

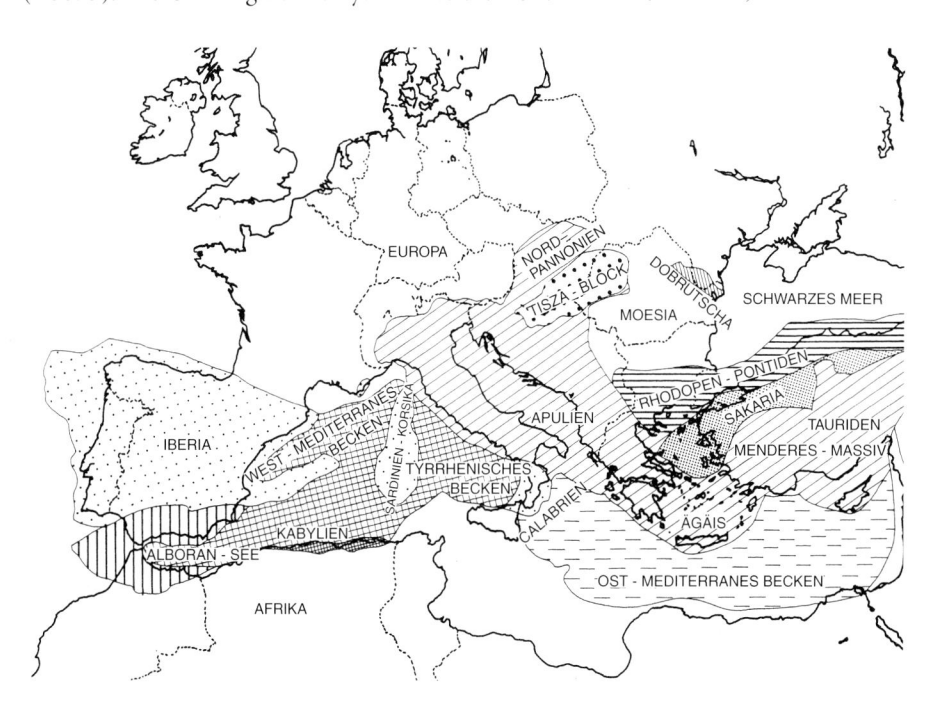

nente in Nord-Süd-Richtung, während der Atlantik sie in Ost-West-Richtung versetzte. Dieses orthogonale Muster zerstückelt den alten Kontinent Pangaea in kleine Fragmente (Abb.1), insbesondere in der mediterranen Tethys. Durch die schnelle Öffnung des Südatlantiks wird Afrika rotiert, dessen Vorgebirge Apulien auf Höhe der Helleniden gegen den Südrand Laurasias stösst. Dieser Teil des Mittelmeers besteht aus einer Ansammlung von Inseln, die die „Mediterrane Schwelle" bilden.

Paläontologie

Einige Markteine sollen die Bedeutung des Mesozoikums zeigen: in der Trias (230 Ma) erscheinen die ersten Dinosaurier, und unterschiedliche Insekten entwickeln sich. Im Jura (190 Ma) entstehen die ersten Säugetiere; in der Kreide (120 Ma) finden sich die ersten Blumen, und erstmals treten echte Vögel auf. Am Ende dieser Periode (65 Ma) verschwindet abrupt ein Grossteil aller Tierarten.

Abb. 2
Paläogeographie Europas in der oberen Trias (Rhät) (nach Yilmaz et al. 1996, verändert).

Erläuterungen zu Abb. 2-5:
1. Land;
2. Niederungen;
3. Kontinentale Ablagerungen, fluviatil und lakustrin;
4. Ablagerungen des küstennahen Flachwassers, von Deltas und im Inneren von Plattformen;
5. Ablagerungen auf Plattformen;
6. Ablagerungen tieferer Hänge und Becken;
7. Ablagerungen tiefer Becken;
8. Magmatische Gesteine;
9. Evaporite

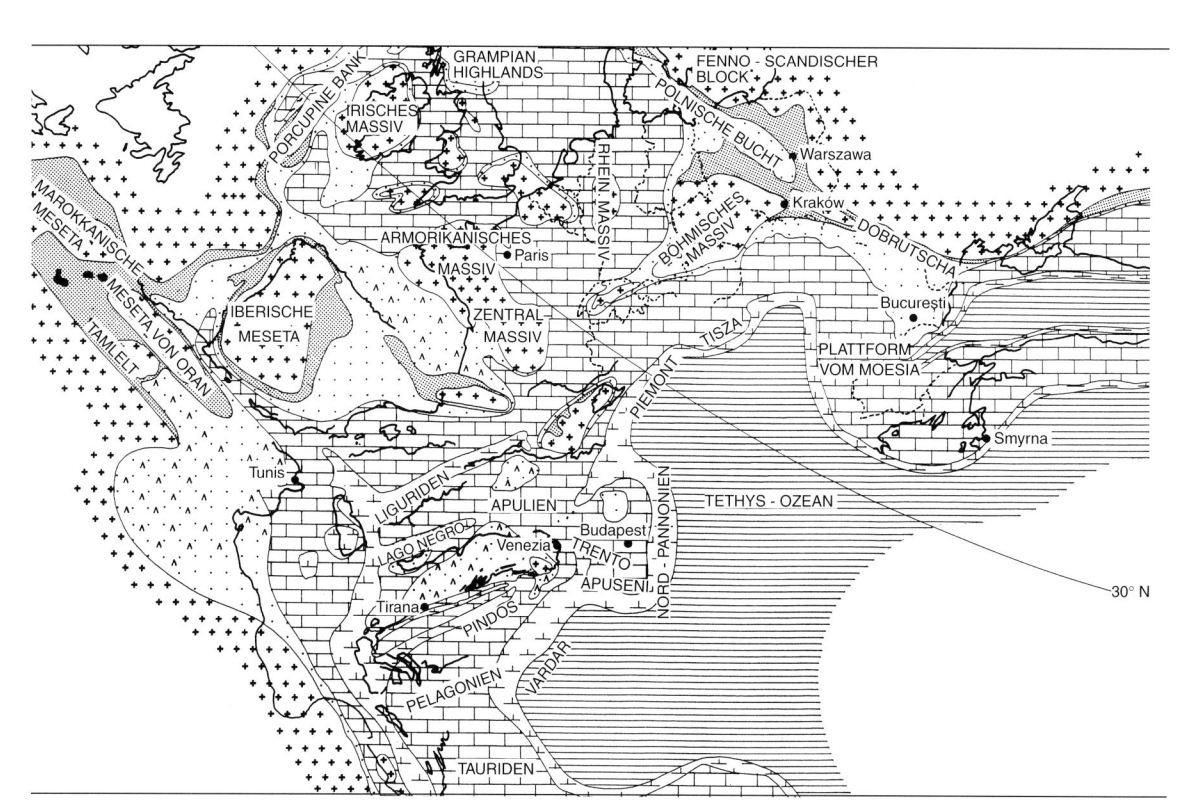

Abb. 3
Paläogeographie Europas im unteren Jura (Toarc) (nach Yilmaz et al. 1996, verändert).

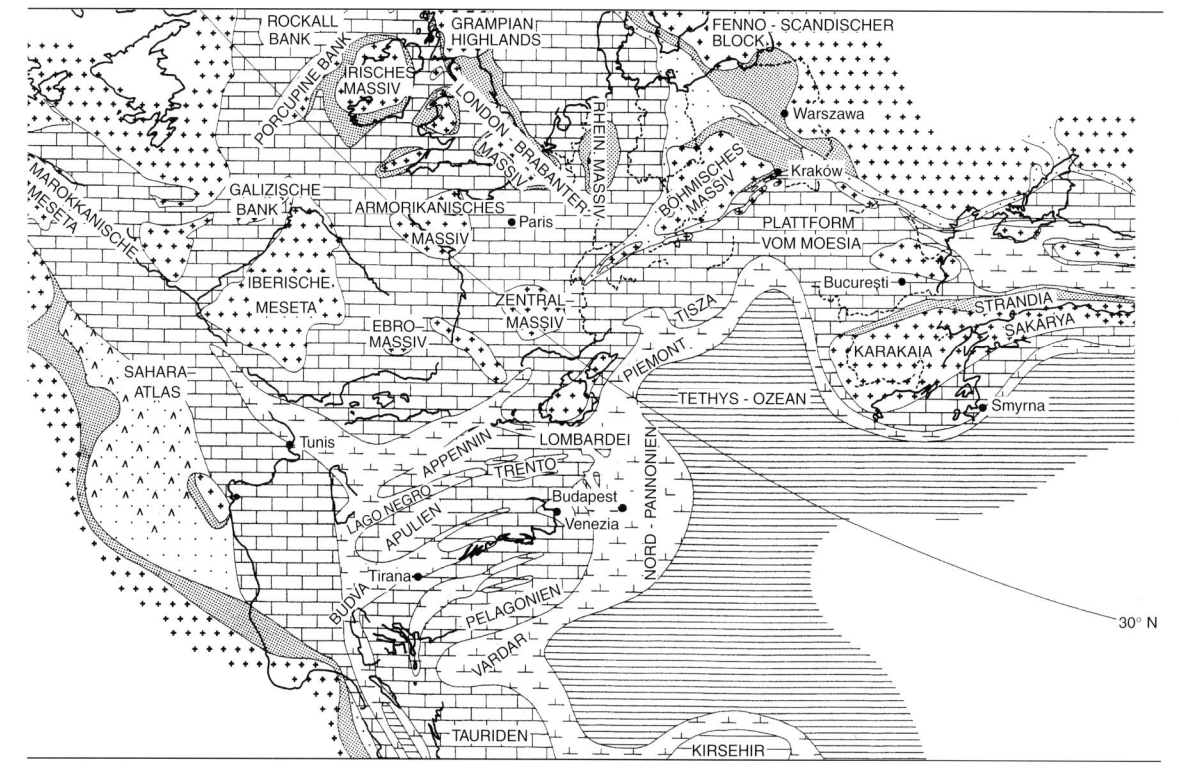

Diese Ära könnte auch als „Megazoikum" bezeichnet werden, da es sich hierbei um eine Zeit handelt, in der alles gigantisch war: Dinosaurier, Vögel, Ammoniten, Schildkröten und andere. In dieser Zeit beherrschten in der Fauna die grossen Reptilien Land und Meer, und in der Flora dominierten die Gymnospermen. Unter den weniger augenfälligen marinen Tieren war nach der permotriassischen Krise eine bemerkenswerte Diversifikation festzustellen, die im Jura noch zunahm. Daraus ergaben sich gute Leitfossilien wie die Brachiopoden, Rudisten, Echiniden in den weniger tiefen Milieus, und vor allem die Ammoniten, Belemniten und das Mikroplankton (Foraminiferen, Radiolarien, Coccolithen, Calpionellen), deren Entwicklung die nützlichsten Zeitmarken liefert.

Klima

Das Klima während des Mesozoikums war insgesamt (entsprechend der geographischen Breite) wär-

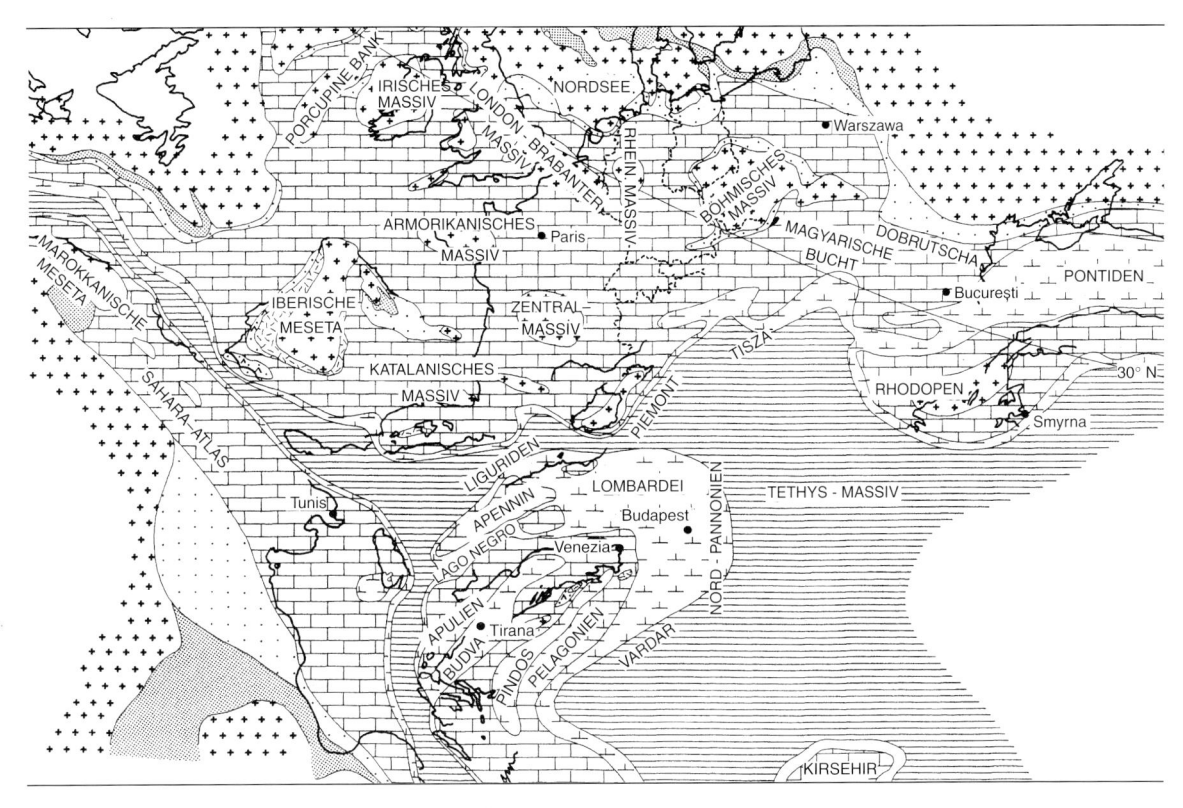

Abb. 4
Paläogeographie Europas im unteren Jura (Toarc)
(nach Yilmaz et al. 1996, verändert).

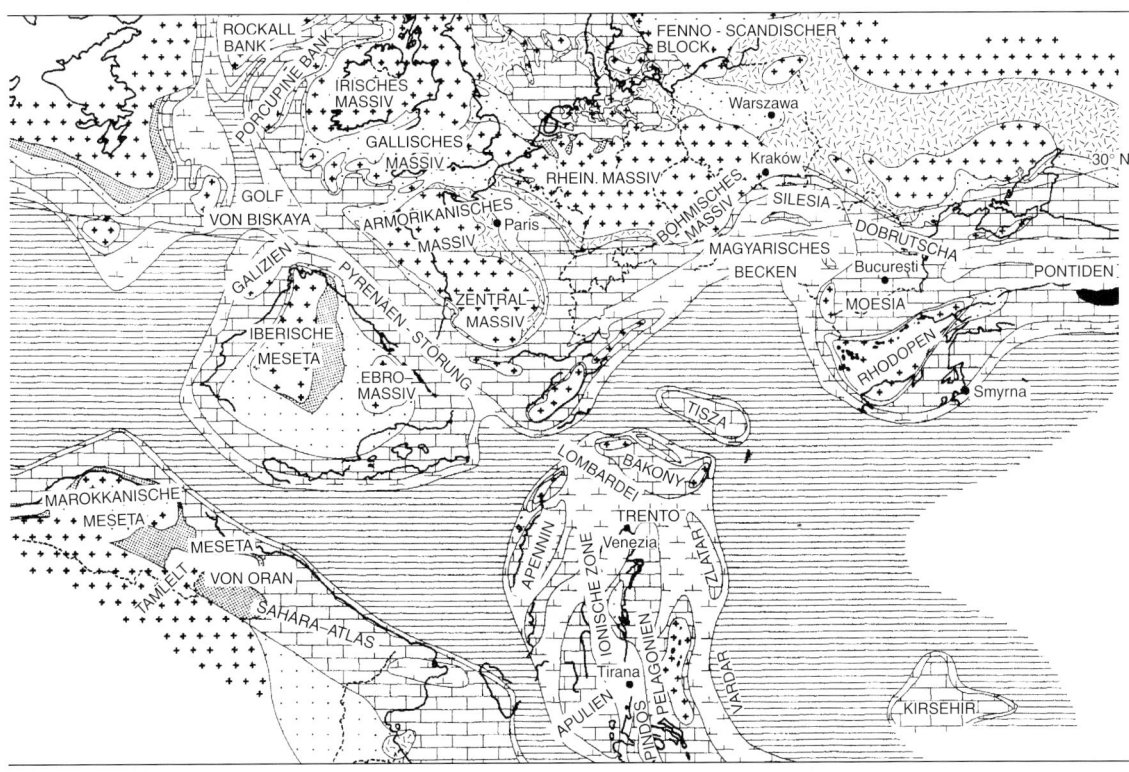

Abb. 5
Paläogeographie Europas in der Unterkreide (Apt)
(nach Yilmaz et al. 1996, verändert).

mer und weniger kontrastreich als das des Paläozoikums. Nach vorliegenden Untersuchungen war die mittlere Meerestemperatur etwa 10 °C höher als die der heutigen Meere gemässigter Breiten. Solche Bedingungen waren der Ausbildung von Karbonat-Plattformen (Muschel- und Oolithkalke sowie Riffe) überaus förderlich.

Infolge Verwitterung auf den Kontinenten und Verkarstung der aufgetauchten Kalksteine bildeten sich die Bauxitlagerstätten der Kreide. Derlei Lagerstätten sind von Südfrankreich bis zum Ural weit verbreitet. Die Bezeichnung Bauxit wurde aus dem Namen der südfranzösischen Ortschaft Le Baux in der Provence abgeleitet. Wie sich aus der Lage der Paläobreitengrade in Abb. 2–5 erkennen lässt, kann man eine Südwanderung der Riffe verfolgen, die mit einer Verlagerung der Pole einhergeht. Europa lag zu Beginn des Mesozoikums in äquatorialen bis tropischen Breiten. Während der Kreide machte sich infolge einer Verlagerung des Äquators nach Süden eine Abkühlung bemerkbar, während sich gleichzeitig der Evaporitgürtel nach Süden bis nach Nordafrika verlagert. Die Abnahme der Temperatur wurde noch verstärkt, als sich am Ende dieser Ära eine Verbindung zwischen dem arktischen Ozean und dem Atlantik auftat.

Die Systeme

Die untere Grenze des Mesozoikums ist lokal schwer festzulegen, da die Fazies der Trias häufig eine Fortsetzung des Perms zu sein scheint, vor allem in kontinentalen Sedimenten, die dann allgemein als Permo-Trias bezeichnet werden. Ein Übergang von Perm zur Trias ist im marinen Milieu überaus selten zu finden. In Europa liegen die einzigen Orte, an denen dieser Übergang sichtbar ist, in den Südalpen und auf Sizilien, und er ist dort immer noch heftig umstritten.

Die Trias

Zu Beginn der Trias ist das Klima arid, und in Europa werden Evaporite abgelagert. Es wird dann zunehmend humider, was möglicherweise auf die Ausbildung eines Monsunsystems zurückzuführen ist. Die zukünftige Mediterrane Schwelle und der Tethys-Atlantik deuten sich durch eine Vielzahl von Gräben an, in denen sich Evaporite ansammeln, insbesondere im Graben zwischen Iberien und Gondwana, der sich bis Florida erstreckt. Ein starker Vulkanismus mit einer Hauptaktivität um 210–200 Ma kündigt das Aufbrechen von Pangaea an. Die gewaltige Zufuhr vulkanischer Gase in die Atmosphäre hatte bedeutende Auswirkungen auf die Umwelt.

Die Paläogeographie Europas wird zu dieser Zeit von wiederholten Transgressionen aus der Tethys heraus beeinflusst (Abb. 2). Flachmeere werden episodisch abgeschnitten, und das führt zu einer eigenen Ausbildung von Sedimentation und Paläontologie. Daher werden hier üblicherweise zwei Abfolgen unterschieden: die nur zeitweilig marine „Germanische Fazies", in der die Dreiteilung der Trias aufgestellt wurde, und die „Alpine Fazies" in ständig marinen Bereichen.

In der Alpinen Fazies basieren die Unterteilungen auf der Abfolge der Ammoniten-Arten. Auf den Kalkplattformen wie den italienischen Dolomiten und im Brianconnais ist die Untergliederung schwieriger und beruht auf Sporen, Algen und Foraminiferen. In der Germanischen Fazies haben sich die Faunen (Muscheln, Ceratiten und Brachiopoden) an das Leben auf begrenzten Plattformen angepasst. Korrelationen zwischen den beiden Fazies sind insbesondere durch palynologische Datierungen möglich, weshalb die Namen der Alpinen Stufen der Trias heute am meisten benutzt werden, selbst in der Germanischen Fazies.

Von französischen Autoren wird das Rhät häufig dem Lias zugerechnet, da die Fazies des Keupers in Frankreich nur begrenzt auftritt, weil das Rhät hier den Beginn der grossen jurassischen Transgression markiert. Im Gegensatz dazu beschliesst das Rhät in der Alpinen Fazies, in der es definiert wurde, den Sedimentationszyklus der kalkigen Alpinen Trias.

Die bedeutendsten Ablagerungen der Trias sind die neritischen Karbonate mit Evaporit-Lagerstätten im mittleren Muschelkalk des Germanischen Beckens und die roten, ammonitenführenden Tiefwasserkalke der Alpinen Fazies. Die zukünftige Mediterrane Schwelle und der Tethys-Atlantik sind noch nicht oder nur schwach angedeutet, und es bilden sich dort nur lakustrine und fluviatile Sedimente.

Die typische Fazies der obersten Trias sind Kalke sehr flachen Wassers, Riffe, Karbonatbrekzien, Olistholithe und Olisthostrome, Abfolgen von klastischen und evaporitischen Gesteinen und pelagische Kalke. Die Anlage des Tethys-Atlantiks kündigt sich durch weitreichenden Magmatismus an.

Der Jura

Der Name Jura wurde zur Kennzeichnung der in dem gleichnamigen Gebirge auftretenden Kalke eingeführt. Das Klima ist gegenüber dem der Trias noch wärmer und humider, wodurch die Entwicklung weitreichender sumpfiger Gebiete begünstigt wurde, in denen Schachtelhalme und Farne gediehen. Die wesentlichen Reptilgruppen, die die Erde 100 Ma lang beherrschen sollten, etablierten sich und führten zum Verschwinden der primitiven Vorläufer. Dinosaurier, Krokodile und Flugechsen (Pterosaurier) bevölkerten die gesamte Erde, die Flüsse, die Luft und das Meer. Im Jura erschienen erstmals die meisten unserer heutigen Echsen wie die Iguanas,

Serie	Germanische Fazies	Alpine Fazies
obere Trias	Keuper	Rhät
		Nor
		Karn
mittlere Trias	Muschelkalk	Ladin
		Anis (Virgelium)
untere Trias	Buntsandstein	Scyth (Werfener Schichten)

Tabelle 1
Die Abteilungen der Trias in Europa.

Geckos und Blindschleichen sowie auch die ersten Meeresschildkröten, die ersten Rudisten, Vögel (*Archaeopteryx*) und die Angiospermen.

Unter den die Ozeane bevölkernden Invertebraten nehmen die Cephalopoden eine dominierende Rolle ein, Ammoniten, Nautiliden, Tintenfische und Belemniten sind besonders häufig. Knochenfische mit dicken Schuppen erreichen den Höhepunkt ihrer Entwicklung, Hexakorallen, Foraminiferen und Kalkalgen bilden Kalksteine, die sich auf den Karbonat-Plattformen ablagern.

Im unteren Jura wird die Mediterrane Schwelle stark gedehnt, wodurch eine Vielzahl von Senken mit ozeanischer Kruste entsteht. Magmatische Gänge dringen in die Karbonatplattformen ein, verbunden mit einer weitreichenden Transgression. Ein tiefer Ozean trennt nun Europa vom afrikanischen Kontinent (Abb. 3). Die bedeutendsten Ablagerungen sind terrigene Plattformsedimente (siliziklastische Mergel), die nur stellenweise isolierte Karbonatplattformen aussparen. Es bilden sich tonige Sedimente, die reich an organischem Kohlenstoff sind, die sogenannten „Schwarzschiefer". Zwischen Tethys und Pazifik besteht keine ständige Verbindung.

Das Ende des mittleren Jura unterscheidet sich vom Rest dieses Zeitabschnitts durch ein kühleres Klima. Die Mediterrane Schwelle wird weiter gedehnt, und die Absenkung der Plattformen nimmt beträchtliche Ausmasse an. Gleichzeitig breitet sich eine marine Sedimentation im mittleren Atlantik aus, der bereits deutlich differenziert ist (Abb. 4). Die häufigsten Sedimente bestehen aus Tonen, die oft schwarz sind und aus einer Wechsellagerung bituminöser mit rein tonigen Lagen bestehen. Ferner treten Karbonate geringer Wassertiefe auf, in denen Algen und Foraminiferen überwiegen, und in geringerem Umfang Knollenkalke und Radiolarite, insbesondere in tektonischen Gräben auf ozeanischer Kruste.

Der obere Jura, eine Zeit des Hochstandes des Meeresspiegels, ist die Zeit der terrigenen Plattformen, die von Flüssen mit Sediment versorgt wurden. Eine Ausnahme ist die Mediterrane Schwelle, auf der sich Karbonatplattformen entwickelten. Die Wassertemperaturen begünstigen die Bildung von Riffen, besonders am Westrand der Kratone, wo die Winde eine reiche Planktonproduktion ermöglichten. Zusammensetzung und Strömungsdynamik der Tiefenwässer erlaubten die Erhaltung organischen Kohlenstoffs in den Sedimenten. Zu den charakteristischen Sedimenten gehören Karbonate auf Flachwasser-Plattformen, teilweise mit Riffen, pelagische Kalksteine und Mergel tieferen Wassers, der „Ammonitico rosso" der submarinen Untiefen und die Radiolarite der Tiefseegräben. Das Wasser der Tethys stand mit dem des Pazifik in Verbindung. Karbonatplattformen bedecken ganz Laurasia, soweit von grossen Flüssen eingetragenes Material die Karbonatproduktion nicht störte.

Am Ende des oberen Jura ist es wärmer, und auf dem grössten Teil der die Tethys umgebenen Kontinente Laurasia und Gondwana, bis 40° N im heutigen Europa, herrschen aride bis semi-aride Bedingungen. Dieser Zeitraum zeichnet sich durch eine bedeutende marine Regression aus. Im heutigen Mittleren Osten bilden sich bedeutende Evaporit-Ablagerungen. Der Atlantik befindet sich in einer aktiven Öffnungsphase und nimmt Gestalt an, sein Nordteil entsteht, und die Biscaya öffnet sich. Die Mediterrane Schwelle ist am deutlichsten ausgeprägt und wird durch die sogenannten „Maiolica"-Schichten gekennzeichnet, nannoplanktonhaltige Kalksteine oder Lithographenkalksteine, die an Porzellan erinnern. Der Ammonitico Rosso, rote Knollenkalksteine, bildet sich auf pelagischen Untiefen. Die Radiolarite, die die Gräben seit dem mittleren Jura gekennzeichnet hatten, verschwinden von der Mediterranen Schwelle, wahrscheinlich infolge einer grundlegenden Veränderung der ozeanischen Zirkulation. Der europäische Teil Laurasias wird von hyperhalinen Buchten durchzogen, in denen sich Evaporite vom „Purbeck"-Typ ablagerten.

Gliederung und Abgrenzung von Einheiten sind in Gebieten klar zu erkennen, die von flachen Epikontinental-Meeren bedeckt wurden, wo der Jura in einem grossen Zyklus mit einer Transgression am Anfang und einer Regression am Ende abgelagert wurde, wie im Pariser Becken und im Juragebirge. Im grössten Teil der Becken und Plattformen der Tethys stimmen die Grenzen stratigraphischer Einheiten allerdings nicht mit Änderungen grösserer Amplitude überein. Das Tithon zum Beispiel geht ohne merklichen Unterschied in das Berriasium über. Die Paläontologie liefert dennoch brauchbare Korrelationen, beispielsweise mit Ammoniten-Arten und der Entwicklung der Calpionellen, aber das Problem wird durch die geographische Isolierung der Ammoniten-Faunen in die einer borealen Zone, wo in Russland das Volgium abgetrennt wurde, in die der tropischen Zone und in die der Tethys kompliziert.

Die Kreide

In der unteren Kreide ist die Temperatur verhältnismässig hoch; die rudistenführenden Karbonat-Plattformen der Urgon-Fazies reichen weit über die Tro-

Tabelle 2
Die Abteilungen des Jura in Europa.

Serie	Stufe	Alte Bezeichnungen		
		Purbeck	Portland	Volgium
oberer Jura (= Malm)	Tithonium			
	Kimmeridgeum	Kimeridge		
	Oxfordium	Sequanien Rauracien Argovien		
mittlerer Jura (= Dogger)	Callovium Bathonium Bajocium Aalenium	früher „Jurassique moyen" = französischer Dogger		
unterer Jura = Lias	oberer Lias — Toarcium			
	mittlerer Lias — Pliensbachium	„Charmoutien"		Domérien Carixien
	unterer Lias — Sinemurium	Lotharingien		
	unterer Lias — Hettangium			

pen hinaus. Zwischen der Mediterranen Schwelle und der Karibik mit der Ablagerung von Kalksteinen und den Rändern des Atlantiks, wo terrigene Sedimente dominieren, besteht ein starker Gegensatz. Apulien trennt sich von Afrika, während Laurasia weiterhin als zusammenhängender Block existiert. Die Sedimentation auf den Kontinenten wird weitgehend durch deren Zerbrechen und das Klima bestimmt, was hauptsächlich zu siliziklastischen und selten zu bauxitischen Sedimenten führte; Evaporite sind selten. In den Becken bilden sich pelagische Karbonate vom Typ „Maiolica" oder kalkig-mergelige Sedimente. Radiolarite treten nur noch sehr selten und lokal auf. Auf der von Inseln übersäten Mediterranen Schwelle bilden sich Karbonatplattformen, insbesondere entlang der afrikanischen und der südeuropäischen Küste. Am nordeuropäischen Rand, in den gemässigten Breiten, werden hauptsächlich terrigene Sedimente abgelagert.

Während des Höchststandes der Transgression in der Oberkreide führen starke Niederschläge am Rand der nördlichen Tethys zu Erosion, Verkarstung und zur Bildung von Bauxiten, während an ihrem afrikanischen Rand aride Bedingungen mit der Bildung von Evaporit-Lagerstätten vorherrschen. Detritische Sedimente bedecken weite Teile Laurasias auch in diesem Zeitraum, der sonst durch die extreme Ausbildung von Kalksteinen mit Rudisten und Grossforaminiferen gekennzeichnet ist. Nord- und Südatlantik sind mittlerweile weit geöffnet (Abb. 5). Diese Zeit ist ausserdem durch die aussergewöhnliche Entwicklung von Karbonatplattformen gekennzeichnet. Es handelt sich um das bedeutendste Vorkommen von Karbonaten zwischen dem Karbon und heute. In einigen Becken lagern sich biogene Kieselsedimente ab, insbesondere in Nordafrika und im zentralen Mittelmeer. Organisches Material wird an den Rändern und in der Tiefe des bereits ausgedehnten Atlantiks konserviert. Synsedimentäre Schichtlücken treten an der Cenoman-Turon-Grenze häufig auf. Als Anzeichen des Einsetzens der alpidischen Faltung beginnt die Ablagerung von Flyschsedimenten auf der Mediterranen Schwelle und setzt sich über den aktiven Rand Süd-Eurasiens fort.

Die obere Kreide wird durch ein Meer gekennzeichnet, in dem sich die Kreideschichten ablagern, durch eine weltweit, auch an den Polen, höhere Temperatur als heute und damit durch ein geringeres globales Temperaturgefälle.

Das Ende der Kreide zeichnet sich durch einen Rückzug der Karbonatplattformen aus, insbesondere in Florida und weiten Teilen Europas. Dadurch wird, wie bei den Rudisten, der Provinzialismus der Faunen gefördert. Afrika driftet an Europa heran, die Karbonatplattformen der Mediterranen Schwelle zerbrechen, und ein starkes submarines Relief bildet sich aus. Das am weitesten verbreitete Sediment ist nach wie vor die Kreide, die die Plattformen nördlich der Tropen bedeckt, während sich die Karbonatplattformen über den grössten Teil des Tropengürtels erstrecken. In den ozeanischen Becken wird die sogenannte „Scaglia" abgelagert, und Phosphate bilden sich in grossen Mengen.

Nach der internationalen Nomenklatur wird die Kreide in zwei Teile, Obere und Untere Kreide, eingeteilt. Nicht selten wird auch der Ausdruck „mittlere Kreide" benutzt, dessen Bedeutung aber unscharf und variabel ist. In Frankreich wird darunter der Zeitraum Alb bis Cenoman, in England hingegen Apt bis Alb verstanden. Dieser Unterschied ist auf geologische Bedingungen zurückzuführen, die im mittleren Teil der Kreide zu Beginn einer grossen Transgression mit verschiedenen tektonischen (Austrische) und metamorphen Phasen herrschten. Das gewaltige Ausmass der Cenoman-Turon-Transgression wird durch die Überflutung des grössten Teils des Armorikanischen Massivs deutlich, das seit dem Paläozoikum ein Hochgebiet war. Während dieser Phase des Meeresspiegelanstiegs wurden die Kreideschichten und die damit in Zusammenhang stehenden Sedimente gebildet. Zu dieser Zeit entsteht auch eine Verbindung zwischen der Tethys im Osten und dem sich herausbildenden Atlantik im Westen über die westliche Sahara. Der damalige Meeresspiegel lag etwa 250 m über dem heutigen.

Die Kreide wird durch eine grosse Regression beendet, die sich natürlich besonders auf den Plattformen auswirkt.

Das Leben während der Kreide wird durch eine Diversifizierung der Faunen als Folge des Aufbrechens der Kontinente gekennzeichnet. Die Dinosaurier erreichen ihre bedeutendste Grösse und entwickeln Stacheln und grosse Zähne (bei den Raubsauriern) oder Panzerplatten (bei den Pflanzenfressern), wodurch ihr furchterregendes Aussehen, das ihren Namen begründet, noch verstärkt wird. Einige Arten bilden unmässige Organe aus, wie Schwanz und Hals bei *Plesiosaurus*. Vertebraten und Invertebraten zeichnen sich durch abnorme Grösse aus, wie 4 m lange Schildkröten oder Ammoniten mit 2 m Durchmesser. Die vielfältig differenzierten Ammoniten sind ein ausgezeichnetes Instrument für die Datierung der Sedimente. Die Rudisten bevölkern die Karbonatplattformen am tropischen Rand der Tethys und wetteifern mit Madreporen, Kalkalgen und Foraminiferen um die Bildung grosser Kalk-

Tabelle 3
Die Abteilungen der Kreide in Europa.

Serie	Stufe	Alte und lokale Namen		
Oberkreide	Maastrichtium Campanium Santonium Coniacium	Senonien		
	Turonium Cenomanium	Turoniem Cenomanien		
Unterkreide	Albium	Vraconnien	Gaultien	
	Aptium	Clansayesien Gargasien Bédoulien		Urgonien
	Barremium	Barrême	Wealden	
	Hauterivium Valangium	Néocomien		
	Berriasium			

steinmassive, wie denen des Urgon. Pelagische Nannofossilien wie *Nannoconus* und Coccolithen bilden die Kreideschichten, die dieser Periode den Namen geben.

In den Becken bilden sich zu bestimmten Zeiten unter lokal anoxischen Bedingungen Schwarzschiefer, die für die Entstehung von Erdöl-Lagerstätten von grosser Bedeutung sind. Die Bedingungen, die zur Anoxie führten, beeinflussten auch die Entwicklung des marinen Planktons. Am Ende der Kreide trat eine Krise ein, bei der die Hälfte aller lebenden Arten ausgelöscht wurde. Die Ungeheuer verschwanden, aber auch ein grosser Teil des Planktons und der Invertebraten (Ammoniten, Belemniten, Rudisten), einige Gruppen starben endgültig aus. Die Ursache dieser Krise, ein externes extraterrestrisches Ereignis oder eine Häufung vulkanischer Eruptionen auf der Erde, ist noch immer heftig umstritten.

Der Voltzien-Sandstein, Ablagerungen eines Deltas im frühen Mesozoikum (Trias, Anis) Nordost-Frankreichs

Jean-Claude Gall und Léa Grauvogel-Stamm
Université Louis Pasteur, Strasbourg, Frankreich

Geschichte

Im Osten Frankreichs werden die Sandsteine des Buntsandsteins seit der Antike zum Bau von Befestigungsanlagen und Denkmälern benutzt. Seit dem Mittelalter richtete sich das Augenmerk der Baumeister bevorzugt auf den oberen Teil der Formation, den Voltzien-Sandstein, dessen feinkörnige Sandsteine ohne harte Gerölle sich hervorragend als Bausteine und für Bildhauerarbeiten eignen. Das zwischen 1190 und 1439 erbaute Strassburger Münster ist das leuchtendste Beispiel für die Qualität des verwandten Baustoffs und die Fähigkeit der steinverarbeitenden Handwerker.

Bereits beim Abbau im Steinbruch kommen Fossilien zu Tage. Während der ersten Hälfte des 19. Jahrhunderts baute Philippe Louis Voltz, ein Bergbauingenieur und Leiter der Mineralogischen Abteilung in Strassburg, eine umfangreiche Fossiliensammlung auf, die hauptsächlich Pflanzenreste aus Steinbrüchen in dem später nach ihm benannten Voltzien-Sandstein umfasste. Der französische Paläobotaniker Adolphe Brongniart benannte in Anerkennung der Verdienste von Voltz die Gattung *Voltzia*, eine in Formationen der Trias häufige Gymnosperme. Das Werk von Philippe Louis Voltz wurde von seinem Schüler Wilhelm Philipp Schimper weitergeführt, der 1844 zusammen mit A. Mougeot eine Monographie der Flora des Voltzien-Sandsteins veröffentlichte. Die Fauna wurde in mehreren Veröffentlichungen beschrieben, unter denen die Bearbeitung der Crustaceen durch Philippe Charles Bill (1914) auch heute noch als Standardwerk gilt.

Nach 1935 unternahm der Zaberner Industrielle Louis Grauvogel eine systematische Prospektion der vielen im Voltzien-Sandstein noch produzierenden Steinbrüche. Er sammelte Tausende von Proben der Flora und Fauna und von Sedimentstrukturen. Im Jahre 1961 stiess Jean-Claude Gall zu der Gruppe und später noch Grauvogels Tochter Léa Grauvogel-Stamm. Beim Tode Grauvogels im Jahre 1987 stand der Wissenschaft eine eindrucksvolle Sammlung zur Verfügung, die Sammlung Grauvogel und Gall mit aussergewöhnlichen paläontologischen Dokumenten aus Ökosystemen des frühen Mesozoikums, deren Auswertung selbst heute noch nicht abgeschlossen ist.

Geographischer und geologischer Rahmen

Im Elsass und in Lothringen, im Nordosten Frankreichs, bedecken die Schichten der unteren Trias, des Buntsandsteins, das hercynische Grundgebirge mit einer bis 500 m mächtigen Sandsteinabfolge. Sie bilden das Ausgangsmaterial für die Sandstein-Vogesen, in denen die Gesteinsschichten durch die Erosion in malerische Felsformationen zerlegt wurden. Der oberste Teil des Buntsandsteins, der Voltzien-Sandstein, wird noch heute in den nördlichen Vogesen in einer Vielzahl von Steinbrüchen, z.B. bei Adamswiller, Bust und Petersbach, als Baumaterial und zur Restaurierung historischer Monumente gewonnen (Abb. 1).

Der Buntsandstein ist Teil des „New Red Sand-

*Abb. 1
Steinbruch im Voltzien-Sandstein bei Petersbach. In diesem Profilschnitt wird die linsenförmige Schichtung der Sandsteinbänke deutlich.*

stone", einer Abfolge, die zu Beginn des Mesozoikums in einem weiträumigen Sedimentationsraum, dem Germanischen Becken, abgelagert wurde, das sich über den Osten Frankreichs (Abb. 2), die Schweiz, Luxemburg, Belgien, die Niederlande, Deutschland, Polen und Dänemark erstreckte. Bohrungen zeigen, dass der Buntsandstein auch weite Teile der heutigen Nordsee bedeckte und möglicherweise mit verschiedenen altersgleichen Becken in Grossbritannien in Verbindung stand.

In Norddeutschland besteht der Buntsandstein aus einer monotonen Abfolge detritischer Sedimente mit einer Mächtigkeit von 1000 m, die in verzweigten Fluss-Systemen abgelagert wurden. Im Elsass und in Lothringen, die am Westrand des Germanischen Beckens lagen, ist die Mächtigkeit geringer, die Korngrösse der Sandsteine dagegen gröber.

Der Voltzien-Sandstein, der dem unteren Anis zugerechnet wird, vermittelt zwischen den detritischen Formationen der unteren und der Karbonat-Sedimentation der mittleren Trias (Tab. 1). Seine Mächtigkeit beträgt etwa 20 m; er umfasst zwei deutlich unterscheidbare Teile, den „Werkstein" (Grès à meules) und darüber die „Lettenregion" (Grès agileux). Die paläontologischen und sedimentologischen Merkmale der Lettenregion zeigen den Beginn der Transgression des Muschelkalk-Meeres an, eines Nebenbeckens des alpinen Meeres, das sich unter Benutzung des Germanischen Beckens nach Westen ausdehnte. Im Unterschied dazu stellt der Werkstein die letzte Phase der fluviatilen Geschichte des Buntsandsteins dar und damit das breite Übergangsgebiet zwischen dem Festland und dem nahen Meer. Nur dieser Sandstein soll in diesem Kapitel behandelt werden (Gall 1983, 1985).

Sedimentologisches Inventar

Im Aufschlussbereich wird der Werkstein mit seiner Mächtigkeit von etwa 12 m von einer Abfolge von Sandsteinbänken aufgebaut, die mit Tonlinsen und Karbonathorizonten wechsellagern (Abb. 1).

Sandsteinbänke

Die Sandsteine sind feinkörnig, mit einer Korngrösse zwischen 0,1 und 0,2 mm, gut sortiert, grau bis rosa gefärbt und häufig bunt gefleckt. Sie bestehen zu 20–30 % aus Kalifeldspäten in einer Matrix aus detritischen und neugebildeten Tonmineralen.

Die Schichtung ist linsenförmig (Abb.1). Die seitliche Erstreckung einzelner Bänke schwankt zwischen einigen Metern und mehr als 100 m, die Mächtigkeit kann mehrere Meter betragen. Die Feinschichtung besteht aus feinkörnigen, millimeterdicken Lagen, die horizontal- oder schräggeschichtet sind.

Die Bankunterseiten der Sandsteine zeigen ein reiches Inventar von Sedimentstrukturen, die auf die Abtragung der unterlagernden Schichten zurückzuführen sind, wie Fliessmarken (flute casts) und Stossmarken, die von in der Strömung transportierten Objekten verursacht wurden (Schleifmarken und Stechmarken). Die Bankoberseiten werden von Rippelfeldern bedeckt. Im Inneren der Bänke zeigen die sandigen Bänder trogförmige Schrägschichtung sowie nach der Verwitterung Strömungsriefen, die bei hohen Stromgeschwindigkeiten gebildet wurden. Eine solche Abfolge von Sedimentstrukturen von der Basis zur Oberfläche der Linsen belegt eine zeitliche Abnahme der Transportkapazität in der Strömung. Sie entspricht den Bildungsstadien eines Sandkörpers, der in einer Fliessrinne bei Hochwasser abgelagert wurde.

In einigen Sandsteinlinsen mit undeutlicher Schichtung sind Pflanzenteile, Wirbeltier-Knochen und ursprünglich weiche Tongerölle angereichert. Diese Pflanzensandsteine werden beim Abbau in den Steinbrüchen gemieden. Die Lagen mit Pflanzenresten verlaufen manchmal schräg durch eine Bank, was ein Zeichen für eine besonders rasche Sedimentation ist. Nach all diesem lässt sich sagen, dass die pflanzenhaltigen Sandsteine das Resultat einer plötzlichen Ablagerung der gesamten Sedimentfracht sind, wie sie beim Bruch der erhabenen Ränder entlang von Flussbetten stattfindet.

Abb. 2
Geologische Karte der Verbreitung des Voltzien-Sandsteins und Lage der fossilführenden Aufschlüsse (unterstrichene Ortsnamen).
1. Keuper;
2. Muschelkalk;
3. Buntsandstein;
4. Perm;
5. Hercynisches Grundgebirge (nach Gall 1985).

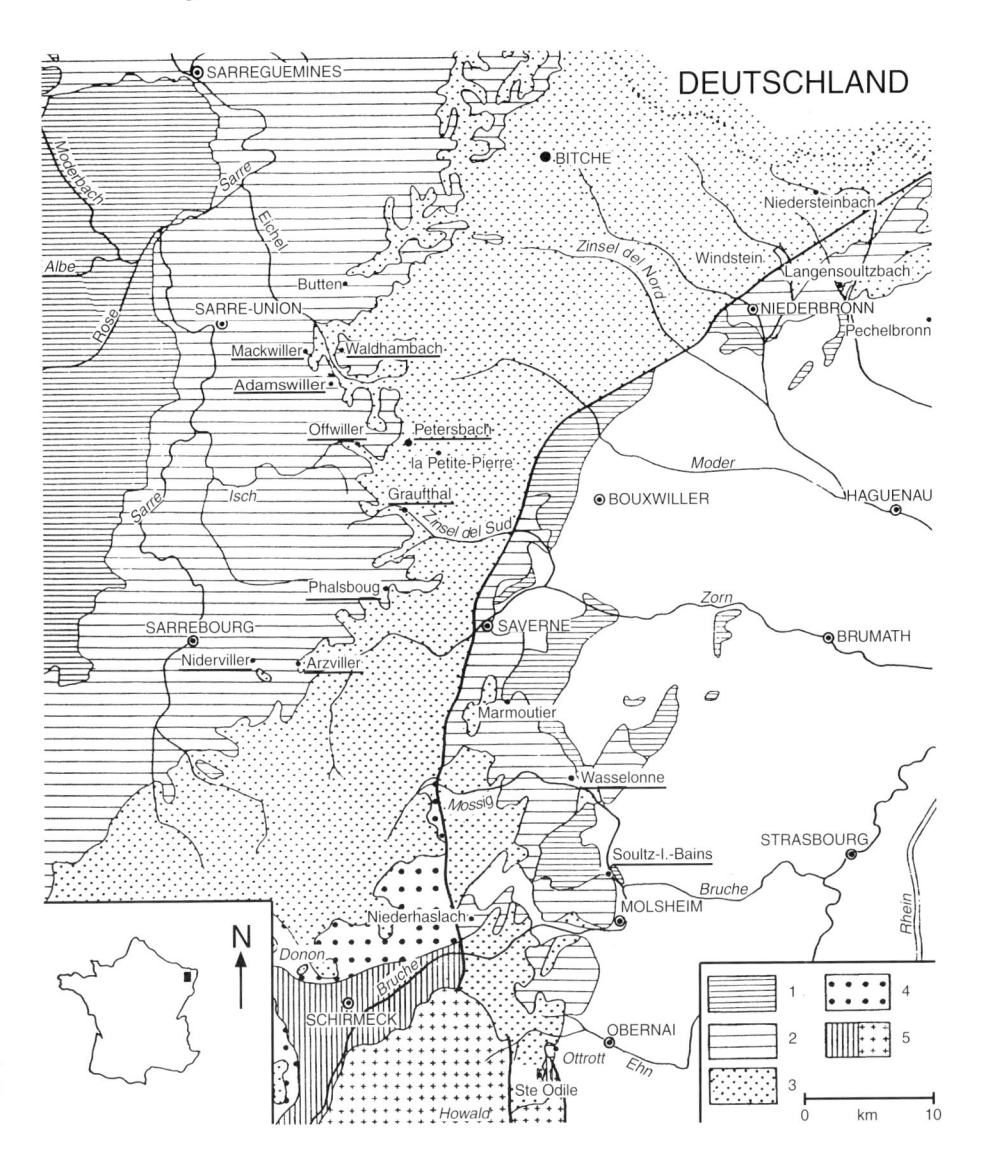

Abb. 3
*Zweig einer Konifere der Gattung **Albertia**. Länge: 300 mm.*

Tonlinsen

Zwischen die Sandsteinbänke sind Linsen grüner und roter Tone mit einer Mächtigkeit von wenigen cm bis zu mehreren dm eingeschaltet. Sie enthalten häufig Abfolgen dünner Schichten, die aus einer Schluff-Fraktion mit einer Abnahme der Korngrösse von unten nach oben bestehen. Auf der Oberfläche dieser Schichten ist organisches Material konzentriert, und es finden sich Reste einer bemerkenswert gut erhaltenen Flora und Fauna.

Im oberen Teil der Tonlinsen treten Trockenrisse auf sowie Pflanzenwurzeln in Wachstumsposition als Zeugen des Auftauchens des aquatischen Lebensraums. Steinsalz-Pseudomorphosen weisen auf erhöhte Salzgehalte hin, während das Auftreten von Pyrit sauerstoffarme Sedimente anzeigt.

Die Gehalte verschiedener Spurenelemente wie Bor, die vom Kristallgitter der Tone zum Zeitpunkt der Sedimentation eingebaut werden, bestätigen die Beobachtungen zur Paläosalinität. Die Borgehalte liegen in den tonigen Horizonten mit 300–400 ppm höher als in den Sandsteinen (100–200 ppm), folglich nehmen die Gehalte mit der Salinität der Wässer zu.

Die tonigen Horizonte sind Ablagerungen der Überschwemmungsebenen. Die Bereiche zwischen den fluviatilen Rinnen waren übersät mit Brackwassertümpeln, die zeitweise abgeschnürt wurden und austrockneten.

Karbonat-Horizonte

Dünne gelbliche Bänkchen dolomitischer Sandsteine oder sandiger Dolomite unterbrechen die linsige Sandsteinfolge. Sie enthalten marine Faunenelemente und sind häufig zu Brekzien aufgearbeitet. Ihre Ablagerung wird Stürmen zugeschrieben, die aus dem nahegelegenen marinen Bereich erodiertes Sedimentmaterial über die Alluvialebene schütteten.

Paläontologischer Inhalt

Die Fossilien des Voltzien-Sandsteins gehören zu den ältesten Faunen und Floren des Mesozoikums. Sie stammen aus den in Kanälen abgelagerten, pflanzenhaltigen Sandsteinen, den auf Überflutungs-Ebenen abgelagerten Tonhorizonten und karbonathaltigen Lagen. Die Vielfalt an Organismen und ihr aussergewöhnlicher Erhaltungszustand erschlossen sich erst durch die von Louis Grauvogel (1947a, b) geduldig über nahezu 50 Jahre durchgeführten Untersuchungen.

Die aquatische Fauna

Die aquatische Fauna besteht aus Quallen, Anneliden, Linguliden, Lamellibranchiaten, Limuliden, Crustaceen, Insektenlarven und Fischen, die im wesentlichen aus den Tonlinsen geborgen wurden (Gall 1971).

Der Voltzien-Sandstein ist eine der seltenen Fossillagerstätten der Welt, in denen auch das organische Material von Quallen (Abb. 7) konserviert ist. Bei einigen Exemplaren sind die aufgerollten Nesselzellen an den Tentakeln zu erkennen, und grosse Exemplare haben vier spiralförmig um die Radialkanäle des Schirms aufgerollte Gonaden.

Linguliden, die einzigen Brachiopoden des Voltzien-Sandsteines, sind Organismen, die grosse Schwankungen im Salz- und Sauerstoffgehalt des umgebenden Wassers vertragen. Sie kommen manchmal noch in Lebendstellung im Sediment vor.

Körperlich erhaltene Anneliden sind frei bewegliche Polychaeten wie *Eunicites* und *Homaphrodite* (Tafel 23), während sedentäre Formen wie *Spirorbis* ihre Röhren auf Pflanzenresten oder Muschelschalen bauen.

Die Schalen von Muscheln sind dünn und meist kleiner als die derselben Arten aus dem offen-marinen Bereich (*Myophoria*). Einige Formen wie *Homomya* graben sich ein.

Limuliden treten in verschiedenen Entwicklungsstufen auf; sie finden sich als Panzerreste oder in Form ihrer Fährten (Abb. 8, 9).

Unter den Crustaceen finden sich die Gruppen der Branchiopoden (*Triops* (Tafel 22), Esterien), Ostrakoden, Mysidaceen, Isopoden und Decapoden, wobei letztere schwimmende Arten wie *Antrimops* (Tafel 24) und laufende Arten wie *Clytiopsis* umfassen. Andere Crustaceen gehören zu zwei Klassen mit noch unklaren Verwandtschaftsverhältnissen: die Euthycarciniden und die Halicyneen.

Larven aquatischer Insekten stammen von Eintagsfliegen und Libellen.

Fische sind weit verbreitet und werden durch juvenile Individuen vertreten, bei denen es sich um Palaeonisciformes (*Dipteronotus*), Saurichthyoformes, Semionotiformes und Coelacanthia handelt.

Tabelle 1
Stratigraphie und Abfolge der Fazies im Buntsandstein von Nordost-Frankreich (nach Gall 1971, verändert).

STRATIGRAPHIE DES BUNTSANDSTEINS IN DEN NORD-VOGESEN							
Formationen		Mächtigkeit	Milieu	Fossilien			
				Pflanzen	Wirbellose	Wirbeltiere	Spurenfossilien
UNTERER MUSCHELKALK	Oberer Dolomit-Horizont	45–80 m	marines Flachwasser		*	.	* *
	Myacites-Schichten				* * *	*	* *
	Muschelsandstein				* * *	*	* *
OBERER BUNTSANDSTEIN	Voltzien Sandstein / Letten-Region	7–8 m	deltaisch bis marin	*	* * *	*	* * *
	Werkstein	10–12 m	deltaisch	* * *	* * *	* * *	* *
	Zwischenschichten	45–55 m	fluviatil	*			*
MITTLERER BUNTSANDSTEIN	Violette Grenz-Zone	4–5 m	fossiler Boden	*			
	Hauptkonglomerat	20 m	fluviatil				
	Vogesen-Sandstein	300–400 m			*		*
UNT. BUNTS.	Annweiler Sanstein	50–60 m	fluviatil und temporäre Tümpel				*

Sie kommen zusammen mit Gelegen vor, die Knochenfischen oder Selachiern wie *Paleoxyris* zugeschrieben werden.

Zu den paläontologisch bedeutendsten Dokumenten des Voltzien-Sandsteins gehören Gelege von Insekten (Abb. 12). Die Eier sind etwa 0,25 mm gross. Sie werden von einer natürlichen Chitinschale umgeben, die beim Schlüpfen entlang einer Meridiannaht aufbrach. Sie werden von einer schleimigen Hülle verbunden, die den Gelegen ein perlschnur- oder keulenähnliches Aussehen verleiht, das an die Gelege bestimmter rezenter Chironomiden erinnert. Die Eier, von denen 500 bis 3.000 ein Gelege bilden können, sind nicht immer alle geschlüpft. Man kann in ihnen Innenstrukturen erkennen, die an Embryonen erinnern.

In den seltenen Karbonatlagen wurde eine Fauna mit eindeutigen Anklängen an die des marinen Muschelkalks gefunden: Foraminiferen (Ammodisciden, Lageniden), Muscheln (*Myophoria*) und Gastropoden (*Naticopsis, Loxonema*).

Die terrestrische Fauna

Vom festen Land stammt eine Vielzahl von Arthropoden: Skorpione (Abb. 10), Spinnen (Abb. 11), Tausendfüssler und Insekten (Eintagsfliegen, Libellen, Schaben, Coleoptera, Diptera, Hemiptera, Mecoptera, Orthoptera, Homoptera, Heteroptera). Bei letzteren fehlen die Hymenoptera und die Lepidoptera (Grauvogel-Stamm et Kelber 1996; Krzeminski et al. 1934; Nel et al. 1996; Papier et Grauvogel-Stamm 1995; Papier, Grauvogel-Stamm et Nel 1994, 1996; Papier, Nel et Grauvogel-Stamm 1996; Papier et al. 1997). Diese Insekten kennt man hauptsächlich von ihren Flügeln, die leichter fossil erhalten werden als die anderen Körperteile. Bei den Spinnen, deren Grösse nur selten 5 mm überschreitet, handelt es sich um die ältesten Repräsentanten der Gruppe der Vogelspinnen (Mygales) (Selden et Gall 1992).

Funde von Knochen bezeugen die Anwesenheit von stegocephalen Amphibien (*Eocyclotosaurus*) und Fährten die von Reptilien (*Chirotherium*).

Die Flora

Die Flora tritt in den pflanzenhaltigen Sandsteinen auf, aber auch in den Tonlinsen, in denen die Pflanzenreste besser erhalten sind. Sie ist artenarm, aber verhältnismässig reich an Individuen (Grauvogel-Stamm 1978).

Grosse Schachtelhalmgewächse (*Schizoneura, Equisetites* (Tafel 28)) bildeten wahre Dickichte entlang der Wasserflächen. Sie wuchsen zusammen mit Farnen mit lanzenförmigen Wedeln. Diejenigen von *Anomopteris* erreichten 1,5 m Länge bei 50 cm Breite (Grauvogel-Stamm et Grauvogel 1980). *Neuropteridium* (Tafel 27) zeigt baumähnlichen Wuchs. Lycophyten sind nur durch isolierte Sporophyllen (*Bustia*) nachzuweisen (Grauvogel-Stamm 1991). Von Gingkophyten wurden nur Pflänzchen von *Baiera* gefunden, ein Hinweis darauf, dass die Mutterpflanzen entfernt vom Sedimentationsgebiet wuchsen.

Die Koniferen mit den Gattungen *Voltzia* (Tafel 29), *Albertia, Yuccites* und *Aethophyllum* sind die am besten repräsentierte und am stärksten diversifizierte Gruppe. Mit ihren nadelförmigen Blättern ähnelt die mehrere Meter hohe Bäume bildende *Voltzia* den rezenten Koniferen am meisten. Die noch wenig bekannte *Albertia* (Abb. 3) findet sich in Form von Zweigen mit grossen ovalen Blättern, die denen der heute nur auf der Südhalbkugel vorkommenden *Agathis* ähneln. Mit seinen grossen Blättern mit parallel verlaufenden Adern erinnert *Yuccites* an die Cordaiten des Paläozoikums. *Aethophyllum* (Abb. 5, 6) ist bis heute die einzige krautige Konifere. Sie besteht aus einer verhältnismässig schlanken, 1–2 m hohen, wenig verzweigten Achse, die von langen dünnen Blättern mit paralleler Äderung umgeben ist. Der Lebenszyklus dieser erstaunlichen Konifere konnte vom Samen bis zu reifen Pflanzen mit weiblichen und männlichen Zapfen rekonstruiert werden.

Die grosse Vielgestaltigkeit der in den Sedimenten verstreuten Sporen und Pollen (Abb. 4) zeigt, dass die Flora wesentlich reicher war, als nach den makroskopischen Überresten zu vermuten ist.

In einigen Tonlinsen wurden Rhizome von Schachtelhalmen und Wurzelsysteme von Gymnospermen in Lebendstellung versteinert. Daraus folgt, dass ein Teil der Vegetation am Ort der Einbettung in der Nähe eintrocknender Wasserflächen wuchs.

Das Ablagerungsmilieu: Eine Deltalandschaft

Die verschiedenen Fazies des Werksteins sind eng miteinander verflochten: in den Flussrinnen abgelagerte Sandsteinbänke, auf den Brackwasserflächen gebildete Tonlinsen und Karbonathorizonte, die ausgeprägte marine Einflüsse zeigen. Daraus folgt als Ablagerungsraum eine Schwemmebene entlang einer Meeresküste und damit ein Deltamilieu (Tafel 26).

Am Ende des Buntsandsteins drang das Germanische Meer von Osten nach Westen vor und bedeckte einen grossen Teil Deutschlands. Beim Erreichen der heutigen Nordvogesen bildete sich eine amphibische Landschaft, die von trägen Wasserläufen durchzogen wurde und die von einem Mosaik von Wasserflächen bedeckt war, die zeitweilig mit dem Meer in Verbindung standen. Die Grenze zwischen Meer und Festland war fliessend. Die aus dem Werkstein beschriebenen biologischen Gemeinschaften breiteten sich von den höher gelegenen Teilen der Deltaplattform in die tieferen Bereiche aus.

Die Ufer der Flussrinnen

Obwohl die Fossilien der pflanzenhaltigen Sandsteine bei ihrem langen Transport zerkleinert und zerbrochen wurden, geben sie uns Hinweise auf das Gepräge der Besiedlung und der Landschaften der höher gelegenen Überflutungsebenen.

Die Rinnen wurden randlich von einer Vegetation aus Farnen, Schachtelhalmen und Gymnospermen begleitet, und ihre Ufer wurden von steg-

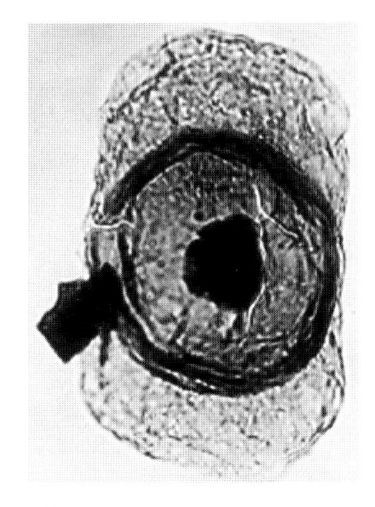

Abb. 4
Pollenkorn der Konifere
Willsiostrobus rhomboidalis*.*
Grösse: 0,1 mm.

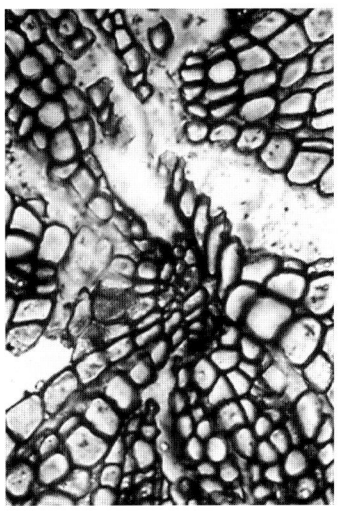

Abb. 5
*Die Konifere **Aethophyllum stipulare**.*

Abb. 6
***Aethophyllum stipulare**, ein Schnitt durch die Wurzel zeigt die perfekte Erhaltung der Zellstruktur. Höhe des Fotos: 0,6 mm.*

Abb. 7
Junges Exemplar der Meduse
Progonionemus vogesiacus.
Länge: 14 mm.

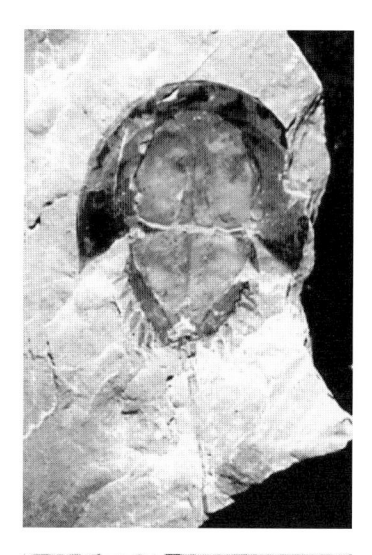

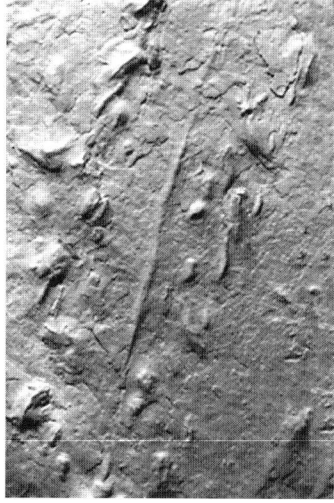

Abb. 8
Der Limulide **Limulitella bronni**.

Abb. 9
Schreitspur (Fährte) von
Limulitella bronni, *hinterlassen auf unverfestigtem Sediment.*

ocephalen Amphibien besucht. Die ersten Entwicklungsstadien dieser Tiere benötigen Süsswasser. Sie finden sich nicht mehr in den Brackwasserbereichen der tiefer gelegenen Teile des fluviatilen Milieus.

Die Konzentration der Fossilien, die die pflanzenhaltigen Sandsteine kennzeichnet, ist das Ergebnis von Fluten, die zur Erosion der Ufer führten, die am Ufer wachsende Pflanzen entwurzelten, hier lebende Tiere mit sich forttrugen und ihre Fracht weiter stromab zusammen ablagerten. Es handelt sich daher um eine Taphozönose.

Die Brackwasser-Milieus

Die Biozönosen der Gewässer auf der Überflutungsebene werden von Arthropoden (Limuliden und Crustaceen) beherrscht. Ganz besonders häufig sind hier Estherien, deren Panzer zu Tausenden auf bestimmten Schichtflächen liegen. Ihre Häufigkeit kennzeichnet temporäre Wasserflächen. Diese Crustaceen vollenden ihren Entwicklungszyklus innerhalb weniger Wochen. Ihre Eier bleiben an den Schalen kleben und werden leicht vom Wind fortgetragen, wenn die Umgebung auszutrocknen beginnt. Die kurze Dauer dieser Wasseransammlungen wird von der Anhäufung dichter Lagen bestimmter Organismen wie Crustaceen und Insektenlarven belegt, Konzentrationen, die bei der teilweisen Austrocknung einer Wasserfläche in Resttümpeln entstehen.

Am Boden der Tümpel lebten Anneliden und Larven aquatischer Insekten. Mit Ausnahme bestimmter Muscheln (*Homomya*) und Linguliden sind Beispiele für eine Endofauna selten. Dies ist typisch für eine Umgebung mit schwankender Salinität. Die Artenarmut der aquatischen Fauna steht im Gegensatz zu ihrem Individuenreichtum, was zusammen mit der geringen Grösse der entsprechenden Organismen im allgemeinen charakteristisch für Brackwasserbewohner ist.

In den Wasserschichten entwickelten sich Medusen und Fische. Die Häufigkeit von Fisch- und Insektengelegen weist auf Laichplätze hin, Flächen ruhigen Wassers, zu denen die Tiere kamen, um sich zu vermehren.

Die aquatische Fauna der Tonhorizonte liefert zahlreiche Hinweise auf eine Autochthonie der Fossilien. Zunächst lässt uns die Erhaltung so zerbrechlicher Strukturen wie der Schirme von Medusen und der Appendices von Crustaceen vermuten, dass die Organismen nach ihrem Tode nicht sehr weit transportiert wurden, eine Schlussfolgerung, die durch Muschelschalen bestätigt wird, deren Klappen noch zusammenhängen und mit ihrer konkaven Seite nach oben liegen.

Das konstante gemeinsame Vorkommen von Gelegen, unterschiedlichen Larvenstadien, adulten Formen und Exuvien von Arthropoden (Limuliden, Crustaceen, Insekten) in denselben Lagerstätten beweist, dass sich die Tiere am Ort der Einbettung entwickelt haben. Die Funde von Limuliden in Lebendstellung und die Kriechspuren von Limuliden und anderen Crustaceen deuten in dieselbe Richtung.

Die aquatische Fauna der Tonlinsen ist eine Paläobiozönose.

Die terrestrische Flora und Fauna gehören ebenso zu diesem Ökosystem. Ihr hervorragender Erhaltungszustand und die Häufigkeit von Pflanzenwurzeln in Lebendstellung zeigen, dass Tiere und Pflanzen entlang der Ufer und auf Inseln in unmittelbarer Nachbarschaft von Wasserflächen lebten, in denen sie zufällig nach ihrem Tode eingebettet und fossil wurden. Die Vegetation umfasst Schachtelhalme, Farne und Gymnospermen.

Die Zusammensetzung dieser Biozönosen erinnert an die Bewohner heutiger Brackwassertümpel und Lagunen sowie an bestimmte Fossillagerstätten des Karbons wie die des Westphal von Mason Creek im Norden der USA und des Stephan im Becken von Blanzy-Montceau in Frankreich (Briggs et Gall 1990). In all diesen Fällen handelt es sich um artenarme biologische Gesellschaften, die an ein Milieu angepasst sind, in dem physiko-chemische Parameter wie Salinität, Wassertiefe, Temperatur und Gehalt an gelöstem Sauerstoff schwankten, was zu einer starken Selektion unter der aquatischen Fauna führte.

Derlei Bedingungen waren besonders günstig für die Ausbreitung von Mikrobenmatten, komplexen Bildungen, die von Bakterien dominiert werden, zu denen Pilze und einzellige Algen treten können. Durch starke Schleimbildung und den durch filamentöse Arten gebildeten Filz wurden Sedimentpartikel und kleine Organismen gebunden, was am Kontakt mit dem Sediment anoxische Bedingungen aufrechterhielt, die für die Fossilisation des organischen Materials günstig waren.

In den tonigen Gesteins-Linsen lassen sich die Mikrobenschleier in Form dünner grauer Schichten erkennen. Sie sind für die bewundernswerte Erhaltung der Fossilien verantwortlich, da sie diese wie ein Leichentuch umkleideten und zu einer frühen Mineralisierung der Kadaver führten.

Der distale Bereich

Die Tonlinsen im oberen Teil des Werksteins enthalten weniger vielfältige Faunen-Gemeinschaften, in denen sich mit grabenden Formen wie Linguliden und Muscheln der Gattung *Homomya* oder durch den von Crustaceen erzeugten Wohnbau *Rhizocorallium* die Lebensgemeinschaften des Muschelkalkes ankündigen. Die marinen Einflüsse sind in den Karbonathorizonten, die Foraminiferen, Muscheln und Gastropoden enthalten, noch stärker ausgeprägt. Diese paläökologischen Gruppierungen entsprechen Bewohnern des distalen Bereichs der Deltaebene, in den häufig das nahe benachbarte Meer eindringt.

Die Stellung der Biozönosen in der Geschichte des Lebens

Das Ökosystem des Deltas des Voltzien-Sandsteins enthüllt uns eine der ältesten biologischen Gemeinschaften des Mesozoikums. Am Ende des Perm, vor etwa 245 millionen Jahren, war das Leben bei der schwersten Krise des Phanerozoikums dezimiert worden. Einige Forscher sind der Ansicht, dass damals über 90 % aller lebenden Arten ausgerottet wurden. Zum Beginn des Mesozoikums stellte sich dann eine Erneuerung der Faunen und Floren ein, die triassische Wiedergeburt.

Die terrestrischen und aquatischen Biozönosen des Voltzien-Sandsteins verdeutlichen den Übergang von einer geologischen Ära in eine andere, ein Übergang, der weder abrupt noch diskontinuierlich war.

So lebten archaische Überbleibsel der paläozoischen Gemeinschaften neben Arten, deren Erscheinungsbild moderne Floren und Faunen ankündigt. Dies ist bei den Crustaceen der Fall, bei denen die Arten *Euthycarcinus* (Tafel 25) und *Halicyne* ihren Homologen *Schramixerxes* und *Cyclus* aus dem Karbon direkt vergleichbar bleiben, während die Dekapoden *Antrimops* und *Clytiopsis* den rezenten Garnelen und Krebsen ähneln.

In der Insektenwelt ergaben sich ähnliche Beobachtungen. Unter den Schaben lebten Formen, deren Züge an die paläozoischer Arten erinnern, neben weiter entwickelten Formen mit deutlich modernem Gepräge. Dies trifft auch für die Odonaten und Orthopteren zu. Die triassische Wiedergeburt zeigt sich auch im Auftreten der ersten Diptera, der ersten Heuschrecken und der ersten mygalomorphen Spinnen.

Die Pflanzenwelt bestätigt diese Erkenntnisse. Zusammen mit Koniferen mit archaischen Merkmalen wie Y*uccites* existierten Arten mit sehr modernem Aussehen wie *Voltzia*. Andere Pflanzen, wie der Farn *Anomopteris*, verbinden dagegen archaische und moderne Merkmale. Ganz allgemein ist festzustellen, dass die Vermehrungsorgane alte Merkmale länger beibehalten als die vegetativen Teile. Diese Organe sind im übrigen besonders gut für die Rekonstruktion der Evolution der Pflanzen geeignet.

Die Besiedlung des Deltas des Voltzien-Sandsteins stellt überzeugend die gleitende Verbindung einer alten, untergehenden Welt mit Faunen und Floren dar, welche die neuen Zeiten ankündigen. Die Wege der triassischen Wiedergeburt waren schon während der permischen Krise angelegt.

Standorte paläontologischer Sammlungen

Eine grosse Anzahl Fossilien, meist Pflanzen, wird in der Sammlung des Geologischen Instituts der Universität Strassburg aufbewahrt.

Die Sammlung Grauvogel und Gall vereinigt mehrere tausend Proben von Fauna, Flora und Sedimentstrukturen aus dem Voltzien-Sandstein. In der näheren Zukunft sollen diese in einem europäischen Sandstein-Forschungszentrum ausgewertet werden, dessen Errichtung in den Nordvogesen in der Nähe der Ortschaft Petite Pierre geplant ist.

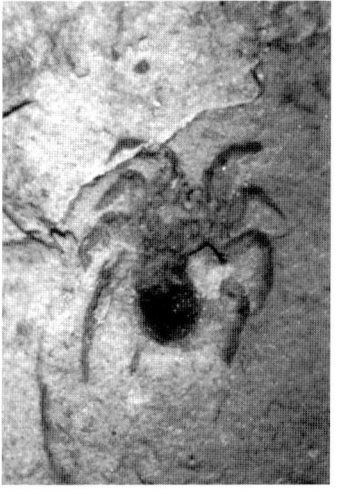

Abb. 10
Ein Skorpion.

Abb. 11
Eine Spinne der Art **Resamygale grauvogeli.**

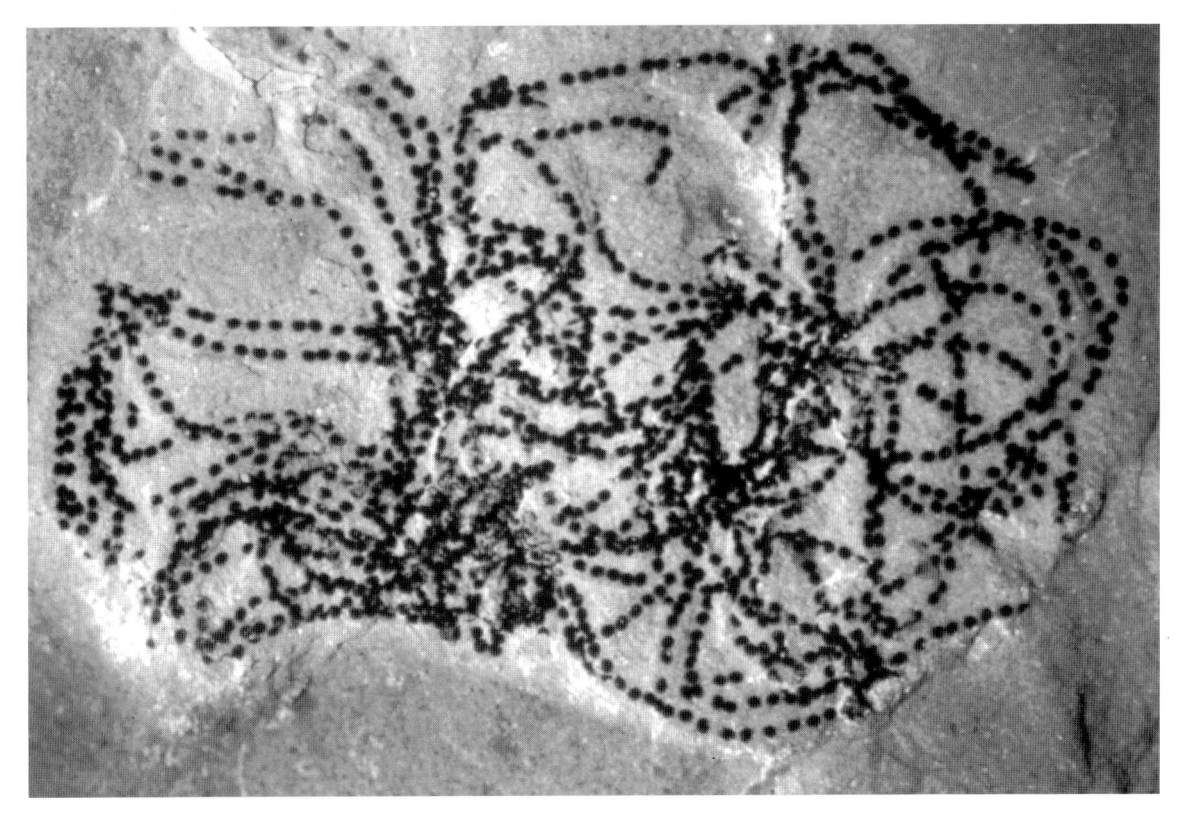

Abb. 12
Eigelege eines Insekts, **Monilipartus tenuis**. *Durchmesser eines Eies: 0,25 mm.*

Die Fleckenriffe der Cassianer Schichten, Trias der Dolomiten, Italien

Franz Theodor Fürsich
Bayerische Julius-Maximilians-Universität, Würzburg

Die Dolomiten gehören mit ihren schroffen Felsmassiven und den dazwischen eingebetteten sanften Almen sicherlich zu den schönsten Gebieten der Alpen. Im starken Kontrast der beiden Landschaftstypen spiegelt sich die Geologie des Gebietes wider: Die steilen Massive wie Sella, Schlern, Langkofel oder Marmolada sind Relikte triassischer Karbonatplattformen, oft über 1000 m mächtiger Körper aus Flachwasserkarbonaten, vergleichbar etwa mit der heutigen Bahama-Bank im Atlantik. Die Almen wie die Seiser Alm oder die Pralongia sind dagegen Überreste der Füllung eines Beckens, aus dem die Karbonatplattformen aufragten und das vor allem mit feinkörnigen Sedimenten teils vulkanischen Ursprungs verfüllt wurde. Infolge der unterschiedlichen Härte der beiden Gesteinstypen modellierten die Kräfte der Verwitterung das kontrastreiche Relief heraus, das uns heute so begeistert.

Aufgrund dieser unterschiedlichen Landformen postulierten einige Autoren im letzten Jahrhundert (Richthofen 1860, Mojsisovics 1879) ein ähnliches Relief für die Zeit der Trias: Steile „Riffe" ragten aus einem tiefen Becken empor, dessen Füllung jünger war als die „Riffe". Andere Autoren wie Ogilvie (1893) und Salomon (1895) hingegen glaubten lediglich an kleine Tiefenunterschiede zwischen den „Riffen" und Becken. Wie so oft der Fall, liegt auch hier die Wahrheit in der Mitte: Zahlreiche Übergänge zwischen Sedimenten der Karbonatplattformen und des Beckens zeigen, dass beide gleich alt sind. Andererseits weisen Einschaltungen von Übergussschichten und Schuttströmen in Beckensedimenten wie auch Turbidite, die aus Karbonatpartikeln bestehen, welche von den Plattformrändern stammen, auf ein beträchtliches Relief hin. Dies gilt auch für die Sedimente vulkanischen Ursprungs, die vermutlich von nahegelegenen vulkanischen Inseln stammten. Allerdings war dieses Relief eher in der Grössenordnung von mehreren hundert als mehreren tausend Metern.

Nach ihrer Bildung wurden die meisten Plattformkarbonate stark dolomitisiert. Dieser Prozess zerstörte weitgehend die primären Sedimentstrukturen und den Fossilinhalt, wodurch eine detaillierte Analyse der Ablagerungsräume sehr erschwert wird. Wir wissen jedoch aus Bereichen wie der Marmolada, wo Dolomitisierung unterblieb, dass es sich bei den Karbonatplattformen nicht um echte Riffe handelte, wie einige frühe Autoren annahmen, sondern um eine Vielzahl unterschiedlicher Flachwasserkarbonat-Milieus, zu denen neben kleineren Riffkörpern auch Lagunen, Barren und Watten gehörten. Bei den Riffen handelte es sich um Fleckenriffe oder Saumriffe, je nachdem ob sie auf den Plattformen oder entlang ihrer Ränder auftraten. Frühzeitige Lithifizierung der Plattformsedimente in Verbindung mit zahlreichen Schwankungen des Meeresspiegels führten dazu, dass Teile der Plattformen wiederholt über den Meeresspiegel zu liegen kamen und verkarstet wurden.

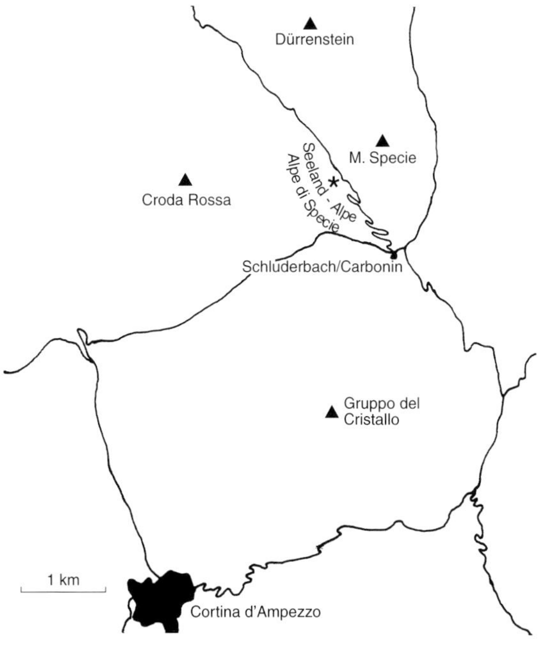

*Abb. 1
Lage der Fleckenriffe der Seeland-Alpe (Alpe di Specie, markiert mit einem Sternchen) in den Dolomiten nördlich Cortina d'Ampezzo.*

Die Cassianer Schichten

Die spätladinischen bis frühkarnischen Cassianer Schichten (heute als Cassian Formation bezeichnet, Abb. 2) sind nach dem Dorf St. Kassian (San Cassiano) im Badertal benannt. Mit ihnen bezeichnet man eine Sedimenteinheit, die zwischen den Karbonatplattformen abgelagert worden ist (Wendt et Fürsich 1979). Zu ihnen gehören monotone, gut geschichtete Sedimente des tieferen Beckens bestehend aus meist gradierten Vulkanoklastika (sogenannter Pseudo-Flysch), sehr feinkörnige Tuffite und Mergel, zwischen die gelegentlich Schuttströme gradierter Kalkarenite und Kalkrudite eingeschaltet sind. Ihre Ablagerungstiefe mag mehrere hundert Meter betragen haben. Submarine Abhänge sind durch allochthone Sedimente charakterisiert, die von den Plattformrändern stammen und aus feineren Karbonatschuttströmen, Übergussschichten in Form grober Brekzien und sogenannten Cipit-Blöcken (benannt nach dem Cipit-Bach im Westen der Seiser Alm) bestehen. Bei den Cipit-Blöcken handelt es sich um exotische, bis zu 1000 m^3 grosse Kalkblöcke, die vom lithifizierten und verkarsteten Rand der Plattformen abbrachen und ins Becken glitten. Im Gegensatz zu den Plattformsedimenten entgingen die meisten Cipit-Blöcke der Dolomitisierung und geben uns deshalb Aufschluss über die Zusammensetzung und Merkmale der Karbonatplattform-Ränder. Die häufigste Mikrofazies ist ein Algen-Bindstone.

Ein weiterer Ablagerungsraum der Cassianer Schichten sind flache Becken, in denen Mergel und Tone vorherrschen, Cipit-Blöcke hingegen selten sind oder völlig fehlen. Einschaltungen von Oolithen, Onkolithen, biogenen Grainstones und Rudstones stammen von den Karbonatplattformen. Beispiele solcher Beckensedimente finden sich auf der Pralongia bei St. Kassian und in der Umgebung von Cortina d'Ampezzo. In den Mergeln und Tonen treten hochdiverse autochthone Faunen-Assoziationen auf, die von Gastropoden dominiert werden, gefolgt von Muscheln und Brachiopoden. Diese Assoziationen wurden von Fürsich et Wendt (1977) als Überreste von Algenwiesen-Gemeinschaften interpretiert, die im Ruhigwasser, auf oder in einem weichen Meeresgrund und innerhalb der durchlichteten Zone lebten. Die Reichhaltigkeit dieser Faunen und ihre ausgezeichnete Erhaltung trugen erheblich zur Berühmtheit der Cassianer Schichten bei und zogen bereits in der ersten Hälfte des letzten Jahrhunderts die Aufmerksamkeit von Paläontologen auf sich (Münster 1834, Wissmann et Münster 1841).

Im obersten Bereich der Cassianer Schichten treten Flachwassersedimente auf. Unter den zahlreichen Varianten finden sich beispielsweise geschichtete dolomitische Grain- und Rudstones, feinkörnige Dolomite mit sogenannten Birdseyes und laminierten Algenlagen, Oolithe, und kreuzgeschichtete Sandsteine mit Pflanzenresten, dickschaligen Muscheln und Spurenfossilien, die starke Wasserbewegung anzeigen. An anderen Lokalitäten treffen wir auf Fleckenriffe, die sich mit der geschichteten Fazies verzahnen und in den meisten Fällen in nächster Nähe zum überliegenden Cassianer Dolomit auftreten (Wendt 1982). Der Grossteil dieser Cassianer Fleckenriffe besitzt ein frühkarnisches Alter (Jul). Sie enthalten die artenreichste und am besten erhaltene Fauna der Cassianer Schichten und waren – zusammen mit den reichen Faunen der flachen Becken – der Gegenstand ausführlicher Monographien (Wissmann et Münster 1841, Laube 1864-69, Kittl 1891–94, Leonardi et Fiscon 1959 (Gastropoden); Bittner 1895, Leonardi 1943 (Muscheln); Volz 1896 (Korallen); Dieci et al. 1970 (Kalkschwämme)).

Eine der besten Lokalitäten, von der ein Grossteil des ausgezeichnet erhaltenen Materials kommt, ist die Seeland-Alpe nördlich von Schluderbach (Carbonin, Abb. 1). Leider kann man dort die Fleckenriffe nicht in ihrer ursprünglichen Lage studieren, da man sie als erratische Blöcke in einem moorigen Boden vorfindet. Sie müssen jedoch zum obersten Abschnitt der Cassianer Schichten gehören, der entlang des Südwestabhangs des Mte. Specie aufgeschlossen ist. Dort lassen sich einige linsenförmige Schichten beobachten, die aus einem Thrombolith-Kalkschwamm-Gestein aufgebaut sind. Die ausgezeichnete Erhaltung der Fossilien geht offenbar teilweise auf Huminsäuren im Boden zurück, die bevorzugt den

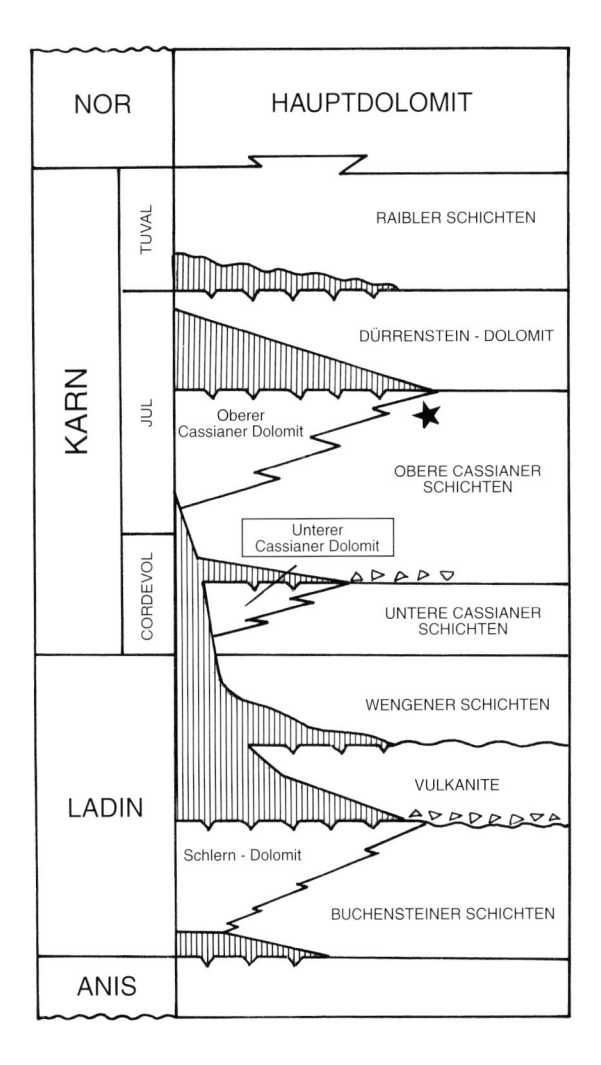

Abb. 2
Chronostratigraphisches Gerüst des Ladin und Karn der Dolomiten. Die Position der Fleckenriffe der Seeland-Alpe ist mit einem Sternchen markiert.

kalkigen Zement auflösten und dadurch die Umrisse der Fossilien herauspräparierten. Die Fossillagerstätte der Seeland-Alpe ist Paläontologen seit 1875 bekannt, als Loretz zum ersten Mal einige der Faunenelemente erwähnte. Ogilvie (1893) veröffentlichte die erste umfassende Faunenliste, und Pia (1937) beschrieb die Geologie des Gebietes. Erst Fürsich et Wendt (1977), die eine umfassende Darstellung der Taphonomie und Paläokologie der Cassianer Schichten publizierten, erkannten, dass es sich bei der Fauna der Seeland-Alpe nicht um Riffschutt der Plattformränder handelt, sondern mehr oder weniger um an Ort und Stelle gewachsene, metergrosse Fleckenriffe, in denen sich die meisten Gerüstbildner in Lebendstellung befinden (Abb. 3). Die Fleckenriffe finden sich vergesellschaftet mit kalkarenitischen Sturmlagen, Knollenkalken, Mergeln und tuffitischen Tonen (Russo et al. 1991).

Struktur und Zusammensetzung der Fleckenriffe

Die häufigsten Gerüstbildner sind bis 10 cm hohe Kolonien kuppelförmiger Stromatoporen. Sie bildeten zusammen mit kolonialen Korallen (zum Beispiel *Margarosmilia* (Tafel 33), *Retiophyllia*) und den Kalkschwämmen *Sestrostomella robusta* und *Peronidella loretzi* das primäre Riffgerüst (Abb. 4, 5). Andere Schwammgruppen wie Sclerospongier (Arten der Gattungen *Hartmanina*, *Leiospongia*, *Keriocoelia*) und Sphinctozoen (*Amblysiphonella*, *Cryptocoelia*, *Dictyocoelia*) sind nur untergeordnete Elemente des primären Gerüsts, das von zahlreichen Vertretern der Inozoen und Sclerospongier, seltener von Spinctozoen besiedelt wurde (Tafeln 31, 32). Kleine koloniebildende oder solitäre Korallen, bäumchenförmige Bryozoen, seltene hexactinellide Schwämme und kleine Kolonien von Kalkalgen (zum Beispiel *Dendronella*) vervollständigen die Liste der sekundären Gerüstbildner. Das Riffgerüst, an dessen Aufbau fast 100 Korallen-, Schwamm- und Stromatoporenarten beteiligt waren, wurde von mikrobiellen Krusten überzogen und von zahlreichen kleinwüchsigen Arten besiedelt. Zu ihnen gehören sessile Foraminiferen, Sphinctozoen (vor allem *Colospongia catenulata*), Sclerospongier, krustenförmige Bryozoen, Serpuliden und Muscheln. Gerüstbildner stellen rund 20 bis 40 %, selten bis zu 50 % des Riffvolumens. Kleinhöhlen innerhalb des Gerüstes wurden besiedelt von zementierten oder mit dem Stiel festgehefteten Brachiopoden (19 Arten, darunter *Homoeorhynchia*, *Thecospira*, *Diplospirella* und *Bittnerula*; sie stellen den Grossteil der riffbewohnenden Fauna), vagilen Gastropoden (58 Arten, darunter *Eumenopsis*, *Eucycloscala*, *Dicosmos* und *Worthenia*), zementierte und byssate Muscheln (29 Arten, darunter *Gervillia*, *Pteria*, *Parallelodon*, *Schafhaeutlia*, *Modiolus*, *Plicatula*, *Terquemia*, *Actinostreon*) und seltenen Seeigeln, Crinoiden und infaunalen Scaphopoden. Riffschutt, der mit den Fleckenriffen vergesellschaftet ist, deutet darauf hin, dass Teile des Riffes gelegentlich von Stürmen zerstört wurden. Der Riffschutt wiederum wurde oft durch inkrustierende Organismen wie Foraminiferen und Mikrobenkrusten fixiert (Russo et al. 1991).

Insgesamt kennt man über 220 Arten Invertebraten aus diesen Fleckenriffen, die damit sehr artenreich sind. Man muss allerdings hinzufügen, dass dies die Gesamtzahl der Arten in den verschiedenen Fleckenriffen ist und dass einzelne Riffkörper nur einen Bruchteil der Gesamtartenzahl beherbergen. Zudem dominieren in den meisten Riffen einige wenige Gerüstbildner (Russo et al. 1991).

Bei den meisten Rifforganismen handelt es sich um Mikrocarnivoren (Korallen) oder fixosessile Filtrierer (Brachiopoden, die meisten Muscheln, Schwämme, Stromatoporen, Serpuliden, Bryozoen und Krinoiden). Sedimentfresser sind durch seltene nuculide Muscheln (*Nuculana*, *Palaeonucula*) vertreten. Viele der Gastropoden waren vermutlich Allesfresser, einige weideten mit Sicherheit Algenfilme ab. Auf diese Weise ernährten sich auch einige Seeigel, wie die charakteristischen sternförmigen Kratzspuren verraten, die ihr Kauapparat auf manchen Schalen hinterliess.

Die Gruppe der Riff-zerstörenden Organismen ist erstaunlich klein: Abgesehen von Cirripediern und Algen bzw. Pilzen, hinterliessen keine Organismen Bohrspuren. Die Gilde der Riffzerstörer gewann offensichtlich erst später im Mesozoikum an Bedeutung. Obwohl zementierte oder sonst irgendwie fest angeheftete epifaunale Filtrierer die arten- und individuenreichste ökologische Gruppe bilden, ist eine Vielzahl von Ernährungstypen und Lebensweisen vertreten, die darauf hinweisen, dass der Lebensraum eine grosse Anzahl Nischen bereithielt. Wie mehrere Faunenelemente anzeigen, bestand die Riff-bewohnende Fauna zumindest teilweise aus hochspezialisierten Formen, die an ein Leben innerhalb des Riffgerüstes angepasst waren. Dies gilt vor allem für die Brachiopoden, von denen 4 der 19 Arten auf Korallen oder Schwämmen festzementiert lebten. Diese für Brachiopoden ungewöhnliche Lebensweise findet sich beispielsweise in der Strophomeniden *Thecospira* und in der Spriferiden *Bittnerula*. Aufgrund ihrer kegelförmigen Gestalt erinnert *Bittnerula* an andere Rifforganismen wie die Rudisten der Kreide oder den Brachiopoden *Richthofenia* aus dem Perm. Die hochkegelförmige Gestalt bewahrte *Bittnerula* und die ähnliche, aber mit einem Stiel festgeheftete „*Retzia*" *procerrima* davor, mit Sediment bedeckt zu werden, und war im Konkurrenzkampf um Raum, einem der limitierenden Faktoren in Riffen, von Vorteil. Ausserdem ermöglichte

Abb. 3
Skizze der Lagebeziehung der Fleckenriffe der Seeland-Alpe und der benachbarten Karbonatplattform (nach Russo et al. 1991).

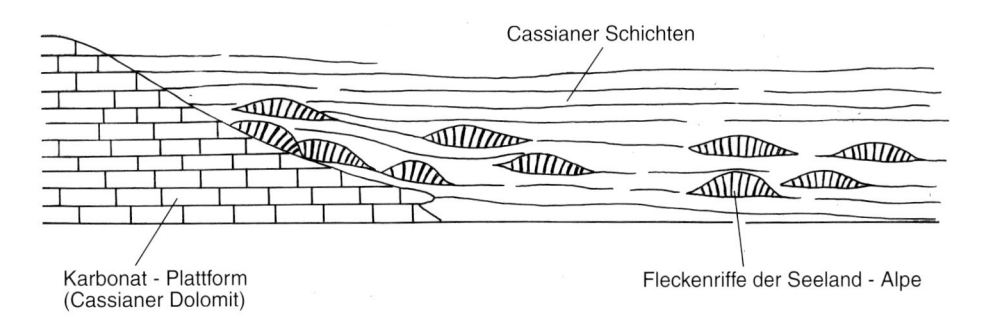

das aufwärts gerichtete Wachstum einen besseren Zugang zu den mit Nährstoffen beladenen Strömungen. Die ungewöhnliche Gestalt des rhynchonelliden Brachiopoden *Homoerhynchia* – ein dreieckiger Umriss und ein extrem hoher Sinus und Wulst – diente höchstwahrscheinlich dazu, ein- und ausströmendes Wasser zu trennen, eine Anpassung an Ruhigwasser-Verhältnisse.

Die Bedeutung der Fleckenriffe für die Riffevolution

Eines der interessanten Merkmale der Fleckenriffe der Seeland-Alpe sind ihre paläozoischen Anklänge. Im Gegensatz zu späteren Triasriffen, in denen Scleractinier deutlich dominieren (ein Merkmal der meisten mesozoischen Riffe), werden die Fleckenriffe von Kalkschwämmen und Stromatoporen beherrscht, Gruppen, die auch im späten Paläozoikum weit verbreitet waren. Auch ein Teil der riffbewohnenden Fauna, vor allem die Brachiopoden, besitzt einen deutlich paläozoischen Charakter. Die meisten Arten der Brachiopoden gehören zu den Spiriferiden und einige zu den Strophomeniden, beides Gruppen, die im Verlauf des Massenaussterbens am Ende des Perm schwere Verluste erlitten. Als Folge davon sind die meisten späteren Brachiopodenfaunen von Vertretern der Rhynchonelliden und Terebratuliden dominiert. Es scheint, als ob die Cassianer Fleckenriffe ein Refugium für eine Anzahl von Gruppen bildeten, die im späten Paläozoikum noch eine gewisse Rolle spielten, in Lebensgemeinschaften triassischer Meeresböden ansonsten jedoch ohne grössere Bedeutung waren.

Taphonomie

Abgesehen von Verwitterungsprozessen, verdankt die Fauna der Cassianer Fleckenriffe ihre ausgezeichnete Erhaltung der Tatsache, dass diagenetische Prozesse, welche gewöhnlich die ursprüngliche Mikrostruktur der fossilen Hartteile zerstörten, keine grosse Rolle spielten (Scherer 1977, Russo et al. 1991). So blieb bei der polymorphen Umwandlung von Aragonit zu Kalzit häufig die ursprüngliche Mikrostruktur erhalten, und sogar der Ersatz der Korallenskelette durch Pyrit führte zu einer originalgetreuen Nachbildung der ursprünglich aragonitischen Mikrostruktur. Am meisten fällt der hohe Anteil an Skelettelementen auf, bei denen primärer Aragonit und sphärulitischer Aragonitzement erhalten sind. Dies ist für Fossilien dieses Alters ungewöhnlich und wurde von Scherer (1977) mit der raschen Überschüttung und Versiegelung der Fleckenriffe durch feinkörnige mergelige und tuffitische Sedimente erklärt; dies schützte sie vor grösseren diagenetischen Veränderungen.

Der Ablagerungsraum

Die Fleckenriffe der Seeland-Alpe wuchsen in flachem, klarem, gut durchlichtetem und warmem Wasser in der Nähe einer Karbonatplattform (Abb. 3). Gelegentliche Einschüttungen feinkörniger Vulkanoklastika als Folge von Vulkanausbrüchen beeinträchtigten das Riffwachstum und führten zum Absterben der Riffe. Darüber hinaus wurden die Riffe, die allem Anschein nach in einer eher niedrig-energetischen Umgebung unterhalb der Schönwetter-Wellenbasis wuchsen, gelegentlich von schweren Stürmen heimgesucht. Die Fleckenriffe der Seeland-Alpe unterscheiden sich von den Riffen, die auf den benachbarten Karbonatplattformen wuchsen, vor allem durch ihre höhere Diversität und den eher seltener auftretenden Riffschutt. Ausserdem tauchten sie nie über den Meeresspiegel auf, im Gegensatz zu vielen Plattformriffen.

Fleckenriffe, die sich unter ähnlichen Bedingungen bildeten, finden sich in den Cassianer Schichten an mehreren Lokalitäten (Wendt 1982). Einige von

Abb. 4
Querschnitt durch ein Stromatoporen-Schwamm-Korallen-Fleckenriff der Seeland-Alpe. Die meisten Gerüstbildner befinden sich in Lebendstellung.
1 – Stromatoporen;
2 – Scleractinier;
3 – Brachiopoden- und Molluskenschalen;
4 – Mikrobenkrusten;
5 – Sclerospongier und Inozoen (Schwämme);
6 – die Inozoe **Circopora**;
7 – die Inozoe **Sestrostomella robusta**.

*Abb. 5
Rekonstruktion eines
Stromatoporen-Schwamm-Korallen-
Fleckenriffs der Seeland-Alpe.
1 – Stromatoporen;
2 – **Sestrostomella**;
3 – **Peronidella**;
4 – **Margarosmilia**;
5 – **Hartmanina vaceleti**;
6 – **Circopora**;
7 – **Plicatula**;
8 – **Enoplocoelia**;
9 – **Hartmanina involuta**;
10 – **Thecospira**;
11 – **Bittnerula**;
12 – **Hartmanina** sp.;
13 – **Keriocoelia**;
14 – Serpulide;
15 – **Stellispongia**
(aus Fürsich et Wendt 1977).*

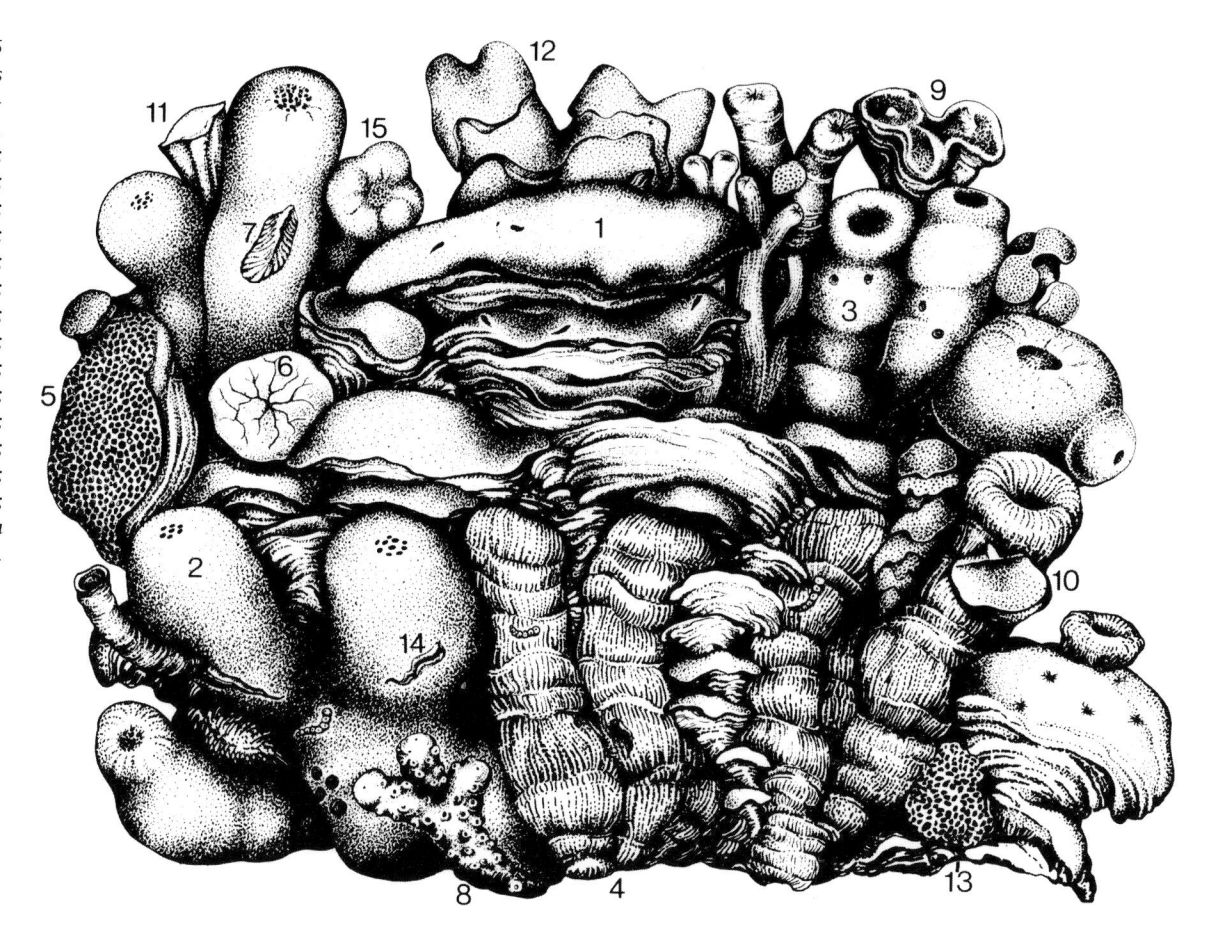

ihnen unterscheiden sich von den Riffen der Seeland-Alpe in der Zusammensetzung der Gerüstbildner oder der riffbewohnenden Fauna, und keines erreicht ihre Diversität und Erhaltungsgüte. Die Fleckenriffe der Seeland-Alpe wuchsen offensichtlich unter optimalen Bedingungen, wenn man davon absieht, dass sie gelegentlich von Stürmen oder vulkanischen Ausbrüchen heimgesucht wurden.

Aufbewahrung der Fossilien

Fossilien von der Seeland-Alpe findet man in vielen Museen Europas, vor allem in Italien, Österreich und Süddeutschland. Die schönste Sammlung ist im Museo Comunale von Cortina d'Ampezzo zu besichtigen, aufgesammelt und zusammengestellt von Herrn R. Zardini.

Monte San Giorgio und Besano, mittlere Trias, Schweiz und Italien

Hans Peter Rieber

Universität Zürich, Zürich, Schweiz

Einleitung

Die bituminösen Schiefer, Kalke und Dolomite der mittleren Trias des Monte San Giorgio (Tessin/Schweiz) und der Gegend um die italienische Ortschaft Besano (Abb. 1) sind als überaus reiches Vorkommen häufig vollständig erhaltener Skelette mariner Saurier und Fische in Fachkreisen weltweit bekannt. Die fossilreichen, bituminösen Schichtpakete wurden zunächst aus der Gegend um Besano als „scisti ittiolici", „schisti bituminosi triasici di Besano" (Bassani 1886) oder „scisti bituminosi di Besano" (Repossi 1909) beschrieben. Wirbeltiere kommen in mehreren bituminösen Abschnitten der dortigen Trias relativ häufig vor (Abb. 4). In der „Grenzbitumenzone", die von Frauenfelder (1916) im Gebiet des Monte San Giorgio untersucht, definiert und benannt wurde, sind Wirbeltier-Fossilien nicht nur am häufigsten, sondern auch mit vielen Gattungen und Arten vertreten. Die Grenzbitumenzone, in der englischen Literatur auch als „Serpiano shales" bezeichnet, ist eine 16 m mächtige Wechsellagerung aus mehr oder weniger bituminösen, laminierten Dolomitbänken mit sehr stark bituminösen, in frischem Zustand schwarzen, feingeschichteten Tonschiefern und einigen Lagen toniger Tuffite. Obwohl auch in den jüngeren bituminösen Abschnitten für systematische und phylogenetische Untersuchungen wichtige Wirbeltiere gefunden wurden, beschränken sich die folgenden Ausführungen auf die Grenzbitumenzone (abgekürzt GBZ).

Entdeckung und Geschichte

Cornalia (1854) beschrieb erstmals einen Saurier aus der Gegend von Besano und benannte ihn *Pachypleura edwardsii*. Da er annahm, dass der neue Saurier verwandtschaftlich *Simosaurus* nahestünde, kam er zum Schluss, dass die Fundschichten in die späte Trias zu stellen wären. In der Zwischenzeit weiss man, dass die Fundschichten dem Ladin (jüngere Mitteltrias) angehören.

In den Jahren 1863 und 1878 führte das Mailänder Naturhistorische Museum (Museo Civico di Storia Naturale di Milano) auf italienischem Boden bei Besano erste wissenschaftliche Grabungen in der GBZ durch. Die dabei gefundenen Fossilien, neben Sauriern und Fischen auch Reste von Wirbellosen und Pflanzen, stellte der Mailänder Paläontologe Bassani (1886) kurz zusammen. Frauenfelder (1916) musste sich mit seiner Dissertation über die Geologie der Tessiner Kalkalpen wegen der damaligen Kriegszeit auf die Vorkommen auf schweizerischem Gebiet beschränken. Er gab für die damalige Zeit moderne Beschreibungen der Gesteine, führte den Namen Grenzbitumenzone ein und beschrieb die in ihr festgestellten Wirbellosen, vor allem Ammonoideen und Muscheln. Nach seiner stratigraphischen Bewertung der Fossilien bildet die Grenzbitumenzone den Abschluss der anisischen Stufe und liegt somit an der Grenze zum Ladin – daher auch der Name.

Seit 1902 hat eine italienisch-schweizerische

Abb. 1
Vereinfachte Karte des Monte San Giorgio und der südlich angrenzenden Gebiete. Der Ausbiss der Grenzbitumenzone sowie die wichtigsten Lokalitäten, wo wissenschaftliche Grabungen stattgefunden haben und die Grenzbitumenzone bergmännisch abgebaut wurde, sind durch Sternchen angegeben.

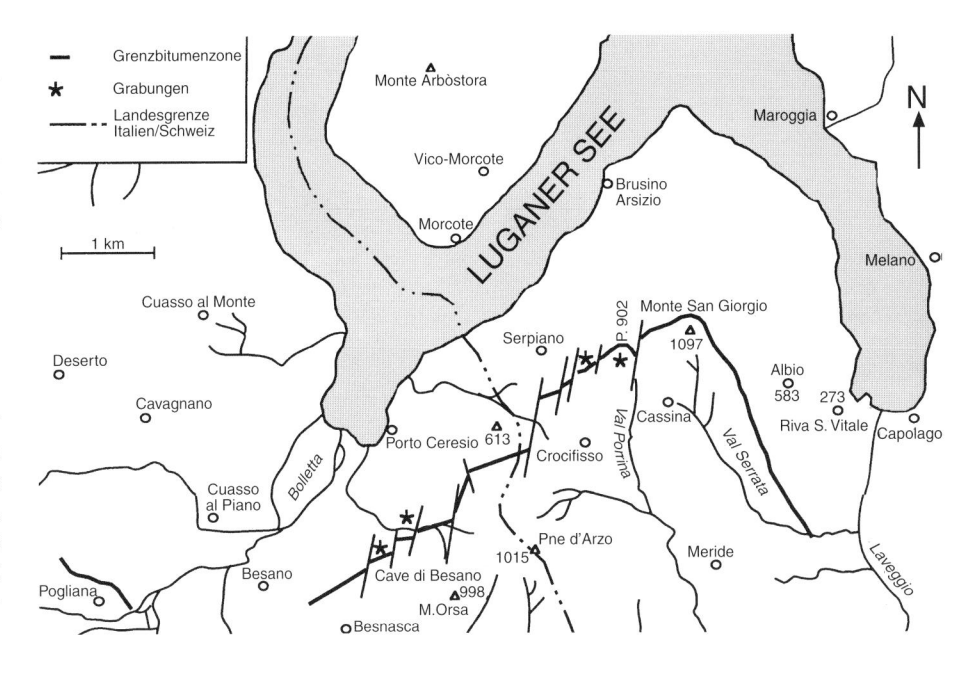

Abb. 2
Abschnitt (Höhe knapp 2 m) der Grenzbitumenzone auf der Grabung P.902/Monte San Giorgio. In diesem angewitterten Profil erscheinen die Lagen bituminöser Tonschiefer schwarz oder dunkelbraun und die Dolomitbänke hell.

Gesellschaft die bituminösen Schiefer der GBZ zunächst bei Besano und später auch in Tre Fontane oberhalb von Serpiano (auf schweizerischem Gebiet am Fuss des Monte San Giorgio) bergmännisch abgebaut, um daraus Saurol, ein dem Ichthyol entsprechendes pharmazeutisches Produkt, herzustellen. Im Verlauf der Zeit wurden dabei viele Wirbeltierfossilien gefunden. B. Peyer, der sich 1918 an der Universität Zürich für die Fächer Paläontologie und Vergleichende Anatomie habilitiert hatte, erkannte im Herbst 1919 auf einem für die Verarbeitung zu Saurol bereitliegenden Haufen bituminöser Schiefer der GBZ ein gut erhaltenes Vorderpaddel eines Fischsauriers und Fischreste und schloss daraus, dass durch flächenhafte wissenschaftliche Grabungen im Gebiet des Monte San Giorgio für die Wirbeltierpaläontologie umfangreiches und aussagekräftiges Material gewonnen werden könnte. Unter seiner Leitung wurde 1924 eine erste flächenhafte Grabung in der GBZ durchgeführt. Diese war sehr erfolgreich und erbrachte neben zahlreichen Fischen mehrere Exemplare der Ichthyosaurier-Gattung *Mixosaurus* und das vollständige Skelett eines unbekannten Placodontiers – später als *Cyamodus hildegardis* beschrieben. Daraufhin fanden in den folgenden Jahren in den bituminösen Abschnitten der Mitteltrias, vor allem in der GBZ, wiederholt kleinere und grössere Grabungen statt. Die letzte grossflächige Grabung, „Punkt 902" oder „P.902", in der GBZ bei Mirigioli am Monte San Giorgio wurde in den Sommermonaten von 1950 bis 1968 durchgeführt und stand unter Leitung des Zürcher Paläontologen E. Kuhn-Schnyder, des Nachfolgers von B. Peyer. Bei der Grabung P.902 wurde auf einer Fläche zwischen 50 und 360 m² Schicht um Schicht abgetragen und auf ihren Fossilinhalt untersucht. Der genaue Fundort jedes Fossils wurde in Fundplänen (Abb. 6) für jede Schicht eingetragen. Viele längliche Fossilien wurden orientiert, um ihre eventuelle Einregelung feststellen zu können. Die Grabung P.902 erbrachte sehr umfangreiches, genau horizontiertes Fundmaterial, nicht nur von Sauriern und Fischen, sondern auch von Ammonoideen, Muscheln und Pflanzen. Ausserdem wurden die Gesteine von Müller (1965) sedimentologisch untersucht.

B. Peyer, der mit einer grösseren Zahl von Monographien die neuen Wirbeltierfunde aus der Mitteltrias der Tessiner Kalkalpen bekannt machte, gab 1944 einen Überblick über seine Grabungstätigkeit in der Mitteltrias des Monte San Giorgio und über die Ergebnisse und Erkenntnisse, die seine Untersuchungen der dabei gefundenen Wirbeltiere erbracht haben. Kuhn-Schnyder (1974) publizierte zum selben Thema eine reich illustrierte Zusammenfassung, in der auch über die Wirbellosen und die Genese dieser Fossillagerstätte berichtet wird. Seit 1968 befasste sich H. Rieber in mehreren Publikationen mit den Muscheln der Gattung *Daonella*, mit den Ammonoideen, den Dibranchiaten-Resten, den Conodonten, der Genese und der Biostratigraphie der GBZ. In neuerer Zeit haben sich vor allem O. Rieppel und T. Bürgin mit den Sauriern und Fischen der GBZ und S. Bernasconi mit ihrer Genese befasst.

Geographie, Geologie und Stratigraphie

Der Monte San Giorgio, dessen Gipfel (1097 m) etwa 10 km südlich von Lugano liegt, bildet zusammen mit den benachbarten Gebieten mit mesozoischen Sedimentgesteinen die Tessiner Kalkalpen, die ihrerseits ein Teil der Südalpen sind (Abb. 3). Die Ortschaft Besano, wo die ersten wissenschaftlichen Grabungen in der GBZ stattfanden, liegt etwa 5 km südwestlich des Gipfels des Monte San Giorgio und 3 km südlich der Grenze Schweiz/Italien. Die genaue

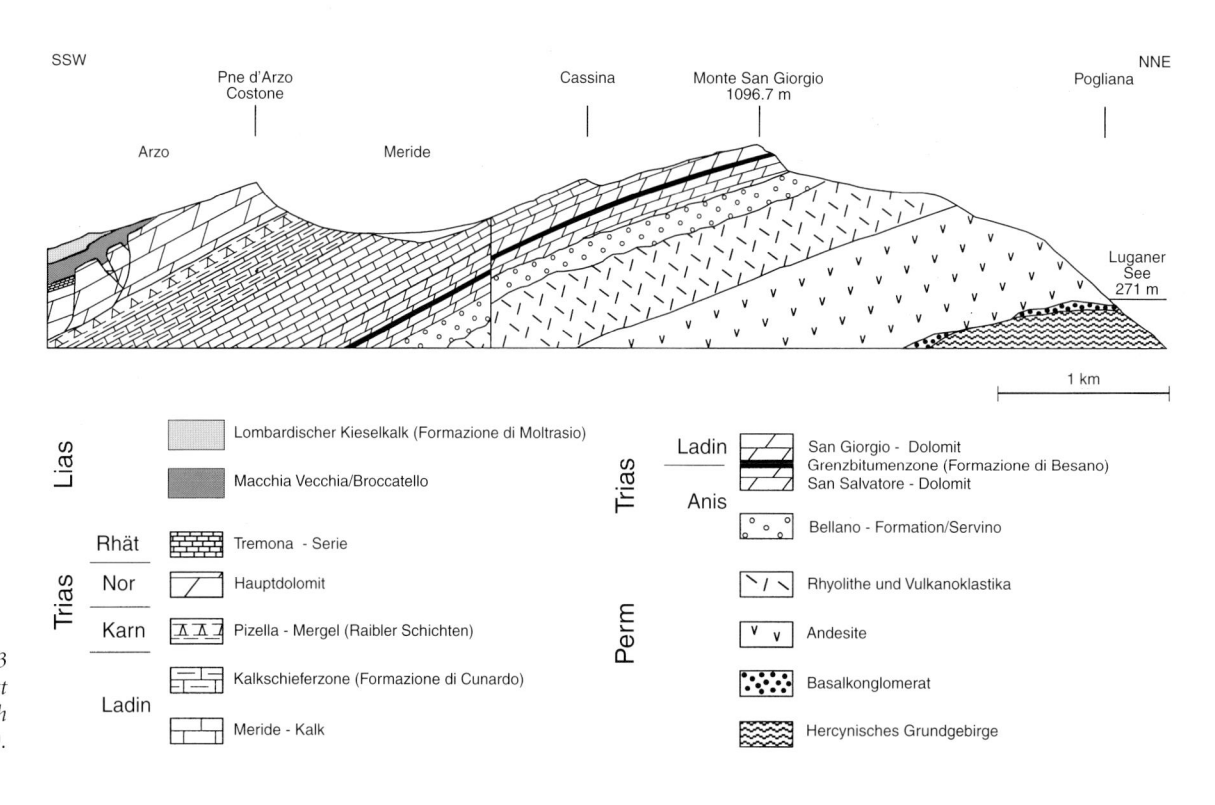

Abb. 3
Vereinfachter geologischer Schnitt durch den Monte San Giorgio (nach Kuhn–Schnyder 1974, verändert).

stratigraphische Position der GBZ hängt von der zur Zeit kontrovers diskutierten Lage der Grenze Anis/Ladin ab. Vergleichende Untersuchungen an zahlreichen Profilen im Grenzbereich Anis/Ladin der Südalpen und die Auswertung der dabei gefundenen Ammonoideen und Muscheln (Brack et Rieber 1993) haben ergeben, dass die GBZ höchstens gleich alt, zum grösseren Teil aber erheblich jünger ist als die *Reitzi*-Zone, die bisher allgemein als älteste Zone des Ladin angesehen wurde. Nach der traditionellen Grenzziehung wäre demnach die gesamte GBZ ins frühe Ladin zu stellen. Brack et Rieber (1993) schlagen aus faunistischen Gründen jedoch eine andere Grenzziehung (an der Basis der *Curionii*-Zone) vor, wodurch der tiefere Teil der GBZ ins Anis, der höhere ins Ladin zu liegen kommt.

Genese und Sedimentologie

Die Grenzbitumenzone der Tessiner Kalkalpen ist eine Wechsellagerung von Dolomitbänken wechselnder Mächtigkeit (3 bis über 50 cm) mit zahlreichen, dünneren Lagen (wenige mm bis knapp 15 cm mächtig) fein laminierter, schwarzer bituminöser Tonschiefer (Schwarzschiefer) und wenigen, bis mehrere Zentimeter dicken vulkanoklastischen Zwischenlagen (vulkanische Aschen)(Abb. 2). Auf der Grabung P.902 bei Mirigioli am Monte San Giorgio wurden für die GBZ, die dort die Schichten 3 bis 186 umfasst, eine Mächtigkeit von 15,8 m gemessen. Die Bänke des mehr oder weniger laminierten Dolomits machen etwa 80 % der Gesamtmächtigkeit der GBZ aus. In Abhängigkeit vom Anwitterungsgrad und vom Gehalt an organischer Substanz (bis zu 12 Gewichtsprozent) sind die Dolomitbänke dunkelgrau, dunkelbraun bis hellbeige. Im bergfrischen Zustand, in den Stollen der ehemaligen Bergwerke, sind sie fast schwarz (viel organische Substanz) oder dunkel- bis mittelgrau. Die Dolomitisation des ursprünglichen Kalkschlamms ist vollständig, es können keine anderen Karbonatphasen im Gestein nachgewiesen werden. Die Laminae der meist parallelen und durchgehenden Feinschichtung variieren in ihrer Dicke von 0,1 bis 5 mm. In den meisten Fällen wird die Lamination durch rhythmische Änderung der Anteile von Dolomit, Tonmineralen und organischer Substanz bewirkt. Doch ist in Dolomit-reichen Laminae gelegentlich auch graded bedding zu beobachten.

Radiolarien in den Dolomitbänken sind unterschiedlich erhalten. Liegen die Skelette noch vor, so sind sie mit fasriger Kieselsäure gefüllt, häufiger sind jedoch die Radiolarien nur noch als Abdrücke überliefert, die mit spätigem Dolomit gefüllt sind.

Weder in den Dolomitbänken, noch in den Schwarzschiefern gibt es eindeutige Anzeichen für autochthones Benthos oder für Bioturbation, was auch durch die ungestörte Lamination bestätigt wird. In zahlreichen Dolomitbänken sind Abdrücke von Muscheln (*Daonella* und „*Posidonia*"/*Peribositra*) und Hohlformen und Abdrücke von Ammonoideen recht häufig; Donellen kommen auch massenhaft vor. Reste von Wirbeltieren sind zwar in den Dolomitbänken ebenfalls vorhanden, jedoch erheblich weniger häufig als in den Schwarzschiefern.

Die insgesamt 55 Schichten aus Schwarzschiefer (= bituminösem Tonschiefer) der GBZ haben bei Mirigioli eine Gesamtmächtigkeit von 2,35 m. Die Dicke der einzelnen Schwarzschiefer-Lagen ist sehr unterschiedlich, von wenigen mm bis knapp 15 cm. Die Schwarzschiefer enthalten kein oder höchstens wenige Prozente Karbonat. Der Gehalt an organischer Substanz reicht von 10 bis 41,4 Gewichtsprozent. Die feine Lamination ist am bergfrischen Schwarzschiefer nur im Dünnschliff gut zu erkennen. Beim Anwittern blättert der Schwarzschiefer in Laminae (Dicke meist unter einem Millimeter) auf, wodurch die Lamination auch makroskopisch deutlich sichtbar wird. Die Lamination geht auf wechselnde Gehalte von organischer Substanz, Tonmineralen und Quarz zurück. Der Quarz ist grösstenteils biogener Herkunft. Radiolarien sind sehr häufig und bilden teilweise Kieselsäure-Bändchen in den Schwarzschiefern. Das Fehlen von kalkigen Fossilien wie Muscheln und Ammonoideen in den Schwarzschiefern ist sekundärer Natur. Ursprünglich vorhandene kalkige Organismenreste sind frühdiagenetisch aufgelöst worden. Im Gegensatz dazu sind phosphatische Reste wie Knochen, Zähne, Schuppen und Koprolithe von Sauriern und Fischen in den Schwarzschiefern gut überliefert und zum Teil sehr

Abb. 4
Vereinfachtes geologisches Profil der Trias im Gebiet des Monte San Giorgio mit Angabe der Schichtkomplexe, in denen Wirbeltierreste häufig sind.

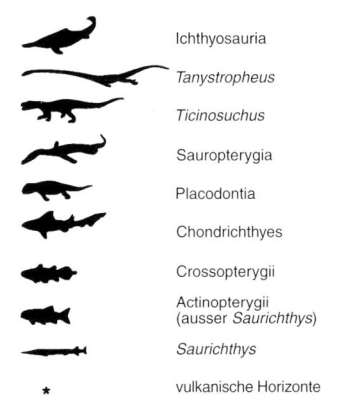

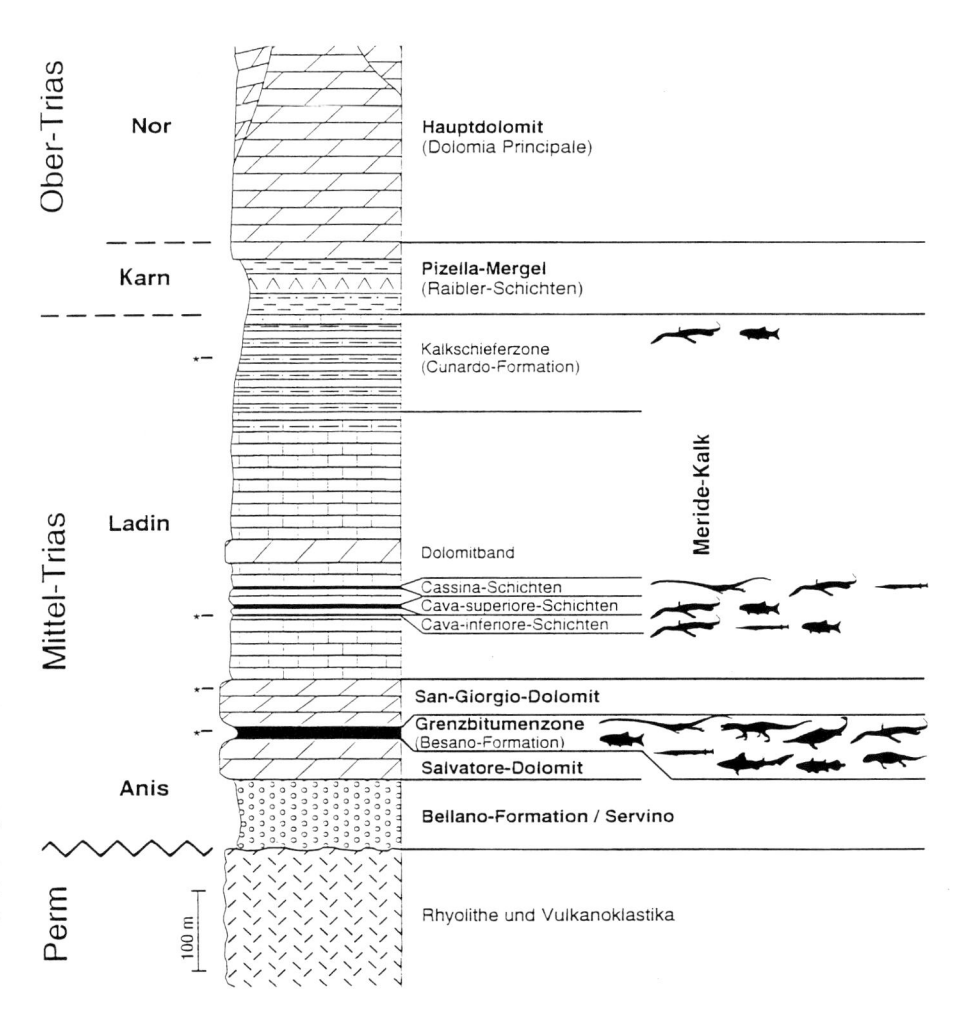

Ichthyosauria
Tanystropheus
Ticinosuchus
Sauropterygia
Placodontia
Chondrichthyes
Crossopterygii
Actinopterygii (ausser *Saurichthys*)
Saurichthys
* vulkanische Horizonte

Ober-Trias	Nor	Hauptdolomit (Dolomia Principale)
	Karn	Pizella-Mergel (Raibler-Schichten)
Mittel-Trias	Ladin	Kalkschieferzone (Cunardo-Formation)
		Dolomitband
		Cassina-Schichten
		Cava-superiore-Schichten
		Cava-inferiore-Schichten
		San-Giorgio-Dolomit
		Grenzbitumenzone (Besano-Formation)
	Anis	Salvatore-Dolomit
		Bellano-Formation / Servino
Perm		Rhyolithe und Vulkanoklastika

Meride-Kalk

häufig. Allerdings sind diese Reste durch die starke Kompaktion des ursprünglich sehr wasserreichen Faulschlamms bis auf 1/10 ihrer ursprünglichen Dicke zusammengepresst und dabei auch zerbrochen worden.

Die 36 in der GBZ von Mirigioli festgestellten vulkanoklastischen Lagen, vulkanische Aschen, haben eine Gesamtmächtigkeit von etwa 40 cm. Die einzelnen Lagen sind mittelgrau oder ockerbraun, haben eine Dicke von wenigen mm bis 10 cm und bestehen aus feinem, meist ziemlich weichem Tuffit mit wenigen gröberen Kristallen.

Die GBZ wurde in einem weitgehend abgeschlossenen Meeresbecken mit eingeschränkter Wasserzirkulation abgelagert (Zorn 1971, Rieber et Sorbini 1983, Bernasconi 1994). Das Becken war von Karbonat-Plattformen umgeben. Seine Ausdehnung in Richtung Ost-West betrug mindestens 10 km, für die Nord-Süd-Ausdehnung liegen keine Angaben vor. Gegen Süden wird das abtauchende Mesozoikum der Tessiner Kalkalpen vom Tertiär und Quartär des Pobeckens überdeckt.

Die Feinkörnigkeit der Sedimente, das Fehlen von Anzeichen für Aufarbeitung, die meist vollständig vorliegenden Wirbeltierskelette und deren fehlende Orientierung weisen darauf hin, dass am Grund des Meeresbeckens höchstens schwache Strömung herrschte und die Sedimente unter der Wellenbasis abgelagert wurden. Die Tiefe des Meeresbeckens wird auf 30 bis 100 m veranschlagt, wobei sich eine allmähliche Vertiefung vollzogen hat. Die ungestörte Lamination der Gesteine der GBZ und das Fehlen von autochthonem Benthos und von Bioturbation weisen darauf hin, dass in dem Becken, in dem die GBZ entstand, stabile Wasserschichtung bestand und das Bodenwasser mindestens die meiste Zeit sauerstofffrei und H_2S-reich war (Abb. 5). Die in der GBZ häufig vorkommenden Reste hochmariner Tiere, vor allem pelagische Fische, Ichthyosaurier, Ammonoideen und Daonellen, beweisen, dass das Oberflächenwasser in diesem Meeresbecken normalen Salzgehalt aufwies und mindestens zeitweise mit der triassischen Paläotethys verbunden gewesen sein muss.

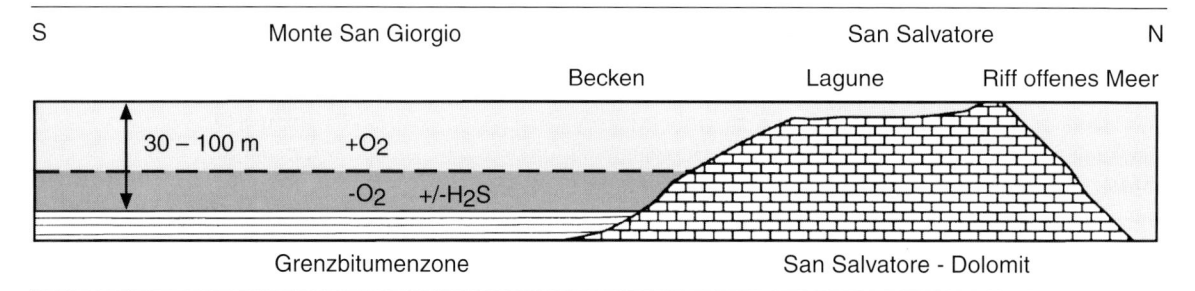

Abb. 5 Schematischer Schnitt durch das Becken, in dem die Grenzbitumenzone unter stagnierenden Bedingungen entstand.

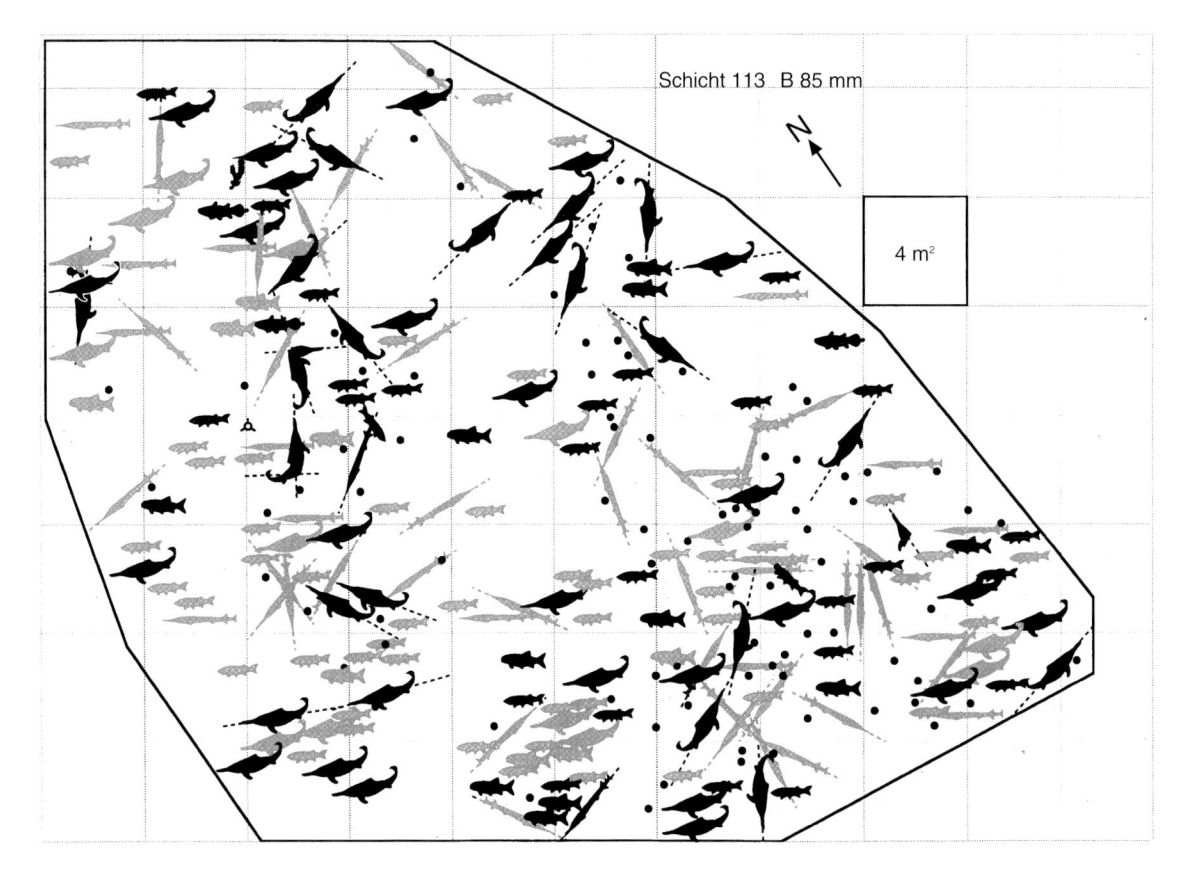

Abb. 6 Fundplan der auf der Grabung P.902 abgebauten Schicht 113, eines 85 mm dicken, stark bituminösen Tonschiefers.

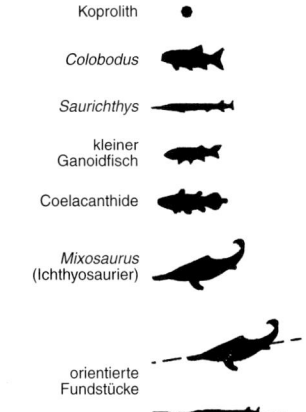

Bernasconi (1994: 30) nimmt an, dass das in der GBZ vorhandene Karbonat ursprünglich nicht in der Wassersäule des Beckens der GBZ gebildet wurde, sondern von den Karbonat-Plattformen stammt, wo es bei Stürmen durch die Wellentätigkeit in Suspension gebracht und anschliessend in Form wenig dichter Trübeströme ins Becken transportiert wurde. Ein solcher Mechanismus erklärt die Lamination der Dolomitbänke ebenso wie das graded bedding einzelner dolomitischer Laminae. Die auffallende Konstanz des Laminationmusters deutet Bernasconi mit der Annahme einer ausgeprägten Dichteschichtung des Wasserkörpers. Dadurch wurden die Trübeströme am sofortigen Absinken gehindert und verbreiteten sich über dem tieferen, dichteren Wasserkörper gleichmässig über das ganze Becken, bevor ihr suspendiertes Karbonat auf den Beckengrund absank. Wenn die Anlieferung von organischer Substanz und siliciklastischem Detritus während der Ablagerungszeit der GBZ etwa gleich geblieben ist, geben die Gehalte an organischer Substanz in den Schichten der GBZ die einstigen Schwankungen in der Karbonatanlieferung wieder. Paläontologische Daten und Berechnungen zur Akkumulation der vorhandenen Schwermetalle sowie neuerdings auch absolute Alterbestimmungen weisen auf eine Sedimentationsrate für die Schwarzschiefer von etwa 1 m/million Jahre hin, wobei der Kompaktionsfaktor sich für die reinen Schwarzschiefer der GBZ auf etwa 10 beläuft. Die Kompaktion der Dolomite war bedeutend geringer, denn in vielen Dolomitbänken sind die Ammonoideen als nahezu vollkörperliche Hohlformen erhalten. Bernasconi (1994: 75) kommt zum Schluss, dass die ursprüngliche, nicht kompaktierte Sedimentfolge der GBZ 40 bis 50 m mächtig gewesen ist. Weil die meiste Zeit in den Schwarzschiefer-Lagen steckt, ergibt sich eine Sedimentationsrate für das unkompaktierte Sediment von 5 bis 7 m/million Jahre.

Fossilinhalt und Taphonomie

Die GBZ des Monte San Giorgio und von Besano ist wegen ihres Fossil-Reichtums und der meist vollständig erhaltenen Skelette von marinen Fischen und Sauriern besonders bedeutend. Isolierte Knochen grösserer Saurier und Fische sind weniger häufig als ganze Skelette. Die Häufigkeit der Wirbeltiere, die sowohl in den Schwarzschiefern als auch in den Dolomiten vorkommen, schwankt von Schicht zu Schicht. Insgesamt sind in den Schwarzschiefern Wirbeltierreste erheblich häufiger als in den Dolomitbänken. Die Schichtpläne (Abb. 6), die bei der Grabung P.902 (Mirigioli am Monte San Giorgio) aufgenommen wurden, zeigen die ausserordentliche Häufigkeit der Wirbeltierreste in manchen Schwarzschiefer-Lagen der GBZ. Die Erhaltung der Skelette ist im allgemeinen sehr gut, wenn man von der Zusammendrückung durch Kompaktion absieht. Feinste Details der Knochenoberfläche und der Schuppen sind überliefert, und in An- oder Dünnschliffen kann auch der innere Aufbau der Knochen und Schuppen meist gut beobachtet werden. Bei zwei Exemplaren der Fischgattung *Saurichthys* sind im Körperinneren die äusserst zierlichen Embryonen erhalten geblieben. Calcifizierte Knorpel der Skelette von Haien sind relativ häufig und gelegentlich sind sogar kleine Abschnitte der nicht mineralisierten Hornschuppen von Reptilien überliefert. Bei manchen Fischen, vor allem bei *Saurichthys*, sind Teile des Darmtrakts durch den phosphoritisierten Darminhalt wiedergegeben. Dagegen wurde bisher bei keinem der vielen Ichthyosaurier der GBZ irgendwelche Hinweise auf Hauterhaltung festgestellt, wie sie von Funden aus dem Posidonienschiefer Süddeutschlands bekannt ist.

Die Wirbeltierfauna der GBZ ist individuen- und artenreicher als die aller anderer bekannten Vorkommen in der marinen Trias. Sie besteht zum grössten Teil aus marinen Sauriern und Strahlenflossern (Actinopterygii/Knochenfische). Landsaurier sind äusserst selten und Reste von Quastenflossern (Crossopterygii/Knochenfische) selten. Die Haie, von denen mindestens 5 Arten vorliegen, sind insgesamt ebenfalls selten.

Innerhalb der marinen Reptilien stellen die Fischsaurier (Ichthyosaurier) die umfangreichste Gruppe. Die mit Abstand häufigste Gattung davon ist *Mixosaurus* (Abb. 6), zu der kleinwüchsige Formen mit einer Endgrösse von 1 bis 1,3 m Länge gestellt werden. Neuere Untersuchungen ergaben, dass mindestens zwei Taxa solcher kleinwüchsiger Ichthyosaurier existieren. Neben diesen kleinwüchsigen Vertretern wurden in der GBZ mindestens 3 grosswüchsige Vertreter durch ein oder 2 Individuen nachgewiesen. Einer dieser grosswüchsigen Ichthyosaurier ist ein Vertreter der Gattung *Cymbospondylus*; die beiden anderen Taxa sind zur Zeit in Bearbeitung. Bei zahlreichen Ichthyosauriern der GBZ wurden in der Bauchregion viele Armhäkchen und bei manchen Exemplaren auch Kieferelemente von Phragmoteuthida (Cephalopoda) festgestellt. Deshalb muss angenommen werden, dass sich die Ichthyosaurier mindestens zu einem grossen Teil von diesen Cephalopoden ernährten. Wie ein ausgewachsenes Exemplar von *Mixosaurus* mit mehreren Embryonen in der Körperhöhle beweist (Brinkmann 1994, 1996), waren auch die Ichthyosaurier der Trias, wie die jüngeren Vertreter in Jura und Kreide, lebendgebärend.

In wenigen Dolomitbänken des jüngsten Teils der GBZ ist ein kleinwüchsiger Vertreter (Länge von ausgewachsenen Tieren um 75 cm) der Sauropterygia, ein sogenannter Pachypleurosaurier, ausserordentlich häufig. Rieppel (1993) beschrieb diese Form als *Serpinosaurus mirigiolensis*. Abgesehen von diesen Pachypleurosauriern, sind die Sauropterygia in der GBZ noch vertreten mit je einem Individuum des grossen, etwa 4 m langen Nothosauriers *Paranothosaurus amsleri* (Abb. 9) und des kleinwüchsigen (Länge etwa 65 cm) *Silvestrosaurus buzzii*, der ursprünglich von Tschanz (1989) als *Lariosaurus buzzii* beschrieben worden war. Die anderen aus der mittleren Trias der Tessiner Kalkalpen bekannten Nothosauriden-Gattungen, *Ceresiosaurus* (Tafeln 36,

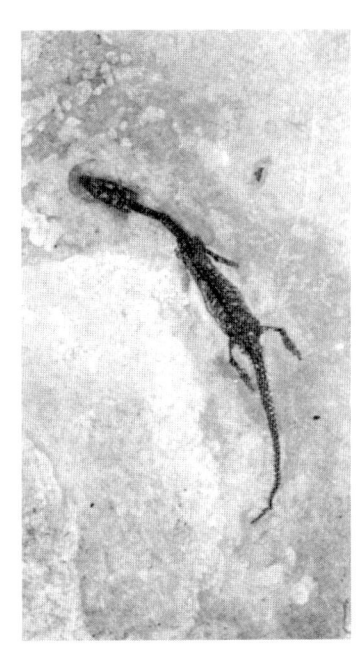

Abb. 7
Jugendliches Exemplar eines Nothosauriden, wenige Zentimeter lang, gefunden am Monte San Giorgio (Foto: G. Pinna).

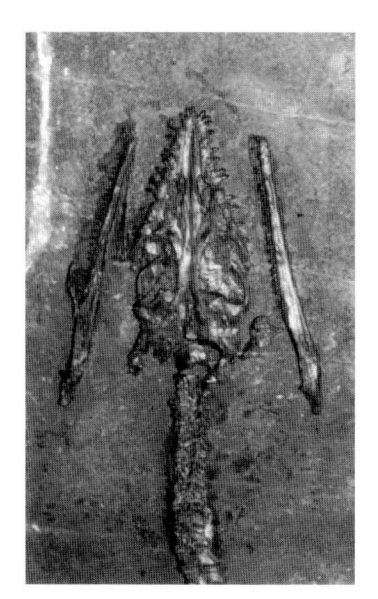

Abb. 8
Schädel eines Nothosauriden, der zeigt, wie in den Schichten von Besano und von Monte San Giorgio die Skelette häufig im anatomischen Zusammenhang und wenig disartikuliert erhalten sind.

37), *Neusticosaurus* und *Lariosaurus,* stammen nicht aus der GBZ, sondern aus verschiedenen Abschnitten des etwas jüngeren Meride-Kalks.

Zwei Taxa der Placodontia (Pflasterzahnsaurier) wurden in der GBZ entdeckt. *Cyamodus hildegardis* (Tafeln 42, 43), von dem unser Museum in Zürich 13 Reste besitzt, erreichte eine Länge um 1,3 m und weist einen Schildkröten-ähnlichen Knochenpanzer und breiten Schädel auf. *Paraplacodus broilii,* von dem 11 Reste in Zürich aufbewahrt werden, ist eine schlankere, ungepanzerte Form mit einer Länge um 1,2 m. Das Vordergebiss beider Vertreter wirkte mit stumpfen, meisselartigen Zähnen als Greifapparat. Dahinter weist *Cyamodus* grosse Pflasterzähne auf, mit denen hartschalige Beute wie Muscheln zerknackt werden konnte. Bei *Paraplacodus* ist der hintere Teil mit in Reihen angeordneten stumpfkegelförmigen Zähnen als Quetsch- und Brechgebiss ausgebildet. Vermutlich lebten diese Placodontier an den Rändern der Karbonat-Plattformen, wo sie im flachen Wasser reichlich Muscheln und andere Nahrungstiere fanden. Von der Gattung *Helveticosaurus* liegen aus der GBZ 4 Reste vor. Die systematische Stellung dieses etwa 3 m Länge erreichenden Sauriers ist noch nicht hinreichend geklärt, vielleicht gehört er in die nähere Verwandtschaft der Placodontia.

Die zu den Thalattosauria gehörenden Genera *Askeptosaurus, Clarazia* und *Hescheleria* sind bisher nur aus der GBZ beschrieben worden. Von dem Fischräuber *Askeptosaurus italicus,* der etwa 2,5 m lang wurde, besitzt Zürich 11 Reste, und von den beiden anderen Genera existiert jeweils nur ein Exemplar. *Clarazia* mit ihren stumpfkegelförmigen Zähnen, mit denen hartschalige Tiere zerbrochen werden konnten, erreichte eine Länge um 1 m. Für das disartikulierte Skelett von *Hescheleria* ermittelte Rieppel (1987) ebenfalls eine Länge um 1 m.

Von den Prolacertiformes, die vor allem durch ihre stark verlängerten Halswirbel gekennzeichnet sind, liegen aus der GBZ die zwei Arten *Tanystropheus longobardicus* (Tafeln 38, 39) und *Macrocnemus bassanii* (Tafeln 40, 41) vor. *T. longobardicus,* von dem in Zürich Reste von 35 Individuen aufbewahrt werden, erreichte um 6 m Länge. Recht seltsam wirkt *T. longobardicus* mit seinem ungewöhnlich stark verlängerten Hals, der mehr als doppelt so lang ist als der Rumpf und bei erwachsenen Exemplaren bis 50 % der gesamten Körperlänge ausmacht. Der lange Hals des auch Giraffenhals-Saurier genannten Reptils besteht aus 12 zum Teil stark verlängerten Wirbeln. Häkchen von Tintenfischen und Fischschuppen in der Magengegend einiger Funde verraten *T. longobardicus* als im Meer lebenden Tintenfisch- und Fischräuber. Bei dem viel kleineren *Macrocnemus bassanii,* der eine Gesamtlänge von etwa 80 cm erreicht, sind die Halswirbel zwar eben-falls deutlich verlängert, doch längst nicht so sehr wie bei *T. longobardicus.* Rieppel (1989) kam aufgrund funktionsmorphologischer Studien zum Schluss, dass *M. bassanii* im Küstenbereich terrestrisch gelebt hat.

In der GBZ des Monte San Giorgio wurden zwei Reste (ein vollständiges Skelett und mehrere zusammenhängende Wirbel) des Raubsuchiers *Ticinosuchus ferox* (Tafel 35) gefunden, der 2,5 m Länge erreichte. Das grosse Skelett dieses typischen Festlandsauriers beweist, dass grössere terrestrisch lebende Tiere und Pflanzen gelegentlich in das GBZ-Becken eingeschwemmt und dort abgelagert wurden.

Obwohl seit Ende des 19. Jahrhunderts in Fachkreisen bekannt war, dass die GBZ eine reiche und vielfältige Fischfauna, vor allem viele Strahlenflosser (Actinopterygii), enthält, waren bis vor wenigen Jahren nur zwei Fisch-Gattungen, *Birgeria* und *Saurichthys,* eingehender untersucht worden. *Birgeria,* ein grosser Hochseefisch, der ziemlich selten ist, erreichte wenigstens 1,2 m Länge. Die Gattung *Saurichthys* ist mit mindestens zwei Arten, die zwischen 25 und 80 cm lang wurden, sehr häufig. Während die stark verknöcherten, langen Schädel von *Saurichthys* gut sichtbare Fossilien sind, werden die überaus zarten postcranialen Skelette leicht übersehen. Bürgin (1992) gelang es, mit der Bearbeitung der kleinen bis mittelgrossen Ganoidfische (Actinopterygii) in der GBZ 18 Gattungen mit 25 Arten nachzuweisen. Das reiche Material einiger grosswüchsiger Formen wie *Colobodus* ist dabei noch nicht erfasst. Aufgrund der Körperform und der sehr unterschiedlichen Ausbildung des Kieferapparats unterschied Bürgin innerhalb der kleinen und mittelgrossen Ganoidfische einerseits Vertreter des offenen Meeres und andererseits Riff-Fische, deren Lebensort die Randzonen der Karbonat-Plattformen waren. Die Actinistia (Fleischflosser) sind in der GBZ zwar vorhanden, doch insgesamt selten. Die 20 aus der GBZ vorliegenden Reste verteilen sich auf 3 Arten. Von den Haien sind mindestens 5 Taxa aus der GBZ bekannt. Wegen ihrer aussergewöhnlichen Erhaltung sind die seltenen Funde für die Taxonomie der triassischen Haie von grosser Bedeutung. Neben den zum Teil noch im Verband erhaltenen Zähnen und Rückenflossenstacheln sind nämlich bei einigen Exemplaren die calcifizierten Knorpel des Skeletts und die Hautzähnchen überliefert worden. Vier Arten dieser Haie sind ziemlich klein und haben eine Bezahnung, die sich zum Zerbrechen hartschaliger Beutetiere eignet. Koprolithen von Fischen und Reptilien sind sowohl in den Schwarzschiefern als auch in den Dolomitbänken relativ häufig. Sie sind stets stark phosphoritisiert und fallen durch ihre fettig glänzenden Bruchflächen und ihre Farbe auf.

Die Wirbellosenfauna der GBZ umfasst Muscheln, Ammonoideen, Orthoceraten, coleoide Cephalopoden und Gastropoden. Conodonten, die hier bei den Wirbellosen genannt werden, sind insgesamt selten. Sie wurden sowohl in den Schwarzschiefern wie in den Dolomitbänken und den Tuffiten nachgewiesen. Beim vorsichtigen Aufspalten einiger Schwarzschiefer-Lagen wurden sogar Conodonten-Cluster und ganze -Apparate entdeckt (Rieber 1980). Ursprünglich kalkige Reste von Wirbellosen sind auf die Dolomitbänke beschränkt. In den höchstens leicht bituminösen Dolomiten sind sie als nicht bis schwach komprimierte Hohlformen und in den stärker bituminösen Dolomiten meist als flachgepresste Abdrücke überliefert. In einigen stärker bituminösen, sehr deutlich laminierten Dolomitbänken liegen die Ammonoideen auch als einseitige körperliche Abdrücke mit einer Eindellung auf der Oberseite vor.

Im unteren und mittleren Teil der GBZ sind in mehreren Dolomitbänken Ammonoideen ziemlich häufig. Rieber (1973) hat 44 Arten und Unterarten, die sich auf 15 Gattungen verteilen, beschrieben. Die meisten davon sind kräftig skulpturierte Ceratitida, sogenannte Trachyostraca, während die schwach skulpturierten Formen, die leiostracen Gattungen *Flexoptychites* und *Proarcestes*, ziemlich selten sind. Das umfangreiche Material, das dank der grossflächigen Grabung P.902 genau horizontiert aufgesammelt wurde, lässt erkennen, dass manche trachyostracen Arten eine ausserordentlich grosse intraspezifische Variabilität aufweisen. Einige Arten und Unterarten der damals neuen Gattung *Parakellnerites* erwiesen sich als Glieder einer Entwicklungsreihe. Mit ihnen und anderen kurzlebigen trachyostracen Arten wurde die GBZ recht gut biostratigraphisch gegliedert. Orthoceraten und Nautiliden treten in der GBZ nur vereinzelt auf. Die meisten der ebenfalls seltenen coleoiden Cephalopoden sind Vertreter der Phragmoteuthida. An einem kleinen vollständig erhaltenen Exemplar wurden die 10 Doppelreihen von Armhäkchen, die Kiefer und der Tintenbeutel nachgewiesen.

Die Muscheln sind in der GBZ nur durch die Gattungen *Daonella* und "*Posidonia*" (*Peribositra*) vertreten. Diese sehr dünnschaligen Muscheln sind meist als mehr oder weniger komprimierte Aussen- und Innenabdrücke überliefert. Während in einigen Dolomitbänken Daonellen in Form von Lumachellen massenhaft auftreten, sind sie in den anderen selten oder fehlen ganz. Bei den Lumachellen gibt es keine eindeutigen Hinweise für Grössensortierung, doch weist bei den Klappen häufiger die konvexe Seite nach oben. Aus dem alleinigen Auftreten der beiden Muschelgattungen *Daonella* und *Peribositra* in der GBZ und aus dem Fehlen von eindeutigen Anzeichen für das Vorhandensein von Benthos, zog Rieber (1968) den Schluss, dass diese Muscheln, mindestens einige Arten der Gattung *Daonella*, pseudoplanktisch gelebt haben. Aus der unteren GBZ stammt ein Exemplar eines penaeiden Krebses, der vermutlich benthisch im Bereich der Karbonat-Plattformen gelebt hat.

Pflanzenreste sind in der GBZ insgesamt selten. Es wurden einige kleine Zweige von ?*Voltzia* (Coniferae/Nadelhölzer) gefunden und in einigen Dolomitbänken vereinzelt Hohlformen oder Abdrücke von Dasycladaceen. In allen Schichten der GBZ sind Reste benthisch lebender Organismengruppen sehr selten oder fehlen, wohingegen Reste nektisch, planktisch und pseudoplanktisch lebender Organismen in einigen Schichten häufig vorkommen. Spurenfossilien und Hinweise für Bioturbation liegen aus der GBZ nicht vor.

Rekonstruktion des Lebens- und Ablagerungsraums

Nach den bisherigen Untersuchungsergebnissen wird angenommen, dass die GBZ in einem Meeresbecken von etwa 10 km Durchmesser und einer Wassertiefe zwischen 30 und 100 m entstand. Der Wasserkörper in diesem weitgehend abgeschlossenen Meeresbecken war geschichtet. Die Schichtung war durch Dichte-, Temperatur- und/oder Salinitätsunterschiede verursacht. Die im Becken herrschenden stagnierenden Bedingungen führten im tieferen Teil der Wassersäule oder mindestens am Beckengrund zu Mangel an oder vollständigem Fehlen von Sauerstoff (Abb. 5, Tafel 34). Im oberen, lichtdurchfluteten Teil der Wassersäule war dagegen genügend Sauerstoff vorhanden, der reiches planktisches (Radiolarien), pseudoplanktisches und nektisches Leben ermöglichte. Die organische Substanz, die von dem Phyto- und Zooplankton in den oberen Wasserschichten erzeugt wurde, konnte beim Absinken in die Sauerstoff-armen oder -freien, zum Teil wahrscheinlich Schwefelwasserstoff-haltigen tieferen Wasserschichten nicht oder nicht vollkommen abgebaut werden. Die relativ hohen Konzentrationen von Hopanen in der organischen Substanz der GBZ lässt darauf schliessen, dass die Bakterien, die an der Sauerstoffsprungschicht des Wasserkörpers lebten, einen grossen Teil der Biomasse erzeugten (Bernasconi 1994).

Da während der Bildung des Sapropels die Sedimentationsrate verhältnismässig gering war, konnten sich Skelette von Sauriern und Fischen ungestört von irgendwelchen Aasfressern und Bodenbewohnern anreichern und wurden schliesslich in den Schwarzschiefern gut überliefert. Die kalkigen Skelette von Invertebraten, die zusammen mit den Wirbeltierresten in dem Sapropel zunächst eingebettet wurden, wurden anschliessend durch früh-diagenetische Kalklösung eliminiert. Ein Wechsel von langen Zeitabschnitten, in denen nur organische Substanz und Tonminerale angeliefert wurden, mit kurzen, in denen viel zusätzliches Karbonat zur Ablagerung kam, führte zu der für die GBZ typischen Wechsellagerung von Schwarzschiefer-Lagen mit mehr oder weniger bituminösen Dolomitbänken. Es steht noch nicht endgültig fest, ob das Karbonat in erster Linie von den Karbonat-Plattformen stammt und durch Suspensionsströme ins Becken transportiert wurde (Modell von Bernasconi 1994) oder im Becken selbst durch Ausfällung im Wasserkörper entstand. Bei gelegentlichen Vulkanausbrüchen lagerte sich am Beckengrund vulkanische Asche ab.

Die benthischen Organismen, von denen wenige Reste in der GBZ beobachtet wurden, sind nicht autochthon, sondern stammen von den nahen Karbonat-Plattformen und sind ebenso wie die Reste terrestrischer Pflanzen (?*Voltzia*) und Tiere (*Ticinosuchus* und *Macrocnemus*) in das GBZ-Becken eingeschwemmt worden. Mindestens der grössere Teil der planktischen, pseudoplanktischen und nektischen Organismen lebte dagegen in den oberen Wasserschichten des GBZ-Beckens. Typische Hochseeformen wie *Birgeria*, mindestens die grossen Ichthyo-

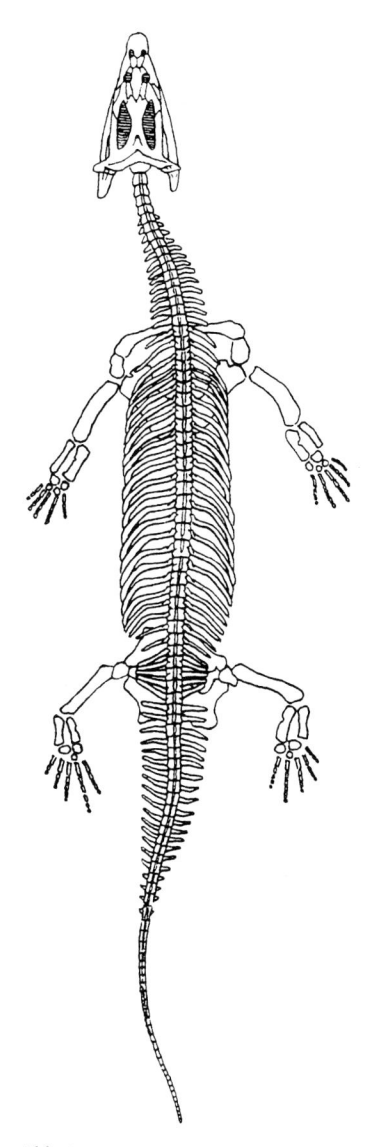

Abb. 9
Rekonstruktion des Skeletts des Nothosauriden **Paranothosaurus amsleri**. *Das Exemplar ist 3,80 m lang (aus Brinkmann 1994).*

saurier, verschiedene Ammonoideen und Tintenfische (Pragmoteuthida) gelangten aktiv schwimmend oder tot in oberflächlichen Strömungen treibend in das Becken.

Insgesamt handelt es sich bei der GBZ um eine Ablagerung in einem kleinen, relativ flachen Meeresbecken bei stagnierenden Bedingungen. Durch Karbonat-Plattformen, die das Meeresbecken umgaben, war dieses mindestens während langer Zeiträume weitgehend vom offenen Meer abgetrennt. Die GBZ ist ein ausgezeichnetes Beispiel für eine „Stagnat-Lagerstätte", einem Untertyp der „Konservat-Lagerstätten" im Sinne von Seilacher (1970).

Bedeutung des Fossilinhalts für die Geschichte des Lebens

Die Wirbeltierfauna der GBZ ist eine der weltweit reichsten Faunen mariner Fische und Reptilien der Mittel-Trias. Bei den meisten Funden handelt es sich um vollständig erhaltene Skelette, die entweder noch weitgehend im Verband oder nur schwach disartikuliert vorliegen. Alle Wirbeltierskelette sind allerdings stark kompaktiert. Wegen der vollständigen Erhaltung der Skelette und ihres Reichtums kommt der Wirbeltierfauna der GBZ für taxonomische, systematische, funktionsmorphologische und phylogenetische Untersuchungen wie auch für die Rekonstruktion der artikulierten Skelette und von Lebensbildern der damaligen marinen Wirbeltiere ausserordentlich grosse Bedeutung zu. Zahlreiche Saurier, Fische und Ammonoideen sind bisher nur aus der GBZ bekannt. Die bei den wissenschaftlichen Grabungen geborgenen Fossilien gewähren einen guten Einblick in die Vielfalt der Tierwelt, die während der Mittel–Trias, in flachen, weitgehend vom offenen Ozean abgetrennten Meeresbecken gelebt hat und nach dem Tod an deren Grund eingebettet wurde. Dank des sehr reichen Fossilmaterials, das genau horizontiert aufgesammelt wurde, kann die intraspezifische Variabilität der einzelnen Arten, Wirbeltiere und Wirbellose, erfasst werden. Für manche Ammonoideen- und Daonellen-Arten ergab sich eine erstaunlich grosse Variabilität der Gehäuseform, was bei taxonomischen Studien unbedingt beachtet werden muss. Die Ammonoideen und Daonellen der GBZ erlangten auch für die biostratigraphische Gliederung der GBZ selbst und für Korrelationen innerhalb der Trias der Südalpen aber auch mit weiter entfernten Triasvorkommen grosse Bedeutung. Noch ist das wissenschaftliche Potential dieser Fossillagerstätte längst nicht ausgeschöpft. Einige Fossilgruppen der GBZ sind bisher noch nicht oder nicht genügend erforscht. Auch für vergleichende Untersuchungen von Fossil-Lagerstätten ist die relativ gut erforschte GBZ ein wichtiges Forschungs- und Bezugsobjekt.

Aufbewahrungsorte der Fossilien

Der grösste Teil des Fundmaterials, Wirbeltiere und Wirbellose, aus der GBZ des Monte San Giorgio befindet sich in der Sammlung des Paläontologischen Instituts und Museums der Universität Zürich (PIMUZ). Dort werden auch die meisten Typen aufbewahrt. Ein kleinerer Teil der Fossilien, vor allem jene aus der GBZ von Besano, befinden sich im Museo Civico di Storia Naturale di Milano. Allerdings ist der grösste Teil der früher dort deponierten Fossilien aus der GBZ 1943 durch Kriegseinwirkung zerstört worden. Das Museo Cantonale di Storia Naturale di Lugano verfügt über eine gute Sammlung von Vertebraten, vor allem von Reptilien aus der Grenzbitumenzone, und im kleinen Museum der Ortschaft Meride am Südfuss des Monte San Giorgio sind Originale und Kopien einiger typischer Reptilien und Fische sowie Ammonoideen und Daonellen ausgestellt. Weiteres Wirbeltiermaterial aus der Grenzbitumenzone befindet sich im British Museum (Natural History) in London, in den Bayerischen Staatssammlungen für Paläontologie und historische Geologie in München und im Institut und Museum für Geologie und Paläontologie der Universität Tübingen.

Die Fossillagerstätte im Sinemurium (Lias) von Osteno, Italien

Giovanni Pinna
Museo Civico di Storia Naturale, Milano, Italien

Entdeckung und geologischer Rahmen

Ausser dem Eozän von Monte Bolca ist das Sinemurium von Osteno die einzige Fossillagerstätte in Italien, in der Weichkörper von Organismen erhalten sind.

Ich habe die Fundstelle Osteno im Jahre 1964 entdeckt, und diese Entdeckung bestätigt wieder einmal die Zufälligkeit paläontologischer Forschung. Lassen Sie mich kurz von dieser zufälligen Entdeckung berichten.

An einem Wochenende kam ich ohne jede berufliche Absicht durch ein kleines Dorf am Ufer des Lago di Lugano und bemerkte, dass dort zwei wunderbare fossile Erioniden, gleich dem auf Abb. 10, zu Seiten eines Hauseingangs in die Wand eingelassen sind. Bei näherer Betrachtung konnte ich feststellen, dass alle feinsten Details der Panzer erhalten waren. Der Eigentümer des Hauses und der beiden Erioniden war zu Anfang nicht gerade entgegenkommend, wie es einem oft mit Dörflern in den Alpen ergeht. Nur nach längerem Feilschen konnte ich erfahren, dass die beiden Fossilien aus einem Steinbruch am gegenüberliegenden Ufer des Sees stammten. Der Hauswirt beutete diesen Steinbruch nur aus, um Split herzustellen. Ich erfuhr auch, dass die beiden Erioniden nicht die einzigen Fossilien waren, die er gefunden hatte; mein Gesprächspartner besass noch weitere. Nach weiterem langen Feilschen brachte ich meinen Partner dazu, mich mit dem Boot über den See zu setzen und mir das Gestein und die genauen Lagen zu zeigen, in denen er die Fossilien gefunden hatte.

Es ist ein etwa 6 m mächtiges Paket von fein lamelliertem, grauem, spongiolithischem, mikritischem Kalk. Dieser Kalk unterscheidet sich in seiner Textur sehr deutlich von dem dunklen, zuckerkörnigen Kalk, dem sogenannten Lombardischen Kieselkalk, in den er eingebettet ist, oben und unten von der Osteno-Formation durch je eine dünne Mergel-Lage getrennt.

Der Lombardische Kieselkalk, der die Zeit vom Hettangium bis zum Sinemurium umfasst, ist nicht sehr fossilreich; er enthält eigentlich nur Ammoniten und wenige andere Invertebraten, mit denen die Formation datiert wird. Das Auffinden einer sehr fossilreichen Schicht schien deshalb sehr interessant zu sein. Das Material, das ich bei der Gelegenheit zu sehen bekam, bestand aus 54 Fossilien, nämlich 30 Crustaceen, 11 Fischen, 2 Sprossen von Landpflanzen und 11 seltsamen, unvollständigen Organismen, die auf den ersten Blick wie Pflanzenreste aussahen, die aber später als Vertreter einer neuen Klasse Crustaceen, der Thylacocephala, erkannt wurden. Ein Ammonit der Art *Coroniceras bisulcatum* (Abb. 5) erlaubte mir, den Aufschluss als *bucklandi*-Zone, unteres Sinemurium, zu datieren. Diese Datierung wurde später bestätigt sowohl durch das Auffinden weiterer Ammoniten der Gattungen *Coroniceras*, *Sulciferites* und *Ectocentrites* wie auch durch die ausserordentliche Übereinstimmung einiger Elemente der Fauna mit dem Sinemurium von Lyme Regis in England. Alles deutete darauf hin, dass der Aufschluss eine gute Dokumentation einer besonders vollständigen Fauna und Flora des Unteren Jura bieten könnte – was in den Südalpen nicht gerade häufig vorkommt.

Abb. 1
Lage des Fossilfundpunkts Osteno (Pfeil).

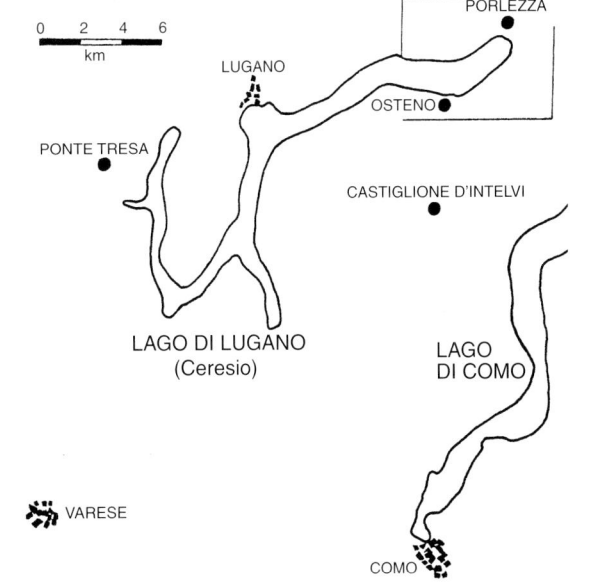

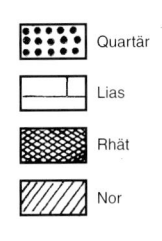

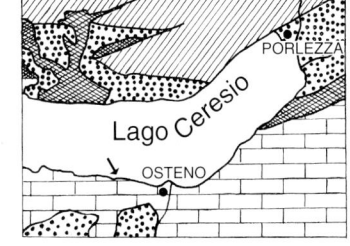

Abb. 2
Die Mikro-Fotografie zeigt die feine Lamination des spongiolithischen Mikrits von Osteno, die durch wechselnden Gehalt an organischem Material verursacht wird. Die hellen Flecken sind Querschnitte von Schwamm-Spiculae.

Abb. 3
Ein Zweig der pteridophyllen (farnartigen) **Pachyptheris cf. rhomboidalis** *(links).*

Abb. 4
Bruchstück einer bennettitalen Cycadee der Gattung **Otozamites** *(rechts).*

Nach einem dritten Feilschen – diesmal besonders kostspielig – wurden die 54 Fossilien, die der Besitzer des Steinbruchs bis dahin gefunden hatte, in das Museo di Storia Naturale nach Milano gebracht, während ich wegen der beiden Erioniden, die in die Hauswand eingelassen waren, nichts erreichte. Ich hoffe, sie befinden sich noch immer dort.

Als Kurator der Abteilung für Paläontologie des Museo di Storia Naturale habe ich den Aufschluss zwischen 1964 und 1966 regelmässig besucht, um Material, das beim Abbau im Steinbruch zutage gekommen war, zu bergen. Während dieser Jahre wurden die ersten Weichkörper-Fossilien gefunden, besonders Polychaeten und Coleoiden. Im Jahr 1966 wurde der Steinbruch, weil gefährlich, geschlossen. In den folgenden Jahren, nach Veröffentlichung der ersten Daten über den Aufschluss (Pinna 1967), wurde die neue Fossilfundstelle von Privatsammlern angegangen, die unerlaubte Grabungen begannen, die zu umfangreichen privaten Sammlungen führten. Das Museo di Storia Nationale di Milano entschloss sich dann, in einer umfassenden Aktion das illegal ergrabene Material einzusammeln und zugleich die Möglichkeit zu prüfen, der mit der Gefährlichkeit des Steinbruchs und der schwierigen Logistik verbundenen Schwierigkeiten Herr zu werden, um selbst systematische Grabungen im Aufschluss zu beginnen. Diese beiden Massnahmen nahmen schliesslich Gestalt an, und 1985 stellte das Museum eine Sammlung von 1308 Stücken zusammen.

Nach 1985 war das Museum, Dank der Stärkung der Abteilung Paläontologie, in der Lage, systematische Grabungen in dem Steinbruch von Osteno in Portofranco zu beginnen. Diese Grabungen werden bis heute jedes Jahr im Frühjahr und im Sommer durchgeführt.

Wie schon erwähnt, sind Grabungen in Osteno nicht einfach. Die topographische Situation ist schwierig: Die fossilführende Schicht streicht in Höhe des Wasserspiegels westlich des kleinen Dorfes Osteno (Abb. 1) in einer Reihe von Steinbrüchen aus, die man nicht über Land erreichen kann. Diese Steinbrüche werden von einer ganzen Reihe vertikaler Klüfte durchschlagen, die das Gestein in Blöcke unterschiedlicher Grösse zerlegen, so dass es für Forscher gefährlich ist. Zudem machen viele Verwerfungen es unmöglich, ein durchgehendes Grabungsplanum zu schaffen. Das Material kann daher nur durch systematisches Zerschlagen der Blöcke gewonnen werden. Dem widersteht das Gestein wegen seiner Härte und seines typischen, muscheligen Bruchs. Infolge dessen kann das Material nur sehr langsam gewonnen werden. Die Grabungen haben bisher nicht den ganzen Aufschluss erfasst, sondern sind auf den oberen Teil der fossilführenden Schichten, etwa einen Meter unter der Mergelschicht, die sie von dem fossilarmen Lombardischen Kieselkalk trennt, beschränkt geblieben.

Trotz dieser Schwierigkeiten besitzt das Museo di Storia Naturale di Milano gegenwärtig eine recht gute Sammlung von Osteno bestehend aus mehr als 2000 Fossilien, in der Hauptsache über 100 Fische, fast 500 Dekapoden und mehr als 500 thylacocephale Crustaceen.

Paläontologische Studien

Die Bearbeitung der Fossilien von Osteno begann einige Jahre nach der Entdeckung der Fundstelle. Im Jahre 1967 veröffentlichte ich eine erste Mitteilung über die Entdeckung (Pinna 1967), ein Jahr darauf eine Arbeit über die erioniden Crustaceen (Pinna 1968), und 1972 einen Bericht über den ersten Fund eines weichkörperigen Organismus (Pinna 1972).

Insgesamt sind 22 Arbeiten über die Fossilien von Osteno erschienen, die sowohl die Fauna insgesamt (Pinna 1967, 1984, 1985, Arduini et al. 1982) als auch einige Gruppen von Organismen behandeln: Land-Pflanzen (Bonci et Vannucci 1986), einen Teil der Fisch-Fauna (Duffin 1987, 1992, Duffin et Patterson 1993), alle decapoden Crustaceen (Pinna 1968, 1969, Teruzzi 1990, Garassino et Teruzzi 1990, Garassino 1996), die thylacocephalen Crustaceen (Pinna et al. 1982, 1985, Arduini et al. 1980, 1984, Arduini et Pinna 1989, Alessandrello et al. 1991), verschiedene Gruppen von Würmern (Arduini et al. 1982, 1983), die Cephalopoden (Pinna 1972) und die Enteropneusten (Arduini et al. 1981).

Das Ergebnis dieser Studien ist höchst befriedigend, und es beweist – wenn wir noch eines Beweises bedurft hätten – welches Interesse die Entdeckung dieser neuen Fossillagerstätte wegen der Vollständigkeit der Überlieferung verdient. Insgesamt wurden bisher von Osteno 54 Taxa berichtet, 43 Tier- und 11 Pflanzen-Arten. Nur die Tierfossilien betrachtet, haben sich 20 der 43 gemeldeten Arten und 5 von 29 Gattungen als neu herausgestellt. Die neuen Taxa gehören zu sehr unterschiedlichen Gruppen: Elasmobranchia, Enteropneusta, Crustacea, Nematoda und Annelida polychaeta. Das Material von Osteno hat auch erlaubt, eine neue, bisher unveröffentlichte Familie von Elasmobranchiern zu erkennen, deren Vertreter informell „magerer Hai", *Ostenoselache stenosoma* (Duffin, im Druck) genannt wurde, sowie die neuen Crustaceen-Klasse Thylacocephala. Nur die bewundernswürdige Erhaltung des Materials von Osteno hat erlaubt, diese beiden neuen Taxa zu erkennen. Die neue Familie der Elasmobranchia umfasst tatsächlich wenig verknöcherte Formen, während die Thylacocephala dank der Vollständigkeit der Exemplare rekonstruiert und definiert wurden. Unvollständige Exemplare waren von Aufschlüssen unterschiedlichen Alters bekannt und fälschlich der Gruppe der Phyllocarida zugeschrieben worden.

Diese Ergebnisse sind jedenfalls vorläufig, zum einen weil die Bearbeitung der Fauna noch nicht abgeschlossen ist – zum Beispiel fehlt eine eingehende Bearbeitung der meisten Fische – zum anderen weil die laufenden Ausgrabungen uns zu der Vorhersage veranlassen, dass die Zahl der in der Fossillagerstätte gefundenen Taxa noch ansteigen wird.

Die Fossilgemeinschaft

Die Fossilgemeinschaft von Osteno setzt sich zusammen aus 4 % terrestrischer Pflanzen und 96 % Tieren. Die Fauna besteht aus 15 % Fischen, 73 % Crustaceen, 6 % Cephalopoden, 2 % Würmern (Nematoden und Polychaeten) und 4 % Ophiuriden, einmal abgesehen von Gruppen, die nur durch wenige Exemplare oder nur ein einziges vertreten sind wie die Enteropneusten, die Lamellibranchiaten und die Brachiopoden. Die folgende Aufstellung enthält alle bisher bekannten Taxa (die Zahl in Klammer nennt die Anzahl der Individuen pro Taxon).

Phylum Chordata
Klasse Chondrichthyes
    Unterklasse Elasmobrachii
        Ostenoselache stenosoma Duffin, im Druck (46)
        Palaeospinax pinnai Duffin 1987 (2)
    Unterklasse Holocephali
        Squaloraja polyspondila (1)
        Myriacanthus sp. (1)
Klasse Osteichthyes
    Unterklasse Actinopterygii
        Cosmolepis sp. (2)
        cf. *Pteroniscus* sp. (2)
        cf. *Pteripeltopleurus* sp. (1)
        Dapedium sp. (1)
        Furo sp. (3)
        Pholidophorus cf. *bechei* (15)
        Pholidolepis sp. (27)
    Unterklasse Sarcopterygii
        cf. *Holophagus* sp. (17)

Klasse Enteropneusta
    Megaderaion sinemuriense Arduini et al. 1981 (1)

Phylum Crustacea
Klasse Malacostraca
    Ordnung Decapoda
        Unterordnung Penaeidea
            Superfamilie Penaeoidea
            Familie Peneidae
                Aeger foersteri Garassino et Teruzzi 1990 (8)
                Aeger munsteri Garassino et Teruzzi 1990 (3)
                Aeger robustus Garassino et Teruzzi 1990 (10)
                Aeger rostrospinatus Garassino et Teruzzi 1990 (7)
                Aeger macropus Garassino et Teruzzi 1990 (1)
                Aeger elongatus Garassino et Teruzzi 1990 (2)
            Superfamilie Eryonidea
            Familie Coleiidae
                Coleia pinnai Teruzzi 1990 (4)
                Coleia popeyei Teruzzi 1990 (8)
                Coleia mediterranea Pinna 1968 (6)
                Coleia viallii Pinna 1968 (54)
                Coleia cf. *antiqua* Broderip 1835 (1)
        Unterordnung Astacidea
            Familie Erymidae
                Eryma meyeri Garassino 1996 (41)
                Phlyctisoma sinemuriana Garassino 1996 (10)

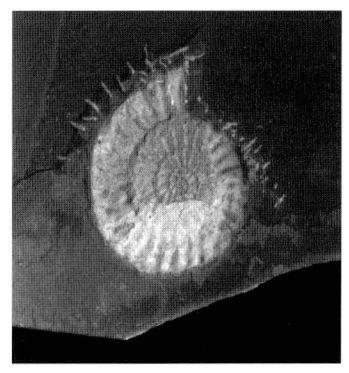

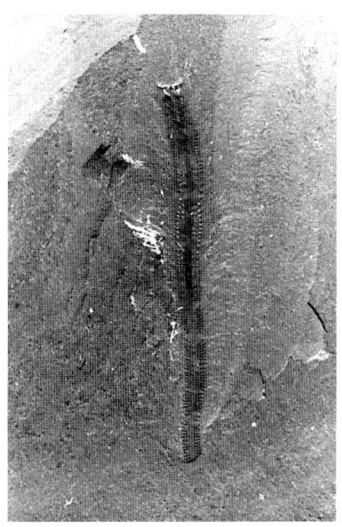

Abb. 5
Coroniceras bisulcatum.
Ammoniten der Art erlauben, die Schichten von Osteno dem unteren Sinemurium zuzuordnen.

Abb. 6
Ein Exemplar des Polychaeten **Melanoraphia maculata**, *bei dem neben Mandibeln und Borsten viele Einzelheiten des Weichkörpers erhalten sind.*

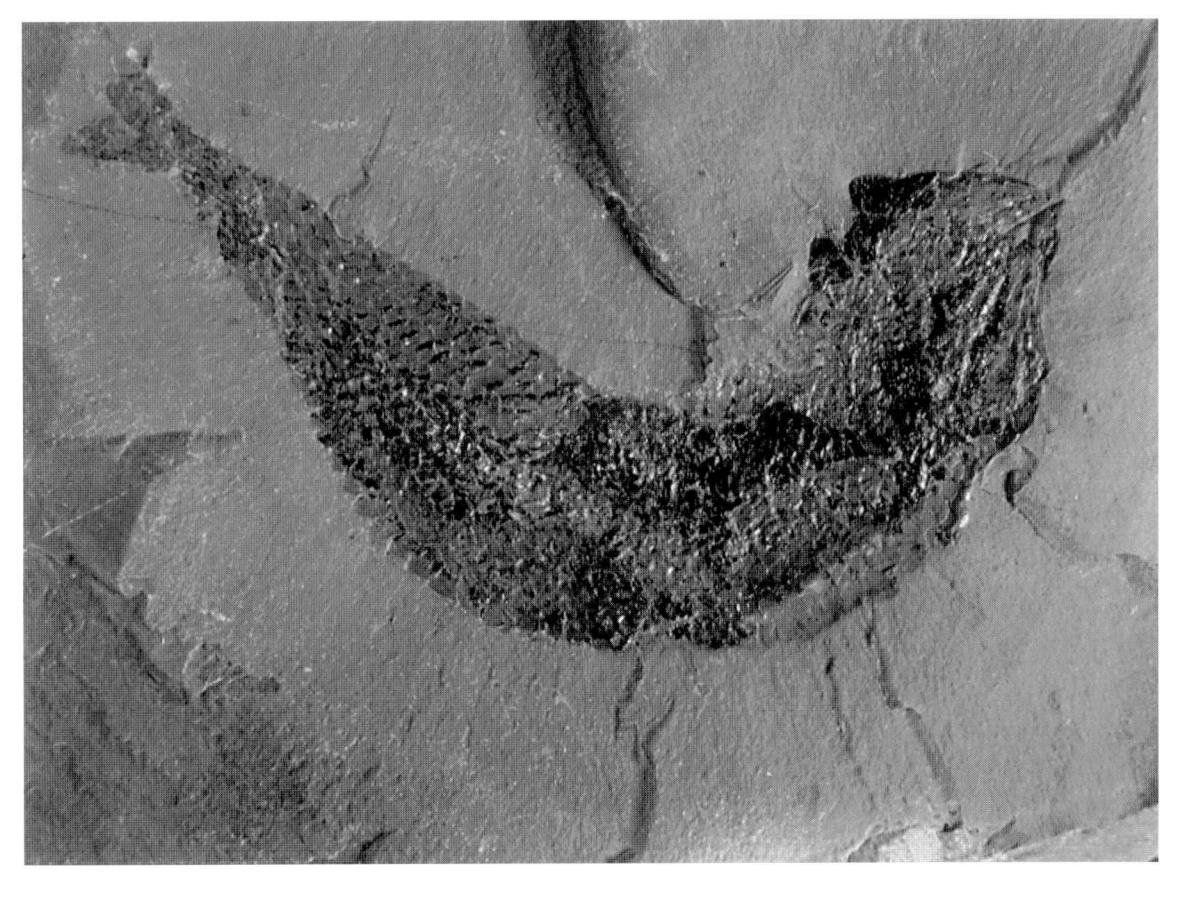

Abb. 7
Dieses vollständige Exemplar eines Fisches zeigt, wie perfekt die Fossilien von Osteno erhalten sind.

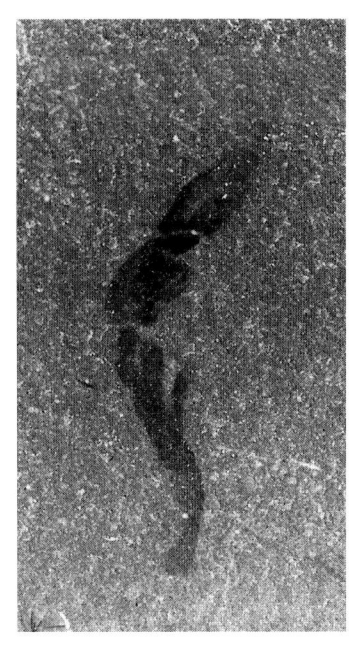

Abb. 8
***Megaderaion sinemuriense**, der einzige, und damit auch der älteste, bisher gefundene Enteropneust.*

Abb. 9
*Die Umweltverhältnisse bei Osteno waren derart, dass feinste Details der Organismen erhalten blieben, hier bei **Coleia vialii** die Augen und zarte Kopf-Anhänge.*

Unterordnung Palinura
  Superfamilie Glypheoidea
    Familie Glypheidae
      Glyphea tricarinata Garassino 1996 (137)
    Familie Mecochiridae
      Mecochirus germari Garassino 1996 (81)
      Pseudoglyphea ancylochelys (Woodward 1863) (7)
  Ordnung Stomatopoda (2)
    sp. ind.
Klasse Thylacocephala
  Ostenocaris cypriformis (Arduini, Pinna et Teruzzi 1980)

Phylum Mollusca
Klasse Cephalopoda
  Unterklasse Coeloidea (19)
    sp. indet.
  Unterklasse Ammonoidea (28)
    Coroniceras sp. (2)
    Sulciferites sp. (2)
    Ectocentrites sp. (3)
    Ammonites spp. (21)

Stamm
Klasse Nematoda
  Eophasma jurasicum Arduini, Pinna et Teruzzi 1983 (6)

Phylum Anellida
Klasse Polychaeta
  Ordnung Eunicida
    Melanoraphia maculata Arduini, Pinna et Teruzzi (11)

Phylum Echinodermata
Klasse Ophiuroidea
  Ophiuroidea sp. indet. A (30)
  Ophiuroidea sp. indet. B (30)

Plantae
Equisetites bunburyanus De Zigno 1856 (2)
Equisetites sp. (2)
Pachypteris cf. *rhomboidalis* Nathorst 1880 (6)
Pachypteris (?) sp. (2)
Otozamites bunburyanus De Zigno 1852 (1)
Otozamites cf. *bunburyanus* De Zigno 1852 (1)
Otozamites sp. (1)
Williamsonia (?) sp. (5)
Brachyphyllum sp. (8)
Pagiophyllum sp. (7)

Wenn wir von dem schon erwähnten Hai *Ostenoselache* absehen, sind unter den Fischen *Palaeospinax pinnai* und das einzige Exemplar von *Squaloraja polyspondila* bemerkenswert, ein Chimäroide, der den bei Lyme Regis in Dorset gefundenen vollständig gleicht. Die wunderbare Erhaltung der Fossilien von Osteno wird an diesem Exemplar deutlich (Tafel 46). Der Umriss des Körpers und die Sinneslinien an Kopf und Körper machen es, zusammen mit anderen Details, zu dem nach Meinung von Duffin et Patterson (1993) zu dem einzigen fossilen Chimeroiden, dessen gesamte Struktur rekonstruierbar ist.

Dank des Erhaltungspotentials der Fossillagerstätte Osteno (Abb. 7, 9) konnten wir ein Fossil finden, das für viele Jahre der einzige fossile Enteropneust (Twitchett 1996) geblieben ist: den kleinen, nur 20 mm langen *Megaderaion sinemuriense* (Abb. 8), an dem man leicht die Proboscis, den Collar, die branchio-genitale Region mit den äusseren Gonaden und den Schwanz unterscheiden kann. Unter den Crustaceen erlaubte die vollständige Erhaltung eine vollkommene Rekonstruktion der Arten *Aeger foersteri* (Tafel 44), *A. robustus* (Abb. 13), *Coleia pinnai*, *C. mediterranea* (Abb. 10), *Eryma meyeri*, *Phlyctisoma sinemuriana*, *Glyphaea tricarinata* (Tafel 45), *Pseudoglyphaea ancylochelis* und *Mecochyrus germari*.

Wie schon erwähnt, konnten wir dank der Ablagerungen von Osteno die neue Klasse Thylacocephala identifizieren, weil einige dieser Organismen fast vollständig gefunden wurden (Abb. 12) und diese uns zu erkennen erlaubten, dass isolierte Panzer, die oft in Aufschlüssen kambrischen bis ober-kretazischen Alters in verschiedenen Teilen der Welt gefunden werden, nicht unvollständige Bruchstücke von Phyllocariden sein konnten. Thylacocephala sind in verschiedenen Fossillagerstätten gefunden worden, im Karbon von Mazon Creek, in der Ober-Kreide des Libanon, im Callovium von La Voulte-sur-Rhone, im oberen Jura von Solnhofen und in der Gogo-Formation in Australien, um nur einige zu nennen. Nicht jeder Autor stimmt unserer Interpretation der anatomischen Struktur und der funktionellen Adaptation dieser Organismen zu (Abb. 11). Es läuft eine interessante Debatte über die Frage der Natur desjenigen Organs im vorderen Teil des Körpers, das man meiner Meinung nach schwerlich als ein grosses Auge deuten kann; es sieht mehr wie ein Analog des Pedunculums der Cirripedier aus (Arduini et Pinna 1989).

Taphonomie und Rekonstruktion der Ablagerungsbedingungen

Verblüffend sind vor allem das vollständige Fehlen von Endobionten und von sessilen Organismen, die grosse Häufigkeit von Epibionten oder von Organismen, die an das Leben am Meeresboden gebunden sind, und die geringe Zahl nektonischer Formen. In diesem Zusammenhang erinnern wir an die stete Anwesenheit von Euniciden und kleinen Ophiuriden und die grosse Häufigkeit von Thylacocephala, die nach der Deutung der Paläontologen des Museo di Storia Naturale (Pinna et al. 1982) epibiontische Aasfresser sind. Ausserdem ist bemerkenswert, dass unter den dekapoden Krebsen die Reptantia mit 92 % eindeutig gegenüber den Natantia mit 8 % vorherrschen. Diese Prozentsätze reduzieren sich auf 62 % Reptantia gegenüber 38 % Natantia, wenn die Anzahl der Arten betrachtet wird. Duffin et Patterson (1993) haben das Vorkommen mehrerer Lebensformen von Fischen berichtet, die an den Meeresboden gebunden sind. Ein anderer bemerkenswerter Umstand ist der, dass die meisten der tatsächlich nektonischen Formen oder der wenigstens nicht unmittelbar an den Boden gebundenen, unter den Fragmenten aus Speiballen oder im Mageninhalt von Thylacocephala gefunden wurden. Dies ist zum Beispiel der Fall bei den zahlreichen Coleoiden und bei dem Hai *Ostenoselache*, das heisst bei dem häufigsten Fisch, der allein 40 % der Fisch-Fauna ausmacht. Die Anwesenheit gewisser freischwimmenden Formen im Magen von Thylacocephala – langsamen Bodenbewohnern – zeigt, dass die meisten der nektonischen Formen den Ablagerungsort als Leichen erreichten.

Es gibt einen Widerspruch zwischen der grossen Häufigkeit der Epibionten und dem völligen Fehlen von Endobionten in dem ungestört fein laminierten Gestein, weil die Epibionten einen mit Sauerstoff versorgten oder wenigstens dysaëroben Meeresboden anzeigen, das vollständige Fehlen der Endobionten im Gegensatz dazu anoxische Verhältnisse. Ein anderer Widerspruch betrifft das Fehlen von Spuren und Fährten bei anderseits Anzeichen für eine Ablagerung des Sediments in einer im wesentlichen ruhigen Umgebung, die nur gelegentlich von leichten Strömungen erfasst wurde, die durch die Gleichrichtung von Schwamm-Spiculae im Sediment dokumentiert sind. Tatsächlich hätten bei Abwesenheit starker, die Ablagerung unterbrechender Strömungen und von Bioturbation die zahlreichen epibiontischen Organismen wie die Thylacocephala oder die Euniciden häufig Spuren ihrer Tätigkeit hinterlassen müssen.

Das völlige Fehlen solcher Spuren, die feine, ungestörte Lamination des Gesteins, das Fehlen der Endobenthonten und der sessilen Organismen und der hohe Gehalt an organischer Substanz führen uns zu der Ansicht, dass die Osteno-Formation in einem grundsätzlich anoxischen Milieu abgelagert worden ist. Aber man fragt sich, wie bei solchen Bedingungen am Boden der hohe Prozentsatz von Epibionten zu erklären ist.

Ein anderes für das Verständnis der Bildungsbedingungen des fossilreichen Sediments wichtiges Element sind dessen spongiolithische Natur (Abb. 2) und die schon erwähnte Gleichrichtung der Schwamm-Spiculae. Einerseits beweist dies die Anwesenheit von Schwamm-Rasen, anderseits die Ablagerung des Sediments unter vorherrschendem Einfluss einer sanften Strömung. Alle diese einzelnen Argumente veranlassen uns auszuschliessen, dass die Fauna von Osteno autochthon sein könnte.

Andere Merkmale, die Osteno von ähnlichen Vorkommen unterscheiden, sind
– das vollständige Fehlen mariner Reptilien und
– das vollständige Fehlen terrestrischer Vertebraten und Invertebraten, wie zum Beispiel der Insekten.

Das Fehlen mariner Reptilien ist erstaunlich, weil der Aufschluss eine grosse Anzahl Koprolithen enthält, die solchen Tieren zugeschrieben werden können, und weil Reptilien in Lyme Regis sehr häufig vorkommen. Die dortigen Ablagerungen zeigen viele faunistische Übereinstimmungen mit der Fossillagerstätte Osteno, so das Vorkommen derselben Gruppe Crustaceen, von denen einige, wie die Gattung *Coleia* sehr charakteristisch sind, und einiger Fische, zum Beispiel der Gattungen *Dapedium* und *Squaloraja*.

All dies lässt uns an ein Milieu denken, das, was die Anlieferung von organischen Resten angeht, nicht vom Land beeinflusst war, an ein lebensfeindliches sedimentäres Regime und deshalb an eine allgemeine Allochthonie der Fossilien.

Eine Beobachtung steht jedoch im Widerspruch zu der Vorstellung eines postmortalen Transports der organischen Reste: die Tatsache, dass die Fauna Beziehungen zwischen Organismen konserviert, die bei einem postmortalen Transport der einzelnen Organismen-Reste nicht erhalten wären. Zum Beispiel zeigen die Speiballen Reste derselben Organismen, die als ganze Individuen fossilisiert gefunden werden, während der Mageninhalt von Aasfressern wie die Thylacocephala nur Spuren der Organismen aufweist, die in derselben Gegend vorhanden waren, so etwa Wirbel von *Ostenoselache*, Reste von Crustaceen und anderer Thylacocephala sowie Häkchen von Coleoiden, die in Osteno als ganze Individuen häufig sind (Tafel 47).

Anderseits meinen Wilby et al. (1995), dass das Fehlen von Bündeln von Calcit-Kristallen (calcite crystal bundles), der hohe Gehalt an organischem Kohlenstoff und die hohe Konzentration von authigenem Pyrit anzeigen, dass die Phosphatisierung unter stark reduzierenden Bedingungen ablief.

Dieselben Autoren (S. 163) beobachteten, dass die phosphatisierten Weichgewebe von Osteno selten mehr Detail erhalten als einfache Zellverbände wie einzelne Muskelfasern. Die typische Erhaltung ist ein Überzug von mineralisierten Mikroben. Die ist vereinbar damit, dass der Phosphor aus den sich zersetzenden Geweben der Leichen selbst stammt. In Osteno wurden keine phosphatisierten Weichgewebe in Fischen oder Polychaeten beobachtet, sie sind aber besonders häufig bei Crustaceen, und sie kommen in einem kleineren Prozentsatz der Teuthiden vor. Die

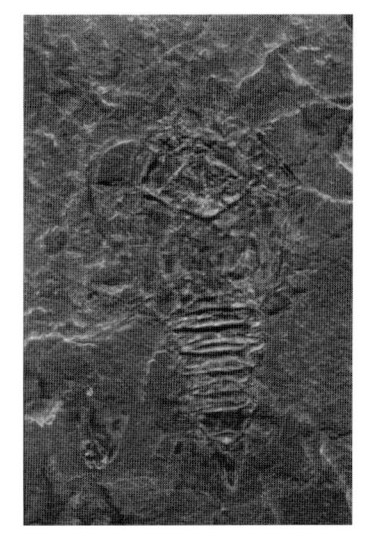

Abb. 10
Ein vollständiges Exemplar des erioniden Krebses **Coleia mediterranea**, *beschrieben von Pinna (1968).*

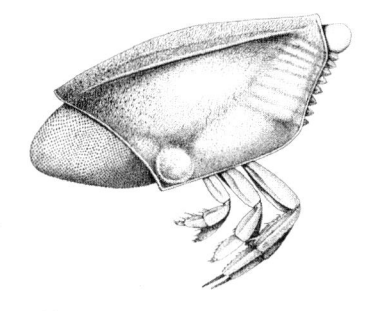

Abb. 11
Rekonstruktion von **Ostenocaris cypriformis**, *einem Tier, mit dessen Beschreibung die neue Klasse der Thylacocephala begründet wurde.*

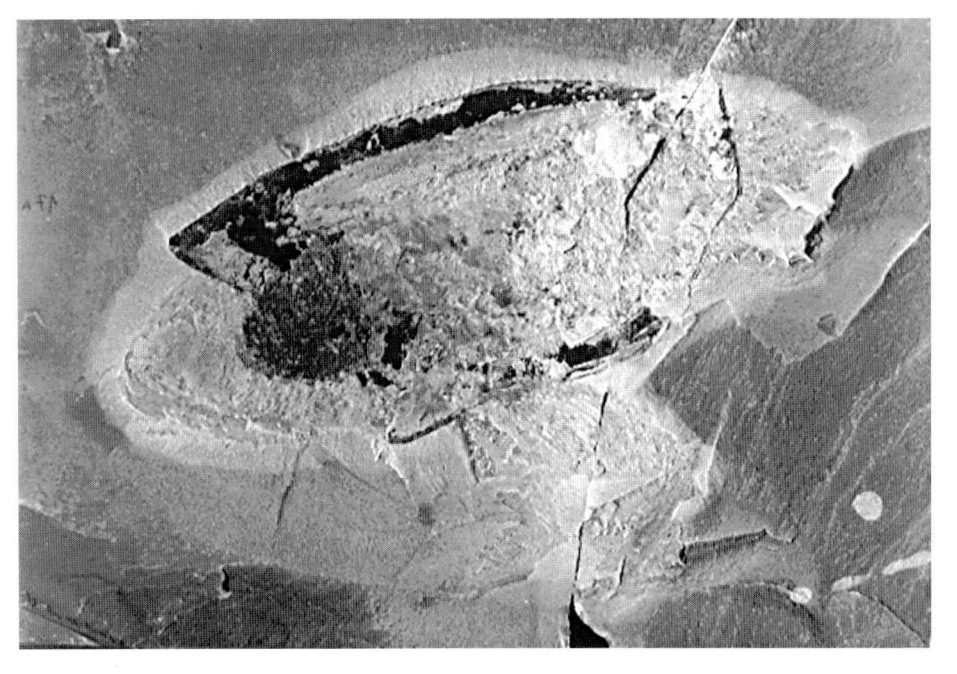

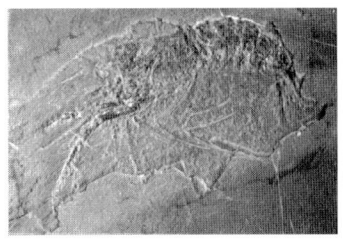

Abb. 12
*Dieses Exemplar von **Ostenocaris cypriformis** diente Pinna et al. (1982) zur Beschreibung der neuen Klasse der Thylacocephala. Es liegt auch der Rekonstruktion von Abbildung 11 zugrunde.*

Abb. 13
*Ein vollständiges Exemplar des dekapoden Krebses **Aeger robustus**.*

Verteilung phosphatisierter Weichgewebe in der Fauna von Osteno entspricht der in Versuchen, die angestellt wurden, um die Phosphatisierung von Weichgewebe im Labor herbeizuführen (Briggs et Kear 1993, Kear et al. 1995). In diesen Versuchen haben nur Crustaceen (und in begrenztem Umfang Tintenfische) ein geeignetes Mikromilieu für die Phosphatisierung in Abwesenheit einer externen Quelle von gelöstem Phosphor geboten. Anscheinend sind die Leichen die wichtigste Quelle für Phosphor in Osteno. Hier sind phosphatisierte Weichgewebe häufig bei Crustaceen, entsprechend den verhältnismässig hohen Phosphor-Gehalten in der Aussenhaut.

Meiner Meinung nach sollten wir annehmen, dass alle Organismen, die in das Becken von Osteno eingetragen wurden, mit Ausnahme der Landpflanzen, aus derselben Quelle und dementsprechend demselben Milieu kommen. Dies würde ausserdem das Fehlen mariner Reptilien erklären.

Ich denke, dass auf der Basis der gegenwärtigen Kenntnis keine Rekonstruktion des Ablagerungsmilieus der Osteno-Formation möglich isf. Est zu früh für die Entwicklung eines Modells, weil die Bearbeitung der Fauna noch nicht abgeschlossen ist. Die Grabungen haben bisher nur einen kleinen Teil der Formation erfasst, und es fehlen eine sedimentologische Studie und eine geologische Kartierung, die durch die flache Lagerung der Formation, die es nicht erlaubt, ihre räumliche Ausdehnung zu verfolgen, fast unmöglich gemacht wird.

Sammlungen

Alle publizierten Fossilien von Osteno werden in den Sammlungen des Museo Civico di Storia Naturale di Milano aufbewahrt.

GRÈS A VOLTZIA

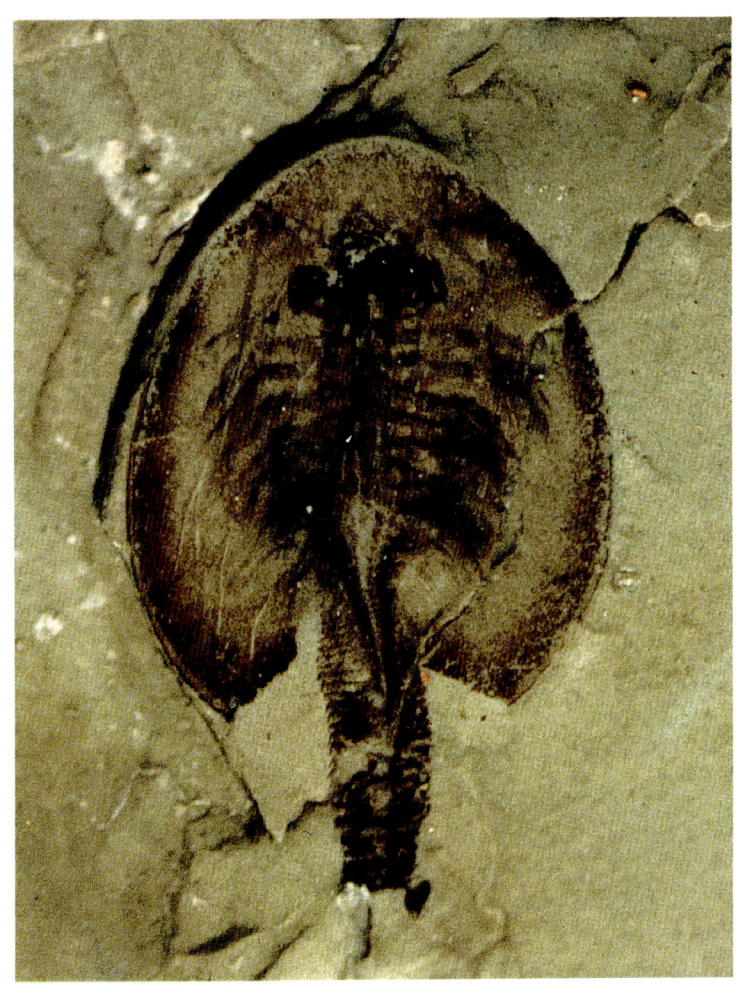

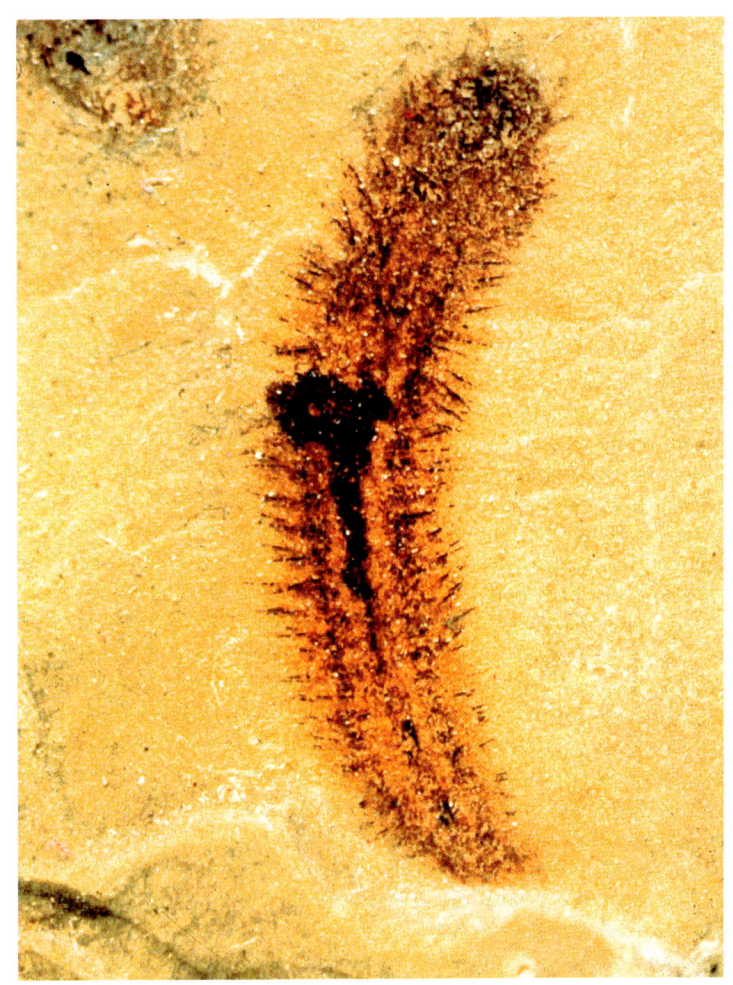

Tafeln 22 bis 25 Einige wirbellose Tiere aus dem Voltzien-Sandstein, Untere Trias der Vogesen.

Tafel 22 Der Branchiopode **Triops cancriformis**.

Tafel 23 Der Annelide **Homaphrodite speciosa**.

Tafel 24 Der Dekapode **Antrimpos atavus**.

Tafel 25 **Euthycarcinus kessleri**.

Tafel 26 Rekonstruktion des Delta-Milieus zur Zeit der Ablagerung des Voltzien-Sandsteins. Die Sandsteinbänke gingen aus den in einem dichten Netz von Wasserläufen transportierten Sanden hervor. Die Ufer der Rinnen wurden von stegocephalen Amphibien (1) besucht. Sie waren von einer reichhaltigen Vegetation aus Koniferen (**Voltzia** (2), **Yuccites** (3), **Aethophyllum** (4)), Farnen (**Anomopteris** (5), **Neuropteridium** (6)) und Schachtelhalm-Gewächsen (**Equisetites** (7), **Schizoneura** (8)) bewachsen. In diesem Milieu gedieh eine Vielzahl von Arthropoden: Skorpione (9), Spinnen (10), Tausendfüssler (11) und Insekten (Orthopteren (12), Libellen (13), Dipteren (14), Schaben (15) und Eintagsfliegen (16)). Zwischen den Wasserläufen erstreckte sich ein Mosaik von Brackwasser-Tümpeln, die von einer reichen aquatischen Fauna bevölkert wurden (nach Gall 1981, verändert. Zeichnung: A. Del Nevo).

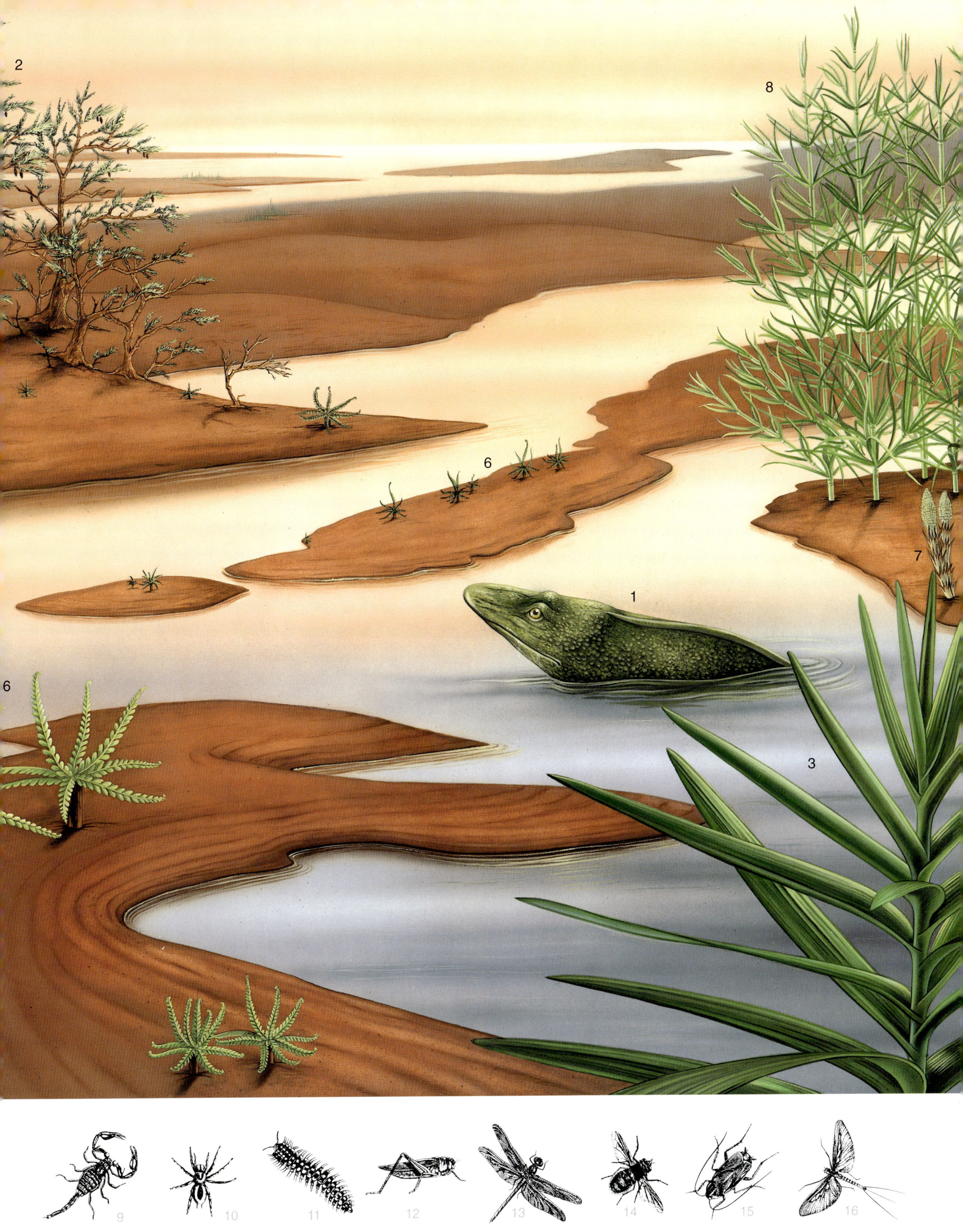
2
8
6
7
1
6
3
9
10
11
12
13
14
15
16

27

28

29

30

SAN CASSIANO

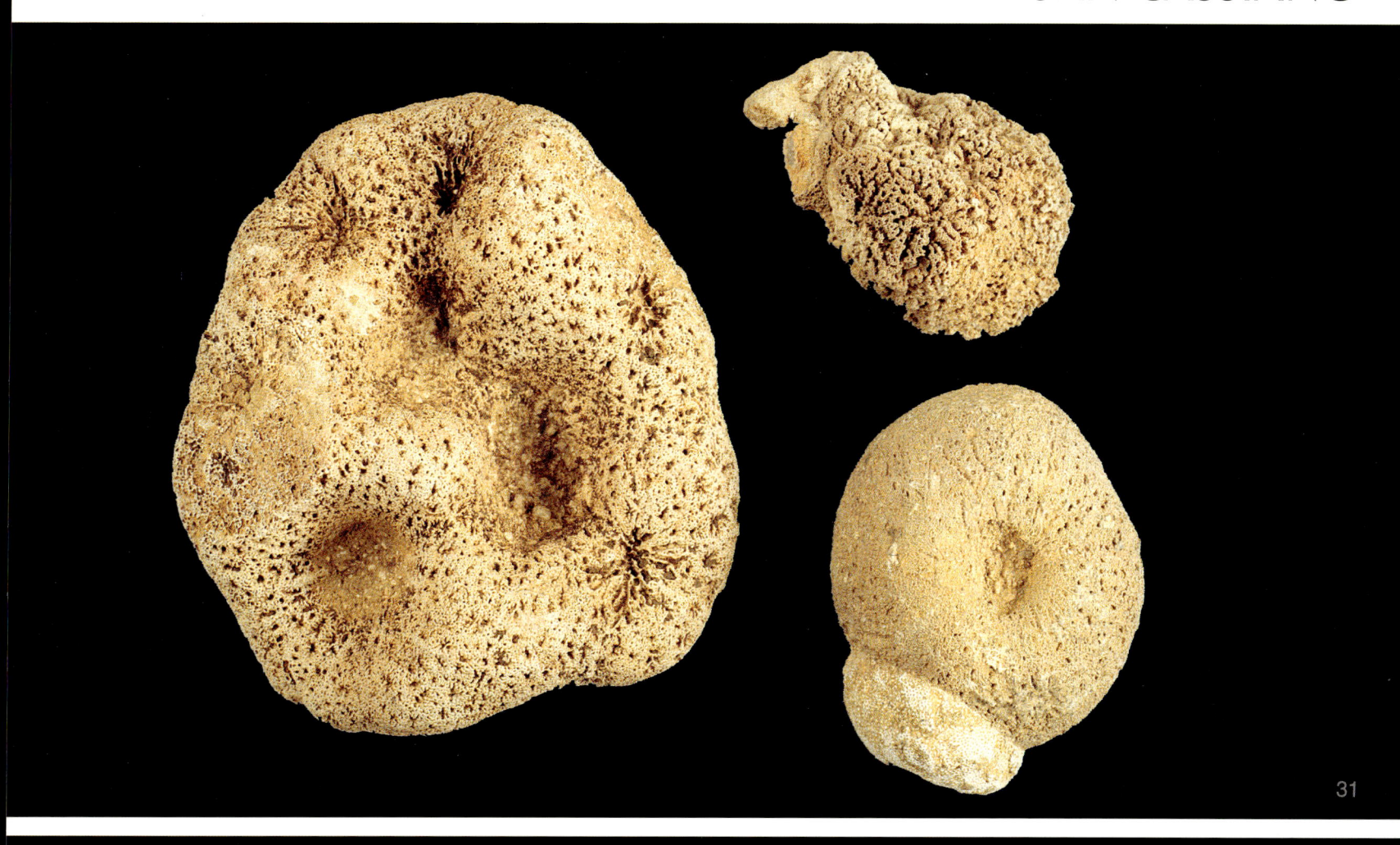

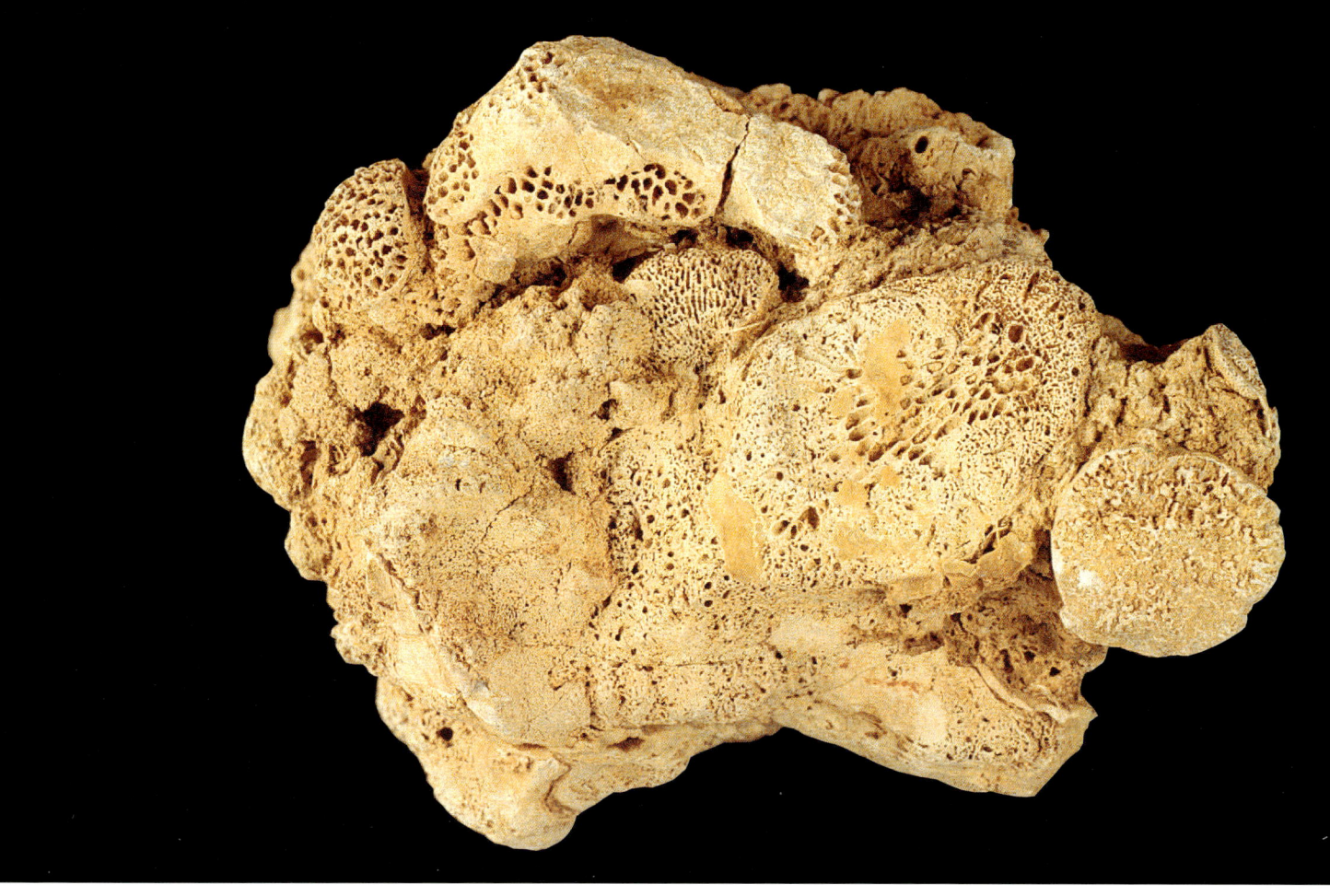

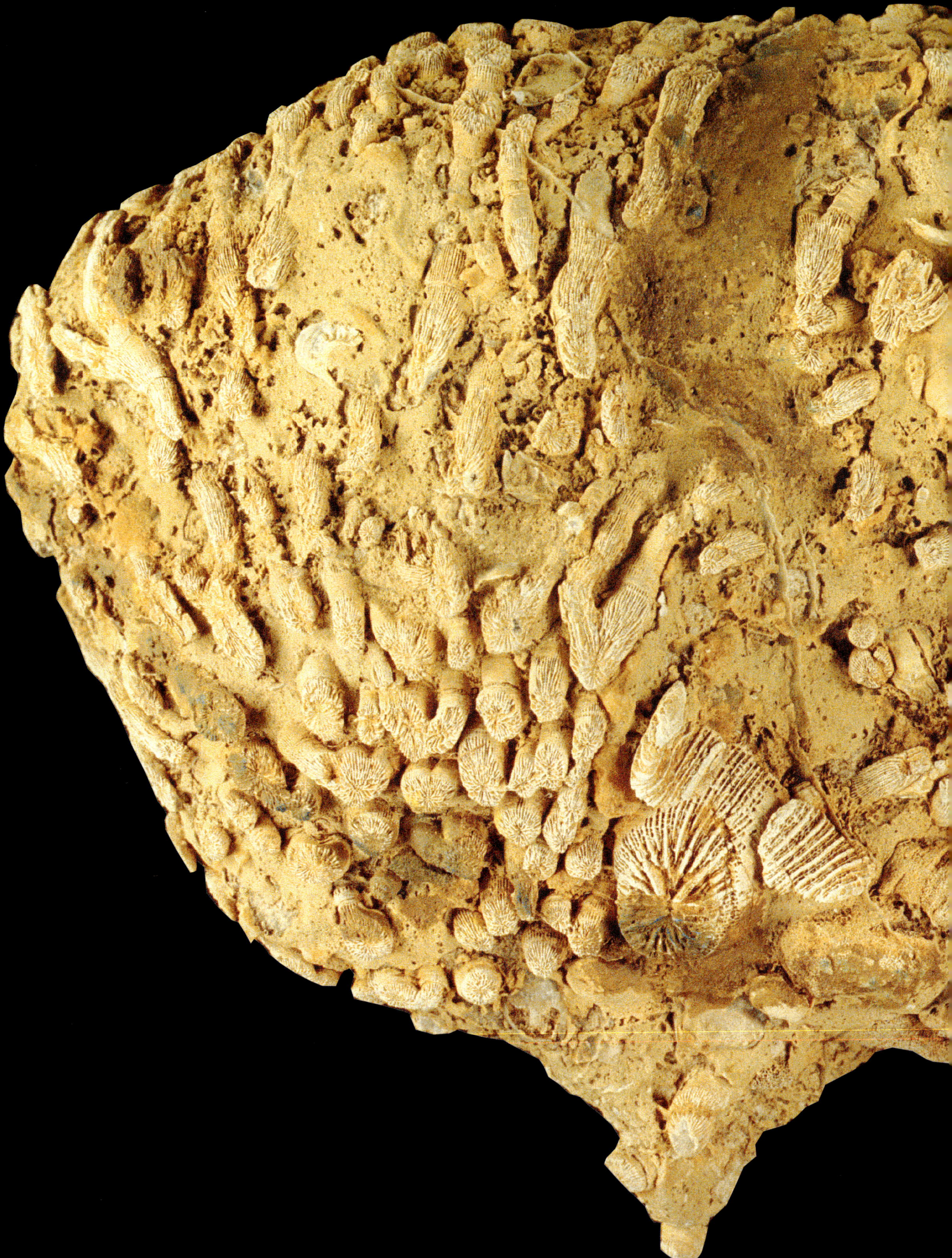

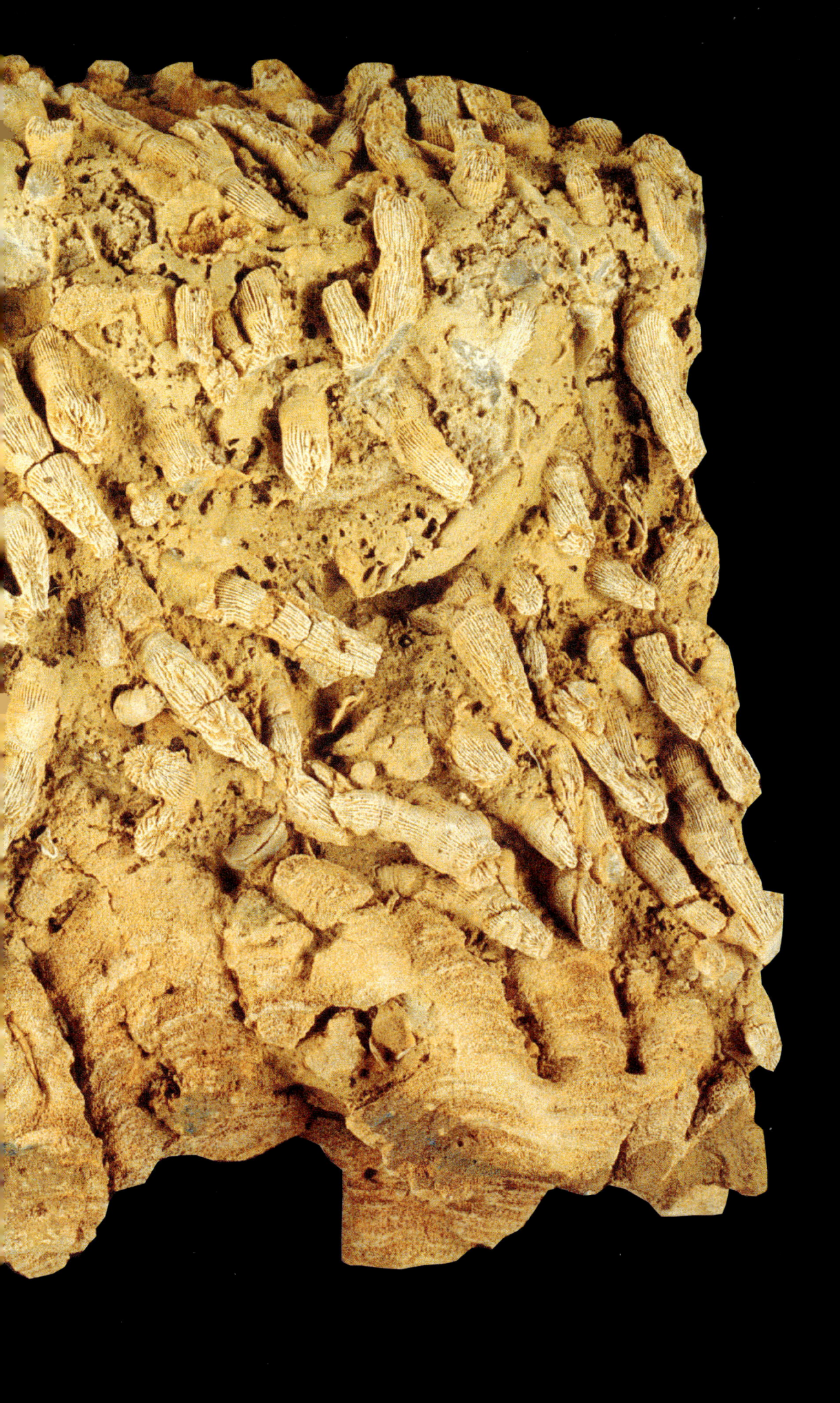

*Tafeln 27 bis 30
Einige Pflanzen aus dem
Voltzien-Sandstein, Untere
Trias der Vogesen.*

*Tafel 27
Der Farn* **Neuropteridium** *cf.*
intermedium.

*Tafel 28
Das Schachtelhalm-Gewächs*
Equisetites *sp.*

Tafel 29
Voltzia heterophylla, *die
Konifere, die dem Voltzien-
Sandstein ihren Namen
gegeben hat.*

*Tafel 30
Männlicher Zapfen der
Konifere* **Willsiostrobus
rhomboidalis**. *Länge: 35mm.*

*Tafel 31 Einige fossile
Schwämme aus den
triassischen Fleckenriffen der
Cassianer Schichten der
Seeland-Alpe. Links:*
Stellispongia variabilis
*(Durchmesser: 5 cm), rechts
oben:* **Precorynella capitata**,
rechts unten: **Sclerocoelia
hispida**.

*Tafel 32 Agglomerat von
Schwämmen, Cassianer
Schichten, Seeland-Alpe
(Höhe des Stücks: 7 cm).*

*Tafel 33 Bruchstück von
einem Fleckenriff der
Cassianer Schichten mit
Stromatoporiden (an der
Basis) und der Koralle*
Margarosmilia septanectens
*in Lebenstellung
(Höhe des Stücks: 9 cm).*

MONTE SAN GIORGIO / BESANO

Tafel 34 Blick zur Zeit der Mitteltrias in das Becken, an dessen Grund die Grenzbitumenzone im Gebiet des Mte. San Giorgio und von Besano entstand. Im Wasserkörper über der Sauerstoff-Sprungschicht herrscht reiches Leben, hier einige der charakteristischen Fische und Reptilien. Darunter ist wegen des Sauerstoffmangels kein Leben höherer Organismen möglich; diese Bedingungen begünstigen aber die perfekte Erhaltung der Fossilien. Rechts im Mittelgrund sind Inseln, über die Meeresoberfläche ragende Teile der Karbonat-Plattform, sichtbar (Zeichnung: B. Scheffold).

Tafel 35 Der terrestrische Thecodontier **Ticinosuchus ferox**, rekonstruiert nach den Fossilfunden vom Monte San Giorgio. Möglicherweise ist dieses Reptil der Erzeuger zahlreicher Fährten, die man in vielen Sedimenten der Mittleren Trias findet, so auch in Deutschland. Diese Fährten werden einem Phantom-Reptil mit Namen **Chirotherium** zugeschrieben. Das Tier war 2,50 m lang (Zeichnung: B. Scheffold).

*Tafel 36, 37 Skelett (oben) und Rekonstruktion (unten) des Nothosauriden **Ceresiosaurus calcagnii**, umgeben von mehreren anderen, kleinen Nothosauriden. Dieses Exemplar vom Monte San Giorgio ist 2,30 m lang (Zeichnung: B. Scheffold).*

*Tafel 38, 39 Schädel und charakteristische lange Halswirbelsäule des Reptils **Tanystropheus longobardicus** vom Monte San Giorgio (oben) und Rekonstruktion des Tiers (unten), das eine Länge von 5 bis 6 m erreichen konnte (Zeichnung: B. Scheffold).*

38

39

40

41

*Tafel 40, 41 Skelett (oben) und Rekonstruktion (unten) des Proterosuchiers **Macrocnemus bassanii**, eines der wenigen terrestrischen Reptile der Grenzbitumenzone. Das Tier erreichte etwa 1 m Länge (Zeichnung: B. Scheffold).*

*Tafel 42, 43 Gaumendach (oben) des Placodontiers **Cyamodus hildegardis** mit den typischen Pflasterzähnen und Rekonstruktion des Tiers (unten). Die erwachsenen Exemplare dieses seltenen, marinen Reptils aus der Grenzbitumenzone erreichten etwa 1,30 m Länge (Zeichnung: B. Scheffold).*

OSTENO

Tafel 44 Der dekapode Krebs **Aeger foersteri** aus dem Sinemurium von Osteno.

Tafel 45 Der dekapode, palinuride Krebs **Glyphaea tricarinata** aus dem Sinemurium von Osteno.

*Tafel 46 Das einzige Exemplar des chimäroiden Fischs **Squaloraja polyspondyla**, das in den Ablagerungen von Osteno gefunden wurde. Man beachte die Erhaltung zahlreicher Teile des Weichkörpers.*

*Tafel 47 Rekonstruktion des Milieus der Ablagerung der spongiolithischen Mikrite im Sinemurium von Osteno mit den charakteristischen Tieren. Der Meeresboden war von Kieselschwämmen besiedelt, von erioniden Krebsen, kleinen Schlangensternen, Polychaeten und zahlreichen Thylacocephalen. Der grosse Thylacocephale im Vordergrund ist halb in den Schlamm eingegraben, während zur Rechten ein Krebs der Gattung **Aeger** sich auf einen Schwamm legt. Die Umgebung war von zahlreichen Fischen, unter ihnen links **Squaloraja**, von coleoiden Cephalopoden ähnlich den heutigen Calamari und von Ammoniten mit ihrer charakteristischen aufgerollten Schale bevölkert (Zeichnung: A. Del Nevo).*

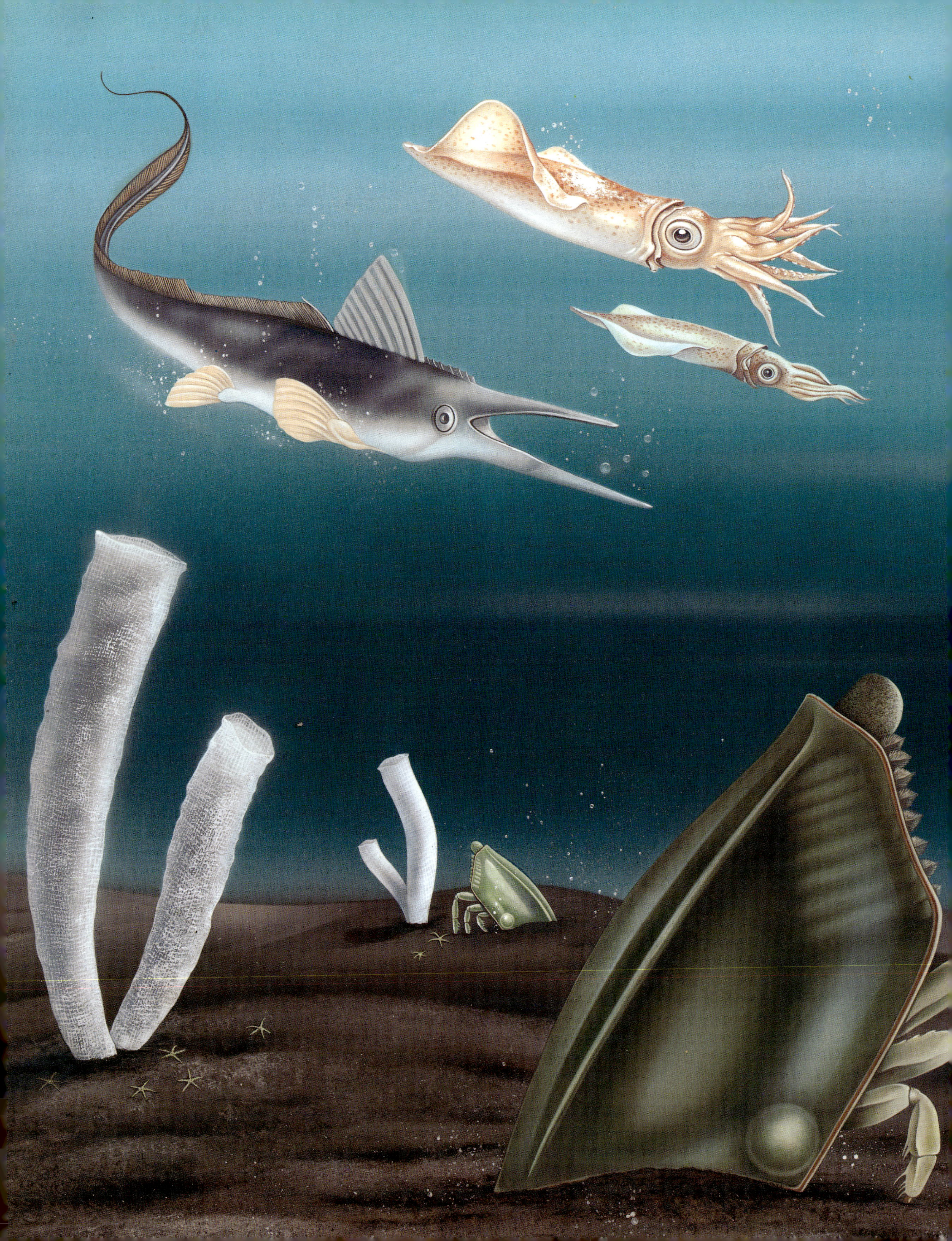

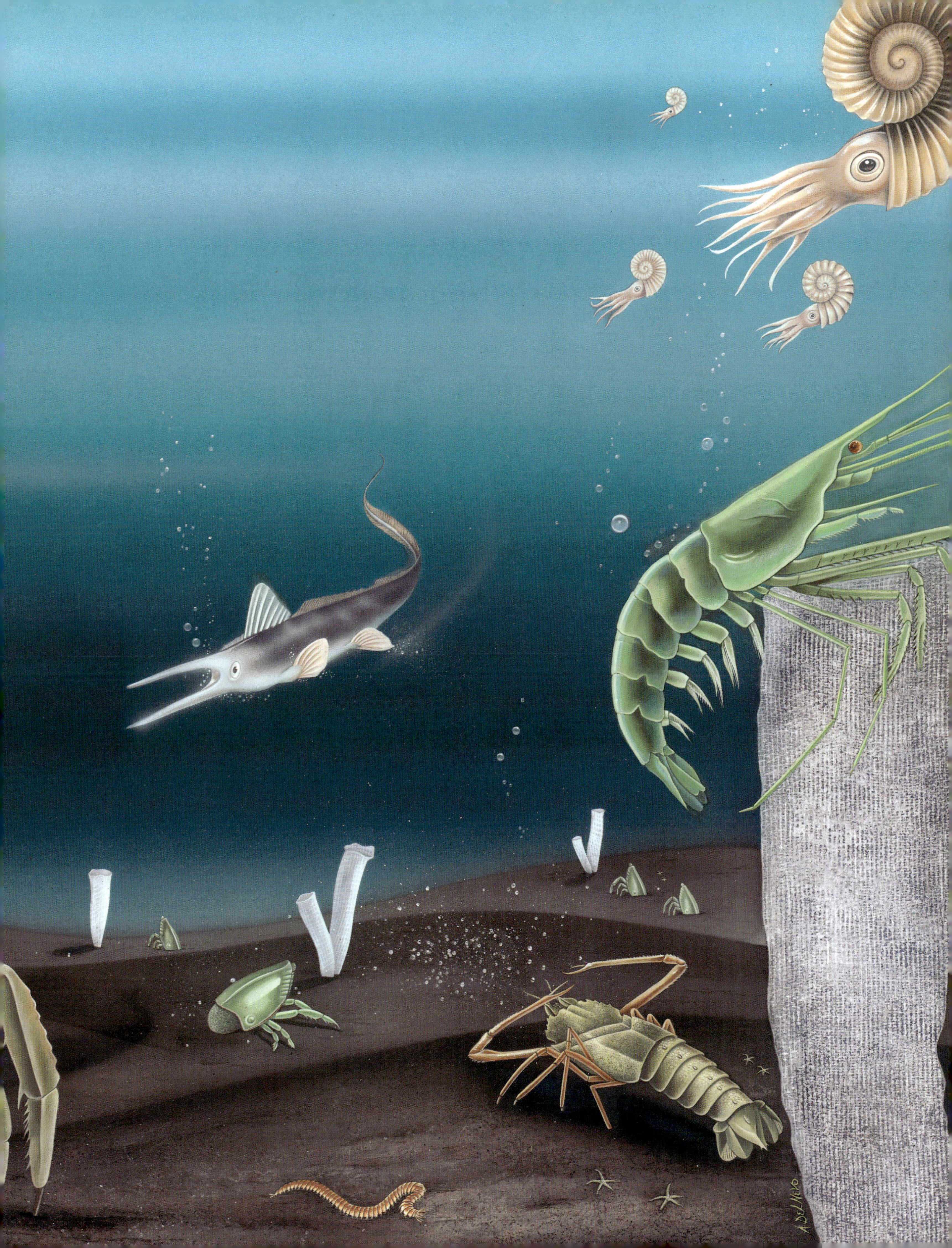

HOLZMADEN

*Tafel 48
Belemniten auf den
Schichtflächen des
Posidonienschiefers im Lias
sind gelegentlich durch
Strömung eingeregelt.*

*Tafel 49
Posidonienschiefer des Lias
mit dem Meereskrokodil
Steneosaurus bollensis mit
Magensteinen (1,5 m Länge).*

49

Tafel 50
*Posidonienschiefer des Lias. Der Mageninhalt eines Ichthyosauriers (**Stenopterygius crassicostatus**) besteht aus unzähligen Armhäkchen (Onychiten, bis 4 cm Länge) von coleoiden Tintenfischen, die als Nahrung gedient haben.*

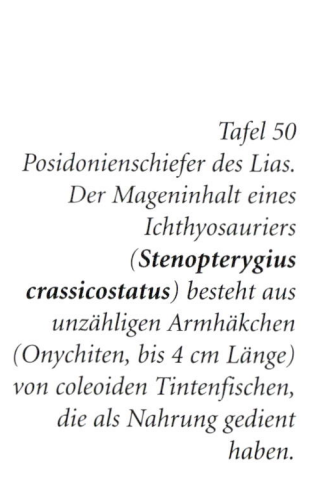

Tafel 51
*Posidonienschiefer des Lias. Ichthyosaurier (**Stenopterygius hauffianus**) mit Hautresten, die den körperlichen Umriss des Tieres erkennen lassen (Länge 1,8 m, Foto:G.Pinna).*

Tafel 52
Posidonienschiefer des Lias. Perfekt erhaltener Ichthyosaurier-Embryo. Wie bei vielen Embryonen ist die Körperproportion stark zugunsten des Kopfes verschoben. (Foto: G. Pinna)

Tafel 53
*Posidonienschiefer des Lias. Ichthyosaurier (**Stenopterygius crassicostatus**) mit Mageninhalt (Detail siehe Tafel 50). Auf der linken Seite ist ein Krebs-Grabgangsystem (**Thalassinoides**) zu sehen (Grösse 3 m).*

51

52

53

Tafel 54
Posidonienschiefer des Lias.
Knochenfisch mit starrem
Schuppenkleid
(Ganoidschuppenfisch)
Lepidotus elevensis
(Grösse 60 cm).

Tafel 55
Posidonienschiefer des Lias.
Ammonit **Lytoceras**
siemensi, *zu Lebzeiten*
beidseitig mit Muscheln
(Austern und byssus-tragende
Gervillella) *bewachsen*
(Grösse 40 cm).

*Tafel 56
Posidonienschiefer des Lias.
Kurzstielige Seelilie
Pentacrinus, perfekt
erhaltenes Exemplar
(Grösse 30 cm).*

SOLNHOFEN

Tafel 57 Die in den Solnhofener Plattenkalken gefundenen Krebse sind mit allen Einzelheiten des Exoskeletts erhalten, hier eine grosse Garnele der Art **Aeger tipularius** *(Schlotheim 1822).*

Tafel 58 Solnhofener Plattenkalke. Ein Eryonide der Art **Eryon arctiformis** *(Schlotheim 1822). Foto G. Pinna.*

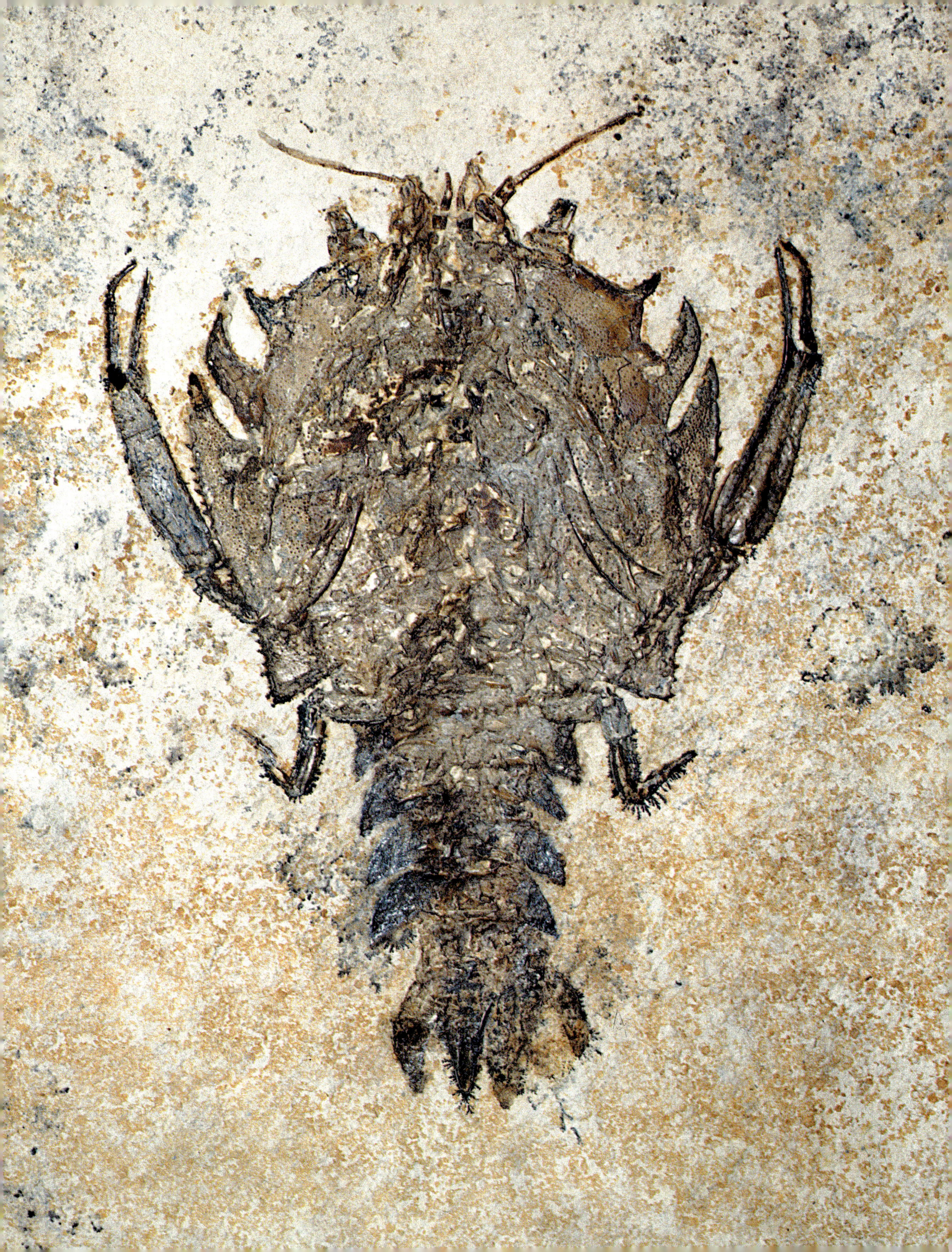

Tafel 59 Rekonstruktion der Lebensräume. Die Solnhofener Plattenkalke wurden in Wannen mit einer lebensfeindlichen Bodenzone abgelagert. Die meisten fossilen Organismen wurden durch Stürme aus anderen Lebensräumen eingeschwemmt. - 1. Land mit **Archaeopteryx**. - 2. Die gut durchlüftete und weniger salzhaltige Oberflächenschicht mit Fischen und anderen nektonischen und planktonischen Organismen. - 3. Weichböden in flachem, gut durchlüfteten Wasser bilden den Lebensraum vieler in den Solnhofener Plattenkalken gefundenen Formen, wie hier der Krebs

Mecochirus longimanatus (Schlotheim 1820), der Pfeilschwanz *Mesolimulus walchi* (Desmarest 1822) und ein Ammonit. - 4. Hartgrund in geringer Tiefe mit Tangen. - 5. Hartgrund, wahrscheinlich etwas tiefer, aber noch innerhalb der Oberschicht, mit einzelnen Schwämmen, Gorgonien, Brachiopoden, regulären Seeigeln und anderen Organismen. - 6. Kleine fleckenhafte Korallenriffe. - 7. Lebensfeindliche Bodenzone mit übersalzenem, stagnierenden, grösstenteils sauerstofffreien Bodenwasser. - Grafik W. Weigel.

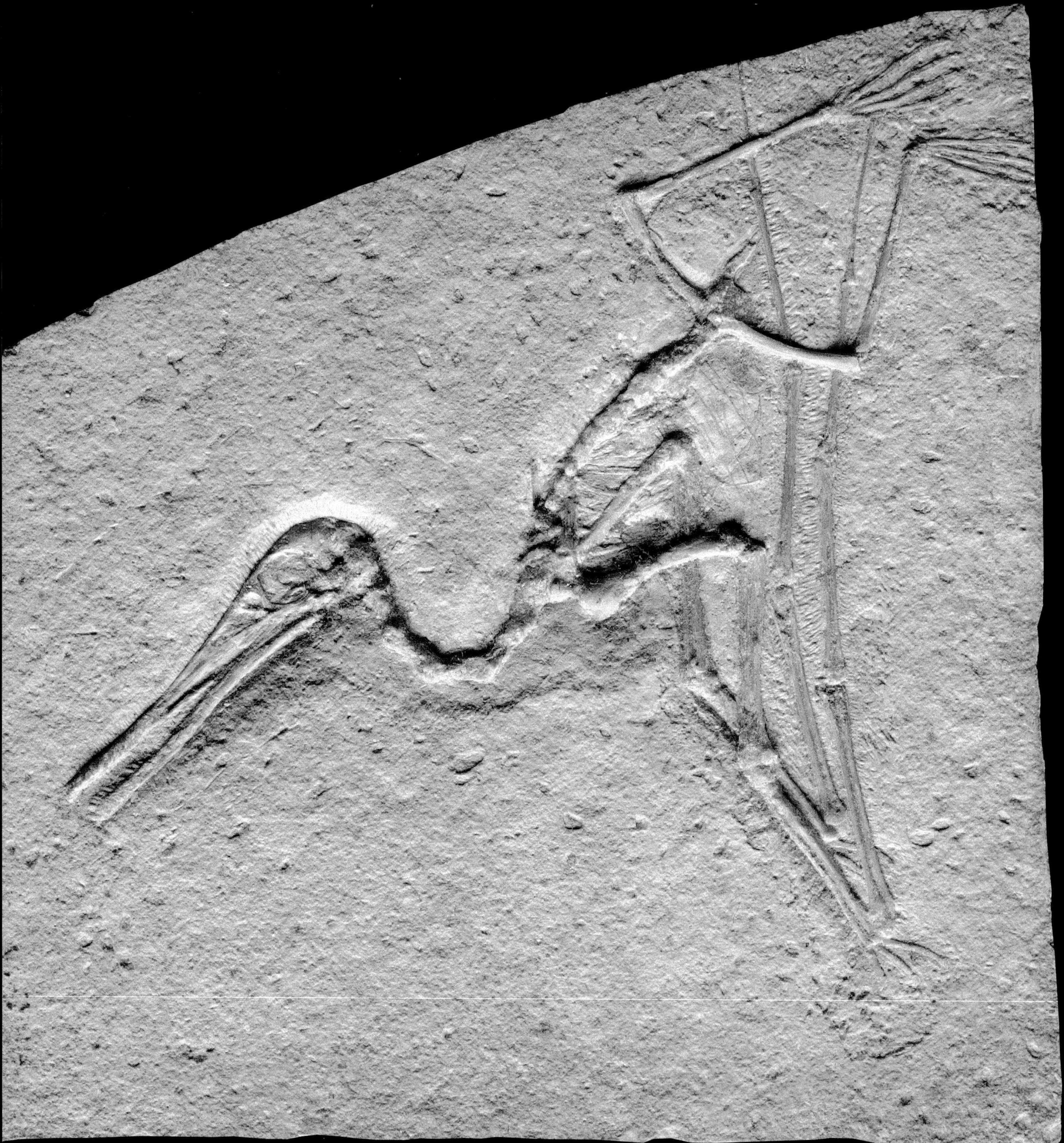

61

62

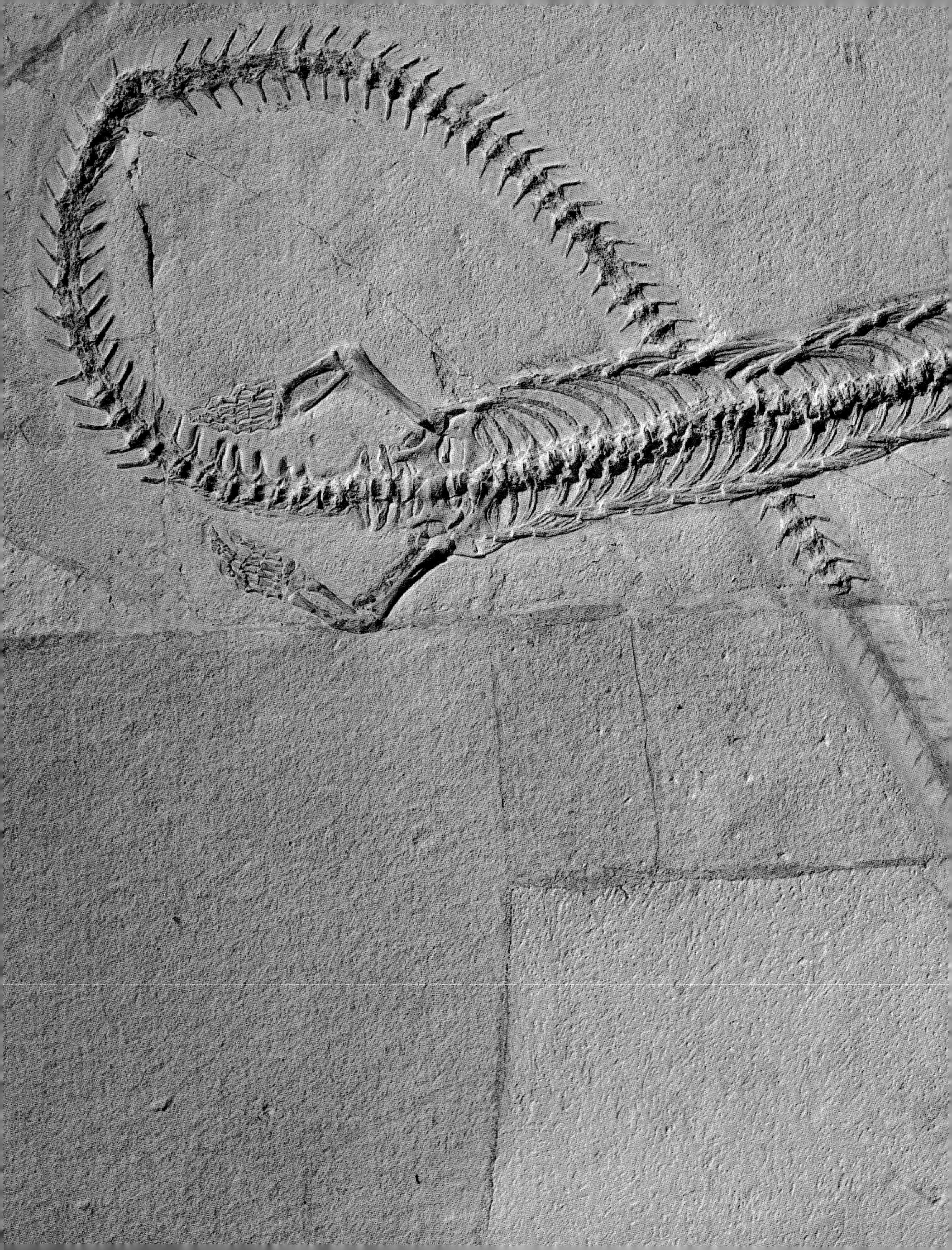

63

Tafel 60
Der kleine, kurzschwänzige Flugsaurier **Pterodactylus elegans** Wagner 1861, ein geschickter Flieger, ist im Solnhofener Plattenkalk relativ häufig.. Länge des Schädels: 4,1 cm. Jura-Museum Eichstätt.

Tafel 61
Macrosemius rostratus Agassiz 1834, ein am Boden lebender Fisch aus dem Solnhofener Plattenkalk. Länge: 18 cm.

Tafel 62
Ein junger **Aspidorhynchus acutirostris** (Blainville 1818) aus dem Solnhofener Plattenkalk. Er jagte seine Beute direkt unter der Wasseroberfläche. Länge des unteren Schwanzlappens: 4,5 cm. Jura-Museum Eichstätt.

Tafel 63
Solnhofener Plattenkalk. Der zu den Rhynchocephalen gehörende **Pleurosaurus goldfussi** v. Meyer 1831 hatte sich an das Leben im Wasser angepasst. Länge des Schädels: 10,2 cm.

Tafel 64
Archaeopteryx lithographica v. Meyer 1861, der älteste bekannte Vogel, ist das berühmteste Fossil der Solnhofener Plattenkalke. Hier ist das Exemplar abgebildet, das im Jura-Museum in Eichstätt aufbewahrt wird. Länge des Unterkiefers: 3,7 cm.

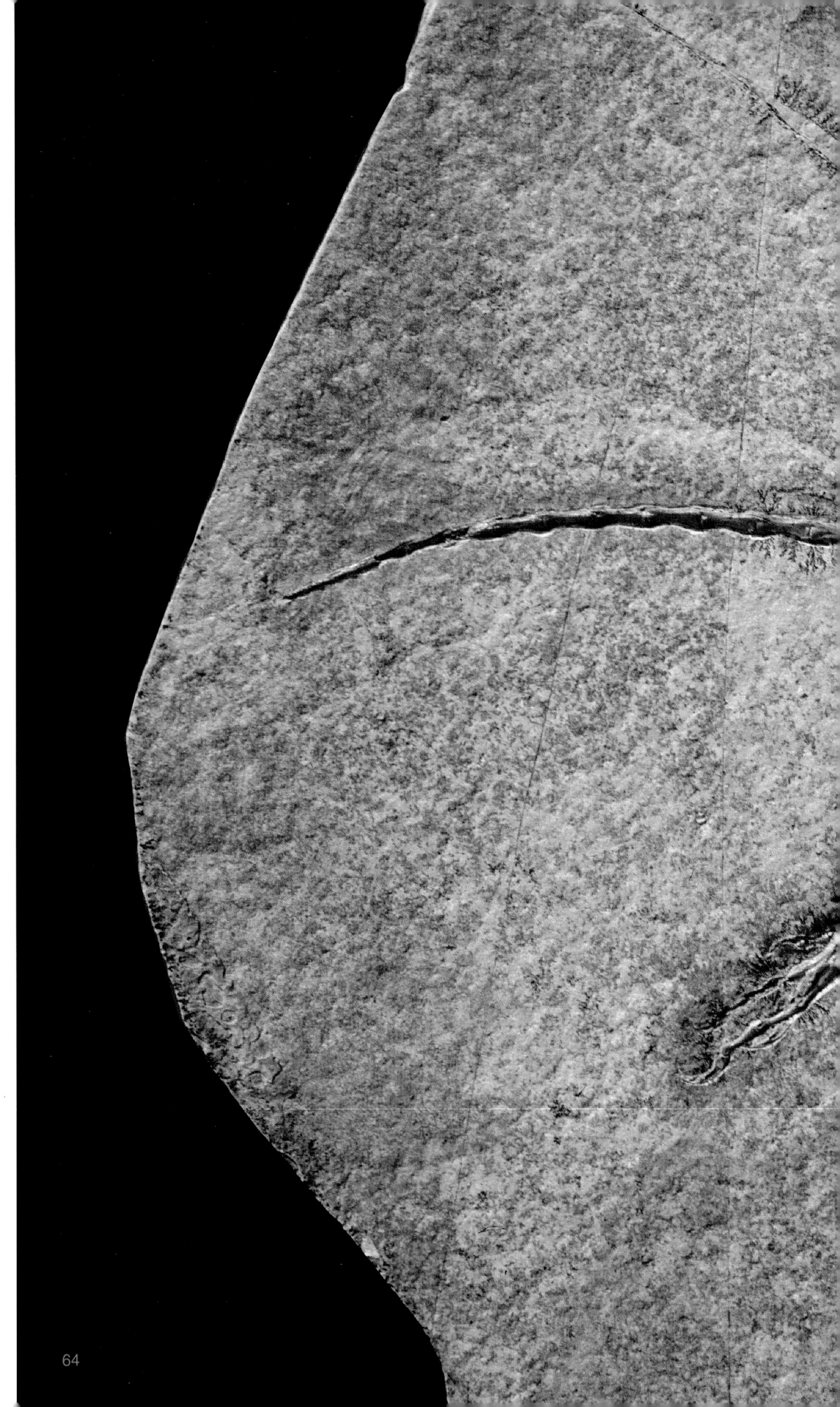

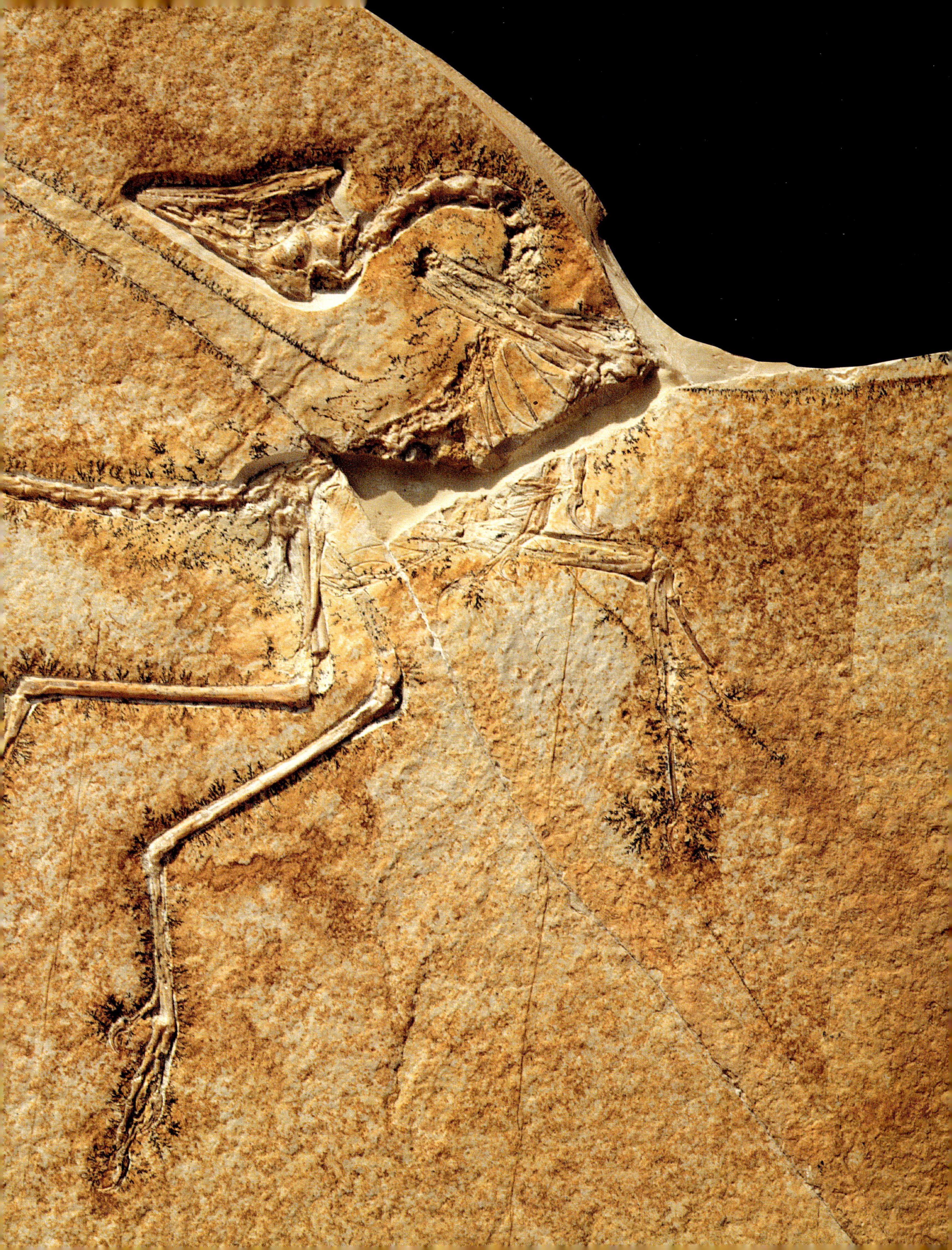

ÅSEN

Tafel 65 Rekonstruktion der Vegetation an der Grenze Santon/Campan in Schonen (O. Hällquist mit Beratung durch E.M. Friis).

Tafel 66 Die Kaolin-Grube der Höganäs AB in Åsen mit der Sedimentfolge und dem deutlichen Verwitterungs-Horizont (Pfeil). Die dunklere Lage nahe dem Grund der Grube ist der Horizont toniger Gyttja.

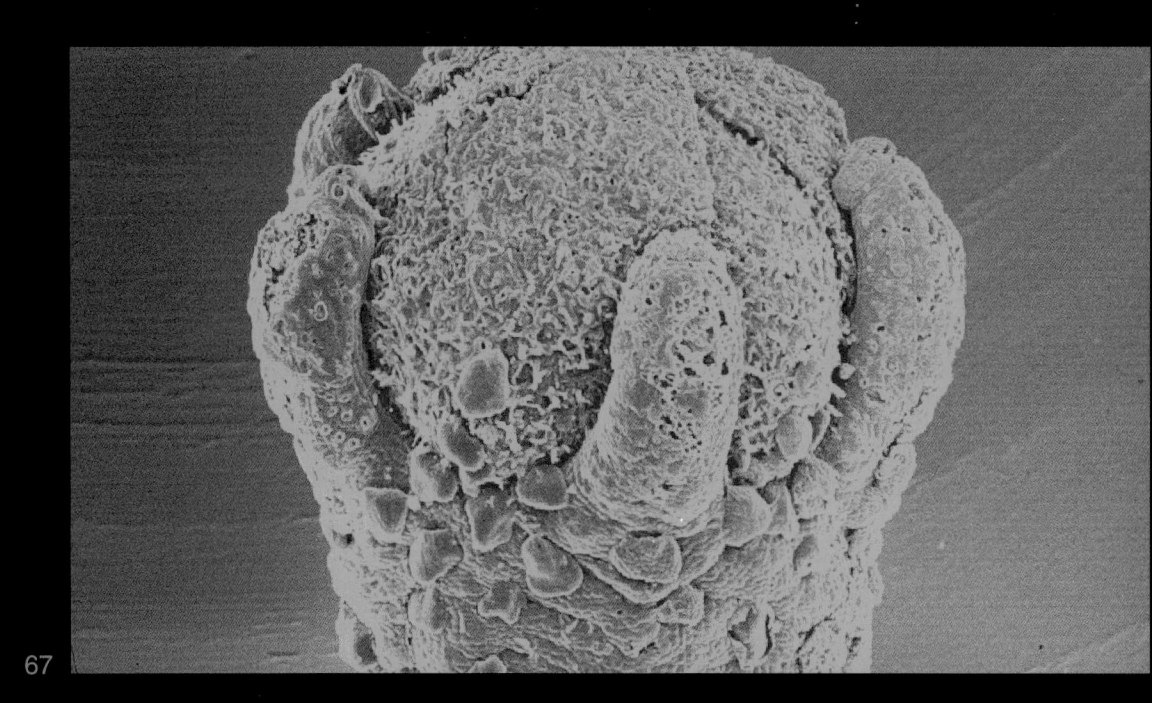

Tafel 67
Silvianthemum suecicum, seitliche Ansicht einer dreidimensional erhaltenen Blütenknospe unter dem Raster-Elektronen-Mikroskop (REM) mit Kelch und Kronblättern auf unterständigem Fruchtknoten.

Tafel 68
Silvianthemum suecicum, apikale Ansicht einer Blütenknospe unter dem Raster-Elektronen-Mikroskop, zeigt den Kelch und die quincuncial deckenden Kronblätter.

Tafel 69
Silvianthemum suecicum, Frucht (REM).

Tafel 70
Scandianthus costatus, REM-Bild von Nektarium.

Tafel 71
Scandianthus costatus, Blüte mit Kelch und Kronblättern (REM).

Tafel 72
Blüte einer nicht näher bekannten Art (REM).

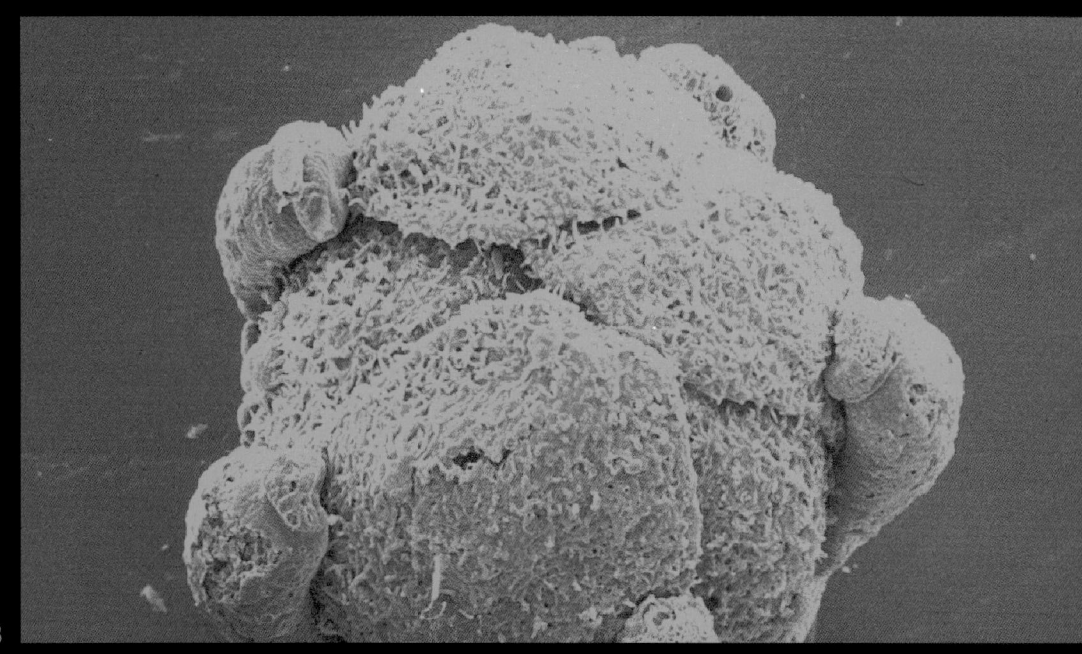

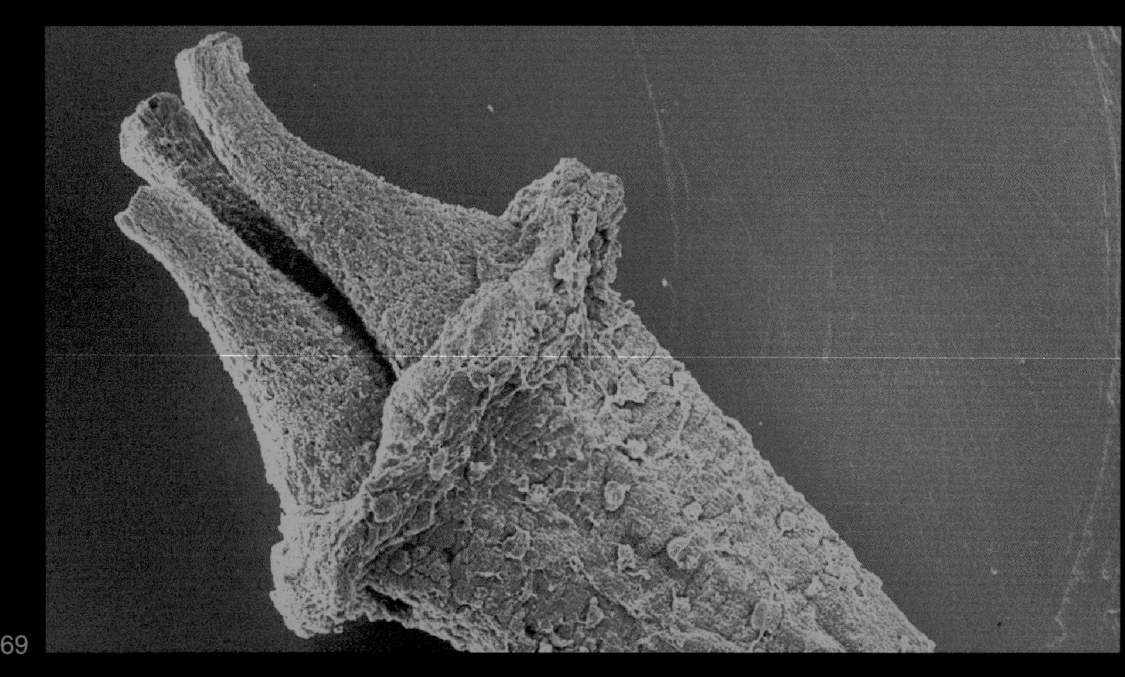

70

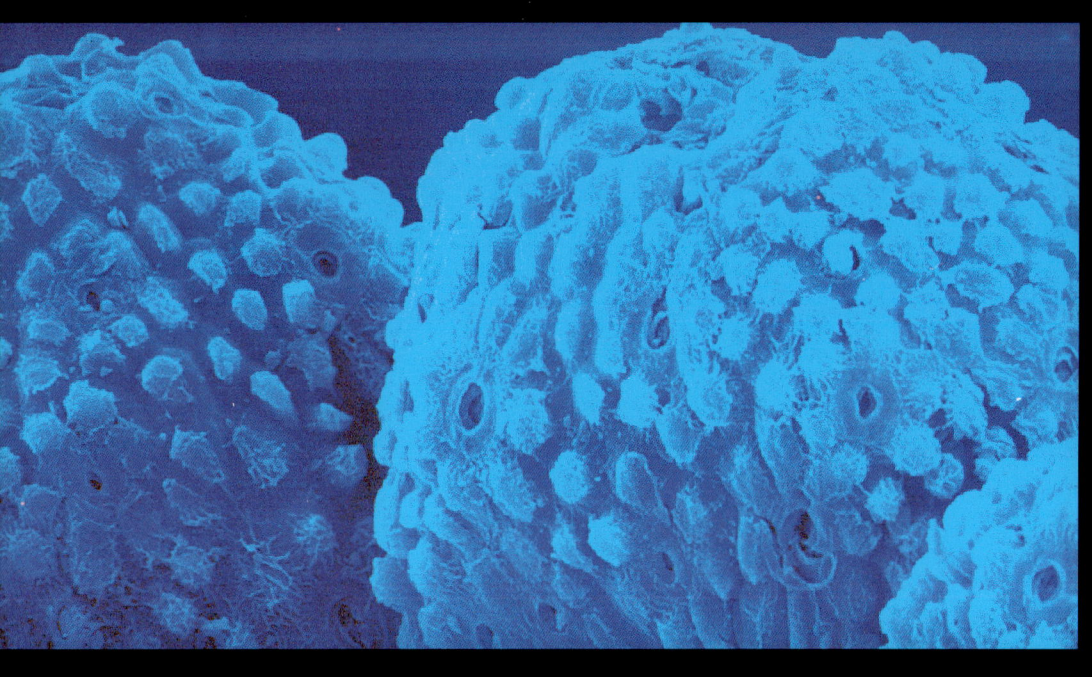

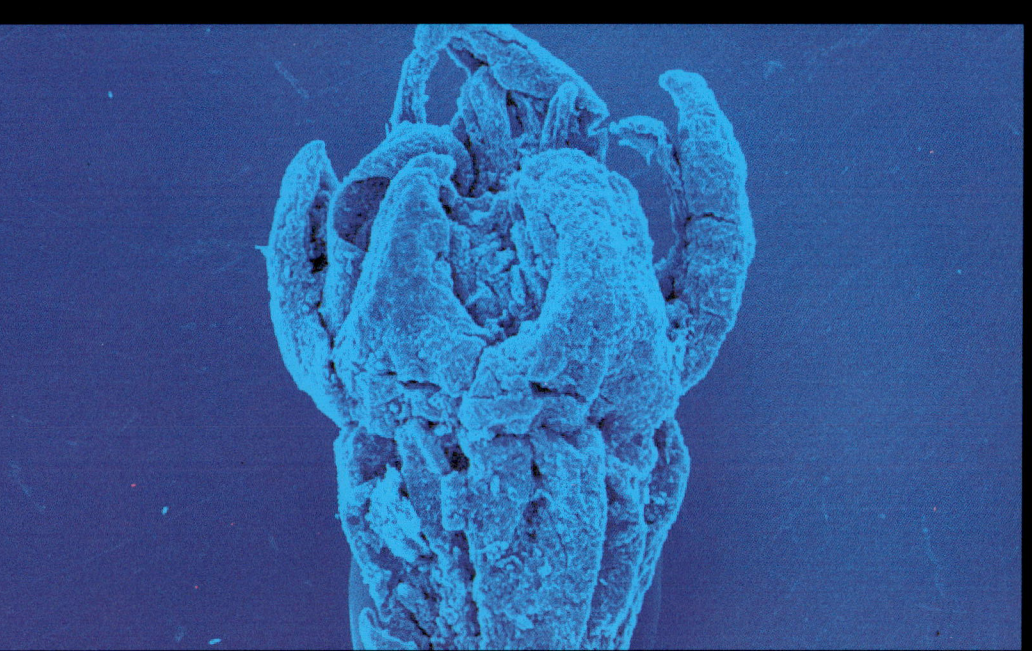

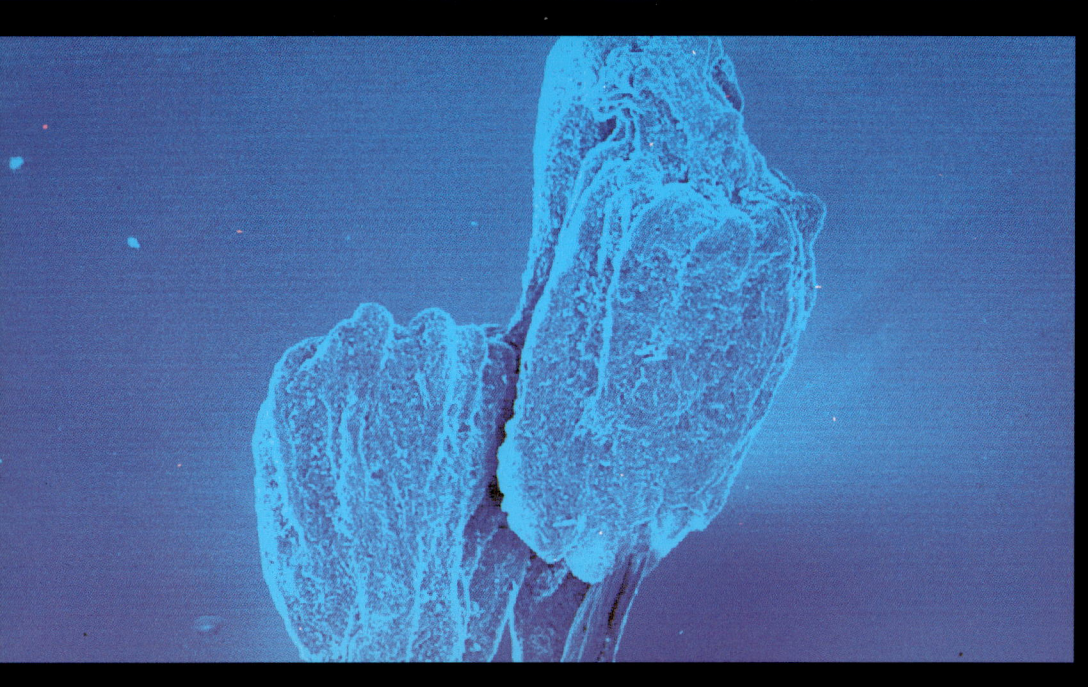

71

72

LAS HOYAS

Tafel 73 Idealisierte Unterwasser-Landschaft des Sees von Las Hoyas in der Unter-Kreide. Unten rechts: Zwei **Pseudoastacus**, an einem Teleosteer fressend. Unten Mitte: Ein **Lepidotes** versucht, einen anderen **Pseudoastacus** zu fangen. Unten links: Drei unionide Muscheln, im Schlamm steckend. Mitte rechts: **Gordichthys**, ein kleiner Teleosteer. Mitte links: Drei pycnodontiforme Fische. Oben rechts: **Iberonepa**, eine Wasserwanze, darüber in der Ferne ein Krokodil. Oben Mitte: Der räuberische Fisch **Caturus**, einen Schwarm der kleinen Teleosteer **Rubiesichthys** jagend. Künstlerische Darstellung: M. Antón, mit freundlicher Erlaubnis des Museo de Cuenca, Spanien.

Tafel 74 Mit Säure präparierter Schädel des Dinosauriers **Pelecanimimus polyodon** aus der Unter-Kreide von Las Hoyas, Holotypus, etwa 200 mm lang.

Tafel 75 Ein mit Säure präpariertes Exemplar von **Lepidotes** aus der Unter-Kreide von Las Hoyas, Foto: S. Wenz.

Tafel 76 Der kleine Vogel **Iberomesornis romerali** aus der Unter-Kreide von Las Hoyas, Holotypus.

Tafel 77 Der Vogel **Concornis lacustris** aus der Unter-Kreide von Las Hoyas, Holotypus.

76

77

Der Posidonienschiefer in Südwest-Deutschland, Toarcium, Unterer Jura

Wolfgang Oschmann
Johann Wolfgang Goethe-Universität, Frankfurt am Main

Der Posidonienschiefer in SW-Deutschland ist berühmt wegen seiner einzigartigen Fossilfunde. Es sind nicht nur perfekt erhaltene Skelette von Wirbeltieren und die Schalen von Weichtieren, Krebsen und Stachelhäutern zu finden, sondern auch Reste der Weichkörper mit Hautabdrücken und Organresten. Auf diese Weise ist ein Einblick in einen ungewöhnlichen Lebensraum möglich, der vor etwa 185 millionen Jahren in einem Schelfmeer in Mitteleuropa existierte.

Geschichte des Posidonienschiefers

Das Interesse des Menschen am Posidonienschiefer besteht schon viele Jahrhunderte. Der Abbau in vielen kleinen Steinbrüchen galt allerdings nicht den Fossilien. Wegen der guten Spaltbarkeit des Gesteins fand der Posidonienschiefer im Vorland der Schwäbischen Alb wahrscheinlich schon früh Verwendung beim Hausbau als Bodenplatten und Dachschindeln. Später, der erste schriftliche Hinweis geht auf das Jahr 1596 zurück, kam das Interesse an dem im Posidonienschiefer enthaltenen Rohöl auf. Unter Luftabschluss wurde das Gestein erhitzt und auf diese Weise das Öl extrahiert. Durch Unachtsamkeit sprang oft das Feuer über und setzte das an Rohöl reiche Gestein direkt in Brand. Diese unkontrollierten Brände waren schwer zu löschen. Der längste bekannte Schwelbrand dauerte von 1668 bis 1674.

Auch August Quenstedt (1809–1889), der als Professor für Geologie und Paläontologie an der Universität Tübingen lehrte und durch seine Forschungsarbeiten weltberühmt wurde, zeigte Interesse an der Rohölgewinnung. Er schätzte die Reserven auf über 10 millionen Tonnen und startete mit finanzieller Unterstützung der Regierung eine kommerzielle Ausbeutung. Das Unternehmen scheiterte aber wegen billiger Ölimporte aus Texas. Während des zweiten Weltkrieges wurde von 1942 bis 1945 die Ölgewinnung am Fusse der Schwäbischen Alb wieder aufgenommen. Die gefährliche Arbeit des Öldestillierens mussten KZ-Häftlinge verrichten. Viele verloren dabei ihr Leben. Der KZ-Friedhof nahe Balingen (50 km südwestlich von Tübingen) erinnert an die Opfer dieser dunklen Geschichtsepoche.

Die ältesten Berichte über Fossilien aus dem Posidonienschiefer gehen zurück auf das Jahr 1598, als die ersten Ammoniten von einem kleinen Dorf 30 km südöstlich von Stuttgart beschrieben wurden. Der Arzt Johannes Bauhin beschrieb sie als „Steine und metallische Sachen", die auf wundersame Weise unter der Erdoberfläche geformt worden wären. Später wurden Seelilien als Blumen, sogenannte Tulipanen, angesehen. Eberhard Friedrich Hiemer, Hofprediger in Stuttgart, beschrieb 1724 einen Seelilienfund als Medusenhaupt. Er erkannte dessen Ähnlichkeit mit einem damals bereits bekannten Schlangenstern, der ebenfalls als Medusenhaupt bezeichnet wurde. Als Erklärung für das Vorkommen in Schwaben nannte Hiemer die Sintflut, durch die das Medusenhaupt umkam und bis an den Fuss der Schwäbischen Alb gespült wurde.

Abb. 1
Verteilung der Kontinente vor etwa 185 millionen Jahren, im späten Unterjura (Lias, Toarcium). Zu dieser Zeit existierte noch der Superkontinent Pangaea, in dem alle Festländer vereinigt waren.

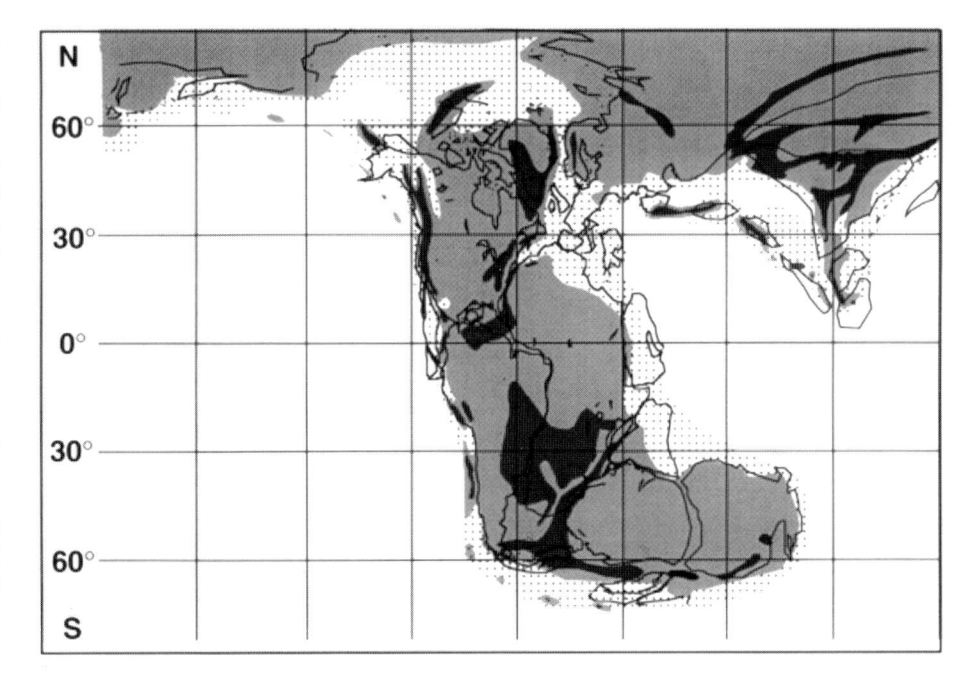

Schelfmeere
Ozeane
Flachland
Gebirge

Abb. 2
*Ansammlung von regulären Seeigeln (**Diademopsis**) mit Stacheln (Grösse des Ausschnitts 20 cm; Photo Dr. Jäger, Dotternhausen).*

Ungefähr zur gleichen Zeit wurden die ersten Wirbelsäulen und Rippen beschrieben und richtig als Reste von Wirbeltierskeletten gedeutet. Bald danach setzte bereits der Handel mit den ungewöhnlichen Funden ein, die als Raritäten für hohe Preise an verschiedene europäische Herrscherhäuser verkauft wurden. Eines dieser Skelette war in Dresden im Zwinger ausgestellt und wurde von Christian Heinrich Eilenburg (1755) als Krokodil beschrieben. Tatsächlich stammen die Reste dieses Fossils, das später durch ein Feuer grösstenteils zerstört wurde, von einem Meereskrokodil. Im gleichen Jahr beschrieb Professor Johann Ernst Immanuel Walch (1725–1778) aus Jena eine Reihe von Fischen, Seelilien und Mollusken aus dem Posidonienschiefer.

Schon 1749 beauftragte Herzog Karl Eugen von Württemberg den Arzt Christian Albert Mohr aus Göppingen mit der systematischen Suche nach den Wirbeltierfossilien, um den Handel mit den Funden zu kontrollieren und den Verkauf ausserhalb seines Herzogtums zu unterbinden. Noch im selben Jahr wurden zwei relativ vollständige Ichthyosaurier-Skelette nach Stuttgart gebracht. Sie werden bis heute im Naturkundlichen Museum aufbewahrt. Die Bemühungen, den Verkauf der Fossilien über die Grenzen Württembergs hinaus einzuschränken, waren wenig erfolgreich. In den folgenden Jahrzehnten wurden viele „Flossentiere" (Ichthyosaurier) und „Krallentiere" (Meereskrokodile) an fremde Herrscherhäuser verkauft. Später beteiligten sich auch Museen am Ankauf der Stücke. Dort wurden die Fossilien fachgerecht präpariert und in Ausstellungen zugänglich gemacht.

Mit der Veröffentlichung der „Petrefaktenkunde" 1820 durch Ernst von Schlotheim (1764–1832) wurden viele Invertebraten (Nicht-Wirbeltiere) des Posidonienschiefers erstmals detailliert nach wissenschaftlichen Methoden beschrieben.

Die korrekte Zuordnung der Ichthyosaurier als marine Reptilien folgte 1824 durch Georg Friedrich Jäger (1785–1867), der als Naturforscher und Professor für Medizin in Stuttgart wirkte. Er interpretierte auch die gelegentlichen Funde von Embryonen nahe oder sogar noch innerhalb der Muttertiere (Tafel 52) korrekt durch Viviparie. Quenstedt widersprach zunächst und postulierte Kannibalismus, schloss sich später aber Jägers Meinung an. Eberhard Fraas (1862–1915), Oberkonservator am Museum in Stuttgart, arbeitete eng mit Bernhard Hauff sen. (1866–1950) zusammen. Als Sohn eines Chemikers und Steinbruchbesitzers, der sich an der Öldestillation versuchte, kam Hauff schon als Kind mit den Wirbeltierfunden in Berührung. Er erlernte als Autodidakt die Präparation der Fossilien, und es gelang ihm seit 1883, mehrere Ichthyosaurier mit Hautrelikten und Umrissen des Weichkörpers zu präparieren. Fraas beschrieb diese Tiere, die vier paddelartige Flossen, eine doppellappige Schwanzflosse wie die Fische – die Verlängerung der Wirbelsäule reicht aber nur in den unteren Lappen – und eine dreieckige Rückenflosse haben (Tafel 51). Durch diese Flossen, den stromlinienförmigen Körper und die Viviparie waren die Tiere perfekt an ein dauerhaftes Leben im Wasser angepasst. Eine Rückkehr an Land zur Eiablage, wie bei anderen marinen Reptilien, war nicht mehr möglich.

Besonders durch den Einsatz von Bernhard Hauff sen. wurden viele marine Reptilien, Fische, Ammoniten, Krebse, an treibenden Baumstämmen angeheftete Seelilien und viele andere spektakuläre Fossilien ausgegraben, sorgfältig präpariert und schliesslich im „Urweltmuseum" in Holzmaden etwa 30 km südöstlich von Stuttgart ausgestellt. Das Museum wurde seit seiner Gründung im Jahre 1937 zweimal umgebaut und erweitert. Zunächst von 1967 bis 1971 durch Bernhard Hauff jun. und schliesslich in den letzten Jahren durch den Enkel Rolf B. Hauff. Ein weiteres Museum am Fusse der Schwäbischen Alb wird durch die Zementfabrik Rohrbach in Dotternhausen (nahe Balingen, etwa 40 km südwestlich von Tübingen) unterhalten. Im schönen „Werksmuseum" kann man eine eindrucksvolle Fossiliensammlung bewundern. Die jüngsten Fossilentdeckungen im Posidonienschiefer gehen auf Ausgrabungen während des Baus der Autobahn A8 und des Rhein-Main-Donau-Kanals zurück.

Die häufigsten Wirbeltiere im Posidonienschiefer sind die Fischsaurier. Meereskrokodile sind relativ selten. Die mit kräftigen Arm- und Beinflossen – ähnlich den Meeresschildkröten – und einem langen Hals ausgestatteten Plesiosaurier (Paddelechsen) wurden erst 1893 entdeckt. Mit weniger als 20 bis heute bekannten Exemplaren sind sie die seltensten der drei Grossreptilgruppen.

Paläogeographie, Stratigraphie

Im ausgehenden Paläozoikum und während der frühen Trias, vor etwa 250 millionen Jahren, bildete sich der Super-Kontinent Pangaea, in dem alle heutigen Erdteile vereint waren. Bedingt durch die grosse Landmasse war das Klima in der Trias generell warm und trocken, bei gleichzeitig niedrigem Meeresspiegelstand.

Der Untere Jura (Lias) (Abb. 1) ist die letzte Periode vor dem Zerbrechen von Pangaea. Im mittleren Jura begann im Zentralatlantik zwischen Afrika und Nordamerika die Ozeanbildung. Die Nahtstellen für

Abb. 3
Im späten Unterjura (Lias, Toarcium), vor etwa 185 millionen Jahren, waren Mittel- und Westeuropa von einem weitläufigen Schelfmeer überflutet.
AM: Armorikanisches Massiv;
BM: Böhmisches Massiv;
C: Kimmeria;
FC: Flämische Kappe;
GB: Grosse Neufundland Bank;
IBM: Iberische Meseta;
IM: Irisches Massiv;
LBM: London-Brabant Massiv;
MC: Massif Central;
RP: Rockall Plateau.
Festländer ☐
Schelfmeere ☐
Ozeanbecken ▨

das spätere Zerbrechen waren aber bereits vorher als Grabensysteme wirksam, zwischen Europa und Afrika auf der einen und Nordamerika auf der anderen Seite. Zusätzlich stieg der Meeresspiegel während des Unteren Jura an und erreichte ein Maximum im Toarcium. Dadurch wurden die Grabensysteme und weite Flachlandteile überflutet. Es entstand ein grossflächiges Schelfmeer. Erstmalig im Mesozoikum bildete sich nun eine marine Verbindung zwischen dem äquatorialen Ozean, der Tethys, und dem im Norden gelegenen arktischen Meer aus. Das Klima blieb weiterhin warm, änderte sich nun aber zu humideren Bedingungen.

Aus dem weitläufigen Schelfmeer des Toarcium ragten grössere Inselbereiche auf: die Böhmische Masse, das London-Brabant-Massiv, das Armorikanische Massiv und das Zentralmassiv (Abb. 3). In deren Küstenbereich wurden sandige Sedimente abgelagert, in den etwa 80 bis 150 m tiefen Becken zwischen den Inseln vorwiegend tonige Sedimente mit einem hohen Gehalt an organischem Kohlenstoff. Diese Sedimente sind vom Untergrund der Nordsee (wo sie zu den britischen und norwegischen Öl- und Gasvorkommen beitragen) über Nord- und Südengland, Nordwest- und Südwestdeutschland und weite Teile Frankreichs verbreitet. Die zeitgleich und sehr ähnlich ausgebildeten Sedimente werden in England „Jet Rock" und in Frankreich „schistes carton" genannt. Der Ablagerungsraum war in den verschiedenen Regionen sehr ähnlich, in Süddeutschland aber besonders fossilreich.

Die Schichten des Posidonienschiefers werden in Schwaben im Durchschnitt nur etwa 10 bis 12 Meter mächtig (Abb. 5). Sie treten in vielen Steinbrüchen am Nordrand der Schwäbischen Alb auf. Die meisten Fossilfunde stammen aus der Gegend von Holzmaden.

Die Sedimente des Posidonienschiefers

Die Sedimente des Posidonienschiefers bestehen aus feinem Silt und Ton, die über Flüsse vom Festland angeliefert wurden. Der Kalkanteil von 20 und 50 % stammt von den winzigen Schälchen des kalkigen, pflanzlichen Planktons. Die Ablagerungsbedingungen des Posidonienschiefers waren sehr ruhig, so dass eine feine Laminierung im Sediment erhalten blieb. Sie ist das Ergebnis von periodischen Schwankungen im Gehalt von Ton und Kalk, die sich in einem mm-feinen Wechsel von hellen und dunklen Lagen erkennen lassen (Abb. 8). Unter dem Mikroskop zeigt sich, dass die hellen Lagen in der Regel aus Kotpillen des tierischen Planktons bestehen, das sich von kalkigem Phytoplankton ernährte.

Der Meeresboden wurde nur selten von grabenden Organismen durchwühlt (Bioturbation). Gelegentlich treten als *Chondrites* und *Thalassinoides* bezeichnete Grabgangsysteme auf. *Thalassinoides*-Grabgänge (Abb. 7) sind sehr selten und werden von kleinen Krebsen angelegt. Die in bestimmten Schichten in sehr grosser Dichte vorkommenden, komplex verzweigten, hellgrauen *Chondrites*-Grabgänge erinnern an Pflanzen, was zu dem Namen Seegras-Schiefer führte (Abb. 7). Die Lebensweise des „Chondriten-Tieres" ist unklar. Möglicherweise war es ein Sedimentfresser, oder es lebte in Symbiose mit H_2S-oxidierenden Bakterien (Seilacher 1990b).

Ein charakteristisches Merkmal des Posidonienschiefers ist der hohe Gehalt an organischem Kohlenstoff (bis 20 %), der fein verteilt im Gestein vorkommt. Das organische Material stammt nur zu einem kleinen Teil von Landpflanzen, überwiegend aber von Phytoplankton-Organismen mit organischen Zellwänden. Hauptlieferanten sind Prasinophyceen (einzellige Grünalgen, Abb. 6), weniger häufig sind Dinoflagellaten (Geisselalgen, Abb. 6). Der Lebenszyklus dieser kleinen Einzeller durchläuft ein inaktives, sogenanntes Zystenstadium, während dessen sie eine verdickte, sehr widerstandsfähige und fossil erhaltungsfähige Zellmembran ausbilden. Phytoplankton mit kalkigen Aussenhüllen (Coccolithophoriden) ist in erster Linie für die Anlieferung von Kalk und nur untergeordnet von organischem Material verantwortlich.

In der tieferen Wassersäule, am Meeresboden und im Sediment lebten Bakterien, die das organische Material des Phytoplanktons abbauten und dabei Kohlendioxid (CO_2) und toxischen Schwefel-

Abb. 4
*Dichte Ansammlungen von Schalen von **Bositra buchi**. Die Muschel ist im Schnitt kleiner als 5 mm (Photo Dr. Jäger, Dotternhausen).*

Stratigraphie			Schichtnamen	Profil
TOARCIUM	bifrons	variabilis	Mergel	
		crassum		
		fibulatum	Leberboden	
			Nagelkalke	
	falciferum	commune	Wilde Schiefer	
			Inoceramen Bank	
		falciferum	Falchen	
			Wilder Stein	
		elegans	Oberer Stein	
			Gelbe Platte	
			Steinplatte	
		exaratum	Unterer Stein	
			Geodenlage	
		elegantulum	Unterer Schiefer	
	tenuicostatum	semicelatum	Flains	
			Koblenzer	
			Aschgraue Mergel	
		clevelandicum	Seegrasschiefer Tafelfleins	
		paltum	Blaugraue Mergel	
PLIENS-BACHIUM		spinatum	Spinatumbank	

Abb. 5
Stratigraphie des Posidonienschiefers (modifiziert nach Riegraf et al. 1984).

1 m

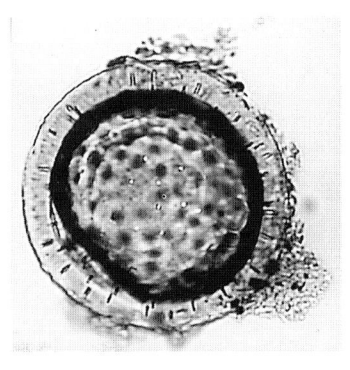

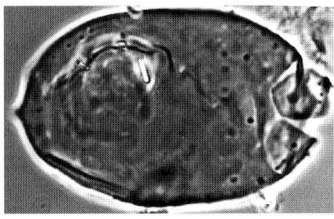

Abb. 6
*Das Phytoplankton des Posidonienschiefers besteht überwiegend aus einzelligen Grünalgen (Prasinophyceen, Grösse 120 µm; oben), zum Teil auch aus Dinoflagellaten (**Comparodinium**), deren Deckelklappe noch geschlossen ist (Grösse 57 µm; unten), (Photo Dr. Gocht Tübingen).*

Abb. 7
*Horizonte mit Grabgängen zeigen teilweise einen Stockwerkbau. Das oberste Niveau bilden juvenile **Chondrites**-, das mittlere adulte **Chondrites**- und das tiefste **Thalassinoides**-Grabgänge (nach Seilacher 1982b). Das Spurenfossil **Chondrites** tritt besonders häufig im „Seegras-Schiefer" auf.*

wasserstoff (H_2S) als Stoffwechselprodukte bildeten. Durch autotrophe Stoffwechselabläufe, wie die Oxidation von H_2S oder eine Photosynthese ohne Sauerstoff, trugen auch Bakterien zur Anhäufung des organischen Materials bei. Im Sediment gewachsene Pyritkonkretionen (FeS_2), die Pyritdollars, und Kalkkonkretionen, wegen ihrer brotlaibartigen Gestalt Laibsteine genannt, sind das Ergebnis komplexer bakterieller Abbauprozesse.

Fossilfunde im Posidonienschiefer, Taphonomie der Organismen

Die Relikte ehemaligen Lebens im Posidonienschiefer sind vielfältig. Sie reichen von mikroskopisch kleinen Bakterien- und Einzellerresten bis zu meterlangen Reptilskeletten. Baumstämme von über 10 Meter Länge (grösstenteils Nadelbäume) sind teilweise mit Seelilien (*Seirocrinus* und *Pentacrinus*) überwachsen, deren Stiele bis 20 Meter lang wurden. Insgesamt ist aber die Artenvielfalt und Häufigkeit der Fossilien eher gering. Die gute Kenntnis, die wir heute von der Lebewelt im Posidonienschiefer-Meer haben, ist somit das Ergebnis der seit Jahrhunderten dauernden Ausgrabungstätigkeit und nicht der Fossilhäufigkeit.

Das Mikrobenthos besteht aus seltenen Foraminiferen und Ostracoden. Im Makrobenthos herrschen epibenthische Muscheln bei weitem vor (*Inoceramus, Meleagrinella, Oxytoma, Propeamussium, Plicatula* und *Pseudolimea*). Endobenthische Formen (*Solemya, Mesomiltha* und *Goniomya*) sind extrem selten. Gelegentlich kommen der Seeigel *Diadema*, der Krebs *Proeryon* und der Brachiopode *Lingula* vor. Anderes Benthos existiert kaum. Das einzige massenhaft vorkommende Fossil im Posidonienschiefer ist die winzige pterioide Muschel *Bositra radiata parva* (früher *Posidonia radiata* genannt), die auf manchen Schichtflächen dicht gepackt vorkommt (Abb. 4). Die Lebensweise von *Bositra* ist strittig (siehe die Diskussion weiter unten).

Die Anzahl nektonischer und pseudoplanktonischer Taxa ist allgemein höher als in normalen Milieus. Cephalopoden: viele Ammoniten, aber auch Belemniten und andere Coleoiden, herrschen bei weitem vor. Speziell Ammoniten dienen häufig als Flösse, die teilweise dichten Bewuchs von pseudoplanktonischen Epizoen tragen, byssustragende Muscheln (*Gervillia* und *Plagiostoma*) und inkrustierende wie Austern (Tafel 55) sowie Serpuliden und den Brachiopoden *Discina*. Sie bewachsen beide Flanken der Ammoniten und sind daher echte Epizoen, während Aufwuchs des leeren Gehäuses am Meeresboden, der ebenfalls vorkommt, nur eine Flanke betrifft. Die häufigsten Ammoniten-Gattungen sind *Lytoceras* (Tafel 55), *Dactylioceras, Harpoceras* und *Hildoceras*, die örtlich in grossen Mengen auf Schichtflächen gefunden werden.

Seine Berühmtheit verdankt der Posidonienschiefer den Wirbeltierfunden. Bei den Knochenfischen überwiegen ursprüngliche Formen, die Ganoidschuppenfische, mit einem starren Schuppenkleid (Tafel 54). Es sind aber auch schöne Exemplare der modernen Strahlenflosser, der Haie und Stachelhaie sowie der Quastenflosser erhalten. Am bekanntesten sind die marinen Reptilien. Plesiosaurier und marine Krokodile (Tafel 49) sind selten und kommen nur in wenigen Arten vor. Ichthyosaurier (Tafeln 50–53) sind dagegen mit über zehn verschiedenen Arten und in beachtlichen Stückzahlen bekannt. Viele Museen verfügen über Fischsaurierfunde. Auch landlebende Reptilien sowie seltene Exemplare der Flugsaurier (Pterosauria) kommen vor.

Die Erhaltung der Fossilien ist einzigartig. Die Organismen wurden nach dem Absterben nicht transportiert, verwesten nur langsam und unvollständig und wurden nicht von Aasfressern beseitigt. Dadurch wurde der Zerfall in einzelne Skelettelemente weitgehend verhindert. Bei Wirbeltieren ist somit die Knochenanordnung nahezu wie zu Lebzeiten erhalten. Gelegentlich sind sogar Reste von Haut als Körperumrisse und Mageninhalte erkennbar (Tafeln 50, 51). Allerdings wurden die ursprünglich dreidimensionalen Körper durch die grosse Auflast später abgelagerter Sedimente stark zusammengedrückt. Ausgezeichnet erhalten sind auch die Seelilien *Seirocrinus* und *Pentacrinus* (Tafel 56), die aus vielen kleinen Skelettelementen bestehen und normalerweise zerfallen. Die Erhaltung von Fanghäkchen (Abb. 9, Tafel 50) und Tintenbeuteln bei Coleoideen (Tintenfische) ist ebenfalls ungewöhnlich. Viele kalkschalige Organismen (aragonitschalige Ammoniten und Muscheln) zeigen Anlösungserscheinungen. Diese Fossilien werden dadurch oft unkenntlich. Glücklicherweise sind auch gut erhaltene Abdrücke oder Reste der äusseren organischen Lage der Schalen zu finden.

Das Ökosystem des Posidonienschiefers

Obwohl der Posidonienschiefer seit langem wissenschaftlich untersucht wird, gibt es noch immer keine allgemein akzeptierte Vorstellung darüber, welche Lebensverhältnisse in diesem ungewöhnlichen Ablagerungsraum geherrscht haben. Im wesentlichen existieren zwei widerstreitende Modelle. Das eine postuliert überwiegend stagnierende Bedingungen im Posidonienschiefer-Meer. Mit stagnierenden Bedingungen beschreiben Geologen und Paläontologen ein Meeresbecken, in dem kaum oder keine Durchmischung von Oberflächen- und Tiefenwasser stattfindet. Dadurch wird verhindert, dass Sauerstoff zum Meeresboden gelangt, was dort zu lebensfeindlichen, anoxischen Bedingungen führt. Dieses Modell wurde schon von Pompeckj (1901) entwickelt, der die heute im Schwarzen Meer anzutreffenden Bedingungen auf das Posidonienschiefer-Meer übertrug. Das Schwarze Meer ist mit über 2000 m Wassertiefe allerdings ein Ozeanbecken und deshalb, nach heutiger Kenntnis, zum Vergleich mit einem Schelfmeer nur eingeschränkt geeignet. Pompeckjs Argumente für anoxische Bedingungen waren die Anreicherung von organischem Material, die Seltenheit bzw. das Fehlen von Bodenleben und die häufig sehr gute Erhaltung der Fossilien, die kaum Spuren von Zerfall aufweisen. Im wesentlichen sind es heute die gleichen Argumente, unterstützt von klimatischen und ozeanographischen Überlegungen, die noch immer für langfristig anoxische und damit lebensfeindliche Verhältnisse am Meeresboden angeführt werden.

Das zweite Modell, aufgestellt von Kauffman (1978, 1981), postuliert dagegen einen raschen Wechsel von anoxischen und oxischen Verhältnissen am Meeresboden, der immer wieder eine normale Besiedlung erlaubte. Diese Interpretation basiert auf der Beobachtung, dass manche Schichten sehr viele kleine Muscheln (*Bositra*, Abb. 4) aufweisen, und dass viele Ammonitengehäuse, die am Boden des Posidonienschiefer-Meeres lagen, von Muscheln und anderen Bodenbewohnern bewachsen sind. Im Falle von Sauerstoffmangel unmittelbar am Meeresboden sollen die Ammoniten als „inselartige Erhebungen" gedient haben, die Muscheln und anderen Organismen ein Überleben in einer erhöhten, besser belüfteten Position ermöglichten. Eine genauere Untersuchung der Ammoniten (Seilacher 1982a, b) hat aber gezeigt, dass sie von beiden Seiten in etwa gleicher Häufigkeit, und damit nicht am Meeresboden liegend, bewachsen wurden. Der Bewuchs erfolgte durch im Wasser driftende Larven normalerweise bodenbewohnender Organismen bereits zu Lebzeiten der Ammoniten oder in der oft monatelangen postmortalen Driftphase leerer Gehäuse nahe der Wasseroberfläche. Auf die Sauerstoffverhältnisse am Meeresboden kann daraus also nicht geschlossen werden.

Das Problem der Rekonstruktion des Lebensraumes besteht also darin, die Lebensweise der verschiedenen Organismen richtig zu erkennen, was wegen der Mehrdeutigkeit oft sehr schwierig ist. In diesem Zusammenhang erweist sich die kleine Muschel *Bositra* (Abb. 4) als besonders problematisch. Sie ist oft als einzige Art in grosser Dichte auf bestimmten Schichtflächen des Profils angereichert. *Bositra* hiess früher *Posidonia* und war wegen ihrer Häufigkeit die namengebende Gattung für den Posidonienschiefer. Ähnliche *Bositra*-Massenvorkommen sind auch aus dem Norddeutschen Posidonienschiefer und aus Frankreich und England bekannt. Bis heute wurden vier verschiedene Möglichkeiten für die Lebensweise von *Bositra* erwogen, nämlich ein Leben am Meeresboden liegend, festgeheftet an treibenden Objekten (beispielsweise Baumstämme), eine freischwimmende und schliesslich eine planktonische Lebensweise. Für jede dieser Möglichkeiten gibt es gewisse Argumente, die aber insgesamt widersprüchlich bleiben. Eine Anheftung an treibenden Objekten wurde für *Bositra*, im Gegensatz zu anderen Muscheln, nie beobachtet. Für eine dauerhaft aktiv schwimmende Lebensweise sind der Körperbau von Muscheln ungeeignet und ihre Stoffwechselrate zu niedrig. Sicher ist jedenfalls, dass der Posidonienschiefer über weite Bereiche kein Bodenleben aufweist und daher wahrscheinlich überwiegend anoxisch war.

Ähnliche monospezifische Massen-Vorkommen der kleinen Muschel *Bositra* gibt es in den „schistes carton" in Frankreich und im „Jet Rock" in England sowie in vielen weiteren Vorkommen schwarzer Schiefer im Toarcium. Sie sind aber auch von feinklastischen Sedimenten ohne hohen Gehalt an organischem Kohlenstoff bekannt, zum Beispiel aus dem Callovium im westlichen Indien, und von vielen pelagischen Karbonat-Milieus der Tethys, beispielsweise aus dem Sinemurium der Sierra de la Reclot in Süd-Spanien. Sie sind daher unabhängig von den Bedingungen der Schwarzschiefer und allgemein vom Typ des Substrats. Dies muss man bedenken, wenn man für *Bositra* einen progenetischen, holopelagischen Lebenszyklus an-

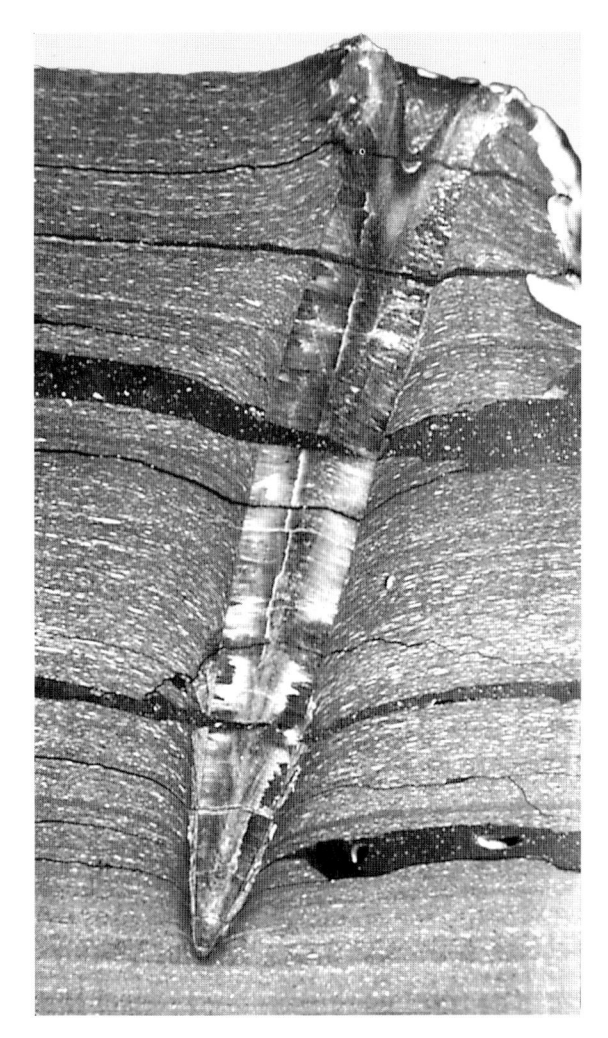

Abb. 8
In einem feinlaminierten Stillwassersediment aus hellen und dunklen Lagen wurde ein Belemnitenrostrum senkrecht eingebettet. Das Umbiegen der feinen Lagen wurde durch die Kompaktion des Sediments verursacht und zeigt, dass das Rostrum zur Zeit der Ablagerung zu mehr als 3/4 in dem sehr weichen Sediment steckte (natürliche Größe; Photo Dr. Jäger, Dotternhausen).

Abb. 9
Rest eines Tintenfisches (Coleoidea), bei dem die Fanghäkchen (Onychiten) der Arme zu sehen sind. Die Anordnung der Häkchen in Reihen deutet auf ein achtarmiges Tier (x 0,5).

nimmt, in dem die Muschel, körperlich eine Larve, aber bereits fortpflanzungsfähig, beständig im Oberflächenwasser gelebt hätte, ähnlich den heutigen planktonischen Gastropoden und Pteropoden. Auftrieb zum Schwimmen und Driften könnte durch Fetttropfen und gasgefüllte Hohlräume wie bei anderen planktonischen Larven erzeugt worden sein. Eine gewisse Eigenbeweglichkeit war vermutlich durch Bewegen der Klappen möglich. Nach dem Tode häuften sich die kleinen Schalen auf dem Boden an. Eine ausführliche Diskussion der Deutungen der Lebensweise von *Bositra* findet man bei Oschmann (1994). Eine endgültige Antwort scheint es zur Zeit noch nicht zu geben.

Die Annahme suboxischer und teilweise sogar anoxischer Bedingungen am Meeresboden wird durch Dinoflagellatenfunde in besonderer Erhaltung bestätigt. Dinoflagellaten gehören zum pflanzlichen Plankton und sind durch einen Lebenszyklus, der ein Zystenstadium am Meeresboden einschliesst, gekennzeichnet. Normalerweise entwickeln sich daraus die freibeweglichen, vegetativen Stadien, die über die aufspringenden Deckelplatten der Zysten entweichen. Bei den Dinoflagellatenzysten im Posidonienschiefer sind die Deckelplatten jedoch noch geschlossen (Wille et Gocht 1979, Abb. 6 unten). Wahrscheinlich sind die Zysten wegen lebensfeindlicher Bedingungen gestorben, noch bevor sie die vegetativen Stadien freigeben konnten. Im Unterschied dazu entwickeln sich die Zysten der Prasinophyceen im oberflächennahen Wasser, wo sie ihre Lebenszyklen leichter vollenden und ihr aktives Theken-Stadium erreichen konnten. Möglicherweise liegt darin der Grund für die Verschiebung im Phytoplankton zugunsten der Prasinophyceen (Abb. 6 oben) im Posidonienschiefer, wie es Loh et al. (1986) beschrieben haben.

Die Bedeutung des Posidonienschiefers für die Erdgeschichte

Die ausgezeichnete Erhaltung besonders der Wirbeltierfossilien mit Hautabdrücken und Weichkörperumrissen erlaubt eine nahezu vollständige Rekonstruktion der Gestalt der Fossilien, aus der ihre Lebensweise ableitbar ist. Dabei wird die erstaunliche Beobachtung gemacht, dass in ganz unterschiedlichen Abschnitten der Erdgeschichte bei relativ weit voneinander entfernten Organismengruppen Anpassungen an ähnliche Lebensweisen zu ähnlichen Körperformen führen. Beispiele aus dem Posidonienschiefer sind die Plesiosaurier, die morphologisch mit Seehunden und Schildkröten verglichen werden können. Diese Tiere haben paddelartige Flossen, die es ihnen trotz guter Anpassung an das Wasserleben noch erlauben, an Land zu gehen. Noch auffälliger ist diese Ähnlichkeit bei Ichthyosaurier, Hai, Thunfisch und Delphin. Die Stromlinienform und der propellerartige Schwanzantrieb machen sie zu perfekten Schwimmern, die nicht mehr an Land gehen können.

Der Posidonienschiefer wurde während eines warmen Klimas mit stabilem Meeresspiegel und schwachen Meeresströmungen gebildet, was den raschen Sauerstoffverbrauch im Tiefenwasser begünstigte. Im Unterschied dazu leben wir heute in einer Zeit mit kalten, rasch zirkulierenden Ozeanen, die ihren Sauerstoffgehalt ständig erneuern, und mit bis zu 200 m tiefen Schelfen, die in den Eiszeiten eingeebnet wurden. Milieus mit Sauerstoff-Mangel am Boden sind daher in der Erdgeschichte häufig, heute aber seltener und im wesentlichen auf das Schwarze Meer, die Ostsee und Auftriebsgebiete vor Kontinenten beschränkt.

Museen und Sammlungen mit Fossilien des Posidonienschiefers

Viele Museen in aller Welt stellen Funde aus dem Posidonienschiefer aus. Besonders Ichthyosaurier sind weit verbreitet. Die Sammlungen mit den meisten und schönsten Stücken sind in Südwestdeutschland in der Nähe der Posidonienschiefer-Vorkommen zu finden. Besonders hervorzuheben sind: das Museum für Naturkunde in Stuttgart, das Hauff-Museum in Holzmaden (30 km südöstlich Stuttgart), das Museum im Institut für Geologie und Paläontologie der Universität Tübingen und das Werkforum der Firma Rohrbach-Zement Dotternhausen (40 km südlich Tübingen). Weiterhin sind das Senckenberg-Museum in Frankfurt und das Institut und Museum für Geologie und Paläontologie der Universität Göttingen zu nennen.

Dank

H. Gocht, V. Mosbrugger, J. Röhl und A. Schmid-Röhl, A. Seilacher, F. Westphal (alle Tübingen) und M. Jäger (Dotternhausen) waren stimulierende Diskussionspartner, halfen bei der Bestimmung und stellten Photos zur Verfügung. C. Mundle, J. Röhl und A. Schmid-Röhl (Tübingen) korrigierten das Manuskript. Die Fotoarbeiten wurden von W. Gerber (Tübingen) ausgeführt.

Die Solnhofener Plattenkalke, oberer Jura

Günter Viohl
Jura-Museum, Eichstätt

Entdeckung und Forschungsgeschichte

Die Solnhofener Plattenkalke gehören zu den klassischen Fossil-Lagerstätten. Sie werden seit der Zeit der Römer abgebaut, welche die Steine zum Hausbau, für die Auskleidung von Bädern und für Inschrifttafeln nutzten. Vom Mittelalter an diente das Material als Boden- und Dachbelag. In der Renaissancezeit wurde es auch von Künstlern entdeckt, die daraus Grabsteine und Gedenktafeln fertigten. Die Erfindung der Lithographie durch Alois Senefelder im Jahre 1798 brachte der Steinindustrie einen gewaltigen Aufschwung und machte das kleine Dorf Solnhofen weltberühmt. Die Methode breitete sich über die ganze Welt aus und gewann besondere Bedeutung im Landkartendruck. Auch viele berühmte Künstler bedienten sich für ihre Arbeit des Steindrucks, so Henri Toulouse-Lautrec, Honoré Daumier und Käthe Kollwitz. Inzwischen wurde die Lithographie durch billigere Druckverfahren ersetzt, und heute gibt es nur eine sehr begrenzte Nachfrage nach Lithographiesteinen.

Ihren Weltruhm verdanken die Solnhofener Plattenkalke aber auch ihren Fossilien. Diese wurden natürlich gefunden, solange die Plattenkalke abgebaut wurden. Erstmals erwähnt wurden sie 1611 in Philipp Hainhofers Beschreibung der Sammlung des Fürstbischofs Konrad von Gemmingen (nach Häutle 1881). Die ersten Abbildungen Solnhofener Fossilien wurden 1730 von Johann Jakob Baier in den Supplementen zu seiner Oryktographia Norica veröffentlicht (nach v. Freyberg 1958). Mit der Etablierung der Paläontologie als einer methodischen Wissenschaft zu Beginn des 19. Jahrhunderts wurden Solnhofener Fossilien systematisch gesammelt und beschrieben.

Eine führende Rolle spielten im 19. Jahrhundert Privatsammler wie Georg Graf zu Münster in Bayreuth, Maximilian Herzog von Leuchtenberg in Eichstätt, die Ärzte Dr. Oberndorfer in Kelheim sowie Dr. Redenbacher und Dr. Carl F. Häberlein in Pappenheim. Letzterer erwarb 1861 das erste Exemplar von *Archaeopteryx* und verkaufte es zusammen mit seiner übrigen Sammlung für 700 englische Pfund an das Britische Museum in London. Sein Sohn Ernst Häberlein konnte 1876 das zweite *Archaeopteryx*-Exemplar in seinen Besitz bringen, das dank einer Intervention von Werner von Siemens 1876 für das Museum der Humboldt Universität in Berlin erworben wurde.

Frühe Beschreibungen Solnhofener Fossilien verdanken wir Samuel Thomas Sömmering, Friedrich von Schlotheim, Georg Graf zu Münster, Louis Agassiz, Hermann von Meyer, Ernst Friedrich

Abb. 1
Ein Steinbruch bei Solnhofen zu Beginn dieses Jahrhunderts.

Germar, Andreas Wagner, Hermann August Hagen und anderen (Liste in Kuhn 1961). Im Jahre 1853 stellte Ludwig Frischmann eine erste Fossilliste zusammen. Johannes Walter (1904) lieferte eine umfassende Darstellung der Fauna der Solnhofener Plattenkalke. Heute bedürfen die meisten Fossilgruppen einer Neubearbeitung nach modernen Gesichtspunkten.

Auch die Entstehung der Solnhofener Plattenkalke ist seit langer Zeit Gegenstand ausgedehnter Diskussionen. Es ist in diesem Rahmen nicht möglich, all die verschiedenen Theorien wiederzugeben. Eine ausgezeichnete Übersicht findet sich bei Keupp (1977). Während die meisten früheren Autoren ein episodisches Trockenfallen des Sediments annahmen, lehnt dies die Mehrheit der neueren Forscher ab. In jüngerer Zeit standen vor allem drei Modelle im Mittelpunkt der Diskussion (Barthel et al. 1990, Viohl 1991), die alle eine Ablagerung in stagnierenden Becken annehmen. Barthel (1970, 1972, 1978) betrachtete die Kalkstein-Lagen als Niederschlag aus Suspensionen während Sturmereignissen. De Buisonjé (1972, 1985) erklärte sie als das Resultat von Coccolithophoriden-Blüten, und nach Keupp (1977) wurden sie von Cyanobakterien gebildet.

Geographischer, stratigraphischer und geologischer Rahmen

Die Solnhofener Plattenkalke (stratigraphisch: Solnhofen-Formation) sind über ein Gebiet von etwa 80 x 30 km Ausdehnung in der Südlichen Frankenalb (Bayern, Deutschland, Abb. 2) verbreitet. Abgebaut werden sie heute nur in der Umgebung von Solnhofen und Eichstätt. Dort werden sie in eine untere und eine obere Einheit gegliedert, die durch einen Gleithorizont (Krumme Lage) getrennt sind. Alle heutigen Steinbrüche liegen in der oberen Einheit, welche die typischen Solnhofener lithographischen Kalke liefert. Stratigraphisch gehört die Solnhofen-Formation ins Unter-Tithon, und sie repräsentiert maximal eine halbe million Jahre. Ihr absolutes Alter beträgt 150 millionen Jahre.

Plattenkalke anderer stratigraphischer Niveaus (Torleite-Formation, Geisental-Formation, Mörnsheim-Formation), die teilweise sogar reicher an Fossilien sind als die Solnhofener Plattenkalke, wurden früher oft mit diesen verwechselt. In der Tat sind in alten Sammlungen häufig Fossilien aus diesen Schichten mit dem Fundort „Solnhofen" versehen.

Schichtenfolge des oberen Malm in der südlichen Frankenalb	
Neuburg-Formation	Mittel-Tithon
Rennertshofen-Formation Usseltal-Formation Mörnsheim-Formation Solnhofen-Formation Geisental/Rögling-Formation	Unter-Tithon
Torleite-Formation	Ober-Kimmeridge

Zur Zeit des Oberen Jura lag die Südliche Frankenalb im nördlichen Teil der Fränkisch-Südbayerischen Karbonat-Plattform, die durch das Wachstum von Mikroben-Schwamm-Riffen aufgebaut worden war (Keupp et al. 1993) (Abb. 4). Dieses hatte bereits im Oxfordium auf submarinen Hochgebieten begonnen. Dank einer fortschreitenden Verflachung des Meeres breiteten sich die Riffe immer mehr aus und bildeten ein Netzwerk submariner Schwellen mit Wannen dazwischen (Meyer et Schmidt-Kaler 1990). Die Riff-Fazies erreichte ihre grösste Ausdehnung während des späten Mittel-Kimmeridgium, als die Verflachung ihren Höhepunkt erreichte. Dieser wird angezeigt durch Ooid- und Peloidsande sowie durch Stromatolithen, die die Schwämme ersetzten. Im östlichen Teil der Südlichen Frankenalb (Kelheimer Gebiet) begannen Korallen, sich auf dem Dach ehemaliger Mikroben-Schwamm-Riffe anzusiedeln. Die Reliefunterschiede zwischen Wannen und Rifferhebungen waren am Ende des regressiven Zyklus am wenigsten ausgeprägt. Sie verstärkten sich wieder mit einem erneuten Anstieg des Meeresspiegels (Keupp et al. 1990, Keupp 1994), der das vertikale Wachstum der Riffe anregte. Dies dokumentiert sich in einer ersten Plattenkalk-Bildung, die lebensfeindliche Bedingungen in den Wannen aufgrund einer Einschränkung des Wasseraustauschs zwischen diesen und dem offenen Meer widerspiegelt. Hohe Verdunstungsraten unter einem semiariden Klima führten zu einer Salzschichtung. Im hyperhalinen, stagnierenden Bodenwasser konnten keine Bodenorganismen leben, und daher wurde die feine Lamination nicht durch Bioturbation zerstört. Dies ist der Hauptunterschied zwischen den dünngeschichteten Plattenkalken und den dickeren Bankkalken, in denen die ursprüngliche Feinschichtung durch grabende und wühlende Tiere ausgelöscht wurde.

Abb. 2
Paläogeographie Süddeutschlands zur Zeit der Ablagerung der Solnhofener Plattenkalke im Unter-Tithon. Verändert nach Meyer et Schmidt-Kaler (1990).

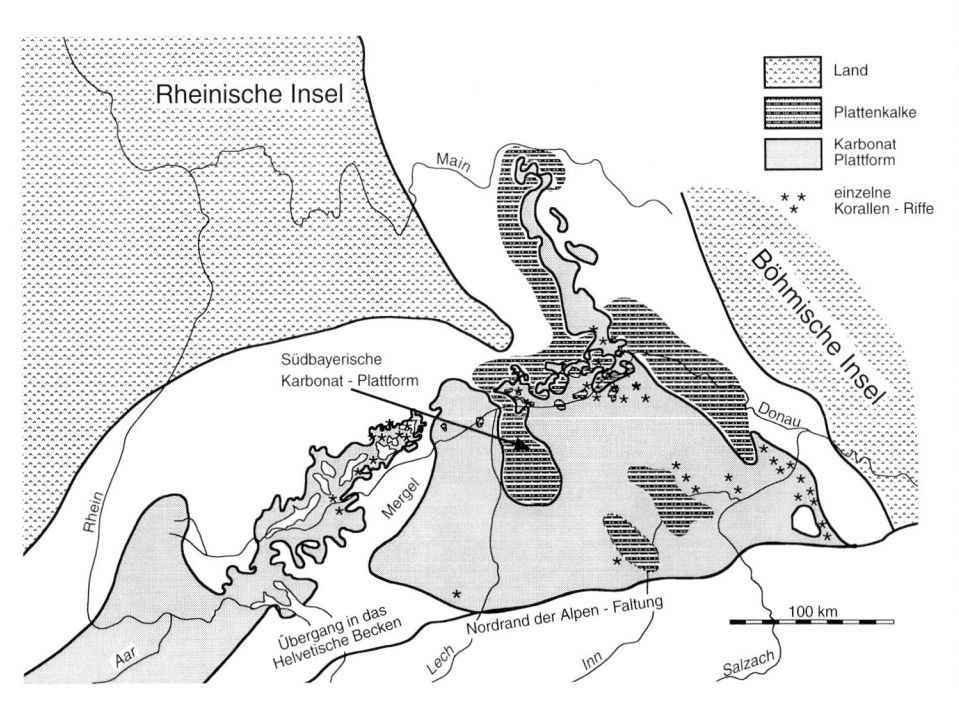

Die Plattenkalk-Bildung begann im östlichen Teil der Region am Ende des Mittel-Kimmeridgium und dehnte sich während des Unter-Tithon westwärts bis in die Gegend von Eichstätt und Solnhofen aus.

Lithologie und Sedimentstrukturen

Der typische Solnhofener Plattenkalk bildet Stapel ebenschichtiger Kalkplatten („Flinze" genannt) mit unregelmässigen Einschaltungen blättriger Kalkmergel („Fäulen" genannt). Der Ausdruck „Fäule" (d.h. „faules Gestein") bedeutet, dass das Material für die Steinindustrie wertlos ist. Während die Flinze aus fast reinem Kalziumkarbonat (97–99 %) bestehen, liegen die Karbonatgehalte der Fäulen zwischen 80 und 90 %. Der unlösliche Rückstand setzt sich aus Tonmineralen und Spuren von Quarz zusammen. Der typische Solnhofener Plattenkalk ist gleichförmig mikritisch mit einer durchschnittlichen Korngrösse zwischen 1 und 3 µm (Keupp 1977). Im Eichstätter Gebiet zeigt er eine Millimeter- bis Zentimeterschichtung, während im Solnhofener Steinbruchsrevier einzelne Flinze eine Dicke von 30 cm erreichen können. Die meisten Flinze weisen eine interne Feinschichtung auf.

Die Schichtung ist eben und seitlich über längere Strecken aushaltend. Insbesondere im Eichstätter Raum ist es möglich, charakteristische Flinzabfolgen („Lagen" genannt und von den Steinbrucharbeitern mit speziellen Namen bezeichnet), einzelne Flinze und in vielen Fällen sogar die interne Feinschichtung über Entfernungen von etlichen Kilometern zu verfolgen.

Bioturbation fehlt normalerweise im typischen Solnhofener Plattenkalk bis auf wenige Ausnahmen (Hemleben 1977). Grabgänge unbekannter Organismen gibt es jedoch in der unteren Serie der Solnhofener Plattenkalke sowie in seinem obersten Teil in der Solnhofener und Haunsfelder Wanne. Ebenso sind Lebensspuren in der Böhmfelder Wanne anzutreffen (darunter Grabgänge von Krebsen), ganz selten auch bei Pfalzpaint. Alle diese Plattenkalke lagerten sich wahrscheinlich in flacherem Wasser als die Normalfazies ab.

Die regelmässige Feinschichtung und die zahlreichen Aufsetzmarken (Mayr 1967) deuten auf stagnierendes Bodenwasser und lassen sich nicht mit früheren Deutungen des Sediments als Wattenablagerung, in jüngerer Zeit wieder aufgegriffen von Gerhard (1992) und Röper (1992), vereinbaren. Hinweise für stärkere Strömungen wie Kolkmarken, Intraklasten, Ammoniten-Rollmarken, Rillenmarken und andere Gegenstandsmarken (Janicke 1969, Barthel 1972) sind auf wenige Lagen beschränkt und nur in der Painterer Wanne häufiger anzutreffen. Sie wurden durch Trübeströme erzeugt, die von Sedimentrutschungen herrühren. Solche subaquatischen Rutschungen regionaler Bedeutung (bekannt als „Trennende" und „Hangende Krumme Lage") gibt es im Eichstätter und Solnhofener Raum; sie wurden wahrscheinlich durch Erdbeben ausgelöst.

In einigen dicken Flinzen des Solnhofener Beckens wird eine sehr kleinmassstäbliche Flaser- und Schrägschichtung beobachtet (Hemleben 1977), welche auf gelegentliche Bodenströmungen niedriger Energie hindeutet, möglicherweise von distalen Trübeströmen.

Schrägschichtung und Erosionsrippeln kommen auch in einigen Schichten der Solnhofen-Formation bei Pfalzpaint vor (Janicke 1969). Der Plattenkalk dieser Lokalität wurde im Mündungsbereich eines Kanals abgelagert, der in die Riffbarriere zwischen der Eichstätter und Böhmfelder Wanne eingeschnitten war (Meyer et Schmidt-Kaler 1983, Keupp et Mehl 1994). E – W gerichtete Strömungen berührten dort episodisch den Boden.

Fossilführung und Taphonomie

Die Solnhofener Plattenkalke haben zwischen 600 und 700 Arten fossiler Organismen geliefert (Kuhn 1961), neben Nannofossilien (Coccolithophoriden) und Mikrofossilien (Foraminiferen, Ostrakoden) Pflanzen (Algen, Pteridospermen, Bennettiteen, Koniferen), Vertreter fast aller grösseren Wirbellosen-Gruppen (Schwämme, Nesseltiere, Bryozoen, Brachiopoden, Mollusken, Anneliden, Krebse, Cheliceraten, Insekten, Echinodermen) und Wirbeltiere (Fische, Reptilien, Vögel). Die genaue Artenzahl ist unbekannt, weil einerseits viele ältere Arten Synonyme anderer sind, andererseits laufend neue Arten entdeckt werden und noch der Beschreibung harren. Das Buch von Frickhinger (1994) mit mehr als 600 Farbfotos gibt einen ausgezeichneten Überblick über die Makroflora und -fauna. Die Fülle der in den Sammlungen befindlichen Fossilien ist das Resultat des intensiven Abbaus der Solnhofener Plattenkalke über ein grosses Gebiet. In Wirklichkeit sind Fossilien selten, abgesehen von kleinen Ammoniten und

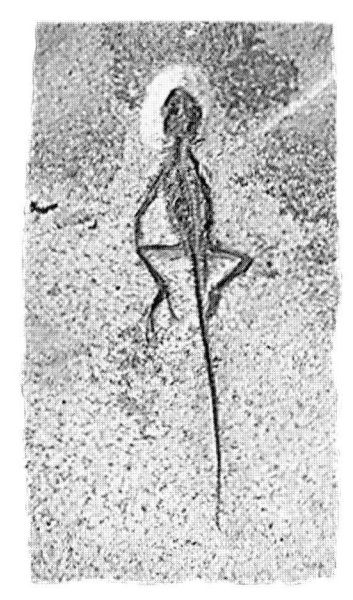

Abb. 3
Homoeosaurus maximiliani v. Meyer 1847, ein Verwandter der heutigen Brückenechse. Länge des Fossils 14,8 cm. Jura-Museum Eichstätt.

Abb. 4
Riffe und Plattenkalk-Wannen in der Südlichen Frankenalb zur Zeit der Solnhofen-Formation.

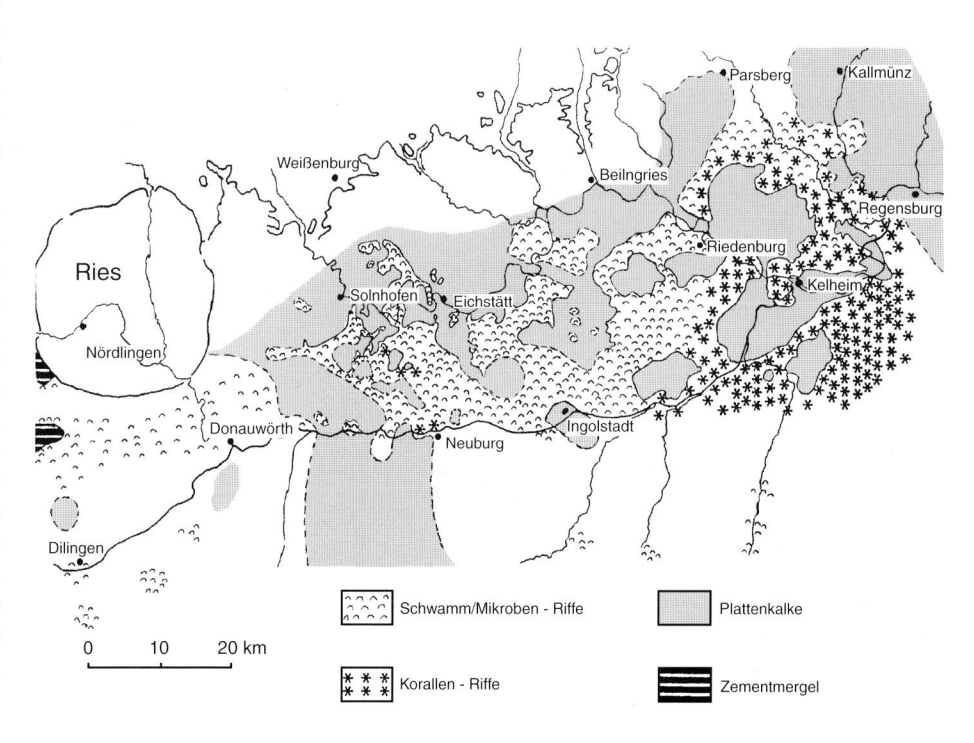

Abb. 5
Ein Exemplar der Qualle
Rhizostomites admirandus *Haeckel 1866 aus dem Steinbruchgebiet von Pfalzpaint östlich von Eichstätt. Durchmesser des Tieres: 38,4 cm. Jura-Museum Eichstätt.*

Fischen, den Exuvien von Phyllosoma-Larven (Larven von Langusten und Bärenkrebsen) und den Anhäufungen von Haarsternen der Art *Saccocoma tenellum* (Goldfuß 1829) auf manchen Schichtflächen.

Die meisten der in den Solnhofener Plattenkalken überlieferten Organismen waren pelagische Formen. Sie lebten planktonisch (Coccolithophoriden, Haarsterne, Phyllosoma-Larven, Quallen), epiplanktonisch (Austern, die an Tange, Ammonitenschalen oder Belemnitenrostren angeheftet waren) oder nektonisch (Cephalopoden, garnelenartige Krebse, Fische sowie schwimmende Reptilien wie Schildkröten, Ichthyosaurier, *Pleurosaurus* (Tafel 63) und Krokodile).

Unter den nektonischen Formen gab es solche, die das offene Wasser bevorzugten: Tintenfische, kleine schwarmbildende Knochenfische, die räuberischen Fischfamilien Caturidae, Aspidorhynchidae (Tafel 62) und Pachycormidae oder die seltenen Ichthyosaurier. Andere hatten eine mehr bodenbezogene Lebensweise wie Ammoniten, Garnelen und zahlreiche Fische. Zu diesen nekto-benthonischen Fischen, die vorzugsweise auf schlammigen Substraten lebten, zählten Haie und Rochen sowie wohl die meisten Vertreter der Familie Macrosemiidae. Die hochrückigen Pycnodontier und die Quastenflosser, welche in der Lage waren, auf engem Raum zu manövrieren, haben sicher stark strukturierte Milieus bewohnt.

Die häufigen benthonischen Organismen besiedelten sowohl Weichböden (zahlreiche Krebse, (Tafeln 57, 58), Pfeilschwänze, Schlangensterne, einige seltene Schnecken und Muscheln) als auch Hartgründe (reguläre Seeigel, seltene sessile Tiere wie Schwämme, Gorgonien, Brachiopoden und Seelilien ebenso Seetange, von denen einige an Gerölle angeheftet sind).

Fast alle benthonischen und nekto-benthonischen Organismen wurden von Arealen auf dem Dach alter Riff-Komplexe eingeschwemmt, die in das weniger salzhaltige, gut durchlüftete Oberflächenwasser hinaufreichten. Die Tiere starben, wenn sie in die lebensfeindliche Bodenzone hinabsanken. Nur die beiden zähesten Arten, der Pfeilschwanz *Mesolimulus walchi* (Desmarest 1822) und der Krebs *Mecochirus longimanatus* (Schlotheim 1820), lebten manchmal noch, wenn sie den Wannenboden erreichten. Sie hinterliessen dann Fährten, an deren Ende sich das verendete Tier befindet. Nur gelegentlich erlaubte eine teilweise Erneuerung des Bodenwassers eine kurze Besiedlung durch Foraminiferen (Groiß 1967), Ostrakoden (Gocht 1973) oder kleine Schnecken der Gattung *Rissoa* (Barthel 1978).

Im Gegensatz zu den lebensfeindlichen Bedingungen in der Bodenzone war Leben in der oberen Wasserschicht möglich, was durch die zahlreichen Koprolithen belegt wird.

Die Solnhofener Plattenkalke haben auch eine Fülle von Landorganismen geliefert: Pflanzen, Insekten (Eintagsfliegen, Libellen (Abb. 8), Schaben (Abb. 9), wasserläuferähnliche Gespenstheuschrecken, Heuschrecken, Wasserwanzen, Zikaden, Netzflügler, Käfer, Wespen, Köcherfliegen, Fliegen), Reptilien (Rhynchocephalen oder Schnabelechsen, echte Eidechsen, kleine Krokodile der Familie Atoposauridae, Flugsaurier, der kleine Dinosaurier *Compsognathus* (Abb. 6) und den bislang ältesten Vogel: *Archaeopteryx* (Tafel 64).

Da die Solnhofener Plattenkalke sich über ein ausgedehntes Gebiet erstrecken, ist es nicht überraschend, lokale Unterschiede in der Fossilgemeinschaft zu finden, die teilweise unterschiedliche ökologische Bedingungen widerspiegeln mögen. So

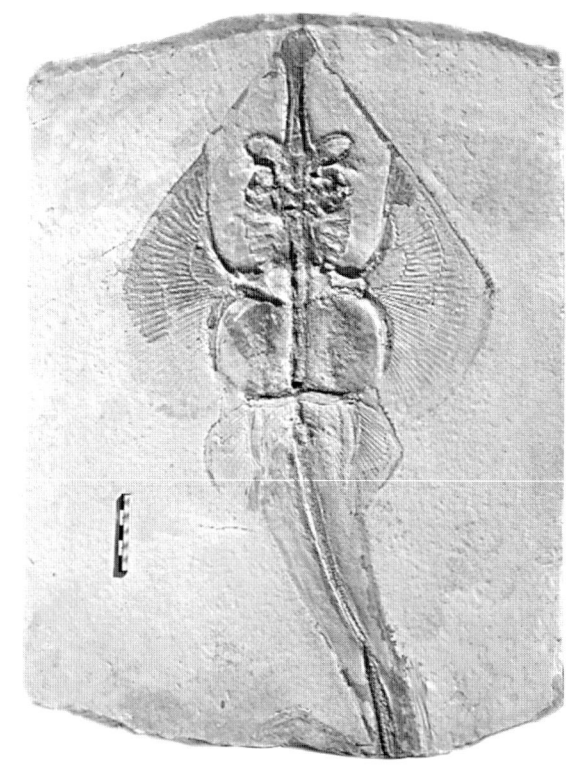

Abb. 6
Compsognathus longipes *Wagner 1859, der einzige Dinosaurier, welcher in den Solnhofener Plattenkalken gefunden wurde. Das Tier lief auf den Hinterbeinen und benutzte die zweifingerigen Hände zum Ergreifen der Beute. Länge des rechten Plattenrandes: 39,6 cm. Bayerische Staatssammlung für Paläontologie und historische Geologie, München.*

Abb. 7
Der Geigenrochen **Asterodermus platypterus** *Agassiz 1843 lebte auf Schlammböden. Massstab: 5 cm. Jura-Museum Eichstätt.*

kommen nahezu alle Exemplare der Qualle *Rhizostomites admirandus* Haeckel 1866 (Abb. 5) von Pfalzpaint, und der Schlangenstern *Geocoma carinata* (Münster 1831) wird nur im Steinbruch von Zandt gefunden.

Es ist die ausgezeichnete Erhaltung von artikulierten Skeletten, manchmal sogar von Weichteilstrukturen, die den Ruf der Solnhofener Plattenkalke als Konservat-Lagerstätte (sensu Seilacher 1970) begründet. Diese Art der Erhaltung erfordert zwei Bedingungen: Ein lebensfeindliches Bodenmilieu ohne Aasfresser und eine rasche Einbettung; denn selbst anoxische Bedingungen verhindern nicht einen durch Bakterien verursachten langsamen Zerfall.

Für die Erhaltung fliegender Tiere müssen zusätzliche Bedingungen erfüllt sein. Flugsaurier (Tafel 60) und *Archaeopteryx* haben Hohlknochen; ihre Leichen wären einige Wochen bis zum vollständigen Zerfall an der Wasseroberfläche getrieben. Die einzige Erklärung für die Fossilisation artikulierter Exemplare ist, dass diese bei Stürmen ertranken. Wenn die Lungen mit Wasser gefüllt waren, konnten die Körper schnell auf den Meeresboden sinken. Auch Insekten müssen ertrunken sein. Aber warum wurden sie nicht von Fischen gefressen? Wahrscheinlich gab es während der Sturmereignisse nicht viele Fische in der Oberflächenzone, und sobald die absinkenden Insektenleichen die Bodenzone erreicht hatten, waren sie sicher vor Aasfressern.

Man trifft jedoch in den Solnhofener Plattenkalken nicht nur vollständige Exemplare, sondern alle Zerfallsstadien an. Unvollständige Stücke und isolierte Knochen deuten auf eine längere Driftperiode vor der Einbettung hin. So besteht ein insbesondere in der Solnhofener Wanne verbreiteter Erhaltungszustand aus artikulierten Skeletten ohne Schuppen oder Abdrücken von Weichteilen. Normalerweise fehlen auch der Beckengürtel ebenso wie Rücken- und Afterflosse. Sie fielen während des Driftens im Wasser ab. Die Schuppen gingen zusammen mit der Haut verloren, welche sich in einem frühen Verwesungsstadium abpellte (Viohl 1994). Bei Ganoidfischen wurde der kräftige Schuppenpanzer oft vom Rest des Körpers getrennt.

In situ zerfallene Fossilien mit zerstreuten Skelettelementen zeigen an, dass die Leichen für eine beträchtliche Zeit von Sediment unbedeckt blieben und dass Strömungen fehlten. Die Skelettelemente fielen von den sich zersetzenden Leichen ab, die der Auftrieb unmittelbar über dem Grund in Schwebe hielt. Leichte Bewegungen der Körper erzeugten häufig Kratzmarken auf der Kalkschlammoberfläche darunter.

Andere nekrolytische Merkmale mögen ein Resultat der Entwässerung in hyperhalinem Wasser sein, zum Beispiel extrem gekrümmte Fische, postmortale Kontraktion von Krebsen und die Aufknäuelung der Haarsterne *Saccocoma* und *Pterocoma* (Seilacher et al. 1985, Viohl 1983, 1994).

Einige Erhaltungstypen können nicht durch bakteriell gesteuerten Zerfall erklärt werden, sondern sind Frassreste, wie beispielsweise gut erhaltene Fische, denen Vorder- oder Hinterteil oder grosse Stücke des Körpers fehlen (Viohl 1994). Diese Exemplare können von zerfallenen deutlich durch die gewaltsam durchtrennten Knochen und Schuppen unterschieden werden. Mögliche Räuber waren Schildkröten, die mit ihrem Schnabel Stücke abbeissen konnten und als luftatmende Tiere weniger von den tödlichen Ereignissen betroffen waren, welche andere Meeresorganismen umbrachten (siehe unten).

Weitere Hinweise auf Frass liefern Zusammenballungen von mehreren Knochenfischen, die teil-

Abb. 8
*Die Libelle **Aeschnogomphus intermedius** (Hagen 1848). Flügelspannweite: 17,3 cm. Jura-Museum Eichstätt.*

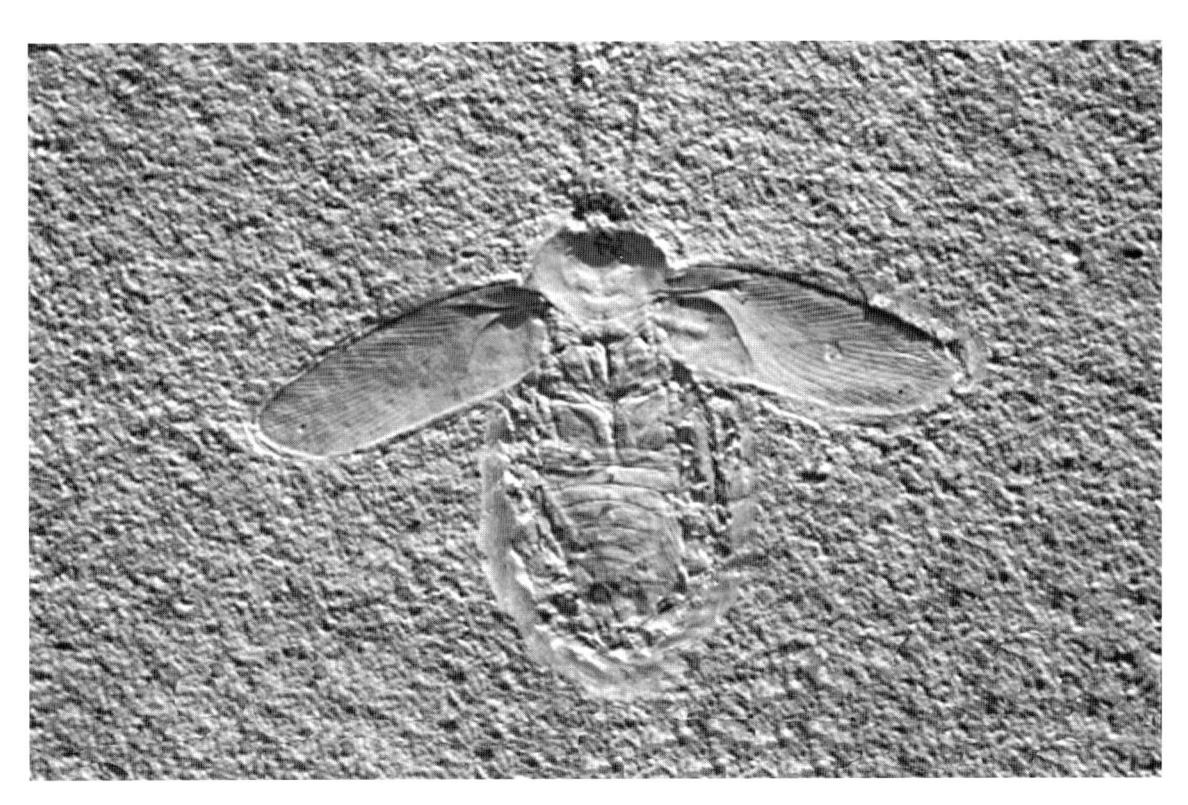

Abb. 9
*Die Schabe **Lithoblatta lithophila** (Germar 1839). Die in den Plattenkalken überlieferten Insekten müssen ertrunken sein, so dass sie schnell auf den Wannenboden absanken. Sobald sie die lebensfeindliche Bodenzone erreicht hatten, konnten die Leichen nicht mehr von Fischen gefressen werden. Flügelspannweite: 3,4 cm. Jura-Museum Eichstätt.*

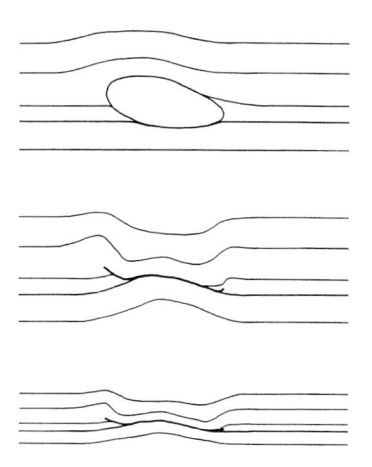

*Abb. 10
Einbettung eines mittelgrossen Fisches (etwa 20 cm lang). Oben: Die Leiche nach der Einbettung. Mitte: Kollaps der Leiche. Unten: Das Fossil nach der Setzung des Kalkschlamms.*

weise zerstückelt sind und nur als Speiballen von Raubfischen interpretiert werden können. Erbrechen von Beute ist jedoch nicht der Normalfall und muss als Reaktion auf eine ungünstige Veränderung der Lebensbedingungen angesehen werden.

Was die Einbettung der Solnhofener Fossilien angeht, so fällt auf, dass 95 % von ihnen auf den Hauptschichtflächen liegen, längs derer die Plattenkalke leicht aufspalten, wenige befinden sich auf internen Schichtflächen, und nur etwa 1 % stecken im Innern der Kalkflinze ohne Bezug zu einer internen Schichtfläche. Diese Beschränkung der Fossilien auf die Schichtflächen legt die Vermutung nahe, dass die Ablagerung der Flinze kurze Ereignisse waren, während ihre Oberflächen längere Zeiträume repräsentieren (Viohl 1994).

Einige taphonomische Merkmale erlauben Schlussfolgerungen bezüglich der Art der Sedimentation und der diagenetischen Prozesse.

Schnitte durch Fossilien zeigen, dass die Kalkstein-Laminae über dem Fossil dünner als neben ihm sind. Ausserdem ist das Fossil von einem verdickten Wulst umgeben („marginal sulcus" von Seilacher et al. 1976). Dieser kann durch ein Abgleiten des Sediments von der Leiche und eine Anhäufung des Schlamms gegen die Körperwand erklärt werden (de Buisonjé 1985, Viohl 1994). Offensichtlich ist das Sediment in einem sehr ruhigen Milieu aus einer Suspension herabgeregnet.

Solnhofener Fossilien sind im allgemeinen flachgedrückt. Ein charakteristisches taphonomisches Merkmal, durch das sich Solnhofener Flinze von den mergeligen Fäulen unterscheiden, ist der Sockel auf der Oberseite der liegenden Platte, auf welchem das Fossil ruht. Ihm entspricht eine Vertiefung in der Unterseite der hangenden Platte („Sockelerhaltung"; Diskussion bei Seilacher et al. 1976, Barthel 1978, de Buisonjé 1985, Barthel et al. 1990 Viohl 1994, 1996). Vertiefungen auf der Oberseite der hangenden Platte und auf der Unterseite der liegenden Platte deuten darauf hin, dass hauptsächlich der Kollaps des Fossils für diese Deformationsstrukturen verantwortlich war („collapse calderas", Seilacher et al. 1976, Abb. 10). Die Erhaltung von Sockel und Calderen zeigt eine relativ frühe diagenetische Zementation des ganzen Sediments an. Diese Deformationsstrukturen gibt es weder in den tonigen Fäulen noch in anderen Plattenkalken der Südlichen Frankenalb oder von anderen berühmten Fossillagerstätten wie Cerin, Sierra de Montsech, Libanon, Bolca oder Green River Formation. In allen diesen Fällen wurden sie vollkommen ausgelöscht durch eine stärkere und länger dauernde Kompaktion des Sediments, die bedingt war durch einen höheren Gehalt an Tonmineralen bzw. organischer Substanz. Tatsächlich scheinen die typischen Solnhofener Plattenkalke im Vergleich zu anderen Plattenkalken extrem arm an organischem Kohlenstoff zu sein (Hückel 1974, Swinburne in Barthel et al. 1990). Wahrscheinlich war die organische Produktivität während der Ablagerung der Solnhofener Plattenkalke relativ niedrig, obwohl es lokale und regionale Unterschiede gegeben haben muss. Meyer et Schmidt-Kaler (1993) berichten über eine bitumenreiche Fazies der Solnhofen-Formation in einer Bohrung einige Kilometer südlich des Aufschlussgebietes, welche möglicherweise durch Algenblüten verursacht wurde.

Solnhofener Fossilien bewahren öfter relativ vergängliche Gewebestrukturen. So wurden die Muskeln zahlreicher Fische, Tintenfische (Mehl 1990) und Krebse, das Keratin der isolierten *Archaeopteryx*-Feder und in extrem seltenen Fällen sogar das Chitin von Insekten durch bakterielle Aktivität zu Kalziumphosphat mineralisiert (Wilby et al. 1995). Bei den meisten Insekten, Quallen, allen übrigen *Archaeopteryx*-Federn und der Flughaut von Flugsauriern haben die organischen Strukturen lediglich in Form von Abdrücken (oder besser von Abgüssen) überlebt. Die Voraussetzung für eine derartige Erhaltung ist eine frühe fäulnisbedingte Zementation des Sediments im Kontakt mit den organischen Strukturen. Andernfalls wären jegliche Abdrücke durch die Setzung des Sediments ausgelöscht worden.

Rekonstruktion des Lebens- und Ablagerungsraumes

Die Solnhofener Plattenkalke wurden auf dem nördlichen und am meisten abgeschnürten Teil der Fränkisch-Südbayerischen Karbonatplattform (Tafel 59) abgelagert. Im Nordwesten des Ablagerungsraumes lag die Küste der Rheinischen Insel (vielleicht 30–50 km vom Solnhofen-Eichstätter Gebiet entfernt), im Osten und teilweise im Süden war er von kleinen, fleckenhaften Korallenriffen umsäumt, die auf den Kuppen alter Mikroben-Schwamm-Riffe wuchsen. Einige Riffe haben sicher als Inseln herausgeragt, besonders im Osten. Noch weiter östlich lag die Böhmische Insel (Abb. 2).

Aus der hohen Karbonat-Produktionsrate, dem geringen Gehalt an terrigenem Sedimentmaterial und dem xeromorphen Charakter der Pflanzen kann auf ein heisses, semiarides Klima geschlossen werden (Viohl 1985). Wahrscheinlich war es ein Monsunklima mit Sommerniederschlägen. Die Monsunwinde wehten vermutlich von Südosten zur grossen nordamerikanischen Landmasse hin. In jener Zeit erstreckte sich ein Trockengürtel von Frankreich bis nach Mittelasien und Westchina (Barale 1981, Vakhrameev 1991).

Keine ständigen Flüsse durchflossen die benachbarte Küstenebene, die jedoch während der Regenzeit von manchmal sturzbachartigen Niederschlägen überflutet und von periodischen Wasserläufen erodiert wurde. Zeitweilige Süsswasserhabitate, aber auch durch Quellen gespeiste ständige Teiche waren von den zahlreichen Insekten bevölkert, die von Süsswasser abhängig waren (Eintagsfliegen, Libellen Abb. 8, Wasserwanzen, Köcherfliegen).

Das Land war wahrscheinlich von Busch aus niedrigen Koniferen und Bennettiteen bedeckt, welche mit offenen Flächen mit nur spärlicher Vegetation abwechselte. Die häufigsten Koniferen *Brachyphy-*

llum und *Palaeocyparis* waren Stammsukkulenten, und wegen des geringen Anteils an verholztem Gewebe können sie kaum höher als 3 m geworden sein (Jung 1974). Es mag auch einige hohe Bäume gegeben haben, aber sicher keine dichten Wälder. Das hat Konsequenzen für die Lebensweise von *Archaeopteryx*. Dieser war zweifellos zum Klettern befähigt, wie aus seinen gut entwickelten Krallen geschlossen werden kann. Er kann jedoch kein Stammkletterer gewesen sein, wie Yalden (1985) vermutet. Möglicherweise hatte *Archaeopteryx* einen ähnlichen Fortbewegungsstil wie der heutige Hoatzin (*Opisthocomus hoatzin*) in Südamerika, der ein schlechter Flieger ist, aber geschickt auf Zweigen von Büschen und niedrigen Bäumen balanciert und klettert. Nach seiner Skelettkonstruktion war *Archaeopteryx* jedoch in erster Linie ein Bodenläufer (Wellnhofer 1995).

Der Meeresboden des Ablagerungsraumes der Solnhofener Plattenkalke war in einzelne Wannen unterteilt. Diese waren getrennt durch Erhebungen, die von alten Mikroben-Schwamm-Riffen gebildet wurden (Abb. 4). In den Wannen hatte sich eine Salz- und Dichteschichtung entwickelt mit einer lebensfeindlichen, hyperhalinen, dysoxischen oder anoxischen Bodenzone stagnierenden Wassers und einer weniger salzhaltigen, gut durchlüfteten Oberflächenzone, welche nektonisches und planktonisches Leben erlaubte (Abb. 11). Benthonische Organismen konnten ebenfalls in Arealen auf dem Dach alter Riffe leben, die in die Oberschicht hineinragten (Viohl 1996). Ein Grossteil dieser Flächen war von Kalkschlamm bedeckt und von verschiedenen, auf oder in dem Sediment lebenden Arten bevölkert. Es muss jedoch auch Hartgründe gegeben haben, die von einer Vielzahl von Organismen besiedelt waren und, wie die kleinen Korallenriffe im Osten und Süden, zahlreichen Solnhofener Fischen ein strukturiertes Milieu boten.

Episodische Stürme drückten grosse Mengen Seewasser gegen die Küste der Rheinischen Insel und lösten eine Unterströmung in entgegengesetzter Richtung aus. Die Gegenströmung führte zu einer teilweisen Mischung der Ober- und Unterschicht des Wasserkörpers und dadurch zu plötzlichen lokalen Schwankungen des Salz- und vor allem des Sauerstoffgehaltes. Diese verursachten den Tod vieler Fische und anderer mariner Organismen. Einige der Leichen sanken sofort auf den Meeresboden, andere trieben eine Zeit lang im Wasser und begannen zu verwesen. Gleichzeitig wurden viele benthonische Organismen von ihren Lebensräumen auf dem Dach alter Mikroben-Schwamm-Riffe in die Wannen gespült, wo sie starben. Während der Stürme, die von heftigen Regenfällen begleitet waren, wurden auch terrestrische Organismen eingeweht oder eingespült. Fliegende Tiere (Insekten, Flugsaurier, *Archaeopteryx*) wurden auf die Wasseroberfläche gedrückt und ertranken.

Die Stürme führten auch Kalkschlamm als Suspension heran, den sie vorher in den Flachwasserbereichen der Südbayerischen Karbonatplattform aufgewirbelt hatten. Gröberer Schutt, der vor allem an fleckenhaften Korallenriffen im Osten und Süden produziert wurde, wurde nicht weit transportiert. Nur die feinste Fraktion erreichte das Gebiet von Eichstätt und Solnhofen. Nachdem sich das bewegte Oberflächenwasser genügend beruhigt hatte, setzten sich die Kalkpartikel rasch ab. Sie bedeckten abgesunkene Leichen und schützten sie so vor Zerfall und bildeten eine Kalkschlammschicht. Daher entspricht ein Flinz normalerweise wohl einem Sturmereignis. Die internen Feinschichten repräsentieren Subereignisse, verschiedene Schübe suspendierten Sediments während einer Monsunperiode. Manche besonders dicke Flinze gehen möglicherweise auf Wirbelstürme zurück. Viele Dickflinze, besonders in der Solnhofener Wanne, müssen allerdings als Turbidite, Absätze aus Trübeströmen, gedeutet werden, die von Rutschungen herrühren.

Bedeutung des Fossilgehaltes für die Geschichte des Lebens

Das berühmteste Solnhofener Fossil ist natürlich *Archaeopteryx* (Tafel 64). Im Jahre 1859, zwei Jahre vor der Entdeckung des ersten Exemplars, hatte Darwin seine Evolutionstheorie veröffentlicht, die eine gewaltige Wirkung auf die wissenschaftliche Welt hatte. Seit dieser Zeit waren Biologen und Paläontologen auf der Suche nach Bindegliedern zwischen den grossen Taxa, um zu demonstrieren, dass die Evolution ein kontinuierlicher Prozess ist. *Archaeopteryx* als ein typisches Beispiel einer Übergangsform zwischen zwei Klassen, nämlich den Vögeln und den Reptilien, erfüllte diese Erwartungen. Inzwischen ist unsere

Abb. 11
Die Entstehung der Solnhofener Plattenkalke.
A. Salzschichtung mit einer lebensfeindlichen Bodenzone. In der oberen Wasserschicht war Leben möglich. Benthonische Organismen konnten auf dem Dach älterer Mikroben-Schwamm-Riffe existieren, die in die sauerstoffhaltige Zone hinaufreichten.
B. Eintrag feinen Kalkschlamms während Sturmereignissen. Der von den kleinen Korallenriffen produzierte gröbere Schutt fiel nicht weit von diesen wieder aus. Monsunwinde drückten grosse Wassermengen gegen die Küste, wo sie eine Unterströmung in entgegengesetzter Richtung erzeugten. Diese berührte normalerweise nicht die tiefsten Teile der Wannen. Die teilweise Mischung des Oberflächenwassers mit sauerstofffreiem Bodenwasser verursachte den Tod vieler Organismen. Benthonische Organismen wurden von ihren Lebensräumen auf dem Dach benachbarter Riffe eingeschwemmt.

Von Benthos bewohnte Böden
Stagnierende, hyperhaline Bodenwässer
C Korallen-Riff

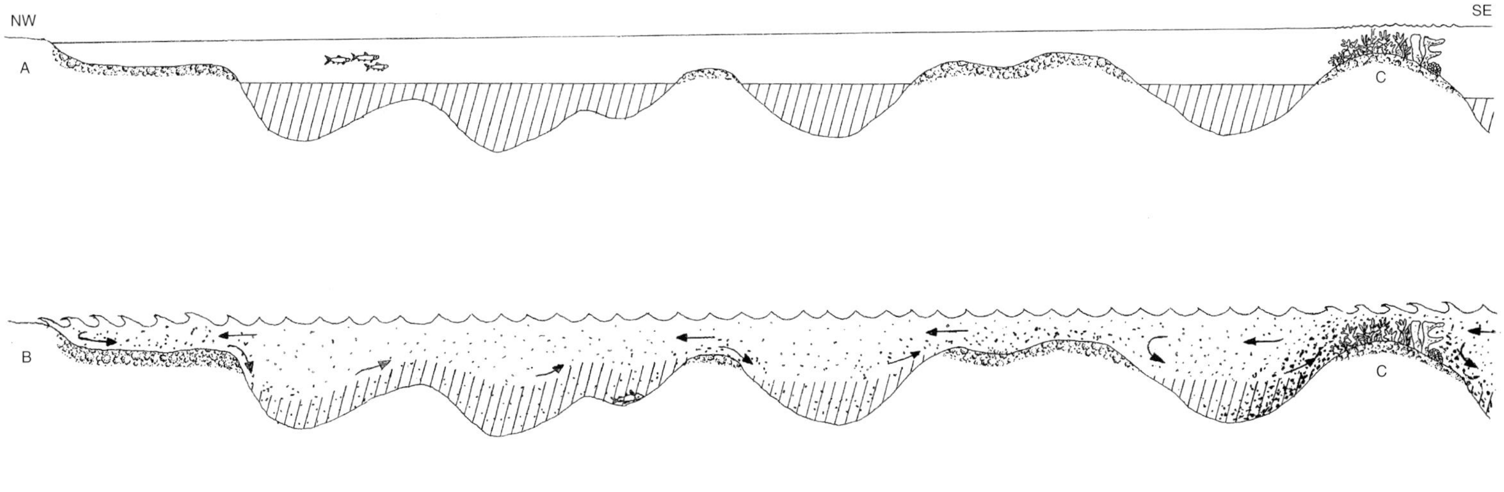

Abb. 12
*Der reguläre Seeigel **Rhabdocidaris mayri** Bantz 1969 wurde mit Stacheln erhalten. Er war ein Hartgrundbewohner, der in die Wanne von Pfalzpaint eingespült und rasch begraben wurde. Länge des unteren Bildrandes: 17,4 cm. Jura-Museum Eichstätt.*

Kenntnis des Evolutionsprozesses detaillierter geworden (Hecht et al. 1985), und *Archaeopteryx* wird nicht mehr als direkter Vorfahr der modernen Vögel angesehen. Dennoch bleibt er ein aussergewöhnlich bedeutsames Fossil, weil er der älteste bekannte Vogel ist und entscheidende Erkenntnisse über die frühe Evolution der ganzen Klasse liefert. Sieben Exemplare sind der Wissenschaft bisher bekannt, wovon sechs zu der Art *Archaeopteryx lithographica* v. Meyer 1861 gehören. Das 1992 entdeckte siebente Exemplar (Wellnhofer 1993), welches zum ersten Mal ein verknöchertes Brustbein zeigt, begründet eine neue Art, *Archaeopteryx bavarica* Wellnhofer 1993.

Die Vögel stammen nach der Meinung der meisten Paläontologen von Theropoden ab. Es ist daher von grossem Interesse, dass die Solnhofener Plattenkalke in *Compsognathus* (Abb. 6) auch einen Vertreter dieser Gruppe geliefert haben, den kleinsten bekannten Dinosaurier mit einem geschätzten Gewicht von nur 3–3,5 kg (Ostrom 1978). *Compsognathus* gehört jedoch nicht zu der Theropoden-Gruppe, aus der *Archaeopteryx* hervorgegangen war, da seine Hand mit zwei Krallen zu spezialisiert ist.

Die Solnhofener Plattenkalke sind auch die bedeutendste Fossillagerstätte für Flugsaurier und haben viel zu unserer Kenntnis dieser Gruppe beigetragen. Ausser den langschwänzigen Rhamphorhynchoidea (Wellnhofer 1975) erschienen hier erstmals die kurzschwänzigen Pterodactyloidea (Wellnhofer 1970, Tafel 60).

Die Solnhofener Plattenkalke haben auch reichhaltige Informationen zur Geschichte der Fische geliefert, beispielsweise hinsichtlich der frühen Evolution der Teleosteer (Arratia 1995). Der Hai *Palaeocarcharias* ist ebenfalls ein Bindeglied, allerdings auf niedrigerem taxonomischem Niveau, zwischen der alten Haigruppe der Orectolobiformes und den modernen Lamniformes (Duffin 1988).

Nicht zuletzt sind die zahllosen Wirbellosen, besonders Krebse und Insekten, ebenso wie die Pflanzen wertvolle Dokumente für unsere Kenntnis der Evolution und der verschiedenen Lebensformen zur Zeit des Oberen Jura.

Wo werden die Fossilien der Lagerstätte aufbewahrt?

Solnhofener Fossilmaterial ist über die ganze Welt in zahllosen öffentlichen und privaten Sammlungen verstreut. Leider verschwinden gegenwärtig die besten Stücke in Privatsammlungen, da die Etats der wissenschaftlichen Institutionen nicht ausreichen, die hohen Marktpreise für Solnhofener Fossilien zu zahlen und es in Bayern keine gesetzlichen Möglichkeiten gibt, sehr bedeutsame Fossilien als Dokumente der Geschichte des Lebens unter Schutz zu stellen.

In den folgenden Museen der Region werden Solnhofener Fossilien ausgestellt:
Jura-Museum, Eichstätt
Bürgermeister-Müller-Museum, Solnhofen
Museum beim Solnhofer Aktienverein, Maxberg bei Solnhofen
Museum Bergér, Harthof bei Eichstätt
Heimatmuseum Langenaltheim (Friedrich Schwegler).

Ausserdem besitzen folgende Institutionen bedeutende wissenschaftliche Sammlungen:
Bayerische Staatssammlung für Paläontologie und historische Geologie, München (Deutschland)
Carnegie-Museum of Natural History, Pittsburg (U.S.A.)
Museum für Geologie und Mineralogie, Dresden (Deutschland)
Museum für Naturkunde der Humboldt-Universität, Berlin (Deutschland)
Naturkundemuseum Senckenberg, Frankfurt a. M. (Deutschland)
Staatliches Museum für Naturkunde, Stuttgart (Deutschland)
Teylers Museum, Haarlem (Niederlande)
The British Museum, Natural History, London (Grossbritannien).

Dank

Ich danke Herrn Hans Werner Balling für die Anfertigung der meisten Fossilfotos und Herrn Hans-Dieter Haas für die Reinzeichnung der Abbildungen 3 und 4.

Die fossilen Blüten von Åsen in Schonen, Süd-Schweden

Else Marie Friis
Sektionen för Paleobotanik,
Naturhistoriska riksmuseet, Stockholm, Schweden

Kaj Raunsgaard Pedersen
Geologisk Institut Aarhus Universitet, Århus, Dänemark

Einleitung

Der Fundort Åsen ist wegen seiner vorzüglich erhaltenen Blüten aus der oberen Kreide und anderer gut erhaltener Reste früher Angiospermen von besonderem Interesse. Die Blüten wurden 1980 entdeckt; ein erster Bericht wurde ein Jahr später in der Zeitschrift „Nature" veröffentlicht (Friis et Skarby 1981). Diese fossile Flora zeigte erstmals eine vielfältige Gesellschaft gut erhaltener Blütenpflanzen aus der Kreide. Die Pflanzengemeinschaften von Åsen wurden während der letzten 15 Jahre von E.M. Friis und Mitarbeitern studiert. Sie veröffentlichten beschreibende Artikel ebenso wie Arbeiten über allgemeine Gesichtspunkte der Diversitäts-Muster und der Reproduktions-Biologie von Blütenpflanzen der oberen Kreide (Friis et Skarby 1981, 1982, Friis 1983, 1984, 1985a, b, 1990, Friis et al. 1986, Crane et al. 1986, 1989, Friis et Crepet 1987, Crepet et Friis 1987, Friis et Crane 1989, Friis et Endress 1990, Endress et Friis 1991). Eine Reihe anderer Pflanzen-Fossilien wurde zusammen mit den Angiospermen-Blüten entdeckt: Reste von Koniferen (Srinivasan et Friis 1989), Megasporen (Koppelhus et Batten 1989) und Stücke von Angiospermen-Holz (Herendeen 1991).

Der Fundort Åsen war schon vor der Entdeckung der fossilen Blüten bedeutend als der einzige grössere Aufschluss in kontinentalen Sedimenten der oberen Kreide in Skandinavien (Abb. 1). Frühe Arbeiten von Grönwall (1915) und Lundegren (1931, 1934) beschrieben die Lithologie der kaolinreichen Sedimente und erwähnten die Häufigkeit kleinerer und grösserer Pflanzenreste, insbesondere von Holzstücken und von grösseren Baumstämmen bis zu 10 m Länge. Vermutlich hat man angenommen, die kleineren Pflanzenreste wären zu fragmentarisch, als dass sie Information enthalten könnten. Wenigstens hat man sie in den frühen Zeiten der Erkundung der Lokalität nicht untersucht. Es wurde nur eine einzige Arbeit über die fossilen Hölzer von Åsen veröffentlicht (Nykvist 1957).

Die Sedimente enthalten auch eine reiche Pollen-Flora. Vorläufige Berichte über die Palynologie wurden von Ross (1949) und Erdtman (1951) veröffentlicht. Spätere, gründlichere Untersuchungen von A. Skarby hatten mehrere Artikel über Farn-Sporen (Skarby 1964, 1974) und Angiospermen-Pollen, speziell den Komplex der Normapollen zum Ergebnis (Skarby 1968, 1986, Hultberg et al. 1984, Skarby et al. 1990).

Abb. 1
Karte von Süd-Schweden mit Verbreitung mariner Sedimente der Ober-Kreide und des Dan unter quartärer Bedeckung. Der Fundort Åsen liegt an der nördlichen Grenze der ober-kretazischen Meeresverbreitung (Pfeil). Aus Christensen (1986).

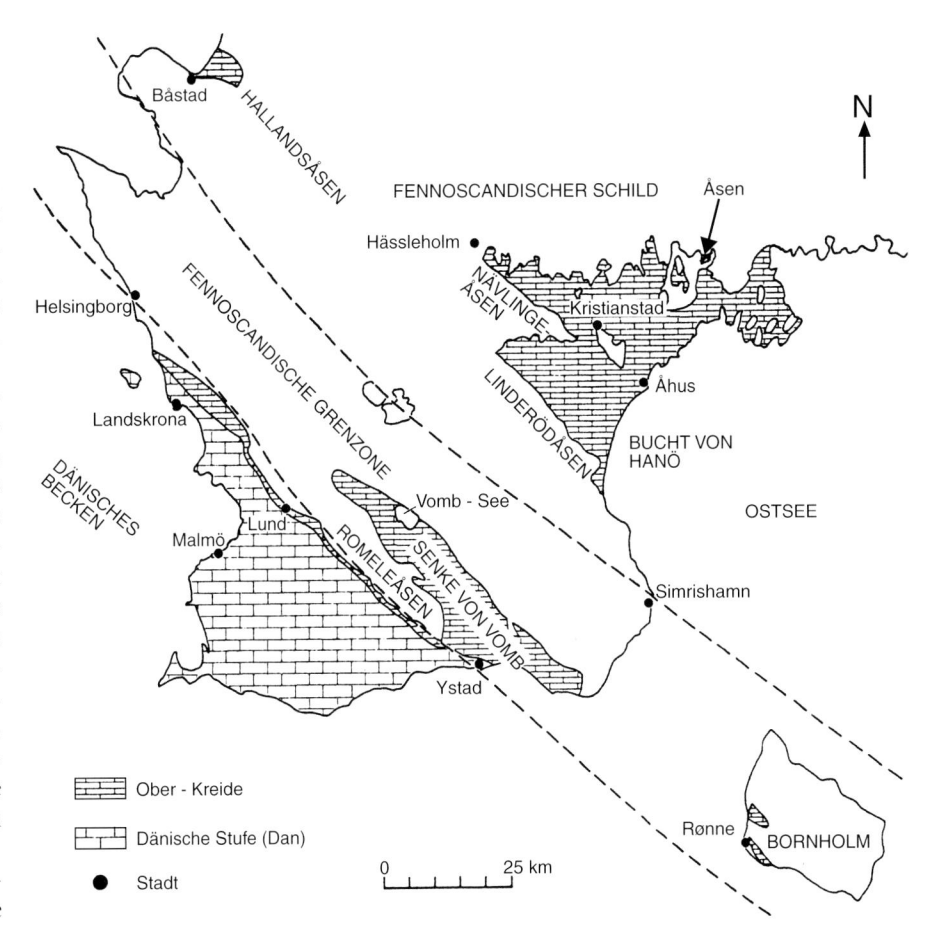

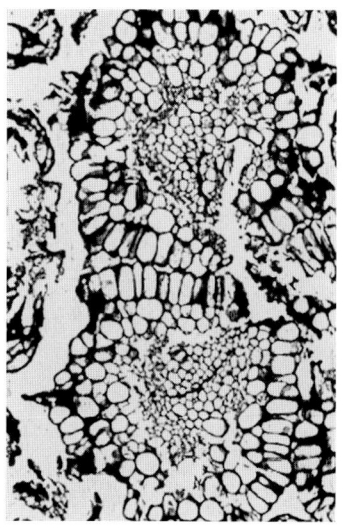

Abb. 2
***Silvianthemum suecicum**, zwei Früchte mit je drei dicken Griffeln auf den Fruchtknoten.*

Abb. 3
***Silvianthemum suecicum**, Mikrotom-Schnitt durch die Griffel mit Einzelheiten der Zellstruktur.*

Geographische und geologische Situation, Stratigraphie

Die pflanzenführenden Schichten bei Åsen sind am besten in zwei alten Kaolin-Gruben aufgeschlossen, im Bruch der Ivö AB und in dem der Höganäs AB nördlich des Ivösjön im nordöstlichen Teil der Provinz Schonen, Süd-Schweden (56° 09' N; 14° 30' E, Abb. 1). Der Ivö-Bruch wurde schon vor längerer Zeit aufgelassen, während der Höganäs-Bruch, 250 m weiter südlich gelegen, bis vor kurzem in Betrieb war. Die meisten der bisher bearbeiteten Pflanzen-Fossilien wurden in diesem Bruch gesammelt (Tafel 66). Der Höganäs-Bruch wird jetzt als Müllkippe benutzt, aber ein Teil der hier aufgeschlossenen Schichtenfolge ist im aufgelassenen Ivö-Bruch weiter für Aufsammlungen und Forschungsarbeiten zugänglich.

Die pflanzenführende Schichtfolge bei Åsen ist etwa 20 m mächtig. Sie umfasst kaolinitische Tone, Silte und Sande, die in lakustrinen und fluviatilen Milieus nahe der Küste des Oberkreide-Meeres sedimentiert wurden. Vor der Ablagerung der fluviatilen bis lakustrinen Sedimente war das Grundgebirge Schonens tiefgründig zu einer dicken Decke kaolinitischen Materials verwittert. An vielen Orten ist dieser kaolinitische Verwitterungs-Rückstand vollständig abgetragen worden, aber in der Umgebung von Åsen wurde über 40 m mächtiges, kaolinitisch verwittertes Grundgebirge in situ unter der fluviatil-lakustrinen Schichtenfolge angetroffen (Lundegren 1931, 1934). Mariner, glaukonitischer Sand überlagert die fluviatil-lakustrine Folge an wenigen Stellen, und die gesamte Kreide wird von einer dünnen Lage quartär-zeitlicher Ablagerungen bedeckt.

Zwei sedimentäre Einheiten können am Fundort Åsen unterschieden werden; sie sind durch einen Horizont mit starker Verwitterung getrennt (Tafel 66). Die untere Einheit mit fein gebänderten Tonen, Silten und Sanden und einer ausgedehnten Schicht toniger Gyttja wird für vorwiegend lakustrin gehalten. Die Sedimente der oberen Einheit, die gröber sind und fein- und schräg-geschichtete Sande, Silte und Tone enthalten, sind wahrscheinlich überwiegend fluviatilen Ursprungs.

Nach Pollenanalysen ist die fluviatil-lakustrine Serie ober-kretazischen Alters (etwa Campan, Skarby 1964). Der sie überlagernde marine, glaukonitische Grünsand wird durch das Vorkommen des Belemniten *Belemnellocamax mammillatus* in das obere Unter-Campan datiert (Christensen 1975). Dies ist das minimale Alter der fluviatil-lakustrinen Serie. Das Alter der pflanzenführenden Serie wird durch paläomagnetische Studien von Mörner (1983) weiter eingeengt. Er stellte in Höhe des Verwitterungs-Horizontes eine magnetische Feldumkehr fest, die der Chrone 33R entspricht. Diese kann mit Zone A im Profil Gubbio korreliert werden. Zusammen mit den überlagernden marinen Schichten datiert dies die obere sedimentäre Einheit von Åsen (die über dem Verwitterungs-Horizont) als Unter-Campan. Die untere Einheit (die unter dem Verwitterungs-Horizont) ist wahrscheinlich jüngstes Santon. Ein Alter Ober-Santon bis Unter-Campan für die gesamte Serie ist auch in Übereinstimmung mit der Vergesellschaftung disperser Megasporen (Koppelhus et Batten 1989) und den Pollenfloren (Skarby 1964, S. Clausen, unveröffentlicht). Obwohl die Pflanzen-Gesellschaften der zwei Einheiten deutliche Unterschiede aufweisen, gibt es doch viele Taxa, die der oberen und unteren Schicht gemeinsam sind. Dies weist darauf hin, dass die stratigraphische Lücke zwischen den Einheiten wahrscheinlich nicht bedeutend ist. Dagegen gibt es eine beträchtliche stratigraphische Lücke zwischen der sedimentären Serie und dem unterlagernden kaolinitischen Verwitterungs-Rückstand. Die kaolinitische Verwitterung wird allgemein für unter-kretazisch gehalten, doch ist der Umfang der Lücke nicht mit Sicherheit bestimmt.

Vorkommen und Erhaltungszustand der Fossilien

Pflanzen-Fossilien enormer Vielfalt kommen in allen Lagen der pflanzenführenden Serie vor. Es gibt einige Unterschiede in Zusammensetzung und Erhaltung in der Schichtenfolge, aber alle Proben enthalten reichlich wohlerhaltene Fossilien. Das pflanzliche Material erscheint in den Sedimenten als dunklere Flecken oder Laminae; einzelne Fossilien sind aber mit blossem Auge nicht erkennbar. Die Fossilien werden aus den unverfestigten Sedimenten durch Schlämmen in Wasser auf einem feinmaschigen Sieb gewonnen. Nach dem Sieben werden die organischen Rückstände mit Flusssäure und Salzsäure behandelt, um anhaftende mineralische Substanz zu entfernen. Die Fossilien werden dann gründlich mit Wasser gespült und an der Luft getrocknet. Wegen der Art ihrer Erhaltung überstehen die Fossilien das Trocknen ohne zu zerbrechen oder zusammenzufallen, was die Handhabung des Materials verhältnismässig einfach macht.

Mit Ausnahme von Koniferen-Zapfen, Ästen und Holz sind die meisten Fossilien klein, wenige Millimeter gross oder kleiner, so dass sie unter dem Stereo-Mikroskop ausgelesen werden müssen. Material für anatomische Studien wird in Kunstharz eingebettet, auf einem Ultramikrotom mit einem Glas- oder Diamant-Messer geschnitten und unter dem Licht-Mikroskop oder im Tunnel-Elektronen-Mikroskop (TEM) untersucht. Stücke für morphologische Detailuntersuchungen unter dem Raster-Elektronen-Mikroskop (REM) werden mit Nagellack auf Trägern montiert und mit Gold beschichtet.

Die meisten Pflanzenfossilien sind körperlich erhalten. Ihre Oberfläche ist normalerweise schwarz und stark reflektierend; interne Zellstrukturen zeigen eine Homogenisierung der Zellwände. Dies weist darauf hin, dass die Pflanzenfossilien infolge von Vegetations-Bränden verkohlt wurden und deshalb erhalten blieben. Aufgrund von Vergleichen mit Zellwand-Strukturen in experimentell verkohltem Pflanzenmaterial (Scott et Jones 1991) nehmen wir an, dass das Material von Åsen bei mässigen Temperaturen zwischen 240 und 370 °C verkohlt ist. Verkohlen verleiht dem pflanzlichen Gewebe Festigkeit und verhindert seinen Zusammenbruch nach Einbettung in das Sediment. Andererseits macht Verkohlen die Fossilien spröde, so dass sie nur nach Einbetten in hartes Harz geschnitten werden können.

Infolge Verkohlen haben die pflanzlichen Organe ihre ursprüngliche dreidimensionale Form behalten (Tafeln 67–72). Von Blüten können alle Bestandteile erhalten bleiben: Kelchblätter, Blütenblätter, Staubgefässe und Fruchtblätter. Feine Haare und andere epidermale Strukturen sind ebenfalls erhalten, doch können sie infolge Schrumpfung etwas verändert sein. Oft sind noch Pollenkörner in den Staubgefässen erhalten. Die äussere Morphologie und Details der Pollenkörner sind normalerweise intakt (Abb. 6). Dagegen sind Einzelheiten der Ultrastruktur verlorengegangen, und die Pollenkörner sind im Bereich der Apertur oft stark eingesunken. Die körperliche Erhaltung der Blüten ermöglicht die genaue Rekonstruktion ihrer ursprünglichen Struktur und ihres Bauplans (Abb. 4) und die Erarbeitung von Blüten-Diagrammen.

Zusätzlich zu den in Holzkohle erhaltenen enthält die Gesellschaft von Åsen auch kompaktierte, in Lignin erhaltene Fossilien. Diese sind normalerweise braun und haben nicht oder wenig reflektierende Oberflächen (Abb. 5). Die lignitisierten Fossilien sind am häufigsten in der tonigen Gyttja in der unteren sedimentären Einheit zu finden, während Holzkohle-Fossilien in allen Schichten vorkommen. Die lignitisierten Fossilien bilden eine unschätzbare Ergänzung zu den in Holzkohle erhaltenen. Ihre dreidimensionale Form mag schwierig zu rekonstruieren sein, aber man kann sie mazerieren, und sie liefern dann wertvolle Informationen zu Details der Zellstruktur. Auch Pollenkörner sind normalerweise besser erhalten (Abb. 6) und zeigen viele ultrastrukturelle Einzelheiten wie die Struktur des Endexin.

Die Fossilien

Die Fossil-Gesellschaften von Åsen sind nicht nur aussergewöhnlich artenreich, sondern auch reich an Individuen. Ein Taxon kann durch mehrere Entwicklungsstadien wie Blüten-Knospen, offene Blüten, reife Früchte und von der Pflanze ausgestreute Samenkörner vertreten sein. Die auffälligsten Fossilien in Åsen sind Reste von Angiospermen, aber die Flora ist auch reich an Organen anderer Pflanzengruppen. Zu ihnen gehören feine Stengel von Moosen, Triebe und Megasporen von Selaginellaceen, Megasporen aus der Verwandtschaft von *Isoëtes*, fertile und vegetative Fragmente von Farnen und eine beträchtliche Vielfalt von Koniferen, die durch Äste, Zapfen, Pollensäcke und Samen vertreten sind. Megasporen wurden im Detail beschrieben von Koppelhus et Batten (1989). Sie haben 20 Arten bestimmt, von denen vier neu waren. Die Koniferen-Reste wurden von Srinivasan et Friis (1989) beschrieben. Drei neue Gattungen und sechs neue Arten wurden aufgrund von Unterschieden in der Blattmorphologie und den Epidermis-Strukturen aufgestellt. Die fossilen Koniferen zeigen enge Verwandtschaft zu heutigen Taxodiaceen, können aber modernen Taxa nicht zugeordnet werden.

Die angiospermen Fossilien von Åsen liefern eine wichtige Grundlage für das Studium der systematischen Verwandtschaft der Angiospermen der oberen Kreide und für Aspekte ihrer Reproduktions-Biologie und ihrer Verbreitung.

Zwei Blütentypen mit deutlich verschiedener Organisation und mutmasslicher verschiedener Reproduktions-Biologie dominieren die Fossilgesellschaften von Åsen: (1) windbestäubte Blüten mit einfacher Hülle, mit Pollen vom Normapollen-Typ; (2) insektenbestäubte Blüten mit doppelter, aus Kelch und Krone bestehender Hülle hauptsächlich aus der Verwandtschaft der Rosiidae.

Fossile Blüten und Früchte, die dem Normapollen-Typ zugerechnet werden, umfassen sechs Arten aus drei ausgestorbenen Gattungen (*Antiquocarya*, *Caryanthus*, *Manningia*) mit kleinen, bisexuellen Blüten mit einfacher, nicht differenzierter Blütenhülle, unterständigem, einfächerigem Fruchtknoten mit einer einfachen, geraden (orthotropen) Samenanlage und triporaten Pollenkörnern vom Normapollen-Typ mit komplexen, vorstehenden Aperturen. Der Vergleich mit modernen Pflanzen zeigt, dass diese Normapollen produzierenden Blüten mit windbestäubten Taxa der Juglandales und Myricales sehr nahe verwandt sind (Friis 1983). Die Normapollen produzierenden Pflanzen scheinen die an Zahl weit vorherrschenden Elemente der oberen Einheit am Fundort Åsen zu sein; einige der Arten sind durch tausende Exemplare vertreten. Andere Taxa der Hamamelidae in den Gesellschaften von Åsen umfassen die ausgestorbene Hamamelidaceen-Gattung *Archamamelis* (Endress et Friis 1991) und Arten der ausgestorbenen Platanaceen-Gattungen *Platananthus* und *Platanocarpus* (Friis et al. 1988). Reste von *Platananthus*, besonders isolierte Staubblätter, sind eines der auffälligsten Elemente in der unteren Einheit der Schichten von Åsen (Abb. 6).

Blüten aus der Verwandtschaft der Angiospermen-Unterklasse Rosiidae mit Blütenhülle aus Kelch und Krone bilden ein anderes auffälliges Element der Flora. Die Blüten sind unterständig oder, häufiger, oberständig, Blütenhülle und Staubblätter sind 4- oder 5-zählig, mit normalerweise 2 oder 3 Fruchtblättern. Die Pollenkörner sind sehr klein, tricolpat oder tricolporat, manchmal mit einer pollenkittartigen Substanz. Die Fruchtknoten haben typischerweise zahlreiche kleine, hängende (anatrope) Samenanlagen, und viele Taxa weisen ein gut entwickeltes, scheibenförmiges Nektarium auf – eine für Bestäubung durch Insekten charakteristische Kombination.

Die ersten Blüten, die vom Fundort Åsen beschrieben wurden, sind zwei Arten, die der ausgestorbenen Gattung *Scandianthus* zugewiesen wurden (*S. costatus* und *S. major* Friis et Skarby 1981, 1982, Tafeln 70, 71) gehören zu dem oben beschriebenen Blütentyp. Die Blüten von *Scandianthus* sind klein, etwa 1 bis 2,5 mm lang, bisexuell und radiärsymmetrisch mit 5 Kelchblättern, 5 Kronblättern,

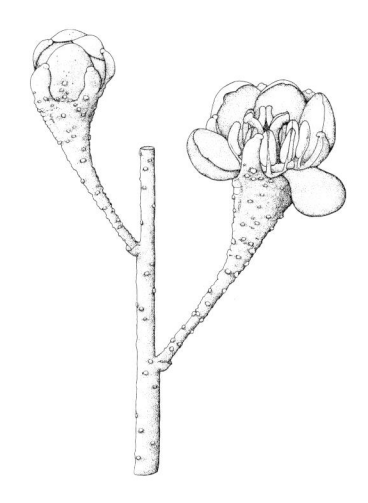

Abb. 4
Silvianthemum suecicum,
Rekonstruktion von Blütenstand und Blüten (aus Friis 1990).

Abb. 5
Kleines, lignitisiertes Blatt aus der tonigen Gyttja.

Abb. 6
Platananthus scanicus*, REM-Bild von Pollenkörnern aus einem lignitisierten Staubblatt (aus Friis et al. 1988).*

10 Staubgefässen in 2 Kreisen und 2 unterständigen Fruchtblättern mit zahlreichen, kleinen Samenanlagen. Auf dem Fruchtknoten tragen diese Blüten ein deutliches, 10-lappiges Nektarium. Ein weiteres Beispiel dieses allgemeinen Bauplans wurde später mit der fossilen Blüte von *Silvianthemum suecicum* beschrieben (Friis 1990). Diese Blüte ist die am besten bekannte unter den fossilen Pflanzen von Åsen. Sie soll deshalb hier genauer behandelt werden, um die Erhaltung der Fossilien und die Menge an Information zu zeigen, die aus diesem Material gewonnen werden kann.

Silvianthemum suecicum umfasst kleine Blütenknospen ebenso wie reife Früchte (Abb. 2–4). Die Blüten sind bisexuell, oberständig und radiär mit einer fünfzähligen Blütenhülle aus 5 Kelch- und 5 Kronblättern. Die Kelchblätter sind kurz, lanzettförmig und frei, sie bedecken die Kronblätter in der Knospe nicht (Tafeln 67–69). Die Kelchblätter sind dick, anscheinend lederig und zeigen im Dünnschnitt mehrere Zelllagen. Die Kronblätter sind eiförmig, ganzrandig und quincuncial deckend (2/5-Stellung). Auch sie zeigen im Dünnschnitt mehrere Zelllagen und mehrere Gefässbündel. Das Androecium hat 2 Staubblattkreise, offenbar 5 Blätter in jedem Kreis. Die Staubblätter haben je 4 Pollensäcke, die Pollenkörner sind dreifurchig. Der Fruchtknoten besteht aus 3 Fruchtblättern mit 3 dicken Griffeln. Die Frucht ist eine einfächerige Kapsel, die sich zwischen den Griffeln öffnet. Die zahlreichen Samenanlagen sind randständig. Einfache, einzellige Haare stehen auf der Blütenhülle und dem Fruchtknoten. Auffällige, vielzellige Drüsenhaare sind charakteristisch für die Oberfläche von Fruchtknoten und Kelchblättern.

Kleine Fragmente von Stengeln und Blättern mit gleicher Behaarung kommen zusammen mit den Blüten vor; sie gehören höchstwahrscheinlich zur selben Pflanze.

Silvianthemum suecicum zeigt grosse Ähnlichkeit mit Blüten rezenter Mitglieder der Familie Escalloniaceae, besonders mit der Gattung *Quintinia*, die auf der südlichen Hemisphäre, auf den Phillipinen und von Neu Guinea bis Australien vorkommt.

Rekonstruktion des Milieus

Auf Grund der geologischen Gegebenheiten und der vom Fundort Åsen bestimmten Pflanzenreste haben wir versucht, die Vegetation der oberen Kreide in Schonen zu rekonstruieren (Tafel 65). Die geologischen Daten zeigen, dass die Pflanzenfossilien in der Ober-Kreide in einem fluviatilen bis lakustrinen Milieu nahe der Küste abgelagert wurden. Der Erhaltungszustand des Materials mit zerbrechlichen Blüten und vielen Details zeigt, dass die Pflanzen nicht einem rauhen oder langen Transport unterworfen waren. Wir nehmen an, dass sie die Vegetation am Ufer von Seen und Flüssen und der Küstenebene darstellen. Alle Angiospermen-Reste sind klein, aber grössere Zapfen und Äste von Koniferen, die zusammen mit ihnen vorkommen, zeigen, dass die geringe Grösse der Angiospermen-Fossilien die Natur der Vegetation widerspiegelt und nicht Ergebnis von Transport und/oder Aufbereitung ist.

Grössere Stämme in der Sediment-Serie sind offenbar Koniferen, während die bisher beschriebenen Angiospermen-Hölzer nur als kleinere Bruchstücke vorhanden sind. Wir schliessen daraus, dass die meisten Angiospermen Büsche oder kleinere Bäume waren. Dies wird in gewissem Masse durch die systematischen Studien und die Wuchsformen vergleichbarer heutiger Verwandter gestützt. Die grosse Zahl vermutlich windbestäubter Pflanzen aus dem Normapollen-Komplex lässt vermuten, dass die Vegetation ziemlich offen war. Die Koniferen gehören alle in die Verwandtschaft der Taxodiaceen. Sie dürften, ähnlich wie die modernen Gattungen *Taxodium* und *Glyptostrobus*, in Küsten- oder Süsswasser-Sümpfen gewachsen sein.

Die Krautschicht war vermutlich durch Farne, Selaginellaceen und zu einem geringeren Teil durch krautige Angiospermen und Sämlinge dominiert.

Bedeutung der Fossilien für die Geschichte des Lebens

Vor 1980 waren Angiospermen-Blüten aus der Kreide extrem selten, und Modelle der Evolution primitiver Angiospermen-Blüten stützten sich ausschliesslich auf den Vergleich heutiger Blüten. Diese Modellvorstellungen besagten, dass die frühen Blüten gross waren. Die Entdeckung der kleinen Blüten von Åsen war daher eine Überraschung, welcher intensive Suche nach ähnlich kleinen Blüten von vergleichbaren unverfestigten kontinentalen Sedimenten in anderen Teilen der Welt folgte. Im Laufe von etwa 15 Jahren wurden zahlreiche Floren der Kreide mit Angiospermen-Blüten, -Früchten und -Samen gefunden (Friis et al. 1994). Diese Floren sind ein äusserst wertvolles Mittel, Hypothesen über frühe Angiospermen zu überprüfen und neue Modelle ihrer Evolution zu entwickeln. Sie haben grossen Einfluss auf jüngste Fortschritte bei der Suche nach Ursprung und Stammesgeschichte der Angiospermen.

Die Unter-Kreide von Las Hoyas, Cuenca, Spanien

José Luis Sanz
Universidad Autónoma, Madrid, Spanien

Carmen Diéguez
Museo Nacional de Ciencias Naturales, Madrid, Spanien

Francisco José Poyato-Ariza
Universidad Autónoma, Madrid, Spanien

Entdeckung und Erforschung

Die Fossilfundstätte Las Hoyas wurde zu Beginn der 80er Jahre durch den örtlichen Privatsammler Armando Díaz Romeral und den Geologen Santiago Prieto entdeckt (Prieto et Díaz-Romeral 1989). Sie bemerkten Fossilien in Kalkstein-Platten, die zum Bau von Mauern und Fusswegen verwandt wurden. Die ersten Arbeiten im Aufschluss wurden im Sommer 1985 unternommen. Seither sind einige 8000 Fossilien geborgen worden. Zusätzlich zu den Körperfossilien, die in diesem Artikel genannt werden, wurden Spurenfossilien von Invertebraten und Vertebraten gesammelt (Moratalla et Fregenal-Martínez 1995). Das meiste Material, das dem Museo de Cuenca gehört, ist vorläufig an der Unidad de Paleontología, Universidad Autónoma de Madrid (UAM) untergebracht.

Die Zusammenarbeit mit örtlichen Einrichtungen, dem Museo de Cuenca und der „ICONA" (Spanische Umwelt-Agentur), ist für die Kenntnis der Fossillagerstätte entscheidend gewesen. Mehrere Institutionen haben die Forschungen finanziell gefördert: die Dirección General de Investigatión Científica y Técnica des spanischen Ministeriums für Bildung und Wissenschaft, die Junta de Comunidades de Castilla-La Mancha (Bezirksregierung) und „Earthwatch". Von Beginn an wurde beim Studium der Fossillagerstätte Las Hoyas ein multidisziplinäres Vorgehen angestrebt. Dies wird gegenwärtig durch ein Projekt der Europäischen Union im „Human Capital and Mobility Programme" ermöglicht. Es hat uns erlaubt, eine Gruppe Spezialisten von folgenden Instituten zusammenzubringen: Universidad Autónoma de Madrid, Universidad Complutense de Madrid, Museo Nacional de Ciencias Naturales de Madrid, Universitat Central de Barcelona, Universidad de País Vasco (Bilbao), Muséum National d'Histoire Naturelle de Paris, University College of London, Birbeck College (London) und Universidad d'Aveiro (Portugal).

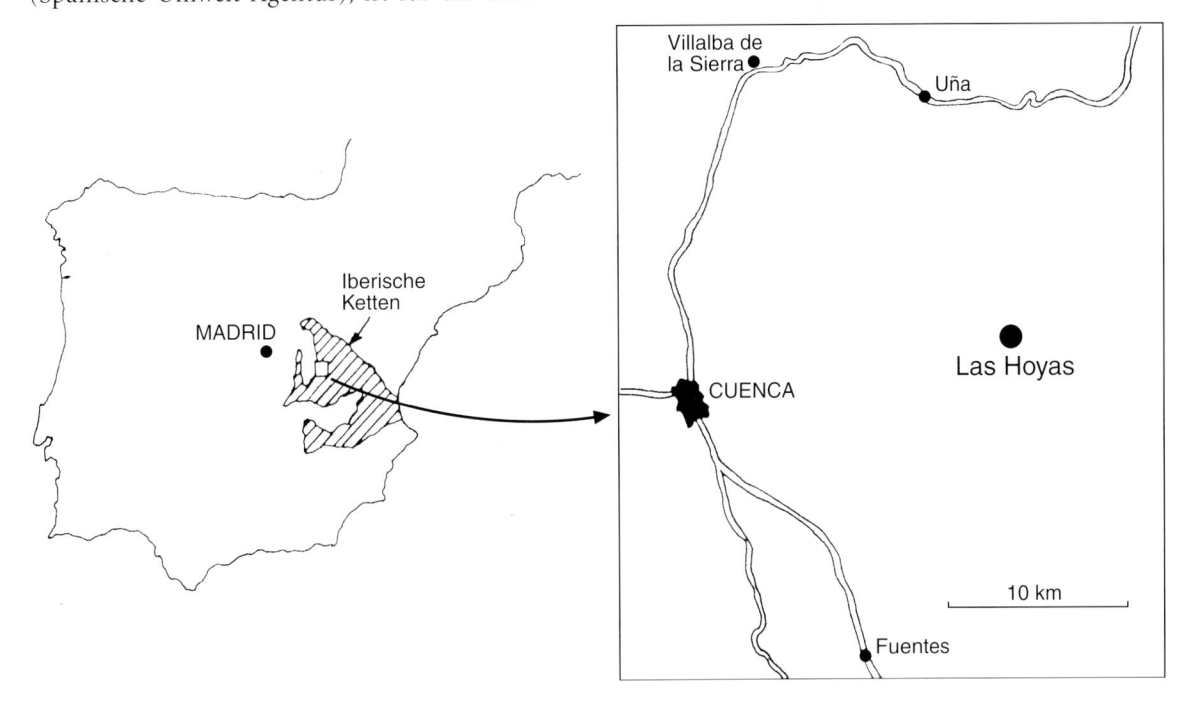

Abb. 1
Geographische Lage der Fossillagerstätte Las Hoyas. Nach Gómez-Fernández et Meléndez (1991), leicht verändert.

Geologische und geographische Umstände

Das Vorkommen der Unter-Kreide von Las Hoyas liegt im südlichen Teil der Serranía de Cuenca, die zu den Iberischen Ketten gehört. Der Fossil-Fundort liegt etwa 30 km östlich der Stadt Cuenca, diese wiederum etwa 160 km nordöstlich Madrid (Abb. 1). Der Aufschluss gehört zu der Calizas de la Huérgina-Formation, deren Alter traditionell als Ober-Hauterive bis Unter-Barreme angenommen wird (Vilas et al. 1982, Sanz et al. 1988b). Neue Bestimmungen an Charophyten, Ostracoden und Palynomorphen scheinen aber auf ein ober-barremisches Alter (ca. 115 millionen Jahre) der Serie zu deuten (Diéguez et al. 1995).

Die hauptsächlich fossilführende Fazies von Las Hoyas sind rhythmisch durch Varven gebänderte Kalksteine (Fregenal-Martínez 1991, Fregenal-Martínez et Meléndez 1994, 1995, Fregenal-Martínez et al. 1995). Sie wurden als Ablagerungen eines Sees gedeutet. Das Becken von Las Hoyas dürfte ein Gebiet von etwa 150 km² bedeckt haben. Die Sedimente, die dieses Becken füllen, haben eine Mächtigkeit von maximal 300 m. Diese Serie kann man aufgrund unterschiedlicher Ablagerungsbedingungen in wechselnden Milieus in drei grössere, unterschiedliche Einheiten unterteilen (Gómez-Fernández et Meléndez 1991, Fregenal-Martínez et Meléndez 1994, 1995). Während der ersten Phase der Auffüllung des Beckens bestehen die Sedimente aus Mergeln, massigen Kalken mit Charophyten und Ostracoden sowie Sandsteinen und Konglomeraten, die auf einer Ebene im Unterlauf eines Flusses abgelagert wurden. Während der zweiten Phase breitete sich ein weiträumiges lakustrines Karbonat-Milieu aus. In der Geschichte dieses Sees gibt es mehrere Zeiten der Vertiefung und der Verflachung. Die fossilreichsten, fein laminierten Kalksteine der Aufschlüsse von Las Hoyas bildeten sich während der Phasen der Vertiefung. Zu diesen Zeiten war der Wasserkörper des Sees wahrscheinlich geschichtet, so dass die tiefsten und zugleich kältesten Wasserschichten frei von Sauerstoff waren (Fregenal-Martínez et Meléndez 1994). Während der dritten Phase schliesslich war die paläogeographische Situation wieder die einer alluvialen Ebene mit Flussläufen und Altarmen.

Die bedeutendste Anhäufung von Fossilien geschah während der zweiten Phase in einem See in einer tropischen bis subtropischen Umgebung mit wechselnd ariden und humiden Jahreszeiten (Tafel 73). Der See führte ausschliesslich Süsswasser ohne jeden marinen Einfluss, wie geochemische Analysen von Strontium- und anderen stabilen Isotopen zeigen (Talbot et al. 1995).

Die Flora

Die fossile Flora von Las Hoyas ist erstaunlich reich an Zahl der Funde, Vielfalt der Taxa und Qualität der Erhaltung. Der Reichtum dieses Aufschlusses zeigt sich nicht nur in der Zahl der Pflanzen, bisher einige hundert, sondern auch in der Diversität der Lebensformen. Praktisch alle grösseren Gruppen Pflanzen sind vertreten von Süsswasser-Algen wie Charophyten bis zu primitiven Angiospermen, so dass der Eindruck einer ziemlich vollständigen Pflanzengesellschaft in einem Ökosystem der Unter-Kreide entsteht.

Die Zusammensetzung der makroskopischen Flora ist allgemein den Wealden-Floren anderer europäischer Lokalitäten sehr ähnlich. Die Bryophyten sind durch verschiedene Arten von *Thallites* vertreten. Es gibt Farne wie *Cladophlebis browniana*, *Weichselia reticulata* und verschiedene Arten der Gattungen *Onychiopsis* und *Rufford*ia (Abb. 2). Die Cycadophyten sind durch *Zamites* gut vertreten. Vertreter dreier Familien Coniferen (Cheirolepidiaceae, Cupressaceae und Podocarpaceae) sowie Gnetales wurden ebenfalls bestimmt.

Trotz der allgemeinen Ähnlichkeit unterscheidet sich die Flora von Las Hoyas in zwei Punkten von anderen unter-kretazischen Floren. Erstens durch die Anwesenheit einiger Elemente mit sehr begrenztem fossilen Vorkommen, von denen bisher nur wenige Exemplare bekannt waren, so wie die Gnetale *Drewria potomacensis*. Das Vorkommen von fossilen *Drewria* war zuvor auf die Potomac Group in Nord-Amerika beschränkt, die stratigraphisch jünger ist als Las Hoyas. Zweitens durch die Anwesenheit von Elementen, deren fossile Vorkommen zeitlich und räumlich eng begrenzt sind, von denen aber zahlreiche Individuen bekannt sind, so wie *Montsechia vidali* (Abb. 3). *Montsechia* ist eine rätselhafte Pflanze, die als Vertreterin verschiedener Gruppen angesehen worden ist, von Bryophyten (Blanc-Louvel 1991) bis zu Blütenpflanzen (Teixeira 1954). Sie war früher nur von Montsec bei Lérida bekannt, einer

Abb. 2
Vollständiger Wedel von
Ruffordia goepperti.

katalanischen Lokalität, die als Berrias bis Valendis datiert. *Montsechia* ist die bei weitem häufigste Pflanze in Las Hoyas, sie macht 70 % aller Pflanzenreste aus. Der hauptsächliche Unterschied zwischen Las Hoyas und den Wealden-Floren ist aber ohne Zweifel das Vorkommen von Blättern primitiver Angiospermen.

Die mutmasslichen Angiospermen-Blätter von Las Hoyas (Blüten sind nicht bekannt) werden dominiert von einer palmaten Form, die zwischen gelapptem und gefiedertem Umriss variiert. Das Blatt kann im weiteren Sinne als platanoid bezeichnet werden. Das Vorkommen von Angiospermen-Blättern ist von enormer Bedeutung nicht nur biostratigraphisch und paläogeographisch, sondern auch in paläökologischer und evolutionärer Hinsicht.

Die meisten Pflanzenreste sind Blätter und Samen. Die Reste, Blätter, Samen, Stiele, Zweige mit Blättern und sogar Blütenstände, sind als Abdrücke, als Mumien und inkohlt erhalten. Bei einer Aufschlüsselung der verschiedenen Erhaltungszustände auf verschiedene Taxa fanden wir von *Montsechia* 50% und von *Weichselia* 40 % der Reste inkohlt. Ein höherer Prozentsatz von Mumien wird allgemein bei den Coniferen gefunden, obwohl eine grosse Zahl von *Montsechia*-Resten ebenfalls mumifiziert ist. Alle Farne und Cycadophyten sind als Abdrücke erhalten.

Der hohe Anteil zusammenhängender Pflanzen-Organe ist ganz bemerkenswert. Es wurden Coniferen-Stämme mit zapfentragenden Ästen gefunden. Die Erhaltung histologischer Strukturen und sehr zerbrechlicher Einzelheiten ist ebenfalls hervorragend. Gametophyten von Hepaticae, nicht entrollte Wedel von Farnen („Bischoffstäbe") mit ihrer circinaten Nervatur sowie Charophyten, die als ganze Pflanzen erhalten sind, wurden auch in Las Hoyas gesammelt. Die meisten Fossilien sind nicht deformiert, mit Ausnahme der Stämme, Zweige und Zapfen, die leicht geplättet sind und ihre radiale Symmetrie verloren haben.

Einige der fossilen Pflanzen sind von besonderer Bedeutung für die Interpretation der paläökologischen Umstände, unter denen sie sich entwickelt haben. Das ist der Fall bei *Weichselia* oder *Ruffordia* (Farne) und bei der Cheirolepidiaceae (Conifere) *Frenelopsis*. Die anatomischen Merkmale gut erhaltener Pflanzen sind allgemein eine wichtige Quelle paläökologischer Information, zum Beispiel die Stomata. Im Fall des Materials von Las Hoyas erlauben die Abdrücke einiger Coniferen ein Verständnis des paläoklimatischen Milieus des Sees in der Unter-Kreide. Die Pflanzen von Las Hoyas wuchsen wahrscheinlich in einem warm-gemässigten, subtropischen Klima mit jahreszeitlichen Trocken-Perioden. Aus paläökologischer Sicht ist auch der Fund von Charophyten, die als ganze Pflanzen erhalten sind, bemerkenswert. Diese Charophyten bieten eine erste Information zur Struktur einer Pflanzen-Gemeinschaft in einem unter-kretazischen Süsswasser-Environment.

Invertebraten-Fauna

Die häufigsten Invertebraten in der Fauna von Las Hoyas sind Arthropoden (Sanz et al. 1988b, 1994). Daneben müssen viele andere Invertebraten in dem See von Las Hoyas und in seiner Umgebung gelebt haben. Aber nur wenige Reste von Mollusken sind bisher geborgen worden, darunter winzige Schnecken und Muscheln vom Typ *Unio*. Sie sind normalerweise als Steinkerne erhalten.

Die Arthropoden-Fauna von Las Hoyas umfasst:

Ostracoden.– 16 Arten dieser winzigen Schalenkrebse sind bekannt. Die Ostracoden-Gemeinschaft von Las Hoyas ist charakteristisch für ein Süsswasser-Milieu (Rodríguez-Lázaro 1995).

Decapoden.– Der Krebs *Pseudoastacus llopisi* (Abb. 4) ist einer der häufigsten Organismen in Las Hoyas. Er wird gelegentlich in Anhäufungen gefunden, die auf Massensterben deuten. *Pseudoastacus* war vermutlich ein Aasfresser, der die sauerstoffreichen Wässer der Uferregion bewohnte (Rabadá 1993). Einige Fische, deren Skelette teilweise oder gänzlich verstreut gefunden wurden, mögen Zeugen von Mahlzeiten dieser Krebse sein. Die allgemeine Gestalt von *Pseudoastacus* ist die eines Bodenbewohners, während der seitlich zusammengedrückte Körper eines anderen häufigen Decapoden, der Garnele *Delclosia*, dem eines aktiven Schwimmers ähnelt (Rabadá 1993).

Der dritte Decapode von Las Hoyas ist recht selten. Es ist eine kleine Krabbe mit abgeflachtem, wohlentwickeltem Cephalothorax, von Sanz et al. (1988b) als möglicher Eryonide genannt, aber nach Rabadá (1991) den Misidiacea näherstehend.

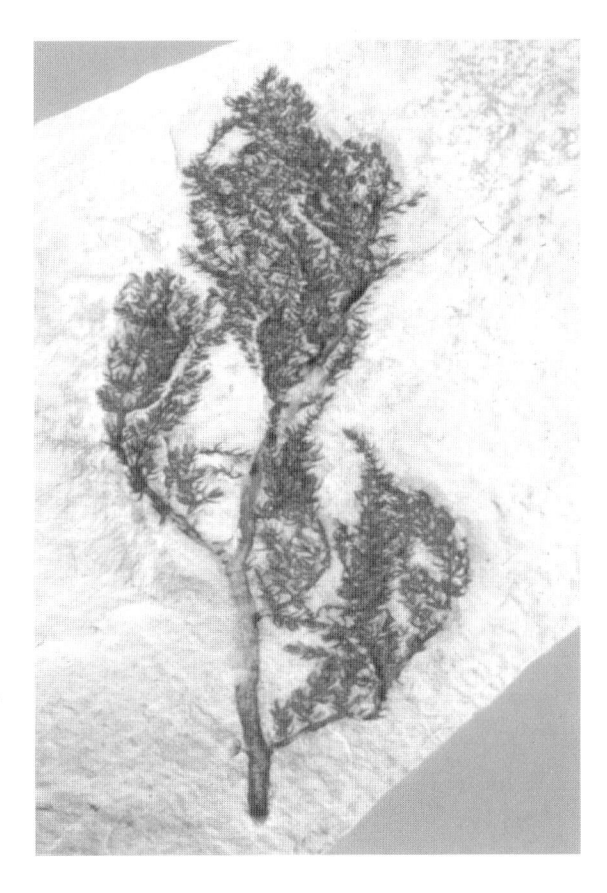

Abb. 3
Stamm und drei Ordnungen Verzweigungen bei **Montsechia vidali**.

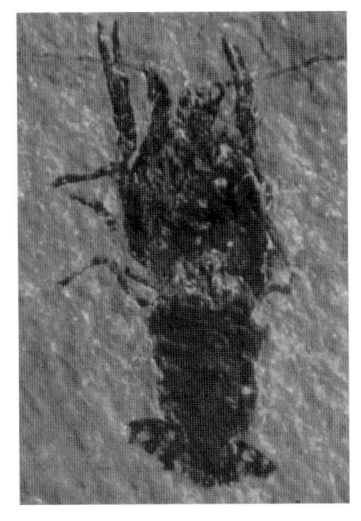

*Abb. 4
Der Krebs **Pseudoastacus llopisi**.*

*Abb. 5
Eine wasser-bewohnende Wanze, **Iberonepa romerali** (etwa 10 mm lang). Photo: X. Martínez-Delclòs.*

Spinnen.– Reste mesozoischer Spinnen sind sehr selten. Es gibt mindestens zwei Formen in Las Hoyas; sie unterscheiden sich von denen von Montsec (Martínez-Delclòs, persönliche Mitteilung, und Selden, in Vorbereitung).

Insekten.– Die Insekten-Reste von Las Hoyas umfassen aquatische und terrestrische Formen (Martínez-Delclòs 1989, 1991, Martínez-Delclòs et Ruiz de Loizaga 1994). Nach gegenwärtigem Wissensstand handelt es sich um 36 Arten aus 15 Ordnungen. Unter den Insekten-Ordnungen von Las Hoyas können wir nennen: Odonata (Libellen oder Jungfern), vertreten durch 3 Familien und umfassen adulte und larvale Individuen; Blattoidea (Schaben) sind von Las Hoyas durch die Familie Mesoblattinidae mit 3 Arten bekannt; Orthoptera sind durch einige unvollständige Exemplare der Gryllidae (Grillen) vertreten; Isoptera (Termiten) sind durch eine kleine Zahl Individuen bekannt, die den ältesten Beleg für staatenbildende Insekten in der geologischen Überlieferung darstellen; von Heteroptera (Wanzen) sind zahlreiche wasserbewohnende Wanzen der Familie Belostomatidae bekannt, drei neue Gattungen und Arten: *Hispanepa conquensis, Torcanepa magnaspes* und *Iberonepa romerali* (Martínez-Delclòs 1991). Hunderte Individuen von *Iberonepa* (Abb. 5) wurden geborgen; sie enthalten verschiedene ontogenetische Stadien und ermöglichen so die Kenntnis der Entwicklung dieses Organismus. Aquatische und terrestrische Coleoptera (Käfer) sind von Las Hoyas bekannt, darunter eine Form, die wahrscheinlich koprophagen (Kot fressenden) Formen nahesteht. Der Luftraum um den See war von weiteren Insekten belebt, die zu zwei Ordnungen gehören: Diptera (Fliegen) als Imagines und zarte Larven und Hymenoptera (Wespen und Bienen).

Vertebraten-Fauna

Fische.– Das Süsswasser des Sees von Las Hoyas war von zahlreichen, hoch differenzierten Knochenfischen bevölkert (Sanz et al. 1988b, Poyato-Ariza 1989, Poyato-Ariza et Wenz 1990, 1995)(Tafel 73). Mindestens 16 Gattungen sind bekannt. Von Sarcopterygiern (Quastenflossern) sind nur wenige, unvollständig erhaltene Exemplare des Coelacanthiden *Holophagus* ausgegraben worden. Andererseits sind Actinopterygier (Strahlenflosser) erstaunlich zahlreich; einige von ihnen sind nur von Las Hoyas oder zugleich von Montsec (Lérida, Katalonien) bekannt. Während der Unter-Kreide gab es noch eine sehr bedeutende Vielfalt primitiver Halecostomen, Knochenfischen mit dicken Schuppen, nicht verknöcherten Wirbel-Zentren und einem Muster des Schädel- und Caudalskeletts, das nur sehr wenige heutige Formen zeigen. Diese primitiven Halecostomen umfassen die Gruppen (1) Semionotiformes mit einigen Arten der rhomboid-schuppigen Gattung *Lepidotes* (Tafel 75), (2) Amiiformes wie *Caturus, Amiopsis* und *Vidalamia*, (3) Macrosemiidae mit dem recht häufigen *Notagogus* mit doppelter Dorsalflosse und *Propterus*, (4) mindestens zwei verschiedene Pycnodontiformes (Wenz et Poyato-Ariza 1995), rundkörperige, seitlich abgeflachte Formen mit auf harte Nahrung spezialisierter Bezahnung und (5) Pholidophoriformes, die einige relativ fortschrittliche Merkmale zeigen und durch die Gattung *Pleuropholis* bekannt sind.

Die Teleosteer machen die meisten Fisch-Faunen seit der Oberen Kreide aus, waren aber schon in der Unter-Kreide verhältnismässig differenziert. Sie sind in Las Hoyas durch mehrere, häufige Formen vertreten. Sie enthalten zwei primitive Ostariophysi (die grösste Gruppe heutiger Süsswasser-Fische) der Ordnung Gonorhynchiformes: *Rubiesichthys gregalis*, auch von Montsec bekannt (Wenz 1984, Poyato-Ariza 1991, 1995a), und *Gordichthys conquensis*, der nur von Las Hoyas bekannt ist (Poyato-Ariza 1991, 1994, 1995b). Sie bilden die Subfamilie Rubiesichthyinae innerhalb der monophyletischen Familie Chanidae (Poyato-Ariza 1996). Die restlichen Teleosteer wurden den „Leptolepiden" zugeschrieben; vorläufige Studien zeigen aber, dass sie etwas ganz anderes sind (Poyato-Ariza 1993). Diese Formen sind unglaublich häufig und kommen gelegentlich in Lagen juveniler Exemplare vor, die durch Massensterben erzeugt wurden (Wenz et Poyato-Ariza 1994, Pinardo-Moya et al. 1995). Der Fundort Las Hoyas ist bemerkenswert wegen des unüblichen Vorkommens zahlreicher gut erhaltener juveniler Individuen, die zu den kleinsten bekannten fossilen Fischen gehören (Wenz et Poyato-Ariza 1994). Es gibt Jugendformen von den meisten bekannten Fisch-Taxa einschliesslich vollständiger ontogenetischer Serien von beispielsweise *Notagogus* und *Rubiesichthys*.

Amphibien.– Zwölf Exemplare von Anuren (Frösche) sind bis heute in Las Hoyas zutage gekommen. Die meisten von ihnen (Abb. 6) können der Gattung *Eodiscoglossus* zugewiesen werden (Sanz et al. 1988b, Evans et al. 1995). Es gibt mehr als 20 vollständige, zusammenhängend erhaltene Skelette von *Caudata* (Schwanzlurchen). Sie sind die grösste bekannte Sammlung primitiver Salamander. Es gibt drei Arten, eine von ihnen sehr wahrscheinlich amphibischer, die anderen beiden aquatischer Lebensweise (Evans et al. 1995). Die Albanerpetodontiden sind eine Gruppe primitiver, Salamander-ähnlicher Amphibien, die vom Jura bis zum Miozän vorkommen. In Las Hoyas sind sie durch das erste vollständige Individuum dieser rätselhaften Gruppe vertreten, den neuen *Celtedens ibericus* (McGowan et Evans 1995). Dieses Exemplar (Abb. 7) zeigt im ultravioletten Licht Spuren der Haut mit Schuppen und Weichgewebe einschliesslich Abdrücken, die als Femural-Drüsen eines Männchens gedeutet werden.

Schildkröten.– Es gibt vier zusammenhängend aber unvollständig erhaltene Schildkröten. Sie sind wahrscheinlich jugendliche Individuen von Süsswasser-Formen, die Anpassungen an aktives Schwimmen zeigen (Jiménez-Fuentes 1995).

Eidechsen.– Die Eidechse *Ilerdasaurus*, von Montsec bekannt, ist auch in Las Hoyas vorhanden. Eine Anhäufung von wenigstens 5 juvenilen Exemplaren mag als ein Kothaufen oder ein Speiballen eines Raubtiers zu deuten sein (Sanz et al. 1988b, Barbadillo et Evans 1995).

Krokodile.– Die Krokodil-Fauna von Las Hoyas ist sehr divers und recht eigenartig (Buscalioni et Ortega 1995). Es gibt vier kleine Formen und eine fünfte, mehrere Meter lange, die nur durch ihre Fährte bekannt ist. Ein winziges Skelett mit grazilen Beinen wurde vorläufig in die Gattung *Lisboasaurus* gestellt. Neosuchier sind durch den Atoposauriden *Montsecosuchus* und zwei weitere Formen vertreten, die wahrscheinlich den Eusuchia nahestehen.

Dinosaurier.– Das Material an nicht-flugfähigen Dinosauriern von Las Hoyas ist bisher verhältnismässig dürftig. Die laminierten Kalksteine haben einen isolierten Theropoden-Zahn geliefert. Fragmentarische Sauropoden-Wirbel wurden in der Fazies der massiven Kalke gefunden. Die laterale, detritische Fazies hat bei Buenache de la Sierra einige Knochen von Iguanodonten geliefert (Francés et Sanz 1989).

Das bedeutendste Dinosaurier-Material wurde 1993 entdeckt: die vordere Hälfte eines Skeletts eines Ornithomimosauriden. Die erhaltenen Knochen umfassen den vollständigen Schädel (Tafel 74) mit dem Hyoid in Lebendstellung, die Halswirbelsäule und den grössten Teil der Rückenwirbel, Rippen, den Schultergürtel, grosse Brustbeinplatten und die Vorderbeine. Einige Abdrücke unter dem Schädel, dem Hals und um den rechten Humerus und den Ellenbogen stammen wahrscheinlich von Strukturen der Hautoberfläche. Der Name dieses Ornitomimosauriers ist *Pelecanimimus polyodon* (Pérez-Moreno et al. 1994). Er ist der älteste und der einzige europäische Vertreter dieser Gruppe. Dieser auf zwei Beinen laufende Dinosaurier könnte zwischen 2 und 2,5 m lang gewesen sein. Seine Hand ist von primitivem Typ innerhalb dieser Gruppe, weil der erste Finger den anderen beiden nicht opponiert werden kann, wie es bei höher entwickelten Ornithomimosauriern der Fall ist. Der Schädel (Tafel 74) ist länglich mit flacher Schnauze. Das Maul zeigt eine für diese Dinosaurier-Familie ungewöhnlich grosse Zahl von Zähnen, nämlich etwa 220.

Die Ornithomimosaurier sind zahnlos, sie besitzen aber einen Schnabel, der vermutlich von einer hornigen Kappe bedeckt war. Weil die Vorfahren dieser Gruppe nur 80 Zähne besessen haben, hat man angenommen, dass die Zahnlosigkeit durch fortschreitende Reduktion der Zahl der Zähne eingetreten wäre. Das impliziert, dass intermediäre Formen auch eine dazwischen liegende Zahl von Zähnen gehabt haben sollten. Der Fund von *Pelecanimimus* hat diese Hypothese widerlegt. Wie kann Zahnlosigkeit durch vorherige Zunahme der Zahl der Zähne erreicht werden? Sanz et al. (1995) haben die Hypothese aufgestellt, dass die 220 Zähne von *Pelecanimimus* wie ein Schnabel funktioniert hätten, indem sie eine durchgehende Schneidekante gebildet hätten (tatsächlich bildet der hintere Teil des Unterkiefers von *Pelecanimimus* einen beginnenden Schnabel). Im Verlauf der Evolution der Ornithomimosaurier sind diese als Schnabel funktionierenden Zähne durch einen echten Schnabel ersetzt worden.

Vögel.– Die Lücke in unserer Kenntnis der Evolution der Vögel während der Unteren Kreide ist im letzten Jahrzehnt durch Funde in Spanien und China beträchtlich verringert worden. Die Überlieferung von Vögeln von Las Hoyas umfasst heute Skelettreste von fünf erwachsenen Individuen und etwa ein halbes Dutzend isolierter Federn. Das erste Vogel-Skelett wurde 1984 entdeckt und später *Iberomesornis romerali* benannt (Sanz et al.1988a, Sanz et Bonaparte 1992, Sanz et Buscalioni 1994). Das Exemplar (Tafel 76) ist verhältnismässig klein (Oberschenkel etwa 15 mm lang), der Schädel mit den vorderen Halswirbeln und die Flügel fehlen. *Iberomesornis* bietet eine einmalige Kombination primitiver (Beckengürtel, Sacrum und Hinterbeine) und fortentwickelter (Furcula und Pygostele) Merkmale. Das zweite bisher identifizierte Vogel-Taxon ist *Concornis lacustris* (Sanz et Buscalioni 1992, Sanz et al. 1995). Der Holotypus ist ein ziemlich vollständiges Skelett ohne Schädel und Hals. Das Exemplar (Tafel 77) ist etwas grösser als der Holotyp von *Iberomesornis*, es ist in Rückenlage sichtbar, mit teilweise verbogenen Beinen. *Concornis* besitzt einen Brustbein-Kiel.

Die Vögel von Las Hoyas beweisen: (1) Die evolutionären Neuerungen bei den Vögeln in der Unter-Kreide betrafen vor allem Strukturen, die mit dem aktiven Flug zusammenhängen. (2) Der Selektionsdruck begünstigte eine Abnahme der Grösse der frühen Vögel. (3) Die evolutionäre Geschichte der Vögel nach *Archaeopteryx* hat während des Oberen Jura und der Unteren Kreide als eine adaptative Radiation stattgefunden.

Taphonomie

Die taphonomische Analyse jeder Fossilfundstelle ist darauf gerichtet, die Vorgänge zu rekonstruieren, die zur Entstehung der Fossilien und der Fundstelle selbst geführt haben. Jedes Fossil enthält nicht nur Information über den Organismus, der es produziert hat, sondern ebenso über die Bedingungen, die zur Bildung des Fossils geführt haben und schliesslich über die erdgeschichtliche Entwicklung des Lebensraums. Deshalb ist die taphonomische Analyse ein unverzichtbarer erster Schritt zu einer paläokologischen Synthese (Shipman 1981, Dodd et Stanton 1990).

Die taphonomische Arbeit in Las Hoyas (Sanz et al. 1990, Fregenal-Martínez et al. 1995) ist auf einem vorläufigen Stand, hauptsächlich auf dem der Daten-Sammlung. Erst ein Teil der Daten ist aufgearbeitet, aber einige allgemeine Dinge kann man schon jetzt anmerken. Die Dichte der Fossilien in diesem Aufschluss ist erstaunlich. Beinahe 90 % aller aufgegrabenen Schichten haben Fossilien geliefert (Fregenal-Martínez et al. 1995). Die Erhaltung ist aussergewöhnlich gut. Die meisten Fundstücke sind vollständig und im Zusammenhang, einige von ihnen mit Spuren des Weichkörpers. Viele empfindliche Formen wie Insekten-Larven und juvenile Fische sind wohlerhalten. Wenige Stücke

Abb. 6
Ein Frosch vermutlich der Gattung ***Eodiscoglossus.***

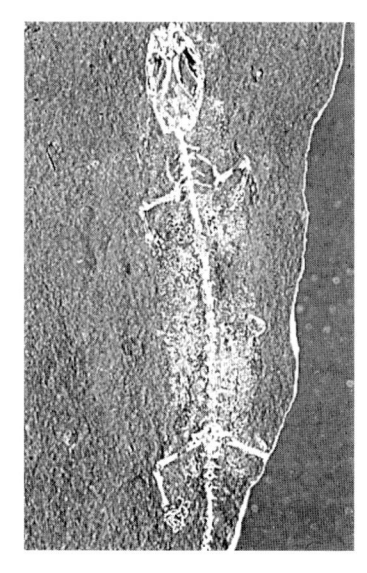

Abb. 7
*Holotyp des Albenerpetodontiden **Celtedens**. Photo der durch ultraviolettes Licht angeregten Fluoreszenz. Beachte den Abdruck der Haut. Etwa 50 mm Länge. Aus McGowan et Evans (1995).*

haben Anzeichen einer Einwirkung von Raubtieren und/oder Aasfressern. Die meisten Reste sind geplättet oder zusammengepresst. Nur Fische zeigen gelegentlich eine Einregelung. Diese und stratigraphische Beobachtungen erlauben einige allgemeine Schlüsse (Fregenal-Martínez et al. 1995): (1) Die meisten Organismen haben nicht am Ort ihrer Einbettung gelebt, weil das kalte, Sauerstoff-freie Bodenwasser wahrscheinlich lebensfeindlich gewesen ist. (2) Zwei Gruppen Organismen, die als Fossilien überliefert sind, können unterschieden werden: Solche, die im See gelebt haben und solche, die in der Umgebung des Sees gelebt haben. (3) Das hohe Ausmass an Artikulation der meisten Fossilien bedeutet, dass ihr Transport kurz gewesen ist und unter verhältnismässig ruhigen Bedingungen stattgefunden hat. (4) Es muss Bodenströmungen gegeben haben, aber diese waren vermutlich schwach. (5) Die Seltenheit von Aasfrass und Zerfall der Leichen belegt eine rasche Einbettung. (6) Plättung und Zusammendrückung der Fundstücke sind auf Kompaktion und Entwässerung des Sediments zurückzuführen.

Abschliessende Bemerkungen

Der Aufschluss Las Hoyas wird wahrscheinlich in nächster Zukunft eine der für das Verständnis der Struktur und Evolution europäischer terrestrischer Ökosysteme der Unter-Kreide wichtigsten Fossillagerstätten werden. Die Erfahrung mit dem gegenwärtigen multidisziplinären Studium von Las Hoyas, das Forscher mehrerer europäischer Länder einschliesst, wird als anregend und sehr positiv empfunden. Das jetzige Forscherteam wird in nächster Zeit durch weitere europäische Spezialisten verstärkt werden. Die Zusammenarbeit der europäischen Institutionen wird entscheidend sein für den Schutz und die Erhaltung der Fossillagerstätten, die unser paläontologisches Erbe sind.

Die Kreide von La Rioja, Spanien

Félix Pérez-Lorente
Instituto de Estudios Riojanos,
Logroño, Spanien

Entdeckung, Geschichte der Erforschung

Calderón (1886) und Sánchez Lozano (1894) haben die ersten allgemeinen Arbeiten über die Geologie der Rioja veröffentlicht. Sie beziehen sich auf eine Reise, die J.U. Pereda und I. Aguirre y Muniain auf der Suche nach Mineralen unternommen hatten. Davon existiert noch ein Manuskript aus dem Jahr 1783. Weil Berichte über Bergbau-Tätigkeit bis 1536 zurückreichen, muss es sehr überraschen, dass es vor Casanovas et Santafé (1971) keinen Hinweis auf die Dinosaurier-Fährten in dieser Gegend gibt.

Die einheimische Bevölkerung hat diese Fussabdrücke verschieden gedeutet, aber heute sind sie fast vergessen. Einige dreizehige Fährten hielt man für von riesenhaften Hühnern erzeugt, andere von dem Pferd des Apostels Jakob. Bezüge zu St. Jakob sind in der spanischen Tradition häufig, sie sind in der Zeit der Kämpfe zwischen Christen und Mauren entstanden.

Im Jahr 1969 hat ein Team vom M. Crusafont Institut für Paläontologie mit der Arbeit begonnen, und Veröffentlichungen über die fossilen Fährten erscheinen seit Casanovas et Santafé (1971) regelmässig, zuletzt 1995. Im Jahr 1989 haben sich das Instituto de Estudios Riojanos und die Universidad de Rioja diesem Team angeschlossen. Im selben Jahr hat die Associación de Ciencias Naturales Aranzadi in ihrem Journal „Munibe" erstmals einen Artikel über die Saurierfährten veröffentlicht. Mit Sanz et al. (1985) ist erstmalig eine Veröffentlichung eines Kollektivs erschienen, das von der Universidad Autónoma de Madrid und der Elektrizitäts-Gesellschaft Iberduero (heute: Iberdrola) gebildet wurde und denselben Gegenstand untersuchte. Nach den Veröffentlichungen zu schliessen, haben von 1971 bis heute 16 Forscher an den Dinosaurier-Fährten dieser Gegend gearbeitet.

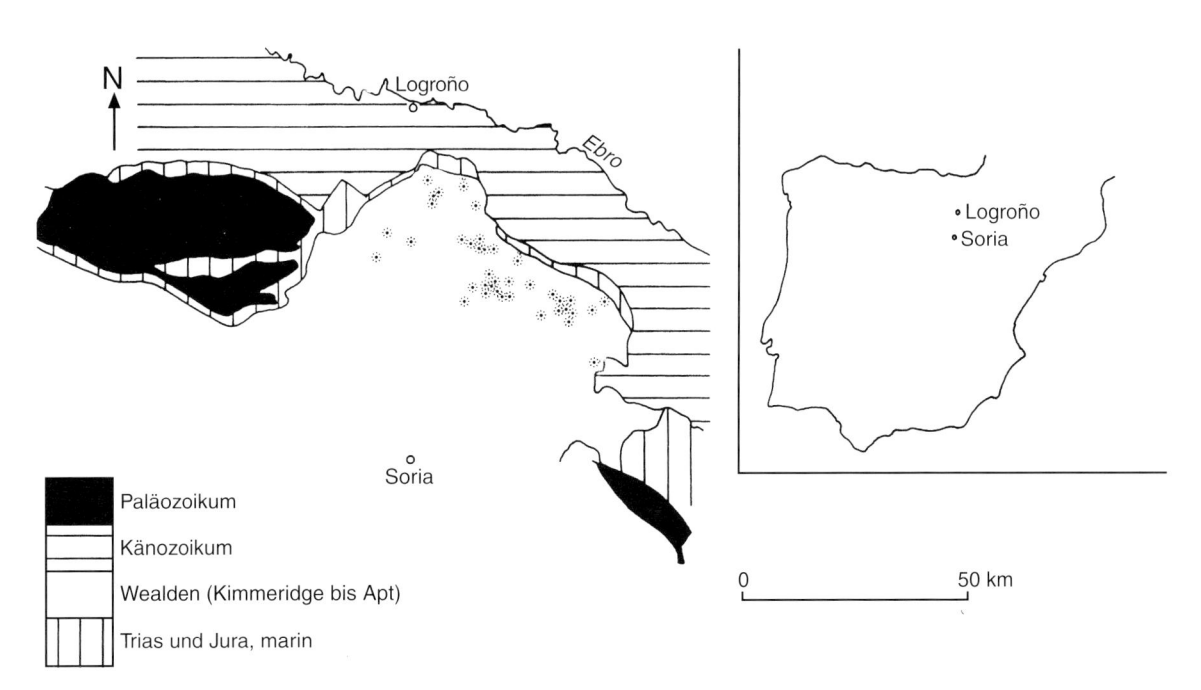

Abb. 1
Die wichtigsten Fundorte von Fährten in der Kreide der Rioja gekennzeichnet durch Sternchen.

Abb. 2
Ein langer Fährtenzug von sauropoden Dinosauriern am Fundort Valdecevillo.

Geographische, geologische und stratigraphische Umstände

Es gibt zwei Regionen auf der Welt, die La Rioja heissen und in denen fossile Dinosaurier vorkommen, eine in Argentinien, die andere in Spanien. Um eine bessere Vorstellung von der letzteren zu erhalten, müssen wir den Nordost-Quadranten der Iberischen Halbinsel betrachten.

Während die nördliche Hälfte der Region, das Ebro-Becken, eine sanfte Topographie aufweist, ist die südliche Hälfte, die Iberischen Ketten, gebirgig (Abb. 1). In der Nordhälfte streichen Schichten des Tertiärs und Quartärs aus, unverfestigte Gesteine wie Sande, Tonsteine und Tone sowie Evaporite. Sie nehmen das Becken ein. Es sind Gesteine kontinentalen Ursprungs, von roter, brauner oder gelblicher Farbe und allgemein reich an Salz. In der Südhälfte findet man eine sedimentäre Abfolge vom Oberen Präkambrium bis zur höchsten Unter-Kreide (Alb).

Die Trias weist drei charakteristische Fazies auf: Buntsandstein, Muschelkalk, Keuper. Über eine Abfolge von Kalken und Dolomiten erreicht man den Jura (I.E.R. 1988). Der erste Teil dieses Systems (bis zum Kimmeridge) ist marin, der letzte, vom Kimmeridge aufwärts, kontinental. Zu den marinen Zeiten haben weitreichende stratigraphische Ereignisse stattgefunden wie das Meer der Crinoiden im Lias, die Schwammriffe im Bajocium und die oolithischen Eisenerze des Oxford.

Im Kimmeridge hebt sich die Region heraus. Die marinen Ablagerungen werden litoral mit Korallen-Riffen, zwischen die Strandablagerungen eingreifen. Über mächtige, linsenförmige Gesteinskörper von Sand und silikatischen Konglomeraten gelangen wir zu der typisch kontinentalen Sedimentation, die den Rest des Mesozoikums einnimmt. Kontinentale Bedingungen herrschen vom Kimmeridge bis zum Alb. Während dieser Zeit hat die Alpine Faltung begonnen, die mit Schieferung und Metamorphose einherging. Vom Alb bis zum Oligozän fehlen Sedimente, die des Tertiärs (Oligozän bis Pliozän) und des Quartärs sind kontinental.

Im Inneren der Iberischen Ketten bilden die kontinentalen Sedimente vom Kimmeridge bis zum Alb eine mächtige Anhäufung innerhalb derer mehrere lithologische Einheiten unterschieden werden, die unter verschiedenen sedimentären Bedingungen gebildet wurden. Wir müssen uns eine grosse Ebene vorstellen, die sich zum Meer hin öffnete. Der Kontinent, von dem die Sedimente kamen, lag im Südwesten. Flüsse haben in den der Rioja benachbarten Provinzen Soria und Burgos Konglomerate hinterlassen, deren Gerölle vor allem Quarz und Quarzite sind. Solche Zusammensetzung zeigt, dass die Flüsse lang und verhältnismässig gross waren. Das offene Meer lag im Osten; es hatte offenbar einen breiten, wenn auch flachen, kontinentalen Schelf.

Entstehung und sedimentäres Milieu

Die Cuenca de Cameros, wie die Gegend genannt wird, in der die kontinentalen Ablagerungen des Kimmeridge bis Alb vorkommen, ist das Ergebnis der Auffüllung einer Senke mit Sedimenten von Südwesten her. Das Beckentiefste hat sich nach Norden verlagert, so dass die Sedimente immer jünger werden, je weiter nördlich sie abgelagert worden sind.

Das Sediment-Material ist in den verschiedenen Einheiten unterschiedlich. Dies drückt sich in Namen aus, die mit dem Fortschritt der geologischen Arbeiten wechseln. Jedenfalls sind die vom ichnologischen Standpunkt interessantesten Gesteinskörper diejenigen, die jeder Geologe als die Urbión und die Enciso-Gruppe kennt (Beuther 1966, Tischer 1966). In der ersteren herrschen fluviatile Ablagerungen vor, solche die in Flussläufen und Überflutungs-Ebenen entstanden sind. Die Flüsse sind leicht zu erkennen an ihren typischen Sediment-Strukturen, den mächtigeren Sedimenten und der Gestalt der Wasserläufe. Die Flussläufe sind in die tonigen Ablagerungen der Überflutungsebene eingeschnitten. In der letzteren Gruppe herrschen lakustrine und lagunäre Ablagerungen vor, für die Sediment-Strukturen flachen Wassers charakteristisch sind, obwohl sie grosse Flächen einnehmen.

Wie immer man die Entstehung der Cuenca de Cameros und der Urbión und Enciso-Gruppen deutet, muss man sich folgendes vor Augen halten.
– Die detritischen Ablagerungen von Milieus höherer Energie liegen im Südwesten und sind fluviatil.
– Die Ablagerungen mit dem höchsten Anteil von Karbonaten, mit Ausnahme der Ocala-Gruppe, liegen im Nordosten, sie sind vorwiegend lakustrin und laguänar.
– Beide Arten Sediment sind miteinander verzahnt, und einige sind die laterale Fazies-Vertretung anderer.
– Die grösste Mächtigkeit jeder der Gruppen liegt nicht an derselben Stelle.

Die Anordnung der Sedimente deutet darauf hin, dass die Flüsse von Südwesten kamen und ihr gröbstes Material im Süden ablagerten. In der Rioja, die von dem Ursprung des Materials weiter entfernt liegt, wurden in den Flussläufen und auf den Überflutungs-Ebenen Sande und Tone abgelagert, in den Seen und Sümpfen Kalk-Schlick.

Paläontologischer Inhalt

Das wichtigste Merkmal dieser Region sind die Lokalitäten mit Dinosaurier-Fährten (Abb. 2). Auch andere Fossilien, Reste von Gastropoden (Calzada 1977), Bivalven und Fischen (Aguirrezabala et al. 1985) werden gefunden, ebenso Ostracoden und Charophyten (Brenner 1976, Martín Clósas 1989, Schudack et Schudack 1989). Kürzlich wurden in der Enciso-Gruppe Foraminiferen und marine Algen gefunden (Alonso et Mas 1993). Unter den Pflanzenresten werden vor allem Cycadeen und Coniferen genannt (Barrale et Viera 1991). Ohne Schwierigkeit findet man verstreut Dinosaurier-

Reste, Bruchstücke einzelner kleiner Knochen. Bis heute wurden nur zwei Anhäufungen von Knochen in dieser Serie gefunden. In einer von ihnen fanden sich etwa 70 Bruchstücke von *Hypsilophodon foxi* (Torres et Viera 1994), in der anderen eine unbekannte Zahl von Resten eines anderen Dinosauriers, die noch bearbeitet werden müssen.

Die Fussabdrücke stammen von Dinosauriern mit langen, einzeln stehenden Zehen mit scharfen Krallen, manche mit Fusspolstern. Sie werden als Theropoden-Fährten (Abb. 3) angesprochen, als Carnosaurier, wenn sie gross sind, als Coelurosaurier (Abb. 4), wenn sie klein sind. Andere Fussabdrücke haben breite, kurze, stumpfe Zehen, normalerweise mit einem Sohlenpolster unter jedem Zeh; sie gehören zu ornithopoden Dinosauriern. Schliesslich werden auch Fährten vierbeiniger Dinosaurier gefunden, deren Fussabdrücke gross und gerundet sind, die der Hand vom Umriss eines Pferdehufs, aber kleiner. Sie gehören zu sauropoden Dinosauriern.

Die Dinosaurier der ersten beiden Gruppen sind üblicherweise tridactyl und digitigrad, das heisst: sie laufen auf den Zehen. Manchmal findet man den Abdruck des Grossen Zehs oder des Daumens tetradactyler Formen. In seltenen Fällen laufen sie vierfüssig. Es gibt auch einige Beispiele plantigrader Fährten, das bedeutet: von Tieren, die auf der ganzen Fuss- oder Handfläche laufen. Ausnahmsweise gibt es auch Anzeichen für Dinosaurier mit Schwimmhäuten.

All diese Abdrücke kann man vereinzelt, in zusammenhängenden Schrittfolgen (Abb. 2) oder in Vergesellschaftungen von Fährtenzügen (Abb. 4) finden. Im Fall der vereinzelten Abdrücke kann man nur typische Merkmale des Fusses entnehmen, der den Abdruck hinterlassen hat. Im Fall zusammenhängender Schrittfolgen erhält man Zahlenwerte für die Höhe der Gliedmassen, Änderungen der Geschwindigkeit, die Stellung der Füsse und der Extremitäten im Verhältnis zum Körper des Tiers bei einer bestimmten Gangart. Vergesellschaftungen von Fährtenzügen ermöglichen das Studium des Verhaltens der Dinosaurier zur Zeit, als sie die Fussabdrücke auf der Fläche hinterliessen.

Bis heute wurden Fährten von mehr als 40 Lokalitäten untersucht, insgesamt 3270 Stück, die sich in folgender Weise verteilen: 1174 stammen von theropoden Dinosauriern, 686 von ornithopoden, 837 von sauropoden, während 493 keiner Gruppe zugeordnet wurden. Fährtenzüge von mehr als 406 Dinosauriern wurden bestimmt.

Vergesellschaftete Fährtenzüge und Einzel-Fährten erlauben uns, Gruppen von Dinosauriern zu erkennen, deren Spuren sich überschneiden, wobei die Fussabdrücke aufeinandertreffen; wir nehmen an, dass diese von Herden stammen. Andere laufen parallel zueinander in gleichbleibendem Abstand; sie dürften von Gruppen weniger Individuen erzeugt worden sein.

Bis jetzt wurden 2 neue Gattungen und Arten Fährten beschrieben, *Hadrosaurichnoides igeensis* (Casanovas et al. 1992) und *Theroplantigrada encisensis* (Casanovas et al. 1993). Ferner gibt es eine unveröffentlichte Examensarbeit von Moratalla (1993), in der neue Arten beschrieben und benannt werden.

Rekonstruktion des Lebensraums

Die Fährten-führenden kretazischen Schichten von La Rioja gehören fast ausschliesslich zur Fazies des Wealden, in der die Sedimente der Urbión und Enciso-Gruppen abgelagert wurden. Während dieser ganzen Zeit bestand im südlichen Teil vorwiegend das Habitat einer offenbar sehr weiten, von mäandrierenden oder gelegentlich anastosomierenden Flüssen durchströmten Ebene. Im nordöstlichen Teil befanden sich ausgedehnte Seen, in denen die Flüsse endeten. Ihr kalkreicher Schlick ist das Ausgangsmaterial der heutigen Kalkstein-Schichten der Enciso-Gruppe.

Die mächtigen detritischen Sedimente enthalten Reste nicht bestimmbarer Pflanzen. In den feinschichtigen Lagen sind Cycadeen gefunden worden, wenn auch selten, sowie eine grosse Zahl fossiler Wurzeln mit meist weniger als 3 cm Durchmesser. Es gibt auch einen fossilen Baumstamm von etwa 15 m Länge, der zu einer Conifere gehört. Der Stamm befindet sich nicht in Lebend-Stellung, und keine weiteren Reste sind um ihn herum zu sehen. Er ist wahrscheinlich durch das Wasser an seinen gegenwärtigen Ort geschwemmt worden.

In den Kalken gibt es eine Vielzahl von Algen-Strukturen wie Laminite, Stromatolithen und Oncoide, in einigen Horizonten auch Anreicherungen von Charophyten. Schnecken und Muscheln werden gewöhnlich in Anhäufungen grosser lateraler Ausdehnung gefunden, sie sind aber sehr klein.

In der Enciso-Gruppe und in vielen tonigen Einschaltungen in der Urbión-Gruppe sind die Gesteine grau bis schwarz. Diese Farben sind auf hohen Gehalt an organischer Substanz zurückzuführen. In der Enciso-Gruppe ist es ungewöhnlich, wenn die

Abb. 3
Fährte eines theropoden Dinosauriers; Fundort La Virgen del Campo.

Abb. 4
Eine Reihe Fährten einer Gruppe von Coelurosauriern (schwarz), vergesellschaftet mit anderen Trittsiegeln grösserer Tiere; Fundort Valdebrajes.

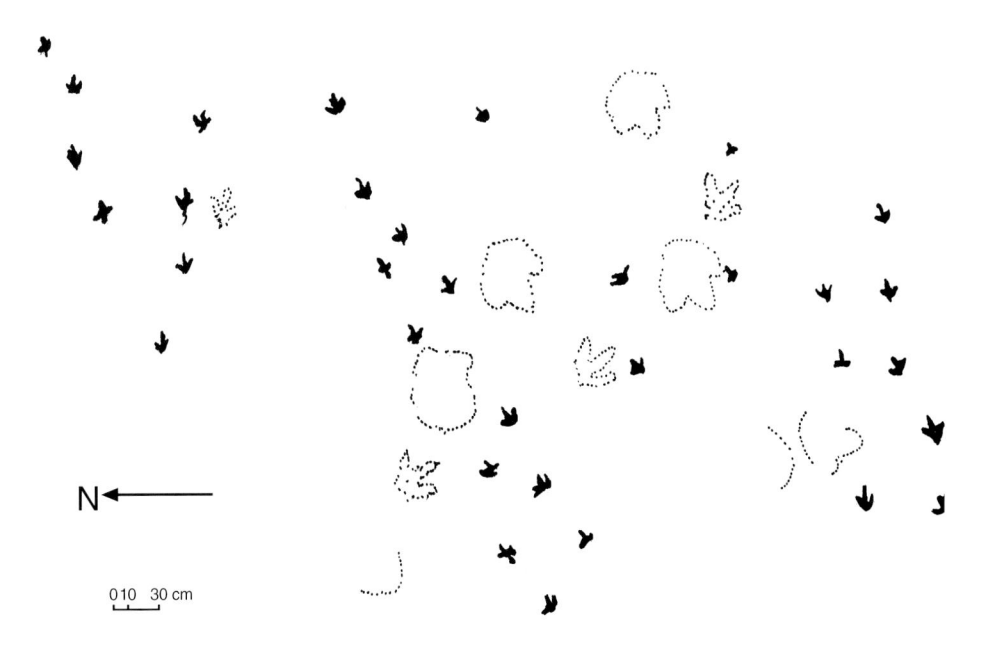

freigelegte Oberfläche einer Schicht keine fossilen Fussabdrücke oder wenigstens erodierte Reste von ihnen zeigt.

Als anorganische Sediment-Strukturen auf den Oberseiten der Schichten gibt es Klein-Rippeln, oft als Interferenz-Rippeln, Trockenrisse und eisenreiche Krusten. Diese Strukturen und ihre Anordnung passen zu dem Modell, nach dem eine weite Fläche ruhigen, flachen Wassers wechselnder Tiefe auf der Landoberfläche gestanden hat. Die enorme Ausdehnung der Wasserfläche kann aus der lateralen Konstanz der Karbonat-Horizonte gefolgert werden, die man über mehr als 15 km verfolgen kann, ohne dass man eine Änderung der Gesteinseigenschaften und der Mächtigkeit findet. Dass das Wasser sehr flach war und seine Tiefe slark wechselte, erweist sich durch das gemeinsame Vorkommen von Trockenrissen, Dinosaurier-Fährten und Anhäufungen von Mollusken-Schalen oder Fisch-Schuppen. Die Lumachellen von Schnecken und Muscheln könnten auf Massensterben dieser Organismen infolge rascher Änderungen der Wassertiefe zurückzuführen sein. In diesen Lagen finden sich auch Reste von Süsswasser-Fischen der Gattung *Lepidotes*.

Am Boden vieler dieser grossen Tümpel befanden sich Algenmatten, auf denen Karbonate gefällt wurden. Die Algen konnten vermutlich extreme Schwankungen des Milieus überstehen, die eintraten, weil eine Änderung des Volumens des Wasserkörpers einen raschen Wechsel auch der Salinität bedeutete, den andere Organismen nicht überleben konnten. Diese Sedimente sind dunkelfarben oder schwarz, weil sie organische Substanz enthalten. Zur Zeit ihrer Ablagerung war das Wasser anoxisch und nicht bewegt (Meléndez et Pérez-Lorente 1996).

Während der Sedimentation der Enciso-Gruppe hat ein lakustriner, sumpfiger Lebensraum mit sehr ruhigem, flachem Wasser wechselnder Tiefe vorgeherrscht, in dem Tiere aller Grössen häufig waren. Höhere Pflanzen waren nur durch Busch vertreten, während in der weiteren Umgebung, in den Provinzen Soria und Burgos, gleichzeitig Coniferen-Wälder gestanden haben mögen.

Bedeutung der Fossillagerstätte

Die Fundorte in La Rioja enthalten eine grosse Zahl fossiler Fährten, möglicherweise etwa 10000. Um eine Vorstellung ihrer Besonderheit zu geben, sollte man sich vor Augen halten, dass man bis vor kurzem angenommen hat, Sauropoden-Fährten wären in Europa sehr selten (Lockley et al. 1994). Dagegen gibt es in La Rioja mehr als 10 Fundorte mit Fährten dieser Dinosaurier (Abb. 5). Weltweit sind etwa 25 Fährtenzüge von plantigraden Dinosauriern beschrieben, davon allein 6 in dieser Region.

In dem Masse wie neue Dinosaurier-Fährten bekannt werden, vervollständigt sich unsere Kenntnis dieser Gruppe von Tieren, die am Ende der Kreide ausstarben. In der Rioja gibt es von allen Taxa der Ordnung Ornithischia nur Fährten von Iguanodonten, keine der anderen, wie es auch in anderen Fundorten weltweit der Fall ist. Das kann bedeuten, dass die anderen Ornithischia, also die Ceratopsia, Ankylosauria, Stegosauria, in anderer Umgebung, entfernt von den nassen Milieus der Überflutungs-Ebenen gelebt haben. Das heisst, dass selbst grosse Taxa terrestrischer Vertebraten in einigen kontinentalen Habitaten nicht leben konnten.

Farlow (1993) hat aus der Zahl der gefundenen Skelett-Elemente, dem Verhältnis grosser zu kleinen Individuen, von carnivoren zu herbivoren, auf die Biomasse bestimmter Tiere in verschiedenen Regionen der Erde geschlossen und so Populationen rekonstruiert. Ähnliche Folgerungen könnte man aus den relativen Häufigkeiten bestimmter Dinosaurier-Fährten ableiten.

Eine Fährte ist Ausdruck der Aktivität eines Organismus. Wir können daher annehmen, dass gerade Spurenfossilien die wichtigsten Reste für das Verständnis des Verhaltens fossiler Tiere sind. Es gibt Studien zum Verhalten der Dinosaurier, die aus ihren Fährten in verschiedenen Gegenden der Welt abgeleitet wurden. In La Rioja beispielsweise haben wir ableiten können, dass in der Mehrzahl der Aufschlüsse die Tierfährten jeweils einer Gruppe angehören. Selbst wenn die Fährten über längere Zeit angelegt worden sind, erlaubt das die Aussage, dass das Verhalten der meisten Dinosaurier-Arten gesellig war, weil ihre Fährten gehäuft zusammen vorkommen.

Unter den Fährten-Gesellschaften finden wir solche, die durch wandernde Herden und andere, die durch kleine Gruppen von Dinosauriern hinterlassen wurden. Es gibt in verschiedenen Aufschlüssen Anzeichen für den Durchzug von Herden von Sauropoden und Ornithopoden. Gruppen aus wenigen Individuen (etwa 8) stellen sich als kleine Theropoden dar; grosse Theropoden haben 20 m lange Fährtenzüge in 3 m seitlichem Abstand hinterlassen. Irgendwann werden wir in der Lage sein, aus der Häufigkeit bestimmter Fährten-Typen in den verschiedenen Habitaten zu schliessen, ob es sich um Gruppen handelte, die am Ort oder in der Nähe lebten, oder ob sie sich zufällig, entweder auf der Wanderung oder einfach zur Tränke, hier aufgehalten haben. Der vermutlich wichtigste Beitrag zu unserem Verständnis der Geschichte des Lebens, den man von Dinosaurier-Fährten ableiten kann, betrifft das Verhalten ihrer Erzeuger oder, allgemein gesprochen, die Verhaltensmuster der terrestrischen Wirbeltiere der Kreide.

Abb. 5
Fährten sauropoder Dinosaurier; Fundort Soto.

Europa im Känozoikum: Die Tertiär-Periode

Fritz F. Steininger

Forschungsinstitut und Naturmuseum Senckenberg, Frankfurt am Main

Der jüngste Zeitabschnitt der Erdgeschichte wird als die „Erdneuzeit" (Känozoische(s) Ära/Erathem) bezeichnet. Dieser Zeitabschnitt erstreckt sich vom Ende des „Erdmittelalters" (Mesozoische(s) Ära/Erathem) bis heute, dem Holozän und umschliesst das „Tertiär" und das in der älteren Literatur gebräuchliche „Quartär". Das Känozoikum beginnt 65 millionen Jahre vor heute mit einem der spektakulärsten Ereignisse der Erdgeschichte. Dieses markiert die Grenze zwischen dem Mesozoikum (bzw. der Kreide) und dem Känozoikum (bzw. dem Tertiär): ein Asteroid ist zu diesem Zeitpunkt auf der Erde eingeschlagen und hat weitreichende Veränderungen der Lithosphäre, Biosphäre und des Klimas auf unserem Planeten verursacht. Heute nimmt man an, dass die 200 km im Durchmesser grosse Struktur des Chicxulub-Kraters in Yucatan, Mexiko, durch diesen Asteroiden-Einschlag geschaffen wurde.

Die Zeitskala für das Känozoikum

Der Name Tertiär wurde bereits 1759 von dem Italiener Giovanni Arduino (1760) geschaffen. Arduino schlug eine Dreiteilung der Gesteine der Erde – und damit der Erdgeschichte – in „Primär", „Sekundär" und „Tertiär" nach dem Grad der Verfestigung der Gesteine vor. Der französische Geologe Morlot (1954) fügte den Begriff des „Quartärs" hinzu. Heute subsummieren wir Tertiär und Quartär im Känozoikum (der Name dafür wurde von Philippi 1836–1841 geschaffen) und unterteilen das Känozoikum in eine/das Paläogene („Older Tertiary") Periode/System und eine/das Neogene („Younger Tertiary" und „Quarternary") Periode/System. Der englische Wissenschaftler Charles Lyell (1830–1833) unterteilte das Känozoikum erst in drei und später in vier Abschnitte. Diese Unterteilung basierte er auf biostratigraphischen Beobachtungen, eine Methode, die wir bis heute zur Zeitgliederung und Zeitkorrelation in der Erdgeschichte weltweit benutzen. Lyell verglich die fossilen Gastropoden- und Bivalven- (=Mollusken-) Faunen vom älteren bis zum jüngeren Känozoikum mit den heute lebenden Faunen. Dabei stellte er fest, dass in den älteren Molluskenfaunen des Känozoikums nahezu keine noch heute lebenden Vertreter

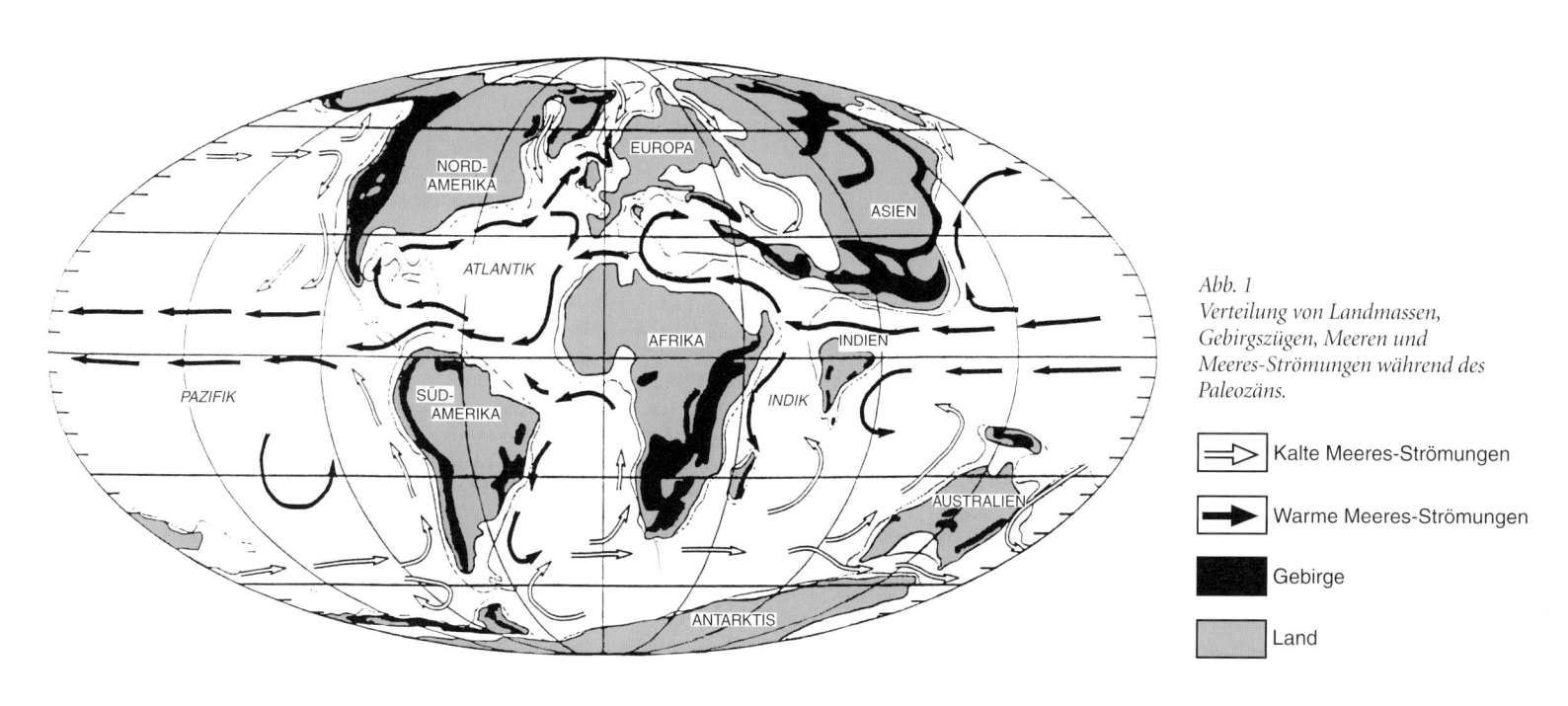

Abb. 1
Verteilung von Landmassen, Gebirgszügen, Meeren und Meeres-Strömungen während des Paleozäns.

⇒ Kalte Meeres-Strömungen

➡ Warme Meeres-Strömungen

■ Gebirge

▨ Land

vorkommen und dass der Prozentsatz zwischen ausgestorbenen und noch lebenden Arten einer Molluskenfauna zur Gegenwart hin stetig zunimmt. Auf dieser Erkenntnis basiert seine Unterteilung des Känozoikums in einzelne Zeitepochen:
- „Eocene" mit weniger als 5 % Anteil von lebenden Molluskenarten;
- „Miocene" mit 20 bis 24 % Anteil heute noch lebender Molluskenarten;
- „Older Pliocene", der Anteil noch lebender Molluskenarten liegt über 50 %, und
- „Pleistocene" (früher von Lyell als „Newer Pliocene" bezeichnet) mit 90 bis 95 % heute noch lebender Molluskenarten.

Später fügten W. P. Schimper (1874) die Zeitepoche des „Paleozän" unterhalb des Eozäns und H. E. v. Beyrich (1854) das „Oligozän" zwischen Eozän und Miozän ein. Das „Holozän" wurde schliesslich von der Versammlung des Internationalen Geologenkongresses 1885 definiert und umfasst nach dieser Definition die Zeitspanne von 10000 Jahren vor heute bis zur Gegenwart.

Diese erdgeschichtliche Zeitskala wird auch heute noch benutzt, wobei die Zeitepochen weiter in Zeitstufen untergliedert werden. Die Zeitstufen werden meist im Zusammenhang mit der geodynamischen Entwicklung von einzelnen Regionen oder Becken definiert und spiegeln damit die erdgeschichtliche Entwicklung dieser Regionen wider. Daher sind die Abfolgen der Zeitstufen meist von Region zu Region und oft von Becken zu Becken verschieden. Die Zeitperioden, Zeitepochen, und die in Europa gebräuchlichen Zeitstufen sind für das Paläogen und das Neogen in den Tabellen 1 und 2 zusammengestellt. Dabei werden die einzelnen Gesteinsabfolgen und die Gesteinseinheiten (die lithologischen Formationen) im Känozoikum primär mit Hilfe des Vorkommens planktonischer Organismen (Flagellaten, Diatomeen, Foraminiferen, Radiolarien) oder Mollusken in marinen Sedimenten und mit Pflanzen und Säugetierresten in terrestrischen Sedimenten zeitlich korreliert. Der rasche Wechsel des erdmagnetischen Feldes – die Basis der Magnetostratigraphie – in Kombination mit Biostratigraphie und Radiometrie ist eine weitere Möglichkeit, geologische Zeit detailliert zu messen. Ferner spielen heute in der Stratigraphie die Schwankungen des Verhältnisses der stabilen Isotope des Sauerstoffes und des Kohlenstoffes in der Zeit eine bedeutende Rolle. Heute basieren die hochauflösenden, astronomischen Zeitskalen des Pleistozäns, des Pliozäns und des oberen Miozäns auf astronomischen Steuerungsfaktoren (Präzession und Exzentrizität der Erdachse), die sich in der Rhythmik von Sedimentationszyklen und in der Fluktuation der delta ^{18}O- und ^{13}C-Werte ausdrücken. Bedingt werden die Schwankungen der stabilen Sauerstoff- und Kohlenstoff-Isotope in der Zeit durch astronomisch ausgelöste klimatische Zyklen.

Diese hochauflösende Stratigraphie führte zu einer präzisen känozoischen Zeitskala mit exakten Zahlen für Beginn und Zeitdauer der einzelnen Zeiteinheiten:

Paläogen: 65 bis 23,8 mio. Jahre (Tabelle 1)
- Paleozän: 65 bis 54,5 (54,8) mio. Jahre [Dauer: 10,5 (10,2) mio. Jahre];
- Eozän: 54,5 (54,8) bis 33,7 mio. Jahre [Dauer: 20,8 (21,1) mio. Jahre];
- Oligozän: 33,7 bis 23,8 mio. Jahre [Dauer: 9,9 mio. Jahre];

Neogen: 23,8 mio. Jahre bis heute (Tabelle 2)
- Miozän: 23,8 bis 5,3 (5,32) mio. Jahre [Dauer: 18,5 mio. Jahre];
- Pliozän: 5,3 (5,32) bis 1,77 (1,8) mio. Jahre [Dauer: 3,52 mio. Jahre];

Tabelle 1

Zeitskala des Paläogen

Epoche	Alter/Stufe – Mediterraner Raum	Alter/Stufe – Paratethys Zentrale	Alter/Stufe – Paratethys Östliche	Europäische Säugetier-Faunen-Einheiten	Zeit in Mill. Jahren
Miozän	Aquitanium	← Egerium		Agenium	23
Oligozän Oberes	Chattium	← Egerium	← Caucasium	Arvernium	25–27
Oligozän Unteres	Rupelium	Kiscellium	← Caucasium	Suevium	29–33
Eozän Oberes	Priabonium			Headonium	35–37
Eozän Mittleres	Bartonium			Rhenanium	39–43
Eozän Mittleres	Lutetium			Rhenanium	43–47
Eozän Unteres	Ypresium			?	49–53
Paleozän Oberes	Thanetium			Neustrium	55–57
Paleozän Oberes	Selandium			?	59
Paleozän Unteres	Danium			?	61–63
Kreide	Maastrichtium				65–67

– Pleistozän: 1,77 (1,8) mio. Jahre bis heute [Dauer: 1,77 (1,8) mio. Jahre].

Weitere Details siehe bei Berggren et al. (1995), Steininger et al. (1988, 1996) und Steininger (1999).

Bedeutende geologische Ereignisse im Känozoikum

Die Verschmelzung und die heutige Form der Kontinente, ihre Drift in ihre gegenwärtige Position sowie die Entstehung unserer heutigen Ozeane sind grösstenteils känozoischen Alters. Diese Ereignisse verursachten die kontinuierliche Änderung und Anpassung der ozeanischen Strömungsmuster, welche den Energietransport auf unserem Planeten bedingen (Beispielsweise existiert der Golfstrom, der Nordwesteuropa erwärmt, erst seit 3 millionen Jahren. Er wurde durch die Schliessung der Mittelamerikanischen Meeresstrasse zu dieser Zeit bedingt.). Sie verursachten auch massive Extrusionen von vulkanischen Gesteinen (Europäische Beispiele wären: der explosive Vulkanismus Schottlands, Islands und Grönlands, die Entstehung vulkanischer Plateaus wie des französischen Massif Central oder des Vogelsberges oder auch die submarinen Extrusionen der „Hotspots" und mittelozeanischen Rücken in den Ozeanen rund um die Welt). Die unglaublichen Meeresspiegelschwankungen um über 300 Meter vom mesozoischen Hochstand in der Kreide zum gegenwärtigen Tiefstand, die Auffaltung der alpinen Gebirgsketten und des Himalaya sowie die Entstehung der übrigen alpinotypen Kettengebirge der Erde sind Folgen känozoischer Plattenbewegungen. Im Zusammenhang mit der Bildung der Hochgebirge, besonders des Himalaya, beginnt auch die heutige atmosphärische Zirkulation, und es kommt zum drastischen Klimawechsel vom mesozoischen „Green-House" (damals gab es keine vergletscherten Polkappen) zum känozoischen und heutigen „Ice-House". Schliesslich bedingten und bedingen alle diese Grossereignisse im Känozoikum die Entwicklung und die heutige Verteilung von Pflanzen und Tieren auf unserem Planeten (Hallam 1992, Haq et al. 1987, Miller et al. 1991).

Die geodynamische und paläogeographische Entwicklung Europas

Das Paläogen (Abb. 1, 2)

Die geodynamische Entwicklung Nord- und Westeuropas kann nur im Zusammenhang mit der Öffnung des Nord-Atlantiks am Beginn des Paläogens verstanden werden. Die weltweiten Meeresspiegel-Schwankungen des Paläogens bedingten einen raschen Wechsel von warmen, epikontinentalen Meeren und Meeresverbindungen im Bereich des Pariser-, Hampshire-, Belgischen- und Norddeutschen Beckens, sowie an der Südwest-Küste des europäischen Kontinents (Becken von Bordeaux). In diesem Zeitabschnitt wurden die berühmten fossilreichen Meeresablagerungen mit wunderbar erhaltener Fauna, die „Falun" des Pariser Becken, abgelagert. Während des Paleozäns bis ins Untere/Mittlere Eozän war Europa über Spitzbergen und Grönland mit Nord-Amerika durch eine Landbrücke verbunden. Dadurch war ein Austausch terrestrischer Faunen möglich, dokumentiert durch die berühmte fossile Säugetierfauna von Messel bei Darmstadt, eine Fossil-Lokalität die 1995 von der UNESCO zum Welt-Naturerbe erklärt wurde. Bis zum Ende des Eozäns war Europa von Asien durch eine Meeresstrasse, die „Turgai-Strasse", die sich vom Nordmeer entlang des Urals bis zum Indopazifik, der „Tethys", erstreckte, getrennt. Die Turgai-Strasse ermöglichte einerseits einen Austausch mariner Fau-

Tabelle 2

Zeitskala des Neogen		Ära/Stufe			Epoche		Zeit in Mill. Jahren
	Europäische Säugetier-Faunen Einheiten	Borealer Raum	Paratethys	Mediterraner Raum			
	Villafranchium				Pleistozän		2
	Ruscinium			Gelasium	Oberes	Pliozän	3
				Piacenzium	Mittleres		4
			Aktschagylium	Zanklium	Unteres		5
	Turolium	Siltium	Kimmerium	Messinium	Oberes	Miozän	6
			Pontium				7
		Gramium		Tortonium			8
	Vallesium		Meotium				9
							10
		Langenfeldium	Kersonium	Serravallium	Mittleres		11
	Asteracium		Bessarabium				12
			Volhynium				13
			Konkium	Langhium			14
			Karaganium				15
		Reinbeckium	Tschokrakium	Burdigalium	Unteres		16
	Orleanium	Oxlundium	Tarchanium				17
		"Hemmonium"	Kozachurium				18
		Berendorfium	?-?-?				19
			Sakaraulium	Aquitanium			20
	Agenium	Vierlandium	Caucasium				21
			Egerium				22
							23
	Arvernium	Chattium				Oligozän	24

nen zwischen der Tethys und den nördlichen Meeren, andererseits war dadurch ein Austausch terrestrischer Faunen (Säugetiere und andere) zwischen Asien und Europa bis zum Beginn des Oligozäns nicht möglich. Unmittelbar nach der Schliessung der Turgai-Strasse im oberen Eozän kam es dann zu einem massiven Austausch terrestrischer Säugetier-Faunen zwischen Asien und Europa („Grand Coupure") am Beginn des Oligozäns. Während des Paläogens war das südliche und südöstliche „Alpine" Europa von einem subtropischen bis tropischen Meer bedeckt, und die entstehenden Alpen bildeten eine teilweise unter Wasser liegende Kette von Inseln, Riffen und Lagunen. In einer dieser südalpinen Lagunen wurden die fein-laminierten Kalke von Bolca mit den weltberühmten und besonders detailreich erhaltenen Meeresfischen abgelagert. Im Verlaufe des Oligozäns wurden die nördlich der Alpen-Karpathenkette liegenden Meere vom zentralen Mediterranen Tethys-Meer abgetrennt, und es entstand eine eigene Bioprovinz, die Paratethys, die sich vom westlichen Ende der Alpen bis über das Gebiet des heutigen Aral- und Baikal-Sees hinaus nach Osten erstreckte (Hallam 1994, Prothero 1994, Rögl 1998, Steininger et al. 1985).

Das Neogen (Abb. 3–7)

Das Neogen wird durch den ständigen Wechsel des globalen Meeresspiegels und durch die kontinuierliche Aufschiebung und nun beginnende Heraushebung der alpinen Kettengebirge von Nord-Afrika und Westeuropa bis hin zum Himalaya charakterisiert. Bedeutende Anhebungen des Meeresspiegels treten am Beginn des Miozäns, des Mittelmiozäns und des Pliozäns auf. Diese beeinflussten bzw. bedingten die epikontinentalen Meeresüberflutungen an den Rändern des Europäischen Kontinentes (Nordsee-Becken, Loire-Becken, Aquitanisches und Piedmontesisches Becken), ferner nördlich der Alpin-Karpathischen Kettengebirge und in den inneralpinen Becken (Wiener Becken und Pannonisches Becken). Schliesslich wurde durch die pliozäne Meresüberflutung vor 5 millionen Jahren das moderne Mittelmeer geschaffen (Kennet 1985, Rögl 1998, Rögl et Steininger 1983, Steininger et Rögl 1984, Steininger et al. 1985).

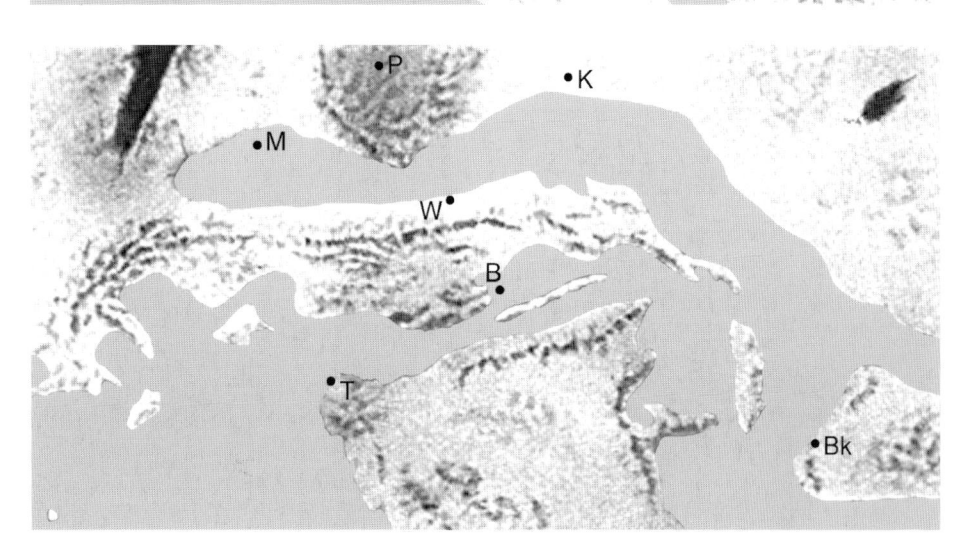

Im Untermiozän wurde durch die kontinuierliche Nordwärtsbewegung des Afro-Arabischen Kontinents eine erste Landbrücke zwischen Eurasien und Afrika geschaffen — wohl das bedeutendste biogeographische Ereignis für Afrika und Eurasien im Neogen. Über diese Landbrücke konnten die seit dem Mesozoikum (zumindest seit dem Jura) isolierten terrestrischen (Säugetier-) Faunen von Afrika nach Eurasien auswandern und ebenso die Eurasiatischen Faunen nach Afrika (Abb. 6). Plötzlich treten erstmals Hominoideen und Elefantiden, die in Afrika ihr Entstehungszentrum haben, in Europa auf, und die Carnivoren die in Eurasien entstanden sind, wandern erstmals nach Afrika ein. Eine berühmte Lokalität aus dieser Zeit ist Ipolytarnoc, nördlich von Budapest. Hier trampelten diese Tiere durch die Landschaft und hinterliessen ihre wunderbar erhaltenen Fährtenfolgen. Die heutige Ägäis war zu dieser Zeit landfest, der versteinerte Wald der Insel Lesbos stammt aus dieser Zeit (Rögl et Steininger 1984, Steininger et al. 1985, Whybrow 1984).

Die Schliessung der Meeresstrasse zwischen Eurasien und Afro-Arabien beendete auch das zirkumäquatoriale Strömungsmuster der Weltozeane und unterbrach dieses wesentliche Energietransport-System. Dadurch kam es zu einem ersten Klimaeinbruch im Untermiozän. Die massiven Meeresspiegel-Rückgänge am Ende des Untermiozäns und am Ende des Mittelmiozäns führten schliesslich zum schrittweisen Zerfall der epikontinentalen Meere an den Rändern des europäischen Kontinentes und der Paratethys nördlich der Alpen und Karpathen. Im Mittelmiozän entstanden durch Krustenausdünnung die europäischen alpinen Einbruchsbecken wie das Wiener, das Pannonische, das Dazische und das Euxinische Becken. Eine globale Meeresspiegelsenkung etwa 11 millionen Jahre vor heute (Abb. 7) führte zur Unterbrechung der Verbindungen der mittel- und osteuropäischen Paratethys-Meere mit den neogenen Ozeanen wie dem Indopazifik und der Mediterranen Tethys. Es entstand ein riesiger, fast ausgesüsster, brachyhaliner („caspibrackischer") Binnensee, der vom Wiener bzw. Pannonischen Becken im Westen bis an den Aral-See nach Osten reichte (Rögl 1988, Rögl et Steininger 1984).

Vor ca. 6 millionen Jahren kollidierte der westli-

Abb.2
Verteilung von Landmassen, Gebirgszügen und Meeren in Mitteleuropa während des Eozäns.

B: Budapest;
Bk: Bukarest;
K: Krakau;
M: München;
P: Prag;
T: Triest;
W: Wien.

Abb. 3
Verteilung von Landmassen, Gebirgszügen und Meeren in Mitteleuropa im Unteren Miozän. Lokalitäten wie in Abb. 2.

che Teil Afrikas mit Europa. Die Meeresverbindung zwischen dem Atlantik und der neogenen Mediterranen Tethys wurde dadurch fast völlig unterbrochen. Bestehen blieben Seichtwasserverbindungen über SW-Spanien (Betischer Korridor) und über NW-Marokko (Rif-Korridor). Ein globaler Meeresspiegel-Abfall von ca. 70 Metern, der durch die Ausdehnung der Vergletscherung der Antarktis und der Arktis bedingt war, isolierte nun endgültig das gesamte Mittelmeer und die Paratethys von den Weltozeanen. In dieser Zeit, der Messinischen Zeitstufe, die insgesamt nur 500000 Jahre dauerte, verwandelte sich der Mittelmeer-Raum in ein Evaporitbecken, das 3000 Meter unter dem Meeresspiegel lag. Zwei bis drei Kilometer dicke Salz- und Gips-Ablagerungen wurden in dieser kurzen Zeit in mehreren Zyklen auf einer Fläche von ca. 106 km² abgelagert. Diese „Messinische Salinitäts-Krise" entzog dem Weltozean etwa 6 % seines Salzgehaltes. Damit starben im gesamten mediterranen Raum die neogene marine Flora und Fauna aus. Im Zusammenhang mit diesem Ereignis wurde nun der gesamte Parathethys-Binnensee in das tiefliegende, austrocknende Mediterrane Becken entwässert und trocknete aus. Durch den globalen Meeresspiegel-Anstieg im Pliozän wurden die riesige Wanne des Mittelmeeres und Teile der östlichen Paratethys wieder mit Meerwasser vom Atlantik her geflutet, und es entstand vor 5 millionen Jahren das heutige Mittelmeer mit seiner rein atlantischen, marinen Flora und Fauna. Im kontinentalen Europa kennen wir eine grosse Anzahl von exzeptionellen Fossilfundstellen aus dieser Zeitspanne. Eine dieser Lokalitäten mit ungewöhnlich guter Erhaltung der Flora und Fauna ist Willershausen in Deutschland (Rögl 1988, Rögl et Steininger 1984).

Zur Klimageschichte des Känozoikums

Im Känozoikum können die klimatischen Bedingungen mit den klassischen Methoden der Paläontologie aus dem Vorkommen bestimmter Pflanzen und Tiere und durch die Gesteine und Böden rekonstruiert werden. Ebenso zeigen uns die Fluktuationen der Verhältnisse zwischen den Sauerstoff-Isotopen ^{16}O und ^{18}O im Meerwasser, die wir in delta ^{18}O-Werten ausdrücken, die Fluktuationen von Temperatur und Salinität in der Zeit an. Die jeweiligen Sauerstoff-Isotopenverhältnisse des Wassers bleiben bei der Bildung von organischen Karbonaten in den Kalkschalen erhalten und werden damit fossil überliefert.

Paläogen: Wahrscheinlich löste der Einschlag des Asteroiden an der Wende von Mesozoikum zum Känozoikum eine deutliche Klimaverschlechterung aus. Noch im Paleozän erwärmte sich das Klima, ein neuerlicher Klimaverfall tritt an der Grenze Paleozän/Eozän ein. Der Grund dieses Klimaverfalles ist bisher ungeklärt. Wahrscheinlich hängt er mit einer generellen Umstellung der ozeanischen Strömungsmuster am Übergang zwischen den kaum strömungsgetriebenen mesozoischen Ozeanen zu den thermal getriebenen känozoischen Ozeanen zusammen. Das Unter- und Mittel-Eozän sind weltweit die wärmsten Perioden des Känozoikums, und die tropischen und subtropischen Gürtel wurden zu dieser Zeit weit gegen die Pole verschoben. Die Trennung des Antarktischen Kontinentes von Südamerika, das Öffnen der Drake-Passage am Beginn des Oligozäns, führte zur Bildung der zirkumantarktischen Strömung. Damit begann die thermische Isolation der südpolaren Region. Sie führte seit dem Beginn des Oligozäns bis heute zum Aufbau der massiven, polaren Eiskappen in der Antarktis und zur Bildung der kalten Tiefwassermassen. Dadurch kam es zu einer rapiden, globalen Abkühlung des Meerwassers. Mit dem Beginn des Oligozäns tritt die Erde von einem mehr oder weniger eisfreien „Grünhaus-Stadium", wie es im Mesozoikum und zu Beginn des Känozoikums geherrscht hat, in das heutige „Eishaus-Stadium" ein, und es entwickeln sich die polaren Eiskappen (Miller et al. 1991).

Neogen: Im Untermiozän sehen wir keine dramatischen Fluktuationen in den durch die delta ^{18}O angezeigten Klimaschwankungen. Einige deutliche Signale im Untermiozän sind durch das Andocken Afro-Arabiens an Eurasien und die dadurch bedingte Unterbrechung der zirkumäquatorialen Strömungsmuster, die Heraushebung der alpinen Kettengebirge und vor allem die beginnende Heraushebung des Himalaya-Plateaus verursacht. Im unteren Mittelmiozän messen wir die höchsten Temperaturen des gesamten Miozäns. Dieses Klimaoptimum führte zum Riffwachstum („Leithakalk-Fazies") bis in die geographische Breite von Polen. Die massiven Klimaeinbrüche im oberen Mittelmiozän (Serravallium) um 14 millionen Jahre vor heute, um 7 und um 5,5 mil-

Abb. 4
Verteilung von Landmassen, Gebirgszügen und Meeren in Mitteleuropa im Mittleren Miozän. Lokalitäten wie in Abb. 2.

Abb. 5
Verteilung von Landmassen, Gebirgszügen und Meeren in Mitteleuropa im Oberen Miozän. Lokalitäten wie in Abb. 2.

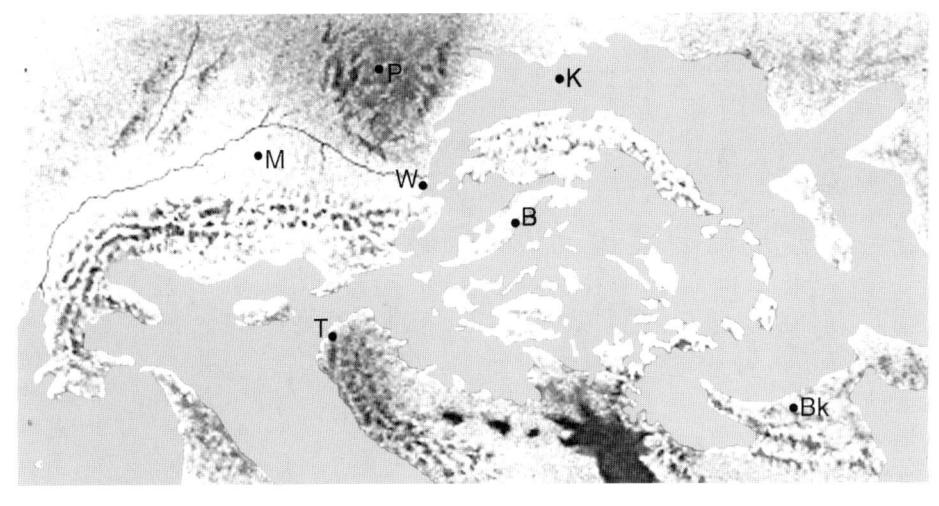

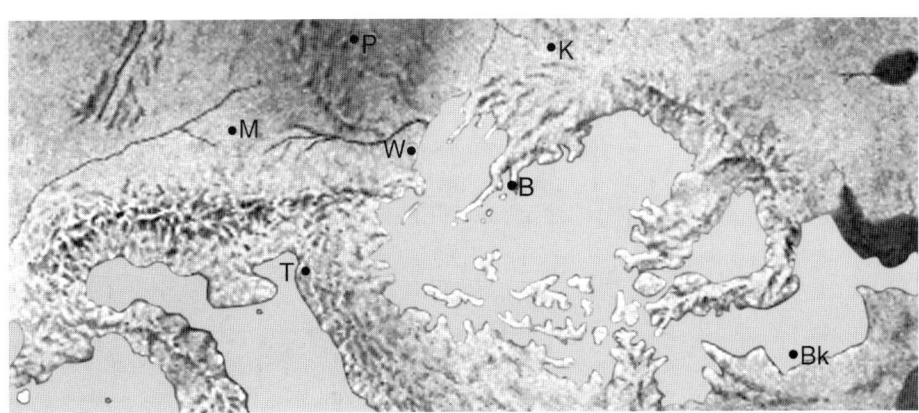

lionen Jahre vor heute im Obermiozän (Messinium) wurden wahrscheinlich durch das rapide Wachstum der antarktischen und der arktischen Eiskappen bedingt, das zu dem bereits erwähnten Meeresspiegelabfall von 70 Metern im Messinium führte. Die Temperaturen erreichten weder im Obermiozän noch während des Pliozäns die Höchstwerte des unteren Mittelmiozäns (Langhium). Im Gegenteil, die Temperaturen nahmen bis zur Gegenwart stetig ab. Die sogenannten „Eiszeiten" begannen in der nördlichen Hemisphäre um 2,5 millionen Jahre vor heute mit dem rapiden Zuwachs der arktischen Eiskappe und den bekannten, jeweils 100000 Jahre dauernden Vereisungszyklen (Hallam 1992, Miller et al. 1991).

Die Grossereignisse der Biosphäre im Känozoikum

Ein dramatisches Aussterbe-Ereignis perturbierte die Biosphäre an der Wende vom Mesozoikum zum Känozoikum (der Kreide/Tertiär Grenze) bedingt durch den Einschlag eines Asteroiden auf dem Planeten Erde. Dieses Ereignis führte jedoch nicht, wie oft verallgemeinert wird, zum Aussterben der Dinosaurier. Bei den Dinosauriern sehen wir bereits im Verlauf der Oberkreide eine deutliche Abnahme der Diversität. Sie starben auf natürliche Weise im Bereich dieser Grenze aus. Ein ebenso natürliches Aussterben kennen wir bei den Ammoniten (Kopffüssern). Andererseits starben mehrere andere Organismengruppen, bedingt durch dieses Ereignis, fast aus. Im allgemeinen betraf dieser Asteroideneinschlag Gruppen, die das Sonnenlicht zur Photosynthese benötigten: wie Algen, höhere Pflanzen sowie Gruppen, die in Symbiose mit diesen phototrophen Organismen lebten (Foraminiferen, Korallen, spezielle Schnecken und Muscheln). Wenn wir allerdings die Grössenordnung dieses Aussterbe-Ereignisses mit ähnlichen Ereignissen in der Erdgeschichte vergleichen, etwa mit jenem an der Wende vom Paläozoikum zum Mesozoikum,

Abb. 6
Palinspastische Karte der Verteilung von Land und Meer im Mittelmeer-Gebiet im Unteren Miozän zur Zeit der Kollision Afrikas mit Eurasien vor 19 millionen Jahren. Die Schliessung der Meeresstrasse zwischen Indo-Pazifik und Mittelmeer ermöglichte einen ersten Austausch der Säugetier-Faunen Afrikas und Europas.

Abb. 7
*Verteilung von Land und Meer im Mittelmeer-Gebiet im Oberen Miozän vor 11 millionen Jahren zur Zeit des „**Hipparion**"-Ereignisses. Die Schliessung der Meeresstrasse zwischen Indo-Pazifik und Mittelmeer erlaubte die Einwanderung dieser Equiden (**Cormohipparion primigenium**) in das Zirkum-Mediterran und einen weitgehenden Austausch der Faunen Europas, Afrikas und Nord-Amerikas.*

(1) marine Lebensräume;
(2) marine Lebensräume mit eingeschränkter Salinität;
(3) endemische Lebensräume in der Paratethys;
(4) Evaporitische Lebensräume;
(5) Terrestrische Lebensräume;
(6) Allgemeine Richtung der Säugetierwanderungen;
(7) Säugetiereinwanderung aus As = Asien, NAm = Nordamerika kommend.

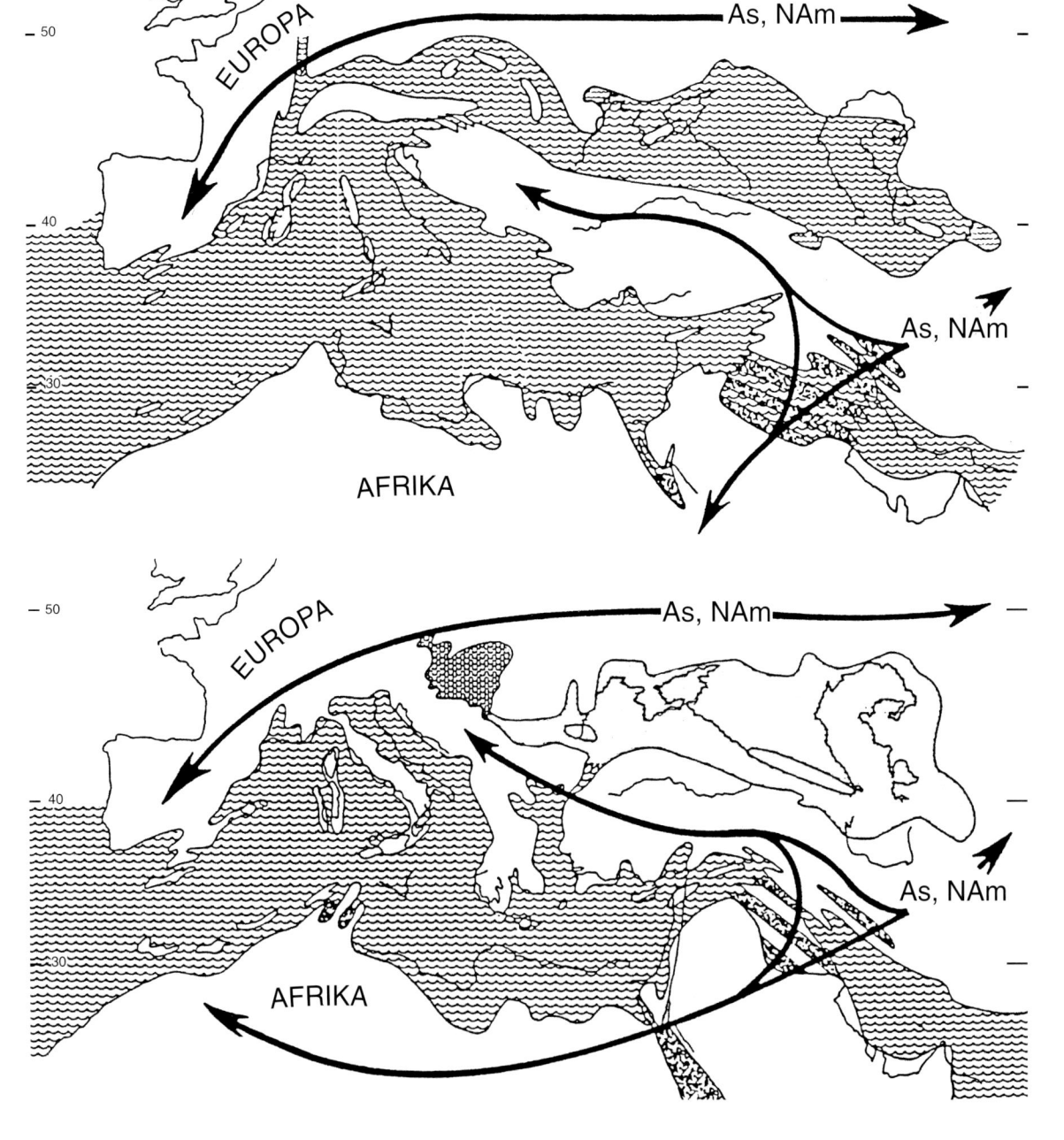

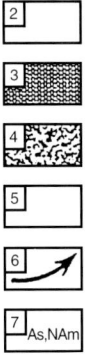

dann ist es nur als Ereignis mittlerer Dimension zu bewerten.

Der Verlust an Biodiversität führte bei vielen der oben erwähnten Gruppen ab dem Paleozän zu einer nun rasch einsetzenden Evolution und Diversifikation mit neuen Evolutionslinien. Charakteristisch für das Känozoikum ist ferner die rasche Evolution der Knochenfische, Wale, Robben und Seekühe in den marinen Lebensräumen, der Blütenpflanzen, die im jüngeren Mesozoikum entstanden, und der Säugetiere. Im Zusammenhang mit der raschen Evolution der plazentalen Säugetiere und der Blütenpflanzen wird das Känozoikum auch als das „Zeitalter der Säugetiere" oder „der Blütenpflanzen" bezeichnet. Im Känozoikum können wir weltweit besonders detailliert die Evolution, Migration und Ausbreitung der Multituberculata, Marsupialia, Insektivora, Primaten, Rodentia, Carnivora und der Proboscidia verfolgen. Am Beginn des Känozoikums treten erstmals die Multituberculata, Carnivora (Creodonta), Huftiere (Condylarthra) und die Primaten auf. Hominoidea und Proboscidea entstehen im Paläogen Afrikas und erreichen Eurasien erst im Untermiozän. Im Gegensatz dazu entstehen die Raubtiere (Creodonta) in Eurasien und wandern im Untermiozän in Afrika ein. Die Pferde entstanden im Paleozän in Nordamerika, wir kennen sie aus Europa (Messel), das sie offenbar über die Landbrücke via Grönland und Spitzbergen erreicht haben, nur im Eozän. Im Obereozän sterben diese Pferde in Europa aus, und die Entwicklung geht in Nordamerika weiter. Von hier wandern Pferde der Gruppe um *Anchitherium* im Untermiozän vor ca. 18 millionen Jahren über die Beringbrücke nach Asien und Europa ein (Abb. 6). Jedoch auch dieser Pferdestamm starb in Eurasien wieder aus. Um 11,5 millionen Jahre vor heute kam es erneut zu einer Einwanderungswelle, diesmal der hipparionen Pferde über die Beringbrücke nach Eurasien und weiter nach Afrika (Abb. 7). Schliesslich erreicht das moderne Pferd, die Gattung *Equus*, welches wieder in Nordamerika entstanden war, vor 2 millionen Jahren Eurasien und Afrika. In der Folge stirbt *Equus* in Nordamerika aus und wird im 16. Jahrhundert durch den Menschen von Europa aus wieder in Nordamerika eingeführt.

Die Vegetation entwickelte sich und fluktuierte im Zusammenhang mit den Abkühlungsvorgängen im Känozoikum. Ganz allgemein dominieren zwei charakteristische, ökologisch bedingte Vegetationseinheiten vom Paleozän bis ins Pliozän: einerseits die immergrüne, laurophylle „Paläotropische Geoflora" mit Einheiten von paratropischen und subtropischen Regen- bzw. laurophyllen Wäldern sowie temperierten Laurophyllen bzw. Laurophyllen-Koniferen Wäldern, andererseits die laubwerfende, breitblätterige „Arktotertiäre Geoflora" mit Einheiten von warm-temperierten Regenwäldern, Eichen-, Buchen -, Kastanien- oder gemischten Buchen-, Eichen-Wäldern bzw. Tiefland- und Sumpfwald-Einheiten. Die heutigen mediterranen sklerophyllen Wälder entstanden wahrscheinlich im Pleistozän nach dem Erlöschen der laurophyllen Wälder (Hallam 1994).

Die Fossillagerstätten von Bolca, Verona, Italien

Lorenzo Sorbini †
Museo Civico di Storia Naturale, Verona, Italien

Einführung

Die Fossillagerstätten von Bolca gehören zu den bedeutendsten und bekanntesten ihrer Art; in der paläontologischen Literatur werden sie seit langem als „Monte Bolca" bezeichnet, auch wenn es keinen Berg dieses Namens gibt.

Die Bekanntheit des Vorkommens rührt her von seinem ausserordentlichen Reichtum an Pflanzen- und Tierfossilien, von dem guten Erhaltungszustand der Fossilien, ferner von der Kontinuität (beginnend mit dem XVI. Jahrhundert) der Ausgrabungen, der Forschungen und der Ausstellungen der gefundenen Exemplare. Die erste Nachricht über Fossilien aus Bolca findet sich in einer Schrift aus dem Jahre 1555 von Andrea Mattioli, einem bedeutenden Botaniker und Arzt des Konzils von Trient. Er erwähnt, Don Diego Urtado de Mendoza, Botschafter Karls V. bei der Republik Venedig habe ihm einige Gesteinsplatten aus der Provinz Verona gezeigt, bei deren Aufspalten verschiedene Arten von versteinerten Fischen sichtbar wurden, und berichtet, dass solche Reste sehr häufig seien.

Die Jahreszahl dieser Nachricht ist von Bedeutung: wir stehen gleichsam am Beginn der modernen Wissenschaft. Das Interesse gebildeter Menschen für die versteinerten Fische der Veroneser Berge belegt, dass sich die Vorstellungen über diese Fossillagerstätte parallel zu denen über die Entstehung der Erde, über die Interpretation der Gesteine, über die wahre Natur der Fossilien entwickelten.

Von Francesco Calceolari zu Simeone Majoli, von Ulisse Aldrovandi zu Lodovico Moscardo, von Antonio Vallisneri zu Johann Jacob Scheuchzer, von Ferdinando Marsili zu Anton Lazaro Moro, von Scipione Maffei zu Déodat De Dolomieu, von Giovanni Arduino zu Giangiacomo Spada, von Alessandro Volta zu Louis Agassiz,

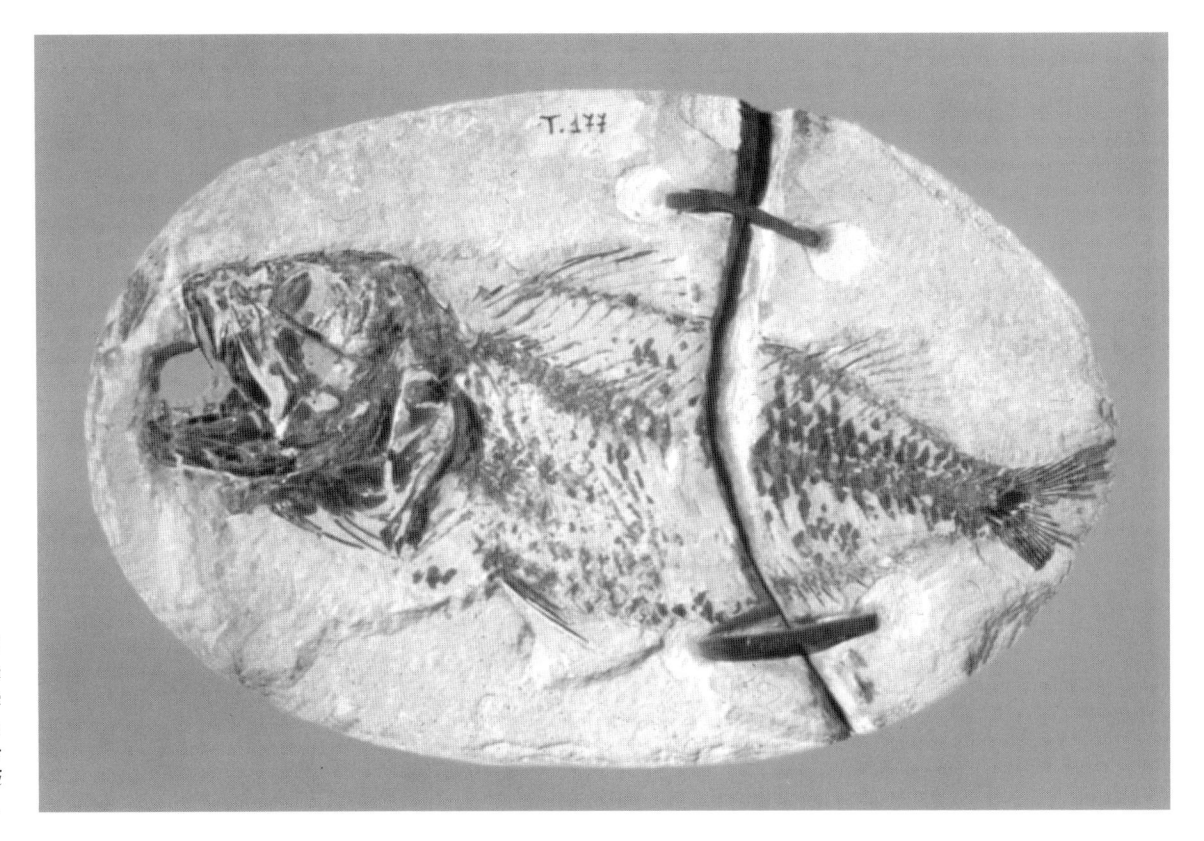

Abb. 1
Ein Fisch, der einst dem Museum von Francesco Calceolari aus dem XVI. Jahrhundert gehörte, abgebildet in Ceruti et Chiocco: Musaeum Francesci Calceolari (1622).

von Charles Lyell zu Achille Valenciennes, von Antonio Catullo zu Abramo Massalongo, von Jacob Heckel zu Eduard Suess, viele der grossen Naturforscher der Vergangenheit interessierten sich für das Rätsel der Fossilien von Bolca. Die Exemplare waren äusserst begehrt unter den Sammlern und wurden als besonders kostbare Raritäten privater Sammlungen und der ersten öffentlichen Museen ausgestellt (Sorbini 1989) (Abb. 1).

Die Fossillagerstätten von Bolca

Der Name Bolca wird vor allem verbunden mit Fischfossilien. Es wurden jedoch auch Reptilien, Vogelfedern, Würmer, Crustaceen, terrestrische und marine Insekten, Lamellibranchiaten, Gastropoden, Cephalopoden gefunden; sehr häufig sind auch marine und terrestrische Pflanzen. Die Fossilien stammen von zwei Lokalitäten: La Pesciara und Monte Postale, im Val Cherpa gelegen, beide nur wenige hundert Meter voneinander entfernt.

Es existieren ferner, immer in der Nähe des Dorfes Bolca, auf dem Monte Purga andere Fossillagerstätten terrestrischer Natur, deren Alter etwas grösser ist als jenes der klassischen Fischlagerstätten. Hier wurden zwischen basaltischen Vulkaniten und Schichten von Braunkohle Reste von Schildkröten geborgen, von Krokodilen und darüber hinaus von Süsswassermollusken und zahlreichen Palmen.

Obwohl einige zehntausend Fossilien gefunden wurden, die es erlauben, die Geschichte des Lebens auf unserem Planeten besser zu verstehen, sind noch nicht alle Geheimnisse von Bolca ans Licht gekommen. Weitere Ausgrabungen und neue Laboruntersuchungen werden mit Sicherheit neue und wichtige Informationen liefern, wie es in den letzten dreissig Jahren schon mehrfach geschah.

Geologischer Rahmen

Die Lagerstätten von Bolca befinden sich in den Monti Lessini. Dieser Gebirgszug liegt nördlich der Stadt Verona und besteht im zentralen westlichen Teil hauptsächlich aus Kalksteinen, während im östlichen Teil, in dem sich die Lagerstätten befinden, basaltische Eruptivgesteine vorherrschen. Die Monti Lessini zeigen sich als Block mit dreieckigem Zuschnitt, begrenzt von Störungen und leicht nach Süden einfallend, wo sie unter die quartären Alluvionen der Po-Ebene abtauchen.

Die stratigraphische Abfolge reicht von der Trias bis zum Miozän, mit diversen Schichtlücken, von denen die wichtigste das Oligozän und Teile des Miozäns umfasst. Paläogeographisch gesehen, gehörten die Monti Lessini seit dem Jura zu einem strukturellen Hoch, bekannt in der geologischen Literatur als „Trento-Plattform" oder „Block von Trient und Verona". Während des Eozäns dominierten Ablagerungen einer Küsten-Plattform am Rand des Mesogaeischen Meeres. Mehr oder weniger grosse Inseln ragten aus dem Meer. Der Bereich war von submarinem und subaerischem Vulkanismus betroffen.

La Pesciara und Monte Postale

Die Bedeutung von Bolca ist ohne Zweifel an die Vorkommen mariner Sedimente bei La Pesciara und Monte Postale gebunden, die sich in geringer Entfernung voneinander im Val Cherpa befinden. Auch wenn zwischen den Gesteinen von La Pesciara und jenen des basalen Teils des Monte Postale eine Faziesähnlichkeit besteht, sind doch die stratigraphischen Beziehungen zwischen den beiden Lokalitäten nicht endgültig geklärt. Die Abfolge der Gesteine in den

Abb. 2
Ein Wasserläufer der Gattung **Halobates**. *Diese Insekten-Gattung lebt heute in Küstengewässern des Indo-Pazifik.*

Abb. 3
Ein Sparide, in gewissen Charakteren der heute lebenden Gattung **Chrysophrys** *ähnlich.*

*Abb. 4
Abdruck und Gegenabdruck
einer Meduse.*

zwei Vorkommen ist ähnlich; die typische Abfolge, die sich mehrmals wiederholt, wird charakterisiert durch eine untere, mehr oder weniger grobkörnige Kalkbank und eine obere Bank mit laminierten Kalken. Die untere Bank, begrenzt an der Basis von einer Erosionsfläche, besteht aus Komponenten von variabler Korngrösse, die von einem groben Kalkrudit mit Geröllen und Kalkblöcken von maximal 50–60 cm bis zu einem Kalkarenit reicht. Die obere Bank besteht aus laminierten Kalken, in denen sich die Fische und die anderen Fossilien befinden, die Bolca berühmt gemacht haben.

Bei den laminierten Kalken handelt es sich um eine rhythmisch aufgebaute, varvenartige Fazies, bestehend aus einer Wechsellagerung biomikritischer, hellgrauer Laminae mit dünneren, dunkelgrauen Laminae, deren Farbe vom Anteil sapropelitischen Materials im Sediment abhängt. Die laminierten Niveaus enthalten ferner fein verteilten Pyrit und riechen beim Anschlagen mit dem Hammer nach Bitumen. Molluskenreste kommen hier nur sehr selten vor. Die laminierten Sedimente wurden sehr wahrscheinlich in einer geschützten, flachen Umgebung abgelagert, in der ruhige Verhältnisse herrschten, wie zum Beispiel im Inneren einer Lagune; die perfekte Erhaltung der Fische zeigt ausserdem eine Schichtung des Wassers an, fehlende Sauerstoffzufuhr am Boden und eine hohe Sedimentationsgeschwindigkeit.

Die Schichten grober Kalksteine zeigen eine ganz andere Umgebung an, charakterisiert durch hohe Energie; insbesondere deutet das Auftreten von groben Blöcken auf eine Ablagerung unter dem Einfluss starker Strömungen, ähnlich denjenigen, die heute durch Orkane entstehen. Diese waren in der Lage zu erodieren und detritisches Material auch grosser Korngrösse zu transportieren (Massari et Sorbini 1975).

In der Lagerstätte von La Pesciara kommen fünf Hauptbänke mit laminierter Struktur vor, jede unterteilt in einzelne Schichten; auf dem Monte Postale treten die Bänke mit laminierten Strukturen, die mit Bänken mit groben Strukturen alternieren, zurück und zeigen eine von La Pesciara verschiedene Farbe und Mächtigkeit. Es scheint deswegen keine vollkommene Übereinstimmung zwischen den laminierten Lagen von La Pesciara und jenen von Monte Postale zu existieren.

Die Lagerstätte wurde datiert mit kalkigen Nannofossilien, die in einem tonigen Niveau von La Pesciara vorkommen. Die Assoziation gehört zur Zone des *Discoaster sublodoensis* (Medizza 1975), die der Nannoplankton-Zone NP 14 angehört und damit der Basis des mittleren Eozäns. Nach den Korrelationen zwischen Biozone und absoluter Altersskala von Calvelier et Pomerol (1976) hat die Lagerstätte ein Alter von etwa 48 millionen Jahren.

Die Fischfauna von Bolca

Nach neueren Daten, die kontinuierlich ergänzt werden, besteht die Fischfauna von Bolca aus 250 Arten, die 140 Gattungen, etwa 90 Familien und 19 Ordnungen zugewiesen wurden. Die Teleostei, Fische, die heute im Meer und im Süsswasser überwiegen, sind stark verbreitet. Bolca ist die Fossillagerstätte, in der die Teleostei am zahlreichsten sind, sowohl nach der Zahl der Exemplare als auch nach der Zahl der Arten.

Unter den Ordnungen sind nur die Pycnodontiformes ausgestorben; aus Bolca wird das jüngste Vorkommen dieser Ordnung berichtet. Etwa 50 % der Familien können als ausgestorben angesehen werden, die Aussterberate beträgt 90 % bei den Gat-

*Abb. 5
Aus der Lagerstätte von Bolca
wurden 8 Gattungen Acanthuridae
beschrieben. In den heutigen Meeren
ist diese Familie nur durch 6
Gattungen, aber zahlreichere Arten,
vertreten.*

tungen und 100 % bei den Arten. Trotzdem sieht die Fischfauna von Bolca sehr modern aus, viele Exemplare sind mit blossem Auge von heute lebenden Formen praktisch nicht unterscheidbar. Dies gibt einen ersten Eindruck von den tiefgreifenden Veränderungen in der Klasse der Fische zwischen Kreide und Tertiär. Die sehr grosse Bedeutung der Lagerstätte von Bolca hängt auch von dem Umstand ab, dass hier plötzlich unter den Teleostei eine grosse Zahl Fischarten mit evolviertem Skelett vorkommt: Acanthopterygii (Fleischflosser), die Stacheln sowohl in den Rückenflossen als auch in den Analflossen besitzen. Die Acanthopterygii umfassen die Hauptordnungen der Fische, die heute im Meer und im Süsswasser verbreitet sind. Diese erschienen im Cenoman (vor ca. 95 millionen Jahren), aus dem etwa 20 Gattungen bekannt sind, die zu primitiven und ausgestorbenen Familien gehören. Während der gesamten Kreide sind die Acanthopterygii jedoch sehr selten. Zum Beispiel erreichen in den besser bekannten Fossillagerstätten jener Zeit zwischen Cenoman und Maastricht (Hakel, Hajula, Tselfat, Cinto Euganeo, Comen, Sahel Alma, English Chalk, Nardò) die Acanthopterygii, verglichen mit anderen Gruppen, einen maximalen Prozentsatz um die 30 %; in Bolca dagegen 84 % (Patterson 1993).

Von besonderem Interesse sind die ökologischen Charakteristika der Fischfauna von Bolca. Ichthyofaunistisch zeigt Bolca sämtliche wichtigen Bestandteile der Biozönosen eines heutigen Korallenriffes; gleichzeitig ist dies die älteste und reichste fossile Biozönose eines Korallenriffes. Auch wenn eine genaue wissenschaftliche Definition der Fische der Korallenriffe nicht existiert, so findet doch jeder Taucher sofort einige Fischfamilien, die er eng assoziiert mit Korallenriffen aus allen Teilen der Welt kennt. Es sind dies die Labridae, Scaridae oder Papageienfische, die Pomacentridae oder Jungfrauenfische, die Acanthuridae, die wegen einer scharfen Knochenplatte am Schwanz auch Chirurgenfische genannt werden, die Siganidae oder Kaninchenfische, die Zanclidae und ferner die Schmetterlingsfische oder Chaetodontidae und die Pomacanthidae oder Engelsfische (Tafel 83). Viele andere Familien von Fischen charakterisieren die Umgebung der Korallenriffe: die Schachtelfische oder Ostraciontidae, die Tetraodontidae, die Balistidae und nächtliche Räuber wie die Kardinalsfische oder Apogonidae, die Olocentridae oder Soldatenfische, die sich während des Tages in den Riffhohlräumen verbergen, die zahlreichen Serranidae, die Sparidae, die Lutjanidae und die Letrinidae. Alle diese Familien, mit der Ausnahme der Scaridae, sind schon in der Lagerstätte von Bolca vertreten.

Was könnte der Grund der weitreichenden Umformung zwischen der ichthyofaunistischen Vergesellschaftung der Kreide und der schon so modernen und spezialisierten von Bolca gewesen sein? Die Antwort kann in der Interaktion zwischen Habitat und Morphologie der Fischfauna liegen. Zwischen dem Ende der Kreide und dem Anfang des Tertiärs erfuhren die Korallenriffe eine tiefe strukturelle Umwandlung mit dem Erscheinen der Madreporaria. Diese dominieren und charakterisieren die heutigen Korallenriffe, indem sie eine extrem komplexe Morphologie bilden, reich an ökologischen Nischen. Unter den Madreporaria sind es insbesondere die Gattungen *Acropora*, *Porites* und *Pocillopora*, die in den heutigen Korallenriffen aller tropischen Meere sehr häufig sind und gerade im Eozän erscheinen. Korallenriffe modernen Typs und ebenfalls moderne koralline Fischfaunen wie jene von Bolca sollten deshalb fast gleichzeitig auftreten.

Im folgenden wollen wir uns die Zusammensetzung der Fischfauna von Bolca in grösserem Detail ansehen, beginnend mit einer kurzen Beschreibung der ichthyofaunistischen Vergesellschaftung und des Lebensraumes, den man in einem rezenten Korallenriff antrifft. Vor allem muss man betonen, dass die ichthyofaunistischen Biozönosen einer Riffumgebung durch eine ausserordentlich grosse biologische Diversität charakterisiert sind; zum Beispiel wurden in dem grossen Riff von Tuléar in Madagaskar 750 Arten gezählt, eine Artenzahl, die jener im gesamten heutigen Mittelmeer vergleichbar ist. Vom morphologischen Standpunkt aus sind die heutigen Korallenriffe ähnlich jenen Riffen, die in den Monti Lessini im Eozän existierten, Riffen, die einem Festland vorgelagert waren. In diesem Typ von Riffen trifft man, wenn man sich von der Küste entfernt, drei hauptsächliche Lebensbereiche an: einen Sandbereich, in dem Wiesen von Monocotyledonen sehr häufig sind, den Bereich von Madreporaria und, weiter aussen, das offene Meer. Diese drei Bereiche können sich von wenigen Zehner Metern bis zu einigen Kilometern erstrecken. Auch wenn sie sehr eng miteinander verknüpft sind, so besitzt doch jede von diesen charakteristische Fischfaunen. Zum Beispiel leben auf Sand kryptische Arten wie einige Rochen (Dasyatidae), einige Flundern (Bothidae), Mullidae, Labridae, Fistulariidae und Siganidae. In der Korallenzone leben die Acanthuridae (Abb. 5), die Pomacentridae, die Scaridae, die Tetraodontidae, die Serranidae, die Sparidae (Abb. 3) und, während des Tages versteckt, die Apogonidae und die Olocentridae. Am äusseren Rand des Riffes, gegen das offene Meer hin, leben die grossen Serranidae (Zackenbarsche) und die Atherinidae, die Mugilidae, die Haifische, die Sirenidae und grosse Schwärme von Clupeidae. Selbstverständlich gibt es auch einen kontinuierlichen Übergang, mindestens für einige Fischarten, insbesondere zwischen direkt nebeneinander liegenden Bereichen, zum Beispiel der Sandzone und der Zone mit Madreporaria. Dessen ungeachtet ergibt sich, wenn man die Anwesenheit verschiedener Arten in jedem Bereich systematisch untersucht, dass jeder einen eigenständigen ichthyofaunistischen Charakter besitzt. Auf der Basis dieser Daten, die in allen heutigen Korallenriffen gewinnbar sind, haben Landini et Sorbini (1996) die Fossilien untersucht, die in den letzten 25 Jahren im Vorkommen von La Pesciara gefunden wurden. Auf diese Weise wurde bestätigt, dass in der Fischfauna von Bolca alle für ein Korallenriff typischen systematischen Gruppen existieren. So werden die Fische des sandigen Bereiches und der Seegraswiesen durch 33 Familien repräsentiert, jene des

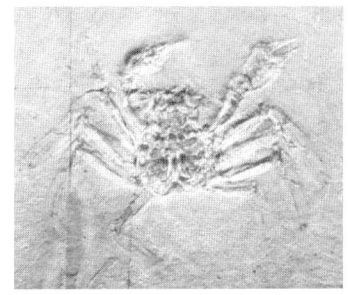

Abb. 6
Ein Hymenoptere.

Abb. 7
Ein Exemplar von **Plagiolophus ellipticus.**

Madreporaria-Bereiches durch 38 Familien, und schliesslich jene des pelagischen Bereiches durch 24 Familien.

Die Nebenvergesellschaftungen („Fauna minore")

Unter dem italienischen Begriff „Fauna minore" von Bolca werden alle anderen Tierfossilien mit Ausnahme der Fische zusammengefasst, die in den gleichen Lagen gefunden wurden, welche auch die Fischfauna enthalten. Auch wenn deren Zahl gegenüber jener der Fische viel kleiner ist, so sind doch diese Fossilien durchgehend äusserst wichtig für die Rekonstruktion der damaligen Umwelt.

Unter den Mollusken wurden nur vereinzelte Klappen von Lamellibranchiaten gefunden, wenige Gehäuse von Gastropoden und einige Cephalopoden (Unterordnung Metatheutoidea). Die seltenen Medusen (Abb. 4) gehören zur Gattung *Semplicibrachia* (Ordnung Phizostomotida). Häufiger sind Crustaceen (Tafel 78), die in den Sammlungen durch einige Zehner Exemplare vertreten werden und nach Secretan (1975) den drei Ordnungen Isopoda, Decapoda und Stomatopoda angehören. Die Ordnung Decapoda ist am reichsten vertreten; sie wird repräsentiert durch die Peneidae (Crevetten), durch Palinurae (Langusten; Tafel 78), durch Anomura und durch Brachiura (Krebse; Abb. 7). Nur wenige Isopoda wurden gefunden, möglicherweise Parasiten der Fische, vertreten nur durch wenige Exemplare einer einzigen Art. Auch die Stomatopoda werden nur durch eine einzige Art repräsentiert, nämlich *Lysiosquilla antiqua*, ähnlich einer Meeresheuschrecke und typisch für flaches, warmes Wasser. Die Würmer, unter ihnen einige marine Formen, sind Polychaeta und Hirudinea (Alessandrello 1990). Bei den Insekten, die hauptsächlich im vorigen Jahrhundert durch Abramo Massalongo (1856) und Giovanni Omboni (1886) studiert wurden, treten Coleoptera, Orthoptera, Odonata, Diptera, Emiptera, Isoptera und Hymenoptera (Abb. 6) auf. Unter den Insekten können *Ancylocheria deleta* und Libellen Hinweise auf die Paläoumwelt geben; die heutigen *Ancylocheria*-Arten leben auf Koniferen, und zu genau diesem Typ Pflanzen gehören einige Reste von *Podocarpus*, gefunden in den fischführenden Schichten. Darüber hinaus zeigt die Existenz von Libellen stehende Gewässer an, die unerlässlich für die Larvenentwicklung sind. Auch der Fund einer Zikade der Art *Gryllotalpa* zeigt, zusammen mit einer reichen terrestrischen Flora, die Existenz von Festland nahe dem Sedimentationsbecken an. Schliesslich ist die Gattung *Halobates* (Andersen et al. 1994)(Abb. 2) ein typisch marines Insekt, charakterisiert durch lange Beine, das heute in tropischen Meeren mit Temperaturen nicht unterhalb 20 °C lebt.

Unter den terrestrischen Vertebraten wurden wenige Reste einer Schlange gefunden (*Archaeophys*) sowie ein Carapax einer terrestrischen Schildkröte. Die Vögel werden nur durch einige wenige Federn vertreten.

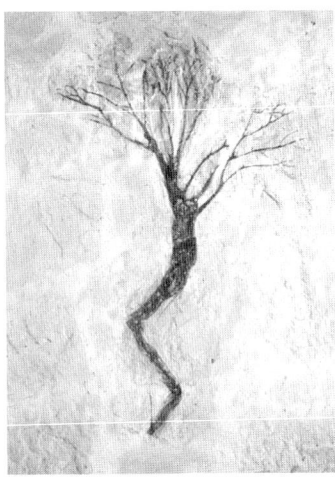

Abb. 8, 9
Zwei Exemplare der Wasserpflanze ***Maffeia ceratophylloides.***

Die Flora

In den Schichten mit Fischen sind Pflanzenreste sowohl mariner als auch terrestrischer Herkunft sehr häufig konserviert. Diese wurden von Massalongo (1856, 1859) im letzten Jahrhundert studiert.

Die Flora von Bolca hat den Charakter einer tropischen Pflanzen-Assoziation, wie sie heute im marinen und festländischen Tropengürtel auftritt (Tafeln 84, 85). Besonders häufig sind Reste von *Halocloris*, einer ausgestorbenen Gattung der Monocotyledonen, die submarine Rasen bildet ähnlich jenen, wie sie heute in inneren Teilen der Riff-Lagune auftreten. Ferner wurden Rotalgen gefunden (*Delesserites, Pterigophycos*), Grünalgen (*Aristophycos*) und Braunalgen (*Postelsiopis caput medusae*).

Bei der festländischen Flora sind Reste von *Ficus* häufig, die auch heute in tropischen Bereichen weit verbreitet sind, von *Podocarpus*, von *Sterculia*, von *Fracastoria* und von *Eucalyptus*. Ferner wurden Reste von Kokosnüssen gefunden. Stark vertreten sind auch Pflanzen, die in der Nähe von Flüssen und Lagunen leben, wie die Gattung *Maffeia* (Abb. 8, 9) mit Hauptwurzeln, die heute an Stromschnellen und Wasserfällen tropischer Flüsse wächst. Die Gattung *Eichhorniopis* ist ähnlich der heutigen Art *Eichhornia crassipes*, die in Seen und Tümpeln in Brasilien wächst. Unter der terrestrischen Flora ist *Ampelophyllum noeticum* zu erwähnen, das zur selben Familie wie die Weinrebe *Vitis vinifera* gehört.

Rekonstruktion der Umwelt

Wenn wir die geologischen und paläontologischen Daten zusammen betrachten, wird es möglich, ein Bild der Umwelt der Fossillagerstätte zur Zeit des Eozäns zu zeichnen (Tafel 79). Der Sedimentationsraum lag nahe einer Küste, was durch die Anwesenheit von Tieren und Pflanzen des Festlandes und durch zahlreiche Fischreste des Küstenmilieus demonstriert wird. Die Umgebung eines Riffes wird durch die typische Dreiteilung eines Saumriffes repräsentiert, das heisst die Lagune, die Zone mit Madreporaria und das Vorriff im Übergang zum offenen Meer. Das Korallenriff schützte die Lagune vor der Einwirkung von Wellen und Strömungen und begünstigte zusammen mit einem Überschuss an organischem Material, das während der Regenzeit vom Festland herantransportiert wurde, die Sauerstoff-Zehrung, die zu episodischen Massensterben von Fischen führte. Die Lagune hatte weite Verbindungen zum offenen Meer, die das Eindringen pelagischer Fische erlaubten, die auf der Jagd nach Nahrung waren, wie Haifische, Carangidae und Clupeidae. Katastrophale Ereignisse, von Hurrikanes verursacht, zerstörten gelegentlich Teile des Riffes und transportierten groben Sand, Kies und grosse Blöcke in die Lagune, welche die kalkigen Schichten mit laminierten Strukturen überlagern, die sich zuvor in Zeiten absoluter Ruhe gebildet hatten.

Der eozäne See von Messel

Jens Lorenz Franzen und Stephan Schaal
Forschungsinstitut und Naturmuseum Senckenberg, Frankfurt am Main

Entdeckung und Erforschung

Die Grube Messel ist ein ehemaliger Ölschiefertagebau (Abb. 1). Sie liegt etwa 30 km südöstlich Frankfurt am Main, 8 km nordnordöstlich Darmstadt (Abb. 2). Als Fossillagerstätte wurde die Lokalität bereits im Dezember 1875 im Verlaufe von Explorationen auf Kohle entdeckt. Knochenfragmente eines Krokodils weckten das Interesse von Paläontologen. Die vermeintlich entdeckte „Kohle" erwies sich allerdings bald als ein „Süsswasser-Ölschiefer", genauer gesagt als ein kerogenhaltiger Schieferton. Der Abbau der Ablagerungen begann in den achtziger Jahren des 19. Jahrhunderts. Der Bergbau dauerte bis 1971. Während dieser Zeit wurden mittels spezieller, aus Schottland importierter Öfen rund 1 million Tonnen Rohöl gewonnen. Fossilien kamen dabei als Nebenprodukt zutage, solange der Ölschiefer vorwiegend von Hand abgebaut wurde. In dem Masse, in dem während des 1. Weltkrieges mehr und mehr mechanische Abbaugeräte eingesetzt wurden, gingen Entdeckung und Bergung von Fossilien beträchtlich zurück.

Die Fossilfunde, die aus dieser frühen Zeit stammen, sind mehr oder minder bruchstückhaft. Auch die Präparationsmethoden waren damals noch nicht so hoch entwickelt wie heute. Die übliche Methode bestand in erster Linie in einem vorsichtigen, allmählichen Trocknen des Ölschiefers. Dabei versuchte man, die Entstehung von Rissen durch Paraffinieren zu vermeiden. Das Bild, das Fossilien, die in dieser Weise behandelt wurden, heute bieten, ist weder attraktiv, noch ist es genügend deutlich, um die Untersuchung aller Details zu erlauben. Dies gilt um so mehr, als die sichtbare Seite des Fossils derjenigen entspricht, welche im Zuge seiner Entdeckung aufgespalten wurde. Die Fossilien liegen mehr oder minder schwarz und aufgerissen, von Paraffin bedeckt, in einem dunklen kerogenen Sediment. Weichkörper-Konturen wurden auf diese Weise nur in Ausnahmefällen entdeckt, wie der behaarte Schwanz eines Urpferdchens der Art *Propalaeotherium hassiacum* durch Haupt (1925).

Nichtsdestoweniger wurde eine Serie von Monographien und anderen bedeutenden Arbeiten in dieser ersten Phase wissenschaftlicher Untersuchungen publiziert, so über die Flora (Engelhardt 1922), die Schildkröten (Harassowitz 1922, Hummel 1927), die Krokodile (Ludwig 1877) sowie die Fledermäuse (Revilliod 1917) und die Urpferdchen (Haupt 1925), um nur einige zu nennen. Der wahre wissenschaftliche Wert der Grube Messel als einer der bedeutendsten Fossillagerstätten der Welt konnte allerdings erst entdeckt werden, nachdem der Bergbau 1971 endgültig eingestellt wurde.

Abgesehen von einigen kleineren Ausgrabungen, wie sie auf Initiative von Professor Tobien in der Mitte der sechziger Jahre vom Hessischen Landesmuseum Darmstadt durchgeführt wurden (Kuster-Wendenburg 1969), erlebte die Grube Messel erst in den siebziger Jahren eine erneute Blüte als Fossillagerstätte.

Schon bald nach Ende des Bergbaus waren es Privatsammler, die in den alten Tagebau eindrangen, um dort durch Spalten des Ölschiefers nach Fossilien zu suchen. In dieser mehr oder minder gedulde-

Abb. 1
Blick in die Grube Messel im Jahre 1976 in nordöstlicher Richtung. Zu jener Zeit hatte sich im zentralen Bereich des ehemaligen Tagebaus ein Grundwassersee gebildet.
Foto: F. Vogel.

ten Periode von Aktivitäten kamen einige der spektakulärsten Fossilfunde aus Messel ans Tageslicht, wie beispielsweise der einzige Ameisenbär, der ausserhalb von Südamerika bekannt geworden ist, *Eurotamandua joresi*, wie auch das einzige Skelett des Helaletiden („Urtapirs") *Hyrachyus minimus*. Vielleicht noch wichtiger als diese Entdeckungen war, dass die Privatsammler vorführten, dass es lohnend sein konnte, in Messel zu graben trotz der grossen Seltenheit der wirklich wichtigen Fossilien. Abgesehen davon wandten die Privatsammler konsequent die Transfermethode bei der Präparation der Funde an, wobei Kunstharze als Substrat dienen (Kühne 1961). Auf diese Weise wurden nun in grösserem Umfang Fossilien aus Messel bekannt, welche die Konturen ihres Weichkörpers zeigen (Tafel 92). Andererseits interessierte in dieser Phase in erster Linie die Jagd nach wertvollen Fossilien, wohingegen unspektakuläre Funde wie auch die Fragen der Entstehung der Lagerstätte und ihrer einzelnen Fossilien vernachlässigt wurden.

Aufgrund eines Vertrages zwischen dem Hessischen Landesmuseum und der Bergbau betreibenden Firma aus dem Jahre 1912 waren wissenschaftliche Institute mit Ausnahme des Hessischen Landesmuseums Darmstadt lange Zeit davon ausgeschlossen, in der Grube Messel zu arbeiten. Dieser Vertrag sicherte dem Darmstädter Museum die alleinigen Rechte an den Fossilien von Messel zu.

Die Schliessung der Grube führte auch zu anderen Aktivitäten. Nach allgemeiner Ansicht von Politikern und Technikern war die Grube Messel besonders geeignet, die Abfälle des dicht besiedelten und hoch industrialisierten Rhein-Main-Gebietes aufzunehmen. Dies hatte eine Flut von Protesten aus der Bevölkerung wie auch von Wissenschaftlern aus der ganzen Welt zur Folge. Unter dem Druck der drohenden Pläne, an dieser Stelle eine gigantische Abfalldeponie einzurichten, erhielten Institute wie das Frankfurter Forschungsinstitut Senckenberg, die Landessammlungen für Naturkunde Karlsruhe und andere die Erlaubnis, in der Grube Messel zu arbeiten. Das Forschungsinstitut Senckenberg hat als erstes und lange Zeit einziges Institut den internationalen Protest gegen die Einrichtung einer Mülldeponie an dieser unersetzlichen Quelle wissenschaftlicher Erkenntnis organisiert. Berühmte Wissenschaftler und wissenschaftliche Einrichtungen aus der ganzen Welt formulierten ihren Widerstand gegen diese Pläne. Nach fast zwanzigjährigen Auseinandersetzungen, die vor Ort und vor Gericht von einer ausserordentlich einsatzbereiten Bürgerinitiative getragen wurden, war dieser Protest schliesslich erfolgreich (Schaal et Schneider 1995), und 1991 erwarb die Hessische Landesregierung die Grube, um ihre wissenschaftliche Nutzung für immer zu sichern. Im Dezember 1995 wurde die Grube Messel auf Antrag der Hessischen Staatsministerin für Wissenschaft und Kunst in die Liste des Weltkultur- und naturerbes der UNESCO aufgenommen.

Der wissenschaftliche Fortschritt seit 1975 ist bemerkenswert. Im Laufe dieser Zeit hat sich beispielsweise die Zahl der von Messel beschriebenen Säugetierarten von 14 (Tobien 1969) auf fast 40 erhöht. Aufgrund von Vergleichen mit anderen Fundstellen jener Zeit kann noch mit weiteren 40 Säugetierarten in Messel gerechnet werden. Unter den Vögeln war die Familie der kranichartigen Messelornithidae vollkommen unbekannt, bevor sie aus Messel beschrieben wurde (Hesse 1988, 1990). Aber es ist nicht allein die Zahl der Taxa, die beträchtlich zugenommen hat, es ist auch die Qualität der darüber inzwischen gewonnenen Informationen, welche alle Welt in Erstaunen versetzt (Schaal et Ziegler 1992). So haben Inhalte des Verdauungstrakts wie erhaltene Weichkörperumrisse ebenso wie Serien, welche die ontogenetische Entwicklung belegen, dazu beigetragen, die Paläobiologie der betreffenden Tiere zu verstehen. Auch die taphonomischen Prozesse, die zur aussergewöhnlichen Qualität der Fossildokumentation in Messel geführt haben, sind heute sehr viel besser bekannt, speziell die Rolle der daran beteiligten Mikroorganismen (Bakterien, Algen) (Franzen 1990, Richter 1992).

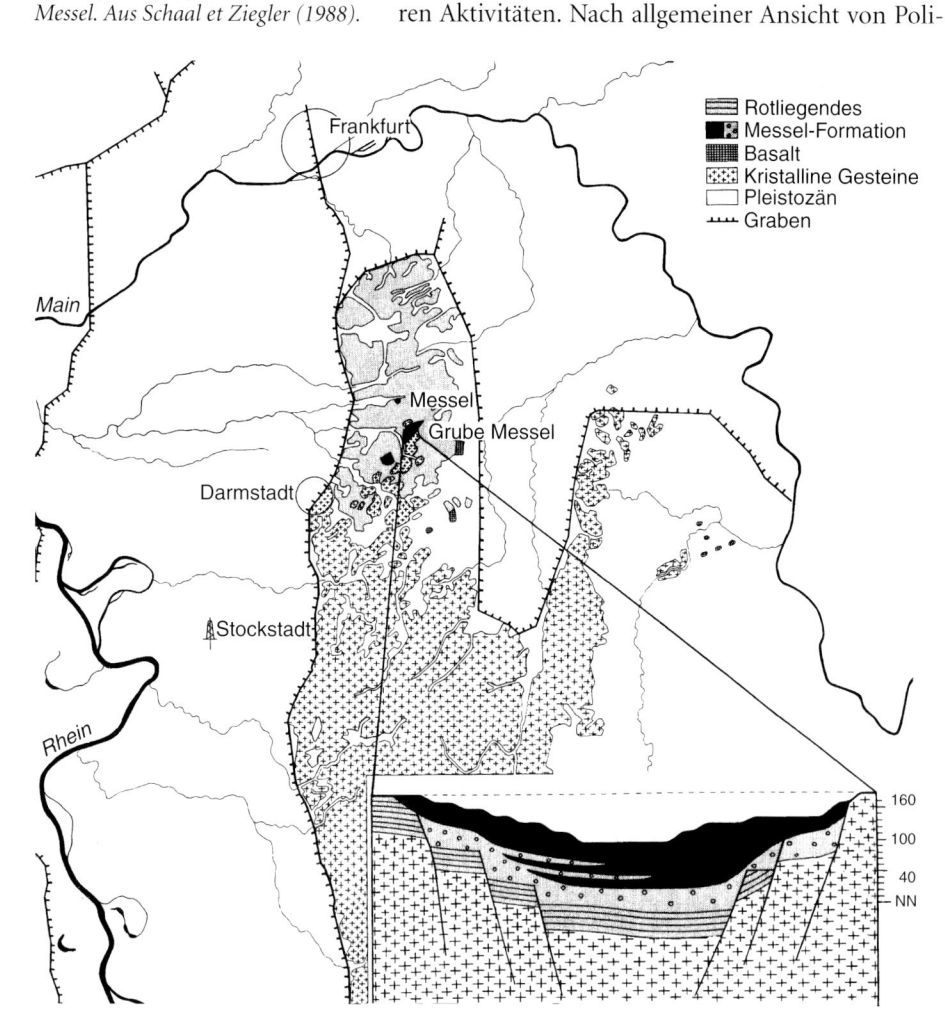

Geographie und Geologie der Umgebung

Die Grube Messel befindet sich auf einer tektonischen Hochscholle, bekannt als „Sprendlinger Horst" (Abb. 2). Dieser besteht hauptsächlich aus spätpaläozoischen Sedimenten des Rotliegend, welche Graniten und Granodioriten aufliegen. An manchen Stellen, so zum Beispiel unmittelbar nördlich der Grube, kommen auch Basalte (Limburgite) vor,

Abb. 2
Geographische Lage und geologischer Profilschnitt der Grube Messel. Aus Schaal et Ziegler (1988).

welche an der genannten Stelle auf rund 49 millionen Jahre datiert wurden (Lippolt et al. 1975).

Der Krater, den der Bergbau 1971 hinterliess, ist 60 m tief und 700–1000 m breit. Seine horizontale Ausdehnung entspricht fast genau dem heutigen Vorkommen des sogenannten Ölschiefers, eines feingeschichteten, dunkelbraunen bis olivgrünen Tonsteins mit einem Rohölgehalt von 5–20%. Im Querschnitt ist die Formation linsenförmig. Ihre maximale Mächtigkeit betrug ursprünglich 190 m. Sie war überlagert von bis zu 5 m schwarzem Ton sowie maximal 33 m bunter toniger Sedimente, deren Vorkommen auf 3 Tröge im Südwesten beschränkt war (Matthess 1966, Weber et Hofmann 1982).

Unterlagert wird der Ölschiefer von bis zu 25 m grobklastischer Sedimente. Umgeben von jungpaläozoischen Sedimenten, Dioriten und Granodioriten, ist die alttertiäre Schichtenfolge innerhalb eines tektonischen Grabens erhalten geblieben. Dieser kleine Graben war Teil eines ausgedehnten Seensystems im Bereich eines Scheitelgrabens, dessen Entstehung in Zusammenhang mit dem sich bildenden Oberrheingraben von Vulkanismus begleitet war (Matthess 1966).

Entstehung und Sedimentstrukturen

Nach seinem Fossilinhalt zu schliessen, kam der kerogen-reiche Tonstein zu Beginn des Mitteleozäns (unteres Lutetium mariner beziehungsweise unteres Geiseltalium terrestrischer Stratigraphie) vor 49 millionen Jahren auf dem Boden eines Süsswassersees zur Ablagerung (Abb. 4). Aufgrund der relativ geringen Anzahl von Fossilien sowie des seltenen Vorkommens ufernaher Ablagerungen (abgesehen von einem begrenzten Auftreten im Norden und einzelnen Schuttströmen im Süden) nimmt Schaal (1987, 1988, 1992) an, dass das heutige Ölschiefervorkommen nur einen tektonischen Ausschnitt aus dem Zentrum eines ausgedehnten Sees darstellt.

Zwei andere Modelle des eozänen Sees von Messel gehen aufgrund entsprechender Faziesveränderungen von der Annahme aus, dass der See klein war und lediglich wenige Quadratkilometer bedeckte. Rietschel (1988a, 1994) greift eine alte Hypothese von Hummel (1925) auf und nimmt an, dass sich die Sedimente in einem vulkanischen Krater, entweder einer Kaldera oder einem Maar, entwickelt haben. Franzen et al. (1982) denken dagegen eher an einen kleinen tektonischen Graben, wobei sie sich auf eine Hypothese von Haupt (1922) und Matthess (1966) beziehen. Dünnschliffe eines granitischen Gesteins aus unmittelbar östlicher Nachbarschaft der Messel-Formation ergaben keinerlei Anzeichen für einen Impaktkrater als dritter Möglichkeit der Entstehung.

Als Krater wäre der See von Messel am Anfang ungefähr 200 Meter tief und von steilen Ufern umgeben gewesen. Er hätte keinen Zufluss, aber einen Ausfluss gehabt. Nach und nach hätte er sich mit Wasser gefüllt, das die Hänge hinab geflossen kam.

Als tektonischer See wäre der eozäne See zumindest einige Zehner Meter tief gewesen. Während sein Boden begleitet von Erdbeben nach und nach ruckartig absank, füllte er sich zugleich mit Sediment. So blieb seine Tiefe im Laufe der Zeiten mehr oder minder gleich. Dieser See hätte mit einem präexistierenden Flusssystem in Verbindung gestanden. Die Zuflüsse waren nicht sehr gross, eher kleine Bäche. Dies würde erklären, warum die Grösse allochthoner (ortsfremder) Wirbeltiere, deren Kadaver in den See drifteten, auf eine maximale Körperlänge von etwa einem Meter beschränkt war. Nur Krokodile, wie sie einst im See lebten, konnten beträchtlich grösser werden.

Mit einer mittleren Jahrestemperatur der Umgebung von mindestens 20 °C gehörte der See von Messel zum Typ der warm-meromiktischen subtropischen Seen (Goth 1990). Die Fossillagerstätte war von limnisch-stagnierender Art (Seilacher et al. 1985). Von Zeit zu Zeit mit einem Flusssystem verbunden, wirkte der See wie ein Absetzbecken (Franzen 1985). Alle erhaltungsfähigen Teile von Organismen, die den Fluss hinabgetrieben kamen, oder Seebewohner selbst wurden am Ende in die tonigen Sedimente des Seebodens eingebettet. Dort herrschten anaërobe Verhältnisse, verursacht einerseits durch geringe Strömungsenergie, andererseits durch hohen Sauerstoffverbrauch infolge Zersetzung grosser Mengen Mikroorganismen (hauptsächlich Al-

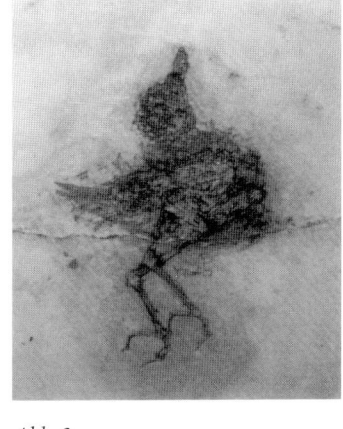

Abb. 3
Vollständig erhaltener Vogel mit Spuren der Federn. Foto. E. Haupt.

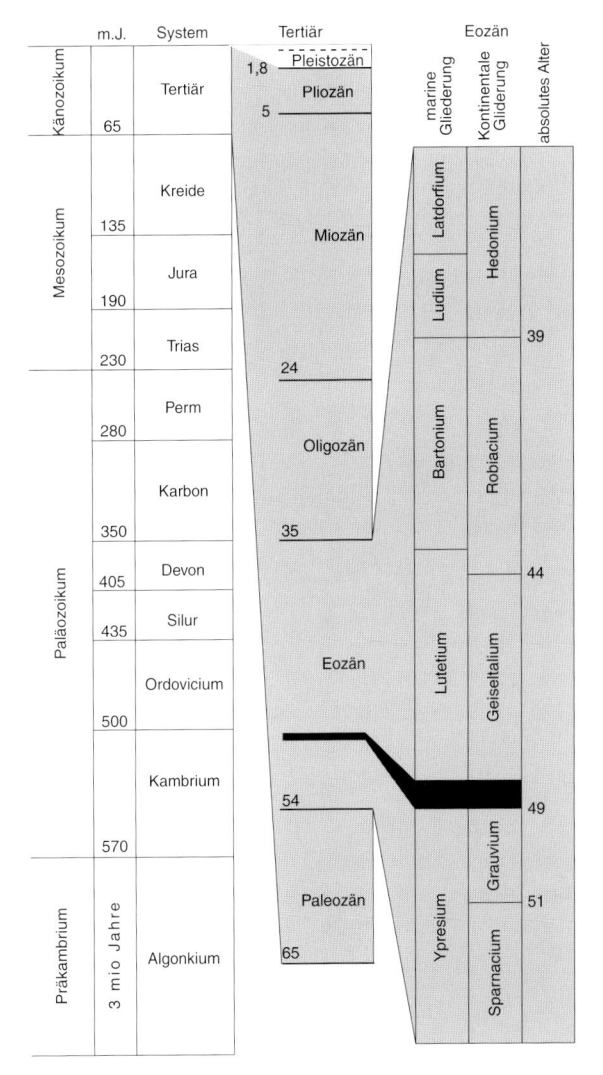

Abb. 4
Geologische Zeitskala mit stratigraphischer Position der Messel-Formation (schwarz). Aus Schaal et Ziegler (1988).

*Abb. 5
Einzelne Vogelfeder mit Fahne
und feinen Daunen nahe am Kiel.
Foto: Senckenberg-Museum, J.L.
Franzen.*

gen), die sich in periodischen Blüten unter tropisch-subtropischen Klimaverhältnissen entwickelten (Goth 1990). Auf diese Weise entstanden reduzierende Bedingungen, welche die Entwicklung jeglicher Makro-Organismen in Bodennähe verhinderten. Infolgedessen gab es keinerlei Bioturbation. Wirbeltierleichen wurden am Seeboden in vollständigem Zustand eingebettet. Sie erfuhren keinerlei Zerstörungen, weder durch Aasfresser noch durch Strömungen. Trotz der Entstehung von Verwesungsgasen stiegen die Kadaver nicht wieder an die Wasseroberfläche, solange der hydrostatische Druck genügend hoch, das heisst der See genügend tief war (> 10 m), um ihre Aufblähung zu unterdrücken (Elder 1985). So ist es zu erklären, dass die Kadaver in der Regel in Gestalt vollständiger artikulierter Skelette erhalten blieben (Tafel 89).

Reduzierende Bedingungen in Bodennähe oder in den obersten Sedimentschichten hatten die Bildung dafür typischer Minerale wie Siderit, Markasit, Pyrit und Vivianit zur Folge (Matthess 1966). Innerhalb bestimmter Horizonte bildeten sich frühdiagenetisch auch phosphatische Minerale wie Messelit oder Montgomeryit (Schaal 1992).

Die Feinschichtung des Tonsteins ist auf jahreszeitliche klimatische Schwankungen zurückzuführen. Sie setzt sich aus algenreichen Lagen infolge saisonaler Blüten vor dem Hintergrund einer beständigen Sedimentation von Smektit und anderen Tonmineralen zusammen (Goth 1990). Die Sedimentationsrate war niedrig. Sie betrug etwa 0,1 mm pro Jahr. Die Sedimentation wurde gelegentlich von Hangrutschungen unterbrochen, welche die Bildung Dezimeter-mächtiger Schichten zur Folge hatten. Vor diesem Hintergrund kann damit gerechnet werden, dass der See von Messel Hunderttausende von Jahren in einem Niederungsgebiet existierte.

Paläontologischer Inhalt und Taphonomie

Der Fossilinhalt umfasst pflanzliche Reste (Algen, Pilze, Diatomeen, Pollen, Blätter, Blüten, Früchte, Samen und Bruchstücke von Zweigen, Tafel 86), Spiculae und sogar Gemmoskleren von Süsswasserschwämmen (Richter et Wuttke 1995), Gastropoden, Ostrakoden (nur Steinkerne), Tausende von Insekten (Tafeln 87, 88), hauptsächlich Käfer (Coleoptera), Hautflügler (Hymenoptera) und Wanzen (Heteroptera), aber auch Libellen (Odonata), Steinfliegen (Plecoptera), Schaben (Blattoidea), Termiten (Isoptera), Heuschrecken (Saltatoria), Stabheuschrecken (Phasmatodea), Zikaden (Homoptera), Fransenflügler (Trichoptera), Schmetterlinge (Lepidoptera) und Zweiflügler (Diptera), dazu Spinnen, Süsswasserkrebse (sehr selten), Süsswasserfische, einen Salamander, Frösche, Schildkröten (Tafel 90), Eidechsen, Schlangen (Tafel 89), Krokodile (Abb. 8), einige Dutzend Arten Vögel (Abb. 3, 5) (darunter die ältesten Straussenvögel, Raubvögel, Hühnervogel-ähnliche Vögel, Ibisse, Kranichartige, Seriemas, Flamingos, Eulen, Segler, Rackenähnliche Vögel, Spechtartige und andere), sowie ungefähr 40 Arten Säugetiere (Tafeln 91, 92), darunter Beuteltiere (Marsupialia), Insektenfresser (Proteutheria und Lipotyphla), Fledermäuse (Chiroptera), Primaten (Primates), Urraubtiere (Creodonta), Raubtiere (Carnivora), Urhuftiere (Condylarthra), Schuppentiere (Pholidota), Nebengelenktiere (Xenarthra), Unpaarhufer (Perissodactyla), Paarhufer (Artiodactyla) und Nagetiere (Rodentia). Darüber hinaus ist die Fundstelle Messel berühmt geworden für wenig veränderte Chemofossilien (Franzen et Michaelis 1988).

Paradoxerweise sind fliegende Tiere wie Insekten, Vögel und Fledermäuse, die sonst eher zu den Seltenheiten zählen, in Messel ungewöhnlich häufig, während wasserbewohnende Insekten und Vögel, wie man sie an beziehungsweise in einem See eigentlich erwarten sollte, Raritäten darstellen. Was die Häufigkeit der fliegenden Tiere betrifft, so könnte diese auf gelegentlich auftretende Vergiftungen der unteren Atmosphäre durch vulkanische Exhalationen wie Kohlendioxid, Schwefelwasserstoff oder Schwefeldioxid zurückzuführen sein. Dies würde auch die relative Häufigkeit bodenbewohnender Wirbeltiere erklären, die in einer entspannten Haltung gefunden werden, wie sie für solch einen Tod typisch ist (obgleich auch Ertrinken zu solchen Positionen führt; Franzen et al. 1982, Franzen et Köster 1994). Diese Hypothese wird unterstützt durch die Tatsache, dass diejenigen Fledermäuse, deren Flügelkonstruktion besonders für bodennahen Flug geeignet ist (die Palaeochiropterygidae) bei weitem häufiger auftreten als solche, die in ihrer Konstruktion spezialisiert sind auf Flug bei hoher Geschwindigkeit in grösseren Höhen (wie die Hassianycterididae) (Habersetzer et Storch 1987). Die Seltenheit von Wasserbewohnern (wie auch die geringe Zahl von Fischarten) könnte andererseits zusammenhängen mit Sauerstoffarmut und/oder Vergiftung durch Schwefelwasserstoff und/oder Ammoniak, wie sie bei gelegentlicher Umwälzung des Seewassers zustande kommen könnte. Auch Huminsäuren, entstanden bei der Zersetzung von Pflanzenmaterial, könnten dabei eine Rolle gespielt haben (Lutz 1990).

Die Qualität der Fossilerhaltung ist wahrhaft aussergewöhnlich. Pflanzenreste zeigen häufig nicht nur besonders feine und empfindliche Gewebe, sondern auch vollständigere Strukturen wie zum Beispiel Fruchtstände (Collinson 1986) (Tafel 86). Insektenpanzer sind in Chitin erhalten mit offenbar ursprünglichem Farbmuster (Tafeln 87, 88). Vertebraten sind im allgemeinen nicht nur als vollständige Skelette im Gelenkverbund überliefert, sondern auch in verschiedenen Stadien ihrer ontogenetischen Entwicklung (einschliesslich trächtiger Urpferdstuten mit Embryo; Franzen 1986, Koenigswald 1987). In manchen Fällen sind Wirbeltierskelette von einem dunklen Schatten umgeben, der die Weichkörper-Konturen nachzeichnet, darunter sogar Ohren, die Feinstrukturen von Federn oder die einzelnen Spitzen des Haarkleides (Abb. 5).

Dennoch sind die Weichkörper der Wirbeltiere nicht direkt überliefert, sondern nur ihre Silhouetten (Wuttke 1983, 1992). Aufnahmen enthüllten winzige Stäbchen und Kügelchen aus Siderit (Eisenkarbonat – FeCO$_3$) mit dem Raster-Elektronen-Mikroskop. Offensichtlich stammen diese von einem dichten Bakterienrasen, der an der Kontaktfläche Kadaver/Sediment mit der Zersetzung begonnen hatte, sobald die Körper auf dem Seeboden zur Ablagerung gekommen waren (Abb. 6). Augenscheinlich haben sich die Bakterien durch ihren Metabolismus selber lithifiziert. Dabei wurde Eisen ausgefällt, wie es überall im Seewasser durch die Verwitterung des Grundgebirges und der Rotliegendschichten der Umgebung in reichem Masse vorhanden war. Erst später wurde dieser dünne Rasen autolithifizierter Bakterien zu einer dunklen Silhouette infolge Infiltration und Zementation durch organisches Material, das aus dem umgebenden Sediment eindrang. Auf diese Weise sind die Weichkörper-Konturen der eozänen Wirbeltiere durch einen natürlichen Abbildungsprozess überliefert worden, den man in Anlehnung an die Photographie als Bakteriographie bezeichnen kann (Franzen 1990).

Erhaltung von organischem Gewebe, wie Zellwände von Pflanzen, Haare von Säugetieren oder Schuppen von Schmetterlingsflügeln, kommt dagegen in häufig überliefertem Magen-Darm-Inhalt vor. Dieser enthält Überreste der Nahrung von omnivoren, insectivoren, carnivoren, folivoren, frugivoren und sogar fungivoren Säugetieren (Richter 1987, 1992). Gelegentlich finden sich solche Nahrungsüberreste selbst in Fischen, Schlangen und Insekten.

Koprolithen sind ein weiterer Schlüssel zur Rekonstruktion der Lebens- und Ernährungsweise von Vertebraten, die einst den eozänen See von Messel bevölkerten. Sie stammen von sehr verschiedenen Tieren, hauptsächlich von Tetrapoden (Schmitz 1991), aber auch von Gastropoden (Rietschel 1988b). Soweit sie bestimmten Produzenten zuzuordnen sind, bezeugen sie die Anwesenheit eines bestimmten Tieres zu einer bestimmten Zeit an einem bestimmten Ort im See. Untersuchungen ergaben, dass ihre Fossilisierung höchstwahrscheinlich von Mikroorganismen kontrolliert wurde, welche den Grund für ihre fast undeformierte Aushärtung in einem frühen Stadium der Diagenese bilden dürften (Schmitz 1991).

Obgleich wir noch weit von einem Verständnis der gesamten taphonomischen Zusammenhänge entfernt sind, ist es bereits möglich, ein Fliessdiagramm zu entwerfen, welches das Zusammenspiel der Faktoren veranschaulicht, das die ausserordentliche Qualität der Fossilüberlieferung in Messel zur Folge hatte (Abb. 7).

Rekonstruktion der Umgebung

Nach der umfassend überlieferten Flora zu schliessen, war der eozäne See von Messel offensichtlich von einem paratropischen Regenwald umgeben, der besonders reich war an Lorbeergewächsen (Lauraceen), Walnussartigen (Juglandaceen) und Weingewächsen (Vitaceen) (Wilde 1989, Schaarschmidt 1988, 1992). An manchen Stellen grenzte der Wald direkt an das Wasser, an anderen schaltete sich dazwischen eine sumpfige Zone ein mit Schraubenbaumgewächsen (Pandanaceen), Aronstab- (Araceen) und Restiogewächsen (Restionaceen) sowie ein Flachwassergürtel mit Seerosen. Der Waldrand war beherrscht von Palmen wie auch von Buschwerk und Sträuchern. Im Hintergrund standen Sumpfzypressen (Taxodiaceen) und Buchen (Fagaceen).

Die meisten Tiere lebten entweder in der oberen, durchlüfteten Wasserzone des Sees selbst, wie die Fische und die fischfressenden Krokodile (*Diplocyn-*

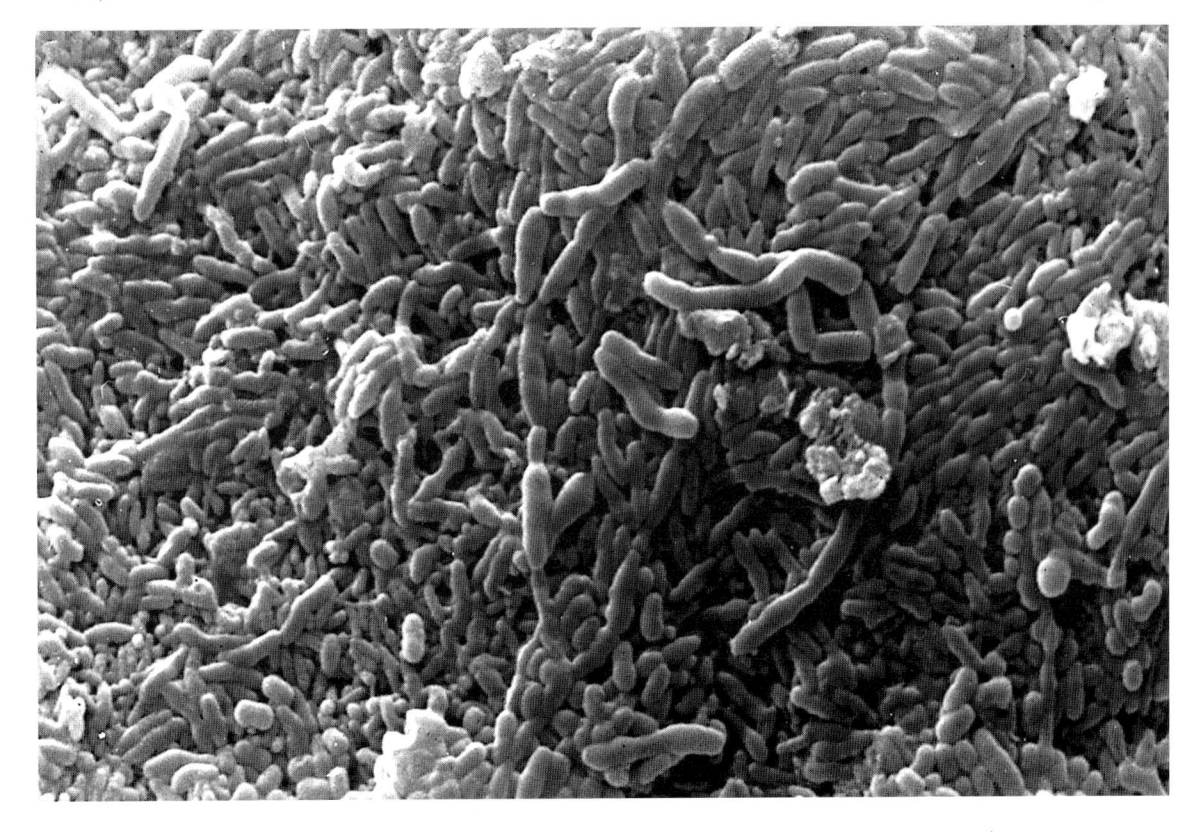

*Abb. 6
Rasen von Stäbchen-Bakterien, welche einst den Kadaver eines Primaten (**Europolemur koenigswaldi**) am Kontakt mit dem Bodensediment des eozänen Sees von Messel bedeckten. 1 cm entspricht etwa 1 μm. REM-Aufnahme: Senckenberg-Museum, G. Richter.*

odon, Baryphracta), oder, wie die meisten Wirbeltiere, im Regenwald der Umgebung. Einige der Säugetiere wie *Buxolestes* und gelegentlich auch *Macrocranion*, lebten amphibisch. Dies bezeugen Fischreste in ihrem Verdauungstrakt. Frösche gehörten einerseits zu den ständigen Seebewohnern (*Messelobatrachus*), andere lebten überwiegend auf dem Trockenen (*Eopelobates*), während der einzige Salamander, *Chelotriton*, eindeutig terrestrisch war (Westphal 1980). Fledermäuse könnten Baumhöhlen bewohnt haben, von wo aus sie entweder hoch (*Hassianycteris*) oder dicht über dem Boden (*Palaeochiropteryx*) oder aber in Zwischenbereichen (*Archaeonycteris*) flogen (Habersetzer et Storch 1987). Primaten lebten hoch oben in den Bäumen, wo sie normalerweise sicher waren vor Überflutungen wie auch vor giftigen Gasen (Franzen 1987, Franzen et Frey 1993). Entsprechend selten tauchen sie im Fossilbericht auf. Andere arboreale Säugetiere wie der verhältnismässig häufig gefundene Nager *Ailuravus*, der den heutigen Riesenhörnchen (*Ratufa*) Indomalaysias ähnelte, und das Urhuftier *Kopidodon* lebten vermutlich in tieferen Stockwerken des Regenwaldes.

Die Bedeutung von Messel für die Geschichte des Lebens

Die Grube Messel gehört zu jenen seltenen Fenstern, welche einen faszinierenden Blick auf das Leben einer bestimmten Phase der Vergangenheit unseres Planeten eröffnen. Was selten ist an den meisten Fundstellen, ist in Messel der Normalfall. So ist es zum Beispiel in Messel normal, dass Wirbeltiere als vollständige Skelette überliefert sind, deren einzelne Knochen sich noch im Gelenkverband befinden. Dadurch ist es nicht nur möglich, die betreffenden Arten genau zu bestimmen, sondern auch sehr zuverlässig zu rekonstruieren, wie die zugehörigen Individuen aussahen und wie sie lebten. Die Erhaltung von Weichkörperkonturen (Behaarung, Federn, Ohren) wie auch von Inhalten des Verdauungstrakts erlauben es, die Lebensweise von Organismen zu analysieren und zu rekonstruieren, welche bereits seit Zehner Millionen Jahren ausgestorben sind (Richter 1992, Wuttke 1992). Diese Analysen und Rekonstruktionen sind von besonderer Bedeutung bei Säugetieren, welche zu jener Zeit eine wahrhaft explosive Phase ihrer Evolution erlebten. Das Eozän ist der Zeitabschnitt, in dem viele Knoten der stammesge-

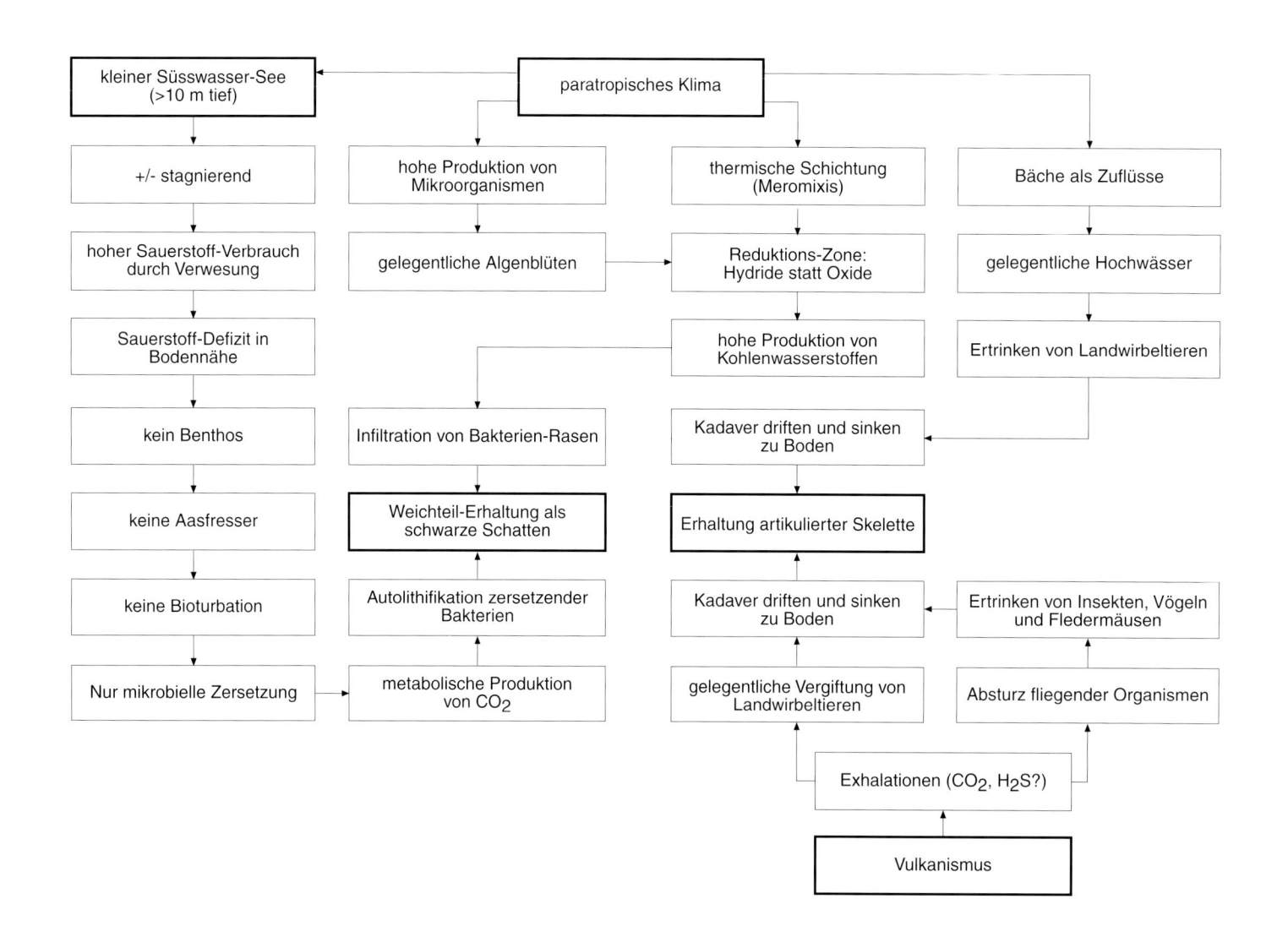

Abb. 7 Faktoren, die an der aussergewöhnlichen Erhaltung artikulierter Skelette und Weichkörperkonturen von eozänen Vertebraten im eozänen See von Messel beteiligt waren. Entwurf und Zeichnung: J.L. Franzen (nach Franzen 1985).

schichtlichen Entwicklung darauf warten, gelöst zu werden. In diesem Zusammenhang ist es besonders wertvoll und hilfreich, eine fossile Dokumentation zur Hand zu haben, wie sie in Messel zur Verfügung steht beziehungsweise darauf wartet, geborgen zu werden.

Es gibt dort nicht nur die Skelette ausgewachsener Individuen. Einige Arten, wie zum Beispiel die Urpferdchen, liegen in ganzen Serien vor, welche die ontogenetische Entwicklung von trächtigen Stuten mit Skeletten von Föten über verschiedene Stadien der juvenilen und maturen Entwicklung bis hin zu senilen Stadien dokumentieren. Dazu gibt es Taxa, die ungewöhnlich zahlreich überliefert sind, wie die Urpferdchenart *Propalaeotherium parvulum* mit mehr als 40 oder gar die Fledermäuse mit Hunderten von vollständigen Skeletten, darunter viele mit Weichkörper-Konturen und Magen-Darm-Inhalten. Unter den Vögeln sind es die zuerst aus Messel bekannt gewordenen kranichartigen Messelornithidae, deren einzige Art *Messelornis cristata* Hesse 1988, mit mehr als 300 Individuen belegt ist.

Andere Knoten, die sich in Messel lösen lassen, betreffen die paläobiogeographischen Beziehungen der Kontinente (Storch et Schaarschmidt 1992, Peters et Storch 1993). Während die Messel-Flora die engsten Verbindungen zu den heutigen Floren Südostasiens und Floridas aufweist (Schaarschmidt 1988, 1992), zeigt die Messel-Fauna Beziehungen zu allen Kontinenten mit Ausnahme von Australien und der Antarktis. Eine Überraschung stellen in diesem Zusammenhang die engen Verbindungen zu Südamerika dar, wie sie durch das Krokodil *Bergisuchus dietrichbergi*, den zu den Phorusrhaciden gehörenden Vogel *Aenigmavis sapaea* wie auch durch den ältesten bekannten Straussenvogel *Palaeotis weigelti* angezeigt werden, die alle enge verwandtschaftliche Beziehungen zur südamerikanischen Fauna aufweisen. Darüber hinaus wurde mit *Eurotamandua joresi* der einzige Ameisenbär von ausserhalb des südamerikanischen Kontinentes zuerst von Messel beschrieben (Storch 1981). Inzwischen erweitert ein Fund aus dem Geiseltal die Kenntnis der Existenz dieser Tiere zu jener Zeit in Europa (Storch et Haubold 1989).

Eine andere Besonderheit von Messel besteht darin, dass die Fossilfunde nicht auf Wirbeltiere beschränkt sind. Arthropoden, speziell Insekten, aber auch Spinnen, sind ebenso gut erhalten wie Pflanzenreste. So erscheint es an dieser Stelle möglich, nicht nur einzelne Pflanzen und Tiere, sondern ein ganzes Ökosystem zu rekonstruieren, wie es vor 49 millionen Jahren in der Mitte Europas existierte.

Sammlungen

Aufgrund eines Vertrages mit der Bergbaufirma aus dem Jahre 1912 werden fast alle Fossilien, die bis in die siebziger Jahre unseres Jahrhunderts gefunden wurden, im Hessischen Landesmuseum in Darmstadt aufbewahrt. Nur wenige der frühen Entdeckungen, darunter der Holotypus von *Cyclurus kehreri,* befinden sich im Senckenberg-Museum in Frankfurt am Main.

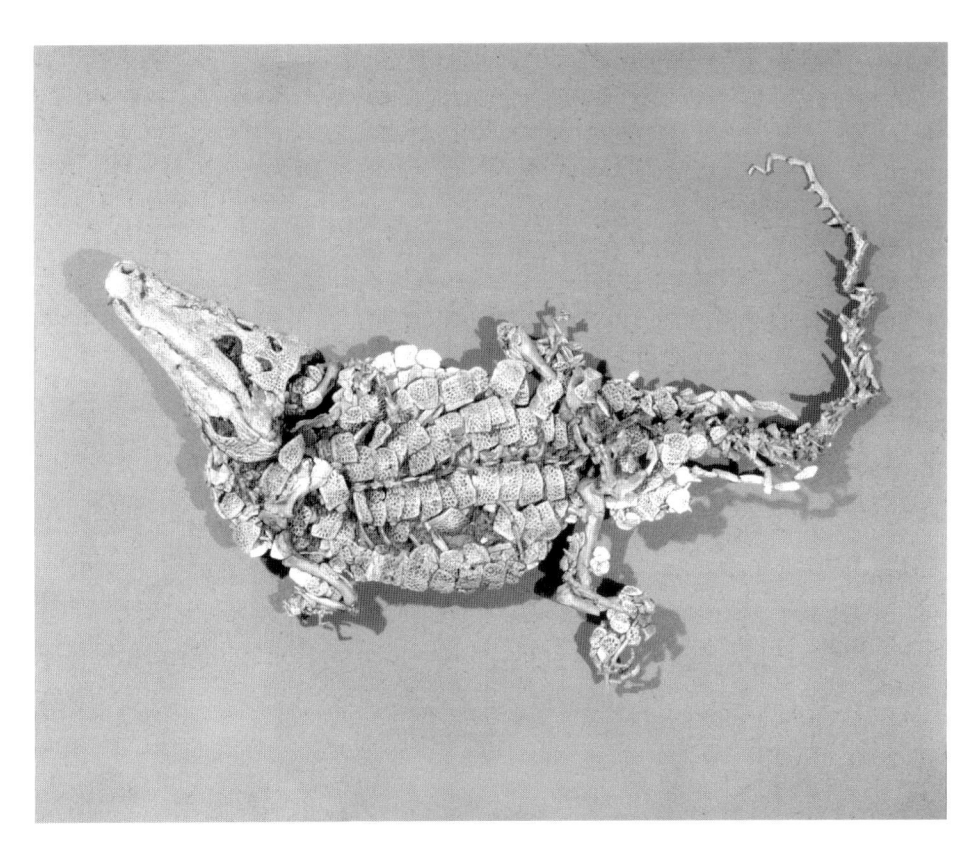

Diese Situation änderte sich dramatisch, als der Bergbau 1971 zum Erliegen kam. Von dem Moment an drangen Privatsammler in den stillgelegten Tagebau ein und machten dort bedeutende Entdeckungen, darunter Urpferdchen und frühe Paarhufer ebenso wie die bislang einzigen Skelette von *Hyrachyus minimus* und *Eurotamandua joresi*. So kommt es, dass sich Sammlungen von hoher wissenschaftlicher Bedeutung in Privatbesitz befinden, manchmal sogar heimlich wegen Unsicherheit der Rechtmässigkeit.

Unter dem Druck von Plänen, den Tagebau „Grube Messel" als Mülldeponie zu nutzen, erhielten ab 1975 auch andere wissenschaftliche Institute neben dem Hessischen Landesmuseum Erlaubnis, in der Grube Messel zu graben. Die bedeutendsten Sammlungen, die sich daraufhin entwickelten, befinden sich im Senckenberg-Museum in Frankfurt am Main, in den Landessammlungen für Naturkunde in Karlsruhe, dem „Institut Royal des Sciences Naturelles" in Brüssel (Belgien), dem Naturkundemuseum der Stadt Dortmund, dem Staatlichen Museum für Naturkunde in Stuttgart, dem Museum des Geologischen Institutes der Universität Hamburg sowie dem Museum des Paläontologischen Institutes der Universität Tübingen. Einzelne Skelette von Urpferden wurden vom Museum „Mensch und Natur" in München und vom Naturhistorischen Museum Wien angekauft.

Abb. 8
Das Krokodil **Diplocynodon**, *Skelett und Panzerplatten artikuliert erhalten.*

Das Untere Miozän von Ipolytarnóc in Ungarn

László Kordos
Országos Földtani Múzeum, Budapest, Ungarn

Abb. 1
Lage der Fundstelle Ipolytarnóc in Ungarn.
1. Fährten;
2. Pflanzen;
3. Kiefern-Stamm;
4. Haifisch-Zähne.

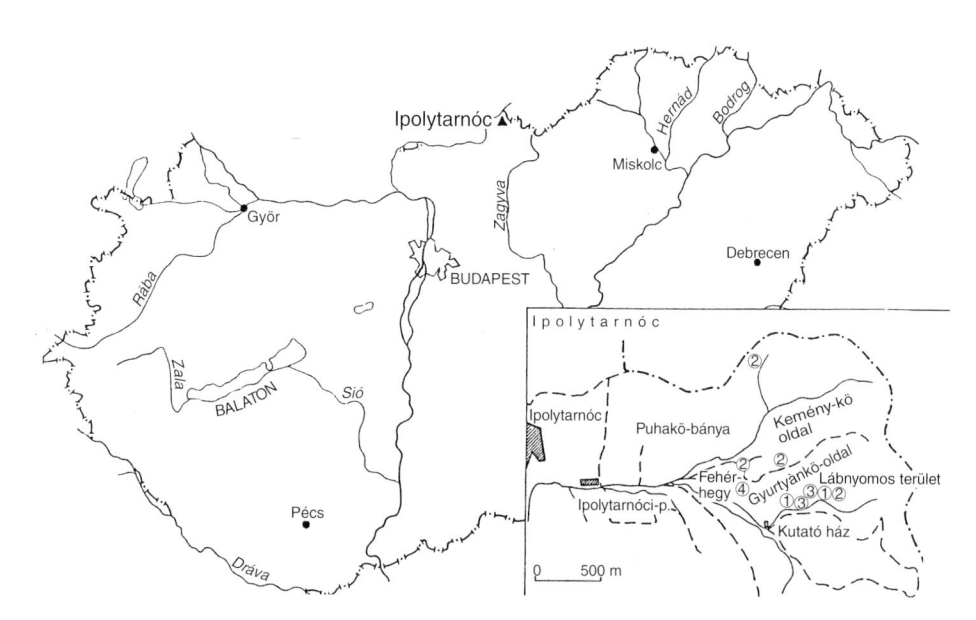

Zusammenfassung

Das Unter-Miozän beim Dorf Ipolytarnóc in Nord-Ungarn ist seit der ersten Hälfte des 19. Jahrhunderts bekannt. Die Sediment-Serie vom Typ der zentralen Paratethys enthält den Übergang von marinen zu terrestrischen Verhältnissen – eine reiche, spektakuläre Sammlung von Hai-Zähnen, verkieselte Baumstämme, Pflanzen-Abdrücke und Fussspuren von Landtieren. Das Gebiet steht unter strengem Naturschutz. Es wurde für die Öffentlichkeit hergerichtet und 1985 zugänglich gemacht.

Geschichte der Entdeckung

Ipolytarnóc ist seit 1836 als paläontologische Fundstelle bekannt. Damals zeigten Schafhirten dem Grundbesitzer Ferenc Kubinyi einen riesigen fossilen Baumstamm. Im Jahre 1841 liess Kubinyi den Baumstamm ausgraben und veröffentlichte einiges über ihn. In dem 1854 erschienenen Buch von Vabot et Kubinyi: „Magyar- és Erdélyország" (Ungarn und Transsylvanien) stellte er den Baumstamm mit Abbildungen vor, so dass die Fundstelle dem gebildeten Publikum bekannt wurde. In der zweiten Hälfte des 19. Jahrhunderts baute das Ungarische National-Museum einen Schuppen zum Schutz für die Überreste des Baumstamms, aber das Gebäude stürzte nach wenigen Jahrzehnten zusammen. Es ist Ironie des Schicksals, dass der Teil des Stamms, der von den Ruinen bedeckt wurde, erhalten blieb, während der nicht bedeckte Teil grösstenteils zerstört wurde. Im Jahre 1985 wurden ein neues Schutzdach über den Überresten des Baumstammes und eine Ausstellung errichtet. Nach 1842 hatte Ferenc Kubinyi auf die fossile Flora in der Umgebung des Baumstamms aufmerksam gemacht. Später haben andere Bearbeiter die Flora aus dem Sandstein, Fussspuren und eine Decke von rhyolithischem Tuff beschrieben (Jablonszky 1914, Rásky 1959, Pálfalvy 1976, Hably 1985).

Hugo Böckh, ein Lehrer an der Bergakademie in Selmecbánya und der Botaniker János Tuzson besuchten 1900 den fossilen Baumstamm. Dabei entdeckte Böckh Fussspuren prähistorischer Tiere. János Böckh, Direktor des Königlich Ungarischen Geologischen Instituts, liess einen Teil des Sandsteins mit Fussspuren entnehmen und auf Kosten des Bäckers Andor Semsey in sein Institut verbringen. Nach mehreren Wiederherstellungen kann man es heute im Sitzungssaal dieser Institution sehen. Ferenc Nopcsa, Direktor des Geologischen Instituts, liess 1920 zwei weitere Stücke des Sandsteins mit grossen Fussspuren ausgraben und im Flur des Instituts aufstellen. Für die Tagung der Paläontologischen Gesellschaft in Budapest 1928 wurde der Sandstein mit den Fussspuren am Fundort freigelegt und von den Teilnehmern in einer geführten Exkursion besucht. Othenio Abel nahm an dieser Exkursion teil und fertigte Abgüsse für das Paläontologische Institut der Universität Wien, die er später in einer Publikation mit fotografischen Abbildungen beschrieb (Abel 1935: 160–167). Tasnádi Kubacska legte in den Jahren 1940, 1958 und zu Beginn der 70er Jahre weitere Lokalitäten mit Fussabdrücken frei. Er veröffentlichte seine Ergebnisse in mehreren populärwissenschaftlichen Artikeln, Büchern und in

BOLCA

Tafel 78
Eine vollständig erhaltene Languste aus dem Eozän von Bolca.

Tafel 79
Rekonstruktion des Sedimentationsbeckens der eozänen Kalke von Bolca.

Tafel 80
*Barracuda (**Sphyraena bolcensis**), ein fürchterlicher Räuber, der die Lagune von Bolca auf der Suche nach Nahrung aufsuchte.*

Tafel 81
Dieser Vertreter der Anguilliformen zeigt noch Reste des ehemaligen Farbpigmentes und hat in seiner Bauchhöhle einen kleinen Fisch, den er vor dem Tod gefangen aber noch nicht verdaut hat.

Tafel 82
***Mene rhombea**, ein typischer Fisch aus dem eozänen Kalk von Bolca, teilweise überlagert von einem anderen, schlanken Fisch.*

Tafel 83
*Der für das Eozän von Bolca charakteristische hochkörperige Fisch **Eoplatax papilio**, als „Pesce angelo", Engelsfisch bekannt.*

Tafel 84 (links)
*Die marine Wasserpflanze **Pterigophyens spectabilis** aus dem eozänen Kalk von Bolca.*

Tafel 85 (rechts)
*Zweig einer Landpflanze: **Guajacites** sp. aus dem eozänen Kalk von Bolca.*

79

80

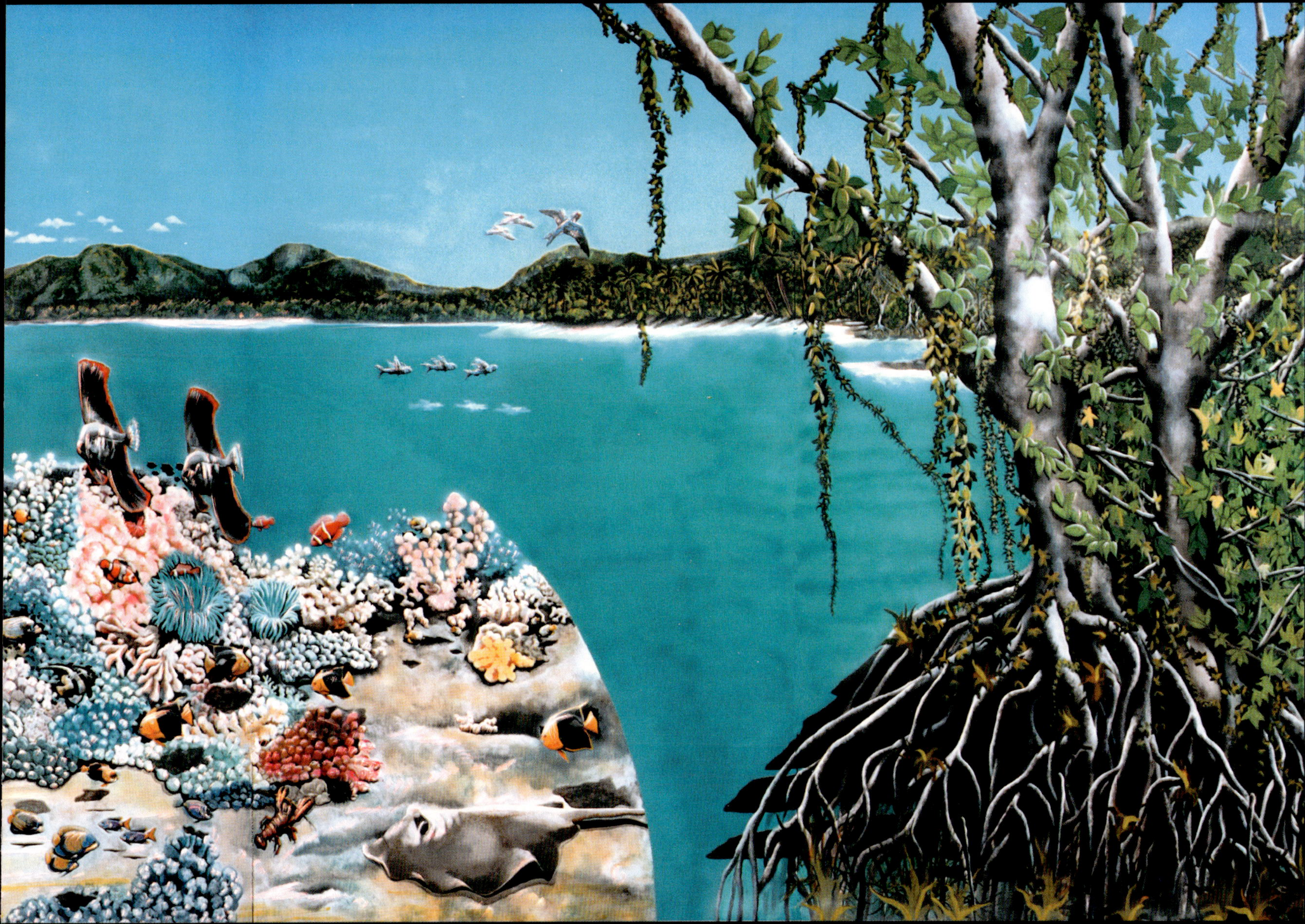

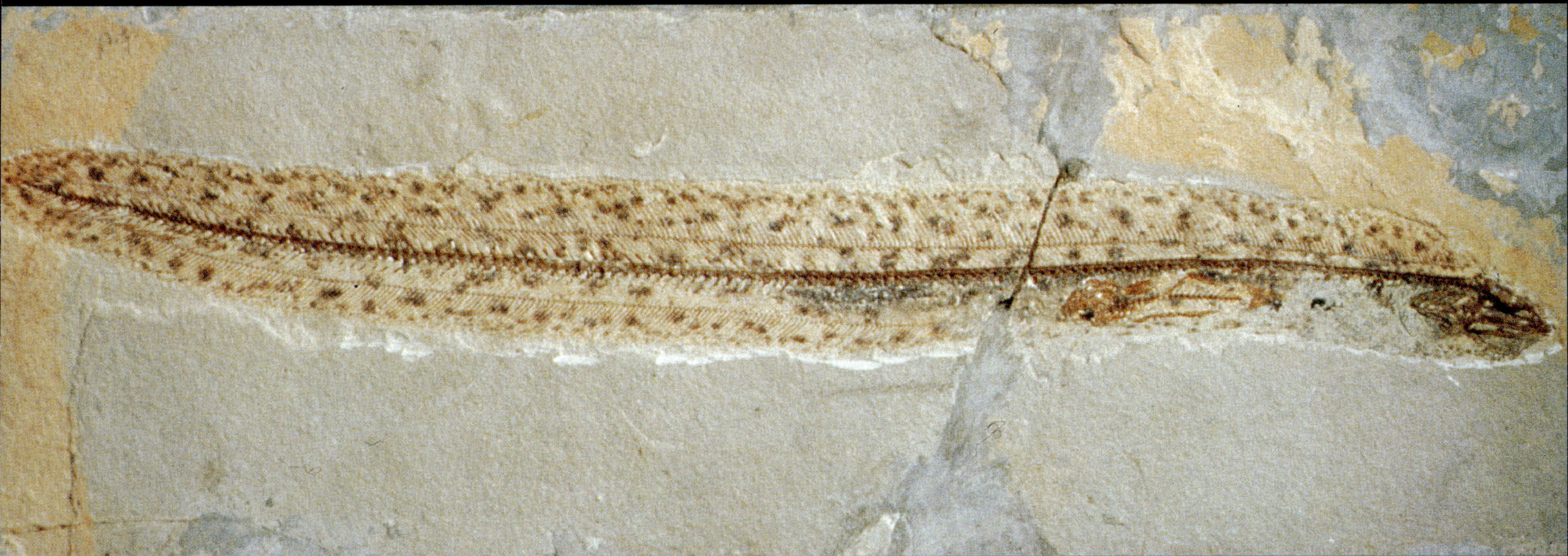

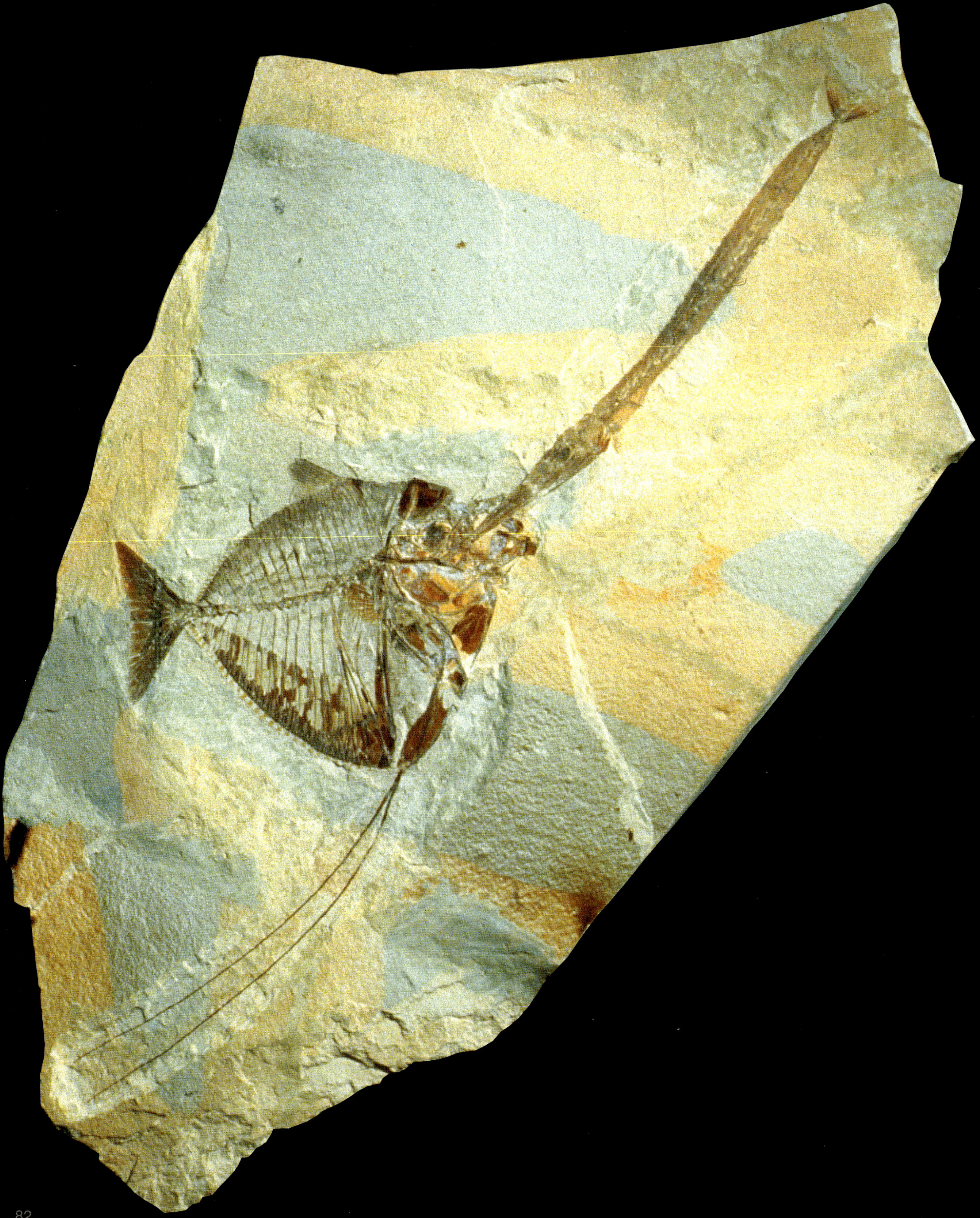

83

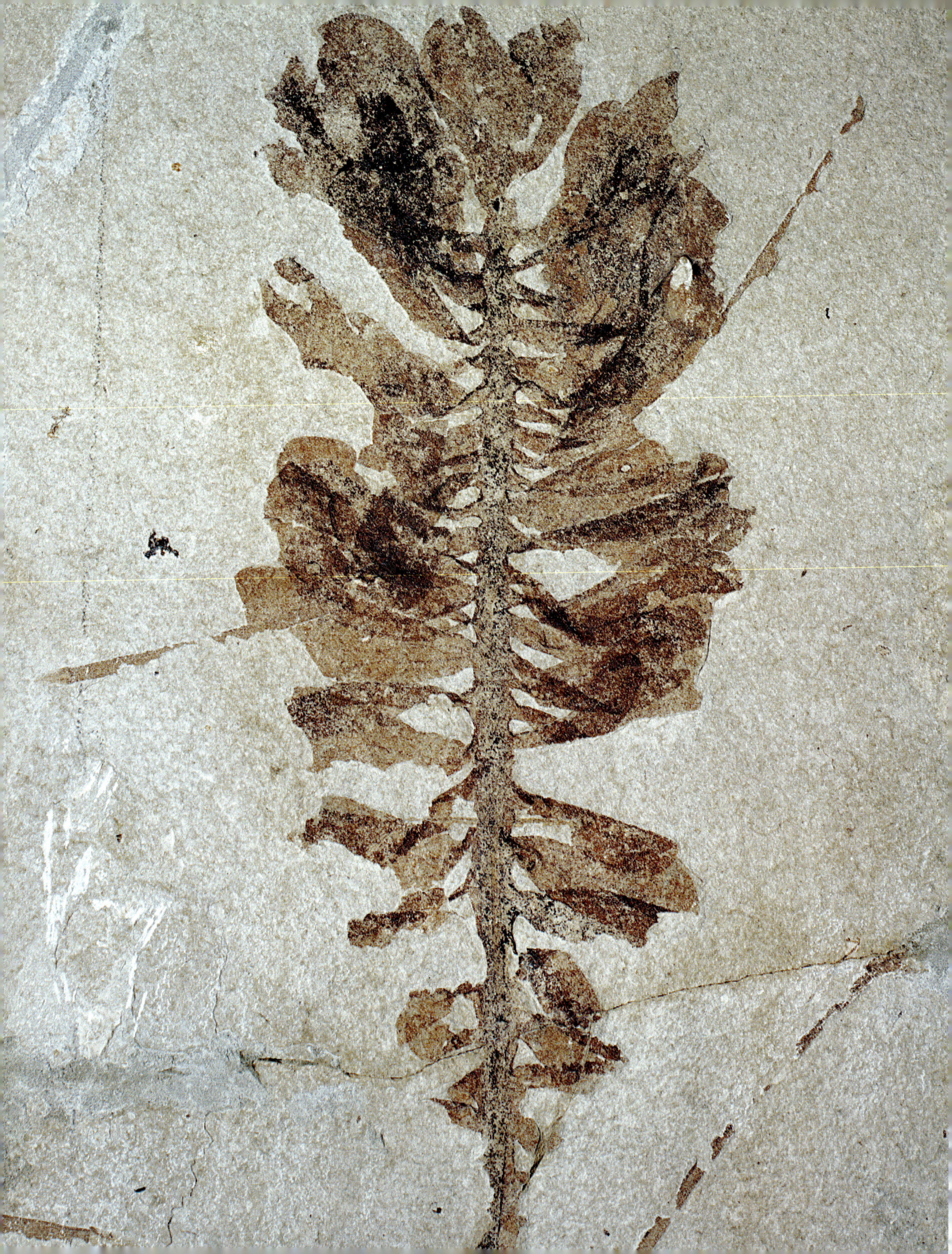

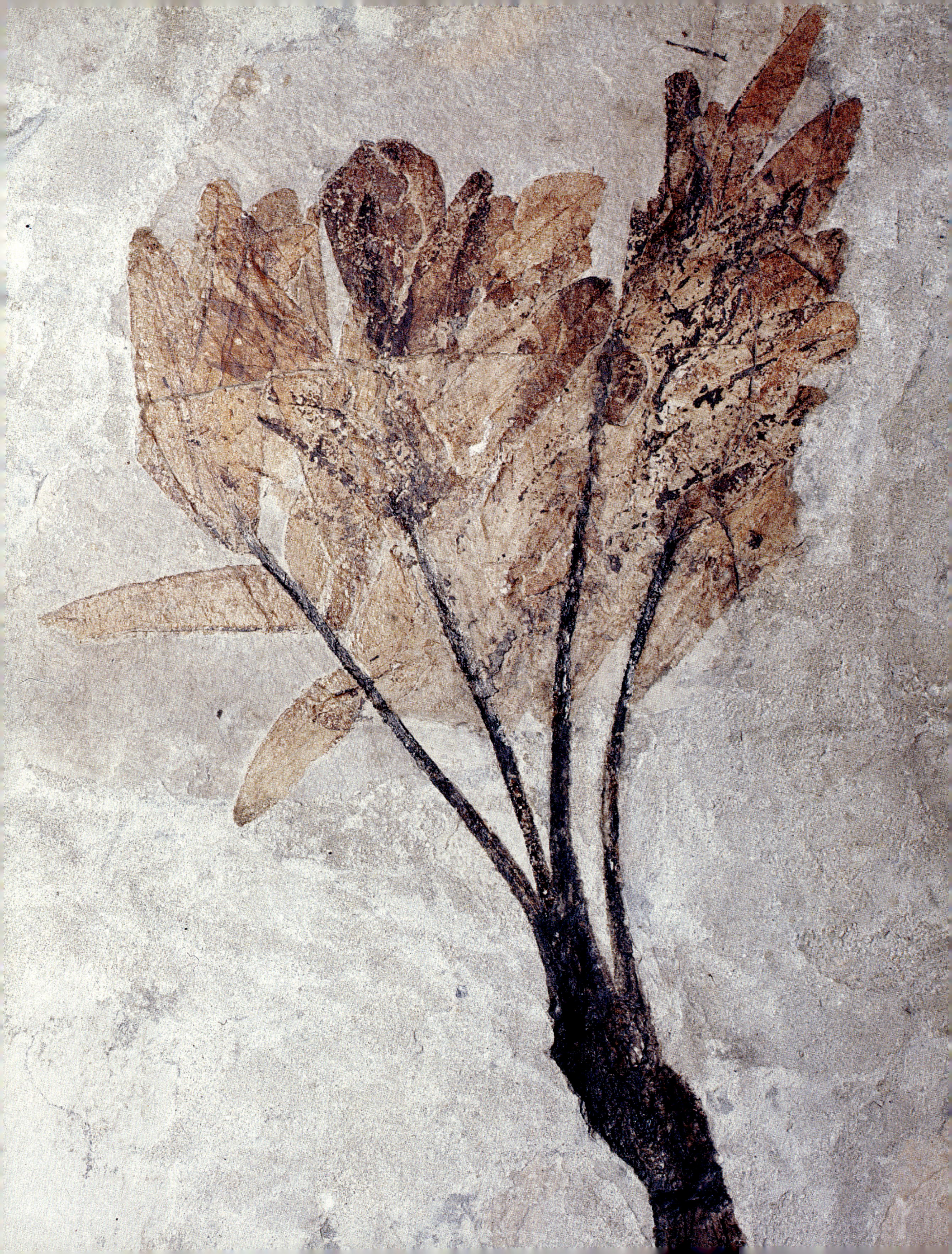

MESSEL

Tafel 86
Eozän von Messel. Früchte
von Teegewächsen
(Theaceae) mit gestielten
Beeren und Blättern.
Foto: Senckenberg-Museum,
E. Haupt.

Tafeln 87, 88
Zwei Käfer (Coleoptera) aus
dem Eozän von Messel, mit
Resten ihrer ursprünglichen
Färbung erhalten. Foto:
Senckenberg-Museum,
S. Wedmann.

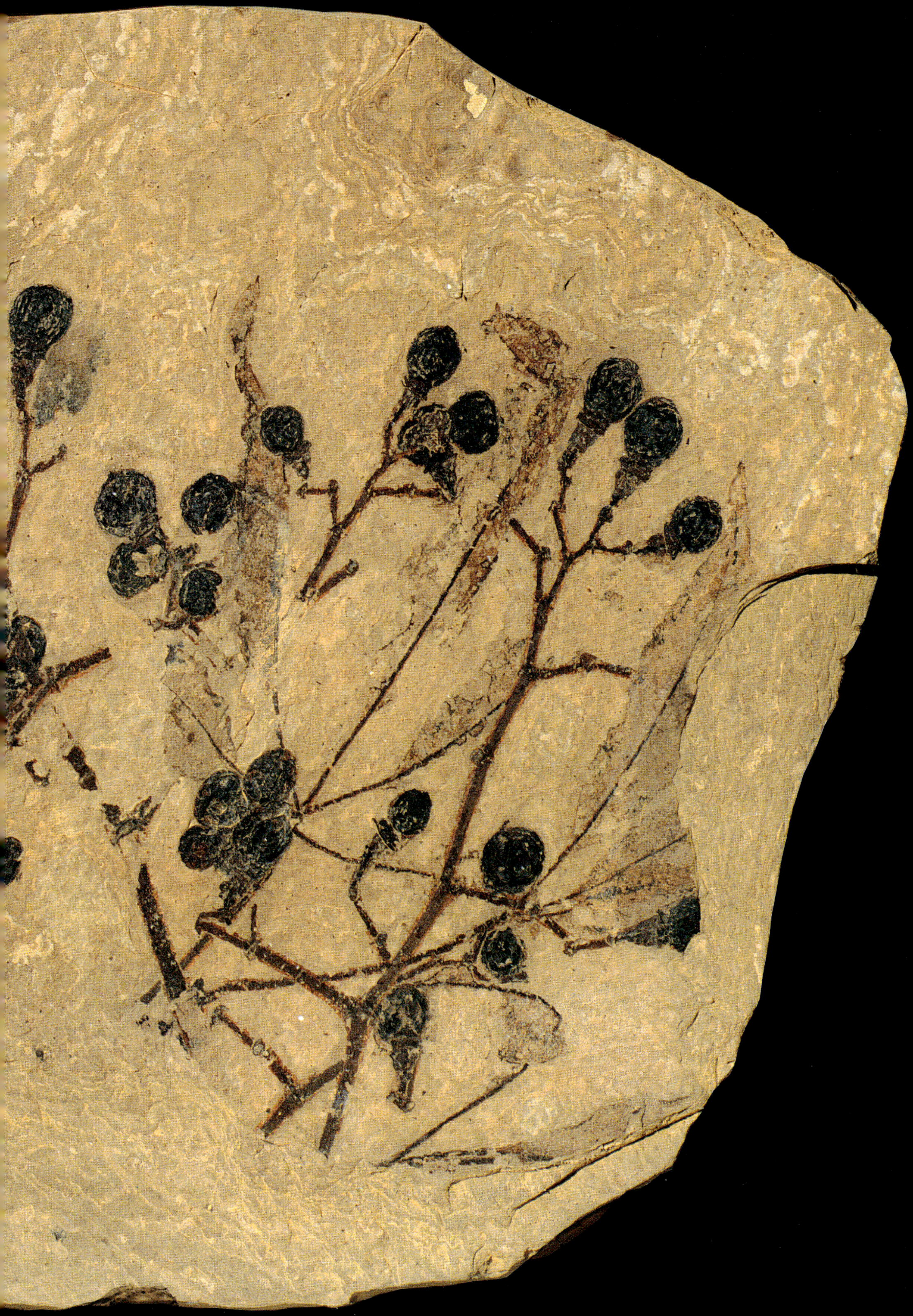

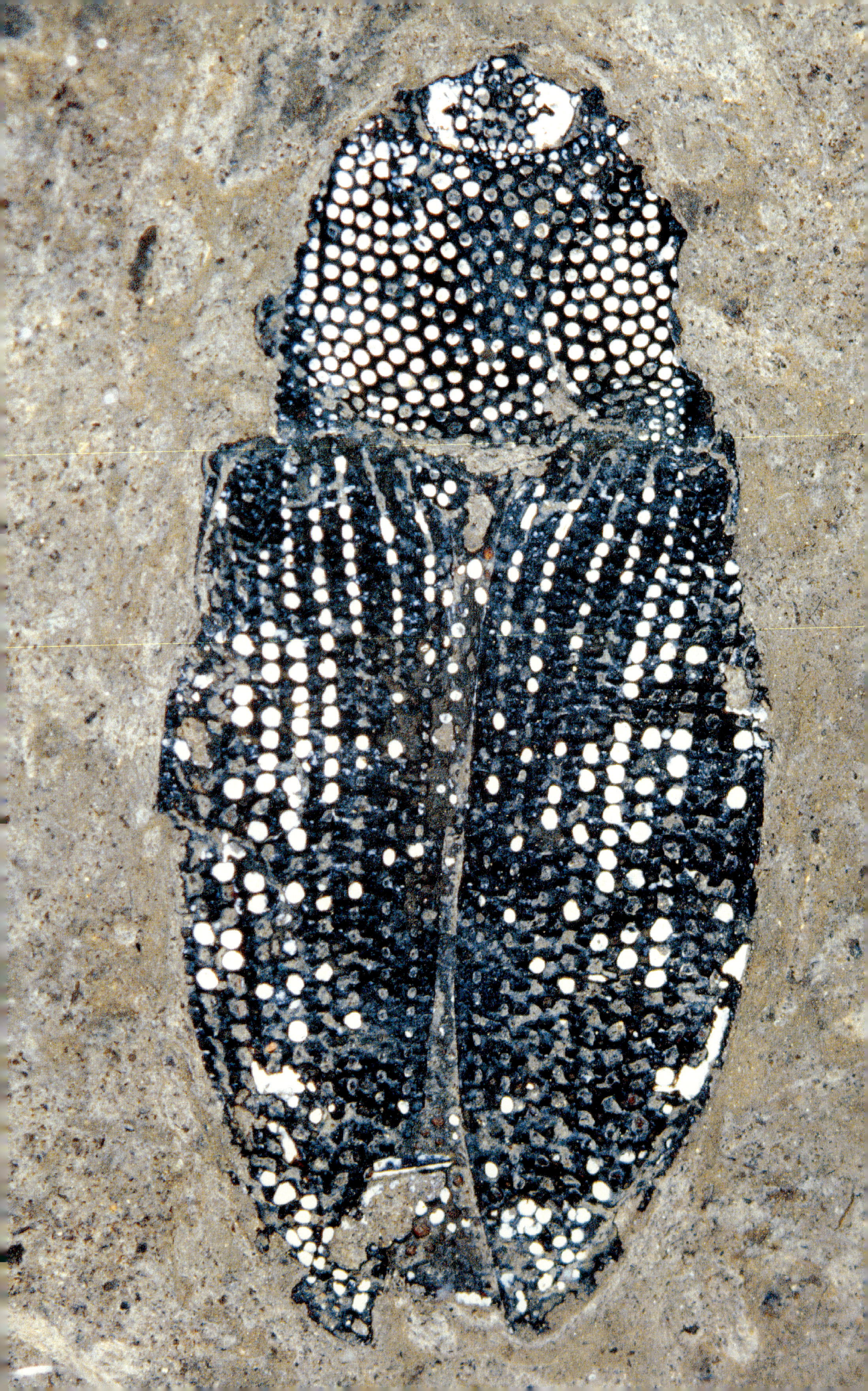

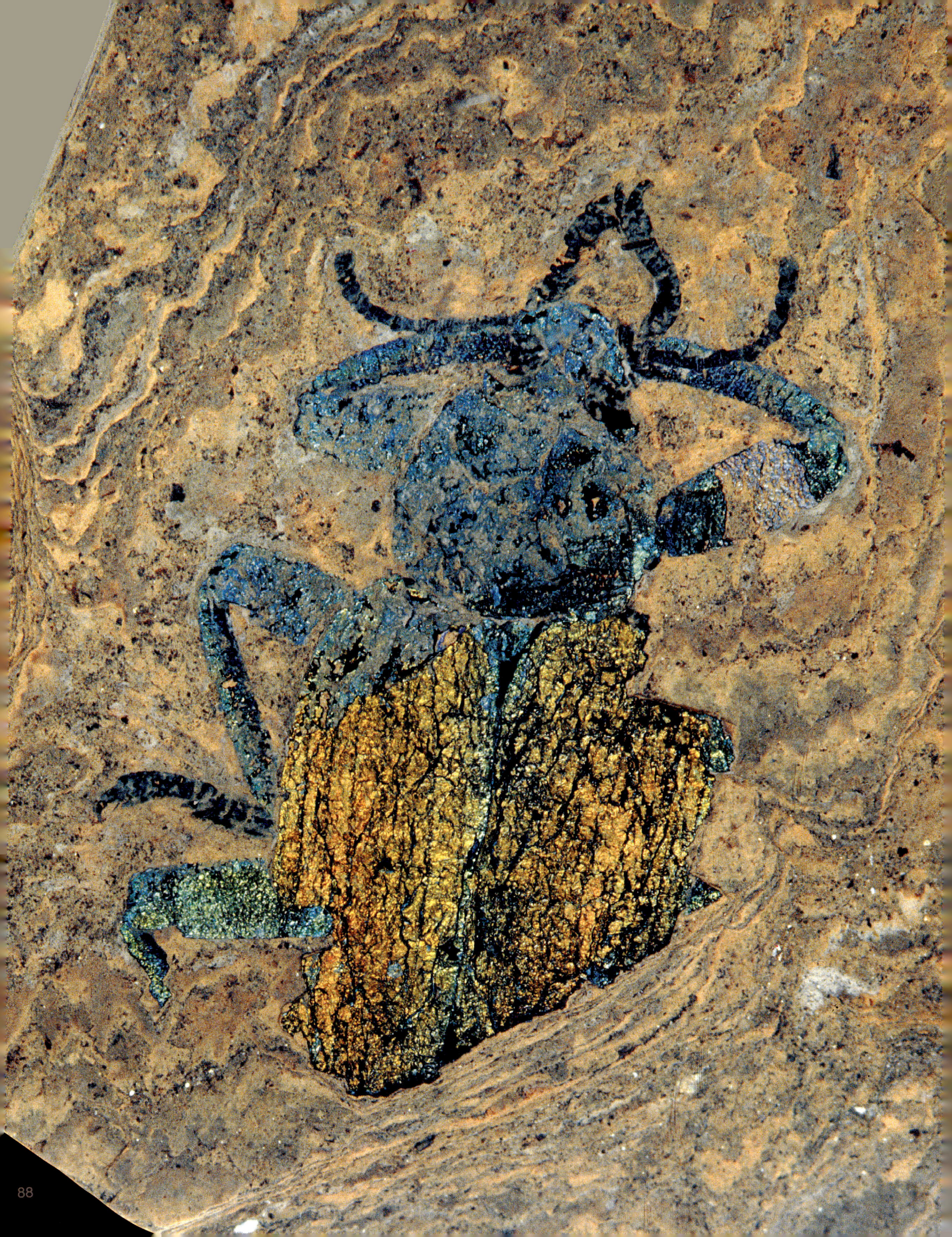

Tafel 89
Eozän von Messel.
Artikuliertes Skelett einer
Riesenschlange
*(**Palaeopython** sp.). Foto:*
Senckenberg-Museum,
E. Haupt.

Tafel 90
Eozän von Messel.
*Die Schildkröte **Allaeochelys***
***crassesculptata**. Foto:*
Senckenberg-Museum,
J.L. Franzen.

Tafel 91
Eozän von Messel. Skelett des
baumbewohnenden
Kopidodon macrognathus
(Mammalia: Condylarthra)
mit dunkler
Weichkörpersilhouette und
buschigem Schwanz. Foto:
Senckenberg-Museum,
S. Schaal.

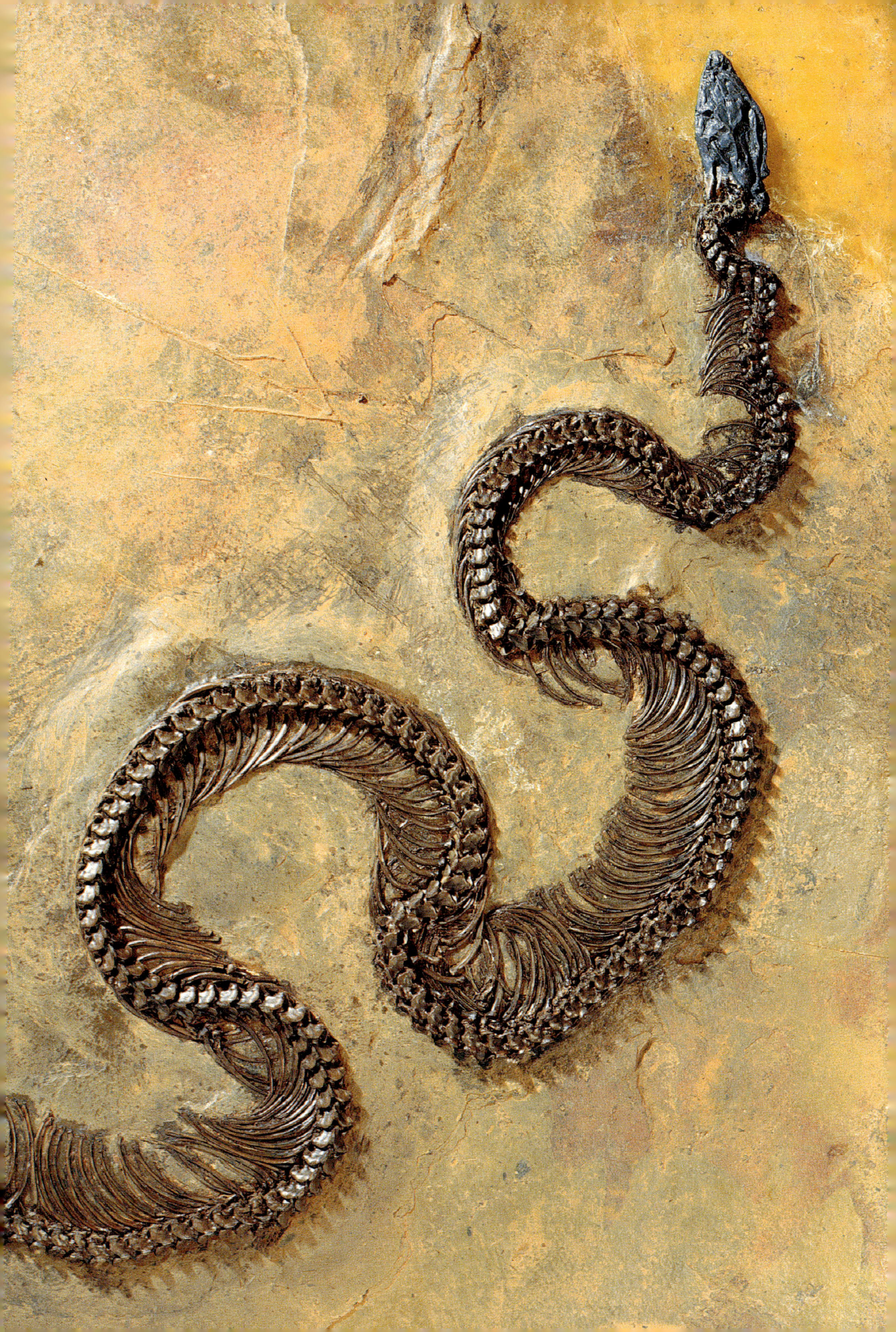

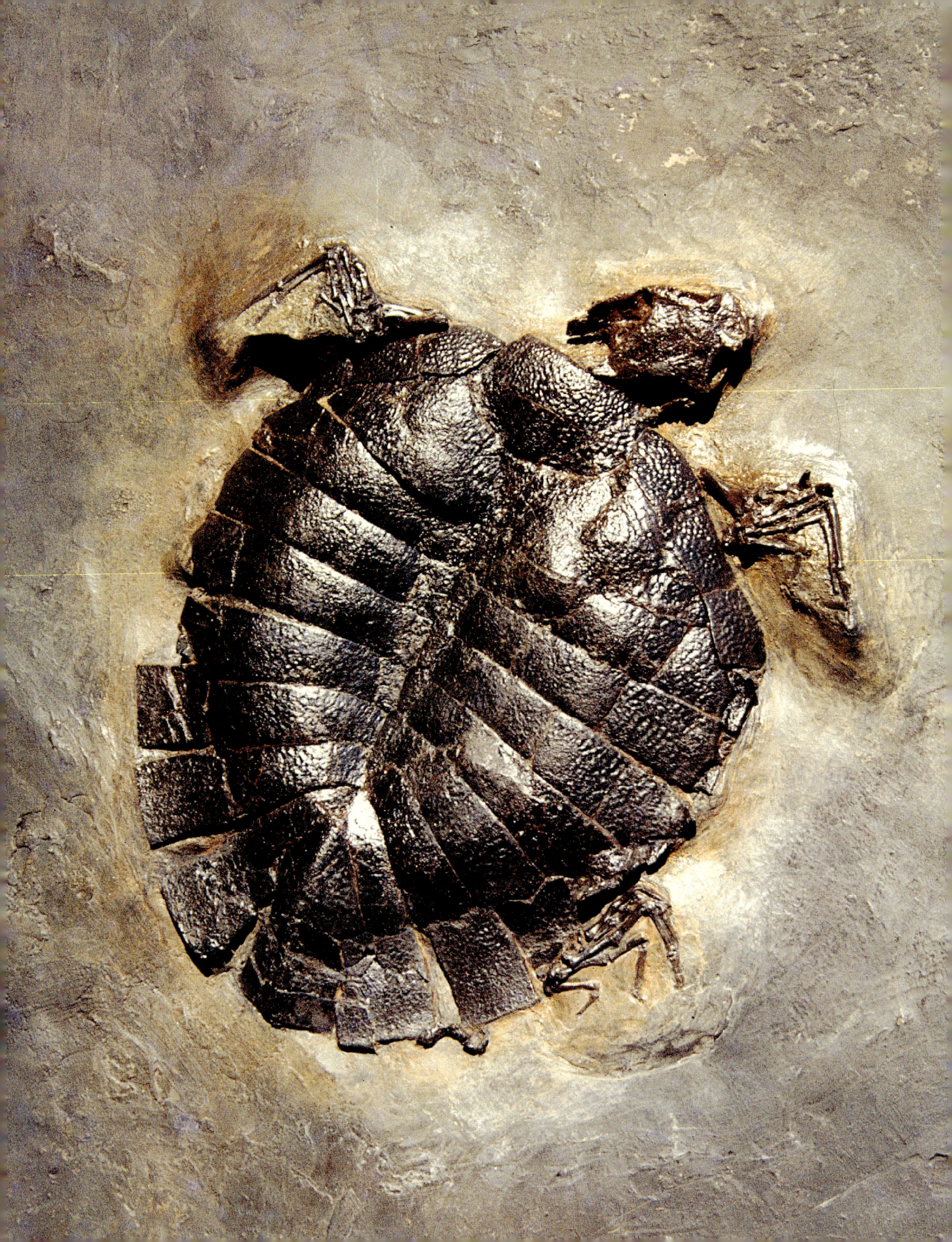

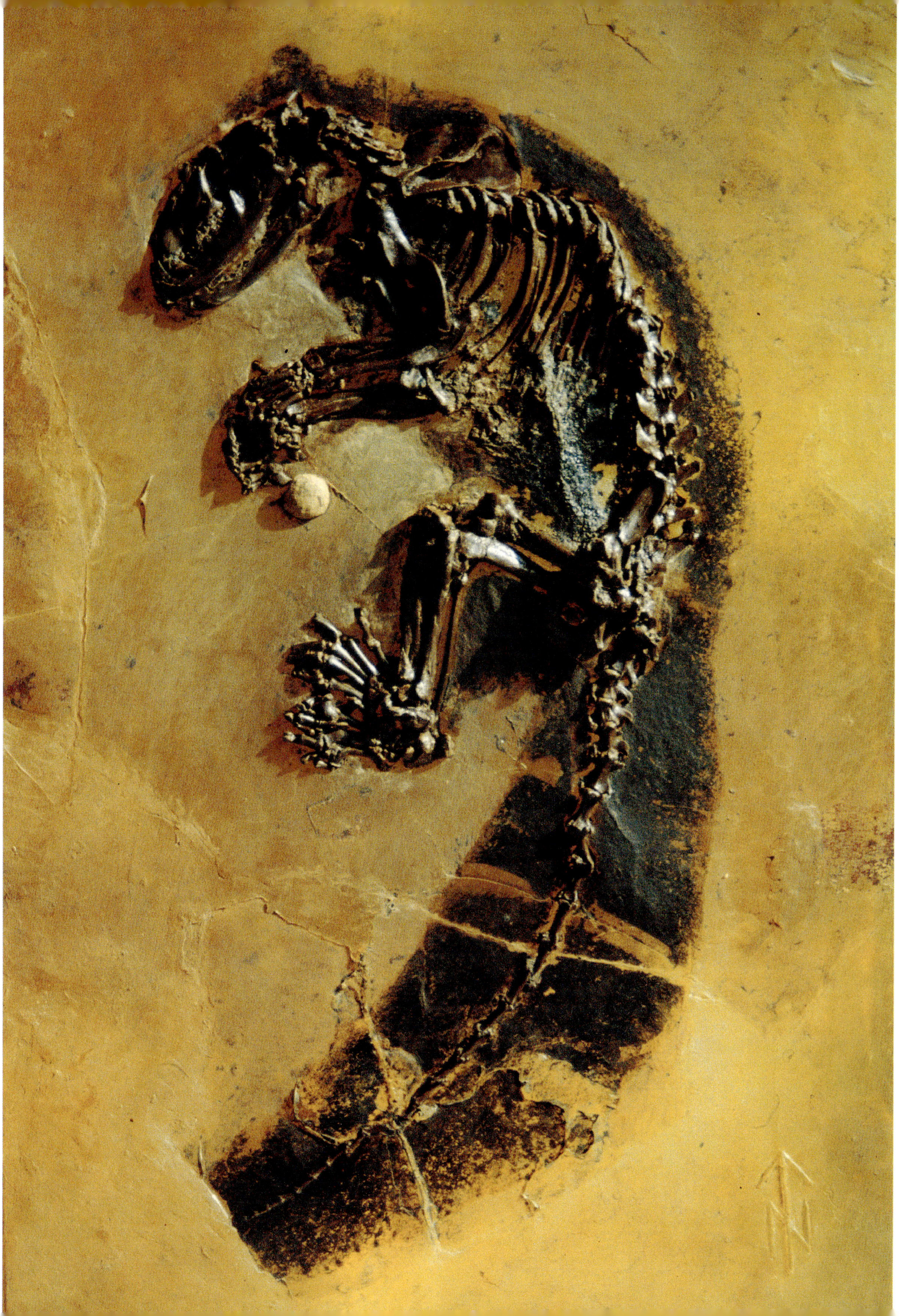

*Tafel 92 Eozän von Messel. Nagetier **Masillamys bergeri**, erhalten als artikuliertes Skelett mit Abdruck der Haut. Foto: Senckenberg-Museum, S. Schaal.*

LESBOS

Tafel 93 Versteinerter Wald von Lesbos. Stück eines Stammes einer Sequoia:
Taxodioxylon gypsaceum *(Goeppert).*

Tafel 94 Versteinerter Wald von Lesbos. Verkieselter Stamm von
Taxodioxylon gypsaceum (Goeppert).

Tafel 95 Versteinerter Wald von Lesbos. Querschnitt durch einen Stamm einer Protopinacee, einer Vorläuferin der modernen Koniferen.

Tafel 96 Versteinerter Wald von Lesbos. Verkieselte Baumstämme am Ufer der Insel Megalonissi. Im Vordergrund ein Stamm von **Taxodioxylon gypsaceum** (Goeppert).

WILLERSHAUSEN

Tafel 97 Rekonstruktion der Landschaft von Willershausen zur Zeit des Pliozäns von Hermann Schmidt, in Öl auf Leinen ausgeführt vom Akademischen Maler Ahlborn, 1937. Institut und Museum für Geologie und Paläontologie, Universität Göttingen.

Tafel 98
Der Frosch **Rana strausi** (ŠPINAR 1980), weibliches Tier mit Umriss der Haut und Laich erhalten. Der Laich befindet sich teilweise noch in der Körperhöhle, teilweise ist er durch die Kloake ausgepresst worden. Diese Erhaltung schliesst jede bakterielle Zersetzung der Leiche aus.

Tafel 99 bis 101:
Tiere aus dem Pliozän von Willershausen.
Fotos: D. Meischner.

Tafel 99
Vollständiger Kadaver einer Maus: **Apodemus atavus** (HELLER 1936). Eines von 7 Exemplaren, die alle in gleicher Weise erhalten sind (Rietschel et Storch 1974). Das Fell hüllt das vollständig artikulierte Skelett wie ein Sack ein. Zwischen den Rippen Reste des Mageninhalts. Mäuse, eigentlich gute Schwimmer, dürften in den schnell-fliessenden Bach gefallen, durch rasche Füllung der Lungen und Benetzung des Fells ertrunken und im Teich abgesunken sein. Etwa 2fach vergrössert.

Tafel 100
Holz-bewohnender Bockkäfer mit langen Antennen, Familie Cerambycidae. Etwa natürliche Grösse.

Tafel 101
Tropische Grille **Gryllotalpa africana**. Die fossile Art stimmt in allen Details mit der Spezies überein, die heute in den Subtropen und Tropen von Afrika, Asien und Australien lebt. Etwa 2fach vergrössert.

Tafel 102
Feder vermutlich eines Wasservogels. Federn sind wegen ihrer luftgefüllten Hohlräume im Pliozän von Willershausen sehr selten. Etwa 3fach vergrössert.
Foto: D. Meischner.

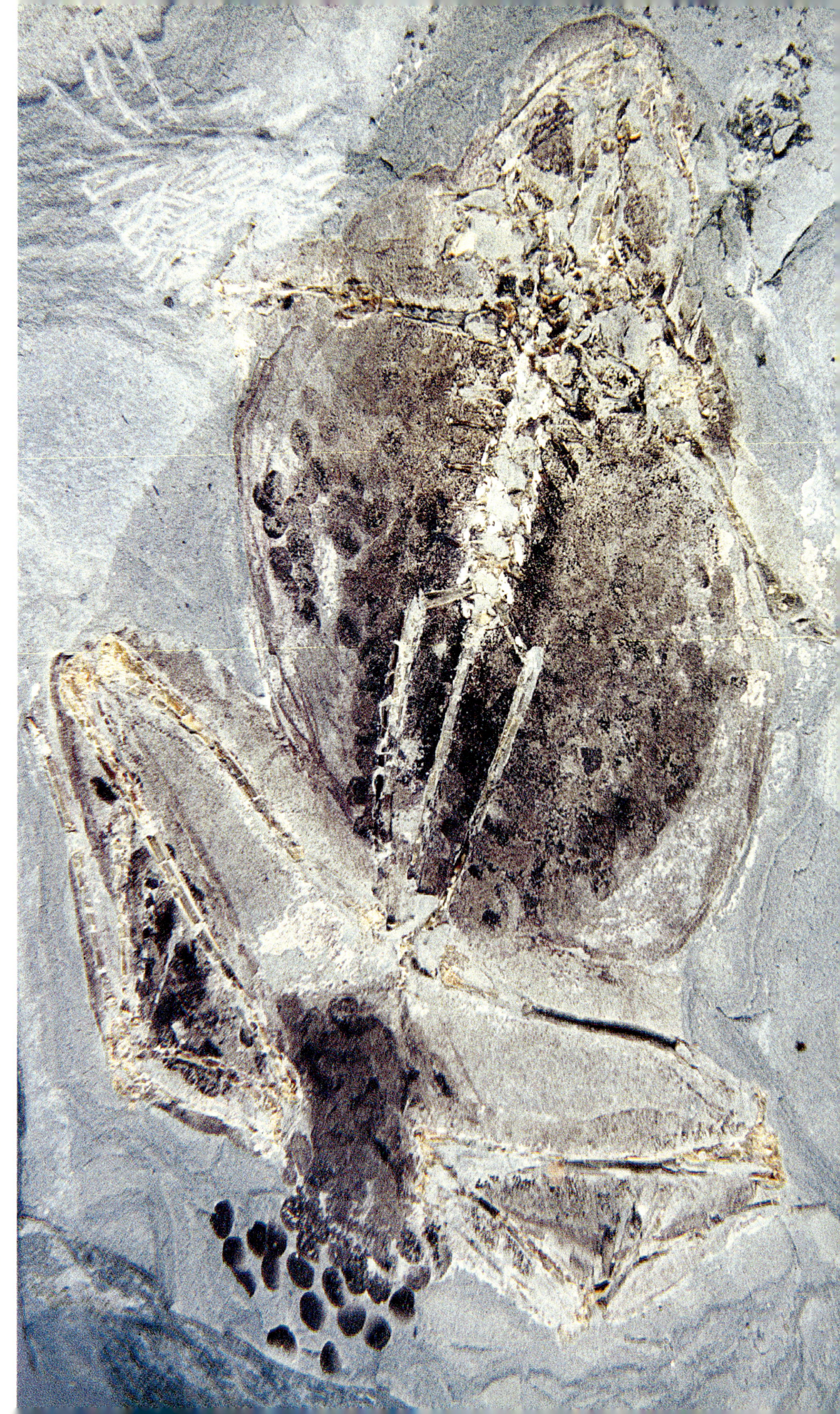

98

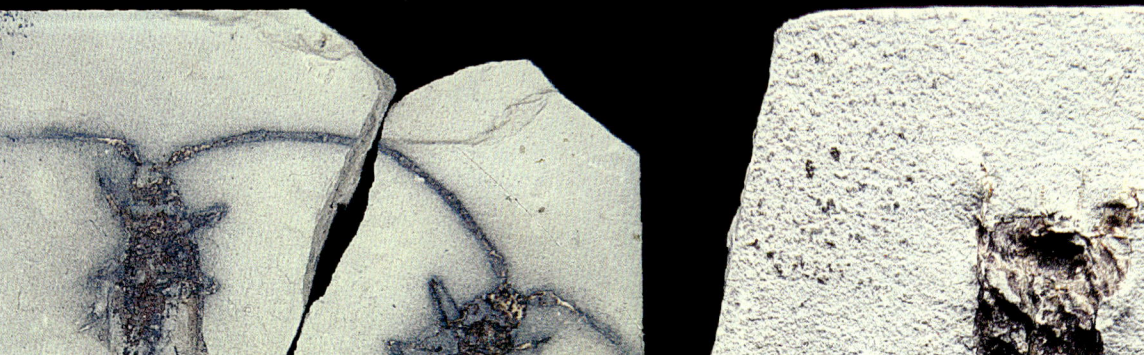

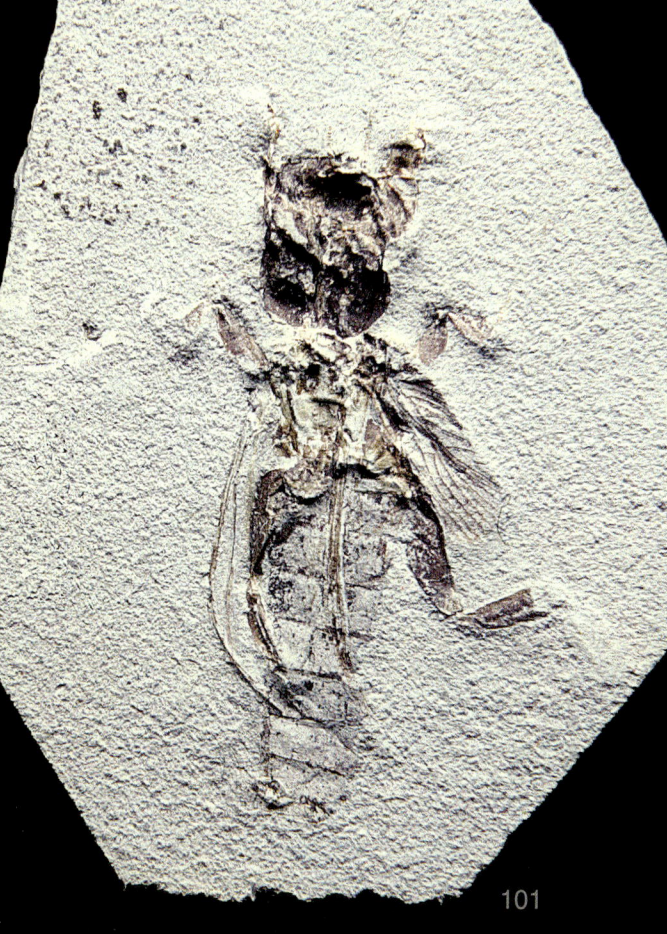

99

100

101

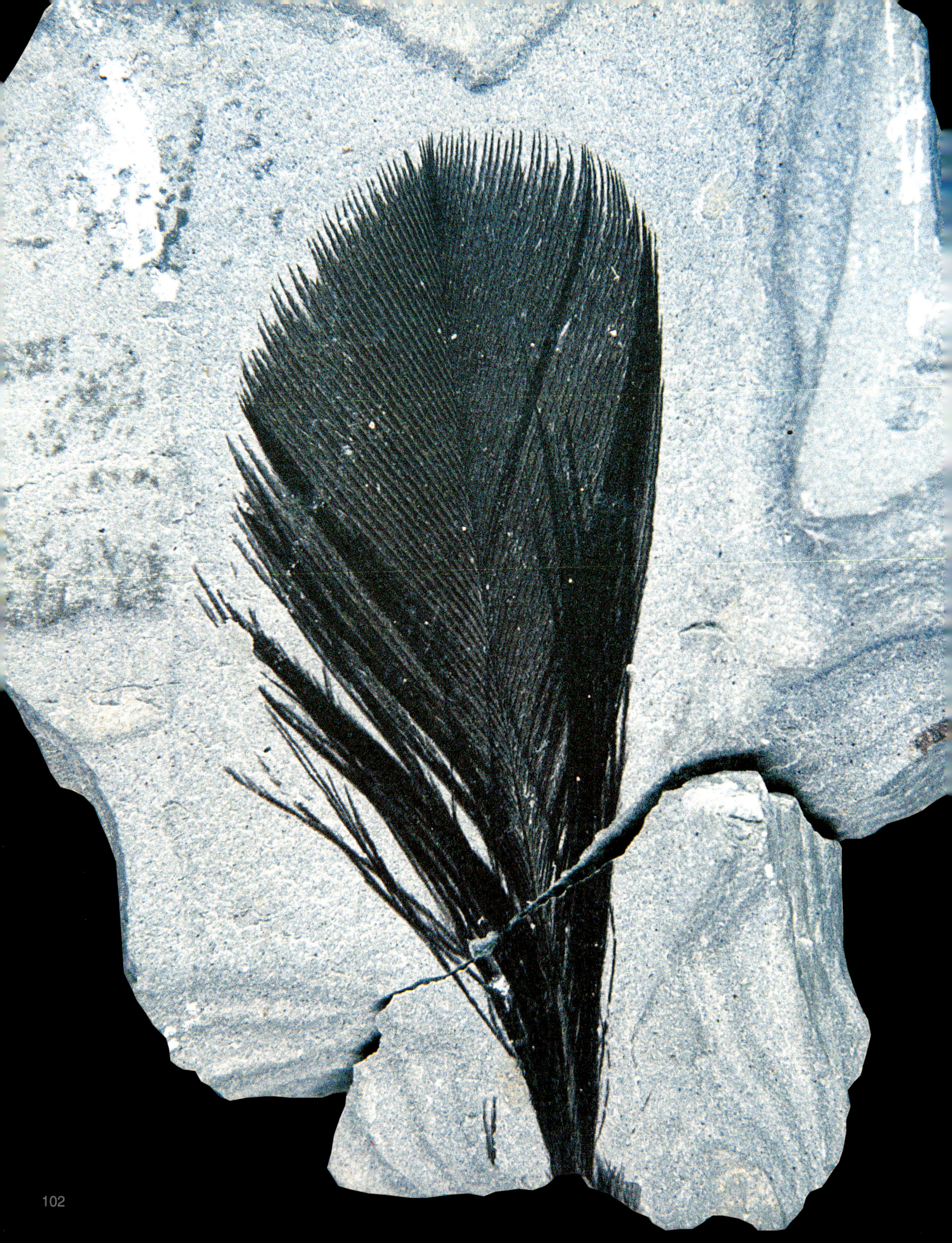

wissenschaftlichen Publikationen (Tasnádi Kubacska 1964, 1976). Unter wissenschaftlicher Aufsicht des Ungarischen Geologischen Instituts haben das Ungarische Büro für Naturschutz und die Verwaltung des Nationalparks Bükk die Lokalität erneut aufgegraben, eine Halle zum Schutz über den Resten des Baumstamms und der Fläche mit Fussabdrücken errichtet und eine Ausstellung mit einem geologischen Lehrpfad errichtet. Seit 1985 sind die Fossilfunde von Ipolytarnóc für die Öffentlichkeit durch geführte Begehungen zugänglich.

Der Sandstein von Fundstelle II ist seit 1985 bekannt. Er wurde unter Leitung von László Kordos vom Ungarischen Geologischen Institut in mehreren Jahren ausgegraben. Die letzten Grabungen wurden 1993 vom Nationalpark Bükk durchgeführt, und zwar in Fortsetzung der Fundstelle II, nahe der Fundstelle I, und an Fundstelle III. Im Verlauf dieser Grabungen wurden hunderte bis dahin unbekannter Fussspuren, Pflanzenabdrücke und Reste von Bäumen gefunden. Über einen Teil von Fundstelle II wurde 1995 eine Schutzhütte errichtet, während die anderen ausgegrabenen Areale bis zur späteren Bearbeitung durch eine Schutzschicht gesichert wurden.

Die vierte Gruppe Fossilien aus Ipolytarnóc stammt aus dem Sand und dem Sandstein: die Eggenburger Haifisch-Zähne. Koch (1903) hat als erster über diese publiziert und neue Taxa beschrieben. Später, bis zum Ende der 50er Jahre, war die Grabungsstelle eine wohlbekannte Fundstelle für die örtliche Bevölkerung und für Geologen. Als Ergebnis von Aufforstungsarbeiten verschwand danach der Horizont mit Hai-Zähnen. Er wurde erst 1994 wieder freigelegt.

Eine Monographie in der Geologica Hungarica, Serie Palaeontologica (1985) enthält eine wissenschaftliche Zusammenfassung des unter-miozänen Fundkomplexes von Ipolytarnóc.

Geographische, geologische und stratigraphische Gegebenheiten

Das Naturschutzgebiet Ipolytarnóc liegt in Nord-Ungarn nördlich der Stadt Salgótarján, etwa 3 km östlich des Dorfes Ipolytarnóc, unmittelbar an der Grenze zur Slowakei (Abb. 1). In der Umgebung von Ipolytarnóc liegt das kristalline Basement etwa 600 m tief und wird von der 300 bis 400 m mächtigen oligomiozänen Schlier-Formation von Szécsény überlagert. Diese Schichten bestehen aus feinkörnigem, glimmerreichen, gelegentlich glaukonitischem Sandstein. Sie können am besten am Zusammenfluss der Bäche Botos und Borókás studiert werden (Abb. 2).

Bei Ipolytarnóc wird der Schlier von Szécsény überlagert von bogenförmig schräggeschichtetem, fossilreichen Sandstein mit feinkörnigem Kies, dann siltigem Sandstein, gefolgt vom Eggenburger Pétervására-Sandstein, hier einem siltigen Sand. Dessen berühmteste Fossilien sind Haifisch-Zähne. Die mergeligen, feinkörnigen Sande wechsellagern mit molluskenreichem Schill. Bei Ipolytarnóc wird der Pétervására-Sandstein von den kontinentalen Ablagerungen der Zagyvapálfalva-Formation überlagert, die wegen ihrer speziellen Fazies hier „Ipolytarnóc-Schichten" genannt werden. Der tiefere Teil dieser Formation besteht aus Kies und Konglomerat, während der obere Teil Bänke eines Sandsteins mit Fussabdrücken enthält. Der grössere Teil der verkieselten Baumstämme wird in dem Kies gefunden, aber sie setzen sich häufig in die Sandstein-Lagen hinein fort und zeigen so an, dass Kies und Sand einer gleichzeitig gebildeten terrestrischen, fluviatilen Formation angehören. Fussabdrücke auf Schichtoberflächen in dieser Formation wurden durch Ablagerung saurer vulkanischer Tuffe konserviert.

Die Rhyolith-Tuffe von Gyulakesi, früher „unterer Rhyolith-Tuff" genannt, haben in dieser Gegend eine Mächtigkeit von 2 bis 30 m. Lithologische Zusammensetzung und Erscheinungsbild wechseln je nach Lage der Eruptionszentren und den lokalen Bedingungen. Disperse, bentonitische Tuffe und geschichtete Bimslagen wechsellagern in der Abfolge, abgeschlossen von einem aufgearbeiteten Rhyolith-Tuffit. Dieser Tuffit ist in flüssiger Form als Überschwemmungs-Tuff durch offene Spalten in die fluviatil-terrestrischen Ablagerungen gelangt. Der Tuffit markiert die Grenze zwischen der (älteren) Eggenburger und der (jüngeren) Ottnanger Formation.

Bei Ipolytarnóc wird die Gyalakeszi Tuff-Formation von den Schichten des Nógrádmegyer Member der Braunkohlen-Formation von Salgótarján überlagert, geschichteten Sandsteinen mit Rhyolith-Tuffen, dem sogenannten oberen bunten Ton und feinkörnigen Konglomeraten mit Quarzit-Geröllen (Bartkó 1985).

Sedimentäre Strukturen, Entstehung

Während der Egerschen Stufe war die Gegend von Ipolytarnóc ein nordost–südwest-gerichtetes paläogenes Sediment-Becken. Der Höhepunkt der Transgression des Meeres wird durch die offen-marinen Flachwasser-Ablagerungen der Schlier-Formation von Szécsény angezeigt. Die ersten kompressiven Phasen der Savischen Gebirgsbildung beendeten regional die Absenkung des Untergrundes. Zu dieser Zeit erschien embryonal die sogenannte „Etesi-árok", eine nordwest-südost-streichende Graben-Struktur von 60 bis 70 km Länge und 5 bis 15 km Breite. In diesem Graben wird bei anhaltender Sedimentation die Schlier-Fazies ersetzt durch Flachwasser-, Sublitoral- bis Litoral- und örtlich Strand-Fazies, und den Molasse-artigen Sandsteinen der Pétervására-Formation. Diese Formation wird gebildet von schräggeschichteten glaukonitischen und häufig auskeilenden Sandstein-Bänken. In isolierten Linsen oder Nestern sind Hai-Zähne als typisches Faunen-Element zusammengewaschen.

Mit erneuter Verstärkung der Savischen Gebirgsbildung verzahnen sich die offen-marinen siltig-sandigen Ablagerungen des Etesi-árok mit den oben genannten basalen Schichten, was eine Zyklizität des Ablaufs anzeigt. Die erste der Extensions-Phasen,

Abb. 2
Schematisches Schichtprofil für die Gegend von Ipolytarnóc.
1. Phyllite, Gneis, Amphibolit;
2. Geröll, Kies; 3. Ton;
4. Siltiger und sandiger Ton;
5. Siltiger und toniger Sandstein (Schlier-Fazies);
6. Glaukonitischer Sandstein mit eingelagertem Konglomerat;
7. Konglomerat; 8. Sandstein mit Fährten; 9. Rhyolith-Tuff;
10. Schräggeschichteter Rhyolith-Tuff und geröllführender Sandstein;
11. Gefleckter Ton mit eingeschalteten Konglomerat-Lagen; 12. Sand. P.H.F. Sandstein von Pétervására; Z.T.F. bunte Tone von Zagyvapálfalva; Gy.R.F. Rhyolith-Tuff von Gyulakeszi; S.B.F. Braunkohle von Salgótarján.

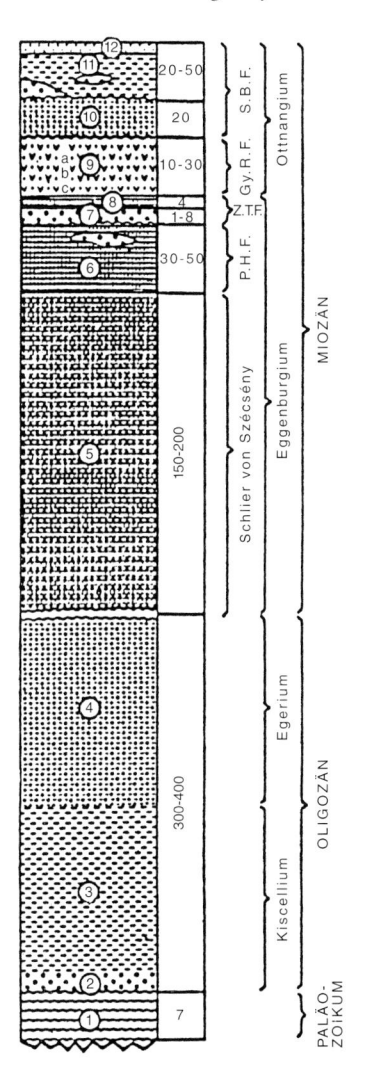

welche die Kompressions-Phase der Savischen Orogenese ablöste und die in der Anlage von Gräben kulminierte, führte zu einer raschen Anhebung des Landes um den Etesi-árok. Klastika wurden in grosser Menge von Nordwesten in den Graben eingetragen, der sich mit fluviatilen Sedimenten füllte. Im Stromstrich des Flusses wurden grobe Klastika wechselnder Korngrösse abgesetzt. Die Sedimentation auf den Alluvionen ist durch bunte Tone und Sand-Barren und -Linsen ausgezeichnet, die sich mit den Tonen verzahnen.

Von dieser Zeit an ist die Paläogeographie von Ipolytarnóc bestens bekannt. Die Hügellandschaft mit der Flussfüllung bot einen Standort für Wälder mit reichem Unterwuchs.

Die ausgegrabene Fläche mit zahlreichen Fährten mag am Rand einer Überschwemmungs-Ebene gelegen haben oder ein Bachbett gewesen sein, in dem eine nahe Quelle in diese Ebene abfloss. Ganz sicher ist sie eine Wasserstelle gewesen, wie die grosse Zahl von Wirbeltier-Arten aus unterschiedlichen Habitaten bezeugt. Die Sandbarre bot einen landfesten Zugang, der über verhältnismässig lange Zeit benutzt wurde. Die Wasserstelle mag wiederholt überflutet worden sein, wobei eine stets neue Sandlage abgesetzt wurde. Deren Schichtoberflächen sind der Teil der fleckigen Ton-Formation von Zagyvapálfalva, der „Schichten von Ipolytarnóc" genannt wird. Diese idyllischen Verhältnisse wurden durch die Extensions-Phase der Savischen Gebirgsbildung beendet. Entlang Spalten, die sich bei dieser Gelegenheit öffneten, wurden grosse Mengen rhyolithischen Tuffs an die Oberfläche befördert (Rhyolith-Tuff-Formation von Gynlakeszi). Das Zentrum der Eruption scheint südöstlich Ipolytarnóc, an der südwestlichen Randverwerfung des Etesi-árok, gelegen zu haben.

Die Tuff-Schüttung schritt nach Norden bis Nordosten fort, talwärts und den natürlichen Eigenschaften des Materials entsprechend, und füllte die topographischen Tiefs des Etesi-árok auf. Ipolytarnóc lag vermutlich ziemlich entfernt vom Eruptions-Zentrum, so dass die thermische Energie der Tuff-Schüttung, als sie dieses Gebiet erreichte, schon gering gewesen sein mag, wie es der Erhaltungszustand der Pflanzenreste anzeigt. Auch die Fliessgeschwindigkeit kann nicht gross gewesen sein. Die Front der Tuff-Flut war wahrscheinlich mehrere Meter hoch. Im Etesi-árok erreicht die Mächtigkeit des Tuffs nahezu 100 m, wahrscheinlich als Ergebnis von zwei oder drei Aktivitätsphasen, die rasch aufeinander folgten. Es ist dieser Tuff-Ausbruch, dem die Momentaufnahme oder das Lebensbild von Ipolytarnóc seine Überdeckung und Erhaltung verdankt. Dass die vulkanische Aktivität kurzlebig war, wird durch den Umstand bewiesen, dass sie die Umweltbedingungen so gut wie nicht verändert hat.

Das Relief wurde eingeebnet und Tone und Sande wurden im Laufe fluvialer und alluvialer Sedimentation abgelagert (Kohle-Formation von Salgótarján, Nógrádmegyer-Member). Während dieser neuen Dehnungs-Phase sank der Etesi-árok immer tiefer ein, und eine zusammenhängende Wasserbedeckung entstand, die sich zu Torfsümpfen entwickelte. Dieser Vorgang wiederholte sich mehrere Male, mehrere bauwürdige Braunkohle-Flöze wurden gebildet, und schliesslich wurden Sedimente mit den Muscheln *Cardium* und *Congeria* in einem langsam transgredierenden brackischen Meer abgelagert. Die vulkanische Eruption ereignete sich an der Grenze der Eggenburger und Ottnanger Stufen, daher werden die Kohle-führenden Schichten von Salgórtaján in das Ottangium eingestuft (Bartkó 1985).

Paläontologischer Inhalt

Hai-Zähne

Die schräggeschichteten, feinkiesigen, gebankten Sande und Sandsteine der Unter-miozänen Eggenburger Pétervására Formation (früher „apoka" oder „Grünsand" genannt) lieferten Koch (1903, 1904) 25 Arten von 8 Gattungen, unter denen er auch neue Arten bestimmen konnte: *Lamna tarnoczensis*, *Oxyrhina neogradensis*, *Notidanus paucidens* und *N. diffisidens*. Knochen von marinen Säugetieren (Delphine, Sirenen) wurden dieser Gesellschaft von Hai-Zähnen beigemischt gefunden.

Die Häufigkeit von Hai-Zähnen zusammen mit Knochen mariner Säuger und der Sandstein mit kleinen Geröllen, in dem diese Fossilien enthalten sind, beweisen die unmittelbare Nähe der Küste und eines sanft geneigten sandigen Strandes. Die Hai-Kadaver wurden durch auf den Strand auflaufende Wellen angehäuft. In erster Linie wurden ihre Zähne fossilisiert. Wie Koch (1904) ausgeführt hat, sind Schichten im westlichen Teil des Ipoly-Tals, in der Slowakei, die denen der Lokalität Ipolytarnóc entsprechen, „Unter-Mediterranen" Alters. Zu Beginn des Miozäns waren das südliche Vorland der Karpathen und Mitteleuropa als Ganzes, das heisst die Buchten und Strände des damaligen Mittelmeeres, von ähnlichen, aber nicht völlig gleichen Tier-Gesellschaften besiedelt, und diese interessanten Mischfaunen bestanden noch im Mittel-Miozän (Bartkó 1985).

*3. Rekonstruktion der Unter-miozänen Vegetation in Ipolytarnóc. C: **Calanus noszkyi**; Cy: **Cyclocarya cyclocarpa**; D: **Daphnogene bilinica**; E: **Engelhardtia orsbergensis**; Li: **Litsea ipolytarnocense**; P: **Pinus saturnie**; Ph: **Platanus neptuni**; Q: **Quercus cruciata**; S: **Spirea**; U: **Ulmus angustifolia** (nach Hably 1985).*

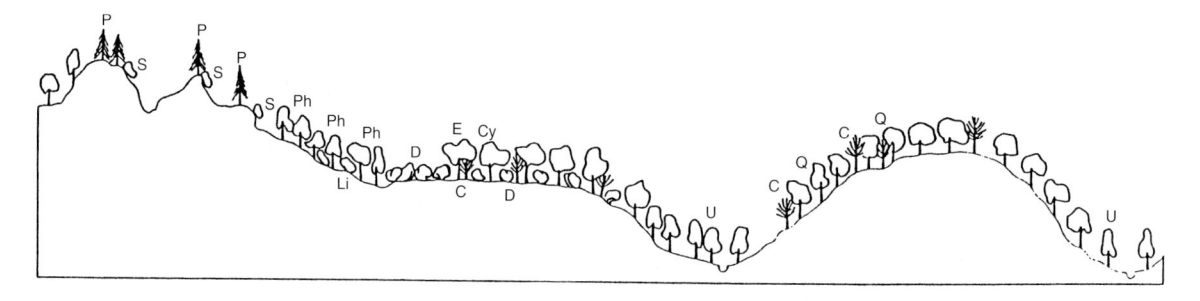

Verkieselte Baumstämme

Der riesige versteinerte Baum, der für Wissenschaft und Publikum 1836 entdeckt und 1842 vorgestellt worden war, muss mindestens 56 m hoch gewesen sein. Sein erster wissenschaftlicher Bearbeiter, Tuzson (1901) beschrieb ihn als eine neue Art: *Pinus tarnocziensis*. Kräusel (1949) erkannte ihn später als ein Mitglied der Gattung *Pinoxylon*. Greguss (1954) bestimmte mehrere Arten fossiles Holz aus Ipolytarnóc, darunter sechs Arten Koniferen. Unter diesen wurde Kubinyis riesiger versteinerter Baumstamm als *Pinoxylon lambertoides* n. nom. beschrieben, auf der Grundlage seiner ausserordentlichen Grösse und der Holzstruktur einer fünfnadeligen Konifere. Die Auswertung der Jahresringe der fossilen Konifere durch Baktai, Fejes et Horváth (1964) ergab eine 7-jährige Zyklizität der Sonnenflecken-Aktivität im Unteren Miozän, im Unterschied zu der heutigen 11-jährigen Zyklizität.

Drei verhältnismässig grosse Bruchstücke des einstmals riesigen Kiefern-Stamms sind von Ipolytarnóc bekannt. Eines von ihnen liegt, durch Frostsprengung zerlegt, in dem erhaltenen Teil der ursprünglichen Schutzhütte, das zweite ist unter dem eingebrochenen Dach begraben und ziemlich gut erhalten, das dritte ist in dem Ausstellungsraum, in dem auch der Sandstein mit Fährten aufbewahrt wird. Dieses Stück wird im Augenblick nur mit Fragezeichen als zu der fossilen Kiefer gehörig angesehen.

Die Zerstörung begann im Jahr der Entdeckung und wurde grösser wie der Ruf des Fundortes wuchs. Unglücklicherweise haben weder die Bemühungen Kubinyis noch der Bau der Schutzhütte etwa 1860 den versteinerten Baumstamm von Tarnócz mit seinem geschätzten Gewicht von 160 Tonnen davor bewahren können, dass er von Scharen von Souvenir-Sammlern zerkleinert wurde. Reisende sammelten was sie „Gyurtyánkö" nannten, als Souvenirs und Schmucksteine, während mehr praktisch denkende Einheimische ihn als Wetzstein nutzten.

Die versteinerten Baumstämme von Ipolytarnóc wuchsen wahrscheinlich im Unter-Miozän, im oberen Eggenburgium, in Delta-artigen Hochwasser-Becken und fielen auf natürliche Weise oder während Hochwässern. Ein Baumstamm durchdringt häufig viele Lagen des Grünsands, den fährtenführenden Sandstein und die Deckschicht aus rhyolithischem Tuff. Fluss-Erosion im Quartär transportierte ihre Reste bis in das Tal des Flusses Ipoly.

Pflanzen-Abdrücke

Eine grosse Zahl von Pflanzen-Abdrücken wurde in Ipolytarnóc in dem fährtenführenden Sandstein und in dem ihn abdeckenden Tuff gefunden. Diese Abdrücke wurden zuerst als zwei getrennte Floren angesehen. Jablonszky (1914), der sie als erster wissenschaftlich bearbeitete, unterschied 32 Arten. Er hielt die Floren für jünger als Oligozän, aber älter als Ober-Miozän. Die Vegetation erforderte einen reichen Boden, mässige Regenfälle und ein subtropisches, maritimes Klima. Als Ergebnis späterer Aufsammlungen gelangten etwa 10000 Fossilien in verschiedene Museen. Diese wurden von Rásky (1959, 1964, 1965) bearbeitet, der bis 1959 103 Arten unterschied, davon 11 neu. Pálfalvy (1976) studierte die Flora des Sandsteins und Hably (1985) veröffentlichte eine Monographie.

Hably (1985) studierte 4524 Pflanzenabdrücke von Ipolytarnóc; sie unterschied 65 Taxa und beschrieb 2 neue Arten. Im Unterschied zu Jablonszky hielt sie eine Küsten-Marsch als Environment für ausgeschlossen. Statt dessen rekonstruierte sie ein Überschwemmungsbecken in Nähe eines Flusses. Die Flora des Sandsteins ist von dem des Tuffs nicht verschieden, zumal der Tuff die Vegetation verschüttete, die auf dem Sand gewachsen war. Die Blätter wurden von fliessendem Wasser an den Ort der Ablagerung gebracht, weshalb Pflanzen, die in grösserer Entfernung wuchsen, in der Flora des Sandsteins von Ipolytarnóc nicht vertreten sind. Zugleich enthält der Tuff Pflanzen, die auf erhöhtem, trockenem Standort, weiter entfernt von Wasserläufen, wuchsen. Aufgrund der Vorherrschaft dieser Art, kann ein Wald von *Platanus neptuni* angenommen werden, in dem *Litsea ipolytarnocense* verstreut vorkam. In einer tieferen Baumschicht war *Daphnogene bilinica* dominant, begleitet von *Engelhardtia*, *Cyclocarpa* und *Calamus* (Abb. 3). Im Einklang mit diesen botanischen Daten stellt Hably (1985) für den Beginn des Ottnangium ein warm-subtropisches Klima in Ipolytarnóc fest. In diesem semihumiden, warmen Klima etablierten sich mehrstufige lorbeerblättrige (laurophylle) Wälder. Dies sind zonale Gesellschaften, deren Ausformung in erster Linie durch das Klima bestimmt wurde. Arktotertiäre Elemente kamen nur untergeordnet vor.

Fährten

Fährten auf der Oberfläche und auf verschiedenen Schichtflächen des Sandsteins in Ipolytarnóc wurden im Jahre 1900 entdeckt. Auf den Platten, die ausgegraben und in das Geologische Institut in Budapest transportiert wurden, unterschied Lóczy (1910) Fährten von „Nashorn, fossilem Hirsch und Vögeln". Nach seinem Besuch 1928 erwähnt Abel (1935) von

Abb. 4
Fährte von ***Carnivoripeda nogradensis*** *in Ipolytarnóc.*

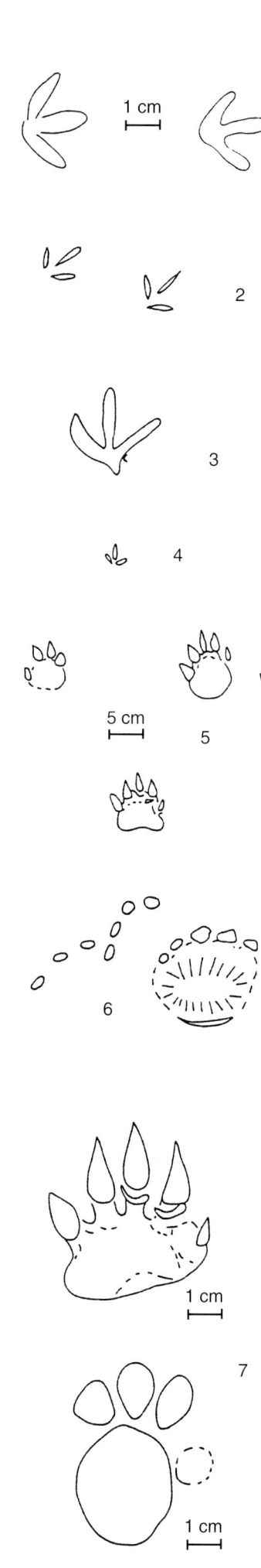

Ipolytarnóc Nashorn (gross und klein), Proboscidia (*Demotherium*?, Mastodontida?), kleine und grössere Hirsche (*Palaeomeryx* und *Dicrocerus*), *Anchitherium aurelianense*, grosse Carnivora (Felidae, *Machairodus*?) und Fährten von Vögeln. Lambrecht (1912) hatte sich schon früher mit grösseren Vogel-Fährten beschäftigt und sie für ähnlich *Gallinago gallinago* gehalten. Tasnádi Kubacska (1964, 1976) unterschied 5 Arten Vogel-Fährten, solche von Carnivora (Amphicyonida), eines Nashorns, zweier Arten „Hirsche" und eines *Mastodon*. Kretzoi (1950) und später Kordos (1985) bestritten, dass Fährten von *Anchitherium* und Proboscidea in Ipolytarnóc vorkämen.

Vialov (1966) hat als erster eine wissenschaftliche Beschreibung der Fährten versucht. Er beschrieb das Nashorn als *Rhinoceropeda tasnadyi*. Später hat Vialov (1985) drei carnivore Fährten beschrieben: *Bestiopeda hungarica*, *B. boecki*, *B. tarnocensis*, ebenso ein Reptil, *Parnusipeda gemmea*. Leider besuchte Vialov Ipolytarnóc 1983, als er die Fährten in Begleitung des Autors studierte, zum letzten Male. Die beiden Autoren veröffentlichten ihre ersten Studien unabhängig voneinander im selben Jahr (Kordos 1985, Vialov 1985). Später haben Kordos (1987) und Kordos et Morgos (1988) die vorherigen Veröffentlichungen revidiert und von Ipolytarnóc 4 Arten Vogel-Fährten beschrieben: *Ornithotarnocia lambrechti*, *Avidactyla media*, *Tetraornithopedia tasnadii*, *Passeripeda ipolyensis*, vier Fährten von Carnivora: *Bestiopeda maxima*, *B. tarnocensis*, *Carnivoripeda nogradensis* (Abb. 4), *Mustelipeda punctata*, eine eines Nashorns: *Rhinoceripeda tasnadyi* und zwei von Arthrodactyla: *Megapecoripeda miocaenica*, *Pecoripeda hamori* (Abb. 5).

Seit den letzten Ausgrabungen im Jahr 1955 kennen wir drei fährtenführende Lokalitäten in Ipolytarnóc mit einer Gesamtfläche von etwa 400 m². Die Zahl aller aufgenommenen und bestimmten Fährten, einschliesslich derer in Museen, beträgt 2762. Fährten von Artiodactyla herrschen vor, gefolgt von ebenfalls häufigen Nashorn-Fährten und den seltenen Fährten von Vögeln und Carnivoren.

Wie aus den geologischen Gegebenheiten und der stratigraphischen Position des Sandsteins hervorgeht, wurden die Fährten in terrestrische Sande oder Kiese eingedrückt. Der marine, glaukonitische Sandstein, der unter dem grobkörnigen Konglomerat liegt, mag auf einer Küsten-Schorre oder einem Delta abgelagert worden sein. Das Material des fährtenführenden Sandsteins ist sehr wahrscheinlich durch Aufarbeitung aus dem glaukonitischem Sediment hervorgegangen.

Das Vorkommen von Fährten in mehreren Horizonten zeigt an, dass das Milieu zur Zeit der Ablagerung ein geeignetes Habitat für landbewohnende Säuger und Vögel bot. Die weithin verbreitete Ansicht, ein Sandstrand hätte beim heutigen Ipolytarnóc bestanden, kann auf keinen Fall bestätigt werden. Keine Merkmale oder Marken, die auf eine Ablagerung an einer Meeresküste deuten, lassen sich in dem Sandstein finden, und marine Fossilien fehlen völlig.

Mehr realistisch erscheint die Vorstellung, dass der Lebensraum, in dem die Fährten erhalten werden sollten, sich in der Nachbarschaft einer Quelle entwickelt hat, die aus einem Kiesbett im Bereich des Aufschlusses austrat. Von der höher gelegenen Stelle mit Kies erstreckt sich eine Bachbett-ähnliche Rinne quer über die untersuchte Fläche zu einer Art „Suhle", die an der tiefsten Stelle liegt. Am Rand dieser Rinne findet sich eine wohlerhaltene Rutschspur eines Nashorns, die in ausgezeichneter Weise zeigt, dass hier eine mehr tonige, nasse Oberfläche bestanden hat. Ausgehend von der Quelle, erstreckten sich auf der rauhen Gelände-Oberfläche wahrscheinlich mehrere flache Tümpel, wie es sich durch Oberflächen mit Rippelmarken andeutet. Von Zeit zu Zeit fielen diese mehr oder weniger trocken, so dass vollkommen erhaltene „Hirsch-Fährten" über die gerippelten Flächen verfolgt werden können. Wurden diese in tieferen Schlamm eingedrückt, wurden sie zu gestaltlosen Löchern, weil der Schlamm sich zwar schloss, wenn die Läufe zurückgezogen wurden, aber die Fussabdrücke nicht vollständig wieder auffüllen konnte.

Eine andere Streitfrage ist, ob sich bei Ipolytarnóc ein Wasserloch oder eine Furt befunden hat. Unserer Ansicht nach kann die Lokalität beide Funktionen gehabt haben, weil Quellen, klare Wassertümpel und ein schmaler Wasserlauf gleichermassen überliefert sind.

Der Reichtum an Pflanzenresten in der dritten Schicht zeigt an, dass ein Wald oder baumreiche Vegetation bestanden haben muss, als sich die Schicht bildete. Die höhergelegenen, jüngeren Schichten enthalten nur noch sporadisch Pflanzen-Fossilien und zeigen an, dass zur Zeit ihrer Ablagerung in der Nachbarschaft kein Laubdach mehr vorhanden war. Jeder verkieselte Baumstamm hat seinen Ursprung in dem Konglomerat oder den tiefer liegenden Sandstein-Schichten, aber einer liegt auf der Oberfläche der höchsten Sandstein-Bank.

Keine der Wirbeltier-Fährten deutet auf ein aquatisches oder Sumpf-Habitat. An anderen Fundstellen ähnlichen Alters oder Charakters (Karpathen-Vorland, alpine Molasse) sind die Vögel ausgesprochen vom Typ der Water oder haben Schwimmhäute. Genau passend zu dem harten Untergrund, auf dem sie zu laufen hatten, hinterliessen die Artiodactyla Fährten, die nicht so gespreizt sind wie solche, die sie auf weichem Untergrund erzeugen. Die meisten Fährten wurden in einen ziemlich erhärteten, trockenen Untergrund gedrückt. Marken, die eine nasse, schlammige Umgebung anzeigen, werden nur an den Abhängen höher gelegener Flächen oder in örtlichen Tümpeln beobachtet.

Die fährtenführenden Sandsteine von Ipolytarnóc müssen auf einer Landoberfläche gebildet worden sein, mit einiger Vegetation um eine Quelle. Von Zeit zu Zeit wurde die Oberfläche durch Starkregen-Fälle und Überschwemmungen unter einer Schlammschicht begraben. Die letzte Abdeckung, welche die Fährten überliefert hat, hat sich gebildet, als die Anhäufung des Unteren Rhyolith-Tuffs schon begonnen hatte (Kordos 1985).

Bedeutung der Lokalität Ipolytarnóc

Die Fundstelle Ipolytarnóc hat wissenschaftliche,

kulturelle und naturschützerische Bedeutung. Aus geologischer Sicht erstreckt sie sich über die erdgeschichtliche Entwicklung der zentralen Paratethys vom Ober-Oligozän bis zum Mittel-Miozän. Die einengende Bewegung der Savischen Gebirgsbildung, eine Folge der Annäherung der Europäischen und Afrikanischen Kontinental-Platten, hatte das frühere Meeresgebiet landfest werden lassen und ausgedehnte vulkanische Tätigkeit verursacht.

Aus paläontologischer Sicht kann die Schichtenfolge als eine Lokalität betrachtet werden, wo Foraminiferen, Mollusken, Haie und marine Säuger zusammen in marinen Ablagerungen vorkommen. Die reiche Flora mit verkieselten Baumstämmen und Pflanzen-Abdrücken auf der fährtenführenden Oberfläche und in dem sie bedeckenden Rhyolith-Tuff machen die Fundstelle zu einer Referenz-Lokalität. Die Bedeutung der Fährten von Ipolytarnóc besteht nicht nur in den zahlreichen, bearbeiteten Funden, sondern auch darin, dass wir einige andere Vorkommen ähnlichen Alters und geologischer Umgebung im Karpathen-Vorland kennen (bei Bacau, Vrancea, Pietra Neamt in Rumänien und am Fluss Prut in der Ukraine).

Vom Standpunkt der Stratigraphie bildet der Rhyolith-Tuff, der den fährtenführenden Sandstein bedeckt, die Grenze zwischen den Eggenburger und Ottnanger Stufen. Er ist korreliert mit dem ersten Erscheinen der aus Afrika stammenden Proboscidier auf dem eurasiatischen Kontinent.

Die Lokalität hat auch kulturelle Bedeutung insofern als die ausgebaute Naturschutz-Stätte mit der Ausstellung Gelegenheit bietet, die geologischen Vorgänge unmittelbar und in natürlicher Grösse zu betrachten. Die 20 millionen Jahre alte Oberfläche, auf der einstmals Landtiere lebten, öffnet sich dem Besucher, so dass er die Ereignisse in diesem erdgeschichtlichen Pompei erkennen kann.

Ipolytarnóc ist Ungarns bedeutendstes Naturdenkmal. Wissenschaftliche Ausgrabungen und Ausarbeitungen wurden erfolgreich mit den Erfordernissen des Naturschutzes und der Ausstellung vereint. Auf diese Weise sind ein einmaliges Modell für die Bewahrung des geologischen Erbes und eine wissenschaftliche Referenz-Fundstelle entstanden.

Aufbewahrung der Funde in Museen und an der Fundstelle

Die Fossilien von Ipolytarnóc spiegeln die wechselnden Auffassungen von Aufstellung im Museum und Erhaltung an Ort und Stelle wieder.

Nachdem der verkieselte Baumstamm und die Fährten entdeckt worden waren, wurden sie sofort von der Fundstelle entfernt und in Sammlungen in Schlössern und Museen verbracht, wie es bis in die 60er Jahre dieses Jahrhunderts typische Praxis war. Der Abtransport war nicht so sehr aus grundsätzlichen Erwägungen als durch die finanziellen und technischen Möglichkeiten eingeschränkt. Schutz an Ort und Stelle konnte erst verwirklicht werden, als das Ungarische National-Museum eine Schutzhütte über dem riesigen Baumstamm errichtete. Bei späteren Ausgrabungen, die in den späten 70er Jahren begannen, war Erhaltung am Ort schon ein erklärtes Ziel. Weil die früher abtransportierten, grossen Fundstücke nicht zurückgebracht werden konnten, wurden sie zum Teil durch Abgüsse ersetzt. Bei den Ausgrabungen der letzten Jahre dachte niemand mehr daran, die Stücke mit Fährten in ein Museum zu bringen. Nach ihrer wissenschaftlichen Bearbeitung wurden sie teilweise wieder mit Erde abgedeckt, bis die finanziellen Umstände den Bau eines schützenden Gebäudes und die Einrichtung einer Ausstellung auch über den neuen Funden erlauben.

Die Funde von Ipolytarnóc sind jetzt am Fundort zu sehen, oder sie sind im Ungarischen Geologischen Institut und im Ungarischen Museum für Naturgeschichte, beide in Budapest, ausgestellt.

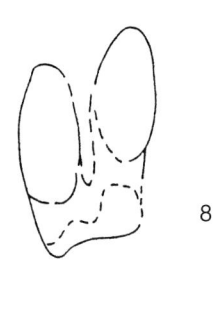

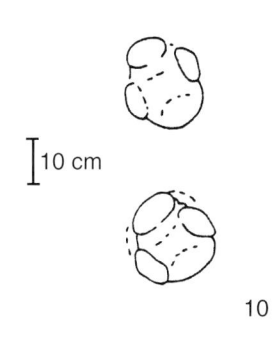

Abb. 5
Fährten von Ipolytarnóc.
*1: **Ornithotarnocia lambrechti**;*
*2: **Aviadactyla media**;*
*3: **Tetraornithopedia tasnadii**;*
*4: **Passeripeda ipolyensis**;*
*5: **Carnivoripeda nogradensis**;*
*6: **Mustelipeda punctata**;*
*7: **Bestiopeda** sp.;*
*8: **Megapecoripeda miocaenica**;*
*9: **Pecoripeda** cf. **amalphaea**;*
*10: **Rhinoceripeda tasnadyi**.*

Die Muschelsande („Faluns") des Beckens von Paris

Léopold Rasplus
Université François Rabelais, Tours, Frankreich

Entdeckung und Erforschung

Auf den Ebenen der Touraine und in der Gegend um Blois treten verstreut Vorkommen weisser bis hellbrauner Sande auf, die häufig Muscheln enthalten und stärker verfestigt sind. Die Sande kommen auch als zusammenhängende Gesteinseinheit im Anjou vor. Nur wenige Fossil-Lagerstätten wurden seit Anbeginn der Geologie von so vielen berühmten Forschern aller Fachrichtungen untersucht und führten zu so kontroversen Diskussionen über deren Paläontologie und Stratigraphie wie diese „Faluns".

Die Herkunft des Wortes „falun" ist unbekannt. Es erinnert an das deutsche Wort „fahl" oder bleich und an das englische „fallow" für grau, könnte aber auch vom griechischen Wort „φαλός", hell, leuchtend hergeleitet werden.

Fossilien aus den Faluns wurden schon in der Jungsteinzeit durchbohrt und zu Halsketten aufgezogen. Auch ihre Verwendung zur Melioration von Ackerböden reicht weit zurück. Leonardo da Vinci (nach Lecointre 1908) bestätigte die Natur der Fossilien des Falun und nahm damit die Vorstellungen einiger griechischer Philosophen wieder auf, die im Mittelalter verloren gegangen waren. Bernard Palessy, der 1547 die Falun-Lagerstätten besuchte, kam zu demselben Schluss. Er benutzte fossile *Pecten* und *Voluta* aus diesen Ablagerungen in seinen Keramiken.

Le Royer de La Sauvagère (1776) dagegen erklärte die Muscheln zu Zeugen einer „spontane Besiedelung" infolge der „Aufnahme von Nährstoffen". Voltaire (1768-1780), der der Ansicht war, es handelte sich um von Pilgern auf ihrem Weg verstreute Muscheln, besuchte ihn in der Touraine. Er blieb bei seiner Theorie bis zum Jahre 1778. Darüber hinaus benutzte er einige Fossilien aus den Faluns, um den marinen Ursprung der Gesteine und der darin enthaltenen Fossilien zu widerlegen, und erklärte sie zu Ablagerungen heutiger Teiche. Buffon stellte nach einem Besuch der Touraine im Jahre 1749 die Irrtümer Voltaires klar und bestätigte endgültig die wahre Natur dieser Fossilien. Gegen Ende des Jahrhunderts bemerkte Odanel (in Lamarck et al. 1792), man bezeichnete „als Falun oder Cron ... Muscheln, die aus dem Meer stammen ..." und dass „eine Umwälzung die Oberfläche des Festlandes angehoben hat mit der Folge, dass sich das Meerwasser zurückzog."

Duvau (1825) verglich die Faluns der Touraine mit denen der Bretagne und stellte sie in dieselbe „geologische Stufe". Cuvier et Brongniart (1822) stellen das „Falunien" in das Tertiär, Desnoyers (1829) wies nach, dass das Falun jünger ist als das Tertiär des zentralen Pariser Beckens. Lyell (1856) schlug das Falun des Loire-Tals als Typiokalität des Miozän vor. Seine Beschreibung basiert auf seinen Reisen in der Touraine im Jahre 1840 und seinen bedeutenden Untersuchungen, mit denen er die Umwelt und das Klima des Falun rekonstruierte. Dujardin (1837) beschrieb die Fauna, und d'Orbigny

Abb. 1
Ein Schnitt von 7 m Höhe in der Savigné-Fazies bei Noyant.
Foto: L. Rasplus

(1852) führte eine „Falun-Stufe" bzw. „Ligerische Stufe" ein.

Im Laufe von 200 Jahren hat das Falun die Diskussion über die Natur der Fossilien stimuliert und zur Definition bestimmter stratigraphischer und paläontologischer Konzepte geführt. Es handelt sich daher um Gesteine von beträchtlicher Bedeutung für die Geschichte der Geologie.

Die grosse Zeit der Untersuchungen in der ersten Hälfte dieses Jahrhunderts wurde von Lecointre und ihren Mitarbeitern (1907-1913) bestimmt, die die Organismen des Falun-Meeres systematisch erfassten. Zuvor waren die Lamellibranchiata von Dollfus et Dautzenberg (1886) beschrieben worden, später noch wurden die Bryozoen von Canu et Lecointre (1925-1934) und Buge (1957) sowie die Gastropoden von Glibert (1949-1952) bearbeitet.

In den 60er bis 90er Jahren erschienen paläökologische Untersuchungen von Fatton (1967), Marcoux (1969), Bongrain (1970), Laurain (1971) und Moissette et Saint-Martin (1975) sowie zusammenfassende Studien in den Teilbecken von Blois (Camy-Peyret et Vuillemier 1973) und Savigné (Charrier et Palbras 1979). Zur gleichen Zeit wurden bedeutende Beiträge über die Säugetiere (Ginsburg 1971, Ginsburg et Janvier 1971, 1975, Ginsburg et Sen 1977, Ginsburg et al. 1979) und die Foraminiferen (Margerel 1989) veröffentlicht.

Sedimentologische, stratigraphische und paläogeographische Studien im Ostteil belegen Verbindungen eines Deltas zur Sologne-Formation, deren Alter jetzt als Burdigal angesehen wird (Alcayde et Rasplus 1971, Rasplus 1978, 1982, Roux et al. 1980).

Über das gesamte Becken erschienen zusammenfassende Arbeiten (Mégnien et al. 1980, Rasplus 1987).

In den 90er Jahren erschienen Untersuchungen der damaligen Umweltbedingungen über die Gebiete von Blois und um Doné-la-Fontaine (Barrier et al. 1995), die auch den tektonischen Rahmen berücksichtigten, sowie sedimentologische und paläogeographische Studien hauptsächlich in dem Becken von Doné-la-Fontaine (Biagi et al. 1995).

Geographische und geologische Situation, stratigraphische Stellung

Eine Serie kleiner linsenförmiger Vorkommen (Abb. 3) ist vor allem in flachen paläotopographischen oder tektonischen Senken (Synklinalen, kleine Gräben) erhalten und wurde dort während des Pliozäns und des Quartärs vor der Erosion bewahrt. Diese Vorkommen treten auf beiden Seiten des Tales der Loire auf. Es werden vier Teilbecken unterschieden: in der Touraine nördlich der Loire das Teilbecken von Noyant-Savigné-sur-Lathan, südlich der Loire das von Manthelan-Boussé-Paulmy und im Gebiet von Blois das von Contres-Pontlevoy, dazu im Anjou das Teilbecken von Doué-la-Fontaine. Weitere Ablagerungen befinden sich in der Gegend um Rennes und auf einem Teil der Halbinsel Cotentin.

Die durch Paläoreliefs geprägte Basis der Falun-Schichten wird auf der Ebene der Touraine von Schichten der Oberkreide aufgebaut, untergeordnet auch von lakustrinen Kalksteinen des Lud, und fluviatilen Sanden und Tonen des Burdigal. In anderen

Abb. 2
Lumachellen-Fazies mit **Arca turonica***, die örtlich die Savigné-Fazies ablöst. Länge der Platte 40 cm. Foto: L. Rasplus.*

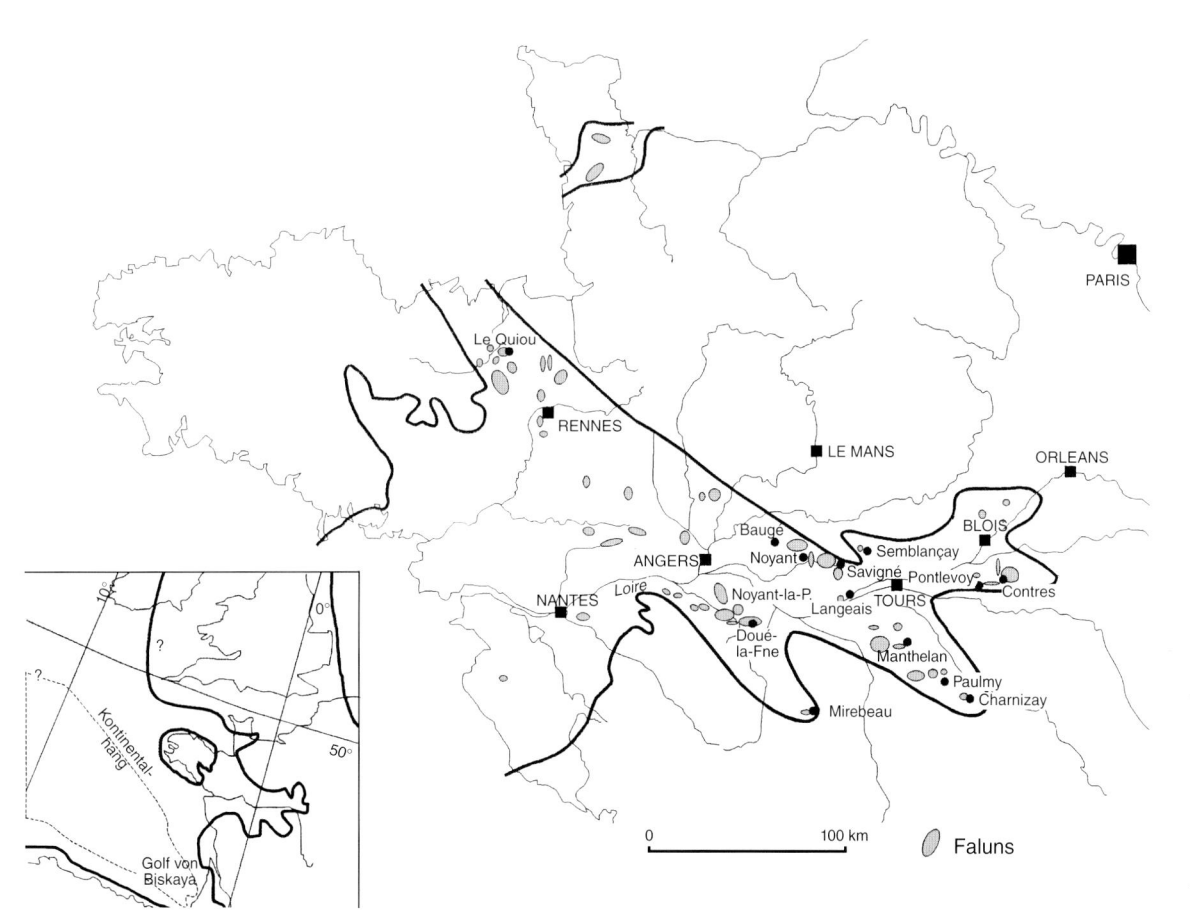

Abb. 3
Verbreitung der Faluns in Nordwest-Frankreich (verändert nach Lecointre 1947, Fatton 1973, Charrier et Pelbras 1979), Rekonstruktion der alten Küstenlinie und (links unten) der paläogeographischen Situation (nach Alvinerie et al. 1992).

Abb. 4
Anschnitt in der Pontlevoy-Fazies bei Contres, unten (in Höhe des Hammers) Gipfellinie einer barchan-artigen Sandwelle. Foto: L. Rasplus.

Gebieten bildet das paläozoische Grundgebirge den Untergrund.

Die Mächtigkeit der Falun-Schichten überschreitet in der Touraine kaum 10 m und im Gebiet um Blois 20 m. Die Vorkommen steigen in Doué-la-Fontaine von 10 m über dem Meer an auf 80 m im Savigné-sur-Lathan und auf 145 m in Charznizay in der südlichen Touraine.

Es lassen sich zwei wesentliche Fazies unterscheiden:

1. Die Savigné-Fazies (Savigné-sur-Lathan): Kalksteine und sandige Agglomerate mit Kalzitzement (Abb. 1) und geringem Feldspatgehalt, reich an riffanzeigenden Bryozoen, Algen und grossen Pectiniden. Die Schichten werden von harten Lagen durchzogen, Anzeichen einer frühzeitigen Lithifizierung, die nur in Doué-la-Fontaine, in der Bretagne und auf der Halbinsel Cotentin auftreten. Sie sind manchmal stark an Karbonat und Ton angereichert, und werden dann als sogenannte „fette Savigné-Fazies" bezeichnet. Diese Fazies kann von einer Schicht aus *Arca*-Schill mit einer Matrix zerkleinerter Schalen bedeckt sein (Abb. 2).

2. Die Pontlevoy-Fazies: quarz- und kalkhaltige, schräggeschichtete Sande (Abb. 4), im Blois-Gebiet auch feldspathaltig, manchmal mit Schottern und Geröllen aus Kieselgestein, Sandstein, Quarz, Tonstein und lakustrinen Kalksteinen. Molluskenschalen sind sehr häufig, sie sind abgerollt, gerundet und oftmals zerbrochen. Einer oder mehrere Konglomerat-Horizonte sind an der Basis der Folge eingelagert. Tonige Einschaltungen in Form von Linsen treten häufig auf sowie manchmal stärker erhärtete Partien ähnlich den Gesteinen der Savigné-Fazies.

Die Pontlevoy-Fazies findet sich zwar auch in Savigné und Noyant, ist aber sonst auf die südliche Touraine (Manthelan, Paulmy) und auf Contres-Pontlevoy beschränkt. Eine zwischen der Savigné- und der Pontlevoy-Fazies vermittelnde Fazies ist aus Mirebeau und dem Teilbecken von Noyant bekannt.

Mineralische Zusammensetzung: Unter den Schwermineralen (Tourenq et al. 1971) finden sich die widerstandsfähigen Turmaline, Zirkone und Rutile häufiger als die metamorphen Minerale, bei denen Granat über Staurolith, Andalusit und Disthen überwiegt. In der südlichen Touraine enthält das Falun 60 % meist kantengerundete, polierte Quarze (Alcayde et Rasplus 1971). Montmorilonit überwiegt mit 80 % deutlich gegenüber Kaolinit. Glaukonit tritt ebenfalls auf.

Tabelle 1. Stratigraphie der marinen und kontinentalen Einheiten zur Zeit der Sedimentation der Faluns.

mio. J.	Marine Gliederung	Kontinentale Gliederung
10,2	Tortonium	Vallesium
15,2	Serravallium	Astaracium
16,2	Langhium	
20	Burdigalium	Orleanium
	Aquitanium	Agenium

Stratigraphisch gehört der grösste Teil des Falun in das Langh bis Seravall. Die Transgression beginnt bereits im Aquitan (Charrier et al. 1980) und ist durch grüne Tone und marine Mergel mit *Crassostrea* gekennzeichnet, die als Ablagerungen eines Deltas, Ästuars oder einer marinen Lagune im Savigné-Becken und nordöstlich von Tours (Château-Renault) auftreten. Die Faluns des Anjou und der Gegend um Blois liefern Fossilien des Torton (Camy-Peyret et Vuillemier 1973, Margarel 1989). Nach kontinentalen Faunen lassen sich die Vorkommen von Doué-la-Fontaine in die Säugetierstufe des Valles stellen (Ginsburg et al. 1979), und dies entspricht im Alter dem Torton der marinen Gliederung (siehe Tabelle 1).

Das Falun wird von Verwerfungen durchsetzt, von denen einzelne während der Ablagerung aktiv gewesen sein könnten. Es weist keine Anzeichen für Deformationen im unverfestigten Zustand auf, sondern nur Diaklasite.

Sedimentstrukturen und Sedimentgenese

Das Meer, in dem die Faluns abgelagert wurden, war eine Bucht des Atlantiks mit einer Symmetrieachse entlang der Loire und mit einem Ausläufer in der Bretagne, der der Basis der Halbinsel Cotentin folgt. Der Kontinentalabhang war ziemlich lang, länger als der der Biscaya (Abb. 3).

Die Gesteine der Pontelvoy-Fazies bildeten sich im Flachwasser (höchstens 10 m tief) im Inter- bis Subtidal. Sie enthalten viele Sedimentstrukturen, die sich auf die Wanderung von manchmal barchan-ähnlichen Sandwellen unter Wasser zurückführen lassen (Abb. 4). Im Raum von Thernay ist Bioturbation durch Crustaceen (Abb. 7) weit verbreitet (Camy-Peyret et Vuillemier 1973). In derselben Gegend wechsellagern ästuarine oder deltaische Sande mit den Falun-Schichten, ein Hinweis auf die andauernde fluviatile Sedimentschüttung während des gesamten Miozäns (Roux et al. 1980).

Die Savigné-Fazies entstammt dem tieferen Infra-Litoral oder dem Circa-Litoral (50–80 m Tiefe). Die Schrägschichtung wechselt häufig zwischen entgegengesetzten Richtungen, das Sediment wurde von alternierenden Gezeiten-Strömungen abgelagert. Die Richtung der Strömungen wurde durch das Relief des Untergrundes vorgezeichnet. Die Ablagerungen werden durch Dichteströme überprägt, die in der Tiefe zur Ausbildung grosser driftender Sandwellen führen. Diese marinen Sandwellen können sich ihrerseits hangaufwärts bewegen. Sie arbeiten das tiefere bioklastische Material auf und lagern es in der infralitoralen Zone wieder ab (Region Blois) (Barrier et al. 1995). Tempestite und Seismite sind ebenfalls anzutreffen. Im Ostteil sind ausserdem Aufarbeitungs-Erscheinungen als Folge fluviatiler Hochwässer zu erkennen.

Um die Tiefe des Falun-Beckens abzuschätzen, nehmen wir an, dass die von Haq et al. (1988) rekonstruierten eustatischen Küstenlinien der Transgressionen des Langh zutreffen. Der Meeresspiegel befand sich damals 150 m über seiner heutigen Position. Bei Doué-la-Fontaine, wo die Fossil-Lagerstätte heute bei +10 m liegt, hätte sich der ehemalige Meeresboden bei –140 m befunden; bei Contres wäre er bei –50 m gewesen. Die Situation ist allerdings nicht so einfach. So wären im Layon bei Doué-la-Fontaine, einem im Torton vom Meer invadierten Flusstal (Biagi et al. 1995), die Schichten in ihrer ursprünglichen Tiefenlage erhalten. Der eustatische Meeresspiegel hätte damals die gleiche Höhenlage eingenommen wie heute. Wenn wir annehmen, dass alle intertidalen Fazies dem Torton angehören, können alle Vorkommen durch nur eine positive Epirogenese in ihre heutige Position von 85 m über dem Meer gekommen sein. Die Klärung dieser Fragen ist bei weitem nicht abgeschlossen. Sie erfordert (a) eine genauere und zweifelsfreie Identifizierung der Ablagerungsmilieus; (b) eine detaillierte stratigraphische Einstufung; (c) eine genauere Kenntnis der eustatischen Vorgänge und (d) eine klare Unterscheidung der verschiedenen Progradations-Phasen. Und das ist in einem Sediment mit so vielen Schichtlücken überaus schwierig.

Die Sedimentation im Falun-Meer ähnelt der in der Bucht von Mont St. Michel an der französischen Atlantikküste. Sie umfasst Stillwasser, tiefere Zonen mit Bryozoen *in situ* sowie sehr aktive Gezeitenkanäle. Das Meer war allerdings deutlich wärmer, mit Temperaturen wie entlang der Küste des heutigen Senegal.

Paläontologischer Inhalt, Taphonomie

Die Faluns umfassen marine Sedimente mit aussergewöhnlich reichem paläontologischen Inhalt: sessile Epibionten wie Schwämme, Bryozoen, Muscheln (*Ostrea, Arca, Chlamys*), sedentäre Organismen wie Echinodermen und vagile wie Schnecken, Pectiniden und *Chlamys albina*. Ausserdem finden sich in geringem Umfang Endofauna mit Muscheln und Seeigeln (Fatton 1967) sowie planktonische und nektonische Organismen.

Wie seit langem bekannt, sind höchst unterschiedliche taphonomische Bedingungen verwirklicht, und nahezu alle Fossil-Gesellschaften sind umgelagert. Die rekonstruierten Thanatozönosen sind daher unzuverlässig. Entlang der Randbereiche der Bucht sind allochthone Einflüsse sehr selten. Es finden sich hier Gesellschaften des infralitoralen Milieus (Gebiet von Blois) oder eines detritischen Küstenmilieus (Anjou), die häufig auf detritische Böden des offenen Meeres umgelagert wurden. In der nördlichen Touraine bestehen die Taphozönosen aus einer Mischung *in situ* eingebetteter und allochthoner Formen (Charrier et Palbras 1979).

Die bei Doué-la-Fontaine gefundenen Bryozoenarten tieferen Wassers, Terebratuliden und Schwämme (Chaetetidae) zeigen eine tiefere circalitorale Fazies an.

Der paläontologische Inhalt des Falun ist überaus vielgestaltig:

Mollusken: nahezu 800 Arten, unter denen die Lamellibranchier mit 198 und die Gastropoden mit 554 Arten überwiegen. Es finden sich *Pecten praebenedictus, Chlamys albina, Arca (Anadara) turonica* (Abb. 5), *Chama, Murex turonensis, Cerithium lignitarium, Melongena melongena, Strombus bubonius* (heute an der Küste des Senegal), *Cypraea, Tenagodes, Conus, Oliva, Mitra, Terebra* und *Pirula* (Abb. 6). Im Anjou treten dazu in der Touraine unbekannte Mollusken wie *Haliotis* cf. *tuberculata, Diloma (Oxystele) rotellaris, Glans aculeata senilis, Astarte fusca incrassata, Venus multifamella, Chlamys varia* und *C. operculari* auf. Im Gebiet um Blois finden sich *Crassostrea gryphoides crassissima* (in Schilltagen von Château-Renault), *Pecten subarcuatus, Chlamys scabrella, C. multistriata, Cardita (Glans) trapezia, Lentidium turonicum, Gastrana fragilis, Potamides papaveraceus, Terebralia bidentata, Diodora italica* und Auriculiden. Auch Brack- und Süsswasserarten sind überaus zahlreich.

An Cephalopoden ist *Aturia aturi* vorhanden, von Scaphopoden 9 Arten, darunter *Dentalium*.

Brachiopoden: 14 Arten.

Bryozoa: 265 Arten mit Celleporen, Cerioporen, Heteroporen und Hornerien (mehr als 150 Arten bei Savigné-sur Lathan, in Trümmern in der Pontlevoy-Fazies). Etwa 60 Arten bei Pontlevoy: In tieferen Lagen *Entomaria spinifera, Steginoporella elegans* und *Crisia*, feingliedrige Formen möglicherweise des oberen Burdigal in den sehr feinkörnigen Sanden. Bei Château-Renault wurden bestimmt: *Crisia strangulata, Celtaria mutabilis, Sertella* sp., *Homeria* sp., *Tremopora radicifera, Steginoporella elegans* und *Idmonea* sp. Im Dünnschliff (Abb. 8) sind ihre karbonatigen, bedornten Gehäuse sehr gut im Detail erhalten.

Foraminifera: Bei Château-Renault *Elphidium falunicum, E. crispum, Globulina gibba, G. irregularis, Guttulina problema, Pseudopolymorphina lecointrae, P. incerta, Rotalia beccarii*.

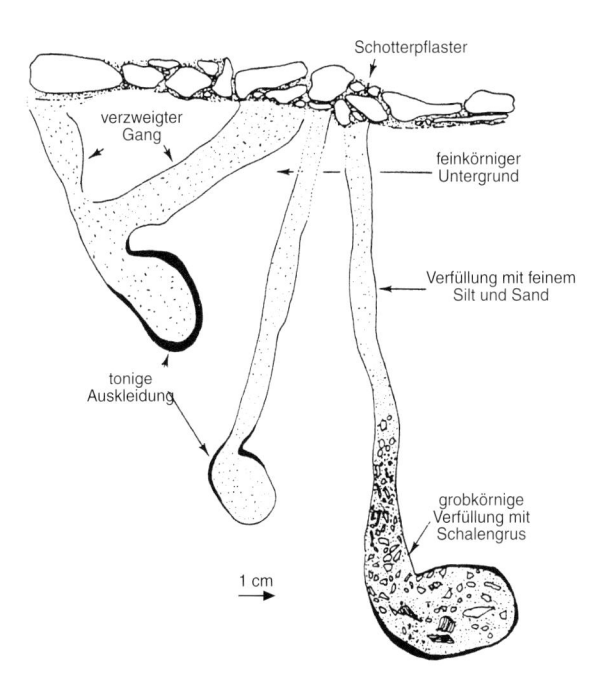

Abb. 5
Arca turonica. *Foto: L. Rasplus.*

Abb. 6
Pirula *sp. Foto: L. Rasplus.*

Abb. 7
Rekonstruktion der Bioturbation in den Faluns von Thenay (nach Camy-Peyret et Vuillemier 1973).

Coelenterata: *Cryptangia parasitica, Cladangia crassiramosa, Sphenotrochus milleti.*

Crustacea: *Balanus,* Krabben (6 Arten)

Annelidae: *Serpulae*

Echinodermata: mehr als 25 Arten in der Savigné-Fazies im Anjou, ein Dutzend in der Touraine, darunter *Scutella* und *Amphiope bioculata;* Haarsterne und Ophiuren bei Château-Renault.

Fische: *Aetobatis, Hemipristis, Pristis, Carcharodon, Sargus, Diodon,* tropische und subtropische Arten.

Marine Säuger: *Metaxytherium cuvieri, Monodon, Halitherium, Phocanella couffoni, Squalodon, Champsodelphis macrogenius.*

Algen: *Lithothamnium flosbrassicae,* Laminarien.

Landsäuger: *Pliopithecus pivetaui, P. antiquus, Gomphotherium angustidens* (Abb. 9), *Brachyodus onoideus, Dicroceros elegans, Chalicotherium grande, Chonchyus simorrensis, Anchitherium aureliense, Teleoceras brachypus, Hipparion gracile* (Noyant, Bereich Doué-la-Fontaine) sowie noch andere Gruppen.

Kleinsäuger: bei Thenay *Cricetodon aureus, Larteromys* cf. *zapfei, Megacricetodon* cf. *lappi, M. bourgeoisi.*

Landmollusken: *Helix (Tachea) asperula, H. turonensis, H. eversa, Pupa, Zonites, Unio* (Süsswasser).

Pflanzen: *Taxoxylon, Ambaroxylon.*

Sporen und Pollen.

Umgelagertes Material aus älteren Schichten: Kieselschwämme und Schwammnadeln aus dem Senon.

Rekonstruktion des Ablagerungsmilieus

Neue Untersuchungen ergaben eine grosse Anzahl verschiedener Milieus: Strand, schlammige Böden ruhiger Buchten, tiefere Böden, Hänge des Paläoreliefs, im Bereich Doué-la-Fontaine aus einer fossilen Küste zu Tage tretende kreidezeitliche Schichten, Meerengen und Inseln in der Touraine, Gezeitenkanäle unterschiedlicher Dimensionen, deren beste Beispiele bei Noyant auftreten, Deltakegel, Ästuare, Rias. Nach der stratigraphischen Verteilung der Vorkommen zu schliessen, haben sich die wechselnden geographischen Situationen sicherlich mehrfach aufeinander folgend entwickelt. Die terrestrischen und potamophilen Faunen lassen einen Kontinent mit Gras-Savannen, Palmen und Galeriewäldern erkennen. Man sollte allerdings den unvollständigen, nicht wirklich repräsentativen Charakter der Schichtenfolge nicht aus den Augen verlieren, die in sedimentär oder tektonisch angelegten Fallen konserviert und vor der Erosion geschützt wurde.

Bedeutung des Fossilgehalts für die Geschichte des Lebens

Das Falun bildet eine Evolutionsstufe ab, die in Umfang und Zusammensetzung der rezenten Fauna nahekommt. Für die Evolution der Säugetiere finden sich drei interessante Linien: *Gomphotherium,* ein in Europa weit verbreitetes Mastodon, *Hyracotherium,* ein Equide mit einer Stammlinie ohne Zukunft und *Pliopithecus* aus der Linie der Primaten.

Sammlungen

Umfangreiche Sammlungen von Fossilien aus den Faluns werden in folgenden Institutionen aufbewahrt:
- Muséum National d'Histoire Naturelle, rue de Buffon, F – 75005 Paris;
- Laboratoire de Géologie des Systèmes Sédimentaires, Faculté des Sciences et Techniques, Université de Tours, Parc Grandmont, F – 37200 Tours;
- Musée du Château du Grand-Pressigny, F –37350 Le Grand Pressigny;
- Château de Grillemont (Familie Georges Lecointre), F –37240 La Chapelle Blanche St. Martin;
- Musée du Savignéen, F –37340 Savigné sur Lathan;
- Musée de Pontlevoy, F –41400 Pontlevoy.

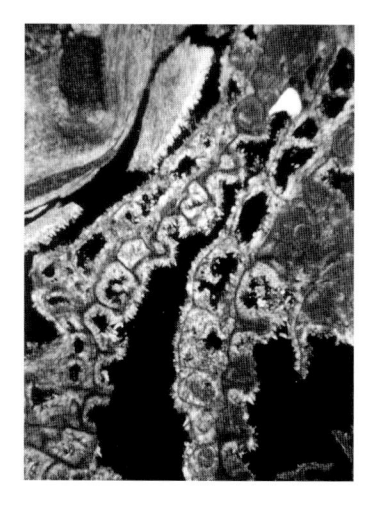

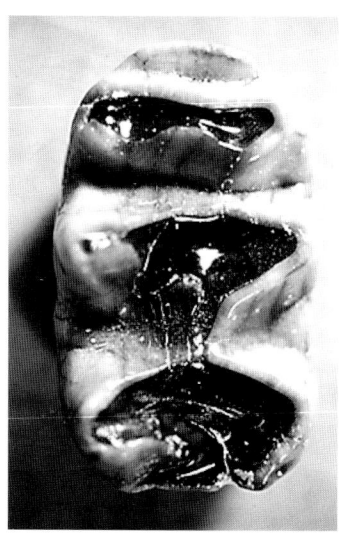

Abb. 8
Dünnschliff durch einen Bryozoen-Kalk bei gekreuzten Polarisatoren, Grösse etwa 1 cm.
Foto: J.G. Bréhéret.

Abb. 9
*Zahn von **Gomphotherium angustidens**. Foto: L. Rasplus.*

Der versteinerte Wald der Insel Lesbos

Evangeli Velitzelos
Staatliche Universität, Athen, Griechenland

Geologie und Physiographie von Lesbos

Lesbos oder Mytilini ist mit 1630 km² nach Kreta und Euböa die drittgrösste griechische Insel. Lesbos wird von Kleinasien durch die 11 bis 15 km breite Strasse von Mytilini getrennt. Die grösste Länge der Insel beträgt 75 km, ihre grösste Breite 40 km. Der Südteil der Insel beherbergt die weitgehend abgeschlossenen Buchten von Kalloni und Geras. Im nordwestlichen Teil der Insel befindet sich der Golf von Molybos. An der Ostküste der Insel liegt die offene Bucht von Makriyalos mit den kleinen Inseln Panagia, Barbalia und Tsoukalas (Abb. 1, 2).

Lesbos besteht aus drei physiographischen Provinzen:
1. Das südöstliche Hochland, dominiert von der Masse des Berges Olympos;
2. Das zentrale Bergland von westlich der Bucht von Kalloni bis zur Nordküste mit dem höchsten Gipfel der Insel, dem Lepetymnos;
3. Das westliche Hügelland, aufgebaut von pyroklastischen Gesteinen.

Der Olympos ist eine breite Bergkette, die 967 m Höhe erreicht. Sie besteht aus metamorphen Sedimenten karbonischen Alters, die von tiefen Tälern zerteilt werden. Der östliche Teil dieser Bergkette besteht aus mächtigen Marmor-Serien.

Das zentrale Bergland steigt steil vom Ufer der Bucht von Kalloni auf. Es enthält eine Kette vulkanischer Eruptionszentren. Im Norden wird dieses Bergland von tiefen Flusstälern durchschnitten. Es erreicht im Berg Lepetymnos mit 968 m seine grösste Höhe. Wahrscheinlich sind die verschiedenen Bergregionen in dieser Kette ursprünglich als selbständige vulkanische Zentren entstanden (z.B. der Berg Profitis Ilias). Es ist aber auch vorstellbar, dass die Trennung in einzelne Bergkuppen das Ergebnis der Erosion ist, die der vulkanischen Tätigkeit folgte.

Die westliche Region mit den pyroklastischen Gesteinen besteht aus unregelmässigen Hügeln von bis zu 600 m Höhe. Dieses Gebiet ist unfruchtbar, es zeigt infolge unterschiedlicher Erodierbarkeit der vulkanoklastischen und der übrigen Gesteine eine undulierende Topographie.

Die Geologie von Lesbos wurde von Hecht (1971–1974), Pe-Piper (1978), Katsikatsos et al. (1982) und Kelepertsis (1978) beschrieben. Hecht (1971–1974) schuf eine geologische Karte der Insel im Maßstab 1:50000. Pe-Piper (1978, 1980) und Klepertsis (1978) veröffentlichten die Petrologie und Mineralogie der vulkanischen Gesteine im Detail. Katsikatsos et al. (1982) studierten die Struktur der ältesten Gesteine (Schiefer, Marmore und Ophiolithe).

Die ältesten Gesteine der Insel liegen im Südosten der Insel. Sie bestehen aus niedergradigen Metamorphiten, im wesentlichen Schiefern mit Einschaltungen von Marmoren, Kalksteinen, Quarziten und metamorphen Vulkaniten (Hecht 1972). Diese Gesteine sind unter-karbonischen bis triassischen Alters und nach Kalagas und Panagos (1979) metamorph mit Pumpellyit-Actinolith und Grünschiefer-Fazies. In derselben Gegend überlagern ultrabasische Gesteine mit Magnesit-Vorkommen (bei Agiassos und am Golf von Geras) die Trias.

Der grössere Teil der Insel wird von neogenen Vulkaniten eingenommen. Lesbos ist Teil eines Gürtels eines Kalk-alkalinen bis shoshonitischen Vulkanismus in der nördlichen und zentralen Ägäis und in West-Anatolien. Die ältesten Gesteine sind Basalte, gefolgt von andesitischen und dacitischen Laven mit Pyroklastika. Im zentralen Teil der Insel gibt es eine Reihe vulkanischer Zentren, die sich in SW–NE-Richtung erstreckt. Die Vulkanite dieser Zentren enthalten Basalte und Andesite, die an vielen Stellen intensiv kaolinisiert sind (Kelepertsis und Esson 1987). Ignimbrit-Decken liegen zwischen den Metamorphiten und den vulkanischen Massen.

Die Abfolge vulkanischer Gesteine ist nach Hecht (1971–1974) und Pe-Piper (1978, 1980):
1. Untere Lava-Einheit: Andesite, Basalte, Dacite, intensiv hypothermisch alteriert.
2. Saure Vulkanite: Pyroklastika, Ignimbrite, Rhyolite.
3. Obere Lava-Einheit: Basalte, Andesite, Dacite.
4. Intrusive Dacit-Stöcke.

Borsi et al. (1972) und Pe-Piper (1978) fanden mit den Kalium/Argon- und ^{39}Argon-Datierungsmethoden für die meisten der vulkanischen Gesteine auf Lesbos Alter zwischen 16 und 19 mio. Jahren.

Abb. 1
Lage der Insel Lesbos in der Ägäis.

Alpine Metamorphite, Marmore und mergelige Kalke mariner und lakustriner Herkunft, Tuffite und Pyroklastika überlagern das prä-alpine Grundgebirge (Schiefer und Marmore) im nordwestlichen Teil von Lesbos. In den Pyroklastika finden sich versteinerte Baumstämme. Nach paläobotanischen Studien von Velitzelos et al. (1981) und Kelepertsis et Velitzelos (1982) sind diese Ablagerungen ober-oligozänen Alters.

Geschichte der Erforschung des versteinerten Waldes von Lesbos

Griechenland ist wegen seiner Lage im äussersten Süden Europas von besonderem Interesse für die Verbreitung fossiler und heutiger Pflanzen. Dies wurde schon sehr früh von bekannten Paläobotanikern erkannt, die Griechenland bereist und die fossilen Floren von Euböa, Lemnos, Thessaloniki und Lesbos untersucht haben. Tatsächlich hat das wissenschaftliche Studium des fossilen Waldes von Lesbos damals begonnen, wenngleich wir schon von klassischen Autoren einige vage Information besitzen.

Unger (1844) berichtete über fossile Baumstämme aus dem versteinerten Wald von Lesbos, war sich aber wegen ihres Alters nicht sicher. Er hielt sie für wahrscheinlich tertiären Alters. Ungers Angaben sind die ersten wissenschaftlichen Daten zur Anatomie von Hölzern im mediterranen Raum. Er bestimmte die folgenden Arten:

Peuce lesbia Unger (= *Cedroxylon lesbium* Kräusel)
Taxoxylon priscum Unger
Junglandinium mediterraneum Unger
Mirbilites lesbius Unger
Brongiartites graecus Unger.

Prokesch, Osten et Unger (1852) berichteten über versteinerte Baumstämme aus dem Hafen der Insel Lesbos.

Abb. 2
Die wichtigsten Vorkommen versteinerter Wälder auf Lesbos, aufrecht stehende und liegende Stämme durch Symbole angegeben.

Fliche (1898) behandelte in einem Buch von de Launay die Bestimmung fossiler Baumstämme aus dem versteinerten Wald von Lesbos und nannte die Gattungen *Cedroxylon* und *Pityoxylon*, ausserdem die in Kohle erhaltenen *Cedroxylon*, *Palmoxylon* und *Ebenoxylon*.

Berger (1953) berichtete in seinen paläobotanischen Studien von Griechenland speziell über die fossilen Baumstämme aus der Ägäis. Kräusel (1965) erkannte bei einem kurzen Besuch des versteinerten Waldes von Lesbos zwischen Erenos und Sigri dessen hohe wissenschaftliche Bedeutung. Als bekannter Paläobotaniker und Spezialist für die Anatomie fossiler Hölzer schlug Kräusel ein Studium des versteinerten Waldes vor und bemerkte, dass viele Stämme zur Familie der Taxodiaceen (*Sequoia*) und ein einzelner zu einer Eiche gehörten. Obwohl Kräusel die Flora nicht im einzelnen analysiert hat, war er doch überzeugt, dass sie älter ist als Pliozän und möglicherweise dem unteren Paläogen nahe steht. Ausserdem meinte er, das genaue relative Alter des versteinerten Waldes sollte durch genaue taxonomische Bestimmung der Flora ermittelt werden.

Viele Geologen haben die Geologie und die Sedimente von Lesbos studiert und über Stücke von fossilem Holz berichtet, die sie mit der Kalium/Argon-Methode datiert haben. Diese Datierungen waren möglich, weil die Hölzer im nordwestlichen Teil der Insel in vulkanische Tuffe eingebettet sind. Schliesslich haben viele nicht spezialisierte griechische und ausländische Forscher verschiedene Teile des versteinerten Waldes besucht und wichtige Beiträge zu seiner Erhaltung geliefert.

Seit 1979 betreibt die Abteilung für Historische Geologie und Paläontologie des Instituts für Geologie der Universität Athen paläobotanische Forschungsarbeiten als Teil eines grösseren Projekts zur Entwicklung und Erhaltung des versteinerten Waldes und zur Einrichtung eines Museums. Obwohl diese Arbeiten noch nicht abgeschlossen sind, haben sie doch wichtige Ergebnisse zum wissenschaftlichen Wert des Naturdenkmals, seiner Ausdehnung, zu seinem relativen Alter und zur Zusammensetzung der fossilen Flora ergeben. Auf der Grundlage dieser Daten verwirklicht die griechische Regierung unseren Vorschlag zur Erhaltung und Entwicklung des versteinerten Waldes von Lesbos und zur Gründung eines naturhistorischen Museums in dem schön gelegenen Dorf Sigri im Nordwesten der Insel. Die paläobotanischen und holz-anatomischen Arbeiten eines internationalen Forscherteams gehen mit finanzieller Unterstützung durch das Ministerium für die Ägäis weiter mit dem Ziel, in Kürze eine Vegetations-Karte und eine Rekonstruktion des Paläo-Reliefs vorlegen zu können.

Die Bedeutung des versteinerten Waldes

Griechische und ausländische Wissenschaftler betrachten den versteinerten Wald von Lesbos als ein einzigartiges geologisches Naturdenkmal, das seltene wissenschaftliche Daten liefert.

1. Es ist ein vollständig autochthones, das heisst: an seinem Standort fossilisiertes Ökosystem. Dies wird aus dem hohen Anteil noch aufrecht stehender versteinerter Baumstämme und aus gut erhaltenen Wurzeln in den fossilen Böden geschlossen (Tafeln 93 und 94).

2. Der fossile Wald von Lesbos hat in der Zeit zwischen dem Ober-Oligozän und dem unteren Mittel-Miozän (ca. 20 – 15 mio. Jahre vor Gegenwart), in der sogenannten Känophytischen Ära, im Tertiär, bestanden – im Unterschied zu den meisten bekannten fossilen Wäldern, die älteren erdgeschichtlichen Zeiten angehören. Zur Zeit des Tertiärs war die Flora bereits voll entwickelt. Nach neuen wissenschaftlichen Daten ist die fossile Flora durch den hohen Anteil von Angiospermen (Blütenpflanzen), Gymnospermen (Koniferen) und den geringen Anteil von Pteridophyten (Farnen) ausgezeichnet.

3. Die verkieselten Baumstämme und ihre Gewebe sind sehr gut erhalten, besonders das Holz. Zusätzlich liefern fossile Blätter, Zapfen und Samen (Abb. 3, 4) Daten für wichtige wissenschaftliche Studien. Der versteinerte Wald von Lesbos kann deshalb ein Zentrum für paläontologische und andere Forschung in Europa werden. Weitere Arbeiten werden neue Daten zur Stratigraphie, Paläökologie und Paläogeographie des südöstlichen mediterranen Gebietes, am Kreuzweg von Europa und Asien, liefern.

Die Entwicklung des fossilen Waldes

Die heutige Flora und die Vegetation der Erde sind das Ergebnis eines langen Entwicklungsprozesses der Pflanzen, der sich über millionen Jahre erstreckt hat. Diese Evolution ist durch zahlreiche Pflanzen-Fossilien belegt, die in früheren geologischen Zeiten gelebt haben und in Sedimenten eingebettet wurden. Es sind fossile Blätter, Baumstämme und Holz, Früchte, Samen und Pollen. Der Wald, der im nordwestlichen Teil der Insel Lesbos vor 15 bis 20 millionen Jahren wuchs, ist durch günstige Umstände überliefert worden. Die Fossilisation ist unmittelbar auf die vulkanische Tätigkeit in der weiteren Umgebung von Lesbos zurückzuführen, wo es aktive Vulkane gegeben hat. Während Zeiten intensiver vulkanischer Aktivität wurden Pyroklastika und Aschen aus den Kratern ausgeworfen und bedeckten die Vegetation der Umgebung. Im Zusammenhang mit dem Vulkanismus drangen heisse, Kieselsäure-haltige Wässer auf und imprägnierten die vulkanischen Gesteine, welche die Baumstämme bedeckten. Auf diese Weise begann der Vorgang der Fossilisation durch den Austausch der organischen Moleküle gegen anorganische Stoffe aus der Umgebung. Das Ergebnis dieses Prozesses sind die fossilen Baumstämme. Im Fall des versteinerten Waldes war die Fossilisation so perfekt, dass die morphologischen Merkmale der Baumstämme wie Jahresringe, Borke und die Zellstruktur des Holzes in ausgezeichneter Weise erhalten blieben (Abb. 5, 6). Durch Beobachtung der mikroskopischen Struktur können Gattung und Art, zu denen die fossilen Hölzer gehören, bestimmt werden. Zusätzlich beweisen die aufrechten Baumstämme mit ihren Wurzeln und Ästen, dass die Fossilisation am Ort stattgefunden hat, dass die Stämme gewachsen sind, wo man sie heute findet. Grössere Aufschlüsse im versteinerten Wald finden sich in den Gebieten von Sigri, Megalonissi, Palia Alonia und in der weiteren Umgebung von Antissa und Eressos. Vereinzelte Vorkommen gibt es in den Gebieten von Polichnitos, Rougada, Molyvos, Akrasi und Plomari.

Die Flora des versteinerten Waldes

Das Studium der fossilen Baumstämme und anderer Pflanzenreste wie Blätter und Samen liefert nützliche Daten zur Kenntnis der Flora, des Klimas dieser Zeit und dieser Gegend und des relativen Alters des versteinerten Waldes. Die Flora entwickelte sich im Tertiär unter subtropischem oder warm-gemässigtem Klima mit ausgeprägten Jahreszeiten. Die Flora war vollständig entwickelt mit Angiospermen, den am höchsten entwickelten Pflanzen. Gegenwärtig kennen wir die folgenden Taxa:

1. Gymnospermen: *Pinus, Pinoxylon paradoxum, Pinoxylon pseudoparadoxum, Pinoxylon* sp. (Kiefern), *Taxodioxylon gypsaceum* (verwandt mit der heutigen immergrünen *Sequoia sempervirens* in Oregon und Kalifornien, Abb. 5, 6, Tafeln 93, 94, 96),

Abb. 3
Abdruck eines Blattes von **Quercus cruciata**.

Abb. 4
Abdruck eines Blattes von **Daphnogene polymorpha**.

Cedroxylon lesbium (lesbische Zeder), *Taxaceoxylon biseriatum*.

2. Angiospermen: *Alnus* (Erle), *Carpinus* (Hainbuche), *Populus* (Pappel), *Quercus* (Eiche, Abb. 3), *Platanus* (Platane), *Laurus* (Lorbeer), *Cinnamomum* (ein Lorbeergewächs), *Palmoxylon* (Palme) und weitere.

Die taxonomische Analyse zeigt eine Flora, die heute nicht im Mediterran wächst, sondern in tropischen und subtropischen Regionen Asiens und Amerikas. Dieses Ergebnis wird durch paläobotanische Studien in anderen Gebieten Griechenlands bestätigt.

Besuch des versteinerten Waldes

Überreste fossiler Pflanzen werden an vielen Stellen im Westteil der Insel Lesbos in den Grenzen der Gemeinden Eressos, Antissa und Sigri gefunden (Abb. 2). Sie bedecken eine Fläche von etwa 1000 Hektar und bilden den in Griechenland und im Ausland berühmten versteinerten Wald von Lesbos. Die griechische Regierung erkannte den ausserordentlichen paläontologischen und geologischen Wert dieser einmaligen Naturerscheinung an und erliess 1985 ein Gesetz zum Schutz und zur ordnungsgemässen Verwaltung des versteinerten Waldes. Durch dieses Gesetz wurden 5 Gebiete an Land und im Meer, wo Fossilien gehäuft gefunden werden, und alle isolierten Fossilien innerhalb des Gebiets von 1000 ha zu einem geschützten Naturdenkmal erklärt.

Besucher können viele Wege einschlagen, um die verschiedenen Anhäufungen fossiler Baumstämme zu sehen. Eine Möglichkeit ist, mit dem Boot von Sigri, einem Dorf in der nordwestlichen Ecke von Lesbos, nach Megalonisse (auch Nisiopi genannt) zu fahren. Dort hat man Gelegenheit, die wundervollen fossilen Baumstämme an der Strasse von Sigri nach Antissa zu sehen. Die Umgebung von Palia Alonia ist einmalig auf Erden wegen der Fülle aufrecht stehender, sehr gut erhaltener Baumstämme. Bei km 8 der Nationalstrasse Sigri – Antissa geht eine 5 km lange Schotterstrasse nach Kyria Apolithomeni ab, ein eingezäuntes Gebiet des versteinerten Waldes, das für Besucher eingerichtet ist.

Der Besucher des versteinerten Waldes sollte wissen, dass nach geltendem Recht streng verboten ist, Stücke von fossilem Holz aufzusammeln oder zu entfernen sowie die Beschaffenheit des Naturdenkmals Versteinerter Wald von Lesbos durch Grabungen oder in anderer Weise zu beschädigen oder zu verändern. Weitere Information ist verfügbar von der Forstverwaltung, Haus von Lesbos, Mytilini.

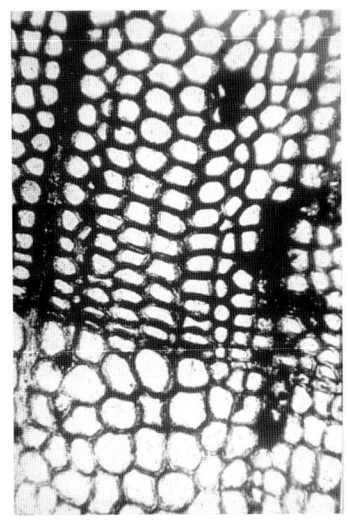

Abb. 5
*Stamm von **Taxodioxylon gypsaceum** (**Sequoia**-verwandt), Längsschnitt, mikroskopisches Präparat (Dünnschnitt).*

Abb. 6
Ebenso, Querschnitt.

Der pliozäne Teich von Willershausen am Harz

Dieter Meischner
Georg-August-Universität, Göttingen

Erforschungsgeschichte

Willershausen liegt im westlichen Vorland des Harzes, mitten in Deutschland. Hier wurden bis 1975 von einer Ziegelei eine Tongrube und eine Sandgrube betrieben. Jahrzehntelang haben Privatsammler und Paläontologen aus einer einzelnen Karbonatbank im Ton aussergewöhnlich gut erhaltene Fossilien geborgen.

Hugo Wegele (1914) hat als erster die Schichten von Willershausen und einige ihrer Fossilien beschrieben. Er bestimmte nach dem Fund des Mastodonten *Anancus arvernensis* ihr Alter als Ober-Pliozän und schloss aus der Fossilgesellschaft auf Ablagerung in einem träge fliessenden Fluss mit Altwassern. In den folgenden Jahrzehnten haben Hermann Schmidt, Professor für Paläontologie an der Universität Göttingen, und sein Schüler Adolf Straus die Lokalität regelmässig besucht, um Fossilien zu sammeln. Schmidt (1939, 1949) rekonstruierte die pliozäne Umwelt als eine Savanne („voreiszeitlicher Park"), Straus (1952, 1960) hielt einen dichten, gestuften Wald für wahrscheinlicher.

Adolf Straus hat seine Studien in Willershausen fast 60 Jahre lang betrieben und etwa 25000 Fossilien gesammelt. Seit 1930 hat er zahlreiche Arbeiten über die Flora, aber auch über die Fauna von Willershausen und die Rekonstruktion ihrer Lebensumstände veröffentlicht. In den 60er Jahren hat Adolf Straus sich bemüht, einzelne Gruppen der Fauna von Spezialisten bearbeiten zu lassen. Dies führte zur Herausgabe von 3 Bänden der Berichte der Naturhistorischen Gesellschaft von Hannover, in denen auch neue Aspekte zur Rekonstruktion des Environments anhand von Insekten enthalten sind. Straus bereitete eine umfassende Monographie aller Pflanzenfossilien vor, starb aber 1986 darüber hin. Die Monographie wurde von Wilde et al. (1992) posthum veröffentlicht. Eine vollständige, kommentierte Bibliographie über die Fossillagerstätte Willershausen wurde von Wilde et Lengtat (1992) publiziert.

Der Autor dieses Artikels ist seit 1955 in Willershausen tätig, Josef Paul ist 1974 mit sedimentpetrographischen Arbeiten und einer Auswertung der Sedimentstrukturen hinzugekommen. Die grundsätzliche Deutung der Ablagerungen (Abb. 9) war 1968 fertiggestellt, sie wurde aber erst in Meischner et Paul (1977) veröffentlicht.

Nach Schliessen der Ziegelei im Jahre 1975 hat der Landkreis Northeim die Tongrube und das Umland erworben. Die ehemalige Tongrube Willershausen wurde am 15. März 1977 als Naturdenkmal unter Schutz gestellt. Das Gebiet wurde eingezäunt und

Abb. 1
Strukturskizze der Gegend westlich des Harzes (nach Meischner et Paul 1977).
Permische Evaporite im Untergrund der mesozoischen Deckschichten dringen an Verwerfungen auf und werden subrodiert. Willershausen ist nur ein Erdfall in einer von zahlreichen Subrosionssenken (schwarz) am Rande des Harzes.

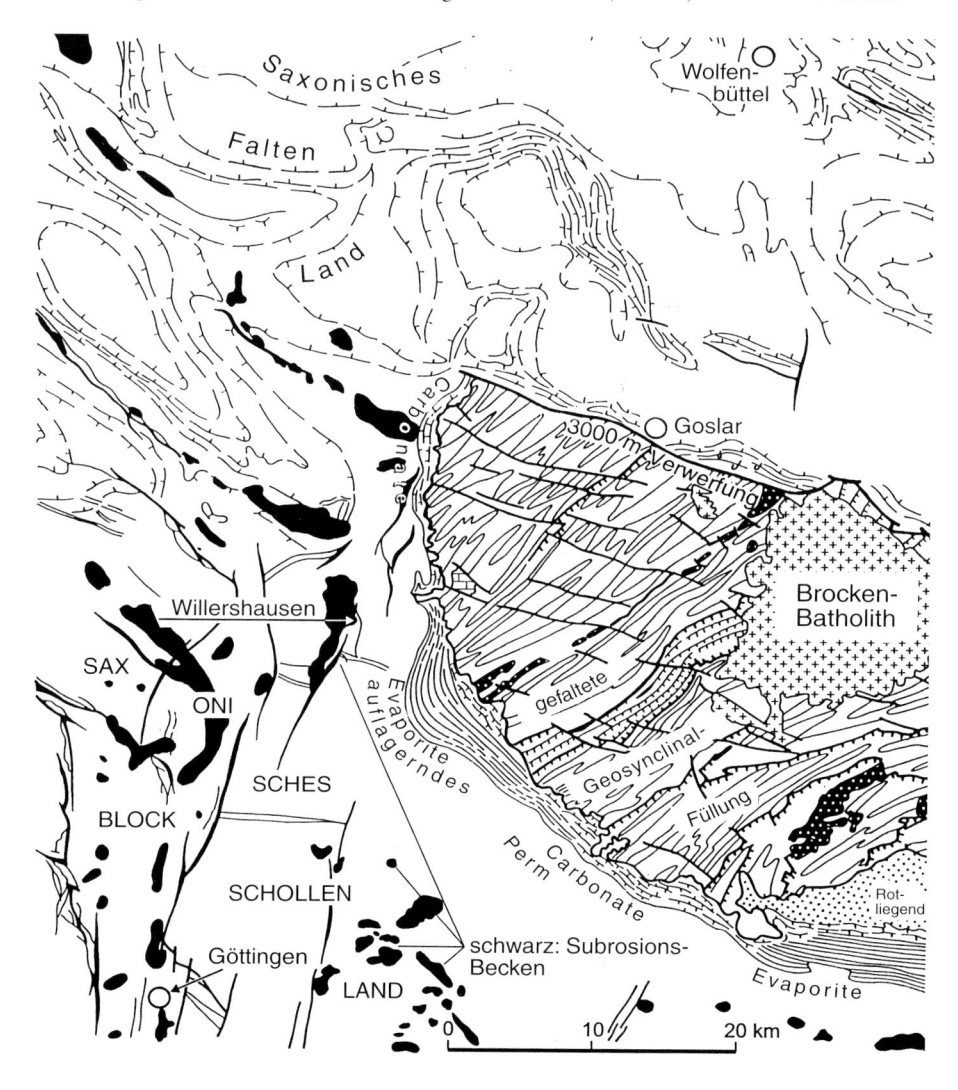

ausserhalb des Zauns eine Freilicht-Ausstellung im Radhaus eines ehemaligen Schrägaufzugs eingerichtet. Ein halbes Dutzend Aufschlüsse an wichtigen Punkten des ehemaligen Sedimentationsbeckens wird in unregelmässigen Abständen mit einer Planierraupe für Besucher offen gehalten. Das letzte unverritzte Vorkommen des schwarzen Tons mit gut erhaltenen Fossilien ist vor Austrocknen und Oxidation, aber auch vor Raubgräbern, durch ein darüber aufgestautes Feuchtgebiet geschützt.

Geologische Situation, Stratigraphie

Die Oberfläche der gefalteten paläozoischen Gesteine des Harzes taucht sanft ab unter permische Karbonate und Salzgesteine und sie überlagernde mesozoische Sandsteine, Kalke und Tone (Abb. 1). Unter einigen hundert Metern Auflast werden die Evaporite plastisch. Das Salz durchschlägt die auflagernden, dichteren Gesteine entlang tiefreichender Verwerfungen und intrudiert seitlich jüngere Evaporit-Horizonte wie die des Röt (Oberer Buntsandstein) und des Mittleren Muschelkalks. Die Salzwanderung führt zu sekundären Anreicherungen in Salzdomen und Salzstöcken nahe der Erdoberfläche. Wo Salz bis zur Oberfläche durchgebrochen ist, hat es beträchtliche seitliche Verschleppungen der überlagernden Schichten verursacht (Abb. 2). Das Salz wird durch zirkulierendes Grundwasser teilweise gelöst, ein Vorgang, der „Subrosion" (Erosion unter der Erdoberfläche) genannt wird. Subrosion führt zu Erdfällen, in denen sich Seen, Sümpfe oder Feuchtgebiete entwickeln können.

Salzaufstieg, Aufwölbung und Subrosion sind langsame Vorgänge, die über die längste Zeit des jüngeren Mesozoikums und des Känozoikums angedauert haben und noch heute nicht abgeschlossen sind. Durch das Dorf Willershausen läuft in Nord-Süd-Richtung eine Verwerfung, entlang derer sich während des Tertiärs und des Quartärs eine Reihe Subrosions-Becken entwickelt hat. Der ober-pliozäne Teich von Willershausen ist nur eines dieser Senkungsbecken. Das Anhalten der Subrosion ist noch heute an Süsswasser-Teichen entlang der Linie und von salzhaltigen Quellen zu erkennen, deren nächste gerade 2 km nördlich und südlich von Willershausen liegen.

Entstehung des Teiches, Sedimente

Der Teich von Willershausen füllte einen 10er Meter tiefen, steilwandigen Erdfall in stark verstellten Schichten des Mittleren Buntsandsteins. Das Becken hatte 150 bis 200 m Durchmesser, sein Umriss fällt etwa mit dem der späteren Tongrube zusammen (Abb. 4). Ablagerungen der früheren Steilküste und eines sandigen Schelfs sind randlich erhalten. Diese Sedimente gehen innerhalb weniger 10er Meter beckenwärts in hellgrauen Ton, dann in den fein-lamellierten schwarzen Ton des Becken-Zentrums über. Auf den Hängen sind subaquatische Rutschfalten entwickelt, die örtlich in gänzlich zerschertes Sediment übergehen.

Der Ton wird allgemein von hellfarbenen, teilweise intensiv gebänderten Sanden unterlagert, die Skelett-Fragmente des Mastodonten *Anancus arvernensis* geliefert haben (Wegele 1914). Die Abfolge ist allgemein transgressiv, die Fazies der dunklen Tone breitet sich mit der Zeit über die randlichen Sande aus. Das Becken hat sich während der Sedimentation noch eingetieft und erweitert (Abb. 9).

Eine harte, karbonatische Bank lässt sich als isochroner Leithorizont seitlich durch alle Fazies der Beckenfüllung verfolgen (Abb. 6). Die grob-klastischen, ufernahen Sedimente sind nur durch Calcit verkittet, auf den Hängen wurden gebänderte Mergel mit feiner-klastischen, meist gradierten Einschaltungen abgelagert, in Beckenmitte schliesslich feinlaminierter dolomitischer Mergel. Die calcitischen

*Abb. 2
Geologischer Schnitt durch Willershausen (nach Meischner 1995).
Flach-lagernde mesozoische Schichten werden von einer Nord-Süd-streichenden Verwerfung versetzt. Zechstein-Salz ist entlang dieser Linie aufgedrungen und seitlich in jüngere Salinare des Oberen Buntsandsteins (Röt) und des Mittleren Muschelkalks intrudiert. Es hat die Deckschichten aufgewölbt (Echter Wald) und sie teilweise auf fremden Untergrund überschoben (Ziegenberg). An dieser Überschiebungsfläche sind örtlich Gipse des Zechsteins und des Mesozoikums in enger Vermischung erhalten geblieben.
c = gefaltetes Paläozoikum des Harzes, hier: Karbon; z = Evaporite des Zechsteins; su, sm, so = Unterer, Mittlerer, Oberer Buntsandstein, Evaporite an der Basis des Oberen Buntsandsteins; mu, mm, mo = Unterer, Mittlerer, Oberer Muschelkalk, Evaporite im Mittleren Muschelkalk; k = Keuper; jl = Lias; sigmoidale Signatur: Pliozän, am Hang abgeglitten.*

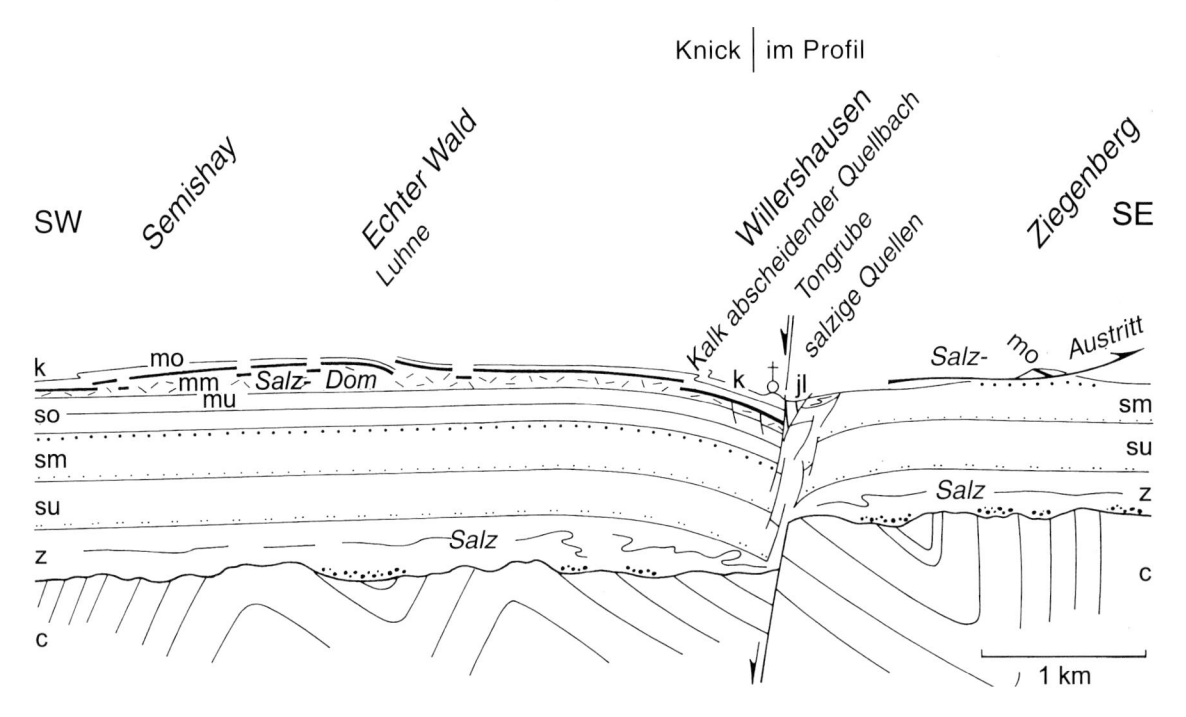

und dolomitischen Mergel spalten leicht nach der Schichtung, solange sie bergfeucht sind. An der Luft erhärten sie rasch und können nicht mehr bearbeitet werden. Nahezu alle der 50000 Fossilien, die in den letzten 80 Jahren in der Tongrube Willershausen gefunden wurden, stammen aus dieser einen Bank.

Die Karbonat-Bank ist offenbar während einer kurz dauernden Zeit aussergewöhnlicher hydrographischer Bedingungen entstanden. Die Jahresschichtung im Zentrum des Beckens ist sehr regelmässig bei etwa 1 mm/Jahr. Die Bank ist hier 30 cm dick; das bedeutet: sie wurde innerhalb 300 Jahre abgelagert. Das Karbonat ist hier ein extrem feinkörniger Proto-Dolomit (disordered dolomite) der Zusammensetzung $Mg_{45}Ca_{55}CO_3$ (Meischner et Paul 1977, Paul et Meischner 1991).

Verteilungsmuster der Fossilien, Taphonomie

Die Verteilung der Fossilien folgt der Zonierung der Sedimente (Abb. 6). Die litoralen Sande führen nur groben Pflanzen-Detritus (Holz, hartes Laub, abgeriebene Steinfrüchte und Samen), Steinkerne von *Viviparus* und *Unio* sowie selten schlecht erhaltene Knochen-Fragmente. In etwas tieferem Wasser kommen *Viviparus* und *Unio* sp. sp. zusammen mit *Myriophyllum* und *Potamogeton* vor. Dies ist das frühere Phytal in wenigen Metern Wassertiefe. Eine wenige Zentimeter mächtige Lage in dem hellfarbenen Ton besteht aus aufeinandergepackten Exuvien des Flusskrebses *Astacus fluviatilis*. Diese Krebse lebten in flachen Höhlen am steileren Hang. Nur wenige, vereinzelte *Astacus* wurden in dem dunklen Ton des Beckens gefunden. Sie sind hier als vollständige Panzer in phosphatischen Konkretionen erhalten.

Mit Einsetzen der dunklen Farben in Richtung Beckenmitte wird die Erhaltung der Fossilien vollständig. Aquatisches Benthos ist nicht mehr vorhanden. Die letzten Grabgänge von *Sialis*-Larven kommen in Bänken vor, die am Hang gerutscht sind. In Beckenmitte sind nur die nektonische Fauna des offenen Wassers (Insekten, Fische, Frösche) sowie terrestrische Pflanzen und Tiere erhalten (Tafeln 100–102), diese entweder durch einen Bach eingespült oder vom Wind eingeweht (Abb. 8).

Die Erhaltung der Fossilien in der dolomitischen Bank im Zentrum des Beckens ist vollkommen. Die Leichen sind ungestört von Aasfressern und ohne die Deformationen und Zerstörungen überliefert, die mit bakterieller Zersetzung einhergehen. Auf den Schichtflächen zufällig verteilt liegt eine seltsame Gesellschaft von behaarten Mäusen mit gefülltem Magen (*Apodemus atavus*, Tafel 99), Fröschen mit Hauterhaltung oder sogar Laich (*Rana strausi*, Tafel 98), Fischen, Wasserschildkröte (*Chelydra*), Riesensalamander (*Andrias*), flugfähigen und flügellosen Insekten neben zahllosen Blättern, Früchten, Samen, Koniferen-Nadeln, Samenzapfen und Knospenschuppen. In einer Fossil-Falle wurden alle Lebensformen des benachbarten Landes, eines einmündenden Baches und des Teiches selbst zusammengewürfelt, aber dies in hoch-selektiver Weise, je nachdem mit welcher Wahrscheinlichkeit individuelle Organismen in den Teich geraten und zu Boden sinken konnten. Die Erhaltung im Sediment des tiefen Beckens war dagegen in keiner Weise selektiv: Gewebe jeder Art, Haare, Federn, Haut, Blattoberflächen und Chitin blieben erhalten. Die meisten Fossilien sind vollständig, mit Ausnahme einiger Insekten, die Hinterleib, Beine oder Flügel durch Gewalteinwirkung verloren hatten, bevor sie den Boden erreichten.

Veröffentlichungen über Willershausen können einen falschen Eindruck erwecken. Fossil-Sammler neigen dazu, die spektakulären Funde zu bevorzugen und unscheinbare, aber nicht weniger wichtige zu übersehen. Das Bild wird noch mehr verfälscht, wenn vorwiegend neue oder unerwartete Funde publiziert werden. Die grosse Mehrzahl der Funde von Willershausen sind Blätter und wenig auffällige Insekten wie ganze Schwärme von Blattläusen.

Rekonstruktion des Lebensraumes

Hydrographie des Teiches, Fossil-Erhaltung

Der schwarze Ton in Beckenmitte ist offenbar unter anoxischem Bodenwasser (kein Benthos, keine Bioturbation) abgelagert worden, während die Fossilien in den heller-farbenen, ufernahen Tonen und Sanden ein reiches Phytal dokumentieren. Eine nähere Analyse der Lebensformen offenbart Arten, die für klares, fliessendes Wasser typisch sind (Plecoptera, Wasserwanze *Aphelochirus*, Salamander *Andrias*) neben solchen, die in Teichen oder Seen mit Weichboden leben (Larven von *Sialis*, einige Fische wie der Wels *Pliosilurus* (Weiler 1933, 1956)). Dies lässt sich durch einen rasch fliessenden Bach erklären, der durch den Teich lief. Ein Anzeichen für die Anwesenheit von Salzwasser muss man in dem Massenvorkommen halophiler Diatomeen neben regulären Süsswasser-Arten sehen (Krasske 1932).

Die Anoxie des Bodenwassers war verursacht durch Meromixis. Heutzutage sind Erdfälle ähnlicher Grösse und Gestalt in derselben Gegend oligo-

Abb. 3
*Zweig einer Eiche. Die Blätter weichen von denen aller heutigen Eichen im Gebiet ab, sie ähneln der vorder-asiatischen Art **Quercus erucifolia**. Straus hat die in Willershausen häufige pliozäne Art **Quercus praeerucifolia** benannt. Massstab: 1 cm.*

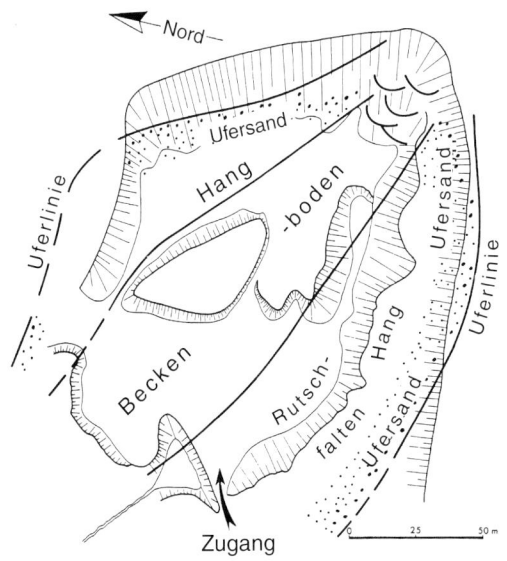

Abb. 4
Karte der ehemaligen Tongrube Willershausen zur Zeit ihrer Stilllegung 1977 (verändert nach Meischner et Paul 1995). Die Gliederung des pliozänen Sedimentations-Beckens ist der Topographie überlagert. Der Teich ist nicht grösser gewesen als die heutige Grube.

miktisch mit langen Zeiten mit anoxischem Bodenwasser, so beispielsweise der Jues-See in Herzberg am Harz, 200 m im Durchmesser und 28 m tief. Allein schon die steilwandige Geometrie der Erdfälle kann topographische Oligomixis und zeitweilig anoxisches Bodenwasser verursachen. Lange Stagnationszeiten in einem mehr kontinentalen Klima mit warmen Sommern, kalten Wintern und kurzen Übergangs-Jahreszeiten können diesen Effekt verstärkt haben. Zusätzlich findet man in Willershausen Anzeichen für chemische Meromixis: Das Mineral Dolomit bildet sich nicht im Süsswasser, sondern diagenetisch durch Ersatz von Calcit bei hohem pH-Wert, Mg/Ca-Verhältnissen grösser als 5 und Konzentrationen über denen des Seewassers. Frühdiagenetischer Dolomit ist typischerweise an Magnesium untersättigt: Proto-Dolomit oder disordered dolomite, $Mg_{45}Ca_{55}CO_3$.

Eine solche Zusammensetzung kann nur durch Zustrom von Lösungen aus den Zechstein-Salzen im Untergrund erklärt werden. Deren Anwesenheit ist in dieser geologischen Umgebung nicht überraschend. Salzquellen und Vorkommen von Halophyten wurden noch bis vor kurzem von Willershausen beschrieben (Seedorf 1955).

Der Dolomit enthält 1000 ppm und der Calcit in derselben Bank 500 ppm Natrium. Auch die Strontium-Gehalte sind mit 500 bzw. 250 ppm erhöht. Dies bedeutet eine Konzentration der dolomitisierenden Lösungen etwa von der des Seewassers (Paul et Meischner 1991). Der Proto-Dolomit ist daher ein frühdiagenetisches Rekristallisat von biogen gefälltem Calcit. Andererseits schliesst der Dolomit schon kompaktierte Fossilien ein. Die Rekristallisation hat den Porenraum des Sediments auf nur 2 % bei Porendurchmessern weit unter 1 µm reduziert. Auf diese Weise wurden die Fossilien gegen jede Zersetzung abgeschlossen, Haut, Haar und Federn wurden ebenso fossil wie Muskelgewebe von Fischen und Krebsen.

Indessen geht die Erhaltung der Fossilien über die in anoxischen Sedimenten übliche hinaus. Ein Frosch (*Rana strausi*) ist mit seinem Laich erhalten (Tafel 98). Die Eier sind teilweise noch im Bauchraum, teilweise sind sie durch die Kloake ausgepresst worden. Die Erhaltung hoch-wasserhaltigen, gelatinösen Proteins ist nur unter sehr speziellen Umständen möglich. Bei einer Sedimentationsrate von 1 mm/Jahr dauert es Jahrzehnte, bis ein Frosch durch Einsedimentieren dem Einfluss des Bodenwassers entzogen ist. Die Leiche dürfte in der Salzlösung ge-

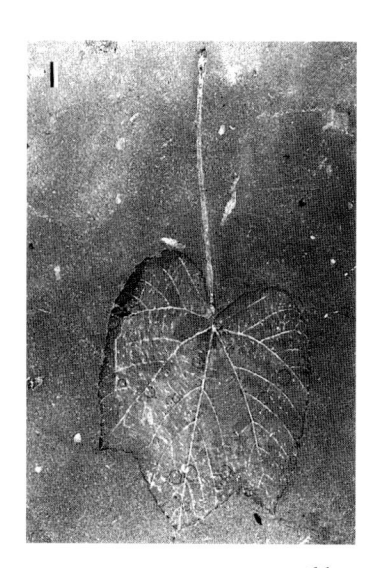

Abb. 5
Blatt von **Paulownia** sp. Diese Gattung ist heute auf wärmere Regionen in Südost-Asien beschränkt. Massstab: 1 cm.

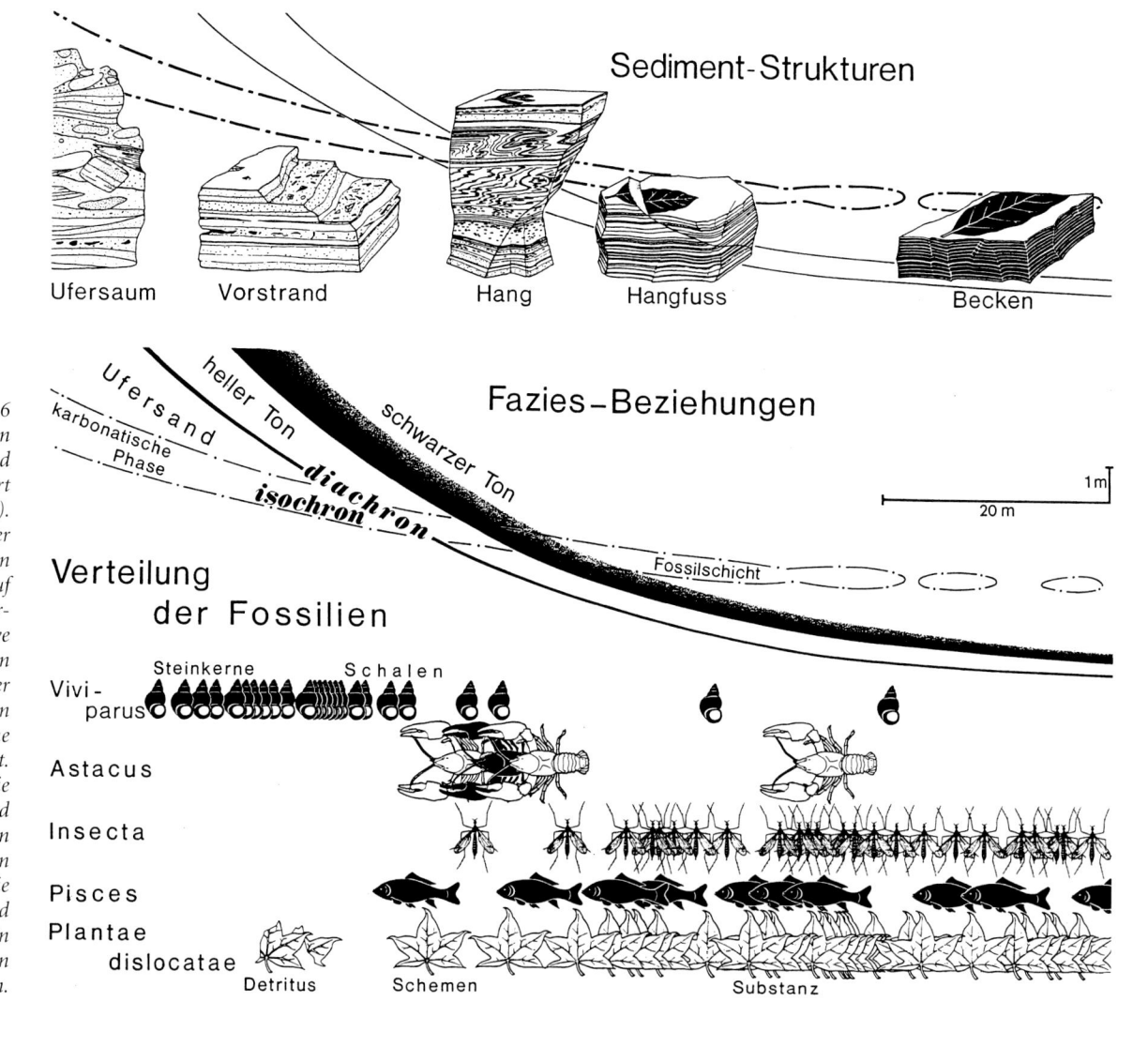

Abb. 6
Der pliozäne Teich von Willershausen, Fazies und Sediment-Strukturen (verändert nach Meischner et Paul 1977). Eintiefung des Erdfalls während der Sedimentation liess die schwarzen Tone des Beckens mit der Zeit auf die hellen Tone und Sande der Ufer-Region übergreifen (transgressive Ablage). Die Grenzen zwischen diesen Gesteinen sind daher diachron. Während 300 Jahren wurde im gesamten Becken eine Karbonat-reiche Schicht abgelagert. Sie ist isochron und bildet die Zonierung des Beckens während dieser Zeit vom groben litoralen Schutt bis zu den fein-laminierten Tonen der Beckenmitte ab. Die Fossilien und ihr Erhaltungszustand folgen dieser Gliederung, in Beckenmitte sind alle Fossilien allochthon.

radezu gepökelt, das bedeutet auch: dehydriert worden sein, und dies mag zu ihrer Erhaltung beigetragen haben, bevor die Dolomitisierung den Abschluss vollkommen machte.

Klima und Landschaft

Die Fossilgesellschaft von Willershausen besteht aus über 500 Arten, obwohl diese nur zufällig in einem winzigen Teich gefangen worden sind. Unter ihnen sind Arten, die heute in disjunkten Arealen in Südost-Asien und Nord-Amerika leben, sowie Taxa, die an wärmeres Klima angepasst zu sein scheinen, wie es im Mittelmeer-Gebiet, in Nord-Afrika und im Nahen Osten herrscht. Einige Autoren haben daher angenommen, das Klima wäre zur Zeit der Ablagerung der Lebewelt von Willershausen viel wärmer gewesen als heute. Indessen gibt es gewichtige Argumente gegen eine solche Rekonstruktion. Krasske (1932) fand, dass die reiche Diatomeen-Flora mit der des heutigen Norddeutschland gut übereinstimmt, am meisten aber denen der Baltischen Seen ähnelt. Gottwald (1981) hat geringe jährliche Zuwachsraten bei fossilem Holz gefunden und deutet dies als Anzeichen für kurze oder kühle Vegetationsperioden.

Dagegen enthält besonders die Insekten-Fauna viele Arten, die normalerweise in wärmeren Klimaten vorkommen (Gersdorf 1971), unter ihnen die Grille *Gryllotalpa africana* (Tafel 101) und die afrikanische Zikade *Ptyelus grossus* (Wagner 1968, Weidner 1968). Andererseits lebt der Riesensalamander *Andrias* (Westphal 1967) heute in Südost-Asien in schnell-fliessenden Bächen nahe der Schneegrenze. Das Vorkommen von Plecoptera (Ilies 1967) deutet auf ähnliche Bedingungen.

Die Rekonstruktion der Landschaft ist gleichermassen zwiespältig (Tafel 97). Sommergrüne Bäume und Sträucher, besonders wenn sie nahe dem Ufer wachsen und ihre Blätter und Flug-Früchte jedes Jahr in den Teich geweht werden, erzeugen sehr viel mehr Fossilien als Koniferen. Die offenbare Vorherrschaft der Blätter von Buche, Eiche, Ulme und Ahorn (deren Häufigkeit im übrigen während der Jahrzehnte des Abbaus stark gewechselt hat) kann auf einzelne Bäume zurückgeführt werden, die nahe am Teich wuchsen, während coniferen, obwohl in der Umgebung häufig, selten einmal Zweige, Zapfen oder (meist unspezifische) Nadeln beigetragen haben. Die besten Argumente liefern wiederum die Insekten. Unter den Blattläusen (Aphioidea) herrschen Arten vor, die auf Koniferen leben (Heie 1968), ebenso Koniferen-Bewohner unter den in Holz lebenden Käfern (Gersdorf 1968).

Die Kontroverse zwischen Schmidt (1939, 1949) und Straus (1952, 1960) um die Rekonstruktion der Landschaft bleibt zu klären: offenes, park-ähnliches Buschland oder dichter, geschichteter Wald? Die Insekten-Fauna enthält viele Taxa der offenen Landschaft, und selbst einige von nicht bewachsenen, aperen Sandböden, zusammen mit Wald-Bewohnern (Gersdorf 1971). Aber auch in dichten Wäldern gibt es offene Flächen durch den Zerfall alter Bäume oder durch Waldbrände. Andererseits wachsen in offenen Savannen dichte Baumgruppen und Büsche, besonders an Wasserstellen.

Die kontroversen Argumente lassen sich am besten mit einem kontinentalen Klima mit kurzen, warmen, trockenen Sommern, kalten, trockenen Wintern und kurzen Übergangszeiten vereinbaren. Unter solchen Bedingungen konnten thermophile Steppen-Insekten überleben, denn sie sind durch humide Verhältnisse mehr gefährdet als durch winterlichen Frost. Die artenreiche sommergrüne Baum-Flora dürfte auf Flussufer und die Nähe von Teichen beschränkt gewesen sein, während Koniferen

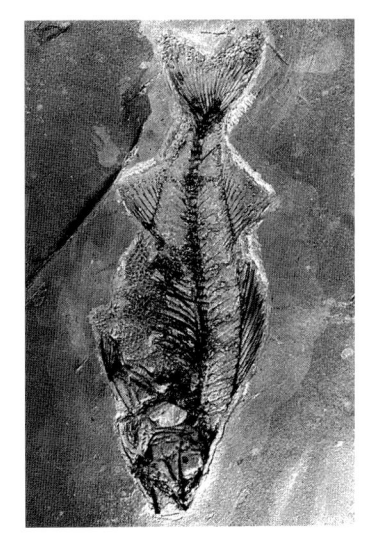

Abb. 7
*Ein Barsch, dem heutigen **Perca fluviatilis** sehr ähnlich. Die Erhaltung ist typisch für Wirbeltier-Kadaver in den schwarzen Tonen von Willershausen: Keinerlei postmortale Zerstörung durch Aasfresser, Fäulnis-Gase oder Muskel-Kontraktionen. Muskeln und Fett sind als fibröse gelbe Substanz erhalten (Original von Wegele 1914).*

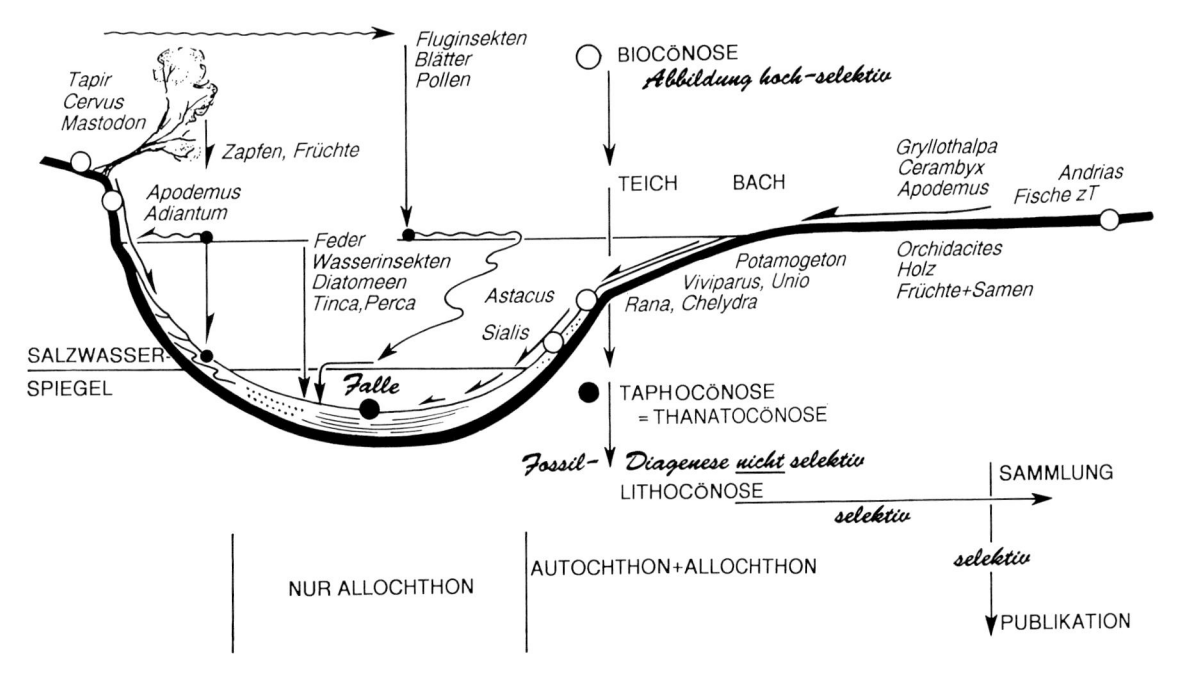

Abb. 8
*Taphonomie von Willershausen (nach Meischner 1995). Der steilwandige Erdfall wirkte als Falle für Lebewesen jeder Art. Zusätzlich zu den Wasser-Pflanzen und den Tieren im Teich selbst wurden Fische, Insekten, der Salamander **Andrias** und die Waldmäuse **Apodemus** von einem kühlen Bach eingespült. Fliegende Insekten, Blätter und Früchte wurden vom Wind eingetragen, schwerere Früchte, Zapfen und Zweige mögen unmittelbar von Bäumen am Ufer gefallen sein. Grosse Säugetiere wateten ins Wasser oder brachen durch Eis. Art und Anzahl eingebetteter Fossilien sind sehr selektiv, die Fossil-Diagenese dagegen nicht, alles blieb erhalten. Aber selektive Sammel- und Publikations-Tätigkeit können auch einen falschen Eindruck erwecken.*

WILLERSHAUSEN
Rekonstruktion

*Abb. 9
Der pliozäne Teich von Willershausen, Rekonstruktion von Wasserkörper und Landschaft (verändert nach Meischner et Paul 1977).
Ein steilwandiger Erdfall entwickelte sich über subrodiertem Zechstein-Salz in einer parkartigen Landschaft. Ein Bach brachte frisches Wasser und Sediment. Im Becken entwickelte sich eine klare Zonierung von einem sandigen Schelf und einem Phytal mit* **Phragmites, Typha, Myriophyllum** *und* **Potamogeton**-*Arten zu tonigen Böden in grösserer Tiefe. Das Monimolimnion war beständig anoxisch und wenigstens zeitweise durch Laugen aus dem Zechstein hoch halin. Dort wurde biogener Calcit bei hohem pH und Mg/Ca-Verhältnissen >5 dolomitisiert. Die Konzentrationen von Na und Sr sind die gleichen wie in marinen Karbonaten.*

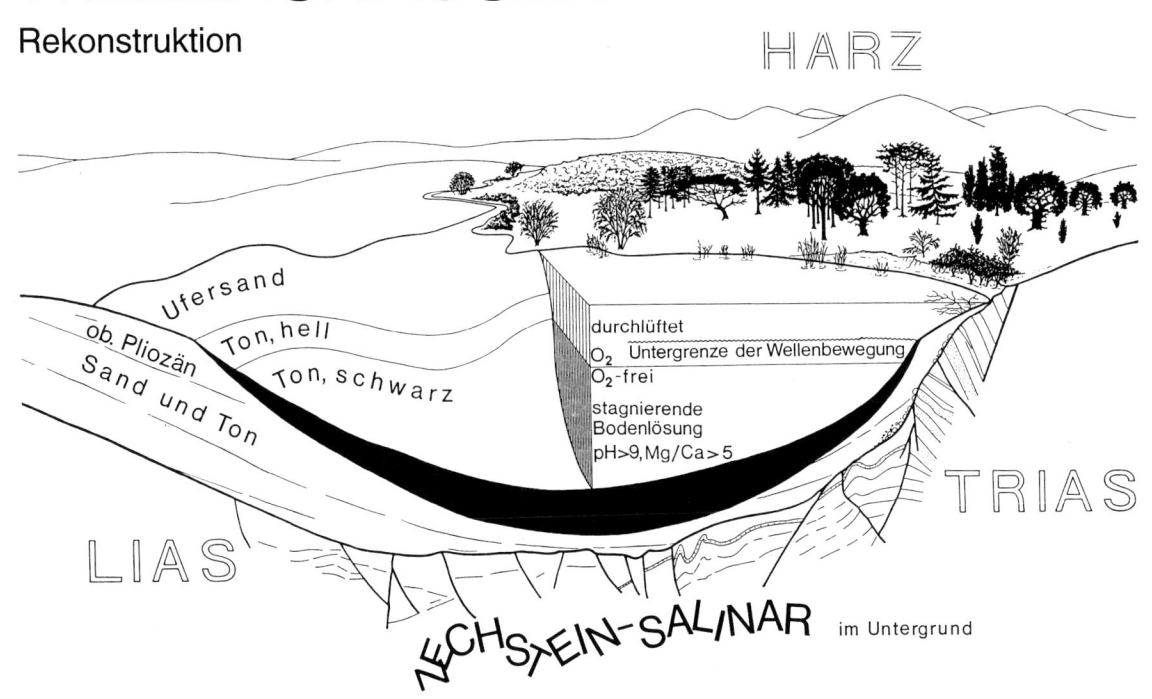

auf den offenen Flächen vorherrschten. Die Jahres-Durchschnitts-Temperatur mag die gleiche gewesen sein wie heute: 9 °C (Abb. 9).

Die Bedeutung von Willershausen

Willershausen gehört in die Reihe bedeutender Fossillagerstätten von Floren und Faunen des Tertiärs. Ein ähnlich reicher Fundort war während des Baus und der Erweiterung der Kläranlage der Stadt Frankfurt am Main aufgeschlossen. Er ist etwas älter als Willershausen und enthält mehr exotische Arten (Mädler 1939). Die taphonomische Situation ist jedoch ganz verschieden: losgerissene Pflanzenreste, Blätter, Früchte, Samen und Holz sind in trockengefallenen Flutrinnen zusammengeschwemmt. Tierfossilien sind in dieser Gesellschaft sehr selten.

Hinsichtlich der sedimentären Milieus und der vollkommenen Erhaltung der Fossilien hat Willershausen einige Ähnlichkeit mit dem berühmten Ölschiefer von Messel (Schaal et Ziegler 1988). Auch der Schiefer von Messel wurde unter beständig anoxischen Bedingungen abgelagert. Die Fossilgemeinschaft ist noch reicher als die von Willershausen. Aber Messel war ein grosser tropischer See, dessen Grösse und Umriss noch nicht bekannt sind, und Messel ist fast 50 millionen Jahre älter (Franzen et Schaal, in diesem Band).

Die besondere Bedeutung Willershausens liegt darin, dass kurz vor Einsetzen der pleistozänen Eiszeit in Mitteleuropa eine artenreiche Gesellschaft konserviert wurde, deren Nachkommen heute zum grossen Teil auf Areale in Asien, Nord-Amerika und Afrika beschränkt sind. Die Fossilien zeigen, welcher Reichtum an Lebensformen in unserer gegenwärtigen Landschaft selbst unter heutigen klimatischen Bedingungen möglich wäre, hätte nicht das Eis der langen Entwicklung der Tertiär-Zeit ein Ende gesetzt.

Sammlungen

Die meisten Fossilien von Willershausen befinden sich in der Sammlung des Institut und Museum für Geologie und Paläontologie der Universität Göttingen, nur 40 km entfernt vom Fundort. Sie umfassen die Sammlung des seligen Adolf Straus und Beiträge von Hermann Schmidt und anderen Instituts-Mitgliedern. Kleinere Sammlungen sind im Museum für Naturkunde, Stuttgart (ehemalige Sammlung Rudolf Mundlos), im Niedersächsischen Landesmuseum, Hannover (ehemalige Sammlung Otto Klages), in der Bayrischen Staatssammlung für Geologie und Paläontologie, München, im Botanischen Museum Berlin-Dahlem, im Naturmuseum Senckenberg, Frankfurt am Main, im Museum für Naturkunde, Berlin, und am Geologischen Institut der Technischen Universität Clausthal-Zellerfeld (ehemalige Sammlung Fuhrmann).

Ständige Ausstellungen Willershausener Fossilien findet man in den Museen in Frankfurt und Göttingen. Am Museum in Göttingen ist ein Katalog der Fossilien von Willershausen in Vorbereitung. Bisher wurden nur die Originale zu Veröffentlichungen erfasst.

Ausser diesen öffentlichen Instituten besitzen viele Privatleute beachtliche Sammlungen von Fossilien von Willershausen. Der Inhalt dieser Sammlungen ist der Wissenschaft nicht bekannt, aber Gerüchte sprechen von noch unbeschriebenen Taxa.

Europa während des Quartärs

Paul Mazza
Museo di Geologia e Paleontologia dell' Università di Firenze, Firenze, Italien

Das Quartär ist die letzte Periode der Erdgeschichte. Es reicht vom Ende des Pliozäns bis zur Gegenwart. Desnoyers (1829) bezeichnete als Quartär Sedimente, die im Seine-Becken Ablagerungen des Tertiärs überlagern. Das Quartär umfasst zwei Epochen: das Pleistozän als die ältere und länger dauernde und das Holozän, die kurze Zeit vom Ende der letzten Vereisung bis heute. Das Pleistozän, ein Begriff, den Lyell (1839) eingeführt hat, wurde von Forbes (1846) zu recht als „Glaziale Epoche" bezeichnet, weil die Zyklen von Anwachsen und Rückzug der polaren Eiskappen und der Gebirgsgletscher das bemerkenswerteste Merkmal dieser Zeit sind (Abb. 1).

Die meisten Menschen sind heutzutage mit der Existenz einer „Eiszeit" vertraut. Aber viele stellen sie sich als eine Zeit mit lebensfeindlichen, Schnee- und Eis-bedeckten Landschaften vor, von kalten, polaren Winden gepeitscht und von Mammuten und Rentieren bewohnt, wo die Menschen, gehüllt in die Pelze ihrer Beutetiere, in Höhlen Schutz fanden. Das Quartär ist aber eine weitaus vielfältigere und eine faszinierende Zeit.

In der ersten Hälfte dieses Jahrhunderts erkannten Forscher vier grosse Vereisungen und gründeten eine Glazial-Chronologie auf deren Abfolge. Den Vereisungen werden in verschiedenen Weltgegenden unterschiedliche Namen gegeben. Die klassische Glazial-Chronologie ist die der Alpen. Penck et Bruckner (1909) nannten die vier aufeinanderfolgenden Phasen Günz, Mindel, Riss und Würm. Seitdem ist die Kenntnis dank der Entwicklung neuer Methoden beträchtlich fortgeschritten. Ein wichtiges Problem der Quartär-Forscher ist die Suche nach einer einheitlichen Chronologie. Man hat eine Reihe unabhängiger Datierungs-Techniken entwickelt; die zuverlässigsten von ihnen beruhen auf dem Zerfall radioaktiver Isotope. Radiometrische Datierungen haben wesentlich zur Errichtung einer chronologischen Standard-Skala beigetragen. Andere Methoden, die auf der Analyse stabiler Isotope mehrerer Elemente beruhen, haben wichtige Daten zu den klimatischen Bedingungen und der Umwelt im Quartär geliefert. Insbesondere die stabilen Isotope von Sauerstoff und Kohlenstoff haben wesentlich zu unserer Kenntnis der Temperatur und der Produktivität des Ozeans und ihrer Veränderlichkeit in der

Abb. 1
Verteilung der Eisschilde zur Zeit ihrer grössten Ausdehnung vor etwa 18000 Jahren.

Zeit beigetragen. Sauerstoff besteht aus drei Isotopen, von denen besonders ^{16}O und ^{18}O von Bedeutung sind. Die Verdunstung verursacht Veränderungen des Verhältnisses dieser Isotope im Ozeanwasser, verdampfendes Wasser enthält relativ mehr vom leichteren Isotop ^{16}O. Während der Kaltzeiten werden grosse Mengen ^{16}O-reichen Wassers als Eis in den Polkappen festgelegt, und so wird ^{18}O im Ozean angereichert. Marine Organismen bauen in ihre Schalen Sauerstoff analog zu dem Verhältnis der Isotope ein, wie es zur Lebenszeit bestanden hat. Die Schalen liefern uns daher unschätzbare Information zu den Temperaturen des Seewassers und zu Ausdehnung und Rückgang der Pol-Vereisungen. Die Abbildung des Verlaufs von Klimaschwankungen durch die Verhältnisse der Sauerstoff-Isotope liefert eine Chronologie von Sauerstoff-Isotopen-Stadien von grundlegender Bedeutung für das Studium dieser Zeiteinheit. Die Stadien werden durch Ziffern bezeichnet, gerade Ziffern für Glaziale, ungerade für Interglaziale. Mehr als 23 Stadien sind bisher benannt worden, von der Gegenwart bis etwa 900.000 Jahre zurück (Shackleton et Opdyke 1973). Das bedeutet, dass 10 bis 11 Kaltzeiten statt der ursprünglichen 4 bekannt sind (Abb. 2). Auch das Verhältnis der stabilen Kohlenwasserstoff-Isotope ^{12}C und ^{13}C ist temperatur-abhängig, doch wird dieser Effekt von dem der Produktivität des Ozeans übertroffen. Ein höheres Verhältnis von ^{12}C zu ^{13}C bedeutet eine relativ höhere organische Produktion, weil Organismen das leichtere Isotop anreichern.

Eine Vereisung scheint durch eine Reihe möglicher Prozesse ausgelöst zu werden. Sehr wahrscheinlich ist sie Folge eines zufälligen Zusammentreffens verschiedener Ursachen. Vor allem muss im Winter mehr Schnee angehäuft werden als im Sommer durch Ablation und Abschmelzen weggeführt wird. Dieses Verhältnis kann durch Veränderungen der Sonneneinstrahlung beeinflusst werden oder durch andere extraterrestrische Faktoren wie dichte interstellare Wolken, die das Sonnenlicht filtern. Terrestrische Ursachen mögen auch eine wichtige Rolle spielen. Staub und Aschen, die von Vulkanen in die Atmosphäre geblasen werden, können die Sonnenstrahlung verdunkeln und eine allgemeine Abkühlung verursachen. Infolge der Kontinental-Drift können sich grosse Landmassen in Richtung hoher Breiten verlagern, und Gebirgsketten können aufgefaltet werden. Auf diese Weise können grosse Massen Schnee gefangen werden und erhalten bleiben. Während der Haupt-Vereisungen waren Nord- und Zentral-Europa von weiten Eisschilden bedeckt, während Gebirgsgletscher sich in die Ebenen ausbreiteten. Die Ausweitung von Eisdecken verstärkt die Albedo der Erde, wodurch die Einstrahlung des Sonnenlichts stärker reflektiert wird. Einmal in Gang gesetzt, wird eine Vereisung zu einem sich selbst verstärkenden Ereignis. In den 20er Jahren er-

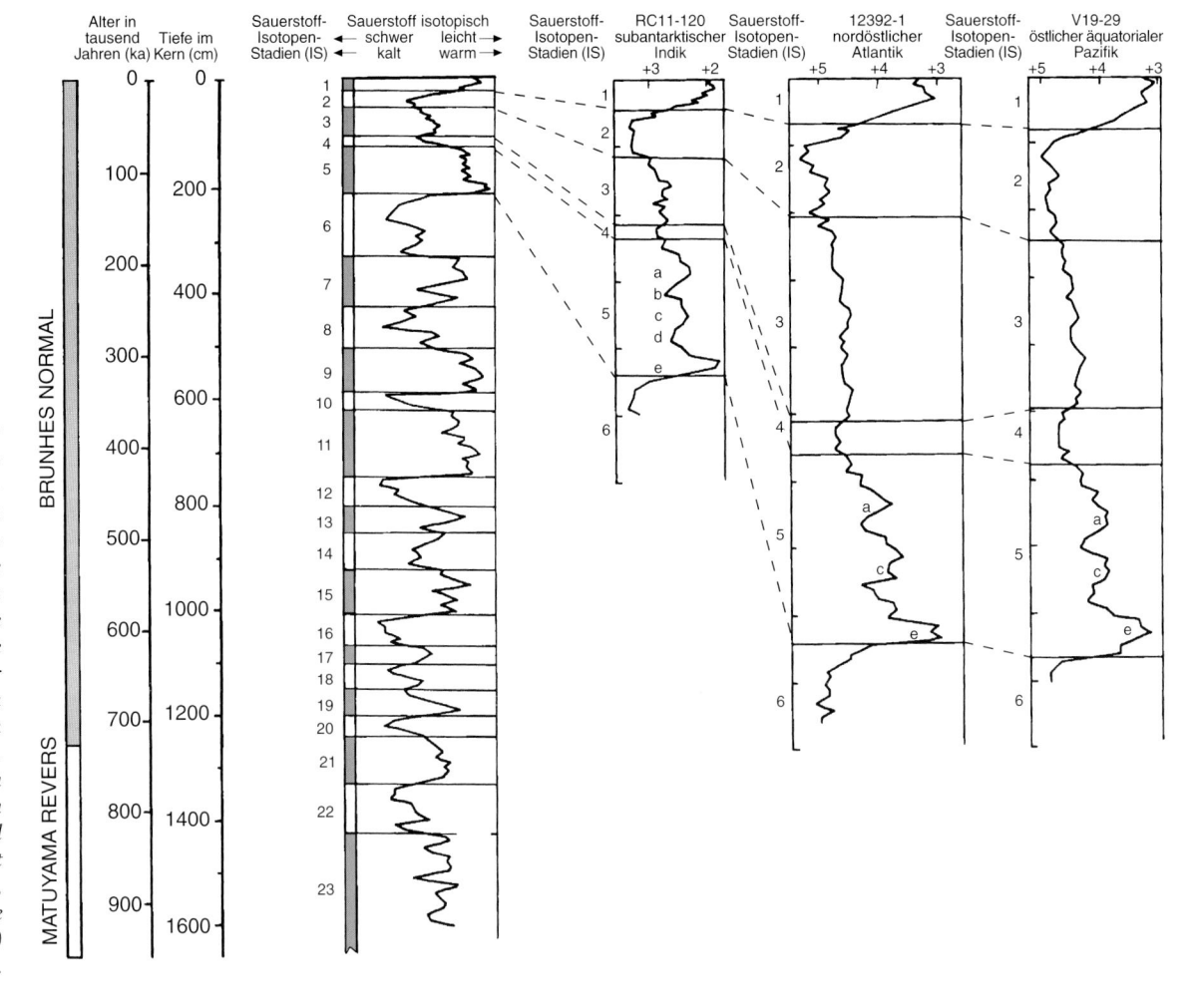

Abb. 2
Links: Schwankungen des Verhältnisses stabiler Sauerstoff-Isotope in Foraminiferen-Schalen aus Tiefsee-Kern V28-238 aus dem äquatorialen West-Pazifik. Gerade Zahlen bezeichnen Anreicherungen von ^{18}O im Ozean und damit grosse kontinentale Eismassen. Ungerade Ziffern bezeichnen Phasen der Verkleinerung der Eiskappen (verändert aus Sutcliffe (1985) nach Shackleton et Opdyke (1973)).
Rechts: Sauerstoff-Isotopen-Kurven von Sediment-Kernen aus dem Pazifik, dem Nordost-Atlantik und dem Indischen Ozean. Stufe 5, mit der das Jung-Pleistozän beginnt, umfasst drei warme und zwei kalte Extremwerte (aus Sutcliffe (1985) nach Shackleton (1977)).

kannte der Klimatologe Milankovitch, dass die zyklische Abfolge zwischen Glazialen und Interglazialen im Einklang ist mit der Periodizität der Variation der Exzentrizität der Erdbahn, die sich etwa alle 93000 Jahre wiederholt, der Präzession des Äquinoxial-Punktes, der in 21000 bis 23000 Jahren umläuft, und des Winkels der Ekliptik mit einer Periode von 40000 Jahren.

Das Studium des Quartärs begegnet einigen Schwierigkeiten. Die meisten marinen Ablagerungen aus dieser Zeit liegen noch unter Wasser, sie können nur durch Bohrungen oder indirekte Methoden untersucht werden. Andererseits sind terrestrische Ablagerungen des Quartärs oft unzusammenhängend, sind viele Zeit-Intervalle unterrepräsentiert. Die Zeit, die durch kontinentale Ablagerungen vertreten ist, macht gerade 10 bis 20 % der gesamten Dauer des Quartärs aus. Die terrestrische Chronologie stützt sich vor allem auf Säugetiere und die Häufigkeit und Vergesellschaftung von Pollen. Unglücklicherweise werden die Reste kontinentaler Säugetiere selten in marinen Sedimenten gefunden, und so bleibt die Korrelation von terrestrischer und mariner Chronologie oft problematisch.

Durch Übereinkunft lässt man das Quartär mit dem ersten Auftreten für das kalte Wasser des Nord-Atlantik typischer Mollusken- und Foraminiferen-Arten im Mediterranen Becken beginnen, ein Ereignis, das vor etwa 1,7 millionen Jahren eingetreten ist. Die Ankunft dieser „nordischen Gäste" im Mittelmeer fällt tatsächlich mit einer Klimaschwankung nur mittleren Ausmasses zusammen, wenn man sie mit der starken, plötzlichen Abkühlung vergleicht, die 0,8 bis 0,9 millionen Jahre früher im Pliozän eingetreten ist. Im Unter-Pliozän war Europa von warm-humiden Wäldern bedeckt, die bevölkert wurden von Mastodonten, Tapiren, kleinwüchsigen Schweinen vom Typ der heute auf Java und Celebes verbreiteten, Bären aus der engeren Verwandtschaft des asiatischen Schwarzbären, Nashörnern, mehreren Arten urtümlicher Hirsche und von Raubtieren (Azzaroli 1994). Vor etwa 2,6 bis 2,5 millionen Jahren verursachte eine weltweite Klima-Katastrophe dramatische ökologische Veränderungen. Drastische Veränderungen in den terrestrischen Faunen sind belegt in Europa, Süd-Russland, Südafrika, China und Indien. Tiergemeinschaften der Savanne und des offenen Buschlandes wanderten nach Europa ein. Elefanten und einzehige Pferde waren die vorherrschenden Einwanderer dieser Zeit, während Tapire und Mastodonten verschwanden (Azzaroli 1994, Azzaroli et al. 1988). Faunenlisten enthalten ausserdem gelegentlich Rhinozerosse, grosswüchsige Schweine, Flusspferde, Hirsche, schmalschnauzige Rinder, Gazellen, Elche, Makaken, Säbelzahn-Tiger, Panther, Hyänen, Bären, Otter, Biber und andere Nager.

Eine weitere drastische Klima-Verschlechterung, vergleichbar der im Pliozän, ereignete sich vor 1,0 bis 0,8 millionen Jahren (Azzaroli 1994, Azzaroli et al. 1988). Weithin, von Zentral-Asien bis Europa, wurde Löss als eine nahezu geschlossene Decke abgelagert, und Floren kalt-arider Standorte breiteten sich aus. Die Vegetationszonen der Erde wichen vor den Dauerfrost-Gebieten zurück, ebenso die Faunen unter drastischen Veränderungen. Moderne Säugetiere erscheinen erstmals: der Halsband-Lemming, Biber, geradzahnige Wald-Elefanten, Mammut, Auerochse, Bison, Moschusochse, Wildschwein, Flusspferd, Rothirsch, Damhirsch, Reh, Riesenhirsch, Elch, Rentier, Pferd, Esel, neue Arten von Nashorn, Wolf, mehrere Katzen, Gefleckte Hyäne, Braunbär, Höhlenbär und Vielfrass. Einige dieser Tierarten wie Riesenhirsch, Riesenelch, grosse, massiv gebaute Rinder, Braunbär und Höhlenbär repräsentieren ganz neue Lebensformen, die zuvor völlig unbekannt waren. Der Faunenwechsel war rasch, er vollzog sich wahrscheinlich innerhalb weniger tausend Jahre. Die Neuankömmlinge wanderten von Asien her ein, aus Gebieten mit starken jahreszeitlichen Extremen. Deshalb waren sie für die neuen klimatischen Bedingungen in Europa, die sich durch grosse Kontinentalität auszeichneten, bestens gerüstet.

Das Ende des Pleistozäns ist durch eine fortschreitende Klima-Verschlechterung ausgezeichnet, die etwa 20000 bis 18000 Jahre vor Gegenwart zu einem Hoch-Glazial führte, das der Stufe 2 der Chronologie mit Sauerstoff-Isotopen entspricht (Abb. 1, 2). Der allmähliche Rückgang einiger Faunen-Elemente bis zu ihrem völligen Verschwinden ist ein Beleg für die Verschlechterung der Lebensverhältnisse (Stuart 1991). Das Spitzmaul-Nashorn, der geradzahnige Elefant, Riesenhirsch und Höhlenbär starben aus, während Flusspferd, Gefleckte Hyäne und Leopard aus Europa auswanderten. Andererseits breiteten sich Bewohner der Tundra, der kühlen Steppe und der borealen Wälder wie Halsband-Lemming, Mammut, Wollhaariges Nashorn, Moschus-Ochse, Elch und Rentier allmählich südwärts aus, und sonst in grosser Höhe lebende Tiere wie Steinbock, Gemse und Murmeltier erschienen auf den Ebenen.

Eine deutliche Klima-Verbesserung bezeichnet den Übergang zum Holozän. Europa wurde von einem nahezu zusammenhängenden Wald bedeckt, der sich bis Zentral- und Nord-Asien erstreckte. Die wärmeren und ausgeglicheneren Bedingungen verursachten das gänzliche Verschwinden der Dickhäuter aus Europa und den Rückzug der oben genannten „nordischen Gäste" in höhere Breiten. Flora und Fauna wurden daher weniger vielfältig, als sie in der Vergangenheit gewesen waren, und nahmen allmählich das Erscheinungsbild an, das uns heute vertraut ist.

Der pleistozäne Ölsumpf bei Starunia, Ukraine

Kazimierz Kowalski

Polska Akademia Nauk, Kraków, Polen

Entdeckung und Geschichte der Erforschung

Das Dorf Starunia liegt im nördlichen Vorland der Ost-Karpaten, etwa 30 km von L'viv in der West-Ukraine. Während des Höhepunkts der Pleistozänen Vereisung erstreckte sich die Front des skandinavischen Inland-Eises bis etwa 120 km nördlich Starunia, und die Gebirgsgletscher der Karpaten lagen nicht mehr als 60 km südlich.

Während der letzten hundert Jahre ist Starunia, wie benachbarte Teile Mittel-Europas, den Wechselfällen der Geschichte unterlegen. Vor dem Ersten Weltkrieg gehörte es mit allen südlichen Provinzen Polens zu Österreich (dieser Teil Österreichs wurde damals Galicien genannt). Zwischen den Weltkriegen lag es im unabhängigen Polen, aber 1945 wurde es Teil der Ukraine, damals eine der Republiken der Sowjet-Union. Als Ergebnis der Auflösung der Sowjet-Union wurde die Ukraine ein unabhängiger Staat.

Schon im neunzehnten Jahrhundert wurde Starunia Schauplatz einer kleinformatigen Ausbeutung von Rohöl und speziell von Erdwachs (Ozokerit), das nahe der Erdoberfläche aus Öl entsteht. Anno 1907 wurde ein neuer Abbau auf Ozokerit am Ufer des Flusses Łukawiec Wielki, 417 m über dem Meeresspiegel, eingerichtet. Im Herbst dieses Jahres stiessen die Grubenarbeiter beim Abteufen eines Schachts auf die Überreste eines behaarten Mammuts (*Mammuthus primigenius* Blumenbach, Abb. 1). Zusätzlich zu den Knochen waren Teile der Haut und andere Weichgewebe erhalten. Die Kunde von dieser Entdeckung erreichte bald die wissenschaftlichen Institute, und die Akademie der Künste und Wissenschaften in Kraków stellte eine Forschergruppe zusammen und sandte sie nach Starunia. Sie sicherten die Reste des zuvor geborgenen Mammuts und entdeckten tiefer in demselben Schacht einen beträchtlichen Teil des Körpers eines Wollhaarigen Nashorns (*Coelodonta antiquitatis* Blumenbach, Abb. 3).

Das gesamte Material wurde im Museum für Naturgeschichte in L'viv hinterlegt. Einige Jahre später wurde eine monumentale Monographie mit einer Beschreibung der Entdeckungen und besonders den Ergebnissen des Studiums der Anatomie und Histologie der beiden Vertreter der pleistozänen Gross-Säugetiere veröffentlicht (Wykopaliska Staruńskie 1914).

Im Jahre 1929, nach einer langen Unterbrechung infolge des Ersten Weltkriegs und seiner Folgen, nahm die Polnische Akademie die Forschungsarbeiten in Starunia wieder auf. Zuerst wurde der Schacht, in dem zuvor die Fossilien ausgegraben worden waren, aufgewältigt. Es wurden aber keine weiteren Fossilien entdeckt. Deshalb wurde am Boden des Schachts eine söhlige Suchstrecke aufgefahren. In einer Entfernung von knapp 3 Metern stiessen die Forscher auf den Kadaver eines Wollhaarigen Nashorns, das später als „das Zweite Rhino von Starunia" bekannt wurde. Es war weit besser erhalten als das erste (Abb. 2). Dieses Tier lag in einer Tiefe von 12,5 m auf dem Rücken. Nicht weit von diesem Exemplar, aber etwas höher, wurden Knochenreste zweier weiterer Nashörner gefunden.

Ein besonderer Schacht wurde gegraben, um den Kadaver an die Oberfläche zu heben. Es wurde in das Museum für Naturgeschichte der Polnischen Akademie der Künste und Wissenschaften in Kraków verbracht, das heute mit dem Institut für Systematik und Evolution der Tiere verbunden ist. Zuerst wurde ein Gipsabguss des Nashorns gemacht. Dann wurde ein Modell des Körpers angefertigt und mit der originalen Haut überzogen. Erst viel später, im Jahre 1948, wurde das Skelett desselben Tieres montiert und ausgestellt (Abb. 4).

Die vorläufigen Ergebnisse des Studiums des Nashorns selbst von Jan Stach, der geologischen und mineralogischen Untersuchungen des Sediments, in dem es gefunden wurde, von Jan Nowak, Eugeniusz Panow und Julian Tokarski sowie einer Analyse der pflanzlichen Reste von Władysław Szafer wurden in Nowak et al. (1930) veröffentlicht.

Das Studium der Fossilfunde von Starunia wurde in den folgenden Jahren fortgesetzt, und für die Veröffentlichung der Ergebnisse wurde eine spezielle Serie mit dem Titel „Starunia" eingerichtet. Es sollte erwähnt werden, dass dies die erste paläontologische Veröffentlichungs-Serie in Polen und zugleich eine der ältesten in Europa war, die ganz dem Studium des Quartärs gewidmet war. Später wurden neben den Arbeiten über die Entdeckungen bei Starunia auch Beiträge über andere Fragen des Quartärs in den 30 Ausgaben der „Starunia" veröffentlicht, die zwischen 1934 und 1953 erschienen sind. Ihre Fortsetzung ist das Journal „Folia Quaternaria", das bis heute von der Polnischen Akademie der Künste und Wissenschaften in Kraków herausgegeben wird.

Nach dem Zweiten Weltkrieg lag Starunia in der Grenzzone der Sowjet-Union und war für Ausländer unerreichbar. Sowjetische Wissenschaftler konnten die Forschungsarbeiten in dieser Gegend ebenfalls nicht fortsetzen. In Polen wurden jedoch an dem zuvor bei Starunia ausgegrabenen Material einige neue Studien betrieben, zum Beispiel eine Analyse des Haars des Nashorns, der Pflanzenreste und der Käfer (Coleoptera), die in den Sedimenten in der Nähe des Kadavers gefunden worden waren. Eine absolute Alters-Datierung der Überreste des Nashorns wurde auch ausgeführt.

Heute liegt Starunia in der Ukraine nahe der Grenze zu Polen. Eine Zusammenarbeit zwischen ukrainischen und polnischen Paläontologen wurde begonnen, und für die Zukunft sind gemeinsame Forschungsarbeiten über diese Fossilfundstätte zu erwarten.

Geographische, geologische und stratigraphische Umstände

Starunia liegt in den östlichen Karpaten. Hier bilden Flysch-Schichten, die in der Kreide und im Paläogen angehäuft wurden, eine Mulde, deren Kern mit Siltsteinen miozänen Alters gefüllt ist. In diese Siltsteine hat sich ein Flusstal eingeschnitten, das später, im Pleistozän, mit Silten verfüllt wurde, die zahlreiche Überreste von Pflanzen und Insekten enthalten. Die Silte werden diskordant von pleistozänen Schottern überlagert, die Reste einer Flora vom Tundra-Typ führen. Die Schotter werden von einer weiteren Lage Silt vermutlich holozänen Alters mit Holzresten von sommergrünen Bäumen überlagert. Auf diesem Silt hat sich der heutige Boden entwickelt.

Die miozänen Siltsteine sind mit Rohöl und Salz gesättigt und enthalten Gänge von Ozokerit, der Gegenstand der bergbaulichen Ausbeutung war. Öl und Salz sind auch in den pleistozänen Sedimenten enthalten, die das fossile Flusstal füllen und in denen die Überreste der eiszeitlichen Gross-Säuger gefunden wurden. Proben aus ihrer unmittelbaren Nachbarschaft enthalten 8 % flüssige Kohlenwasserstoffe und 3 % Kochsalz.

Das stratigraphische Alter der Fauna von Starunia und speziell der grossen Säugetiere kann mit Hilfe makroskopischer Pflanzenreste, die in den Sedimenten in nächster Nähe des Zweiten Nashorns erhalten blieben, annähernd bestimmt werden. Die Zwerg-Birke *Betula nana* und weniger zahlreiche Reste einer anderen Birkenart, *Betula humilis*, herrschen vor. Andere bezeichnende Elemente der arktischen Flora von Starunia sind *Dryas octopetala* und Zwerg-Weiden (*Salix* sp.). Auch eine reiche Moos-Flora wurde beschrieben von Gams (1934) und Szafran (1934). Wasserpflanzen wurden nicht gefunden. Neben Pflanzen-Arten, die heute die arktische Tundra bewohnen, sind auch einige alpin-karpatische Elemente vorhanden. Die botanische Analyse zeigt, dass die Schichten von Starunia mit den fossilen Säugetieren während einer kalten Phase des Pleistozäns entstanden sind.

Die stratigraphische Datierung ist jetzt 60 Jahre alt; sie konnte bisher nicht durch moderne Forschungsarbeiten vervollständigt werden. Die Radiokarbon-Datierung von Gewebe des Zweiten Wollhaarigen Nashorns von Starunia durch das Labor des Niedersächsischen Landesamtes für Bodenforschung in Hannover ergab ein Alter von 36.250 ± 850 Jahren. Das deutet auf ein Interstadial etwa in der Mitte der letzten Vereisung (Weichsel).

Paläontologischer Inhalt

Die fossile Fauna von Starunia enthält vor allem zwei typische Vertreter der jung-pleistozänen Grosssäuger-Fauna: das Mammut und das Wollhaarige Nashorn.

Das Mammut *Mammuthus primigenius* wurde während der ersten Grabung 1907 gefunden. Ein Teil des Skeletts eines einzelnen Individuums dieser Art sowie Reste der Kopfhaut, das rechte Vorderbein und das linke Hinterbein wurden geborgen. Vom Schädel waren nur die Stosszähne und ein Bruchstück des Oberkiefers mit Backenzähnen erhalten (Abb. 1).

Das Mammut ist eine der bestens bekannten Arten ausgestorbener pleistozäner Tiere. Die Gattung *Mammuthus*, zu der es gehört, stammt aus Afrika. Die Art *Mammuthus meridionalis*, die als älteste in Europa vorkommt, war mit mildem Klima verbunden. Die weitere Entwicklung führte zu *Mammuthus trogontherii*, das für den Lebensraum der Steppe typisch ist. Schliesslich erschien etwa 200000 Jahre vor Gegenwart das typische Mammut, *Mammuthus*

Abb. 1
Skelett des 1907 bei Starunia gefundenen Mammuts. Reste der Haut sind ebenfalls erhalten. Das Exemplar ist jetzt im Naturhistorischen Museum in L'viv ausgestellt. Foto: H. Kubiak.

primigenius, in Eurasien. Das maximale Verbreitungsgebiet dieser Art umfasste alle heute arktischen und gemässigt temperierten Teile Europas und Asiens vom Atlantik bis zum Pazifischen Ozean und die nördlichen Regionen Nord-Amerikas. Es lebte im kalten Klima, im Lebensraum der sogenannten Mammut-Steppe oder -Tundra. Dieser spezielle Biotop erstreckte sich im Jung-Pleistozän über die nördlichen Teile Eurasiens und Amerikas.

Das Mammut war an seine kalte Umgebung gut angepasst (Kubiak 1982). Sein Körper war von langem Haar bedeckt, unter der Haut trug es eine dicke Fettschicht, Augen und Ohren waren klein. Es war ein grosses Tier, bis 5,5 m hoch und wahrscheinlich 4 bis 6 Tonnen schwer. Es ernährte sich von Gras und Kräutern. Es überlebte bis zum Ende der letzten Vereisung. Seit dieser Zeit, zwischen 12000 und 9000 Jahren vor Gegenwart, starb das Mammut in seinem gesamten früheren Verbreitungsgebiet allmählich aus. Die letzten Exemplare überlebten auf der Wrangel-Insel im arktischen Ozean bis etwa 3700 Jahre vor Gegenwart. Es wird allgemein angenommen, dass das Aussterben des Mammuts verursacht wurde durch Klima-Änderungen und das Verschwinden seines typischen Lebensraums, der Tundra-Steppe, von der es abhängig war.

Für den paläolithischen Menschen war das Mammut ein jagdbares Tier. In Zentral- und Osteuropa mögen sich einige Gruppen jungpaläolithischer Menschen auf die Mammut-Jagd spezialisiert haben. Sie benutzten Knochen dieses Tiers zum Bau ihrer Hütten.

Wir verdanken unsere gute Kenntnis des Mammuts der grossen Zahl seiner Knochen, die im gesamten Gebiet seiner früheren Verbreitung gefunden wurden. Diese haben seit langem wegen ihrer Grösse Aufmerksamkeit erregt. Sibirien und Alaska haben auch Kadaver von Mammuts geliefert, die im beständig gefrorenen Boden (Permafrost) mit ihren Weichteilen erhalten blieben. Mehrere nahezu vollständige Individuen wurden gefunden, einige von ihnen auch mit in ihrem Magen erhaltenen Pflanzenresten. Das Aussehen des Mammuts ist von vielen künstlerischen Darstellungen durch den zeitgenössischen paläolithischen Menschen bekannt, von Skulpturen, Gravierungen und Malereien auf Höhlenwänden in vielen Gegenden Europas und Asiens (Lister et Bahn 1994).

Ausserhalb der arktischen Permafrost-Gebiete ist Erhaltung des Weichkörpers des Mammuts nur von Starunia bekannt.

Ein anderer Bestandteil der pleistozänen Gross-Fauna von Starunia ist das Wollhaarige Nashorn *Coelodonta antiquitatis.* Das erste Exemplar dieser Tierart wurde durch die Grabung 1907 entdeckt. Sein Kadaver war unvollständig. Nur der Kopf mit den beiden Hörnern, diese abgefallen, aber nahe dem Kadaver gefunden und zweifellos zu ihm gehörend, der Hals und das linke Vorderbein waren gut erhalten. Ein 2,5 m langes Stück Haut von der vorderen linken Flanke war ebenfalls erhalten. Milchzähne beweisen das junge Lebensalter dieses Individuums (Abb. 3).

Das zweite Exemplar, 1929 gefunden, ist viel besser erhalten. Es lag auf dem Rücken mit aufwärts zeigenden Beinen. Die rechte Körperseite war nahezu unverletzt, die linke stärker beschädigt: Im vorderen Teil war ein grosses Loch, durch das die Eingeweide ausgeflossen sein müssen. Kleine Teile von ihnen wurden in den benachbarten Sedimenten gefunden. Beide Hörner fehlen, aber es gibt Anwachsstellen auf dem Vorderschädel. Die Haut ist haarlos, aber Haare waren im siltigen Sediment um den Kadaver reichlich vorhanden. Einige Milchzähne waren noch vorhanden, waren aber tief abgekaut. Auf der Haut waren mehrere Narben (Abb. 2).

Dieses Individuum war ein junges Weibchen. Seine Körperlänge (ohne den Schwanz) betrug 358 cm. Der Schwanz war 49 cm lang, an der Wurzel abgeplattet, gegen das Ende hin von kreisrundem Querschnitt. Das Ohr war 28 cm lang.

Neben diesen beiden Rhinozeros-Kadavern wurden Skelettreste zweier weiterer Individuen entdeckt, Teile der Wirbelsäule, Rippen, Knochen der Vorderbeine, ein Stück eines Schädels. Ihre Weichteile waren nicht erhalten.

Das Wollhaarige Nashorn hat sich im nordöstlichen Asien entwickelt und erschien in Europa während der vorletzten Vereisung, der Saale-Kaltzeit, oder etwas eher. Zur Zeit seiner grössten Verbreitung bewohnte es ganz Europa und die kühleren Regionen Asiens bis zum Pazifischen Ozean. Seine Verbreitung war insofern kleiner als die des Mammuts, als es niemals Amerika erreichte.

Das Wollhaarige Nashorn war an das Leben in kaltem Klima und auf dem offenen, nicht bewaldeten Lebensraum der Mammut-Steppe angepasst. Sein Körper war von langem Haar bedeckt. Die Kronen seiner Mahlzähne waren sehr hoch, eine Anpassung an das rauhe Pflanzenfutter, das seine Nahrung bildete. Es trug seinen Kopf sehr tief, etwa wie das heutige Weisse Nashorn in Afrika. Dies lässt auf eine Ernährung von krautigen Pflanzen schliessen. Von einem gefrorenen Exemplar aus Jakutien ist der Mageninhalt bekannt, vor allem Gräser.

Die mit Radiokarbon datierten Überreste des

Abb. 2
Gipsabguss des Zweiten Wollhaarigen Nashorns von Starunia, gefunden 1929. Es wurde in Rückenlage gefunden. Die Hörner fehlen, ihre Anwachsstellen sind auf dem Vorderschädel zu sehen.
Foto: H. Kubiak.

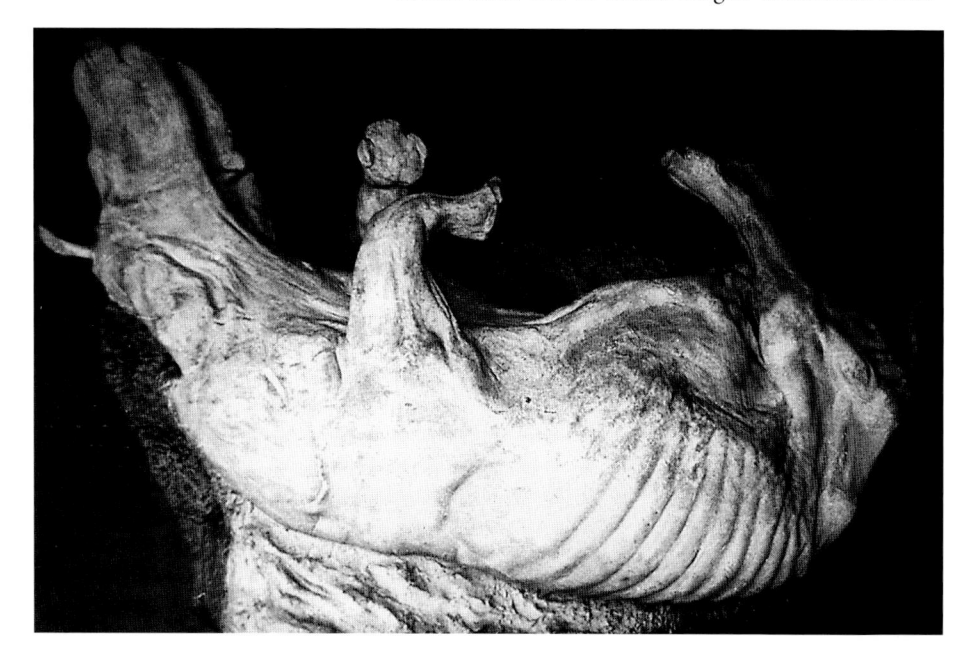

Wollhaarigen Nashorns stammen aus der Zeit von 35000 bis 22000 Jahren vor Gegenwart. Ältere Reste können mit dieser Methode nicht datiert werden, es wurden aber auch Knochen in jüngeren Schichten gefunden. In Europa hat die Art wahrscheinlich bis vor etwa 12500 Jahren überlebt, in Asien vielleicht etwas länger (Stuart 1991).

Knochen vom Wollhaarigen Nashorn sind von zahlreichen paläolithischen Fundstellen bekannt, das Tier wurde aber wahrscheinlich selten bejagt. Auf Höhlenwänden in West-Europa gibt es zahlreiche künstlerische Darstellungen des Nashorns.

Aus dem Permafrost Sibiriens sind nur bruchstückhafte Kadaver des Wollhaarigen Nashorns mit seinen Weichteilen bekannt. Die Entdeckung besser erhaltener Exemplare bei Starunia hat daher massgeblich zur Kenntnis des Erscheinungsbildes und der Anatomie dieses Tieres beigetragen.

Mit Ausnahme dieser beiden Mitglieder der Gross-Fauna der Eiszeit, des Mammuts und des Wollhaarigen Nashorns, sind bei Starunia nur sehr spärliche Reste von Wirbeltieren vertreten, darunter Knochen der Schnee-Eule *Nyctea scandiaca,* des Pfeifhasen *Ochotona* sp. und von Hase, Fuchs und Wildkatze. Die ersten beiden deuten auf eine Steppen-Tundra als Lebensraum, während das Vorkommen der Wildkatze etwas überrascht (Kormos 1934).

In enger Nachbarschaft mit dem Zweiten Nashorn von Starunia wurden zahlreiche Insektenreste gefunden, meist solche von Käfern (Coleoptera). Unter diesen dominieren Arten, die zu einem aquatischen Lebensraum gehören, speziell die Gattung *Helophorus* (Angus 1973). Es handelt sich hauptsächlich um Arten, die heute die nördlichen Regionen Eurasiens bewohnen.

Geradflüglige Insekten (Orthoptera) sind in dem Material von Starunia häufig und artenreich (Zeuner 1934). Sie gehören zu Taxa, die heute mit den Lebensräumen von asiatischen Gebirgswiesen und Steppen verbunden sind. Weder arktische noch westeuropäische Arten wurden gefunden. Andere Insekten-Gruppen oder Spinnen sind weniger häufig. Sie sind entweder nicht bestimmt worden, oder sie tragen nicht zur Kenntnis des Lebensraums bei.

Taphonomie

Die aussergewöhnliche Erhaltung der grossen pleistozänen Säugetiere von Starunia lässt uns nach den Umständen fragen, die für ihre Anhäufung und Überlieferung verantwortlich sind. Andere Fossillagerstätten in ölführenden Regionen der Erde, die berühmteste von ihnen Rancho La Brea in Los Angeles, lieferten eine grosse Anzahl Skelette von Wirbeltieren, aber keine Kadaver mit Weichteil-Erhaltung. Es wird allgemein angenommen, dass in Rancho La Brea Tiere in Teer-Sümpfen versanken, die durch eine Staubschicht oder darüber stehendes Wasser unkenntlich waren. Heutzutage kann man in vielen Gegenden, darunter auch in Starunia, kleine Tiere auf der Oberfläche von Tümpeln gefangen sehen, die sich durch den Austritt von Erdöl gebildet haben.

Die Erhaltung von Kadavern mit Weichteilen in Starunia deutet auf einen zusätzlichen Faktor, der sie vor Zersetzung bewahrt hat. Das war sehr wahrscheinlich Salz. Kochsalz ist in den Sedimenten enthalten, in denen die Kadaver gefunden wurden, und in der Nachbarschaft sind viele Salzquellen bekannt.

Wir können annehmen, dass das Mammut und die Nashörner in eine mit einer Mischung von Rohöl und Salzwasser gefüllte Gelände-Depression hineinglitten und versanken. Dieses Loch war ziemlich klein, weil alle Fossilien auf einer Fläche von nur einigen hundert Quadratmetern gefunden wurden. Die geringe Zersetzung und die begrenzte Beschädigung der Leichen schliessen eine längere Exposition an der Oberfläche und einen weiten Transport aus. Der aussergewöhnliche Charakter der Fossilfundstätte ist offenkundig. Keine andere der sehr zahlreichen Bohrungen, keiner der Schächte im östlichen Vorland der Karpaten hat ähnliche Fossilien geliefert.

Die Reste der Flora und Fauna, welche die grossen Säugetiere von Starunia begleiten, enthalten keine Wasserpflanzen oder wasserbewohnenden Tiere. Vermutungen, dass die grossen Säuger in einem See verendeten oder von einem Fluss herangebracht wurden, sind wenig wahrscheinlich. Die Wasserkäfer der Gattung *Helophorus* bilden die einzige Ausnahme. Diese Käfer fliegen oft bei Nacht auf Suche nach neuen Wasserkörpern. Sie wurden wohl durch die starke Polarisation des von der Öloberfläche reflektierten Lichts angezogen, das einen Wasserkörper vortäuscht (Horváth et Zeil 1996). Heutzutage stossen diese Käfer manchmal an die gläsernen Wände von Gewächshäusern, angezogen von deren Glanz in Mondnächten.

Es ist schwer zu erklären, warum von den grossen Säugetieren nur die beiden grössten Arten, das Mammut und das Wollhaarige Nashorn vertreten sind, andere, kleinere Arten, die sie in dem Lebensraum der Steppen-Tundra sicher begleitet haben, aber fehlen.

Mehrere Fundstellen des spät-paläolithischen

Abb. 3
Das erste Exemplar des Wollhaarigen Nashorns, das 1907 bei Starunia gefunden wurde, jetzt ausgestellt im Naturhistorischen Museum in L'viv. Foto: H. Kubiak.

Abb. 4
Das Zweite Wollhaarige Nashorn von Starunia, jetzt im Museum des Instituts für Systematik und Evolution der Tiere in Kraków. Die originale Haut ist auf dem Gipsabguss des Tieres montiert. Die Hörner sind rekonstruiert. Foto: H. Kubiak.

Nosorożec włochaty *(Tichorhinus antiquitatis BLUM.)* wydobyty w r. 1929 z iłów dyluwjalnych w Staruni.
Rhinoceros excavé en 1929 dans les argiles diluviennes à Starunia.

Menschen sind in der Umgebung von Starunia entdeckt worden. Es gibt jedoch keinen Beweis dafür, dass der Mensch bei der Anhäufung der Fossilien von Starunia eine Rolle gespielt hätte. Alle bisher bekannten Fundstellen stammen aus Perioden der letzten Vereisung jünger als Starunia. Sie enthalten paläolithische Werkzeuge und sind deshalb auch nicht jünger als die letzte Vereisung.

Rekonstruktion des Lebensraumes

Die fossile Flora und Fauna von Starunia ermöglichen eine Rekonstruktion des Lebensraumes, der zur Zeit der Anhäufung der Fossilien geherrscht hat. Es war der Lebensraum der Steppen-Tundra, auch Mammut-Steppe genannt, der in dem riesigen Gebiet Eurasiens während der letzten Vereisung herrschte. Er hat keine Entsprechung in der Gegenwart, weder in der arktischen Tundra noch in den Steppen Asiens, die heute südlich der Taiga, der Zone der Nadelwälder, liegen. Die heutige Tundra ist humid mit einer tiefen Schneedecke im Winter und ausgedehnten Sümpfen im Sommer. Sie liegt im hohen Norden mit einer langen polaren Winternacht. Die heutigen Steppen andererseits sind im Sommer sehr heiss und wasserarm. In der pleistozänen Steppen-Tundra war die Schneedecke dünn und verschwand im frühen Frühjahr. Dies ermöglichte die Entwicklung einer üppigen Vegetation von Gräsern und Kräutern, die den grossen Huftieren reichlich Nahrung boten. Neben den ausgestorbenen Arten wie Mammut und Nashorn, enthielt ihre Fauna auch Tiere, die bis heute überlebt haben, entweder in der heutigen arktischen Tundra (Moschusochse und Rentier) oder in den heutigen Steppen (die Saiga-Antilope *Saiga tatarica*, Pferd und Bison).

Das Biom der pleistozänen Steppen-Tundra verschwand am Ende des Pleistozäns. Damals entwickelte sich ein zusammenhängender Gürtel von Koniferen-Wäldern quer durch Eurasien, der jetzt die arktische Tundra von den Steppen in den kontinentalen Regionen und von den Laubwäldern Zentral- und Westeuropas trennt, wo der Einfluss des ozeanischen Klimas stärker ist. Das Verschwinden der Steppen-Tundra war mit dem Aussterben ihrer höchst charakteristischen Bewohner verbunden, des Mammuts und des Wollhaarigen Nashorns.

Bedeutung der Fossilfunde für die Geschichte des Lebens

Die Fossilfundstelle Starunia ist von grosser Bedeutung für die Kenntnis der grössten Mitglieder der fossilen Fauna des Pleistozäns. Die aussergewöhnliche Erhaltung ihrer Weichgewebe macht es möglich, ihre Anpassung an die klimatischen Bedingungen zu ihrer Lebenszeit weit besser zu studieren, als dies nur anhand ihrer Skelette möglich wäre.

Das Pleistozän wird auch Eiszeit genannt wegen der mehrfach wiederholten, sehr kalten Phasen, während derer die Gletscher auf den Nordkontinenten und in den Gebirgen vorrückten. Diese Periode, obwohl sehr kurz in der geologischen Zeitrechnung, weniger als 2 millionen Jahre lang, ist von besonderer Bedeutung für die Naturwissenschaften. In dieser Zeit entstanden die heutige Vegetation und die Tierwelt, und der Mensch entwickelte sich aus seinen tierischen Vorfahren. Er schuf allmählich seine Zivilisation und Kultur in engem Bezug zu seinem Lebensraum, von dem er abhängig war. Ohne Kenntnis dieser früheren Lebensumstände wären wir niemals in der Lage, die Evolution der Menschen zu verstehen.

Weil die Eiszeit die jüngste geologische Periode ist, können die Prozesse der Entstehung, der Evolution und des Aussterbens von Pflanzen- und Tierarten in dieser Zeit mit grösserer Genauigkeit studiert und datiert werden, als dies für frühere geologische Zeiten möglich ist. Das Pleistozän ist daher die für das Studium der Mechanismen und der Geschwindigkeit der Evolution der Organismen am besten geeignete Zeit.

Aufbewahrung der Fossilien von Starunia

Die 1907 ausgegrabenen Fossilien befinden sich im Naturgeschichtlichen Museum der Ukrainischen Akademie der Wissenschaften in L'viv. Das am besten erhaltene „Zweite Nashorn von Starunia" und anderes 1929 ausgegrabenes Material werden im Museum des Instituts für Systematik und Evolution der Tiere der Polnischen Akademie der Wissenschaften in Kraków aufbewahrt.

Abb. 5
Ein Tümpel von Erdöl, das bei Starunia austritt. Solche Tümpel bilden bis heute Fallen für Tiere verschiedener Körpergrösse. Foto: H. Hubiak.

Glossarium

Adaptation (fälschlich: Adaption): „Anpassung", die scheinbare Fähigkeit der Organismen, sich den Anforderungen der Umwelt durch Änderung ihres Erbguts anzupassen.

adaptive Radiation: rasche Entwicklung neuer Lebensformen durch Anpassung an eine Vielzahl von Lebensräumen, z.B. durch Säugetiere zu Beginn des Tertiärs.

adult: das erwachsene Stadium der Organismen. >larval, >juvenil.

aërob, aërobiont: Sauerstoff-haltig, von S. abhängig lebend. >anaërob, >anaërobiont, >dyaërob.

ahermatypisch (von Korallen): nicht riffbildend, ohne symbiontische Algen, langsam Kalk abscheidend und meist in tieferem Wasser lebend. >hermatypisch.

allochthon: nicht bodenständig, z.B. Fossilien von Organismen, die nicht am Ort der Einbettung gelebt haben. >autochthon.

alluvial: durch fliessendes Wasser angeschwemmt.

amphibisch, Amphibium: teils im Wasser, teils an Land lebend, häufig in aufeinander folgenden Lebensaltern. >aquatisch, >terrestrisch.

anaërob, anaërobiont: sauerstoff-frei, ohne Sauerstoff lebend. >aërob, >aërobiont, >dysaërob, >Sapropel.

Andesit: vulkanisches Gestein, >effusiv und >intrusiv.

Angiospermen: „Bedecktsamige" Pflanzen, Samen in Fruchtknoten eingeschlossen. >Gymnospermen.

Anoxie, anoxisch: Abwesenheit von Sauerstoff als Oxidationsmittel; engl.: Anoxia (so häufig bei jüngeren Autoren).

aquatisch: im Wasser lebend. >terrestrisch, >amphibisch.

Aragonit: Modifikation des Calcium-Karbonats, häufig in Organismen-Schalen. >Karbonat.

Art (lat.: species): unterste taxonomische Einheit, Mitglieder sind untereinander zu fruchtbarer Fortpflanzung befähigt. >Taxon, >Taxonomie, >Gattung, >Familie.

Arthropoden: Gliederfüsser, die Gesamtheit der Tie-re mit chitinigem Aussenskelett: Spinnentiere, Insekten, Krebse. >Cephalon, >Cephalothorax.

Artikulation, artikuliert: Zusammenhang von Skelett-Elementen in Gelenken. Geht nach dem Tode meist verloren. >disartikuliert.

autochthon: bodenständig. >allochthon.

Benthos: Die bodenbewohnenden Organismen in einem Lebensraum. >Nekton, >Plankton, >Epi-, >Endo-Benthos.

bergfeucht: frisch gewonnenes Gestein vor Austrocknen, vielfach im bergfeuchten Zustand leichter spalt- und bearbeitbar.

Biofazies: >Fazies.

Bioherm: Gesteinskörper aus fossilen Organismen, die schon zu Lebzeiten eine Erhöhung über dem Boden gebildet haben. >Riff.

Biom: Weitflächiger Lebensraum, z.B. Meeresboden, Steppe.

Biotop: Lebensraum einer Organismengemeinschaft, ideal einer >Biozönose. >Habitat.

Bioturbation: Störung des Sediment-Gefüges durch Tätigkeit von Organismen. >Spurenfossil.

Biozönose: Lebensgemeinschaft von Organismen in ihrer natürlichen Umwelt. >Thanatozönose, >Taphozönose.

brachyhalin: brackig. >halin, >hyperhalin, >mixohalin, >schizohalin.

Bryophyten: Moospflanzen.

Calcarenit: >detritisches Kalkgestein mit der Korngrösse von Sand (63–2000 µm).

Calcilutit: Kalkgestein mit der Korngrösse von Silt und Ton (<63 µm).

Calcirudit: >detritisches Kalkgestein mit Korngrössen über 2000 µm.

Calcit: häufigste Form des Calcium-Karbonats, häufig in Organismen-Schalen. >Kalkspat, >Aragonit, >Dolomit.

Caldera: Krater, entstanden durch Einbruch nach vulkanischem Ausbruch und Leerung einer Lavakammer.

Caliche: Karbonatische Kruste auf Böden in wechselfeuchten Klimaten.

Cephalon: Kopfschild der >Arthropoden.

Cephalothorax: einheitlicher Kopf-Brust-Panzer der Krebstiere. >Cephalon, >Thorax.

Chert: Kieselsäure-reiches Sedimentgestein, feinkörnig, >kryptokristallin.

Charophyten: Süsswasser-Algen, oft stattlich, mit erhaltungsfähigen, mm-grossen >Oogonien. In Mesozoikum und Tertiär zeitweise gute >Leitfossilien.

chemoautotroph: sich durch Oxidation anorganischer Verbindungen ernährend.

Chemofossil: stabile organische Moleküle in Sediment oder Boden, oft für bestimmte Organismen oder Stoffwechsel-Vorgänge typisch. >Fossil.

Circalitoral: >Litoral.

Coniferen: Nadelbäume mit zapfenförmigen Fruchtständen. >Konifere.

Cuticula: hautartige Oberfläche von Blättern und Nadeln.

Cyanobakterien: Mikroorganismen, >Prokaryoten, in Form von Belägen, Filzen, Granulae und Laminae am Aufbau von Gesteinskörpern beteiligt, häufig durch Abscheidung von >Karbonat.

Cycadophyten: Verwandte der heutigen Cycas-Palme, früher bedeutende Pflanzengruppe.

Decapode: Krebstier mit 5 Paar Schreitbeinen.

Dehydratation: Entzug von Wasser, z.B. aus Gewebe durch Trocknen oder >Osmose.

dendroid: baumförmig verzweigt.

detritisch: aus >Detritus bestehend. >klastisch.

Detritus: Zerriebenes Material jeder Art, Gesteinsfragmente, Organismenreste.

Diagenese, diagenetisch: Veränderungen eines Sedi-ment-Gesteins von der Ablagerung bis zur Verfestigung. >Fossil-Diagenese, >Dolomitisierung.

Diatomee: Kieselalge, mikroskopische Alge mit Aussenskelett aus Kieselsäure.

diachron: zu unterschiedlichen Zeiten gebildete sedimentäre Einheit, z.B. der Strandsand eines regressiven Meeres. >isochron, >synchron, >heterochron.

disartikuliert: in einzelne Glieder zerlegt. >Artikulation, artikuliert.

disjunkte Areale: (Oft weit) getrennte, ehemals zusammenhängende Verbreitungsgebiete von >Taxa.

Diskonformität: Auf Unterbrechung der >Sedimentation beruhende Störung in der Abfolge von >Sedimenten.

Diskordanz: Ungleichförmige Abfolge von Gesteinen infolge Unterbrechung und Verstellung vor Wiederbeginn der >Sedimentation.

Dolomit: Calcium-Magnesium-carbonat der idealen Zusammensetzung $MgCa(CO_3)_2$, in Sedimenten immer >diagenetisch entstanden. Bei der >Diagenese von Carbonaten entsteht zuerst ein ungeordneter „Proto-Dolomit" mit Mg-Unterschuss, etwa $Mg_{0,45}Ca_{0,55}(CO_3)_2$. >Calcit, >Aragonit.

Dolomitisierung: >Diagenetische Umwandlung von Karbonaten in >Dolomit. >Diagenese.

dysaërob: unter Sauerstoff-Mangel. >aërob, anaërob.

effusiv (von Lava): Am Meeresboden oder an Land ausgeflossen.

Endobenthos: Im Boden lebendes Organismen-Kollektiv. >Benthos, >Epibenthos.

Epibenthos: Auf dem Boden lebendes Organismen-Kollektiv, sofern Tiere: Epifauna. >Benthos, >Endobenthos.

Epiphyt: Auf anderen Organismen, meist Pflanzen, aufwachsende Pflanze. >Epizoon.

Epiplankton: An Plankton und driftende Gegenstände angeheftete Organismen.

Epizoon: Auf anderen Organismen aufsiedelndes Tier. >Epiphyt.

Eustasie, eustatisch: Bewegungen des Meeresspiegels infolge wechselnder Eismassen an den Polen und auf den Festländern. >Isostasie.

Exaptation (Gould et Vrba 1982): Entwicklung der beiläufigen Funktion eines Organs zu dessen Hauptfunktion (hypothetisch). >Adaptation.

Exoskelett: äusseres Skelett, das Weichteile, Muskulatur und Bindegewebe umschliesst, z.B. der Chitinpanzer der Insekten. >Exuvie.

Exuvie: Das bei der Häutung abgestreifte >Exoskelett.

euryhalin: mit weiten Ansprüchen an den Salzgehalt des Wassers. >stenohalin.

Familie (lat.: familia): >Taxon zur Klassifikation von Organismen, Zusammenfassung mehrerer >Gattungen. >Art, >Taxon.

Fazies, Pl. Fazies: Gesamtheit der lithologischen und paläontologischen Merkmale, die ein Gestein an einem Orte kennzeichnen (Haug 1907 ex Gressly 1837), häufig in Kombinationen gebraucht. >Lithofazies, >Biofazies.

Flute mark, flute cast (engl.): Strömungsmarke, entstanden durch örtliche Auskolkung der Unterlage, in Strömungsrichtung gestreckt, asymmetrisch.

Fluoreszenz: Leuchten eines Präparats im sichtbaren Licht bei Anregung durch Licht höherer Frequenz, z.B. durch ultraviolettes Licht.

Flysch: Mächtige Ablagerung von Abtragungsschutt in Becken vor sich neu hebenden Gebirgen, typischerweise wenig nach Material und Korngrössen sortiert. >Grauwacke, >Orogenese.

Formation: Gesteinskörper mit einheitlichen Eigenschaften, entstanden unter sich wenig ändernden Ablagerungs-Bedingungen.

Fossil, Pl. Fossilien: heute nur noch in der Bedeutung: Rest, im weitesten Sinne, eines Organismus im Gestein, z.B. >Chemofossil, >Körperfossil, >Spurenfossil.

Fossil-Diagenese: Physikalische und chemische Veränderungen eines Organismen-Rests von der Einbettung bis zum fertigen Fossil. >Diagenese.

Fossil-Lagerstätte: Vorkommen fossiler Organismen, das wegen der grossen Anzahl der Fossilien, ihres Artenreichtums oder ihrer besonderen Erhaltung aussergewöhnlich reiche Information zu Lebensweise und Umwelt und zu den Vorgängen der Fossilisation der Organismen bietet. Konzept von Seilacher (1970).

Fringing reef (engl.): Saumriff um eine Insel oder >Karbonat-Plattform.

Garnele: langgestreckter, oft seitlich abgeflachter dekapoder Krebs. >Krabbe.

Gattung (lat.: genus): nächsthöhere taxonomische Einheit über der Art. Gattungen und alle höheren Einheiten sind willkürliche Gruppierungen. >Art, >Familie, >Taxon, >Taxonomie.

Graben (geol.): langgestreckter tektonischer Einbruch der Erdkruste, meist infolge Zerrung. >Horst.

Gradierung, Gradation: Gerichtete Änderung der Korngrösse in einer Sandsteinbank, meist unten grob/oben fein, infolge Nachlassens der Transportkraft der Strömung und/oder längerer Sinkzeiten feinerer Körner.

Grauwacke: Wenig sortiertes klastisches Gestein mit Quarz, Feldspat, Glimmer und Gesteinsbruchstücken in feiner Matrix, typischerweise in >Flysch-Serien.

Groove marks, groove casts (engl.): Strömungmarken, verursacht durch über den Boden geschleifte Gegenstände, z.B. Baumstämme.

Gymnospermen: „Nacktsamige" Pflanzen. Samen frei, nicht von Fruchtknoten eingeschlossen. >Angiospermen.

Gyttja (schwed.): An organischem >Detritus reiches Sediment, ursprünglich in Seen definiert, aber auch marin. >Sapropel.

Habitat: Wohnort, regelmässiges Vorkommen eines Organismus. >Biotop.

halin (auch: salin): salzhaltig, i.a. von der Konzentration des Meeres. >brachyhalin, >hyperhalin.

Halit: Steinsalz.

halophil: salzliebend (von Organismen gesagt).

Halophyt: Salz-tolerante Pflanze.

hermatypisch (von Korallen): riffbildend, in Symbiose mit inkorporierten Algen lebend und daher in der Lage, grosse Kalkgerüste, >Riffe, zu bauen. >ahermatypisch.

heterochron: ungleichzeitig. >diachron, >isochron.

heterotroph: von Körpersubstanz anderer Organismen lebend.

histologisch: das Gewebe der Organismen betreffend, hier: im Dünnschnitt unter dem Licht- oder Elektronen-Mikroskop sichtbare Gewebe-Strukturen.

holomiktisch; Holomixis: Gewässer mit mindestens einmal jährlich voll durchmischtem Wasserkörper; Zustand der Durchmischung. >meromiktisch, >oligomiktisch.

Holotypus: Organismus, rezent oder fossil, auf dem die Definition einer >Art beruht.

Horst (geol.): Vom tektonischen Einbruch der Erdkruste verschontes Areal. >Graben.

Hydrographie: Physikalische und chemische Beschaffenheit eines Gewässers; Studium derselben.

hyperhalin: von gegenüber dem Meer erhöhter Salzkonzentration. >halin, >brachyhalin.

Ichnofossil (=>Spurenfossil): Spur, Fährte oder Bau eines Organismus. >Chemofossil, >Körperfossil.

Ignimbrit: Aus einer Glutwolke abgelagerter >Tuff, dessen Körner z.T. miteinander verschweisst sind. >Pyroklastika.

Imago, Pl. Imagines: Das >adulte Stadium von Organismen, die einem Generationswechsel durch >Metamorphose unterliegen.

Infralitoral: >Litoral.

Intertidal: >Tidal, >Litoral.

inkohlt: In Kohle überführt.

intrusiv (von Lava, Magma): In ältere Gesteine eindringend, eingedrungen. >effusiv.

Invertebrat: wirbelloses Tier.

Isochrone, isochron: Linie oder Fläche gleicher Zeit, z.B. eine zu einer Zeit in einem Becken abgelagerte Schicht. >diachron, >heterochron.

Isostasie, isostatisch: Schwimmgleichgewicht der Erdkruste auf dem duktilen Erdmantel, Bewegungen zur Wiedereinstellung des gestörten Gleichgewichts. >Eustasie, eustatisch.

Isotop, Pl. Isotope: Modifikationen eines chemischen Elements mit unterschiedlichen Atom-Massen bei gleicher Ladung. Anreicherung/Abreicherung (Fraktionierung) von Isotopen durch anorganische und organische Vorgänge ist messbar. Sie lässt Rückschlüsse auf solche Vorgänge zu. Der Zerfall radioaktiver Isotope kann zur Zeitmessung benutzt werden, hier: Radiokarbon, ^{14}C.

juvenil: jugendlich. >adult.

Kalk: gemeinhin Gestein aus Calcium-Karbonat.

Kalkspat: >Calcit, häufigste Modifikation des Calcium-Karbonats. >Aragonit, >Dolomit.

Karbonat: Salz der Kohlensäure, hier Calcium- und Magnesium-Karbonat. >Calcit, >Aragonit, >Dolomit.

Karbonat-Plattform: Flachwasser-Areal im Ozean, durch Kalk abscheidende Organismen aufgebaut. >Riff.

Kloake: Gemeinsamer Ausgang des Urogenital-Trakts bei >Amphibien, Reptilien und Vögeln.

Kluft, klüftig: Fläche, an der Gestein spaltet, an Klüften spaltendes Gestein.

Körperfossil: >Fossil, bei dem die Körperform erhalten ist. >Chemofossil, >Spurenfossil.

Kompaktion: Hier: Verdichtung von >Sediment unter Überlagerungs-Druck durch Entwässerung und Volumen-Verlust, sichtbar als Mächtigkeits-Verlust, Plättung von >Fossilien.

Konifere: >Conifere.

Konkretion: Durch chemische Anlagerung in >Sediment oder Boden entstandener Körper, meist rundlich und härter als das Sediment.

Koprolith: fossiler Kot.

koprophag: Kot fressend.

Krabbe: Dekapoder Krebs mit reduziertem und unter den >Cephalothorax geklappten >Abdomen (Typ „Taschenkrebs"). >Garnele.

Kraton: Aus alten Gesteinen bestehender Kern der Kontinente, meist mehrere je Kontinent.

kryptisch: im Verborgenen, unsichtbar, z.B. >kryptokristallin.

kryo...: Vorsilbe „Eis" für durch Eis verursachte Vorgänge und Zustände.

lakustrin: in Süsswasser-Seen lebend/gebildet; z.B. >Sediment.

Lamination: feine (mm) Bänderung eines Gesteins.

Larve, larval: frühes Stadium der individuellen Ent-wicklung, bes. bei Tieren, die einer >Metamorphose unterliegen. >Imago, >adult.

Leitfossil: weit verbreitetes, häufiges Fossil, nach dem sich das Alter eines Sediments bestimmen lässt. >Fossil.

Lithifikation: Verfestigung von Sediment zu Sediment-Gestein.

Lithofazies: >Fazies.

Litoral, litoral: Uferzone der Gewässer. >Circalitoral, >Infralitoral.

Loess: feinkörniges, gleichkörniges >Sediment, während Eiszeiten vom Wind aus Frostböden ausgeblasen und ausserhalb der Vereisungsgebiete abgelagert. >Silt.

Lumachelle: Sedimentäre Anreicherung von Organismen-Schalen, oft stark verfestigt. >Schill.

Lutit: Sediment überwiegend von Korngrösse des Tons ($< 2\mu m$).

Maar: Vulkanischer Krater, Folge eines explosiven Ausbruchs.

Mastodon: grosse, Elefanten-ähnliche Säugetiere im jüngeren Tertiär.

Meromixis, meromiktisch: Zustand eines Gewässers, dessen Wasser oberhalb einer >Sprungschicht durchmischt wird, unter der >Sprungschicht >stagniert. >Holomixis, >Mixolimnion, >Monimolimnion.

Metamorphose: hier: der Gestaltwandel von >Larve (über Puppe) zum >Imago, besonders bei Insekten.

Mikrit: feinkristalliner >Kalk.

Mikrofazies: Im Gesteins-Dünnschliff unter dem Mikroskop erkennbare >Fazies.

mixohalin: von wechselndem Salzgehalt, meist infolge Mischung von Seewasser und Süsswasser. >brachyhalin, >halin, >schizohalin.

Mixolimnion: Wasserkörper oberhalb der >Sprungschicht eines >meromiktischen Gewässers.

Molasse: Abtragungsschutt im Vorland neuer Gebirge, teils marin, teils >lakustrin, teils >terrestrisch, oft grosser Mächtigkeit.

Monimolimnion: Wasserkörper unter der >Sprungschicht eines meromiktischen Gewässers.

monophyletisch: Gruppe von Organismen mit einem gemeinsamen Vorfahren. >polyphyletisch.

Mumie: durch Entzug von Wasser (Trocknen an der Sonne, Nähe eines Brandes) beständiger gewordener Organismen-Rest, der so leichter fossil wird.

Mumifizierung: Vorgang, der >Mumien entstehen lässt.

Mudstone: feinkörniges, dichtes Gestein, meist >Kalk.

Nekton: aktiv schwimmende Organismen. >Plankton, >Benthos.

Neritikum, neritisch: küstennahe Gewässer ausserhalb des >Litorals. >Pelagial, pelagisch.

Nervatur: das Gefäss-Muster auf Blättern und Insekten-Flügeln.

Ökologie: die Lehre von den überindividuellen Beziehungen der Organismen untereinander und zu ihrer Umwelt. >Paläo-ökologie.

Ökosystem: die systemhafte Vernetzung der miteinander existierenden Organismen.

Oligomixis, oligomiktisch: Zustand eines Gewässers, dessen Wasser in unregelmässigen Abständen, länger als ein Jahr, durchmischt wird. >Holomixis, >Meromixis.

Ontogenese, ontogenetisch: die typische Entwicklung eines Individuums, z.B. durch >Metamorphose.

Oogonien: Fortpflanzungsorgane niederer Pflanzen, hier: Chara-Algen.

Ooid: kugelförmiges Aggregat von >Aragonit oder >Calcit, typisch < 2 mm Ø.

Oolith: überwiegend aus Ooiden gebildetes Gestein, typisch für warmes Flachwasser.

Ophiolith: Kieselsäure-armes vulkanisches Gestein aus dem Erdmantel.

opponiert: gegenüberstehend, hier: der Daumen den Fingern.

Orogenese: Gebirgsbildung durch Überschiebung von Krusten Platten, Faltung der Gesteine und begleitenden Vulkanismus.

Osmose: Ausgleich der unterschiedlichen Konzentration zweier Lösungen durch Wanderung von Wasser-Molekülen durch eine trennende Membran.

Ostracode: „Muschelkrebs", Arthropode mit Muschel-ähnlicher Schale, die meist den Körper bedeckt.

Paläökologie, paläökologisch: analog zur >Ökologie Lehre von der Lebensweise fossiler Organismen, oft auch Paläoökologie oder Palökologie geschrieben.

palmat: von Blättern: handförmig.

Palynologie: Wissenschaft von den Pollen und Sporen.

Palynomorphe: „Staubförmige", mikroskopisch kleine >Körperfossilien, Sporen, Pollen u.a.

Pelagial, pelagisch: küstenfernes Gewässer, küstenferne Lebensweise. >Litoral.

Pelit: >Sediment-Gestein von Korngrösse des Tons (vorwiegend < 2 µm).

pH-Wert: Masszahl für die Protonen-Konzentration (Säuregrad) einer Lösung, definiert als negativer dekadischer Logarithmus der H^+-Konzentration.

photische Zone: durch Licht erhellte oberste Schicht der Gewässer, im Meer maximal etwa 250 m tief reichend.

Phytal: Randzone der Gewässer mit bodenständigen Pflanzen.

Plankton: im freien Wasser schwebende Lebensformen. >Benthos, >Nekton.

platanoid (von Blättern): denen der Platane ähnlich.

polyphyletisch: Gruppe von Organismen mit verschiedenen Vorfahren. >monophyletisch.

Prokaryoten: Organismen, deren Zellen keinen separaten Zellkern besitzen, meist Einzeller, z.B. die >Cyanobakterien.

Pyroklastika: >Sedimente aus dem Material vulkanischer Ausbrüche, >Tuff, >Ignimbrit.

Quarzit: >Sediment, dessen Körner und Bindemittel fast ausschliesslich aus Quarz bestehen, ein rekristallisierter sehr reiner Quarzsand.

recifal: dem Milieu des >Riffs zugehörig.

Regression, regressiv: Zurückweichen des Meeres oder eines aquatischen Lebensraumes. >Transgression, transgressiv.

Riff: durch Organismen aufgebauter geologischer Körper, zu Lebzeiten ein von der Umgebung abgehobener Lebensraum. Heute vorwiegend Korallen-Riffe, in der Erdgeschichte wechselnde Riffbildner. >Karbonat-Plattform.

Rippelmarken: Wellung der Sedimentoberfläche hervorgerufen durch Inhomogenitäten bei der Ablagerung von Sand und Silt aus fliessendem Wasser oder aus Windfracht.

Rhyolit (-ith): vulkanisches Gestein, >effusiv.

Sapropel: Faulschlamm, ein unter Sauerstoff-Defizit gebildetes >Sediment mit hohem Gehalt an nicht oxidierter organischer Substanz, durch Eisensulfid dunkel gefärbt. >anaërob, >Anoxie, >Gyttja.

Schill: Anhäufung von Organismen-Schalen. >Lumachelle.

schizohalin: in verschiedenen Wasserschichten und/oder zu verschiedenen Zeiten unterschiedlichen Salzgehalt führend, z.B. Gewässer in wechselfeuchtem Klima, küstennahe Lagunen. >halin, >brachyhalin, >mixohalin.

Sedimentation, Sediment: Ablagerung von durch Wind und Wasser an den Ablagerungsort transportiertem und von am Ort gefälltem Material auf der Landoberfläche oder unter Wasserbedeckung.

sessil: von ortfester Lebensweise, oft angeheftet oder in einem Bau. >vagil.

siliziklastisch: aus silikatischem Detritus bestehend (>Sediment).

Silt: feinkörniges >Sediment, Korngrösse vorwiegend 2–63 µm. >Loess.

Slump (engl.): Rutschung in unverfestigtem >Sediment.

stagnierend (von Gewässern): ohne Austausch von Wässern, stömungsfrei; daher Aufbrauchen des Sauerstoffs und >anoxische Verhältnisse am Boden.

Speiballen: Zusammenballung unverdaulicher Reste von Beute, die durch den Mund ausgestossen werden, bei Reptilien und Vögeln.

Spurenfossil (= Ichnofossil): >Fossil, >Chemofossil, >Körperfossil.

Sprungschicht. Grenzschicht in einem Gewässer, an der sich physikalische und chemische Eigenschaften sprunghaft ändern. >Mixolimnion, >Monimolimnion.

Steinkern: Erhaltung eines >Körperfossils als Füllung eines Hohlraums, z.B. des Inneren eines Schneckenhauses.

stenohalin: mit engen Ansprüchen an den Salzgehalt des Wassers, nämlich marin, 35 +/– 5‰. >euryhalin.

Stoma, pl. Stomata: Spaltöffnung(en) an der Unterseite von Blättern.

Stromatolith: von >Cyanobakterien aufgebauter, >laminierter >Karbonat-Körper, oft riffartig.

subaquatisch: unter Wasserbedeckung.

Subrosion: Erosion unter der Erdoberfläche durch Grundwasser.

Subsidenz: (gleichmässige) Absenkung der Erdkruste, die zur Anhäufung grösserer >Sediment-Mächtigkeit unerlässlich ist.

Subtidal, Supratidal. >Tidal.

synsedimentär: gleichzeitig mit der >Sedimentation.

Thanatozönose: Totengemeinschaft, Kollektiv von Fossilien, die als Arten gemeinsam am Ort gelebt haben. >Biozönose, >Taphonomie, >Taphozönose.

Taphonomie: Lehre von der postmortalen Geschichte der Organismen, vom Tode bis zur endgültigen Einbettung im Gestein (Efremov 1940).

Taphozönose: Grabgemeinschaft, Kollektiv von >Fossilien, die am Ort zusammen eingebettet wurden, von der Lebendgemeinschaft oft drastisch verschieden. >Biozönose, >Taphonomie, >Thanatozönose.

Taxon, Pl. Taxa: Hierarchisch gleichrangige Gruppe von Organismen relativ ähnlicher Eigenschaften. >Art, >Gattung, >Familie u.s.w.

Taxonomie: Die Lehre von der natürlichen Verwandtschaft der Organismen. >Taxon.

Tektonik: Lehre vom Bau und den Bauformen der Erdkruste.

Teleosteer: die modernen Knochenfische mit symmetrischer Schwanzflosse.

Tempestit: Ablagerung aus durch Sturm aufgewirbelter Suspension im Flachwasser. >turbidity current; Turbidit.

terrestrisch: auf dem Lande lebend, >aquatisch >amphibisch.

Thorax: Das Brustsegment des >Arthropoden-Panzers. >Cephalon, >Cephalothorax.

Tidal, Sub-, Supra-: Der Bereich der Gezeiten (Tiden), die daran anschliessenden Zonen unterhalb und oberhalb.

Tillit: Verfestigte Moräne, Ablagerung unter Gletschereis.

Transgression, transgressiv: Übergreifen des Meeres oder eines >aquatischen Lebensraumes über früheres Land. >Regression, regressiv.

Tuff: vulkanischer Auswurf, staubförmige Asche bis Lavablöcke. >Pyroklastika.

turbidity current; Turbidit: sedimentbeladener Dichtestrom, der mit hoher Geschwindigkeit auch grobes Material weit in Becken transportieren kann; Ablagerung aus einem turbidity current (im Tiefwasser). >Tempestit.

vagil: von unsteter Lebensweise, den Ort wechselnd. >sessil.

Varve: Jahresschicht in einem ruhigen Sedimentations-Becken.

Vulkanoklastit, vulkanoklastisch: Auswurf-Material von Vulkan-Ausbrüchen, speziell explosiven.

Wealden: Sedimente des obersten Jura und der untersten Kreide, > amphibisches Milieu, hier auf der spanischen Halbinsel.

Literatur

J.-C. Gall: Ziele und Methoden der Paläontologie

Zur Einführung empfohlen

Briggs D.E.G., Crowther P.R. (eds.), 1989 – Palaeobiology. A Synthesis. 583 pp., Blackwell Science, Oxford.
Gall J.-C., 1976 – Environnements sédimentaires anciens et milieux de vie, introduction à la paléoécologie. 228 pp., Doin, Paris.
Gall J.-C., 1995 – Paléoécologie. Paysages et environnements disparus. 239 pp., Masson, Paris.
Hölder H., 1996 – Naturgeschichte des Lebens. Eine paläontologische Spurensuche. 3. Aufl.: 241 S., Springer, Berlin.
Pinna G., 1995 – La natura paleontologica dell'evoluzione. 500 pp., Einaudi, Torino.
Thenius E., 1981 – Versteinerte Urkunden. Die Paläontologie als Wissenschaft vom Leben der Vorzeit. 3. Aufl.: 202 S., Springer, Berlin.
Vogel K., 1984 – Lebensweise und Umwelt fossiler Tiere. Biologische Arbeitsbücher, 39: 171 S., Quelle & Meyer, Heidelberg.
Ziegler B. – Einführung in die Paläobiologie. Teil 1: Allgemeine Paläontologie, 245 S. (1972). Teil 2: Spezielle Paläontologie, 409 S. (1983), E. Schweizerbart'sche Verlagsbuchhandlung, Stuttgart.

S. Conway Morris: Fossilien vom Typ der Ediacara (Vendium, jüngstes Proterozoikum) in Europa

Anderson M.M., Conway Morris S., 1982 – A review, with descriptions of four unusual forms, of the soft-bodied fauna of the Conception and St. John's Groups (Late-Precambrian), Avalon Peninsula, Newfoundland. Third North American Paleontological Convention, Proceedings, 1: 1-8.
Annandale W., 1909 – A pelagic sea-anemone without tentacles. Records of the Indian Museum, Calcutta, 3: 157-162.
Barca S., Rio M.D., Demelia P.P., 1982 – Acritarchs in the „arenarie di San Vito" of southeast Sardinia (Italy): Stratigraphical and geological implications. Bolletino de la Società Geologica Italiana, 100: 369-375.
Bland B.H., 1984 – *Arumberia* Glaessner & Walter, a review of its potential for correlation in the region of the Precambrian-Cambrian boundary. Geological Magazine, 121: 625-633.
Bland B.H., Goldring R., 1995 – *Teichichnus* Seilacher 1955 and other trace fossils (Cambrian?) from the Charnian of central England. Neues Jahrbuch für Geologie und Paläontologie, Abhandlungen, 195: 5-23.
Boynton H.E., Ford T.D., 1979 – *Pseudovendia charnwoodensis* – a new Precambrian arthropod from Charnwood Forest, Leicestershire. Mercian Geologist, 7: 175-177.
Boynton H.E., Ford T.D., 1995 – Ediacaran fossils from the Precambrian (Charnian Supergroup) of Charnwood Forest, Leicestershire, England. Mercian Geologist, 13: 165-182.
Boynton H.E., Ford, T.D., 1996 – Ediacaran fossils from the Precambrian (Charnian Supergroup) of Charnwood Forest, Leicestershire, England – revision of nomenclature. Mercian Geologist, 14: 3.
Brasier M.D., 1979 – The Cambrian radiation event. In House M.R. (ed.), The Origin of Major Invertebrate Groups. Academic Press, London: 103-159.
Brasier M.D., 1989 – On mass extinction and faunal turnover near the end of the Precambrian. In Donovan S.K. (ed.), Mass extinctions. Processes and evidence. Belhaven Press, London: 73-88.
Buss L.W., Seilacher A., 1994 – The Phylum Vendobionta: a sister group of the Eumetazoa? Paleobiology, 20 (1): 1-4.
Caster K.E., 1942 – Two siphonophores from the Paleozoic. Palaeontographica Americana, 3 (14): 1-34.
Clarke J.M., 1900 – *Paropsonema cryptophya*, a peculiar echinoderm from the intumescens zone (Portage beds) of western New York. Bulletin of the New York State Museum, 39: 172-178.
Clarke J.M., 1903 – Some Devonic worms. Bulletin of the New York State Museum, 69: 1234-1238.
Conway Morris S., 1989 – South-eastern Newfoundland and adjacent areas (Avalon Zone). In Cowie J.W., Brasier M.D. (eds.), The Precambrian-Cambrian Boundary. Clarendon Press, Oxford: 7-39.
Conway Morris S., 1993a – Ediacaran-like fossils in Cambrian Burgess Shale-type faunas of North America. Palaeontology, 36: 593-635.
Conway Morris S., 1993b – The fossil record and the early evolution of the Metazoa. Nature, 361: 219-225.
Conway Morris S., 1994 – Why molecular biology needs palaeontology. Development, Supplement 1994: 1-13.
Conway Morris S., Rushton A.W.A., 1988 – Precambrian to Tremadoc biotas in the Caledonides. In Harris A.L., Fettes D.J. (eds.), The Caledonian-Appalachian orogen. Special Publication of the Geological Society of London, 38: 93-109.
Cope J.C.W., 1977 – An Ediacara-type fauna from South Wales. Nature, 268: 624.
Cope J.C.W., Bevins R.E. 1993 – The stratigraphy and setting of the Precambrian rocks of the Llangynog Inlier, Dyfed, South Wales. Geological Magazine, 130: 101-111.
Crimes T.P., Insole A., Williams B.P.J., 1995 –

A rigid-bodied Ediacaran biota from Upper Cambrian strata in Co. Wexford, Eire. Geological Journal, 30: 89-109.
Debrenne F., Naud G., 1981 – Méduses et traces fossiles supposées précambriennes dans la formation de San Vito, Sarrabus, Sud-Est de la Sardaigne. Bulletin de la Societé géologique de France, 23 (vii série): 23-31.
Doré F., 1985 – Premières méduses et premières faunes à squelette dans le Massif Armoricain – problème de la limite Précambrien/Cambrien. Terra Cognita, 5: 237.
Farmer J., Vidal G., Moczydlowska M., Strauss H., Ahlberg P., Siedlecka A., 1992 – Ediacaran fossils from the Innerelv Member (late Proterozoic) of the Tanafjorden area, northeastern Finnmark. Geological Magazine, 129: 181-195.
Ford T.D., 1958 – Precambrian fossils from Charnwood Forest. Proceedings of the Yorkshire Geological Society, 31: 211-217.
Ford T.D., 1963 – The Pre-Cambrian fossils of Charnwood Forest. Transactions of the Leicester Literary and Philosophical Society, 57: 57-62.
Ford T.D., 1980 – The Ediacaran fossils of Charnwood Forest, Leicestershire. Proceedings of the Geological Association, 91: 81-83.
Føyn S., Glaessner M.F., 1979 – *Platysolenites*, other animal fossils, and the Precambrian-Cambrian transition in Norway. Norsk Geologisk Tidsskrift, 59: 25-46.
Friend D., 1995 – Palaeontology of Palaeozoic medusiform stem group echinoderms. Unpublished PhD thesis, University of Cambridge: x + 325 pp.
Glaessner M.F., 1984 – The dawn of animal life. A biohistorical study. 244 pp., Cambridge University Press, Cambridge.
Glaessner M.F., Walter M.R., 1975 – New Precambrian fossils from the Arumbera Sandstone, Northern Territory, Australia. Alcheringa, 1: 59-69.
Grotzinger J.P., Bowring S.A., Saylor B.Z., Kaufman A.J., 1995 – Biostratigraphic and geochronologic constraints on early animal evolution. Science, 270: 598-604.
Hofmann H.J., 1994 – Proterozoic and selected Cambrian megascopic dubiofossils and pseudofossils. In Schopf J.W., Klein C. (eds.), The Proterozoic biosphere. A multidisciplinary study. Cambridge University Press, Cambridge: 1035-1053.
Hofmann H.J., Narbonne G.M., Aitken J.D., 1990 – Ediacaran remains from intertillite beds in northwestern Canada. Geology, 18: 1199-1202.
Jenkins R.J.F., Plummer P.S., Moriarty K.C., 1981 – Late Precambrian pseudofossils from the Flinders Ranges, South Australia. Transactions of the Royal Society of South Australia, 105: 67-83.
Jensen S., Grant S.W.F., 1993 – Implications from trace fossils for the Vendian-Cambrian boundary in the Torneträsk Formation, northern Sweden. In Siverson M. (ed.), Lundadagarna I. Historisk geologi och paleontologi, II. Abstracts. p. 15, Lund Publications in Geology.
McIlroy D., Green O.R., Brasier M.D., 1994 – The world's oldest foraminiferans. Microscopy and Analysis, November 1994: 13-15.
Misra S.B., 1969 – Late Precambrian (?) fossils from southeastern Newfoundland. Geological Society of America Bulletin, 80: 2133-2140.
Narbonne G.M., Myrow P., Landing E., Anderson M.M., 1991 – A chondrophorine (medusoid hydrozoan) from the basal Cambrian (Placentian) of Newfoundland. Journal of Paleontology, 65: 186-191.
Osgood R.G., 1970 – Trace fossils of the Cincinnati area. Palaeontographica Americana, 6 (41): 281-444.
Palacios T., 1989 – Microfósiles de pared orgánica del Proterozoico Superior (Región Central de la Península Ibérica). Memorias de Museo Paleontologico de la Universidad de Zaragoza, 3: 1-91.
Schlichter D., 1991 – A perforated gastrovascular cavity in the symbiotic deep-water coral *Leptoseris fragilis*: a new strategy to optimize heterotrophic nutrition. Helgoländer wissenschaftliche Meeresuntersuchungen, 45: 423-443.
Seilacher A., 1989 – Vendozoa: Organismic construction in the Proterozoic biosphere. Lethaia, 22: 229-239.
Seilacher A., 1992 – Vendobionta and Psammocorallia: lost constructions of Precambrian evolution. Journal of the Geological Society of London, 149: 607-613.
Tanner P.W.G., 1995 – New evidence that the Lower Cambrian Leny Limestone at Callander, Perthshire, belongs to the Dalradian Supergroup, and a reassessment of the „exotic" status of the Highland Border Complex. Geological Magazine, 132: 473-483.
Vidal G., 1981 – Micropalaeontology and biostratigraphy of the Upper Proterozoic and Lower Cambrian sequence in east Finnmark, northern Norway. Norges geologiske undersøkelse, 362: 1-53.
Vidal G., Moczydlowska M., 1995 – The Neoproterozoic of Baltica – stratigraphy, palaeobiology and general geological evolution. Precambrian Research, 73: 197-216.
Vidal G., Palacios T., Gamez-Vintaned J.A., Diez Balda M.A., Grant S.W.F., 1994 – Neoproterozoic-early Cambrian geology and palaeontology of Iberia. Geological Magazine, 131: 729-765.

E. Serpagli & A. Ferretti: Europa im Paläozoikum

Allen P., 1975 – Ordovician glacials of the central Sahara. In Wright A.E., Moseley F. (eds.), Ice Ages: Ancient and Modern. Geological Journal, Special Issue, 6: 275-286.
Beuf S., Biju-Duval B., De Charpal O., Rognon P., Gariel O., Bennacef A., 1971 – Les grès du Paléozoïque inférieur au Sahara. Sédimentation et discontinuités, évolution structurale d'un craton. Institut Français du Pétrole, Ed. Technip.,18: 1-464.
Cocks L.R.M., Fortey R.A., 1988 – Lower Palaeozoic facies and faunas around Gondwana. In Audley-Charles M.G., Hallam A. (eds.), Gondwana and Tethys. Geological Society of London, Special Publication, 37: 183-200.
Cocks L.R.M., Scotese C.R., 1991 – The global biogeography of the Silurian Period. Special Papers in Palaeontology, 44: 109-122.
Conti M.A., Leonardi G., Mariotti N., Nicosia U., 1972 – Tetrapod footprints of the "Val Gardena Sandstone" (N. Italy). Their paleontological, stratigraphic and palaeoenvironmental meaning. Palaeontographia Italica, 70: 1-91.
Courjauld-Radé P., Debrenne F., Gandin A., 1992 – Palaeogeographic and geodynamic evolution of the Gondwana continental margin during the Cambrian. Terra Nova, 4: 657-667.
Fortey R.A., Cocks L.R.M., 1992 – The early Palaeozoic of the North Atlantic region as a test case for the use of fossils in continental reconstruction. Tectonophysics, 206: 147-158.
Gnoli M., 1990 – New evidence for faunal links between Sardinia and Bohemia in Silurian time on the basis of nautiloids. Bolletino de la Società Paleontologica Italiana, 29: 289-307.
Havlíček V., Vaněk J., Fatka O., 1994 – Perunica microcontinent in the Ordovician (its position within the Mediterranean Province, series division, benthic and pelagic associations). Sbornik geologických Věd, Geologie, 46: 23-56.
Jaanusson V., 1973 – Aspects of carbonate sedimentation in the Ordovician of Baltoscandia. Lethaia, 6: 11-34.
Jaanusson V., Laufeld S., Skoglund R. (eds.), 1979 – Lower Wenlock faunal and floral dynamics-Vattenfallet Section, Gotland. Sveriges Geologisk Undersökning, serie C, 762: 1-294.
Klaamann E., Einasto R., 1982 – Coral reefs

of the Baltic Silurian (structure, facies relations). In Kaljo D., Klaamann E. (eds.), Ecostratigraphy of the East Baltic Silurian. Valgus, Tallin: 35-41.

Kříž J., Serpagli E., 1993 – Upper Silurian and lowermost Devonian Bivalvia of Bohemian type from South-Western Sardinia. Bolletino de la Società Paleontologica Italiana, 32: 289-347.

McKerrow W.S., Scotese C.R. (eds.), 1990 – Palaeogeography and Biogeography. Geological Society of London, Memoir, 12: 1-485.

Paris F., Robardet M., 1990 – Early Palaeozoic palaeobiogeography of the Variscan regions. Tectonophysics, 177: 193-217.

Piper J.D.A., 1983 – Proterozoic paleomagnetism and single continent plate tectonics. Geophysical Journal of the Royal Astronomical Society, 74: 163-197.

Piper J.D.A., 1987 – Paleomagnetism and continental crust. 434 pp., John Wiley & Sons, New York.

Riding R., 1981 – Composition, structure and environmental setting of Silurian bioherms and biostromes in Northern Europe. Society of Economic Paleontologists and Mineralogists, Special Publication, 30: 41-83.

Robardet M., Doré F., 1988 – The Late Ordovician diamictic formations from southwestern Europe: north Gondwana glaciomarine deposits. Palaeogeography, Palaeoclimatology, Palaeoecology, 66: 19-31.

Scoffin T.P., 1971 – The conditions of growth of the Wenlock reefs of Shropshire (England). Sedimentology, 17: 173-219.

Scotese C.R., McKerrow W.S., 1990 – Revised World maps and introduction. In McKerrow W.S., Scotese C.R. (eds.), Palaeozoic Palaeogeography and Biogeography. Geological Society of London, Memoir, 12: 1-21.

Serpagli E., Gnoli M., 1977 – Upper Silurian cephalopods from southwestern Sardinia. Bolletino de la Società Paleontologica Italiana, 16: 153-196.

Stephens M.B., Gee D.G., 1985 – A tectonic model for the evolution of the eugeoclinal terranes in the central Scandinavian Caledonides. In Gee D.G., Sturt B.A. (eds.), The Caledonide Orogen-Scandinavia and related areas. John Wiley & Sons, Chichester: 953-978 pp.

Vannier J.M.C., Siveter D., Schallreuter R.E.L., 1989 – The composition and palaeogeographical significance of the Ordovician ostracode faunas of Southern Britain, Baltoscandia, and Ibero-Armorica. Palaeontology, 32: 163-222.

Webby B.D., 1992 – Global biogeography of Ordovician corals and stromatoporoids. In Webby B.D., Laurie J.R. (eds.), Global Perspectives on Ordovician Geology. Proceedings of the Sixth International Symposium on the Ordovician System: 261-276.

Young G.C., 1981 – Biogeography of Devonian vertebrates. Alcheringa, 5: 225-243.

Young G.C., 1990 – Devonian vertebrate distribution patterns and cladistic analysis of palaeogeographic hypothesis. In McKerrow W.S., Scotese C.R. (eds.), Palaeozoic Palaeogeography and Biogeography. Geological Society of London, Memoir, 12: 243-255.

Ziegler P.A., 1989 – Evolution of Laurussia: a study in late Palaeozoic plate tectonics. Kluwer Academic Publishers, Dordrecht: 102 pp.

O. Fatka: Das Mittlere Kambrium bei Jince, Tschechische Republik

Barrande J., 1846 – Nouveaux trilobites. Supplément à la notice préliminaire sur le système silurien et les trilobites de Bohême. Praha. (Nicht paginiert)

Barrande J., 1852 – Système Silurien du Centre de la Bohême. Recherches paléontologiques. I. Crustacés: Trilobites. Selbstverlag des Autors, Prag und Paris: 935 pp.

Barrande J., 1867-1887 – Système Silurien du centre de la Bohême. Praha-Paris.

Beyrich H.E., 1845 – Ueber einige böhmische Trilobiten. Reimer, Berlin: 47 S.

Born I., 1772 – „Lithophilacon Bornianum" (Abschrift in der Privat-Bibliothek Barrandes).

Chlupáč I., Kraft J., Kraft P., 1996 – Geology of fossil sites with the oldest Bohemian fauna (Lower Cambrian, Barrandian area). Journal of the Czech Geological Society, 40: 1-18.

Fatka O., 1984 – The interesting fossil echinoderm Lichenoides priscus Barrande, 1846 from the Jince Cambrian. Vlastivědný sborník Podbrdska, 22: 123-126.

Fatka O., Konzalová M., 1996 – Microfossils of the Paseky Shales (Lower Cambrian, Czech Republic). Journal of the Czech Geological Society, 40: 55-66.

Fatka O., Kordule V., 1992 – New fossil sites in the Jince Formation (Middle Cambrian, Bohemia). Věstník Ústředního Ústavu geologického, 67: 47-60.

Havlíček V., 1950 – Compte rendu des levés géologiques dans la région de Jince. Věstník Státního geologického Ústavu, 25: 98-103.

Havlíček V., 1971 – Stratigraphy of the Cambrian of Central Bohemia. Sborník geologických Věd, Geologie, 20: 7-52.

Hawle I., Corda A.J.C., 1847 – Prodrom einer Monographie der böhmischen Trilobiten. Abhandlungen der Königlich Böhmischen Gesellschaft der Wissenschaften, 5: 119-292.

Kettner R., 1925 – Géologie des environs de Příbram au point de vue des investigations nouvelles. Sborník Státního geologického Ústavu Československé republiky, 5: 1-52.

Kukal Z., 1971 – Sedimentology of Cambrian deposits of the Barrandian area. Sborník geologických Věd, Geologie, 20: 53-100.

Mergl M., Šlehoferová P., 1990 – Middle Cambrian inarticulate brachiopods from Central Bohemia. Sborník geologických Věd, Paleontologie, 31: 67-104.

Pošebný F., 1895 – Beitrag zur Kenntnis der montangeologischen Verhältnisse von Příbram. Archiv für praktische Geologie, 2: 609-752.

Schlotheim E.F. von, 1823 – Nachträge zur Petrefactenkunde, Zweyte Abtheilung. Becker'sche Buchhandlung, Gotha: 114 S.

Šnajdr M., 1958 – Trilobiti českého středního kambria. Rozpravy Ústředního Ústavu geologického, 24: 1-280.

Šnajdr M., 1975 – Additional notes on the biostratigraphy of the Jince Formation. Věstník Ústředního Ústavu geologického, 50: 157-161.

Steiner M., Fatka O., 1996 – Lower Cambrian tubular micro- to macrofossils from the Paseky Shales of the Barrandian area. Paläontologische Zeitschrift, 70: 275-299.

Šuf J., 1926 – Note préliminaire sur les niveaux paléontologiques des couches de Jince du Cambrien moyen sur le Vystrkov près de Jince. Věstník Státního geologického Ústavu Československé republiky, 2: 129-135.

Šuf J., 1928 – Note préliminaire sur les niveaux paléontologiques des couches de Jince du Cambrien moyen de Rejkovice et Ovčín en Bohême Centrale. Věstník Státního geologického Ústavu Československé republiky, 3: 120-124.

Waldhausrová J., 1971 – The chemistry of the Cambrian volcanites in the Barrandian area. Krystalinikum, 8: 45-75.

J. Kraft & P. Kraft: Das untere Ordovicium bei Rokycany, Tschechische Republik

Barrande J., 1856 – Bemerkungen über einige neue Fossilien aus der Umgebung von Rokitzan im silurischen Becken von Mittel-Böhmen. Jahrbuch der Kaiserlich-Königlichen Geologischen Reichsanstalt, 7: 355-360.

Bouček B., 1944 – O nových nálezech graptolitů v českém ordoviku. Věda přírodní, 22: 226-233.

Bouček B., 1956 – Graptolitová a dendroidová fauna klabavských břidlic (db) z rokycanské Stráně. Sborník Ústředního ústavu geologického, Oddíl paleontologický, 22: 123-227.

Havlíček V., 1981 – Development of a linear sedimentary depression exemplified by the Prague Basin (Ordovician–Middle Devonian; Barrandian area – central Bohemia). Sborník geologických věd, Geologie, 35: 7-48.

Havlíček V., 1992 – Ordovik. In Kolektiv autorů (eds.), Paleozoikum Barrandienu. Nakladatelství âeského geologického ústavu, Praha: 59-116.

Holub K., 1908 – Příspěvek ku poznání fauny Dd^{1}g. Rozpravy âeské akademie císaře Františka Josefa pro vědy, slovesnost a umění, Třída II (matematicko-přírodnická), 17 (10): 1-19.

Holub K., 1911 – Nová fauna spodního siluru v okolí Rokycan. Rozpravy âeské akademie císaře Františka Josefa pro vědy, slovesnost a umění, Třída II (matematicko-přírodnická), 20 (15): 1-18.

Holub K., 1912 – DoplÀky ku fauně Eulomového horizontu v okolí Rokycan. Rozpravy âeské akademie císaře Františka Josefa pro vědy, slovesnost a umění, Třída II (matematicko-přírodnická), 21 (33): 1-12.

Horný R., Chlupáč I., 1952 – Biostratigrafický průzkum klabavských břidlic u Rokycan. Věstník Ústředního ústavu geologického, 27: 141-144.

Iserle J., 1903 – Zpráva o novém nalezišti fauny v břidlici pásma D-d^{1}g Rokycan. Věstník Královské âeské společnosti nauk, Třída matematicko-přírodovědecká, 29: 1-7.

Kraft J., 1975 – Dendroid graptolites of the Ordovician of Bohemia. Sborník Národního Muzea v Praze, ada B – přírodní vědy, 31: 211-238.

Kraft J., 1977 – Graptolites from the Klabava Formation (Arenigian) of the Ordovician of Bohemia. Folia Musei rerum naturalium Bohemiae occidentalis, Geologica, 6: 1-31.

Kraft P., 1988 – Biostratificko-paleontologický výzkum břidličné facie biozóny *Tetragraptus abbreviatus* (ordovik, klabavské souvrství). MS, Examensarbeit, Geologische Bibliothek der Wissenschaftlichen Fakultät der Karls-Universität, Prag: 111 pp.

Kraft P., 1990 – Dendroid graptolites of the *Tetragraptus abbreviatus* Biozone (Klabava Formation, Barrandian Ordovician). Věstník Ústředního ústavu geologického, 65: 249-253.

Kraft J., Kraft P., 1993 – The Arenig/Llanvirn boundary (Ordovician) in Prague Basin (Bohemia). Journal of the Czech Geological Society, 38 (3-4): 189-192.

Kukal Z., 1962 – Petrografický výzkum vrstev šáreckých barrandienského ordoviku. Sborník Ústředního ústavu geologického, Oddíl geologický, 27: 175-214.

Röhlich P., 1957 – Střední ordovik (Llanvirn a Llandeilo) u Starého Plzence. Rozpravy âeskoslovenské akademie věd, ada matematických a přírodních věd, 67 (1): 1-57.

Želízko J.V., 1909 – Faunistische Verhältnisse der untersilurischen Schichten bei Pilsenetz in Böhmen. Verhandlungen der Kaiserlich-Königlichen Geologischen Reichsanstalt, 1909, 3: 63-67.

W. Remy †, P.A. Selden & N.H. Trewin: Der Rhynie Chert, Unter-Devon, Schottland

Barghoorn E.S., Darrah W.C., 1938 – *Horneophyton*, a necessary change of name for *Hornea*. Botanical Museum Leaflets, Harvard University, 6 (7): 142-144.

Calman W.T., 1936 – The origin of insects (presidential address). Proceedings of the Linnean Society of London. Part 4: 193-204.

Christiansen K., 1964 – Bionomics of Collembola. Annual Reviews of Entomology, 9: 147-178.

Claridge M.F., Lyon A.G., 1961 – Lung-books in the Devonian Palaeocharidae (Arachnida). Nature, 191: 1190-1191.

Croft W.N., George E.A., 1959 – Blue-green algae from the Middle Devonian of Rhynie, Aberdeenshire. Bulletin of the British Museum, Natural History, Geology Series, 3 (10): 339-353.

Crowson R.A., 1970 – Classification and Biology. Heinemann, London: ix + 350 pp.

Crowson R.A., 1985 – Comments on Insecta of the Rhynie Chert. Entomologia Generalis, Stuttgart, 11: 097-098.

Dubinin V.B., 1962 – Class Acaromorpha: mites, or gnathosomic chelicerate arthropods. In Rodendorf B.B. (ed.), Fundamentals of Paleontology. Academy of Sciences of USSR, Moscow: 447-473.

Dunlop J., 1994 – Palaeobiology of the Trigonotarbida. Unpublished PhD thesis, University of Manchester.

Edwards D.S, 1980 – Evidence for the sporophytic status of the Lower Devonian plant *Rhynia gwynne-vaughanii* Kidston and Lang. Review of Palaebotany and Palynology, 29: 177-188.

Edwards D.S., 1986 – *Aglaophyton major*, a non-vascular land-plant from the Devonian Rhynie Chert. Botanical Journal of the Linnean Society, 93: 173-204.

Edwards D.S., Lyon A.G., 1983 – Algae from the Rhynie Chert. Botanical Journal of the Linnean Society, 86: 37-55.

Edwards D.S., Selden P.A., 1993 – The development of early terrestrial ecosystems. Botanical Journal of Scotland, 46: 337-366.

El-Saadawy W. El-S., Lacey W.S., 1979 – Observations on *Nothia aphylla* Lyon ex Hoeg. Review of Palaeobotany and Palynology, 27: 119-147.

Geikie A., 1878 – On the Old Red Sandstone of western Europe. Transactions of the Royal Society of Edinburgh, 28: 345-452.

Greenslade P., 1988 – Reply to R.A. Crowson's „Comments on Insecta of the Rhynie Chert." (1985 Entomologia Generalis, 11 (1/2): 097-098). Entomologia Generalis, Stuttgart, 13: 115-117.

Greenslade P., Whalley P.E.S., 1986 – The systematic position of *Rhyniella praecursor* Hirst & Maulik (Collembola), the earliest known hexapod. In Dallai R. (ed.), 2nd International Symposium on Apterygota. University of Siena, Italy: 319-323.

Harvey R., Lyon A.G., Lewis P.N., 1969 – A fossil fungus from Rhynie chert. Transactions of the British Mycological Society, 53: 155-156.

Hass H., 1991 – Die Epidermis von *Horneophyton lignieri* (Kidston & Lang) Barghoorn & Darrah. Neues Jahrbuch für Geologie und Paläontologie, Abhandlungen, 183 (1-3): 61-85.

Hirst S., 1923 – On some arachnid remains from the Old Red Sandstone (Rhynie Chert Bed, Aberdeenshire). Annals and Magazine of Natural History (9th series), 12: 455-474.

Hirst S., Maulik S., 1926 – On some arthropod remains from the Rhynie Chert (Old Red Sandstone). Geological Magazine, 63: 69-71.

Horne J., 1886 – Inverurie. One-inch geological map sheet 76. Geological Survey of Scotland.

Horne J., Grant Wilson J.S., Hinxman L.W., 1923 – Huntley. One-inch geological map sheet 86. Geological Survey of Scotland.

Horne J., Mackie W., Flett J.S., Gordon W.T., Hickling G., Kidston R., Peach E.N., Watson D.M.S., 1916 – The plant-bearing cherts at Rhynie. Reports of the British Association for the Advancement of Science, 1916: 206-216.

Illman W.I., 1984 – Zoosporic fungal bodies in the spores of the Devonian fossil vascular plants, *Horneophyton*. Mycologia, 76: 545-547.

Kenrick P., Remy W., Crane P.R., 1991 – The structure of waterconducting cells in the enigmatic early plants *Stockmansella langii* Fairon-Demaret, *Huvenia kleui* Hass et Re-

Kethley J.B., Norton R.A., Bonamo P.M., Shear W.A., 1989 – A terrestrial alicorhagiid mite (Acari: Acariformes) from the Devonian of New York. Micropalaeontology, 35: 367-373.

Kevan P.G., Chaloner W.G., Savile D.B.O., 1975 – Interrelationships of early terrestrial arthropods and plants. Palaeontology, 18: 391-417.

Kidston R., Lang W.H., 1917 – On Old Red Sandstone Plants showing structure, from the Rhynie Chert Bed, Aberdeenshire, I. *Rhynia gwynne-vaughanii* Kidston and Lang. Transactions of the Royal Society of Edinburgh, 51 (3): 761-784.

Kidston R., Lang W.H., 1920a – On Old Red Sandstone Plants showing structure, from the Rhynie Chert Bed, Aberdeenshire, II. Additional Notes on *Rhynia gwynne-vaughanii* Kidston and Lang with descriptions of *Rhynia major*, n.sp. and *Hornea lignieri*, n.g., n.sp.. Transactions of the Royal Society of Edinburgh, 52 (3): 603-627.

Kidston R., Lang W.H., 1920b – On Old Red Sandstone Plants showing structure, from the Rhynie Chert Bed, Aberdeenshire, III. *Asteroxylon mackiei*, Kidston and Lang. Transactions of the Royal Society of Edinburgh, 52 (3): 643-680.

Kidston R., Lang W.H., 1921a – On Old Red Sandstone Plants showing structure, from the Rhynie Chert Bed, Aberdeenshire, IV. Restorations of the Vascular Cryptogams, and discussion of their bearing on the General Morphology of the Pteridophytes and the Origin of the Organisation of Land-Plants. Transactions of the Royal Society of Edinburgh, 52 (3): 831-854.

Kidston R., Lang W.H., 1921b – On Old Red Sandstone Plants showing structure, from the Rhynie Chert Bed, Aberdeenshire, V. The Thallophyta occuring in the peat-bed; the succession of the plants throughout a vertical section of the bed, and the conditions of accumulation and preservation of the deposit. Transactions of the Royal Society of Edinburgh, 52: 855-902.

Krantz G.W., Lindquist E.E., 1979 – Evolution of phytophagous mites (Acari). Annual Reviews of Entomology, 24: 121-158.

Kühne W.G., Schlüter T., 1985 – A fair deal for the Devonian arthropod fauna of Rhynie. Entomologia Generalis, Stuttgart, 11: 91-96.

Lyon A.G., 1962 – On the fragmentary remains of an organism referable to the Nematophytales, from the Rhynie chert, '*Nematoplexus rhyniensis*' gen. et sp. nov.. Transactions of the Royal Society of Edinburgh, 65: 79-87.

Lyon A.G., 1964 – The probable fertile region of *Asteroxylon mackiei* K. and L. Nature, 203: 1082-1083.

Lyon A.G., Edwards D., 1991 – The first Zosterophyll from the Lower Devonian Rhynie Chert, Aberdeenshire. Transactions of the Royal Society of Edinburgh, Earth Science, 82: 323-332.

Mackie W., 1913 – The rock series of Craigbeg and Ord Hill, Rhynie, Aberdeenshire. Transactions of the Edinburgh Geological Society, 10: 205-236.

Massoud Z., 1967 – Contribution à l'étude de *Rhyniella praecursor* Hirst & Maulik 1926, Collembole fossile du Dévonien. Revue d'Ecologie et Biologie du Sol, 4: 497-505.

Norton R.A., Bonamo P.M., Grierson J.D., Shear W.A., 1989 – Fossil mites from the Devonian of New York State. In Channabasavanna G.P., Viraktamath C.A. (eds.), Progress in Acarology. Vol. 1. Oxford & Ibh Publishing Co. Pvt. Ltd., New Delhi: 271-277.

Pia J., 1927 – 1. Abteilung: Thallophyta, IX. Charophyta, b) Zweifelhafte Charophytenreste, *Palaeonitella* Kidst. u. Lg. In Hirmer M. (ed.), Handbuch der Paläobotanik, Band 1: 91. R. Oldenbourg, München, Berlin.

Powell C.L., 1994 – The palaeoenvironments of the Rhynie cherts. Unpublished PhD thesis, University of Aberdeen.

Remy, W., 1982 – Lower Devonian gametophytes: relation to the phylogeny of land plants. Science, 215: 1625-1627.

Remy W., Gensel P.G., Hass, H., 1993 – The gametophyte generation of some Early Devonian Land Plants. International Journal of Plant Sciences, 154 (1): 35-58.

Remy W., Hass H., 1991a – Ergänzende Beobachtungen an *Lyonophyton rhyniensis*. Argumenta Palaeobotanica, 8: 1-27.

Remy W., Hass H., 1991b – *Langiophyton mackiei* nov. gen., nov. spec., ein Gametophyt mit Archegoniophoren aus dem Chert von Rhynie (Unterdevon, Schottland). Argumenta Palaeobotanica, 8: 69-117.

Remy W., Hass H., 1991c – *Kidstonophyton discoides* nov. gen., nov. spec., ein Gametophyt aus dem Chert von Rhynie (Unterdevon, Schottland). Argumenta Palaeobotanica, 8: 29-45.

Remy W., Hass H., 1996 – Ecological adaptions of early land plants: gametophytes and sporophytes from the Rhynie chert. Review of Palaeobotany and Palynology, 90: 175-193.

Remy W., Remy R., 1980 – *Lyonophyton rhyniensis* nov. gen. et nov. spec., ein Gametophyt aus dem Chert von Rhynie (Unterdevon, Schottland). Argumenta Palaeobotanica, 6: 37-72.

my and *Sciadophyton* sp. Remy et al. 1980. Argumenta Palaeobotanica, 8: 179-191.

Remy W., Taylor T.N., Hass H., 1994a – Early Devonian fungi: a blastocladalean fungus with sexual reproduction. American Journal of Botany, 81 (6): 690-702.

Remy W., Taylor T.N., Hass H., Kerp H., 1994b – 400 Million Years old vesicular arbuscular mycorrhizae (VAM). Proceedings of the National Academy of Sciences (PNS), 91 (25): 11841-11843.

Rice C.M., Ashcroft W.A., Batten D.J., Boyce A.J., Caulfield J.B.D., Fallick A.E., Hole M.J., Jones E., Pearson M.J., Rogers G., Saxton J.M., Sturat F.M., Trewin N.H., Turner G., 1995 – A Devonian auriferous hot springs system, Rhynie, Scotland. Journal of the Geological Society, London, 152 (2): 229-250.

Rice C.M., Trewin N.H., 1988 – A Lower Devonian gold-bearing hot-spring system, Rhynie, Scotland. Institution of Mining and Metallurgy, Section B: Applied Earth Science, 97: 141-144.

Rolfe W.D.I., 1980 – Early invertebrate terrestrial faunas. In Panchen A.L. (ed.), The terrestrial environment and the origin of land vertebrates. Academic Press, London-New York: 117-157.

Rolfe W.D.I., Edwards V.A., 1979 – Devonian Arthropoda (Trilobita and Ostracoda excluded). In House M.R., Scrutton C.T., Bassett M.G. (eds.), The Devonian System. A Palaeontological Association International Symposium. Special Papers in Palaeontology, 23: 325-329.

Schuster R., Schuster I.J., 1977 – Ernährungs- und fortpflanzungsbiologische Studien an der Milbenfamilie Nanorchestidae (Acari, Trombidiformes). Zoologischer Anzeiger, 199: 89-94.

Scourfield D.J., 1920a – Reports of the British Association for the Advancement of Science, 1919: 110.

Scourfield D.J., 1920b – Reports of the British Association for the Advancement of Science, 1920: 261.

Scourfield D.J., 1926 – On a new type of crustacean from the Old Red Sandstone (Rhynie Chert Bed, Aberdeenshire) – *Lepidocaris rhyniensis*, gen. et sp. nov. Philosophical Transactions of the Royal Society of London, B 214: 153-187.

Scourfield D.J., 1940a – Two new and nearly complete specimens of young stages of the Devonian fossil crustacean *Lepidocaris rhyniensis*. Proceedings of the Linnean Society of London, 152: 290-298.

Scourfield D.J., 1940b – The oldest known fossil insects (*Rhyniella praecursor* Hirst & Maulik). Further details from additional specimens. Proceedings of the Linnean Society of London, 152: 113-131.

Scourfield D.J., 1940c – The oldest known fossil insect. Nature, 145: 799-801.

Selden P.A., Shear W.A., Bonamo P.M., 1991 – A spider and other arachnids from the Devonian of New York, and reinterpretations of Devonian Araneae. Palaeontology, 34: 241-281.

Shear W.A., 1991 – The early development of terrestrial ecosystems. Nature, 351: 283-289.

Shear W.A., Kukalová-Peck J., 1989 – The ecology of Paleozoic terrestrial arthropods: the fossil evidence. Canadian Journal of Zoology, 68: 1807-1834.

Shear W.A., Selden P.A., Rolfe W.D.I., Bonamo P.M., Grierson J.D., 1987 – New terrestrial arachnids from the Devonian of New York (Arachnida, Trigonotarbida). American Museum Novitates, 2901: 1-74.

Størmer L., 1976 – Arthropods from the Lower Devonian (Lower Emsian) of Alken an der Mosel, Germany. Part 5: Myriapoda and additional forms, with general remarks on fauna and problems regarding invasion of the land by arthropods. Senckenbergiana lethaea, 57: 87-183.

Taylor T.N., Hass H., Remy W., 1992b – Devonian fungi: interactions with the green alga *Palaeonitella*. Mycologia, 48 (6): 901-910.

Taylor T.N., Hass H., Remy W., Kerp H., 1995a – The oldest fossil lichen. Nature, 378: 244.

Taylor T.N., Remy W., Hass H., 1992a – Fungi from the Lower Devonian Rhynie Chert: Chytridiomycetes. American Journal of Botany, 79 (11): 1233-1241.

Taylor T.N., Remy W., Hass H., Kerp H., 1995b – Fossil arbuscular-mycorrhiza from the Early Devonian. Mycologia, 87: 560-573.

Tillyard R., 1928 – Some remarks on the Devonian fossil insects from the Rhynie Chert beds, Old Red Sandstone. Transactions of the Entomological Society of London, 76: 65-71.

Trägårdh I., 1909 – *Speleorchestes*, a new genus of saltatorial Trombibiidae, which lives in termites' and ants' nests. Arkiv för Zoologie, 6 (2): 1-14.

Trewin N.H., 1994 – Depositional environment and preservation of biota in the Lower Devonian hot-springs of Rhynie, Aberdeenshire, Scotland. Transactions of the Royal Society of Edinburgh, Earth Sciences, 84: 433-442.

Trewin N.H., Rice C.M., 1992 – Stratigraphy and sedimentology of the Devonian Rhynie chert Locality. Scottish Journal of Geology, 28: 37-47.

Westoll T.S., 1977 – Northern Britain; The Highlands and Northern Isles; Rhynie, etc. In House M.R., Richardson J.B., Chaloner W.G., Allen J.R.L., Holland C.H., Westoll T.S. (eds.), Devonian. Geological Society Special Report, 8: 76.

Whalley P.E.S., Jarzembowski E.A., 1981 – A new assessment of *Rhyniella*, the earliest known insect, from the Devonian of Rhynie, Scotland. Nature, 291: 3.

H. Jahnke & C. Bartels: Der Hunsrückschiefer und seine Fossilien, Unter-Devon, Deutschland

Alberti G., 1982 – Nowakiidae (Dacryoconarida) aus dem Hunsrückschiefer von Bundenbach (Rheinisches Schiefergebirge). Senckenbergiana lethaea, 63 (5/6): 451-463.

Bandel K., Reitner J., Stürmer W., 1983 – Coleoids from the Lower Devonian Black Slate („Hunsrück-Schiefer") of the Hunsrück (West Germany). Neues Jahrbuch für Geologie und Paläontologie, Abhandlungen, 145 (3): 397-417.

Bartels C., 1994 – Weltberühmt: Die „Bundenbacher Fossilien" des Hunsrückschiefers. Schriftenreihe des Schiefer-Fachverbandes in Deutschland e.V., 3: 12-85.

Bartels C., Brassel G., 1990 – Fossilien im Hunsrückschiefer. Museum Idar-Oberstein, 7: 232 S.

Bartels C., Kneidl V., 1981 – Ein Porphyroid in der Schiefergrube Schmiedenberg bei Bundenbach (Hunsrück, Rheinisches Schiefergebirge) und seine stratigraphische Bedeutung. Geologisches Jahrbuch Hessen, 109: 23-36.

Bartels C., Wuttke M., 1994 – Fossile Überlieferung von Weichkörperstrukturen und ihre Genese im Hunsrückschiefer (Unter-Ems, Rheinisches Schiefergebirge): ein Forschungsbericht. Giessener Geologische Schriften, 51: 25-61, Nachtrag: 329-333.

Berner R.A., 1970 – Sedimentary pyrite formation. American Journal of Science, 268: 1-23.

Berner R.A., 1984 – Sedimentary pyrite formation – an update. Geochimica et Cosmochimica Acta, 48: 605-615.

Blind W., Stürmer W., 1977 – *Viriatellina fuchsi* Kutscher (Tentaculoidea) mit Sipho und Fangarmen bei Tentaculiten. Neues Jahrbuch für Geologie und Paläontologie, Monatshefte, 1977: 513-522.

Briggs D.E.G., Raiswell R., Hatfield D., Bartels C., 1996 – Controls on the pyritization of exceptionally preserved fossils: An analysis of the Lower Devonian Hunsrück Slate of Germany. American Journal of Science, 296 (6): 633-663.

Chlupáč I., Turek V., 1983 – Devonian goniatites from the Barrandean area, Czechoslovakia. Rozpravy Ústředního Ústavu geologického, 46: 159 pp.

Ecke H.H., Hoffmann M., Ludewig B., Riegel W., 1985 – Ein Inkohlungsprofil durch den südlichen Hunsrück (südwestliches Rheinisches Schiefergebirge). Neues Jahrbuch für Geologie und Paläontologie, Monatshefte, 1985, 7: 395-410.

Erben H.K., 1965 – Die Evolution der ältesten Ammoniten. Neues Jahrbuch für Geologie und Paläontologie, Abhandlungen, 122 (3): 275-312.

Erben H.K., 1994 – Das Meer des Hunsrückschiefers. In Koenigswald W. von, Meyer W. (Hrsg.), Erdgeschichte im Rheinland. Fossilien und Gesteine aus 400 Millionen Jahren. Verlag Pfeil, München: 49-56.

Fauchald K., Yochelson E., 1990 – Correction: a major error in Fauchald, Stürmer et Yochelson 1988. Paläontologische Zeitschrift, 64: 381.

Groos W., 1961 – *Lunaspis broilii* und *Lunaspis heroldi* aus dem Hunsrückschiefer. Notizblatt des Hessischen Landesamtes für Bodenforschung, 89: 17-43.

Groos W., 1963 – *Drepanaspis gemuendensis* Schlüter. Neuuntersuchung. Palaeontographica A, 121: 133-155.

Herrgesell G., 1978 – Geologische Untersuchungen im Raume Gemünden/Hunsrück (Rheinisches Schiefergebirge). Diplom-Arbeit, Universität Freiburg i. Br. (unveröffentlicht).

Jaeckel O., 1895 – Beiträge zur Kenntnis paläozoischer Crinoiden Deutschlands. Paläontologische Abhandlungen, Neue Folge, 3: 1-116.

Karathanasopoulos S., 1975 – Die Sporenvergesellschaftung in den Dachschiefern des Hunsrücks (Rheinisches Schiefergebirge, Deutschland) und ihre Aussage zur Stratigraphie. Dissertation, Mathematisch-Naturwissenschaftliche Fakultät der Universität Mainz: 1-96 (unveröffentlicht).

Kayser E., 1880 – Hercynische und silurische Typen im rheinischen Unterdevon. Zeitschrift der deutschen geologischen Gesellschaft, 32: 819-822.

Kneidl V., 1980 – Zur Geologie des Hunsrückschiefers. Aufschluß, Sonderband, 30: 87-100.

Koch H.P., 1993 – Sulfidgenese in Sedimenten des Rheinischen Schiefergebirges. Dissertation, Fachbereich Geowissenschaften der Universität Göttingen: 32 S. (unveröffentlicht).

Kott R., Wuttke M., 1987 – Untersuchungen zur Morphologie, Palökologie und Taphonomie von *Retifungus rudens* Rietschel 1970 aus dem Hunsrückschiefer

Kutscher F., 1931 – Zur Entstehung des Hunsrückschiefers am Mittelrhein und auf dem Hunsrück. Jahrbuch des Nassauischen Vereins für Naturkunde, 81: 177-232.

Kutscher F., 1967 – Beitrag zur Sedimentation und Fossilführung des Hunsrückschiefers 17: Ein *Orthoceras*-Gehäuse mit angehefteten Puellen. Notizblatt des Hessischen Landesamtes für Bodenforschung, 95: 9-12.

Kutscher F., Reichert H., Niehuis M., 1980 – Bibliographie der naturwissenschaftlichen Literatur über den Hunsrück. Pollichia, 1, Bad Dürkheim: 207 S.

Lehmann W.M., 1957 – Die Asterozoen in den Dachschiefern des rheinischen Unterdevons. Abhandlungen des Hessischen Landesamtes für Bodenforschung, 21: 1-60.

Meischner D., 1971 – Clastic sedimentation in the Variscan Geosyncline East of the River Rhine. In Müller G. (ed.), Sedimentology of Parts of Central Europe, Guidebook VIII International Sedimentological Congress 1971: 9-43, Verlag W. Kramer, Frankfurt.

Mittmeyer H.G., 1973 – Die Hunsrückschiefer-Fauna des Wisper-Gebietes im Taunus. Ulmen Gruppe, tiefes Unter-Ems, Rheinisches Schiefergebirge. Notizblatt des Hessischen Landesamtes für Bodenforschung, 101: 16-45.

Mittmeyer H.G., 1980a – Vorläufige Gesamtliste der Hunsrückschiefer-Fossilien. In Stürmer W., Schaarschmidt F., Mittmeyer H.G. (eds.), Versteinertes Leben im Röntgenlicht. Kleine Senckenberg-Reihe, 11: 34-39.

Mittmeyer H.G., 1980b – Zur Geologie des Hunsrückschiefers. In Stürmer W., Schaarschmidt F., Mittmeyer H.G. (eds.), Versteinertes Leben im Röntgenlicht. Kleine Senckenberg-Reihe, 11: 26-33.

Mosebach R., 1952 – Zur Petrographie der Dachschiefer des Hunsrückschiefers. Zeitschrift der deutschen geologischen Gesellschaft, 103: 368-376.

Otto M., 1994 – Zur Frage der „Weichteilerhaltung" im Hunsrückschiefer. Geologica et Palaeontologica, 28: 45-63.

Rauff H., 1939 – *Palaeonectris discoidea*, eine siphonoride Meduse aus dem rheinischen Unterdevon, nebst Bemerkungen zur umstrittenen *Brooksella rhenana* Kinkelin. Paläontologische Zeitschrift, 21: 194-213.

Richter R., 1931 – Tierwelt und Umwelt im Hunsrückschiefer; zur Entstehung eines schwarzen Schlammsteins. Senckenbergiana lethaea, 13: 299-342.

Richter R., 1935 – Marken und Spuren im Hunsrückschiefer. I. Gefließ-Marken. Senckenbergiana lethaea, 17: 244-264.

Richter R., 1936 – Marken und Spuren im Hunsrückschiefer. II. Schichtung und Grund-Leben. Senckenbergiana lethaea, 18: 215-244.

Richter R., 1941 – Marken und Spuren im Hunsrückschiefer. III. Fährten als Zeugnisse des Lebens auf dem Meeresgrunde. Senckenbergiana lethaea, 23: 218-260.

Richter R., 1954 – Marken und Spuren im Hunsrückschiefer. IV. Marken von Schaumblasen als Kennmal des Auftauchbereichs im Hunsrückschiefer-Meer. Senckenbergiana lethaea, 35: 101-106.

Rietschel S., 1969 – Die Receptaculiten. Eine Studie zur Morphologie, Organisation, Ökologie und Überlieferung einer problematischen Fossil-Gruppe und die Deutung ihrer Stellung im System. Senckenbergiana lethaea, 50: 465-517.

Roemer C.F., 1862–1864 – Neue Asteriden und Crinoiden aus dem devonischen Dachschiefer von Bundenbach bei Birkenfeld. Palaeontographica, 9: 143-152.

Schmidt W.E., 1934 – Die Crinoiden des Hunsrückschiefers. Abhandlungen der preussischen geologischen Landesanstalt, Neue Folge, 163: 1-49.

Schmidt W.E., 1941 – Die Crinoiden des Rheinischen Devon. II Teil: A. Nachtrag zu: Die Crinoiden des Hunsrückschiefers. B. Die Crinoiden des Unterdevons bis zur *Cultrijugatus*-Zone (mit Ausschluß des Hunsrückschiefers). Abhandlungen der Reichsanstalt für Bodenforschung, Neue Folge, 182: 1-253.

Seilacher A., 1960 – Strömungsanzeichen im Hunsrückschiefer. Notizblatt des Hessischen Landesamtes für Bodenforschung, Neue Folge, 88: 88-106.

Seilacher A., 1961a – Ein Füllhorn aus dem Hunsrückschiefer. Natur und Volk, 91 (1): 15-19.

Seilacher A., 1961b – Holothurien im Hunsrückschiefer (Unterdevon). Notizblatt des Hessischen Landesamtes für Bodenforschung, Neue Folge, 89: 66-72.

Seilacher A, 1962 - Form und Funktion des Trilobiten-Daktylus. Paläontologische Zeitschrift, H. Schmidt-Festband: 218-227.

Seilacher A., Hemleben C., 1966 – Beiträge zur Sedimentation und Fossilführung des Hunsrückschiefers, 14. Spurenfauna und Bildungstiefe der Hunsrückschiefer (Unterdevon). Notizblatt des Hessischen Landesamtes für Bodenforschung, 94: 40-53.

Sellner R., 1985 – Röntgenographische Untersuchungen devonischer pelitbetonter Gesteine aus dem Raum Bingen und Stromberg. Mainzer Geowissenschaftliche Mitteilungen, 14: 145-147.

Stanley G., Stürmer W., 1983 – The first fossil ctenophor from the Lower Devonian of West Germany. Nature, 303 (5917): 518-520.

Stanley G., Stürmer W., 1987 – A new fossil ctenophor discovered by X-rays. Nature, 328 (6125): 61-62.

Steul H., 1984 – Die systematische Stellung der Conularien. Giessener Geologische Schriften, 37: 1-137.

Walliser O.H., Xu H.-K., Yu C., 1989 – Comparison of the Devonian of South China and Germany. A palaeontological cooperation programme between the P.R. China and the F.R. Germany. Courier Forschungsinstitut Senckenberg, 110: 5-15.

Wollanke G., Zimmerle W., 1991 – Petrographic and geochemical aspects of fossil embedding in exceptionally well preserved fossil deposits. Mitteilungen aus dem Geologisch-Paläontologischen Institut der Universität Hamburg, 69: 77-97.

Yochelson E.L., Stürmer W., Stanley G.D., 1983 – *Plectodiscus discoideus* Rauff: A redescription of a Chondrophorine from the Early Devonian Hunsrück Slate, West Germany. Paläontologische Zeitschrift, 57: 39-68.

Zimmerle W., 1992 – Devonian. Hunsrück Slate. In Zimmerle W., Stribny B. (eds.), Organic carbon-rich pelitic sediments in the Federal Republic of Germany. Courier Forschungsinstitut Senckenberg, 152: 43.

M.A. Taylor: Der Kalkstein von East Kirkton, Unter-Karbon, Schottland

Ahlberg P.E., Milner A.R., 1994 – The origin and early diversification of tetrapods. Nature, 368: 507-514.

Jeram A.J., 1990 – When scorpions ruled the world. New Scientist, 18, June 1990, 126 (1721): 52-55.

Milner A.R., 1985 – Scottish window on terrestrial life in the Lower Carboniferous. Nature, 314: 320-321.

Rolfe W.D.I., Clarkson E.N.K., Panchen A.L. (eds.), 1994 – Volcanism and early terrestrial biotas. Proceedings of a conference. Transactions of the Royal Society of Edinburgh, Earth Sciences, 84 (3/4): 175-464.

Shear W.A., Rolfe W.D.I., 1994 – Lizzie the lizard. Earth, December 1994, 3 (7): 36-43.

Taylor M.A., 1994 – Amphibians that came to stay. New Scientist, 12, February 1994, 141 (1912): 21-24.

Wood S.P., Panchen A.L., Smithson T.R., 1985 – A terrestrial fauna from the Scottish Lower Carboniferous. Nature, 314: 355-356.

P. De Wever: Europa im Mesozoikum

Bassoullet J.-P., Elmi S., Poisson A., Ricou L.-E., Cocca F., Bellion Y., Guiraud R., Baudin F., 1993 – Mid Toarcian (184 to 182 Ma). In Dercourt J., Ricou L.-E., Vrielynck B. (eds.), Atlas Tethys paleoenvironmental maps. Gauthier-Villars, Paris: 63-80.

Camoin G., Bellion Y., Dercourt J., Guiraud R., Lucas J., Poisson A., Ricou L.-E., Vrielynck B., 1993 – Late Maastrichtian (69,5 to 65 Ma). In Dercourt J., Ricou L.-E., Vrielynck B. (eds.), Atlas Tethys paleoenvironmental maps. Gauthier-Villars, Paris: 179-196.

Cecca F., Azéma J., Fourcade E., Baudin F., Guiraud R., Ricou L.-E., De Wever P., 1993 – Early Kimmeridgian (146 to 144 Ma). In Dercourt J., Ricou L.-E., Vrielynck B. (eds.), Atlas Tethys paleoenvironmental maps. Gauthier-Villars, Paris: 97-111.

Dercourt J., Ricou L.-E., Vrielynck B. (eds.), 1993 – Atlas Tethys paleoenvironmental maps. Gauthier-Villars, Paris: 307 pp.

Elmi S., Babin C., 1994 – Histoire de la Terre. A. Colin, Cursus, Paris: 173 pp.

Enay R., Guiraud R., Ricou L.-E., Mangold C., Thierry J., Cariou E., Bellion Y., Dercourt J., 1993 – Callovian (162 to 158 Ma). In Dercourt J., Ricou L.-E., Vrielynck B. (eds.), Atlas Tethys paleoenvironmental maps. Gauthier-Villars, Paris: 81-95.

Marcoux J., Baud A., Ricou L.-E., Gaetani M., Krystyn L., Bellion Y., Guiraud R., Moreau C., Besse J., Gallet Y., Thevenault H., 1993 – Late Anisien (237 to 234 Ma). In Dercourt J., Ricou L.-E., Vrielynck B. (eds.), Atlas Tethys paleoenvironmental maps. Gauthier-Villars, Paris: 21-33.

Marcoux J., Baud A., Ricou L.-E., Gaetani M., Krystyn L., Bellion Y., Guiraud R., Besse J., Gallet Y., Jaillard E., Moreau C., Thevenault H., 1993 – Late Norian (215 to 212 Ma). In Dercourt J., Ricou L.-E., Vrielynck B. (eds.), Atlas Tethys paleoenvironmental maps. Gauthier-Villars, Paris: 35-53.

Masse J.-P., Bellion Y., Benkhelil J., Ricou L.-E., Dercourt J., Guiraud R., 1993 – Early Aptian (114 to 111 Ma). In Dercourt J., Ricou L.-E., Vrielynck B. (eds.), Atlas Tethys paleoenvironmental maps. Gauthier-Villars, Paris: 135-152.

Philip J., Babinot J.-F., Tronchetti G., Fourcade E., Ricou L.-E., Guiraud R., Bellion Y., Herbin J.-P., Combes P.-J., Cornée J.-J., Dercourt J., 1993 – Late Cenomanian (94 to 92 Ma). In Dercourt J., Ricou L.-E., Vrielynck B. (eds.), Atlas Tethys paleoenvironmental maps. Gauthier-Villars, Paris: 153-178.

Yilmaz P.O., Norton I.O., Leary D.A., Chuchla R.J., 1996 – Tectonic Evolution and Paleo-geography of Europe. Mémoire du Muséum National d'Histoire Naturelle, Paris, 170: 47-60.

Ziegler P.A., 1990 – Geological Atlas of Western and Central Europe. Shell International Petroleum Maatschapij B.V., Den Hague: 239 pp.

J.-C. Gall & L. Grauvogel-Stamm: Der Voltzien-Sandstein, Ablagerungen eines Deltas im frühen Mesozoikum (Trias, Anis Nordost-Frankreichs)

Bill P.C., 1914 – Über Crustaceen aus dem Voltziensandstein des Elsasses. Mitteilungen der Geologischen Landesanstalt von Elsaß-Lothringen, 8 (3): 289-338.

Briggs D.E.G., Gall J.-C., 1990 – The continuum in soft-bodied biotas from transitional environments: a quantitative comparison of Triassic and Carboniferous Konservat-Lagerstätten. Paleobiology, 16 (2): 204-218.

Gall J.-C., 1971 – Faunes et paysages du Grès à Voltzia du Nord des Vosges. Essai paléoécologique sur le Buntsandstein supérieur. Mémoires, Service de la Carte Géologique d'Alsace et de Lorraine, 34: 318 pp.

Gall J.-C., 1983 – The Grès à Voltzia delta. In Gall J.-C. (ed.), Ancient sedimentary environments and the habitats of living organisms: 134-148. Springer, Berlin.

Gall J.-C., 1985 – Fluvial depositional environment evolving into deltaic setting with marine influences in the Buntsandstein of Northern Vosges (France). In Mader D. (ed.), Aspects of fluvial sedimentation in the Lower Triassic Buntsandstein of Europe. Lecture Notes in Earth Sciences, 4: 449-477, Springer, Heidelberg.

Gall J.-C., 1990 – Les voiles microbiens. Leur contribution à la fossilisation des organismes au corps mou. Lethaia, 23: 21-28.

Grauvogel L., 1947a – Note préliminaire sur la flore du Grès à Voltzia. Comptes Rendus sommaires des séances de la Société géologique de France, 1947: 64-66.

Grauvogel L., 1947b – Note préliminaire sur la faune du Grès à Voltzia. Comptes Rendus sommaires des séances de la Société géologique de France, 1947: 90-92.

Grauvogel-Stamm L., 1978 – La flore du Grès à Voltzia (Buntsandstein supérieur) des Vosges du Nord (France). Morphologie, anatomie, interprétations phylogénique et paléogéographique. Mémoires Sciences géologiques, 50: 225 pp.

Grauvogel-Stamm L., Chalow W.G., Schultka S., Wilde V., Remy W., 1991 – *Bustia ludovici* n.g. n.sp., a new enigmatic reproductive organ from the Voltzia Sandstone (early Middle Triassic) of the Vosges (France). Its bearing for the lycopod origin. Neues Jahrbuch für Geologie und Paläontologie, Abhandlungen, 183: 329-345.

Grauvogel-Stamm L., Grauvogel L., 1980 – Morphologie et anatomie d'*Anomopteris mougeotii* Brongniart (synonyme: *Pecopteris sulziana* Brongniart), une fougère du Buntsandstein supérieur des Vosges (France). Sciences Géologiques, Bulletin, 33 (1): 53-66.

Grauvogel-Stamm L., Kelber K.P., 1996 – Plant insect interactions and coevolution during the Triassic in western Europe. Paleontologia Lombarda, 5: 5-23.

Krzeminski W., Krzeminska E., Papier F., 1994 – *Grauvogelia arzvilleriana* sp.n. – the oldest Diptera species (Lower/Middle Triassic of France). Acta zoologica cracoviensia, 37 (2): 95-99.

Nel A., Papier F., Grauvogel-Stamm L., Gall J.-C., 1996 – *Voltzialestes triasicus* gen. nov., sp. nov., le premier Odonata Protozygoptera du Trias inférieur des Vosges (France). Paleontologia Lombarda, 5: 25-36.

Papier F., Grauvogel-Stamm L., 1995 – Les Blattodea du Trias: le genre *Voltziablatta* n. gen. du Buntsandstein supérieur des Vosges (France). Palaeontographica A, 235 (4-6): 141-162.

Papier F., Grauvogel-Stamm L., Nel A., 1994 – *Subioblatta undulata* n. sp., une nouvelle blatte (Subioblattidae Schneider) du Buntsandstein supérieur (Anisien) des Vosges (France). Morphologie, systématique et affinités. Neues Jahrbuch für Geologie und Paläontologie, Monatshefte, 5: 277-290.

Papier F., Grauvogel-Stamm L., Nel A., 1996 – Nouveaux Blattoidea du Buntsandstein supérieur des Vosges (France). Paleontologia Lombarda, 5: 47-59.

Papier F., Nel A., Grauvogel-Stamm L., 1996 – Deux nouveaux insectes Mecopteroidea du Buntsandstein supérieur (Trias) des Vosges (France). Paleontologia Lombarda, 5: 37-45.

Papier F., Nel. A., Grauvogel-Stamm L., Gall J.-C., 1997 – La plus ancienne sauterelle Tettigoniidae (Trias, NEFrance): mimétisme ou exaptation? Paläontologische Zeitschrift., 71: 71-77.

Schimper W.P., Mougeot A., 1844 – Monographie des plantes fossiles du grès bigarré de la chaîne des Vosges. 83 pp., G. Engelmann, Leipzig.

Selden P.A., Gall J.-C., 1992 – A triassic mygalomorph spider from the Northern Vosges, France. Palaeontology, 35 (1): 211-235.

F.T. Fürsich: Die Fleckenriffe der Cassianer Schichten, Trias der Dolomiten, Italien

Bittner A., 1895 – Lamellibranchiaten der Alpinen Trias. 1. Teil: Revision der Lamel-

libranchiaten von Sct. Cassian. Abhandlungen der kaiserlich-königlichen geologischen Reichsanstalt, 18: 1-236.
Dieci G., Antonacci A., Zardini R., 1970 – Le spugne cassiane (Trias medio-superiore) della regione dolomitica attorno a Cortina d'Ampezzo. Bolletina della Società Paleontologica Italiana, 7: 94-155.
Fürsich F.T., Wendt J., 1977 – Biostratinomy and palaeoecology of the Cassian Formation (Triassic) of the Southern Alps. Palaeogeography, Palaeoclimatology, Palaeoecology, 22: 257-323.
Kittl E., 1891–1894 – Die Gastropoden der Schichten von St. Cassian der südalpinen Trias. Annalen des kaiserlich-königlichen Naturhistorischen Hofmuseums, 6: 166-262; 7: 35-97; 9: 143-277.
Laube G.C., 1864–1869 – Die Fauna der Schichten von St. Cassian. Denkschriften der Akademie der Wissenschaften Wien, 24: 223-296; 25: 1-76; 28: 29-94; 30: 1-106.
Leonardi P., 1943 – La fauna Cassiana di Cortina d'Ampezzo. Parte I. Introduzione geologica e lamellibranchi. Memorie degli Instituti di Geologia e Mineralogia dell'Università di Padova, 15: 1-78.
Leonardi P., Fiscon F., 1959 – La fauna Cassiana di Cortina d'Ampezzo. Parte IIIa Gasteropodi. Memorie degli Instituti di Geologia e Mineralogia dell'Università di Padova, 21: 1-103.
Loretz H., 1875 – Einige Petrefakten der alpinen Trias aus den Südalpen. Zeitschrift der deutschen geologischen Gesellschaft, 27: 784-841.
Mojsisovics E.v.M., 1879 – Die Dolomit-Riffe von Südtirol und Venetien. 552 S., Alfred Hölder, Wien.
Münster G., 1834 – Über die Kalkmergellager von St. Cassian in Tirol. Neues Jahrbuch für Mineralogie, Geognosie, Geologie und Petrefaktenkunde, 2: 1-16.
Ogilvie M.M., 1893 – Contributions to the geology of the Wengen and St. Cassian strata in southern Tyrol. Quarterly Journal of the geological Society London, 49: 1-78.
Pia J., 1937 – Stratigraphie und Tektonik der Pragser Dolomiten in Südtirol. 248 S., A. Weger, Wien.
Richthofen F. Freiherr von, 1860 – Geognostische Beschreibung der Umgegend von Predazzo, Sanct Cassian und der Seisser Alpe in Süd-Tyrol. 327 S., Perthes, Gotha.
Russo F., Neri C., Mastandrea A., Laghi G., 1991 – Compositional and diagenetic history of the Alpe di Specie (Seelandalpe) fauna (Carnian, northeastern Dolomites). Facies, 25: 187-210.
Salomon W., 1895 – Geologische und palaeontologische Studien über die Marmolata. Palaeontographica, 42: 1-210.
Scherer M., 1977 – Preservation, alteration and multiple cementation of aragonitic skeletons from the Cassian Beds (U. Triassic, Southern Alps): petrographic and geochemical evidence. Neues Jahrbuch für Geologie und Paläontologie, Abhandlungen, 154: 213-262.
Volz W., 1896 – Die Korallen von St. Cassian in Süd-Tirol. Palaeontographica, 43: 1-124.
Wendt J., 1982 – The Cassian patch reefs (Lower Carnian, Southern Alps). Facies, 6: 185-202.
Wendt J., Fürsich F.T., 1979 – Facies analysis and palaeogeography of the Cassian Formation, Triassic Southern Alps. Rivista Italiana die Paleontologia, 85: 1003-1028.
Wissmann H.L., Münster G., 1841 – Beiträge zur Geognosie und Petrefakten-Kunde des südöstlichen Tirol's vorzüglich der Schichten von St. Cassian. Beiträge zur Petrefacten-Kunde, 4: 1-152.

H.P. Rieber: Monte San Giorgio und Besano, mittlere Trias, Schweiz und Italien

Bassani F., 1886 – Sui fossili e sull'età degli schisti bituminosi triasici di Besano in Lombardia. Atti della Società Italiana di Scienze Naturale, 29: 15-72.
Bernasconi S., 1994 – Geochemical and Microbial Controls on Dolomite Formation in Anoxic Environments: A Case Study from Middle Triassic (Ticino, Switzerland). Contributions to Sedimentology, 19: 109 pp.
Brack P., Rieber H., 1993 – Towards a better definition of the Anisian/Ladinian boundary: New biostratigraphic data and correlations of boundary sections from the Southern Alps. Eclogae geologicae Helvetiae, 86/2: 415-527.
Brinkmann W. (ed.), 1994 – Paläontologisches Museum der Universität Zürich. Führer. Paläontologisches Institut und Museum Zürich: 108 S.
Brinkmann W., 1996 – Ein *Mixosaurus* (Reptilia, *Ichthyosaurus*) mit Embryonen aus der Grenzbitumenzone (Mitteltrias) des Monte San Giorgio (Schweiz, Kanton Tessin). Eclogae geologicae Helvetiae, 89/3: 1321-1344.
Bürgin T., 1992 – Basal Ray-finned Fishes (Osteichthyes; Actinopterygii) from the Middle Triassic of Monte San Giorgio (Canton Tessin, Switzerland). Systematic Palaeontology with Notes on Functional Morphology and Palaeoecology. Schweizer Paläontologische Abhandlungen, 114: 1-164.
Cornalia E., 1854 – Notizie zoologiche sul Pachypleura Edwardsii Cor. Nuovo sauro acrodonte degli strati triasici di Lombardia. Giornale dell'Istituto Lombardo di Scienze, Lettere ed Arti, Nuova Seria, 6: 1-16.
Frauenfelder A., 1916 – Beiträge zur Geologie der Tessiner Kalkalpen. Eclogae geologicae Helvetiae, 14/2: 247-367.
Kuhn-Schnyder E., 1974 – Die Triasfauna der Tessiner Kalkalpen. Neujahrsblatt der Naturforschenden Gesellschaft in Zürich, 176: 119 S.
Müller W., 1965 – Beitrag zur Sedimentologie der Grenzbitumenzone vom M. S. Giorgio (Kt. Tessin) mit Rücksicht auf die Beziehung Fossil-Sediment. Dissertation, unveröffentlicht, Basel: 233 S.
Peyer B., 1944 – 1924-1944. Die Reptilien vom Monte San Giorgio. Neujahrsblatt der Naturforschenden Gesellschaft in Zürich, 146: 95 S.
Repossi E., 1909 – Gli scisti bituminosi di Besano in Lombardia. Atti della Società Italiana di Scienze Naturale, 48: 5-38.
Rieber H., 1968 – Die Artengruppe der *Daonella elongata* MOJS. aus der Grenzbitumenzone der mittleren Trias des Monte San Giorgio (Kt. Tessin, Schweiz). Paläontologische Zeitschrift, 42, 1/2: 33-61.
Rieber H., 1973 – Cephalopoden aus der Grenzbitumenzone (Mittlere Trias) des Monte San Giorgio (Kanton Tessin, Schweiz). Schweizer Paläontologische Abhandlungen, 93: 1-96.
Rieber H., 1980 – Ein Conodonten-cluster aus der Grenzbitumenzone (Mittlere Trias) des Monte San Giorgio (Kt. Tessin/Schweiz). Annalen des naturhistorischen Museums in Wien, 83: 265-274.
Rieber H., Sorbini L., 1983 – Middle Triassic bituminous shales of Monte San Giorgio (Tessin, Switzerland). First International Congress on Paleoecology, Lyon, Excursion 11A: 1-17.
Rieppel O., 1987 – *Clarazia* and *Hescheleria*: a re-investigation of two problematical reptiles from Middle Triassic of Monte San Giorgio, Switzerland. Palaeontographica A, 195: 101-129.
Rieppel O., 1989 – The hind limb of *Macrocnemus bassanii* (Reptilia, Diapsida): development and functional anatomy. Journal of Vertebrate Paleontology, 9/4: 373-387.
Rieppel O., 1993 – Middle Triassic reptiles from Monte San Giorgio: recent results and future potential of analysis. In Mazin J.M., Pinna G. (eds.), Evolution, ecology and biogeography of the Triassic Reptiles. Paleontologia Lombarda della Società Italiana di Scienze Naturali e del Museo Civico di Storia Naturale, Nuova Seria, 2: 131-144.
Seilacher A., 1970 - Begriff und Bedeutung der Fossil-Lagerstätten. Neues Jahrbuch für Geologie und Paläontologie, Monatshefte, 1970, 1: 34-39.

Società anonima miniere scisti bituminosi di Meride, 1909- Gli scisti bituminosi di Meride e Besane e la loro industria. 28 pp., veränderte und erweiterte Ausgabe von Repossi E., 1909, Lugano-Mendrisio (Carlo Traversa).

Tschanz K., 1989 – *Lariosaurus buzzii* n.sp. from the Middle Triassic of Monte San Giorgio (Switzerland) with comments on the classification of Notosaurs. Palaeontographica A, 208: 153-179.

Zorn H., 1971 – Paläontologische, stratigraphische und sedimentologische Untersuchungen des Salvatoredolomits (Mitteltrias). Schweizerische Paläontologische Abhandlungen, 91: 1-90.

G. Pinna: Die Fossillagerstätte im Sinemurium (Lias) von Osteno, Italien

Alessandrello A., Arduini P., Pinna G., Teruzzi G., 1991 – New observations on the Thylacocephala (Arthropoda, Crustacea). In Simonetta A.M., Conway Morris S. (eds.), The early evolution of Metazoa and the significance of problematic taxa. Cambridge University Press, Cambridge: 245-251.

Arduini P., Pinna G., 1989 – I Tilacocefali: una nuova classe di crostacei fossili. 34 pp., Museo di Storia Naturale di Milano, Milano.

Arduini P., Pinna G., Teruzzi G., 1980 – A new and unusual lower Jurassic cirriped from Osteno in Lombardy: *Ostenia cypriformis* n.g. n.sp. (Preliminary note). Atti della Società Italiana di Scienze Naturale e del Museo Civico di Storia Naturale di Milano, 121: 360-370.

Arduini P., Pinna G., Teruzzi G., 1981 – *Megaderaion sinemuriense* n.g. n.sp., a new fossil enteropneust of the Sinemurian of Osteno in Lombardy. Atti della Società Italiana di Scienze Naturale e del Museo Civico di Storia Naturale di Milano, 122: 104-108.

Arduini P., Pinna G., Teruzzi G., 1982 – Il giacimento sinemuriano di Osteno in Lombardia. In Montanaro Galitelli E. (ed.), Palaeontology, Essential of Historical Geology. Mucchi, Modena: 495-522.

Arduini P., Pinna G., Teruzzi G., 1982 – *Melanoraphia maculata* n.g. n.sp., a new fossil polychaete of the Sinemurian of Osteno in Lombardy. Atti della Società Italiana di Scienze Naturale e del Museo Civico di Storia Naturale di Milano, 123: 462-468.

Arduini P., Pinna G., Teruzzi G., 1983 – *Eophasma jurasicum* n.g. n.sp., a new fossil nematode of the Sinemurian of Osteno in Lombardia. Atti della Società Italiana di Scienze Naturale e del Museo Civico di Storia Naturale di Milano, 124: 61-64.

Arduini P., Pinna G., Teruzzi G., 1984 – Ostenocaris nom. nov. pro Ostenia Arduini, Pinna & Teruzzi, 1980. Atti della Società Italiana di Scienze Naturale e del Museo Civico di Storia Naturale di Milano, 125: 48.

Bonci M.C., Vannucci G., 1986 – I vegetali sinemuriani di Osteno (Lombardia). Atti della Società Italiana di Scienze Naturale e del Museo Civico di Storia Naturale di Milano, 127: 107-127.

Briggs D.E.G., Kear A.J., 1993 – Fossilization of soft-tissues in the laboratory. Science, 259: 1439-1442.

Briggs D.E.G., Kear A.J., 1994 – Decay and mineralization in shrimps. Palaios, 9: 431-456.

Duffin C.J., 1987 – *Palaeospinax pinnai* n.sp., a new palaeospinacid shark from the Sinemurian (Lower Jurassic) of Osteno (Lombardy, Italy). Atti della Società Italiana di Scienze Naturale e del Museo Civico di Storia Naturale di Milano, 128: 185-202.

Duffin C.J., 1992 – A myriacanthid holocephalan (Chondrichthyes) from the Sinemurian (Lower Jurassic) of Osteno (Lombardy, Italy). Atti della Società Italiana di Scienze Naturale e del Museo Civico di Storia Naturale di Milano, 132: 293-308.

Duffin C.J., Manuskript – *Ostenoselache stenosoma* n.g. n.sp., A new neoselachian shark from the Sinemurian (Early Jurassic) of Osteno (Lombardy, Italy).

Duffin C.J., Patterson C., 1993 – I Pesci Fossili di Osteno: una Nuova Finestra sulla Vita del Giurassico Inferiore. Paleocronache, 2: 18-38.

Garassino A., 1996 – The family Erymidae Van Straelen, 1924 and the superfamily Glypheoidea Zittel, 1885 in the Sinemurian of Osteno in Lombardy (Crustacea, Decapoda). Atti della Società Italiana di Scienze Naturale e del Museo Civico di Storia Naturale di Milano, 135: 333-373.

Garassino A., Teruzzi G., 1990 – The genus *Aeger* Munster, 1839 in the Sinemurian of Osteno in Lombardy (Crustacea, Decapoda). Atti della Società Italiana di Scienze Naturale e del Museo Civico di Storia Naturale di Milano, 131: 105-136.

Kear A.J., Briggs D.E.G., Donovan D.T., 1995 – Decay and fossilization of non-mineralized tissue in coleoid cephalopods. Palaeontology, 38: 105-131.

Pinna G., 1967 – Découverte d'une nouvelle faune à crustacés du Sinémurien inférieur dans la région du lac Ceresio (Lombardie, Italie). Atti della Società Italiana di Scienze Naturale e del Museo Civico di Storia Naturale di Milano, 106: 183-185.

Pinna G., 1968 – Gli erionidei della nuova fauna sinemuriana a crostacei decapodi di Osteno in Lombardia. Atti della Società Italiana di Scienze Naturale e del Museo Civico di Storia Naturale di Milano, 107: 93-134.

Pinna G., 1969 – Due nuovi esemplari di Coleia viallii Pinna, del Simemuriano inferiore di Osteno in Lombardia (Crustacea Decapoda). Annali del Museo Civico di Storia Naturale di Genova, 77: 626-632.

Pinna G., 1972 – Rinvenimento di un raro cefalopode coleoideo nel giacimento sinemuriano di Osteno in Lombardia. Atti della Società Italiana di Scienze Naturale e del Museo Civico di Storia Naturale di Milano, 113: 141-149.

Pinna G., 1984 – I fossili giurassici di Osteno. Le Scienze, 193: 82-93.

Pinna G. 1985 – Exceptional preservation in the Jurassic of Osteno. In Whittington H.B., Conway Morris S. (eds.), Extraordinary fossil biotas and their ecological and evolutionary significance. Philosophical Transactions of the Royal Society of London, Series B: Biological Sciences, 311: 171-180.

Pinna G., Arduini P., Pesarini C., Teruzzi G., 1982 – Thylacocephala: una nuova classe di crostacei fossili. Atti della Società Italiana di Scienze Naturale e del Museo Civico di Storia Naturale di Milano, 123: 469-482.

Pinna G., Arduini P., Pesarini C., Teruzzi G., 1985 – Some controversial aspects of the morphology and anatomy of *Ostenocaris cypriformis* (Crustacea, Thylacocephala). Transactions of the Royal Society of Edinburgh, 76: 373-379.

Teruzzi G., 1990 – The genus *Coleia* Broderip, 1835 (Crustacea, Decapoda) in the Sinemurian of Osteno in Lombardy. Atti della Società Italiana di Scienze Naturale e del Museo Civico di Storia Naturale di Milano, 131: 85-104.

Twitchett R.J., 1996 – The resting trace of an Acorn-Worm (Class: Enteropneusta) from the Lower Triassic. Journal of Paleontology, 70: 128-131.

Wilby P.R., Briggs D.E.G., Pinna G., 1995 – Soft tissue preservation in the Sinemurian of Osteno, Italy. Comparisons with Solnhofen and with experimental results. II. International Symposium on Lithographic Limestones, Lleida – Cuenca 9th-16th July 1995, Extended Abstracts: 163-164.

W. Oschmann: Der Posidonienschiefer in Südwest-Deutschland (Toarcium, Unterer Jura)

Eilenburg Ch.H., 1755 – Kurzer Entwurf der königlichen Naturalienkammer zu Dresden. Walther, Dresden und Leipzig.

Hiemer E.F., 1724 – Caput medusae utpote novum diluvii universalis monumentum detectum in agro Wuertembergico et brevi dissertatiuncula epistolari expositum. Roesslin, Stuttgart.

Jäger G.F., 1824 – De Ichtyosauris sive Proteosauris fossilis speciminibus in agro Bollensi in Wuertembergia. 14 S., Cotta, Stuttgart.

Kauffman E.G., 1978 – Benthic environments and palaeoecology of the Posidonienschiefer (Toarcian). Neues Jahrbuch für Geologie und Paläontologie, Abhandlungen, 157: 18-36.

Kauffman E.G., 1981 – Ecological reappraisal of the German Posidonien-Schiefer (Toarcian) and the Stagnant Basin Model. In Gray J., Boucot A.T., Berry W.B.N. (eds.), Communities of the Past, Hutchinson Ross, Standsburg: 311-381.

Loh H., Maul B., Prauss M., Riegel W., 1986 – Primary production, maceral formation and carbonate species in the Posidonia Shales of NW Germany. Mitteilungen aus dem Geologisch-Paläontologischen Institut der Universität Hamburg, 60: 397-421.

Oschmann W., 1994 – Adaptative pathways of marine benthic organisms in oxygen-controlled environments. Neues Jahrbuch für Geologie und Paläontologie, Abhandlungen, 191: 393-444.

Pompeckj J.F., 1901 – Die Juraablagerungen zwischen Regensburg und Regenstauf. Geognostische Jahreshefte, 14: 139-220.

Riegraf W., Werner G., Lorcher F., 1984 – Der Posidonienschiefer. 195 S., Enke, Stuttgart.

Schlotheim E.F. von, 1820 – Die Petrefaktenkunde. Becker, Gothenburg: LXII+437 S.

Seilacher A., 1982a – Ammonite shells as habitats in the Posidonia Shales of Holzmaden – floats or benthic islands? Neues Jahrbuch für Geologie und Paläontologie, Monatshefte, 1982: 98-114.

Seilacher A., 1982b – Posidonia shales (Toarcian, S. Germany) – stagnant basin model revalidated. In Gallitelli E.M. (ed.), Proceedings 1st International Meeting on Palaeontology, Essentials of Historical Geology, Venezia 1981: 25-55, Modena.

Seilacher A., 1990a – Aberrations in bivalve evolution related to photo- and chemosymbiosis. Historical Biology, 3: 289-311.

Seilacher A., 1990b – Die Holzmadener Posidonienschiefer – Entstehung der Fossillagerstätte und eines Erdölmuttergesteins. In Weidert W.K. (Hrsg.), Klassische Fundstellen der Paläontologie, 2, Goldschneck, Korb: 107-131.

Walch, J.E.I., 1755 – De mysteriis philosophicis, praeses J.E.I. Walch. Respondate J.I. Schafferus. Dissertation, Universität Jena.

Wille W., Gocht H., 1979 – Dinoflagellaten aus dem Lias Südwest-Deutschlands. Neues Jahrbuch für Geologie und Paläontologie, Abhandlungen, 158: 221-258.

G. Viohl: Die Solnhofener Plattenkalke (oberer Jura)

Arratia G., 1996 – The Jurassic and the early history of Teleostei. In Arratia G., Viohl G. (eds.): Mesozoic Fishes. Systematics and Paleoecology. Proceedings of the International Meeting Eichstätt, 1993: 243-259, Verlag Dr. Pfeil, München.

Barale G., 1981 – La paléoflore jurassique du Jura Français: étude systématique, aspects stratigraphiques et paléoécologiques. Documents des laboratoires de géologie de la Faculté des Sciences de Lyon, 81: 467 pp.

Barthel K.W., 1970 – On the deposition of the Solnhofen lithographic limestone. Neues Jahrbuch für Geologie und Paläontologie, Abhandlungen, 135: 1-18.

Barthel K.W., 1972 – The genesis of the Solnhofen lithographic limestone (Low. Tithonian): further data and comments. Neues Jahrbuch für Geologie und Paläontologie, Monatshefte, 1972, 3: 133-145.

Barthel K.W., 1978 – Solnhofen. Ein Blick in die Erdgeschichte. 393 S., Ott Verlag, Thun.

Barthel K.W., Swinburne N.H.M., Conway-Morris S., 1990 – Solnhofen. A study in Mesozoic palaeontology. 239 pp., Cambridge University Press, Cambridge.

Buisonjé P. de, 1972 – Recurrent red tides, a possible origin of the Solnhofen limestone. Proceedings, Koninklijke Nederlandse Akademie von Wetenschappen (B), 75, 2: 152-177.

Buisonjé P. de, 1985 – Climatological Conditions During Deposition of the Solnhofen Limestones. In Hecht M.K., Ostrom J.H., Viohl G., Wellnhofer P. (eds.), The Beginnings of Birds. Proceedings of the International *Archaeopteryx* Conference Eichstätt, 1984: 45-65, Freunde des Jura-Museums, Eichstätt.

Darwin, C.R., 1959 – The Origin of Species by Means of Natural Selection, 490 pp., John Murray, London.

Duffin C.J., 1988 – The Upper Jurassic selachian *Palaeocarcharias* De Beaumont (1960). Zoological Journal of the Linnean Society, 94: 271-286.

Freyberg B. v., 1958 (Hrsg.) Johann Jacob Baiers Oryktographia Norica nebst Supplementen. Erlanger geologische Abhandlungen, 29: 133 S.

Frickhinger K.A., 1994 – Die Fossilien von Solnhofen. Dokumentation der aus den Plattenkalken bekannten Tiere und Pflanzen (The Fossils of Solnhofen). 336 S., Goldschneck-Verlag Weidert, Korb.

Frischmann, L., 1853 – Versuch einer Zusammenstellung der bis jetzt bekannten Thier- und Pflanzen-Überreste des lithographischen Kalkschiefers in Bayern. Programm des bischöflichen Lyceums, 46 S., Eichstätt.

Gerhard U., 1992 – Beitrag zur Deutung des Ablagerungsraumes der Plattenkalke der Altmühlalb. Dissertation, unveröffentlicht, 75 S., Universität Bonn.

Gocht H., 1973 – Einbettungslage und Erhaltung von Ostracoden-Gehäusen im Solnhofener Plattenkalk (Unter-Tithon, SW-Deutschland). Neues Jahrbuch für Geologie und Paläontologie, Monatshefte, 1973, 4: 189-206.

Groiß J.Th., 1967 – Mikropaläontologische Untersuchung der Solnhofener Schichten im Gebiet um Eichstätt (Südliche Frankenalb). Erlanger geologische Abhandlungen, 66: 75-93.

Häutle, C. 1881 (Hrsg.) – Die Reisen des Augsburger Patriziers, Kunstkenners, Künstlers und Sammlers Philipp Hainhofer nach Eichstätt, München, Regensburg, Neuburg a.D. in den Jahren 1611-1636: 361 S., Augsburg.

Hecht M.K., Ostrom J.H., Viohl G., Wellnhofer P. (eds.), 1985 – The Beginnings of Birds. Proceedings of the International *Archaeopteryx* Conference Eichstätt 1984. Freunde des Jura-Museums, Eichstätt: 382 pp.

Hemleben Ch., 1977 – Autochthone und allochthone Sedimentanteile in den Solnhofener Plattenkalken. Neues Jahrbuch für Geologie und Paläontologie, Abhandlungen, 5: 257-271.

Hückel U., 1974 – Geochemischer Vergleich der Plattenkalke Solnhofens und des Libanon mit anderen Kalken. Neues Jahrbuch für Geologie und Paläontologie, Abhandlungen, 145 (3): 279-309.

Janicke V., 1969 – Untersuchungen über den Biotop der Solnhofener Plattenkalke. Mittheilungen der Bayerischen Staatssammlung für Paläontologie und historische Geologie, 9: 117-181.

Jung W., 1974 – Die Konifere *Brachyphyllum nepos* Saporta aus den Solnhofener Plattenkalken (unteres Untertithon), ein Halophyt. Mittheilungen der Bayerischen Staatssammlung für Paläontologie und historische Geologie, 14: 49-58.

Keupp H., 1977 – Ultrafazies und Genese der Solnhofener Plattenkalke (Oberer Malm, Südliche Frankenalb). Abhandlungen der Naturhistorischen Gesellschaft zu Nürnberg, 37: 128 S.

Keupp H., 1994 – Aspects of the origin of the Solnhofen lithographic limestone facies based on a new core drilling in the

Maxberg quarry. Géobios, Mémoire Spécial, 16: 71-80.

Keupp H., Jenisch A., Herrmann R., Neuweiler F., Reitner J., 1993 – Microbial Carbonate Crusts. A Key to the Environmental Analysis of Fossil Spongiolites? Facies, 29: 41-54.

Keupp H., Koch R., Leinfelder R., 1990 – Steuerungsprozesse der Entwicklung von Oberjura-Spongiolithen Süddeutschlands: Kenntnisstand, Probleme und Perspektiven. Facies, 23: 141-174.

Keupp H., Mehl D., 1994 – *Ammonella quadrata* Walther 1904 (Porifera, Hexactinellida) aus dem Solnhofener Plattenkalk von Pfalzpaint: Relikt aus dem Altpaläozoikum? Archaeopteryx, 12: 45-54.

Kuhn O., 1961 – Die Tier- und Pflanzenwelt des Solnhofener Schiefers. Mit vollständigem Arten- und Schriftverzeichnis. Geologica Bavarica, 48: 68 S.

Mayr F.X., 1967 – Paläobiologie und Stratinomie der Plattenkalke der Altmühlalb. Erlanger geologische Abhandlungen, 67: 40 S.

Mehl J., 1990 – Fossilerhaltung von Kiemen bei *Plesioteuthis prisca* (Rüppel 1829) (Vampyromorpha, Cephalopoda) aus untertithonen Plattenkalken der Albmühlalb. Archaeopteryx, 8: 77-91.

Meyer R., Schmidt-Kaler H., 1983 – Erdgeschichte sichtbar gemacht. Ein geologischer Führer durch die Altmühlalb. Bayerisches Geologisches Landesamt, München: 260 S.

Meyer R., Schmidt-Kaler H., 1990 – Paläogeographischer Atlas des süddeutschen Oberjura (Malm). Geologisches Jahrbuch, A, 115: 77 S.

Meyer R., Schmidt-Kaler H., 1993 – Schwarze Kalke im Weissen Jura (Über die Bitumenfazies im Malm der Südlichen Frankenalb). Geologica Bavarica, 97: 155-166.

Ostrom J.H., 1978 – The Osteology of *Compsognathus longipes* Wagner. Zitteliana, 4: 73-118.

Röper M., 1992 – Beitrag zur Deutung des Lebensraumes der Plattenkalke der Altmühlalb (Malm Epsilon 2 bis Malm Zeta 3). Dissertation, 96 S., Universität Bonn.

Seilacher A., 1970 – Begriff und Bedeutung der Fossil-Lagerstätten. Neues Jahrbuch für Geologie und Paläontologie, Monatshefte, 1970, 1: 34-39.

Seilacher A., Andalib F., Dietl G., Gocht H., 1976 – Preservational history of compressed Jurassic ammonites from Southern Germany. Neues Jahrbuch für Geologie und Paläontologie, Abhandlungen, 152, 3: 307-356.

Seilacher A., Reif W.E., Westphal F., 1985 – Sedimentological, ecological and temporal patterns of fossil Lagerstätten. Philosophical Transactions of the Royal Society of London, Series B: Biological Sciences, 311: 5-23.

Vakhrameev V.A., 1991 – Jurassic and Cretaceous floras and climates of the Earth. 318 pp., Cambridge University Press, Cambridge.

Viohl, G., 1983 – Forschungsobjekt „Solnhofener Plattenkalke". Archaeopteryx 1983: 3-23.

Viohl G., 1985 – Geology of the Solnhofen Lithographic Limestone and the Habitat of *Archaeopteryx*. In Hecht M.K., Ostrom J.H., Viohl G., Wellnhofer P. (eds.), The Beginnings of Birds. Proceedings of the International *Archaeopteryx* Conference Eichstätt 1984. Freunde des Jura-Museums, Eichstätt: 31-44.

Viohl G., 1991 – The „Solnhofen Lithographic Limestone" (Bavaria, Germany). Géobios, supplément 3, Mémoire Spécial, 16: 48 pp.

Viohl G., 1994 – Fish taphonomy of the Solnhofen Plattenkalk. An approach to the reconstruction of the palaeoenvironment. Géobios, Mémoire Spécial, 16: 81-90.

Viohl G., 1996 – The paleoenvironment of the Late Jurassic Fishes from the Southern Franconian Alb (Bavaria, Germany). In Arratia G., Viohl G. (eds.): Mesozoic Fishes. Systematics and Paleoecology. Proceedings of the International Meeting Eichstätt, 1993. Verlag Dr. Pfeil, München: 513-528.

Walther J. 1904 – Die Fauna der Solnhofener Plattenkalke – Bionomisch betrachtet. Festschrift zum 70. Geburtstag von Ernst Haeckel 133- 214, Verlag Gustav Fischer, Jena.

Wellnhofer P., 1970 – Die Pterodactyloidea (Pterosauria) der Oberjura-Plattenkalke. Abhandlungen der Bayerischen Akademie der Wissenschaften, Mathematisch-Naturwissenschaftliche Klasse, Neue Folge, 141: 127 S.

Wellnhofer P., 1975 – Rhamphorhynchoidea (Pterosauria) der Oberjura-Plattenkalke Süddeutschlands. Palaeontographica, A, 148 (1-3): 1-33; 148 (4-6): 132-186; 149 (1-3): 1-30.

Wellnhofer P., 1993 – Das siebte Exemplar von *Archaeopteryx* aus den Solnhofener Schichten. Archaeopteryx, 11: 1-47.

Wellnhofer P., 1995 – *Archaeopteryx*. Zur Lebensweise der Solnhofener Urvögel. Fossilien, 5: 296-307.

Wilby P.R., Briggs D.E.G., Viohl G., 1995 – Controls on the phosphatization of soft tissues in plattenkalks. 2° International Symposium on Lithographic Limestones, Lleida-Cuenca 9th-16th July 1995. Extended Abstracts: 165-166.

Yalden D.W., 1985 – Forelimb Function in *Archaeopteryx*. In Hecht M.K., Ostrom J.H., Viohl G., Wellnhofer P. (eds.), The Beginnings of Birds. Proceedings of the International *Archaeopteryx* Conference Eichstätt 1984. Freunde des Jura-Museums, Eichstätt: 91-97.

E.M. Friis & K. Raunsgaard Pedersen: Die fossilen Blüten von Åsen in Schonen, Süd-Schweden

Christensen W.K., 1975 – Upper Cretaceous belemnites from the Kristianstad area in Scania. Fossil and Strata, 7: 1-69.

Christensen W.K., 1986 – Upper Cretaceous Belemnites from the Vomb Trough in Scania, Sweden. Sveriges Geologiska Undersökning, Serie C, 57: 1-57.

Crane P.R., Friis E.M., Pedersen K.R., 1986 – Angiosperm flowers from the Lower Cretaceous: Fossil evidence on the early radiation of the dicotyledons. Science, 232: 852-854.

Crane P.R., Friis E.M., Pedersen K.R., 1989 – Reproductive structure and function in Cretaceous Chloranthaceae. Plant Systematics and Evolution, 165: 211-226.

Crepet W.L., Friis E.M., 1987 – The evolution of insect pollination in angiosperms. In Friis E.M., Chaloner W.G., Crane P.R. (eds.), The origins of angiosperms and their biological consequences. Cambridge University Press, Cambridge: 181-201.

Endress P.K., Friis E.M., 1991 – *Archamamelis*, hamamelididean flowers from the Upper Cretaceous of Sweden. Plant Systematics and Evolution, 175: 101-114.

Erdtman G., 1951 – On the „*Tricolporites protrudens* problem". Svensk Botanisk Tidskrift, 45: 355-361.

Friis E.M., 1983 – Upper Cretaceous (Senonian) floral structures of juglandalean affinity containing Normapolles pollen. Review of Palaeobotany and Palynology, 39: 161-188.

Friis E.M., 1984 – Preliminary report on Upper Cretaceous angiosperm reproductive organs from Sweden and their level of organization. Annals of the Missouri Botanical Garden, 71: 403-418.

Friis E.M., 1985a – *Actinocalyx* gen. nov., sympetalous angiosperm flowers from the Upper Cretaceous of southern Sweden. Review of Palaeobotany and Palynology, 45: 171-183.

Friis E.M., 1985b – Structure and function in Late Cretaceous angiosperm flowers. Biologiske Skrifter, Det Kongelige Danske Videnskabernes Selskab, 25: 1-37.

Friis E.M., 1990 – *Silvianthemum suecicum* gen. et sp. nov., a new saxifragalean flower from the Late Cretaceous of Sweden. Bio-

Friis E.M., Crane P.R., 1989 – Reproductive structures of Cretaceous Hamamelidae. In Crane P.R., Blackmore S. (eds.), Evolution, Systematics, and Fossil History of the Hamamelidae, Vol. 1, „Lower" Hamamelidae. Systematics Association Special Volume No. 40A. Clarendon Press, Oxford: 155-174.

Friis E.M., Crane P.R., Pedersen K.R., 1986 – Floral evidence for Cretaceous chloranthoid angiosperms. Nature, 320: 163-164.

Friis E.M., Crane P.R., Pedersen K.R., 1988 – Reproductive structure of Cretaceous Platanaceae. Biologiske Skrifter, Det Kongelige Danske Videnskabernes Selskab, 31: 1-56.

Friis E.M., Crepet W.L., 1987 – Time of appearance of floral features. In Friis E.M., Chaloner W.G., Crane P.R. (eds.), The origins of angiosperms and their biological consequences. Cambridge University Press, Cambridge: 145-179.

Friis E.M., Endress P.K., 1990 – Origin and evolution of angiosperm flowers. Advances in Botanical Research, 17: 99-162.

Friis E.M., Pedersen K.R., Crane P.R., 1994 – Angiosperm floral structures from the Early Cretaceous of Portugal. Plant Systematics and Evolution, Supplement 8: 31-49.

Friis E.M., Skarby A., 1981 – Structurally preserved angiosperm flowers from the Upper Cretaceous of Southern Sweden. Nature, 291: 485-486.

Friis E.M., Skarby A., 1982 – *Scandianthus* gen. nov., angiosperm flowers of saxifragalean affinity from the Upper Cretaceous of southern Sweden. Annals of Botany, 50: 569-583.

Grönwall K.A., 1915 – Nordöstra Skånes kaolin- och kritbildningar samt deras praktiska användning. Sveriges Geologiske Undersøgning, Serie C: 261 S.

Herendeen P.S., 1991 – Charcoalified angiosperm wood from the Cretaceous of Eastern North America and Europe. Review of Palaeobotany and Palynology, 70: 225-239.

Hultberg S.U., Malmgren B.A., Skarby A., 1984 – Fourier analysis of Late Cretaceous Normapolles from southern Sweden. Grana, 23: 97-107.

Koppelhus E.B., Batten D.J., 1989 – Late Cretaceous megaspores from southern Sweden: morphology and paleoenvironmental significance. Palynology, 13: 91-120.

Lundegren A., 1931 – De kretaceiska ler- och sandförekomsterna N om Ivösjön (Mit einer Zusammenfassung in deutscher Sprache). Geologisk Föreningen Stockholm Förhandlinger, 53: 298-320.

Lundegren A., 1934 – Kristianstadsområdets kritbildningar (Mit einer Zusammenfassung in deutscher Sprache). Geologisk Föreningen Stockholm Förhandlinger, 56: 125-313.

Mörner N.-A., 1983 – Santonian-Campanian boundary; paleomagnetism, sea level changes, biostratigraphy and sedimentology in SE Sweden. Abstracts, Symposium on Cretaceous Stage Boundaries, University of Copenhagen: 128-131.

Nykvist N., 1957 – Kretaceiska vedrester vid Åsen i Skåne. Svensk Skogvårdsföreningens Tidskrift, 55: 477-481.

Ross N.E., 1949 – On a Cretaceous pollen and spore bearing clay deposit of Scania. Bulletin of the Geological Institute Upsala, 34: 25-43.

Scott A.C., Jones T.P., 1991 – Microscopical observations of recent and fossil charcoal. Microscopy and Analysis, July 1991: 13-15.

Skarby A., 1964 – Revision of *Glecheniidites senonicus* Ross. Stockholm Contributions in Geology, 11 (3): 59-77.

Skarby A., 1968 – *Extratriporopollenites* (Pflug) emend. from the Upper Cretaceous of Scania, Sweden. Stockholm Contributions in Geology, 16 (1): 1-60.

Skarby A., 1974 – The status of the spore genus *Cibotiidites* Ross. Stockholm Contributions in Geology, 28 (1): 1-7.

Skarby A., 1986 – Normapolles anthers from the Upper Cretaceous of southern Sweden. Review of Palaeobotany and Palynology, 46: 235-256.

Skarby A., Rowley J.R., Nilsson L., 1990 – Exine structure of Upper Cretaceous Normapolles grains from anthers (Northeastern Scania, Sweden). Palynology, 14: 145-173.

Srinivasan V., Friis E.M., 1989 – Taxodiaceous conifers from the Upper Cretaceous of Sweden. Biologiske Skrifter, Det Kongelige Danske Videnskabernes Selskab, 35: 1-57.

J.L. Sanz, C. Diéguez & F.J. Poyato-Ariza: Die Unter-Kreide von Las Hoyas, Cuenca, Spanien

Barbadillo L.J., Evans S.E., 1995 – Lacertilians. In Meléndez N. (ed.), Las Hoyas: A lacustrine Konservat-Lagerstätte (Cuenca, Spain). Ediciones Universidad Complutense, Madrid: 57-58.

Blanc-Louvel C., 1991 – Étude complémentaire de *Montsechia vidali* (Zeiller) Teixeira 1954: nouvelle attribution systématique. Annales de Paléontologie (Vertébrés-Invertébrés), 77 (3): 129-141.

Buscalioni A.D., Ortega F., 1995 – Crocodylomorphs. In Meléndez N. (ed.), Las Hoyas: A lacustrine Konservat-Lagerstätte (Cuenca, Spain). Ediciones Universidad Complutense, Madrid: 59-61.

Diéguez C., Martín-Closas C., Meléndez N., Rodríguez-Lázaro J., Trinçao P., 1995 – Biostratigraphy. In Meléndez N. (ed.), Las Hoyas: A lacustrine Konservat-Lagerstätte (Cuenca, Spain). Ediciones Universidad Complutense, Madrid: 77-79.

Dodd J.R., Stanton R.J., 1990 – Paleoecology. Concepts and applications. 2nd ed., XVIII + 502 pp., John Wiley, New York.

Evans S.E., McGowan G., Milner A.R., Sanchíz B., 1995 – Amphibians. In Meléndez N. (ed.), Las Hoyas: A lacustrine Konservat-Lagerstätte (Cuenca, Spain). Ediciones Universidad Complutense, Madrid: 51-53.

Francés V., Sanz J.L., 1989 – Restos de dinosaurios del Cretácico inferior de Buenache de la Sierra (Cuenca). In La fauna del pasado en Cuenca. Actas I Curso de Paleontología en Cuenca. Instituto „Juan de Valdes", serie Actas Académicas, 1: 125-144.

Fregenal-Martínez M.A., 1991 – El sistema lacustre de Las Hoyas (Cretácico inferior, Serranía de Cuenca); estratigrafía y sedimentología. Tesina de Licenciatura inédita, Facultad de Geología, Universidad Complutense de Madrid: 226 pp.

Fregenal-Martínez M.A., Buscalioni A.D., Diéguez C., Evans S.E., McGowan G., Martínez-Delclòs X., Meléndez N., Ortega F., Pérez-Moreno B.P., Poyato-Ariza F.J., Rabadá D., Sanz J.L., Wenz S., 1995 – Taphonomy. In Meléndez N. (ed.), Las Hoyas: A lacustrine Konservat-Lagerstätte (Cuenca, Spain). Ediciones Universidad Complutense, Madrid: 21-27.

Fregenal-Martínez M.A., Meléndez N., 1994 – Sedimentological analysis of the Lower Cretaceous lithographic limestones of the „Las Hoyas" fossil site (Serranía de Cuenca, Iberian Range, Spain). Geobios, Mémoire Spécial, 16: 185-193.

Fregenal-Martínez M.A., Meléndez N., 1995 – Geological setting. In Meléndez N. (ed.), Las Hoyas: A lacustrine Konservat-Lagerstätte (Cuenca, Spain). Ediciones Universidad Complutense, Madrid: 1-10.

Gómez-Fernández J.C., Meléndez N., 1991 – Rhythmically laminated lacustrine carbonates in the Lower Cretaceous of La Serranía de Cuenca Basin (Iberian Ranges, Spain). International Association of Sedimentologists, Special Publications, 13: 245-256.

Jiménez-Fuentes E., 1995 – Turtles. In Meléndez N. (ed.), Las Hoyas: A lacustrine Konservat-Lagerstätte (Cuenca, Spain). Ediciones Universidad Complutense, Madrid: 55-56.

Martínez-Delclòs X., 1989 – Insectos del

Cretácico inferior de Las Hoyas (Cuenca). In La fauna del pasado en Cuenca. Actas I Curso de Paleontología en Cuenca. Instituto „Juan de Valdes", serie Actas Académicas, 1: 51-82.

Martínez-Delclòs X., 1991 – Insectes hemimetàbols del Cretaci inferior d'Espanya. Tafonomia i paleoautoecologia. Tesis doctoral, Facultat de Geologia, Universitat de Barcelona: 784 pp.

Martínez-Delclòs X., Ruiz de Loizaga M.J., 1994 – Les insectes des calcaires lithographiques du Crétacé inférieur d'Espagne. Faune et taphonomie. Geobios, Mémoire Spécial, 16: 195-201.

McGowan G., Evans S.E., 1995 – Albanerpetodontid amphibians from the Cretaceous of Spain. Nature, 373: 143-145.

Moratalla J.J., Fregenal-Martínez M., 1995 – Paleoichnology. In Meléndez N. (ed.), Las Hoyas: A lacustrine Konservat-Lagerstätte (Cuenca, Spain). Ediciones Universidad Complutense: 71-75, Madrid.

Pérez-Moreno B.P., Sanz J.L., Buscalioni A.D., Moratalla J.J., Ortega F., Rasskin-Gutman D., 1994 – A unique multitoothed ornithomimosaur dinosaur from the Lower Cretaceous of Spain. Nature, 370: 363-367.

Pinardo-Moya E.E., Fregenal-Martínez M.A., Poyato-Ariza F.J., 1995 – A statistical approach to some biostratinomic factors involved in fish mass mortality events at Las Hoyas, Cuenca, Spain. II International Symposium on Lithographic Limestones, Extended Abstracts. Ediciones de la Universidad Autónoma de Madrid: 119-122.

Poyato-Ariza F.J., 1989 – Ictiofauna del yacimiento de Las Hoyas. In La fauna del pasado en Cuenca. Actas I Curso de Paleontología en Cuenca. Instituto „Juan de Valdes", serie Actas Académicas, 1: 83-124.

Poyato-Ariza F.J., 1991 – Teleósteos primitivos del Cretácico inferior español: órdenes Elopiformes y Gonorhynchiformes. Tesis, Facultat de Ciencias, Universidad Autónoma de Madrid, manuscrito inédito: 707 pp.

Poyato-Ariza F.J., 1993 – „Leptolepid"-like fish from the Lower Cretaceous of Spain: a preliminary approach. Journal of Vertebrate Paleontology, 3 (13): 53A.

Poyato-Ariza F.J., 1994 – A new Early Cretaceous gonorhynchiform fish (Teleostei: Ostariophysi) from Las Hoyas (Cuenca, Spain). Occasional Papers of the Museum of Natural History, The University of Kansas, 164: 1-37.

Poyato-Ariza F.J., 1995a – A revision of *Rubiesichthys gregalis* WENZ 1984 (Ostariophysi: Chanidae), from the Early Cretaceous of Spain. In Arratia G., Viohl G. (eds.), Mesozoic Fishes – Systematics and Paleoecology. Proceedings of the First International Meeting, Eichstätt 1993. Verlag Dr. Pfeil, München: 319-327.

Poyato-Ariza F.J., 1995b – The phylogenetic relationships of *Rubiesichthys gregalis* and *Gordichthys conquensis* (Teleostei: Chanidae), from the Early Cretaceous of Spain. In Arratia G., Viohl G. (eds.), Mesozoic Fishes – Systematics and Paleoecology. Proceedings of the First International Meeting, Eichstätt 1993. Verlag Dr. Pfeil, München: 329-348.

Poyato-Ariza F.J., 1996 – A revision of the ostariophysan fish family Chanidae, with special reference to the Mesozoic forms. Palaeo Ichthyologica, 6: 52 pp.

Poyato-Ariza F.J., Wenz S., 1990 – La ictiofauna española del Cretácico inferior. In Civis-Llovera J., Flores J.A. (eds.), Actas de Paleontología (Actas de las IV Jornadas de Paleontología). Acta Salmanticensa, Biblioteca de las Ciencias, 68: 299-311.

Poyato-Ariza F.J., Wenz S., 1995 – Ichthyofauna. In Meléndez N. (ed.), Las Hoyas: A lacustrine Konservat-Lagerstätte (Cuenca, Spain). Ediciones Universidad Complutense: 43-49, Madrid.

Prieto S., Díaz-Romeral A., 1989 – El yacimiento de Las Hoyas: historia de un descubrimiento. In La fauna del pasado en Cuenca. Actas I Curso de Paleontología en Cuenca. Instituto „Juan de Valdes", serie Actas Académicas, 1: 39-50.

Rabadá D., 1991 – Crustáceos decápodos de las calizas litográficas del Cretácico inferior de España: Las Hoyas (Cuenca), el Montsec de Rúbies (Lleida). Tesina de Licenciatura, Facultat de Geologia, Universitat de Barcelona: 184 pp.

Rabadá D., 1993 – Crustáceos decápodos lacustres de las calizas litográficas del Cretácico inferior de España: Las Hoyas (Cuenca) y el Montsec de Rúbies (Lleida). Cuadernos de Geología Ibérica, 17: 345-370.

Rodríguez-Lázaro J., 1995 – Ostracods. In Meléndez N. (ed.), Las Hoyas: A lacustrine Konservat-Lagerstätte (Cuenca, Spain). Ediciones Universidad Complutense, Madrid: 33-34.

Sanz J.L., Barahona F., Barbadillo L.J., Buscalioni A.D., Diéguez C., Evans S.E., Fregenal-Martínez M.A., Díaz-Romeral A., Jiménez E., López-Morón N., Madero J., Martín-Closas C., Martínez-Delclòs X., McGowan G., Meléndez N., Milner A.R., Moratalla J.J., Ortega F., Pérez-Moreno B.P., Poyato-Ariza F.J., Rabadá D., Rasskin-Gutman D., Rodríguez-Lázaro J., Sanchíz B., Triancao P., Wenz S., 1994 – Diez años de investigación en el yacimiento de Las Hoyas (Cretácico inferior, Cuenca). In Fernández López S. (coord.), Comunicaciones de las X Jornadas de Paleontología: 185-186.

Sanz J.L., Bonaparte J., 1992 – A new order of birds (Class Aves) from the Lower Cretaceous of Spain. In Campbell K.E. (ed.), Papers in Avian Paleontology honoring Pierce Brodkorb. Sciences Series, Natural History Museum of Los Angeles County, 36: 39-49.

Sanz J.L., Bonaparte J., Lacasa A., 1988b – Unusual Early Cretaceous birds from Spain. Nature, 331: 433-435.

Sanz J.L., Buscalioni A.D., 1992 – A new bird from the Early Cretaceous of Las Hoyas, Spain, and the early radiation of birds. Palaeontology, 35 (4): 829-845.

Sanz J.L., Buscalioni A.D., 1994 – An isolated bird foot from the Barremian (Lower Cretaceous) of Las Hoyas (Cuenca, Spain). Geobios, Mémoire Spécial, 16: 213-217.

Sanz J.L., Chiappe L.M., Buscalioni A.D., 1995 – The osteology of *Concornis lacustris* (Aves: Enantiornithes) from the Lower Cretaceous of Spain and a reexamination of its phylogenetic relationships. American Museum Novitates, 3133: 23 pp.

Sanz J.L., Diéguez C., Fregenal-Martínez M.A., Martínez Delclòs X., Meléndez N., Poyato-Ariza F.J., 1990 – El yacimiento de fósiles del Cretácico inferior de Las Hoyas, provincia de Cuenca (España). Comunicaciones de la Reunión de Tafonomía y Fosilización, Universidad Complutense de Madrid/C.S.I.C.: 337-355.

Sanz J.L., Wenz S., Yébenes A., Estes R., Martínez-Delclòs X., Jiménez-Fuentes E., Diéguez C., Buscalioni A.D., Barbadillo J.L., Vía L., 1988a – An Early Cretaceous faunal and floral continental assemblage: Las Hoyas fossil-site (Cuenca, Spain). Geobios, 21 (5): 611-635.

Shipman P., 1981 – Life history of a fossil. An introduction to Taphonomy and Paleoecology. Harvard University Press, Cambridge: 222 pp.

Talbot M.R., Meléndez N., Fregenal-Martínez M.A., 1995 – The waters of the Las Hoyas lake: sources and limnological characteristics. In Meléndez N. (ed.), Las Hoyas: A lacustrine Konservat-Lagerstätte (Cuenca, Spain). Ediciones Universidad Complutense, Madrid: 11-16.

Teixeira C., 1954 – La flore fossile des calcaires lithographiques de Santa María de Meya (Lérida, Espagne). Boletim da Sociedade Geologica de Portugal, Lisboa, 12: 14 pp.

Vilas L., Alonso A., Arias C., Mas R., Rincón R., Meléndez N., 1982 – The Cretaceous of Southwestern Iberian Ranges (Spain). Zitteliana, 10: 245-254.

Wenz S., 1984 – *Rubiesichthys gregalis* n.g. n.sp., Pisces Gonorhynchiformes, du Crétacé inférieur du Montsech (Province de Lérida, Espagne). Bulletin du Muséum national d'Histoire naturelle de Paris, 4ᵉ série, 6, section C, 3: 275-285.

Wenz S., Poyato-Ariza F.J., 1994 – Les actinoptérygiens juvéniles du Crétacé inférieur du Montsec et de Las Hoyas (Espagne). Geobios, Mémoire Spécial, 16: 203-212.

Wenz S., Poyato-Ariza F.J., 1995 – Pycnodontiform fishes from the Early Cretaceous of Las Hoyas (Spain). II International Symposium on Lithographic Limestones, Extended Abstracts. Ediciones de la Universidad Autónoma de Madrid: 157-161.

F. Pérez-Lorente: Die Kreide von La Rioja, Spanien

Aguirrezabala L.R., Torres J.A., Viera L.I., 1985 – El weald de Igea (Cameros, La Rioja). Sedimentología, biostratigrafía y paleoicnología de grandes reptiles (Dinosaurios). Munibe, 37: 111-118.

Alonso A., Mas R., 1993 – Control tectónico e influencia del eustatismo en la sedimentación del Cretácico de la Cuenca de Cameros. Cuadernos de Geología Ibérica, 17: 285-310.

Barrale G., Viera L.I., 1991 – Description d'une nouvelle paléoflore dans le Crétacé inférieur du Nord de l'Espagne. Munibe, 43: 21-35.

Beuther A., 1966 – Geologische Untersuchungen in Wealden und Utrillas-Schichten im Westteil der Sierra de los Cameros (Nordwestliche Iberische Ketten). Beihefte zum Geologischen Jahrbuch, 44: 103-121.

Brenner F., 1976 – Ostracoden und Charophyten des spanischen Wealden (Systematik, Ökologie, Stratigraphie, Paläogeographie). Paleontographica A, 152: 113-201.

Calderón S., 1886 – Note sur le terrain wealdien du Nord de l'Espagne. Bulletin de la Societé Géologique de France, 3ᵐᵉ série, 14: 405-407.

Calzada S., 1977 – Un yacimiento barremiense en Cameros (Logroño). Boletín de la Real Sociedad Española de Historia Natural, Sección de Geología, 75: 35-38.

Casanovas L., Ezquerra R., Fernández A., Pérez-Lorente F., Santafé J.V., Torcida F., 1992 – Tracks of a herd of webbed ornithopods and other footprints found in the same site (Igea, La Rioja. Spain). Révue de la Paléobiologie, Mémoir Spécial, 2ᵐᵉ G. Cuvier Symposium, 7: 37-44.

Casanovas L., Ezquerra R., Fernández A., Pérez-Lorente F., Santafé J.V., Torcida F., 1993 – Icnitas digitígradas y plantígradas de dinosaurios en el afloramiento de El Villar-Poyales (La Rioja, España). Zubía monográfico, 5: 133-163.

Casanovas L., Santafé J.V., 1971 – Icnitas de reptiles mesozoicos en la provincia de Logroño. Acta Geológica Hispánica, 5: 139-142.

Farlow J.O., 1993 – On the rareness of big, fierce animals: speculations about the body sizes, population densities, and geographic ranges of predatory mammals and large carnivorous dinosaurs. American Journal of Science, 231: 167-199.

I.E.R., 1988 – III Coloquio de estratigrafía y paleogeografía del Jurásico de España. Ciencias de la Tierra, 11: 329 pp.

Lockley M.G., Meyer C.A., Santos V.F., 1994 – The distribution of sauropod tracks and trackmakers. Gaia, 10: 233-248.

Martín Closas C., 1989 – Els caròfits del cretacic inferior de les conques perifèriques del bloc de l'Ebre. Tesis Universitat de Barcelona, Memoria inédita: 581 pp.

Meléndez A., Pérez-Lorente F., 1996 – Comportamiento gregario aparente de dinosaurios condicionado por una deformación sinsedimentaria (Igea, La Rioja, España). Estudios Geológicos, 52: 77-82.

Moratalla J.J., 1993 – Restos indirectos de dinosaurios del registro español: paleoicnología de la Cuenca de Cameros (Jurásico superior-Cretácico inferior) y paleoecología del Cretácico superior. Tesis Universidad Autónoma de Madrid, Manuscrito inédito.

Pereda J.V., Aguirre y Muniain I., 1783 – Descripción del viage para la recolección de varios descubrimientos que ofrecen al Rey Nuestro Señor que Dios guarde. Manuscrito: 97 pp.

Sánchez Lozano R., 1894 – Descripción física, geológica y minera de la provincia de Logroño. Memoria de la Comisión del Mapa Geológico de España, 18: 548 pp.

Sanz J.L., Moratalla J.J., Casanovas M.L., 1985 – Traza icnológica de dinosaurio iguanodóntido en el Cretácico inferior de Cornago (La Rioja, España). Estudios Geológicos, 41: 85-91.

Schudack M., Schudack U., 1989 – Late Kimmeridgian to Berriasian paleogeography of the northwestern Iberian Ranges (Spain). Berliner geowissenschaftliche Abhandlungen, 106: 445-457.

Tischer G., 1966 – Über die Weaddenablagerung und die Tektonik der östlichen Sierra de los Cameros in den nordwestlichen Iberischen Ketten (Spanien). Beihefte zum Geologischen Jahrbuch, 44: 123-164.

Torres J.A., Viera L.I., 1994 – *Hypsilophodon foxii* (Reptilia, Ornithischia) en el Cretácico inferior de Igea (La Rioja. España). Munibe, 46: 3-41.

F.F. Steininger: Europa im Känozoikum: Die Tertiär-Periode

Arduino G., 1760 (ex 1759) – Lettera seconda di Giovanni Arduino al Cav. Antonio Vallisnieri sopra Osservazioni fatte in diverse parti del Territorio di Vicenza, ed altrove, appartenenti alla Teoria terrestre, ed alla Mineralogia. Nuova Racc. Op. scient. fil. del Calagiera, 6: 133-163.

Berggren W.A., Kent D.V., Swisher C.C. III, Aubry M.P., 1995 – A revised Cenozoic geochronology and chronostratigraphy. In Berggren W.A., Kent D.V., Aubry M.P., Hardenbol J. (eds.), Geochronology, time scales and stratigraphic correlation: Framework for an historical geology. SEPM, Special Publication, 54: 129-212.

Hallam A., 1992 – Phanerozoic sea-level changes. Columbia University Press, New York: X + 266 pp.

Hallam A., 1994 – An Outline of Phanerozoic Biogeography. Oxford University Press, Oxford: VIII + 246 pp.

Haq, B.U., Hardenbol, J., Vail, P.R., 1987 – Chronology of fluctuating sea levels since the Triassic. Science, 235: 1156-1167.

Kennet J.P. (ed.), 1985 – The Miocene Ocean: Paleoceanography and Biogeography. Geological Society of America Memoir, 163: 163 pp.

Lyell C., 1830-1833 – Principles of Geology. Being an Attempt to Explain the Former Changes of the Earth's Surface by Reference to Causes now in Operation. 1838 vol. 1: 511 pp.; 1832 vol. 2: 330 pp.; 1833 vol. 3: 398 pp., John Murray, London.

Miller K.G., Wright J.D., Fairbanks R.G., 1991 – Unlocking the Icehouse Oligocene-Miocene Oxygene Isotopes, Eustasy, and Margin Erosion. Journal of Geophysical Research, 96, B4: 6829-6848.

Morlot A., 1854 – Über die quartären Gebilde des Rhonegebietes. Verhandlungen der Schweizerischen Naturwissenschaftlichen Gesellschaft, 43: 144-150.

Prothero D.R., 1994 – The Eocene-Oligocene Transition: Paradise Lost. Columbia University Press, New York: XVII + 291 pp.

Rögl F., 1998 - Palaeogeographic Considerations for Mediterranean and Paratethys Seaways (Oligocene to Miocene). Annalen des Naturhistorischen Museums Wien, 99 A: 279-310.

Rögl F., Steininger F.F., 1983 – Vom Zerfall der Tethys zu Mediterran und Paratethys. Annalen des Naturhistorischen Museums Wien, 85 A: 135-163.

Rögl F., Steininger F.F., 1984 – Neogene Paratethys-, Mediterranean- and Indo-Pacific Seaways. Implications for the Paleobiogeography of Marine and Terrestrial biotas. In Brenchley P.J. (ed.), Fossils and

Climate. Geological Journal Special Issue, 11: 171-200.
Steininger F.F. 1999, – Chronostratigraphy, Geochronology and Biochronology of the Miocene 'European Land Mammal Mega-Zones' (ELMMZ) and the Miocene 'Mammal-Zones MN-Zones'. In Rössner G., Heissig K. (eds.): The Miocene Mammals of Europe: 9-24, F. Pfeil, München.
Steininger F.F., Berggren W.A., Kent D.V., Bernor R.L., Sen S., Agusti J., 1996 – Circum Mediterranean Neogene (Miocene and Pliocene) Marine-Continental Chronologic Correlations of European Mammals Units and Zones. In Bernor R.L., Fahlbusch V., Rietschel S. (eds.): Later Neogene European Biotic Evolution and Stratigraphic Correlation: 7-46. Columbia University Press, New York.
Steininger F.F., Müller C., Rögl F., 1988 – Correlation of Central Paratethys, Eastern Paratethys, and Mediterranean Neogene Stages. In Royden L.H., Horváth F. (eds.), The Pannonian Basin. A study in basin evolution. American Association of Petroleum Geologists Memoir, 45: 79-88.
Steininger F.F., Rabeder G., Rögl F., 1985 – Land Mammal Distribution in the Mediterranean Neogene - a consequence of Geokinematic and Climatic Events. In Stanley D.J., Wezel F.C. (eds.), Geological Evolution of the Mediterranean Basin: 559-571. Springer, New York.
Steininger F.F., Rögl F., 1984 – Palaeogeography and palinspastic reconstruction of the Neogene of the Mediterranean and Paratethys. In Dixon J.E., Robertson A.H.F. (eds.), The Geological Evolution of the Eastern Mediterranean. Geological Society of London Special Publications, 17: 659-668.
Steininger F.F., Senes J., Kleemann K., Rögl F. (eds.), 1985 – Neogene of the Mediterranean Tethys and Paratethys. Stratigraphic Correlation Tables and Sediment Distribution Maps. Veröffentlichungen des Institus für Paläontologie, Wien, 1: XIC + 189 S.; 2: XXV + 524 S.
Whybrow P.J., 1984 – Geological and faunal evidence from Arabia for mammal „migrations" between Asia and Africa during the Miocene. Courier Forschungsinstitut Senckenberg, 69: 189-198.

L. Sorbini †: Die Fossillagerstätten von Bolca, Verona, Italien

Alessandrello A., 1990 – A revision of the annelids from the Eocene of Monte Bolca (Verona, Italy). Studi e ricerche sui giacimenti terziari di Bolca, 6: 175-214.
Andersen Moller N., Farma A., Minelli A., Piccoli G., 1994 – A fossil *Halobates* from the Mediterranean and the origin of sea skaters (Hemiptera, Gerridae). Zoological Journal of the Linnean Society, 112: 479-489.
Calvelier C., Pomerol C., 1976 – Les rapports entre le Bartonien et le Priabonien; incidence sur la position de la limite Eocène moyen – Eocene supérieur. Bulletin de la Société Géologique de France, 18 (2), Supplément 2: 49-51.
Landini W., Sorbini L., 1995 – New paleo-ecological data on reef fish fauna from Monte Bolca (Italy). In Lathuilière B., Geister J. (eds.), Proceedings of the Second European regional meeting; Coral reefs in the past, present and future. Luxembourg, September 6-9, 1994. Publications du Service Géologique du Luxembourg, 29: 122-123.
Landini W., Sorbini L., 1996 – Ecological and trophic relationships of Eocene Monte Bolca (Pesciara) fish fauna. Bolletino della Società Paleontologica Italiana, 3: 105-112.
Massalongo A., 1856 – Studi paleontologici. Antonelli, Verona: 53 pp.
Massalongo A., 1859 – Syllabus plantarum fossilium hucusque in formationibus tertiariis Agri Veneti detectarum. Merlo, Verona: 179 pp.
Massari F., Sorbini L., 1975 – Aspects sédimentologiques des couches à poissons de l'Eocène de Bolca (Verone-Nord Italie). IX Congrès International de Sédimentologie, Nice: 56-61.
Medizza F., 1975 – Il nannoplancton calcareo della Pesciara di Bolca (Monti Lessini). Studi e ricerche sui giacimenti terziari di Bolca, 2: 433-453.
Omboni G., 1886 – Di alcuni insetti fossili del Veneto. Atti, Real Instituto Veneto di Scienze, Lettere ed Arti, 4-6: 1-13.
Patterson C., 1993 – An overview of the early fossil record of acantomorphs. Bulletin of Marine Science, 52 (1): 29-59.
Secretan S., 1975 – Les crustacés du Monte Bolca. Studi e ricerche sui giacimenti terziari di Bolca, 2: 315-425.
Sorbini L., 1989 – I fossili di Bolca. La Grafica, Vago di Lavagno-Verona, IV ed.: 133 pp.

J.L. Franzen & S. Schaal: Der eozäne See von Messel

Collinson M., 1986 – Früchte und Samen aus dem Messeler Ölschiefer. Courier Forschungsinstitut Senckenberg, 85: 217-220.
Elder R., 1985 – Principles of Aquatic Taphonomy with Examples from the Fossil Record. Thesis, 336 pp., University of Michigan, Ann Arbor.
Engelhardt H., 1922 – Die alttertiäre Flora von Messel bei Darmstadt. Abhandlungen der Hessischen Geologischen Landesanstalt, Darmstadt, 7 (4): 17-128.
Franzen J.L., 1985 – Exceptional preservation of Eocene vertebrates in the lake deposit of Grube Messel (West Germany). Philosophical Transactions of the Royal Society of London, Series B: Biological Sciences, 311: 181-186.
Franzen J.L., 1986 – Sektion Paläoanthropologie II (Fossile Grossäuger und deren Lagerstätten). In Ziegler W. (Hrsg.), Wissenschaftlicher Jahresbericht 1985 des Forschungsinstitutes Senckenberg, Frankfurt am Main. Courier Forschungsinstitut Senckenberg, 85: 299-307.
Franzen J.L., 1987 – Ein neuer Primate aus dem Mitteleozän der Grube Messel (Deutschland, S-Hessen). Courier Forschungsinstitut Senckenberg, 91: 151-187.
Franzen J.L., 1990 – *Hallensia* (Mammalia, Perissodactyla) aus Messel und dem Pariser Becken sowie Nachträge aus dem Geiseltal. Bulletin de l'Institut Royal des Sciences Naturelles de Belgique, Sciences de la Terre, 60: 175-201.
Franzen J.L., Frey E., 1993 – *Europolemur* Completed. Kaupia, 3: 113-130.
Franzen J.L., Köster A., 1994 – Die eozänen Tiere von Messel – ertrunken, erstickt oder vergiftet? Natur und Museum, 124 (3): 91-97.
Franzen J.L., Michaelis W. (eds.), 1988 – Der eozäne Messelsee. Eocene Lake Messel. Courier Forschungsinstitut Senckenberg, 107: 1-452.
Franzen J.L., Weber J., Wuttke M., 1982 – Senckenberg-Grabungen in der Grube Messel bei Darmstadt. 3. Ergebnisse 1979–1981. Courier Forschungsinstitut Senckenberg, 54: 1-118.
Goth K., 1990 – Der Messeler Ölschiefer – ein Algenlaminit. Courier Forschungsinstitut Senckenberg, 131: 1-143.
Habersetzer J., Storch G., 1987 – Klassifikation und funktionelle Flügelmorphologie paläogener Fledermäuse (Mammalia, Chiroptera). Courier Forschungsinstitut Senckenberg, 91: 117-150.
Harassowitz H.L.F., 1922 – Die Schildkrötengattung *Anosteira* von Messel bei Darmstadt und ihre stammesgeschichtliche Bedeutung. Abhandlungen der Hessischen Geologischen Landesanstalt, Darmstadt, 6 (3): 133-238.
Haupt O., 1922 – Die eocänen Süßwasserablagerungen (Messeler Braunkohlenformation) in der Umgegend von Darmstadt und ihr paläontologischer Inhalt. Zeitschrift der deutschen geologischen Gesellschaft, 73: 175-178.

Haupt O., 1925 – Die Paläohippiden der eocänen Süßwasserablagerungen von Messel bei Darmstadt. Abhandlungen der Hessischen Geologischen Landesanstalt, Darmstadt, 6 (4): 1-159.

Hesse A., 1988 – † Die Messelornithidae – eine neue Familie der Kranichartigen (Aves: Gruiformes: Rhynocheti) aus dem Tertiär Europas und Nordamerikas. Journal of Ornithology, 129: 83-95.

Hesse A., 1990 – Die Beschreibung der Messelornithidae (Aves: Gruiformes: Rhynocheti) aus dem Alttertiär Europas und Nordamerikas. Courier Forschungsinstitut Senckenberg, 128: 1-176.

Hummel K., 1925 – Vulkanisch bedingte Braunkohlenbildung. Braunkohle, 23: 293-298.

Hummel K., 1927 – Die Schildkrötengattung *Trionyx* im Eozän von Messel bei Darmstadt und im aquitanischen Blättersandstein von Münzenberg in der Wetterau. Abhandlungen der Hessischen Geologischen Landesanstalt, Darmstadt, 8 (2): 1-96.

Koenigswald W. von, 1987 – Die Fauna des Ölschiefers von Messel. In Heil R., von Koenigswald W., Lippmann H.G., Graner D., Heunisch C. (Hrsg.), Fossilien der Messel-Formation: 71-142. Hessisches Landesmuseum, Darmstadt.

Kühne W.G., 1961 – Präparation von flachen Wirbeltierfossilien auf künstlicher Matrix. Paläontologische Zeitschrift, 35: 251-252.

Kuster-Wendenburg E., 1969 – Fossil-Grabungen in den mitteleozänen Süßwasserpeliten der „Grube Messel" bei Darmstadt (Hessen). Notizblatt des Hessischen Landesamtes für Bodenforschung Wiesbaden, 97: 65-75.

Lippolt H.J., Baranyi I., Todt W., 1975 – Die Kalium-Argon–Alter der postpermischen Vulkanite des nord-östlichen Oberrheingrabens. Aufschluss, Sonderband 27: 205-212.

Ludwig R., 1877 – Fossile Crocodiliden aus der Tertiärformation des Mainzer Bekens. Palaeontographica, Supplement, 3: 1-52.

Lutz H., 1990 – Systematische und palökologische Untersuchungen an Insekten aus dem Mittel-Eozän der Grube Messel bei Darmstadt. Courier Forschungsinstitut Senckenberg, 124: 1-165.

Matthess G., 1966 – Zur Geologie des Ölschiefervorkommens von Messel bei Darmstadt. Abhandlungen des Hessischen Landesamtes für Bodenforschung, 51: 1-87.

Peters D.S., Storch G., 1993 – Southamerican Relationships of Messel Birds and Mammals. Kaupia, 3: 263-269.

Revilliod P., 1917 – Fledermäuse aus der Braunkohle von Messel bei Darmstadt. Abhandlungen der Grossherzoglichen Hessischen Geologischen Landesanstalt Darmstadt, 7 (2): 157-201.

Richter G., 1987 – Untersuchungen zur Ernährung eozäner Säuger aus der Fossilfundstätte Messel bei Darmstadt. Courier Forschungsinstitut Senckenberg, 91: 1-33.

Richter G., 1992 – Fossilized gut contents: analysis and interpretation. In Schaal S., Ziegler W. (eds.), Messel. An insight into the history of life and of the Earth. Clarendon Press, Oxford: 285-289.

Richter G., Wuttke M., 1995 – Der Messeler Süßwasser-Kieselschwamm *Spongilla gutenbergiana*, eine *Ephydatia*. Natur und Museum, 125 (4): 134-135.

Rietschel S., 1988a – Taphonomic Biasing in the Messel Fauna and Flora. Courier Forschungsinstitut Senckenberg, 107: 169-182.

Rietschel S., 1988b - Gastropod excrements, evidence of life in the Messel lake. Courier Forschungsinstitut Senckenberg, 107: 163-168.

Rietschel S., 1994 – Messel. Ein Maar-See? Mainzer Naturwissenschaftliches Archiv, Beihefte, 16: 213-218.

Schaal S. (Hrsg.), 1987 – Forschungsergebnisse zu Grabungen in der Grube Messel bei Darmstadt. Courier Forschungsinstitut Senckenberg, 91: 1-213.

Schaal S., 1988 – Die Entstehungsgeschichte der Messeler Tonsteine. In Schaal S., Ziegler W. (Hrsg.), Messel. Ein Schaufenster in die Geschichte der Erde und des Lebens. Verlag Waldemar Kramer, Frankfurt am Main: 17-26.

Schaal S., 1992 – The genesis of the Messel oil shale. In Schaal S., Ziegler W. (eds.), Messel. An insight into the history of life and of the Earth. Clarendon Press, Oxford: 17-26.

Schaal S., Schneider U. (Hrsg.), 1995 – Chronik der Grube Messel. Verlag Kempkes, Gladenbach: 127 S.

Schaal S., Ziegler W. (Hrsg.), 1988 – Messel. Ein Schaufenster in die Geschichte der Erde und des Lebens. Verlag Waldemar Kramer, Frankfurt am Main: 1-315.

Schaal S., Ziegler W. (Hrsg.), 1992 – Messel. An insight into the history of life and of the Earth. Clarendon Press, Oxford: 1-322.

Schaarschmidt F., 1988 – Der Wald, fossile Pflanzen als Zeugen eines warmen Klimas. In Schaal S., Ziegler W. (Hrsg.), Messel. Ein Schaufenster in die Geschichte der Erde und des Lebens. Verlag Waldemar Kramer, Frankfurt am Main: 27-52.

Schaarschmidt F., 1992 – The vegetation: fossil plants as witnesses of a warm climate. In Schaal S., Ziegler W. (eds.), Messel. An insight into the history of life and of the Earth. Clarendon Press, Oxford: 27-52.

Schmitz M., 1991 – Die Koprolithen mitteleozäner Vertebraten aus der Grube Messel bei Darmstadt. Courier Forschungsinstitut Senckenberg, 137: 1-199.

Seilacher A., Reif W.-E., Westphal F., 1985 – Sedimentological, ecological and temporal patterns of fossil Lagerstaetten. Philosophical Transactions of the Royal Society of London, Series B: Biological Sciences, 311: 5-23.

Storch G., 1981 – *Eurotamandua joresi*, ein Myrmecophagidae aus dem Eozän der „Grube Messel" bei Darmstadt (Mammalia, Xenarthra). Senckenbergiana lethaea, 61: 247-289.

Storch G., Haubold H., 1989 – Addition to the Geiseltal mammalian faunas, Middle Eocene: Didelphidae, Nyctitheriidae, Myrmecophagidae. Palaeovertebrata Montpellier, 19 (3): 95-114.

Storch G., Schaarschmidt F., 1992 – The Messel fauna and flora: a biogeographical puzzle. In Schaal S., Ziegler W. (eds.), Messel. An insight into the history of life and of the Earth. Clarendon Press, Oxford: 291-297.

Tobien H., 1969 – Die alttertiäre (mitteleozäne) Fossilfundstätte Messel bei Darmstadt (Hessen). Mainzer naturwissenschaftliches Archiv, 8: 149-180.

Weber J., Hofmann U., 1982 – Kernbohrungen in der eozänen Fossillagerstätte Grube Messel bei Darmstadt. Geologische Abhandlungen Hessen, 83: 1-58.

Westphal F., 1980 – *Chelotriton robustus* n. sp., ein Salamandride aus dem Eozän der Grube Messel bei Darmstadt. Senckenbergiana lethaea, 60 (4/6): 475-487.

Wilde V., 1989 – Untersuchungen zur Systematik der Blattreste aus dem Mitteleozän der Grube Messel bei Darmstadt (Hessen, Bundesrepublik Deutschland). Courier Forschungsinstitut Senckenberg, 115: 1-213.

Wuttke M., 1983 – „Weichteil-Erhaltung" durch lithifizierte Mikroorganismen bei mitteleozänen Vertebraten aus den Ölschiefern der 'Grube Messel' bei Darmstadt. Senckenbergiana lethaea, 64: 509-527.

Wuttke M., 1992 – Conservation – dissolution – transformation. On the behaviour of biogenic materials during fossilization. In Schaal S., Ziegler W. (eds.), Messel. An insight into the history of life and of the Earth. Clarendon Press, Oxford: 263-275.

L. Kordos: Das Untere Miozän von Ipolytarnóc in Ungarn

Abel O., 1935 – Vorzeitliche Lebensspuren. Fischer, Jena: xv+644 S.

Baktai M., Fejes I., Horváth A., 1964 – A Pinoxilon tarnociensis (Tuzson) Greguss évgyürüinek vizsgálata. Földtani Közlöny, 94: 393-396.

Bartkó L., 1985 – Geology of Ipolytarnóc. Geologica Hungarica, Seria Palaeontologica, 44: 49-71.

Greguss P., 1954 – Az ipolytarnóci alsómiocén megkövesedett famaradványok. Földtani Közlöny, 84 (1-2): 91-109.

Hably L., 1985 – Early Miocene plant fossils from Ipolytarnóc, N Hungary. Geologica Hungarica Seria Palaeontologica, 45: 133-256.

Jablonszky J., 1914 – A tarnóci mediterrán kövült flóra (Über die mediterrane Flora von Tarnóc). Földtani Intézet Évkönyve, 22 (4): 227-274.

Koch A., 1903 – Tarnócz Nógrádmegyében, mint kövült czápafogaknak új gazdag lelöhelye. Földtani Közlöny, 33: 22-44.

Koch A., 1904 – Pótlék a tarnóczi alsómediterrán homokkö czápafaunájához. Földtani Közlöny, 34: 202-203.

Kordos L., 1985 – Footprints in the Lower Miocene Sandstone of Ipolytarnóc. Geologica Hungarica Seria Palaeontologica, 46: 359-415.

Kordos L., 1987 – A Contribution to the Footprint Record of the Lower Miocene Sandstone of Ipolytarnóc. Földtani Intézet Évi Jelentése, 1985-röl: 453-465.

Kordos L., Morgos A., 1988 – Lower Miocene Footprints as Studied at Ipolytarnóc in 1986. Földtani Intézet Évi Jelentése, 1986-röl: 493-451.

Kräusel R., 1949 – Die fossilen Koniferen-Hölzer (Unter Ausschluss von Araucarioxylon Kraus). II. Kritische Untersuchungen zur Diagnostik lebender und fossiler Koniferen-Hölzer. Palaeontographica B, 89 (4-6): 83-203.

Kretzoi M., 1950 – Az ipolytarnóci lábnyomos homokkö földtani kora és az akvitán kérdés. Földtani Közlöny, 80 (7-9): 259-261.

Kubinyi F., 1854 – A tarnóczi óriás kövült fa és az ezt környezö könemek földismei tekintetben. In Vahot I., Kubinyi F. (Hrsg.), Magyar- és Erdélyország képekben. Pest, 3: 61-63.

Lambrecht K., 1912 – Magyarország fosszilis madarai. Aquila, 19: 288-315.

Lóczy L., 1910 – Vezetö a M. kir. Földtani Intézet múzeumában. Földtani Intézet Népszerü Kiadványai, 1: 29-30.

Pálfalvy I., 1976 – Az ipolytarnóci lábnyomos homokkö növénymaradványai. Földtani Intézet Évi Jelentése, 1974-röl: 95-96.

Rásky K., 1959 – The fossil flora of Ipolytarnóc. Journal of Paleontology, 33 (3): 451-453.

Rásky K., 1964 – Studies of Tertiary Plant Remains from Hungary. Annales Historico-Naturales Musei Nationali Hungarici, 56: 63-96.

Rásky K., 1965 – A Contribution to the Study of Tertiary Plant Remains from Hungary. Annales Historico-Naturales Musei Nationali Hungarici, 57: 81-94.

Tasnádi Kubacska A., 1964 – Lábnyomok Ipolytarnócon. In Tasnádi, A. (Hrsg.): Az élövilág fejlödéstörténete: 228-232, Gondolat, Budapest.

Tasnádi Kubacska A., 1976 – Az ipolytarnóci lábnyomos homokkö öséletnyomai. Földtani Intézet Évi Jelentése, 1974-röl: 77-94.

Tuzson J., 1901 – A tarnóczi kövült fa (*Pinus tarnocziensis* n. sp.). Természetrajzi Füzetek, 24: 273-316.

Vialov O.S., 1966 – Sledu ziznedeiatelnosty organismov ih paleontologiceskoe znacenie. Naukova Dumka, Kiev: 1-219.

Vialov O.S., 1985 – Sledu posvonocnic iz niznego miocena Vengrii. Paleontologiceskie Sborník, 22: 71-78.

L. Rasplus: Die Muschelsande („Faluns") des Beckens von Paris

Alcayde G., Rasplus L., 1971 – La Touraine. Bulletin d'Information des Géologues du Bassin de Paris, 29: 151-211.

Alvinerie J., Antunes M.T., Cahuzac B., Lauriat-Rage A., Montenat C., Pujol C., 1992 – Synthetic data on the paleogeographic history of Northeastern Atlantic and Betic-Rifian Basin, during the Neogene (from Brittany, France, to Morocco). Paleogeography, Palaeoclimatology, Palaeoecology, 95 (3/4): 263-286.

Barrier P., Bernard L., Goddyn X., Merle D., Temey I., 1995 – Exposé sur les Études paléoenvironnementales sur les faluns miocènes. Intercolloquium, Regional Committee on Atlantic Neogene Stratigraphy, Tours (non publié).

Biagi R., André J.-P., Moguedet G., 1995 – La ria miocène du Layon (ouest de la France). Intercolloquium, Regional Committee on Atlantic Neogene Stratigraphy, Tours (non publié).

Bongrain M., 1970 – Pectinidés des faluns de la Loire: le groupe de *Chlamys opercularis* dans le bassin de Noyant. Travaux de la Laboratoire de paléontologie, Faculté des Sciences, Orsay: 73 pp.

Buffon de G.L.L., 1749 – Théorie de la terre. In Histoire Naturelle, tome I, Paris (cité in Lecointre, Ctse P., 1908: 26).

Buge E., 1957 – Les Bryozoaires du Néogène de l'Ouest de la France et leur signification stratigraphique et paléobiologique. Mémoires du Museum National d'Histoire Naturelle de Paris, Série C, Sciences de la Terre, 6: 435 pp.

Camy-Peyret J., Vuillemier J., 1975 – Aspects sédimentologiques et paléoécologiques des faluns miocènes du Blésois. Bulletin d'Information des Géologues du Bassin de Paris, 12 (2): 3-14.

Canu F., Lecointre G., 1925 – Les Bryozoaires cheilostomes et cyclostomes des faluns de Touraine. Mémoires de la Société Géologique de France, Nouvelle Série, 4: 215 pp.

Charrier P., Carbonnel G., Chateauneuf J.J., Gardette D., Margerel J.P., Riveline J., Roux M., 1980 – Découverte dans le bassin de Savigné-sur-Lathan (Indre-et-Loire) d'une microfaune et d'une microflore du Miocène inférieur correspondant aux premiers niveaux transgressifs de la Mer des Faluns de Touraine. Comptes Rendus, Académie des Sciences Paris, 290: 1325-1328.

Charrier P., Palbras N., 1979 – Un modèle d'évolution paléoécologique et de dynamique sédimentaire dans les faluns miocènes de Touraine: le bassin de Savigné-sur-Lathan (Indre-et-Loire). Thèse, 3ème cycle, Université d'Orsay: 205 pp. + annexes.

Cuvier G., Brongniart A., 1822 – Description géologique des environs de Paris. E. d'Ocagne (éditeur), Paris: 685 pp.

Desnoyers, 1829 – Observations sur un ensemble de dépôts marins. Annales de Sciences naturelles (cité in Lecointre, Ctse P., 1908: 35).

Dollfus G.F., Dautzenberg P., 1886 – Étude préliminaire des coquilles fossiles des faluns de la Touraine. Feuille des jeunes Naturalistes: 1-28.

Dujardin F., 1837 – Mémoire sur les couches du sol en Touraine et description des coquilles de la craie et des faluns. Mémoires de la Société Géologique de France, 9 (2): 211-311.

Duvau A., 1825 – Sur trois dépôts coquilliers en Indre-et-Loire et Côtes-du-Nord. Mémoires de la Société Linéenne de Caen, Janvier 1825 (cité in Lecointre, Ctse P., 1908: 34).

Fatton E., 1967 – Essai d'observations paléo-écologiques dans un gisement des faluns de Touraine. Travaux de la Laboratoire de paléntologie, Faculté Sciences, Orsay: 80 pp.

Fatton E., 1973 – De la province biogéographique à la population d'après les pectinidés néogènes et actuels. Travaux de la Laboratoire de paléontologie, Faculté Sciences, Orsay, contribution CERPAB, 3: 213 pp.

Ginsburg L., 1971 – Un ruminant nouveau des faluns miocènes de la Touraine et de l'Anjou. Bulletin du Muséum National d'Histoire Naturelle, Paris, 42: 996-1002.

Ginsburg L., Janvier P., 1971 – Les Mammifères marins des faluns miocènes de la Touraine et de l'Anjou. Bulletin du Muséum National d'Histoire Naturelle, Paris, 22: 161-195.

Ginsburg L., Janvier P., 1975 – Les Mammifères marins des faluns miocènes de la Touraine et de l'Anjou. Gisements et paléobiologie. Bulletin da la Société Naturaliste, Etudes Scientifiques, Anjou, 9: 75-96.

Ginsburg L., Janvier P., Mornand J., Pouit D., 1979 – Découverte d'une faune de mammifères terrestres d'âge vallésien dans le falun miocène de Doué-la-Fontaine (Maine-et-Loire). Compte Rendu Sommaire des Séances de la Société Géologique de France, 5-6: 223-227.

Ginsburg L., Sen Y., 1977 – Une faune à Micromammifères dans le falun miocène de Thenay (Loir-et-Cher). Bulletin de la Société Géologique de France, 7, XIX (5): 1159-1166.

Glibert M., 1949 – Gastéropodes du Miocène moyen du Bassin de la Loire. Mémoire de l'Institut Royal des Sciences Naturelles. Belgique, Série 2, 30: 240 pp.

Glibert M., 1952 – Gastéropodes du Miocène moyen du Bassin de la Loire. Mémoire de l'Institut Royal des Sciences Naturelles. Belgique, Série 2, 46: 206 pp.

Haq B.U., Hardenbol J., Vail P.R., 1988 – Mesozoic and Cenozoic chronostratigraphy and cycles of sea-level change. In Wilgris C.K., Hastings B.S., St Kendall C.G., Posamentier H.W., Ross C.A., Van Wagoner J.C (eds.), Sea-level changes: an integrated approach. Special Publication, Society of Economic Paleontologists and Mineralogists, 42: 40-45.

Lamark J.-B., Bruguière J.G., Hauy R.J., Pelletier J., 1792 – Rapport sur le „Mémoire sur les faluns de Touraine" par M. Odanel. Journal d'Histoire Naturelle (cité in Lecointe, Ctse P., 1908: 29).

Laurain M., 1971 – Aperçu sur l'écologie des Ostrea et Crassostrea. Application aux huîtres du Bassin de la Loire. Travaux de la Laboratoire de paléontologie, Faculté des Sciences, Orsay: 147 pp.

Lecointre Ctse P., 1908 – Les faluns de la Touraine. 111 pp., Mame (éditeur), Tours.

Lecointre Ctse P., 1907-1913 – Les formes diverses de la vie dans les faluns de Touraine. Feuille des Jeunes Naturalistes.

a. Lambert J.: Echinidés des Faluns de Touraine. 446 (1907): 25-27; 447 (1908): 46-49; 448 (1908): 69-70.
b. Alessandri, A. di: Cirrhipèdes fossiles des Faluns de Touraine. 455 (1908): 218-219.
c. Couffon O.: Sur quelques crustacés des Faluns de Touraine et d'Anjou suivi d'un essai de prodrome des crustacés podophtalmes Miocènes. 457 (1908): 1-5; 458 (1908): 35-40.
d. Mayet L.: La faune paléommalogique des Faluns de Touraine. 463 (1909): 121-123; 464 (1909): 152-154.
e. Rovereto R.: Les annélides des Faluns de Touraine, serpules et genres voisins. 467 (1909): 219-225.
f. Houlbert C.: Les bois des Faluns de Touraine. 473 (1910): 69-76.
g. Cottreau J.: Les entomostracés ostracodes des Faluns de Touraine. 475 (1910): 108-111.
h. Alessandri, A. di: Cirrhipèdes fossiles des Faluns (2ᵉ note). 477 (1910): 137-140.
i. Vaillant V. : Les sauriens des Faluns de Touraine. 479 (1910): 11-12.
j. Lambert, J.: Notes sur deux échinidés des Faluns de Touraine. 481 (1910): 2-6.
k. Collot L.: Limacidés et Hélicidés des Faluns de Touraine. 486, 487 (1911): 93-99.
l. Filliozat M.: Les polypiers des Faluns. 491 (91): 169-175; 492 (1911): 186-190.
m. Allix A.: Foraminifères des Faluns de Touraine. 565, (1913), 1-8; 566, 1.2.1913, 29-35; 567, 1.3.1913, 41-47.

Lecointre G., 1947 - La Touraine. Hermann, Paris, 250 pp.

Le Royer de La Sauvagère, 1776 – Recherches historiques et critiques (cité in Lecointre Ctse P., 1908: p. 22).

Lyell C., 1856 – Manuel de Géologie élémentaire. Hugard, éd. Traducteur (cité in Lecointre Ctse P., 1908: 36-37).

Marcoux N., 1969 – Faluns miocènes de Courcelles-Channay: un type particulier de sédimentation. Travaux de le Laboratoire de paléontologie, Faculté des Sciences, Orsay: 40 pp.

Margerel J.P., 1989 – Biostratigraphie des dépôts néogènes de l'Ouest de la France. Constitution de biozones de foraminifères benthiques. Géologie de la France, 1-2: 235-250.

Mégnien C. (coord.), 1980 – Synthèse géologique du Bassin de Paris. Mémoires du Bureau de Recherches Géologiques et Minières, 101: 466 pp.; 102: 54 cartes; 103: 467 pp.

Moissette P., Saint-Martin J.P., 1975 – Le faciès à *Arca* et les Arcidés des faluns de la Loire. Étude de populations d'*Arca turonica* Duj. Thèses coordonnées, 3ème cycle, Orsay: 169 pp.

Orbigny A. d', 1852 – Prodrome de Paléontologie stratigraphique universelle. Masson, Paris, 3: 1-163.

Rasplus L., 1978 – Contribution à l'étude géologique des formations continentales détritiques tertiaires de la Touraine, de la Brenne et de la Sologne. Thèse Doctorat d'État, Orléans, tome I + II: 454 pp.; tome III: 133 fig., 25 pl., 13 cartes.

Rasplus L., 1982 – Contribution à l'étude géologique des formations continentales détritiques tertiaires de la Touraine, de la Brenne et de la Sologne. Sciences Géologiques, Strasbourg, 66: 227 pp.

Rasplus L., 1987 – Anjou, Maine, Touraine et Brenne: la marge sud-ouest du Bassin parisien. In Cavelier C., Lorenz J. (eds.), Aspect et évolution géologiques du Bassin parisien. Bulletin d'Information des Géologues du Bassin de Paris, mémoir, 6: 181-202.

Roux M., Fatton E., Macaire J.J., Rasplus L., 1980 – Données nouvelles sur les faluns miocènes du Blésois (Loir-et-Cher) et leur relations stratigraphiques avec les sables de Sologne. Comptes Rendus Académie des Sciences Paris, 290: 1099-1102.

Tourenq J., Decaillot P., Pomerol C., 1971 – Origine armoricaine des minéraux lourds de la mer des faluns. Compte Rendu Sommaire des Séances de la Société Géologique de France, 2: 65-66.

Voltaire, Arouet F.M. dit., 1768-1780 – Lettre italienne et Singularités de la nature. Physique (cité in Lecointre Ctse P. 1908: 22-26).

E. Velitzelos: Der versteinerte Wald der Insel Lesbos

Berger W., 1953 – Jungtertiäre Pflanzenreste aus dem Gebiet der Ägäis (Lemnos, Thessaloniki). Annales Géologiques des Pays Helléniques, 5: 34-64.

Borsi S., Ferrara G., Innocenti F., Mazzuoli R., 1972 – Geochronology and petrology of recent volcanics in the eastern Aegean Sea (West Anatolia and Lesvos island). Bulletin of Volcanology, 36: 437-496.

Fliche P., 1898 – Note sur les bois fossiles de Métélin. In Launay L., Études géologiques sur la Mer Égée. Annales des Mines, 2: 141-151.

Hecht I., 1971-1974 – Geological map of Lesvos Island (scale 1:50.000). Instituto Geologikon kai Metalleutikon Ereunon (I.G.M.E.)

Katagas C., Panagos A., 1979 – Pumpellyite-actinolite and greenschist facies metamorphism in Lesvos Island (Greece). Tschermaks Mineralogische und Petrographische Mitteilungen, 26: 235-254.

Katsikatsos G., Mataragas D., Migiros G., Triantaphyllis E., 1982 – Geological study of Lesvos Island. Internal report, Instituto Geologikon kai Metalleutikon Ereunon (I.G.M.E.).

Kelepertsis A., Essen I., 1987 – Major and trace element mobility in altered volcanic

rocks near Stypsi, Lesvos, Greece, and genesis of a kaolin deposit. Applied Clay Science, 2: 11-28.
Kelepertsis A., Velitzelos E., 1992 – Oligocene swamp sediments of Lesvos Island, Greece. Facies, 27: 113-118.
Kräusel R., 1965 – Der verkieselte Wald von Lesbos. Unveröffentlicher Bericht, Archiv Senckenberg-Institut, Frankfurt am Main.
Launay L. de, 1898 – Études sur la Mer Égée. La géologie des îles de Mételin (Lesbos), Lemnos et Thassos. Annales des Mines, 2: 1-164.
Pe-Piper G., 1978 – Ta kainozoika ephaisteika petromata tes nesos Lesbou. Diatribe epi yphegesia (Habilitations-Schrift), Papepistemiou Patron: 379 pp. Patras (unveröffentlicht).
Pe-Piper G., 1980 – The Cenozoic volcanic sequence of Lesvos. Greece. Zeitschrift der deutschen Geologischen Gesellschaft, 131: 889-901.
Prokesch, Osten, Unger F., 1852 – Die versteinerten Holzstämme in Hafen von Sigri auf der Insel Lesbos. Sitzungsberichte der Bayerischen Akademie der Wissenschaften, 9: 855-858.
Süss H., Velitzelos E., 1993 – Eine neue Protopinaceae der Formgattung *Pinoxylon* Knowlton emend. Read, *P. parenchymatosum* sp. nov., aus tertiären Schichten der Insel Limnos, Griechenland. Feddes Report, 104: 335-341.
Süss H., Velitzelos E., 1994 – Zwei neue tertiäre Hölzer der Gattung *Pinoxylon* Knowlton emend. Read aus dem Versteinerten Wald von Lesbos, Griechenland. Feddes Report, 105: 7-8, 403-423.
Süss H., Velitzelos E., 1994 – Ein neues fossiles Koniferenholz, *Taxoceoxylon biseriatum* sp. nov., aus tertiären Schichten der Insel Lesbos, Griechenland. Feddes Report, 105: 257-269.
Velitzelos E., Petrescu I., Symeonidis N., 1981 – Tertiäre Pflanzenreste aus der Ägäis. Die Makroflora der Insel Lesbos (Griechenland). Annales Géologiques des Pays Helléniques, 30: 500-514.

D. Meischner: Der pliozäne Teich von Willershausen

Franzen J.L., Schaal S., 1999 – Der eozäne See von Messel. In diesem Band.
Gersdorf E., 1968 – Neues zur Ökologie des Oberpliozäns von Willershausen. Beihefte zu den Berichten der Naturhistorischen Gesellschaft zu Hannover, 6: 83-94.
Gersdorf E., 1971 – Weitere Käfer (Coleoptera) aus dem Jungtertiär Norddeutschlands. Geologisches Jahrbuch, 88 (1970/71): 629-670.
Gottwald H., 1981 – Anatomische Untersuchungen an pliozänen Hölzern aus Willershausen bei Göttingen. Palaeontographica, Abteilung B, 179: 138-151.
Heie O.E., 1968 – Pliocene aphids from Willershausen (Homoptera: Aphioidea). Beihefte zu den Berichten der Naturhistorischen Gesellschaft zu Hannover, 6: 25-39.
Illies J., 1967 – Megaloptera und Plecoptera (Ins.) aus den jungpliozänen Süsswassermergeln von Willershausen. Berichte der Naturhistorischen Gesellschaft zu Hannover, 111: 47-55.
Krasske G., 1932 – Diatomeen aus dem Oberpliocän von Willershausen (Biologie eines jungtertiären Teiches in Südhannover, II. Teil). Archiv der Hydrobiologie, 24: 431-447.
Mädler K., 1939 – Die pliozäne Flora von Frankfurt am Main. Abhandlungen der Senckenbergischen Naturforschenden Gesellschaft, 446: 1-202.
Meischner D., 1995 – Klassische Aufschlüsse im Tertiär Süd-Niedersachsens, Lokalität 2: Willershausen. Terra Nostra, 5: 217-228.
Meischner D., Paul J., 1977 – Willershausen, disused clay pit. – Reconstruction of a meromictic Pliocene pond environment from its sediments and fossils. In Halbach P., Meischner D., Paul J., Ujma K.H. (eds.), Field guide Harz Mountains. III International Symposium on Environmental Biogeochemistry, Wolfenbüttel, West Germany, 1977: 6-12.
Paul J., Meischner D., 1991 – Very early diagenetic dolomite as a preservative of perfect organic fossils. In Bosellini et al. (eds.), Dolomieu Conference of Carbonate Platforms and Dolomitization, Ortisei/St. Ulrich, Val Gardena/Grödental, The Dolomites, Italy, 16-21 September 1991, Abstracts: 205-206.
Rietschel S., Storch G., 1974 – Außergewöhnlich erhaltene Waldmäuse (*Apodemus atavus* HELLER 1936) aus dem Ober-Pliozän von Willershausen am Harz. Senckenbergiana lethaea, 54 (5/6): 491-519.
Schaal S., Ziegler W., 1988 – Messel. Ein Schaufenster in die Geschichte der Erde und des Lebens. Verlag Waldemar Kramer, Frankfurt/Main: 315 S.
Schmidt H., 1939 – Der vorzeitliche „Park" von Willershausen. Mitteilungen der deutschen dendrologischen Gesellschaft, 52: 143-146.
Schmidt H., 1949 – Der Artenreichtum einer voreiszeitlichen Lebensgemeinschaft. Beiträge zur Naturkunde Niedersachsens, 8: 30-37.
Seedorf H.H., 1955 – Reliefbildung durch Gips und Salz im niedersächsischen Bergland. Niedersächsisches Amt für Landesplanung und Statistik, Veröffentlichungen, A 1: Natur, Wirtschaft, Siedlung und Planung, 56: 14 + 109 S.
Spinar Z.V., 1980 – Fossile Raniden aus dem oberen Pliozän von Willershausen (Niedersachsen). Stuttgarter Beiträge zur Naturkunde (B), 53: 53 S.
Straus A., 1952 – Beiträge zur Pliocänflora von Willershausen III. Die niederen Pflanzengruppen bis zu den Gymnospermen. Palaeontographica, Abteilung B, 93 (1-3): 1-44.
Straus A., 1960 – Unser Wald vor etwa 3.000.000 Jahren, im Pliocän. Mitteilungen der deutschen dendrologischen Gesellschaft, 61: 71-72.
Straus A. †, 1992 – Die oberpliozäne Flora von Willershausen am Harz. Wilde V., Lengtat K.-H., Ritzkowski S. (Hrsg.) Sitzungs-Berichte der Naturhistorischen Gesellschaft zu Hannover, 134: 10-74.
Wagner W., 1968 – Eine afrikanische Schaumzikade, *Ptyelus grossus* Fabricius, 1781, fossilis, aus dem Pliozän von Willershausen. Beihefte zu den Berichten der Naturhistorischen Gesellschaft zu Hannover, 6: 21-24.
Wegele H., 1914 – Stratigraphie und Tektonik der tertiären Ablagerungen von Oldenrode – Düderode – Willershausen. Dissertation, Göttingen (Selbstverlag des Autors): 38 S.
Weidner H., 1968 – Eine Maulwurfsgrille aus dem Pliozän von Willershausen. Beihefte zu den Berichten der Naturhistorischen Gesellschaft zu Hannover, 6: 5-12.
Weiler W., 1933 – Die Fischreste aus dem Oberpliocän von Willershausen. (Biologie eines jungtertiären Teiches in Südhannover III). Archiv der Hydrobiologie, 25: 291-304.
Weiler W., 1956 – Über eine neue Gattung der Welse (Fam. Siluridae) aus dem Pliozän von Willershausen. Paläontologische Zeitschrift, 30: 180-189.
Westphal F., 1967 – Erster Nachweis des Riesensalamanders (*Andrias*, Urodela, Amphibia) im europäischen Jungpliozän. Neues Jahrbuch für Geologie und Paläontologie, Monatshefte, 1967: 67-73.
Wilde V., Lengtat K.-H., 1992 – Kommentierte Bibliographie zum Pliozän von Willershausen. Berichte der Naturhistorischen Gesellschaft zu Hannover, 134: 75-91.

P. Mazza: Europa während des Quartärs

Azzaroli A., 1994 – Gli ultimi tre milioni di anni: come è cambiato il nostro ambiente. Rendiconti Supplemento Accademia Lincei, seria 9, 4: 33-46.
Azzaroli A., De Giuli C., Ficcarelli G., Torre D., 1988 – Late Pliocene to early Mid-

Pleistocene mammals in Eurasia: faunal succession and dispersal events. Palaeogeography, Palaeoclimatology, Palaeoecology, 66: 77-100.
Desnoyers J., 1829 – Observations sur un ensemble de dépôts marins plus récents que les terrains tertiaires du bassin de la Seine. Annales des Sciences Naturelles, 16: 171-214, 402-491.
Forbes E., 1846 – On the connection between the distribution of the existing fauna and flora on the British Isles and the geographical changes which have affected their area, especially during the epoch of the Northern Drift. Geological Survey of Great Britain, Memoir, 1: 336-342.
Lyell C., 1839 – Elements of Geology. 316 pp., Publisher unknown, Philadelphia, PA.
Milankovitch, M., 1941- Kanon der Erdbestrahlung und seine Anwendung auf das Eiszeitenproblem. Académie royale Serbe, Éditions spéciales, Section des Sciences mathématiques et naturelles, 133 (33): 633 pp.
Penck A., Bruckner E., 1909 – Die Alpen im Eiszeitalter. 3 Bände, 1199 S., Tauchnitz Verlag, Leipzig.
Shackleton N.J., 1977 – The oxygen isotope stratigraphic record of the late Pleistocene. Philosophical Transactions of the Royal Society of London, Series B, 280: 169-182.
Shackleton N.J., Opdyke N.D., 1973 – Oxygen isotope and paleomagnetic stratigraphy of equatorial Pacific core V28-238: Oxygen isotope temperatures and ice volumes on a 10^5 year and 10^6 year scale. Quaternary Research, 3: 39-55.
Stuart A.J., 1991 – Mammalian extinctions in the Late Pleistocene of Northern Eurasia and North America. Biological Reviews of the Cambridge Philosophical Society, 66: 453-562.
Sutcliffe A.J., 1985 – On the track of Ice Age mammals. British Museum (Natural History), Henry Ling Ltd., Dorset Press, Dorset: 224 pp.

K. Kowalski: Der pleistozäne Ölsumpf bei Starunia, Ukraine

Angus R., 1973 – Pleistocene *Helophorus* (Coleoptera, Hydrophilidae) from Borislav and Starunia in the Western Ukraine, with a reinterpretation of M., tomnicki's species, description of a new Siberian species and comparison with British Weichselian faunas. Philosophical Transactions of the Royal Society of London, Series B, Biological Sciences, 265: 299-326.
Gams H., 1934 – Die Moose von Starunia als Vegetations- und Klimazeugen. Starunia, Kraków, 2: 1-6.
Horváth G., Zeil J., 1996 – Kuwait oil lakes as insect traps. Nature, 379: 303-304.
Kormos T., 1934 – Knochenfragmente der in Starunia zusammen mit dem Wollnashorn gefundenen Kleinwirbeltiere. Starunia, Kraków, 5: 1-4.
Kubiak H., 1982 – Morphological characters of the mammoth: an adaptation to the Arctic-Steppe environment. In Hopkins D.M., Matthews J.V. Jr., Schweger Ch.E, Young S.B. (eds.), Paleoecology of Beringia: 281-289, Academic Press, New York.
Lister A., Bahn P., 1994 – Mammoths. 168 pp., Macmillan, New York.
Nowak J., Panow E., Tokarski J., Szafer W., Stach J., 1930 – The second Woolly Rhinoceros (*Coelodonta antiquitatis* Blum.) from Starunia, Poland. Bulletin International de l'Academie Polonaise des Sciences et des Lettres, Classe des Sciences Mathématiques et Naturelles, Série B: Sciences Naturelles, No. Supplémentaire: 1-37.
Stuart A.J., 1991 – Mammalian extinction in the Late Pleistocene of northern Eurasia and North America. Biological Reviews of the Cambridge Philosophical Society, Cambridge, 66: 453-562.
Szafran B., 1934 – Mchy dyluwium w Staruni. Starunia, Kraków, 1: 1-17.
Wykopaliska Staruńkie, 1914 – Muzeum Imienia Dzieduszychich we Lwowie. Kraków, 15: X+386 pp.
Zeuner F., 1934 – Die Orthopteren aus den diluvialen Nashornschichten von Starunia (polnische Karpathen). Starunia, Kraków, 3: 1-17.

Adressen der Autoren

Christoph Bartels
Deutsches Bergbaumuseum
Am Bergbaumuseum 28
D – 44791 Bochum
Deutschland
Tel. +49-234-5877-129
Fax +49-234-5877-111

Simon Conway Morris
Department of Earth Sciences
University of Cambridge
Downing Street
Cambridge CB2 3EQ
Grossbritannien
Tel. +44-1223-333400
Fax +44-1223-333450

Patrick De Wever
Laboratoire de Géologie
Muséum National d'Histoire Naturelle
43, rue Buffon
F – 75005 Paris
Frankreich
Tel. +33-1-40793459
Fax +33-1-40793739

Carmen Diéguez
Museo Nacional de Ciencias Naturales
José Gutiérrez Abascal, 2
E – 28006 Madrid
Spanien
Tel. +34-92-4111328

Oldrich Fatka
Oddělení paleontologie
Ústav geologie a paleontologie
Přírodovědecká fakulta
Univerzity Karlovy
Albertov 6
CZ – 12843 Praha 2
Tschechische Republik
Tel. +42-02-291425
Fax +42-02-296084

Annalisa Ferretti
Università degli studi di Modena
Dipartimento di Scienze delle Terra
Istituto di Paleontologia
via Università 4
I – 41100 Modena
Italien
Tel. +39-59-217084
Fax +39-59-218212

Jens Lorenz Franzen
Forschungsinstitut Senckenberg
Senckenberganlage 25
D – 60325 Frankfurt am Main
Deutschland
Tel. +49-69-7542260
Fax +49-69-7542203

Else Marie Friis
Naturhistoriska riksmuseet
Sektionen för Paleobotanik
Svante Arrhenius väg 7
Box 50007
S – 104 05 Stockholm
Schweden
Tel. +46-8-51954000
Fax +46-8-51954221

Franz Theodor Fürsich
Institut für Paläontologie
Universität Würzburg
Pleicherwall 1
D – 97070 Würzburg
Deutschland
Tel. +49-931-312596
Fax +49-931-57705

Jean-Claude Gall
Université Louis Pasteur
Institut de Géologie
1 rue Blessig
F - 67084 Strasbourg Cedex
Frankreich
Tel. +33-3-88358568
Fax +33-3-88367235

Léa Grauvogel-Stamm
Université Louis Pasteur
Institut de Géologie
1 rue Blessig
F – 67084 Strasbourg Cedex
Frankreich
Tel. +33-88-358568
Fax +33-88-367235

Hans Jahnke
Institut und Museum
für Geologie und Paläontologie
Universität Göttingen
Goldschmidtstrasse 3
D – 37077 Göttingen
Deutschland
Tel. +49-551-397904
Fax +49-551-397996

László Kordos
Országos Földtani Múzeum
Stefánia út 14.
H – 1143 Budapest
Ungarn
Tel. +36-1-2761427
Fax +36-1-2761427

Kazimierz Kowalski
Instytut Systematyki i Ewolucji Zwierzat
Polskiej Akademii Nauk
ul. Slawkowska 17
PL – 31-016 Kraków
Polen
Tel. +48-12-4227066, 210, 212
Fax +48-12-4224294

Jaroslav Kraft
Zapadočeské muzeum v Plzni
Kopeckého sady 2
CZ – 301 36 Plzeň
Tschechische Republik
Tel. +42-019-7237604
Fax +42-019-7237604

Petr Kraft
Oddělení paleontologie
Ústav geologie a paleontologie
Přírodovědecká fakulta
Univerzity Karlovy
Albertov 6
CZ – 12843 Praha 2
Tschechische Republik
Tel.   +42-02-291425
Fax   +42-02-296084

Paul Mazza
Museo di Paleontologia
Università degli studi di Firenze
via G. La Pira 4
I – 50121 Firenze
Italien
Tel.   +39-55-2757536 - 2382711
Fax   +39-55-218628

Dieter Meischner
Institut und Museum
für Geologie und Paläontologie
Universität Göttingen
Goldschmidtstrasse 3
D – 37077 Göttingen
Deutschland
Tel.   +49-551-397920
Fax   +49-551-397996

Wolfgang Oschmann
Geologisch-Paläontologisches Institut
Universität Frankfurt
Senckenberganlage 32–34
D – 60325 Frankfurt am Main
Deutschland
Tel.   +69-7982-2687
Fax   +69-7982-2958

Félix Pérez-Lorente
Universidad de La Rioja
Obispo Bustamante, 3
E – 26001 Logroño (La Rioja)
Spanien
Tel. +34-941-244811
Fax   +34-941-259431

Giovanni Pinna
Museo Civico di Storia Naturale
Corso Venezia 55
I – 20121 Milano
Italien
Tel. +39-02-799870
Fax   +39-02-760287

Francisco José Poyato-Ariza
Unidad de Paleontología
Departamento de Biología
Facultad de Ciencias
Universidad Autónoma
Cantoblanco 28049
E – 28049 Madrid
Spanien
Tel.   +34-91-3978241
Fax   +34-91-3978344

Léopold Rasplus
Université Francois Rabelais
Faculté des Sciences et Techniques
Laboratoire de géologie des
systèmes sédimentaires
Parc de Grandmont
F – 37200 Tours
Frankreich
Tel.   +33-47-367002
Fax   +33-47-367090

Kaj Raunsgaard Pedersen
Geologisk Institut
Aarhus Universitet
Universitetsparken
DK – 8000 Århus C.
Dänemark
Tel. +45-6-86139248
Fax   +45-6-89422552

Wilfried Remy †
c/o Hans Kerp
Abteilung Paläobotanik
Westfälische Wilhelms-Universität
Hindenburgplatz 57
D – 18143 Münster
Deutschland
Tel.   +49-251-833933
Fax   +49-251-834831

Hans Peter Rieber
Paläontologisches Institut und Museum
Universität Zürich
Karl Schmid-Strasse 4
CH – 8006 Zürich
Schweiz
Tel. +41-1-6342339
Fax   +41-1-6344923

José Luis Sanz
Unidad de Paleontología
Departamento de Biología
Facultad de Ciencias
Universidad Autónoma
Cantoblanco 28049
E – 28049 Madrid
Spanien
Tel.   +34-91-3978346
Fax   +34-91-3978344

Stephan Schaal
Forschungsinstitut Senckenberg
Senckenberganlage 25
D – 60325 Frankfurt am Main
Deutschland
Tel. +49-69-7542250
Fax   +49-69-7542203

Paul A. Selden
Department of Earth Sciences
University of Manchester
Manchester M13 9PL
Grossbritannien
Tel. +44-161-2753296
Fax   +44-161-2753947

Enrico Serpagli
Università degli studi di Modena
Dipartimento di Scienze delle Terra
Istituto di Paleontologia
via Università 4
I – 41100 Modena
Italien
Tel.   +39-59-217084
Fax   +39-59-218212

Friedrich F. Steininger
Forschungsinstitut Senckenberg
Senckenberganlage 25
D – 60325 Frankfurt
Deutschland
Tel.   +49-69-7542-213/214
Fax   +49-69-7542-242

Lorenzo Sorbini †
Museo Civico di Storia Naturale
Lungadige Porta Vittoria 9
Verona
Italien

Mike Taylor
National Museums of Scotland
Chambers Street
Edinburgh EH1 1JF
Grossbritannien
Tel.   +44-131-225-7534
Fax   +44-131-247-4313

Nigel H. Trewin
Department of Geology and
Petroleum Geology
Meston Building
Kings College, University of Aberdeen
Aberdeen, AB24 3UE
Grossbritannien
Tel. +44-1224-273448
Fax   +44-1224-272785

Evangelos Velitzelos
National University of Athens
Department of Historical
Geology and Palaeontology
Panepistimiopolis
GR – 15784 Athen
Griechenland
Tel. +30-1-7247322
Fax   +30-1-7274162

Günter Viohl
Jura-Museum
Willibaldsburg
D – 85072 Eichstätt
Deutschland
Tel.   +49-84212956
Fax   +49-842189609